教育中国·院士精品系列

U0606019

教育部国家级一流本科课程建设成果教材

"十二五"普通高等教育本科国家级规划教材

FOOD CHEMISTRY

食品化学

第二版

谢明勇 主编　　胡晓波 副主编

化学工业出版社

·北京·

内容简介

本书编写以党的二十大精神为指导，注重知识传承与创新，坚持系统性和科学性，包括绪论、水、碳水化合物、脂质、蛋白质、维生素、矿物质、酶、褐变反应、食品风味化学、次生代谢产物、食品添加剂、食品污染物和食品货架寿命预测及应用等 14 章内容，在系统地介绍经典的基本理论和知识的同时，将近十年来的教学改革新成果和专业发展新成就、新技术适当融入教材。

教材可供普通高等院校食品科学及相关专业教学使用，也可供食品科学科研人员、管理人员参考使用。

图书在版编目（CIP）数据

食品化学 / 谢明勇主编；胡晓波副主编 . —2 版
. —北京：化学工业出版社，2024.4

"十二五"普通高等教育本科国家级规划教材　教育部国家级一流本科课程建设成果教材

ISBN 978-7-122-45605-2

Ⅰ.①食… Ⅱ.①谢…②胡… Ⅲ.①食品化学 - 高等学校 - 教材 Ⅳ.①TS201.2

中国国家版本馆CIP数据核字（2024）第091201号

责任编辑：赵玉清　　　　　　文字编辑：周　偲　尉迟梦迪
责任校对：王鹏飞　　　　　　装帧设计：刘丽华

出版发行：化学工业出版社
　　　　　（北京市东城区青年湖南街13号　邮政编码100011）
印　　装：北京新华印刷有限公司
880mm×1230mm　1/16　印张25　字数743千字
2024年4月北京第2版第1次印刷

购书咨询：010-64518888　　　售后服务：010-64518899
网　　址：http://www.cip.com.cn
凡购买本书，如有缺损质量问题，本社销售中心负责调换。

定　　价：69.80元　　　　　　　　　版权所有　违者必究

食品化学是食品科学的一个重要组成部分，食品化学为食品工业和食品科学的发展提供理论依据的同时，也直接决定了食品产业的科技进步。食品科技工作者在新时代的新机遇与新挑战面前，要牢牢树立大食物观，全方位、多途径开发食物资源，以解决人民吃好饭问题为初心，潜心钻研未来食品。目前，细胞培养肉研究已在中国起步并初获战果；中国科学家在实验室中首次实现从二氧化碳到淀粉分子的全合成，在淀粉领域实现突破。食品化学是一门综合、交叉性学科，也是一门应用学科，它为学科交叉打破壁垒，用跨界思维实现创新发展提供了源源不断的动力。

食品化学课程是食品类学科的专业基础课程，掌握好食品化学的理论知识和技术方法，就能用科学的眼光看待现代食品工业现代化，正确认识没有食品添加剂，就没有现代食品，更不会有未来食品；应用好食品化学的理论知识和技术方法，就能生产出更多百姓需要的健康食品，才能为健康中国建设做出贡献。

食品化学课程在培养学生解决复杂工程问题的能力方面，具有其他课程不可替代的作用，南昌大学食品化学课程，坚持改革创新和实践，获得了很多成果，得到同行和读者的赞许。高质量的教材是培养高素质人才的重要基础，作为国家级一流本科课程建设成果，新版教材精心选材，内容上注重系统性和科学性，突出先进性，关注食品化学的最新成果与前沿技术和方法。积极贯彻落实党的二十大精神，秉承创新精神，适时体现教学改革新成果、学科发展新成就。教材中数字化资源的应用，既适度拓展了知识内容，也方便了学生自主学习和思考；教材编排上，以学生为中心设置的学习目的、学习要求、概念检查等内容，以及必要的思考题和参考文献，可以更好地帮助学生理解和掌握知识的重点和难点。

《食品化学》第一版是我作序，受邀为即将出版的第二版再次作序，我欣然为之。我期待着《食品化学》第二版的出版，相信它的出版对我国食品科学与工程专业的教学和科研水平的提高、食品专业创新人才的培养，将会产生重要的影响，特此再次作序以表祝贺。

中国工程院院士

2024 年 1 月

前言

　　食品化学为食品科学和食品工业的发展奠定理论基础和技术方案，对改善食品品质、开发食品新资源、革新食品加工工艺和储运技术、调整国民膳食结构、改进食品包装、加强食品质量与安全控制、提高食品原料加工和综合利用水平等具有重要的意义。南昌大学的食品化学课程历经四十年的建设，2020年建设成为国家级一流本科课程。编写的教材被评为"十二五"普通高等教育本科国家级规划教材，2021年荣获首届全国教材建设奖——全国优秀教材（高等教育类）二等奖，中国石油和化学工业优秀教材一等奖，江西省优秀教材奖一等奖等。《食品化学》教材也是南昌大学两次国家级教学成果二等奖的主要教学成果。作为食品科学与工程类专业基础课程教材，受到广大师生的欢迎，为我国食品专业人才培养、专业发展做出了贡献。

　　为深入贯彻落实党的二十大精神，《食品化学》（第二版）的内容策划与组织编写，秉承知识传承与创新的理念，坚持系统性和科学性相统一，具体对绪论、水、碳水化合物、脂质、蛋白质、维生素、矿物质、酶、褐变反应、食品风味化学、次生代谢产物、食品添加剂、食品污染物和食品货架寿命预测及应用共14章内容进行了修订。在系统地介绍经典的基本理论和知识的同时，将近十年来的教学改革最新成果和专业发展新成就、新技术适当融入教材。

　　为强化学习过程，引导学生开阔思路、积极思考、主动参与教学与讨论，培养创新型人才，新版《食品化学》教材突出以下特色：

- 增加兴趣引导、问题导向和学习目标，提供相关主题讨论，聚焦课程目标；
- 学习过程中，针对性设置概念检查和案例教学，帮助师生检测教学效果；
- 提炼知识点，增加课后练习，调动学生主动思考，提高对知识的掌握能力；
- 紧扣教材内容，有机融入科学精神、创新精神、家国情怀等，提升课程育人实效；
- 设置工程/设计问题，强化工程思维教育，培养学生解决复杂工程问题的能力；
- 为师生提供数字化资源，方便教学，助推精准优质的教育服务。

　　教材由国家级教学名师谢明勇教授牵头，由全国高校黄大年式教师团队、江西省高水平本科教学团队、中西部高校食品质量与安全专业虚拟教研室成员共同编写。各章的编写分工是：绪论（谢明勇、谢建华）、水（阮征、阮榕生）、碳水化合物（谢明勇、聂少平、殷军艺）、脂质（谢明勇、陈奕）、蛋白质（胡晓波、赵燕、李景恩）、维生素（高金燕）、矿物质（郭岚、柳英霞）、酶（刘伟、梁瑞红）、褐变反应（万茵）、食品风味化学（黄赣辉、万茵）、次生代谢产物（谢明勇、李昌、谢建华）、食品添加剂（王远兴、熊春红、温辉梁、黄丹菲）、食品污染物（万益群、毛雪金）、食品货架寿命预测及应用

（田颖刚）。全书主要由谢明勇教授统稿，胡晓波和赵燕参与了部分统稿工作。

以纸质教材为核心，辅之以数字化资源，会使教材显现出立体化，学生学习显现个性化，从而在培养学生能力和科学素养等方面起到行稳至远的作用。为进一步帮助学生强化对所学知识的理解与运用，作为新形态课程教材，本书还提供兴趣引导、彩图、视频、过程检查思考、拓展阅读及教学 PPT 等线上数字化资源，正版验证后（一书一码）即可获得（操作提示见封底）。

本书参考了国内外有关专家学者的相关论文论著的有益经验；编写过程得到化学工业出版社赵玉清编审指导，刘玉环教授、王玉婷、姚豪颖叶、杨美艳博士等的支持和帮助，在此一并致以最真挚的感谢。

由于编写者水平有限，编写过程中可能存在不足之处，敬请诸位同仁和广大读者批评指正，以便作者今后不断补充完善。

编　者

于南昌大学

2024 年 1 月

第一版前言

食品化学是从化学的角度和分子水平上认识和研究食品及其原料的组成、结构、理化性质、生理功能、营养价值、安全性及在加工贮运中的变化、变化本质及对食品品质和安全性影响的一门新兴、综合、交叉性学科，是食品科学与工程专业的核心专业课程。同时，食品化学为食品科学和食品工业的发展奠定理论基础和技术方案，对改善食品品质、开发食品新资源、革新食品加工工艺和储运技术、调整国民膳食结构、改进食品包装、加强食品质量与安全控制、提高食品原料加工和综合利用水平等具有重要的意义。

鉴于食品化学对食品科学与工程的重要意义以及食品化学课程在食品专业课程设置中的重要地位，同时考虑到目前我国食品化学教材的多样性和我国高校各个食品院系的培养目标要求的不同，为进一步加强、改进和优化食品化学课程的教学与教材的体系建设，教材编写者在全国范围内对食品化学课程的运行情况进行针对性调查的基础上，着眼于食品化学的发展现状与我国食品专业培养要求来编写本教材。

本教材是编写者集多年来对食品化学教学和研究的成果，吸收和参考国内外食品化学的专著和文献，精心布局与选材。教材的编写力求系统性和科学性的统一。重点内容包括水、碳水化合物、脂质、蛋白质、维生素、矿物质、酶、褐变反应、食品风味化学、次生代谢产物、食品添加剂、食品污染物和食品货架寿命预测及应用等方面，在原有一些食品化学版本的基础上精简了与基础生物化学重叠部分，补充了一些新的内容，如在碳水化合物章节中增加对膳食纤维和多糖方面的介绍、脂质章节中增加特种油脂的制备技术、蛋白质章节中增加活性肽的内容，以及褐变反应和次生代谢产物独立成章等。在系统地介绍经典的基本理论和知识的同时，也关注到实际应用和食品化学研究的最新成果与前沿技术、现代研究方法和手段，让读者从中获得更多信息和思路。同时，每章节后配有习题、参考文献，并且有相关实验教材、习题和多媒体课件出版，以及网络不断更新的食品化学研究最新成果的介绍，方便教学使用。本书可作为高等学校食品科学、食品工程及相关学科的专业基础课教材，也可供相关专业科研及工程技术人员参考。

本教材由南昌大学谢明勇教授主编，由 2010 年江西省高校教学团队"食品科学与工程主干课程教学团队"成员编写。各章节的编写者如下：绪论（谢明勇）、水（阮征、阮榕生）、碳水化合物（聂少平、谢明勇）、脂质（谢明勇）、蛋白质（胡晓波、赵燕）、维生素（高金燕）、矿物质（郭岚）、酶（刘伟、梁瑞红）、褐变反应（万茵）、食品风味化学（黄赣辉、万茵）、次生代谢产物（谢明勇）、食品添加剂（王远兴、熊春红、温辉梁）、食品污染物（万益群）、食品货架寿命预测及应用（田颖刚）。全书主要由谢明勇教授统稿，胡晓波、赵燕和王远兴参与了部分统稿工作。

南昌大学的食品化学课程历经近 30 年的建设，2009 年被评为江西省省级精品课程。本教材为 2010 年江西省教学成果一等奖"食品化学精品课程的建设与研究"的主要成果内容之一，并得到 2010 年江西省高等学校教学改革研究招标课题"基于国际工程教育理念的食品专业创新型人才培养模式的研究与实践"的资助（课题编号：JXJG-10-1-1），以及 2007 年江西省高等学校教学改革研究课题"食品化学精品课程的建设与研究"的资助（课题编号：JXJG-07-1-39）。在本书的编写过程中，参考了国内外有关专家学者的相关论文论著的有益经验；同时，化学工业出版社为本书的顺利出版做了大量工作，本书也得到了其他许多同志的热情支持和帮助，尤其是得到本教学团队中刘玉环、黄丹菲、李昌、谢建华等老师以及研究生殷军艺、杨美艳、李景恩等同学的大力支持与帮助，在此一并表示衷心的感谢。

由于编写者水平有限，编写过程中可能存在不足之处，敬请诸位同仁和广大读者批评指正，以便我们今后修订、补充和完善。

编　者

2010 年 11 月 8 日

目录

第4章 脂质 091

第7章　矿物质　189

第8章　酶　203

第1章　绪论

食品与化学有何种奇妙的联系？食品中的营养成分在人体中发挥什么作用？食品在加工和贮藏过程中会发生哪些变化，这些变化如何影响食品品质？食品添加剂会对食品的口感和品质产生怎样的影响？

1.1　食品化学的概念及研究范畴

在谈及人类的生存条件时，通常会讲到"衣、食、住、行"四个要素。实际上，人类要在自然环境中生存下去，在这四个要素中，"食"才是最主要的因素，因为"食"在这里是指食物（foodstuff），它是能够提供营养素、维持人类代谢活动的可食性物料，是人类维持生存的最基本条件。食物中的营养素（nutrient）是指能维持人体正常生长发育和新陈代谢所必需的物质，目前已知的人体必需的营养素有 40 ～ 45 种，从化学性质可以分为六大类，即蛋白质、脂肪、碳水化合物、矿物质、维生素和水，也有人提出将膳食纤维列为第七类营养素。

人类的大部分食物是经过一定的加工处理后才被食用的，这些经过加工处理后供人类食用的食物一般被称为食品。食品只是食物的一部分，不过现在通常用"食品"一词来泛指一切可以被人类利用的食物，而对二者含义之间的差别并不加以严格的区分。

食品化学中涉及的食品泛指来自动植物，其中含有人体必需的营养素组成，经有机体消化和吸收后可提供能量、促进生长和维持生命的材料；同时还需要食品具有适宜的风味特征和良好的质地等感官质量，并且在食用上是安全、无害的。食品化学关注的是食品中所含的具有不同的作用及功能的各种化学物质。食品化学将其分为三类进行研究：一类是必需营养素，即蛋白质、脂肪、碳水化合物、矿物质、维生素和水；另一类是机体非必需但是为赋予食品期望的品质所需要的成分，如色素、香气成分及食品添加剂等；还有一类成分是在贮藏、加工过程中产生的有害或可能对机体有害的物质，如食品中的一些成分经过氧化、聚合、分解等反应产生的化合物。

食品中的成分相当复杂，有些成分是动植物体内原有的，有些是在加工过程、贮藏期间新产生的，有些是人为添加的，有些是原料生产、加工或贮藏期间所污染的，还有的是包装材料带来的。因此，食品中各个成分从来源看，又可以分为天然成分和非天然成分两大类。天然成分是指在正常的食品原料生产过程中生成的化合物，从化学性质上又可以分为无机成分与有机成分两大类；非天然成分则分为有意添加的物质（如食品添加剂）、食品生产过程中外来的天然物质污染或食品加工的二次反应产生的物质（图 1-1）。

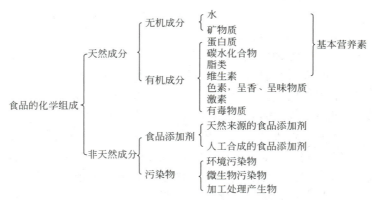

图 1-1　食品的化学组成分类

　　食品化学（food chemistry）是利用化学的理论和方法研究食品本质的一门科学，即从化学角度和分子水平上研究食品的化学组成、结构、理化性质、营养和安全性质以及它们在生产、加工、贮存和运销过程中的变化及其对食品品质和食品安全性影响的科学，是为改善食品品质、开发食品新资源、革新食品加工工艺和贮运技术、科学调整膳食结构、改进食品包装、加强食品质量控制及提高食品原料加工和综合利用水平奠定理论基础的学科。

　　食品化学研究的内涵和要素较为广泛，涉及化学、生物化学、物理化学、植物学、动物学、食品营养学、食品安全等诸多学科与领域，是一门交叉性明显的学科。作为一门横跨诸多学科的发展性新兴学科，食品化学依托、吸收、融汇、应用和发展着化学、生物化学和食品贮藏加工学等学科，从特有的角度、深度和广度研究食品物质的化学组成，探索食品物质的组织结构、显微结构和分子结构，研究食品化学成分的物理性质、化学性质、功能性质和食用安全性质，认识从原料经过贮藏加工直到食品的过程中物质发生的各种物理和化学变化，揭示食品质量受原料类别、原料固有特性、加工前与加工后处理、原料贮藏技术、食品配方、加工工艺和设备、产品包装和各种环境因素影响的本质，从而形成了食品科学的三大支柱学科之一（另两门支柱学科是食品微生物学、食品工艺学）。

 概念检查 1.1

　　○ 食物中的营养素是指能维持_____和_____所必需的物质，从化学性质可以分为六大类，即_____、_____、_____、_____、_____和_____。

　　○ 食品化学的定义。

1.2　食品化学发展简史

　　食品化学是 20 世纪初随着化学、生物化学的发展以及食品工业的兴起而形成的一门独立学科。它与人类生活和食物生产实践紧密相关。我国劳动人民早在 4000 年前就已经掌握酿酒技术，1200 年前便会制酱，在食品保藏加工、烹调等方面也积累了许多宝贵的经验。公元 4 世纪晋朝的葛洪已经采用含碘丰富的海藻治疗瘿病，公元 7 世纪已用含维生素的猪肝治疗夜盲症。在某种意义上食品化学的起源可以追溯

到远古时期，但食品化学作为一门学科还是在 18～19 世纪，其最主要的研究始于 19 世纪末期。

　　瑞典著名化学家舍勒（Carl Wilhelm Scheele，1742—1786）分离出了乳酸并研究了其性质（1780 年），从柠檬汁（1784 年）和醋栗（1785 年）中分离出了柠檬酸，从苹果（1785 年）中分离出了苹果酸，并分析了 20 余种普通水果中的柠檬酸和酒石酸（1785 年），他从植物和动物原料中分离各种新的化合物的工作被认为是在农业和食品化学方面精密分析研究的开端。法国化学家拉瓦锡（Antoine Larent Lavoisier，1743—1794）首次测定了乙醇的元素组成（1784 年）。法国化学家索绪尔（Theodore de Saussure，1767—1845）为阐明和规范农业和食品化学的基本理论做了大量工作，并首次完成了乙醇的精确的元素组成分析（1807 年）。英国化学家戴维（Humphey Davy，1778—1829）在 1807～1808 年分离出元素钾、钠、钡、铝、钙和镁，在 1813 年出版了第一本《农业化学原理》，在其中论述了食品化学的一些相关内容。

乳酸、柠檬酸和苹果酸的发现者

　　李比希（Justus von Liebig，1803—1873）提出将食品分为含氮的（植物纤维、酪蛋白等）和不含氮的（脂肪、碳水化合物等）两类（1842 年），并于 1847 年出版了《食品化学的研究》，这是第一本有关食品化学方面的著作，但此时仍未建立食品化学学科。法国化学家谢福瑞（Michel Fugene Chevreul，1786—1889）在动物脂肪成分上所作的经典研究导致了硬脂酸和油酸的发现。

　　在 1820～1850 年期间，化学和食品化学开始在欧洲占据重要地位。在许多大学中建立了分析研究和化学研究实验室，并创立了新的化学研究杂志，推动了化学和食品化学的发展。从此，食品化学发展的步伐更快。19 世纪中后期，以英国的哈赛尔（Arthur Hill Hassall，1817—1894）为代表的化学家建立了精确的微观分析方法，将食品的微观分析提高至重要地位，大大推动了人类对食品成分认识的进程。汉尼伯格（W.Hanneberg）和斯托曼（F.Stohman）发展了一种常规测定食品中主要成分的方法，即将样品分为几个部分，以便测定其中的水、粗脂肪、灰分和氮含量，氮含量乘换算系数 6.25 得蛋白质含量（1860 年）。杜马（Jean Baptiste Dumas，1800—1884）提出仅由蛋白质、碳水化合物和脂肪组成的膳食不足以维持人类的生命（1871 年）。

微观分析先驱：哈赛尔

　　在 19 世纪，食品掺假事件在欧洲时有发生，这对食品检验和食品安全性提出了迫切要求，也促进了普通分析化学和食品检验方法的发展。直到 1920 年，世界各国相继颁布了有关禁止食品掺假的法规，建立了相应的检验机构和检验方法。

　　20 世纪初，食品工业已成为发达国家和一些发展中国家的重要工业，大部分食品的物质组成已由化学家、生物学家和营养医学家的研究探明，这些物质是维生素、矿物质、脂肪酸和一些氨基酸。这时，食品化学学科建立的时机才成熟，食品工业的不同行业纷纷创建自身的化学基础，如粮油化学、果蔬化学、乳品化学、糖业化学、肉禽蛋化学、水产化学、添加剂化学、风味化学等的崛起，为系统的食品化学学科的建立奠定了坚实的基础。同时在 20 世纪 30～60 年代，具有世界影响的 Journal of Food Science、Journal of the Science of Food and Agriculture、Journal of Agriculture and Food Chemistry 和 Food

Chemistry 等杂志相继创刊，标志着食品化学学科的正式建立。

近 30 多年来，在世界主要大国有不同文本的有关食品化学的著作面世，其中英文本的《食品科学》《食品化学》《食品加工过程中的化学变化》《水产食品化学》《食品中的碳水化合物》《食品蛋白质化学》《蛋白质在食品中的功能性质》等反映了当代食品化学研究的水平。权威性的食品化学教科书应首推菲尼马（Owen R.Fennema）主编的 *Food Chemistry*（美国）和贝利兹（H.D.Belitz）主编的 *Food Chemistry*（德国），已出版第三版并流传于世界各地。

20 世纪后期，由于现代食品工业加工技术的新发展，膜技术、超临界技术、微胶囊技术、超微粉碎技术、超声波技术、微波技术和静高压灭菌技术、电磁波技术等开始在食品工业应用和深入研究，不仅对食品质量、品质、安全性等方面提出了新要求，而且对食品化学领域的相关研究也提出了新的问题。色谱、质谱、色 - 质联用、核磁等现代分析技术的出现，以及结构化学理论的发展，使食品化学在理论和应用研究方面获得了显著的进展。近年来，食品化学的研究领域更加宽广，研究手段日趋现代化，研究成果的应用周期越来越短。目前食品化学的研究正向反应机理、风味物质的结构和性质研究、特殊营养成分的结构和功能性质研究、食品材料的改性研究、食品现代和快速分析方法的研究、高新分离技术的研究、未来食品包装技术的化学研究、现代化贮藏保鲜技术和生理生化研究及新食源、新工艺和新添加剂的研究等方向发展。

 概念检查 1.2　　　　　　　　　　　　　　　　　　　　

○ 选择题

早期对乳酸、柠檬酸等化合物进行分离和研究，为食品化学发展奠定基础的化学家是谁？（　　　）

A. 卡尔·威尔海姆·舍勒　　　　　　　　B. 亚瑟·希尔·哈赛尔

C. 让−巴蒂斯特·杜马　　　　　　　　　D. 尤斯图斯·冯·李比希

1.3　食品化学的研究内容与研究方法

1.3.1　食品化学的研究内容

食品从原料生产，经过贮藏、运转、加工到产品销售，每一过程无不涉及一系列的化学变化（表 1-1～表 1-3）。对这些变化的研究及控制构成了食品化学研究的核心内容。

表 1-1　食品在加工或贮藏中发生的变化

属　性	变　化
质地	失去溶解性，失去持水性，质地变坚韧，质地变柔软
风味	出现酸败味，出现焦味，出现异味，出现美味和芳香
颜色	褐变（暗色），漂白（褪色），出现异常颜色，出现诱人色彩
营养价值	蛋白质、脂类、维生素和矿物质的降解或损失及生物利用率改变
安全性	产生有毒物，钝化毒物，产生有调节生理机能作用的物质

表1-2　改变食品品质的一些化学和生物化学反应

反应类型	例子
非酶褐变	焙烤食品表皮呈色
酶促褐变	切开的水果迅速褐变
氧化	脂肪产生异味，维生素降解，色素褪色，蛋白质营养损失
水解	脂类、蛋白质、维生素、碳水化合物、色素降解
金属反应	与花青素作用改变颜色，叶绿素脱镁，作为油脂自动氧化反应的催化剂
脂类异构化	顺式构型变成反式构型，不共轭脂生成共轭脂
脂类环化	产生单环脂肪酸
脂类聚合	深锅油炸时油起泡沫
蛋白质变性	卵清蛋白凝固，酶失活
蛋白质交联	在碱性条件下加工蛋白质使其营养降低
糖酵解	屠宰后动物组织和采后植物组织的无氧呼吸

表1-3　食品贮藏或加工中变化的因果关系

初期变化	二次变化	影响
脂类水解	游离脂肪酸与蛋白质反应	质地、风味、营养价值
多糖水解	糖与蛋白质反应	质地、风味、颜色、营养价值
脂类氧化	氧化产物与许多其他成分反应	质地、风味、颜色、营养价值、毒物产生
水果破碎	细胞破碎，酶释放，氧气进入	质地、风味、颜色、营养价值
绿色蔬菜加热	细胞壁和膜的完整性破坏，酶释放，酶失活	质地、风味、颜色、营养价值
肌肉组织加热	蛋白质变性凝聚，酶失活	质地、风味、颜色、营养价值
脂类的顺反异构化	在深锅油炸中热聚合	油炸过度时起泡沫，油脂的营养价值降低

　　食品中的脂类、碳水化合物及蛋白质是食品中的主要成分，它们一般占天然食品的90%（干基）以上。图1-2简要示出了食品中主要成分的变化及相互间的联系。由图可见，活泼的羰基化合物是极重要的反应中间产物。另一个重要的中间产物是过氧化物，它们来自脂类、碳水化合物和蛋白质的化学变化，自身又引起色素、维生素和风味物质变化，结果导致了食品品质的多种变化。

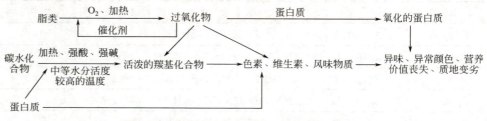

图1-2　食品主要成分的变化和相互间的联系

　　图 1-2 中列出的反应主要是食品劣变的反应，最终都导致食品质量下降。该图显示了以下一些基本反应规律：①从单一成分自身的反应来看，其反应的活性顺序为脂肪＞蛋白质＞碳水化合物，脂肪与蛋白质都能在常温下反应，但脂肪的反应具有自身催化作用，因此食物主要成分中脂肪是最不稳定的，很多食品通常是先由脂肪变化而导致食品变质；②食品主要成分之间存在各种反应，脂肪是通过氧化的中间产物与蛋白质和碳水化合物反应，在加热、酸性或碱性条件下蛋白质和碳水化合物互相反应；③反应体系中过氧化物与活泼的羰基化合物是参与反应的最主要的活性基团；④色素、风味物质、维生素在各种反应中最易发生变化。以上各种典型的反应分别在各章节中介绍。

　　影响上述反应的因素主要有：食品自身的因素，如食品的组成、水分活度（a_w）、pH 值等；环境的因素，如温度（T）、时间（t）、大气成分、光照等（表 1-4），这些因素也是决定食品在加工贮藏中稳定性的因素。在这些因素中最重要的是温度、时间、pH 值、水分活度和产品中组成成分。掌握了这些反应条件就能调控反应速度。

　　一般来说，在中等温度范围内，反应符合阿伦尼乌斯方程：

$$k = A\mathrm{e}^{-\Delta E/RT}$$

　　式中，k 为温度 T 时的速率常数；A 为作用分子间的碰撞频率；ΔE 为反应活化能；R 为气体常数；T 为温度。

　　从上式可见温度是影响食品贮藏加工中化学变化的主要变量。

表 1-4　决定食品在贮藏加工中稳定性的重要因素

因素	内容
产品自身的因素	各组成成分（包括氧化剂）的化学性质、氧气含量、pH值、水分活度（a_w）、玻璃化温度（T_g）、玻璃化温度时的水分含量（W_g）
环境因素	温度（T）、处理时间（t）、大气成分、经受的化学处理、物理处理、见光、污染、极端的物理环境

　　由于食品的组成成分复杂，食品化学涉及的范围很广。食品化学的研究主要包括以下内容。

　　（1）食品中营养成分、呈色成分、风味成分和有害成分的化学组成、性质、结构和功能特性　食品的基本成分包括人体营养所需要的碳水化合物、蛋白质、脂类、维生素、矿物质、膳食纤维与水等，它们提供人体正常代谢所必需的物质和能量。此外，食品除了具有足够的营养素外，还必须具有刺激人食欲的风味特征和期望的质地，同时又是安全的。

　　食品中的有毒物质包括食品中存在的天然毒物、加工和贮藏过程中产生的有毒物质以及外源污染物，例如蛋白酶抑制剂、红细胞凝集素、过敏原、生物碱、亚硝酸盐、真菌毒素和食物中毒毒素、有机农药和重金属等。这些物质的快速灵敏分析、对食品安全性的影响和作用机制以及在各种食品中的分布和存在状况，都是食品化学必须研究的重要内容。

　　（2）在生产、加工、贮藏和运销过程中发生的变化及变化的机理　食品在贮藏加工过程中发生的化学变化主要有以下几类：①食品的非酶褐变和酶促褐变；②水分活度对食品质量变化的影响；③脂类的水解、自动氧化、光敏氧化、热降解和辐射；④蛋白质的变性、交联和水解反应；⑤食品中大分子化合物的结构与功能特性之间的变化；⑥维生素的降解和损失；⑦营养补充剂和食品添加剂的作用和影响；⑧食品中风味化合物的产生及其反应机理；⑨酶在食品加工和贮藏过程中引起的食品成分变化和催化降解反应；⑩食品中有害化合物的来源及产生途径等。

褐变反应

　　氧化是食品变质的最重要原因之一，它不仅造成营养损失，而且使食品产生异味、变色、质地变坏或生成有害物质，不仅损害食品的品质，而且长期摄入这类食品还会损害人体健康或引起多种疾病，例如胆固醇氧化产物中的胆固醇环氧化物和氢过氧化物均可引起致癌和致突变作用。食品中存在着多种抗氧化作用的天然化合物和酶（例如维生素 E、原花青素、β-胡萝卜素、抗坏血酸、半胱氨酸），人体内

存在着许多抗氧化物酶（例如超氧化物歧化酶、过氧化氢酶和谷胱甘肽过氧化物酶等），这些物质都具有很强的抗氧化性。食品化学研究食品中各种活性物质及其在不同条件下的反应机制，从而达到有效地控制它们的目的。现在人们对光敏氧化、直接光化学反应和自动氧化的主要反应历程与中间活性产物的分离、鉴定的研究已取得了显著进展，这无疑将有助于新的食品贮藏加工技术的发展。

（3）食品贮藏和加工的新技术开发   近20年来，食品科学与工程领域发展了许多高新技术，例如辐照保鲜技术、生物技术、微波技术、超临界萃取技术、分子蒸馏技术、膜分离技术、活性包装技术、可降解食品包装材料、微胶囊技术等。这些新技术实际应用的关键依然是对物质结构、物性和变化的把握，因此它们的发展速度也紧紧依赖于食品化学在这一领域中的发展。

（4）新产品开发、新食品资源利用等   随着社会的进步和人们生活水平的提高，要求开发新的食品资源，尤其是新的蛋白质资源，发现并脱除其中的有害成分，同时保护有益成分的营养与功能性。人们对食品的要求不仅强调营养、风味及安全方面，而且对食品的生物活性方面也有了新的要求，即要求食品具有增强人体免疫机能、调整人体生物节律、防止疾病发生、恢复健康等方面的新作用，因而提出了"保健食品"的概念。对食品中生物活性物质的化学结构、性质及其功能性质的研究成为21世纪食品化学的重点研究课题。

（5）食品安全问题   不管是什么食品，安全性是首要的。随着现代科学技术的发展，人类的生存环境遭到很大的破坏，食品原料在生长过程中不仅受到废水、废气和废物的污染，同时还存在农药、兽药、激素物质残留以及食品毒素等问题；食品原料在贮藏、运输和加工过程中也存在有害物质和微生物的污染、有害化学物质生成等问题。为了解决这些食品安全问题，就要了解这些有害成分的结构、性质以及生成和消除反应的机理，这些都需要依靠食品化学手段。

1.3.2　食品化学的研究方法

食品是多种组分构成的体系，在食品的配制、加工和贮藏过程中会发生许多复杂的变化，它将给食品化学的研究带来一定的困难。因此，一般是从模拟体系或简单体系入手，将所得实验结果应用于食品体系，以确定食品组分间的相互作用及其对食品营养、感官品质和安全性造成的影响。可是这种研究方法由于使研究的对象过于简单化，由此得到的结果有时很难解释真实的食品体系中的情况。

化学的研究方法是通过实验和理论探讨从分子水平上分析和综合认识物质变化的方法。与一般化学的研究方法不同，食品化学的研究方法是确定关键的化学和生物化学反应将如何影响食品的质量与安全，并将这种知识应用于食品配制、加工和贮藏过程中可能遇到的各种情况，即通过阐明食品成分之间化学反应的历程、中间产物和最终产物的化学结构及其对食品的营养价值、感官质量和安全性的影响，控制食品中各种生物物质的组成、性质、结构和功能以及贮藏加工过程中的化学和生物化学变化，从而得到高质量的食品。因此，从试验设计开始，食品化学研究的目的就是要揭示食品品质或安全性变化，并且把实际的食品体系和主要食品加工工艺条件作为试验设计的重要依据。

食品化学的试验包括理化试验和感官试验。理化试验主要是对食品进行成分分析和结构分析，即分析试验系统中的营养成分、有害成分、色素和风味物质的存在、分解、生成量和性质及其化学结构；感官试验是通过人的直观评价来分析实验系统的质构、风味和颜色的变化。根据试验结果和资料查证，可在变化的起始物和终产物间建立化学反应方程，也可能得出比较合理的假设机理，并预测这种反应对食品品质和食品安全性的影响，然后再用加工研究试验来验证。

　　在以上研究的基础上再对这种反应的反应动力学进行研究，一方面深入了解反应机理，另一方面探索影响反应速度的因素，以便为控制这种反应奠定理论依据和寻求控制方法。化学反应动力学是探讨物质浓度、碰撞概率、空间阻碍、活化能垒、反应温度和压力以及反应时间对反应速度和反应平衡影响的研究体系。通过速率方程和动力学方程的建立和研究，对反应中间产物、催化因素和反应方向及程度受各种条件影响的认识将得以深化。有了这些理论基础，食品化学家便能够在食品加工和贮藏中选择适当的条件，把握和控制对食品品质和安全性有重大影响的化学反应的速度。

　　上述食品化学的研究成果最终将转化为合理的原料配比，有效的反应接触屏障的建立，适当的保护或催化措施的应用，最佳反应时间和温度的设定，光照、氧含量、水分活度和 pH 值等的确定，从而得出最佳的食品加工、贮藏方法。

 概念检查 1.3

○ 食品化学的试验包括哪两类？
○ 简述食品化学的主要研究内容。

1.4　食品化学研究发展趋势

　　食品工业的发展从客观上要求它更加依赖科技进步，食品研究的重点转向高、深、新的理论和技术方向，这将为食品化学的发展创造极有利的机会。同时，由于新的现代分析手段、分析方法和食品技术的应用，以及生物学理论和应用化学理论的进步，人们对食品成分的微观结构和反应机理有了更进一步的了解。采用生物技术和现代化工业技术改变食品的成分、结构与营养性，从分子水平上对功能食品中的功能因子所具有的生理活性及保健作用进行深入研究等，将使食品化学的理论和应用产生新的突破和飞跃。因此，食品化学的研究方向将体现在以下几方面。

　　① 继续研究不同原料和不同食品的组成、性质和在食品贮藏加工中的变化及其对食品品质和安全性的影响。

　　② 开发新的食品资源，特别是新的食用蛋白质资源，发现并脱除新食源中的有害成分，同时保护有益成分的营养与功能性。

　　③ 现有的食品工业生产中还存在各种各样的问题，如变色变味、质地粗糙、货架期短、风味不自然等，这些问题有待食品化学家与工厂技术人员相结合，从理论和实践上加以解决。

　　④ 功能性食品中功能因子的组成、提取、分离、结构、生理活性及综合开发等。

　　⑤ 现代贮藏保鲜技术的研究。

　　⑥ 利用现代分析手段和高新技术深入研究食品的风味化学和加工工艺学。

　　⑦ 新食品添加剂的开发、生产和应用研究。

　　⑧ 食品快速分析和检测新方法或新技术的研究与开发。

⑨ 食物资源深加工和综合利用的研究。

 总结

○ 概念
  - 食物是指提供营养素、维持人类代谢活动的可食性物料；经过加工处理后供人类食用的食物被称为食品。
  - 营养素是指能维持人体正常生长发育和新陈代谢所必需的物质。
  - 食品化学是从化学角度和分子水平上研究食品的化学组成、结构、理化性质、营养和安全性以及它们在生产、加工、贮存和运销过程中的变化及其对食品品质和食品安全性影响的学科。

○ 食品中的化学组成
  - 必需营养素，即蛋白质、脂肪、碳水化合物、矿物质、维生素和水。
  - 机体非必需但是为赋予食品期望的品质所需要的成分，如色素、香气成分及食品添加剂等。
  - 在贮藏、加工过程中产生的有害或可能对机体有害的物质，如食品中的一些成分经过氧化、聚合、分解等反应产生的化合物。

○ 食品化学研究的核心内容
  - 食品从原料生产，经过贮藏、运转、加工到产品销售一系列过程中涉及的变化研究及控制。

○ 食品主要成分的变化及相互关系
  - 从单一成分自身的反应来看，反应的活性顺序为脂肪＞蛋白质＞碳水化合物。因脂肪的反应具有自身催化作用，故食物主要成分中脂肪最不稳定。
  - 脂肪通过氧化的中间产物与蛋白质和碳水化合物反应，在加热、酸性或碱性条件下蛋白质与碳水化合物互相反应。
  - 反应体系中过氧化物与活泼的羰基化合物是参与反应的最主要的活性基团。
  - 色素、风味物质、维生素在各种反应中最易发生变化。

○ 决定食品在贮藏加工中稳定性的因素
  - 食品自身的因素，如食品的组成、水分活度、pH值等。
  - 环境因素，如温度（T）、时间（t）、大气成分、经受的化学处理和物理处理、见光、污染、极端的物理环境。
  - 最重要的是温度、时间、pH值、水分活度和产品中的组成成分。

○ 食品化学的研究内容
  - 食品中营养成分、呈色成分、风味成分和有害成分的化学组成、性质、结构和功能特性。
  - 在生产、加工、贮藏和运销过程中发生的变化及变化的机理。
  - 食品贮藏和加工的新技术开发。
  - 新产品开发、新食品资源利用等。
  - 食品安全问题。

○ 食品在贮藏加工过程发生的化学变化

- 食品的非酶褐变和酶促褐变。
- 水分活度对食品质量变化的影响。
- 脂类的水解、自动氧化、光敏氧化、热降解和辐射。
- 蛋白质的变性、交联和水解反应。
- 食品中大分子化合物的结构与功能特性之间的变化。
- 维生素的降解和损失。
- 营养补充剂和食品添加剂的作用和影响。
- 食品中风味化合物的产生及其反应机理。
- 酶在食品加工和贮藏过程中引起的食品成分变化和催化降解反应。
- 食品中有害化合物的来源及产生途径等。
- 食品化学的试验
  - 理化试验：分析试验系统中的营养成分、有害成分、色素和风味物质的存在、分解、生成量和性质及其化学结构。
  - 感官试验：通过人的感官评价来分析试验系统的质构、风味和颜色的变化。

思考题

1. 什么是食品化学？它的研究内容和范畴是什么？
2. 试述食品中主要的化学变化及对食品品质和安全性的影响。
3. 食品化学的研究方法有何特色？

参考文献

[1] 冯凤琴, 叶立扬. 食品化学 [M]. 2 版. 北京: 化学工业出版社, 2020.
[2] 阚建全. 食品化学 [M]. 4 版. 北京: 中国农业大学出版社, 2021.
[3] 汪东风, 徐莹. 食品化学 [M]. 4 版. 北京: 化学工业出版社, 2024.
[4] 江波, 杨瑞金. 食品化学 [M]. 2 版. 北京: 中国轻工业出版社, 2018.
[5] 薛长湖, 汪东风. 高级食品化学 [M]. 2 版. 北京: 化学工业出版社, 2021.
[6] 谢笔钧. 食品化学 [M]. 4 版. 北京: 科学出版社, 2023.
[7] Belitz H D, Grosh W, Schieberle P. Food Chemistry [M]. 4th revised and extended Edition. New York: Springer-Verlag/Berlin: Heidelberg, 2009.
[8] Monica Gallo, Pasquale Ferranti. The evolution of analytical chemistry methods in foodomics [J]. Journal of Chromatography A, 2016, 1428: 3-15.
[9] 刘畅. 食品安全检测中化学检测技术的应用探索 [J]. 中国食品, 2023(22): 63-65.

第 2 章　水

　　农民从农田收割稻谷后，常常放在地面上经太阳晾晒多天后才装袋，实施这个晾晒的环节或阶段的目的是什么？为什么水分活度比水分含量能更可靠地预示食品稳定性？

水是许多食品的主要成分，每一种食品都具有特定的水分含量（表2-1）。食品中的水分含量对许多反应和食品品质都有重要的意义：a）水可作为食品中的反应物或反应介质，加快或减缓反应速率；b）水是引起食品化学变化及微生物繁殖的重要原因，直接关系到食品的贮藏和安全特性；c）水是生物大分子化合物构象的稳定剂；d）水可作为食品的溶剂，起着综合风味的作用；e）水还能发挥膨润浸湿的作用，影响食品的加工性。

水通过与蛋白质、多糖、脂类、盐等作用，对食品的结构、外观、质地、风味、新鲜程度等有重要的影响；若想长期贮藏水分含量高的新鲜食品，可采取有效的方法控制水分来延长保藏期。因此了解食品中水的特性和变化对食品的品质、加工和贮藏具有非常重要的意义。

表2-1　部分食品的含水量

食品名称	含水量/%	食品名称	含水量/%	食品名称	含水量/%
蔬菜		乳制品		水果	
青豌豆	80～90	奶粉	≤5	杏	85～91
甜菜	85～95	奶油	≤16	西瓜	90～98
胡萝卜	80～85	酪蛋白	≤12	草莓	90～96
马铃薯	78～85	加糖炼乳	≤27	苹果	90～95
大白菜	90～95	无水奶油	≤0.1	柑橘	87～95
番茄	90～95	乳粉	≤5	香蕉	75～80
莴苣	90～97	乳清蛋白粉	≤6	葡萄	80～85
卷心菜	92～98	脱盐乳清粉	≤5	梨	85～90
焙烤制品		糖及其制品		肉类	
酥性饼干	≤4	乳糖	≤6	土耳其烤肉	62～68
软式面包	≤50	谷类淀粉	≤14	猪肉	60～63
广式果仁月饼	≤28	葡萄糖浆粉	≤10	牛肉	50～70
夹心蛋类芯饼	≤20	甘蔗糖蜜	≤30	鱼肉	65～81

2.1　水和冰的性质与结构

2.1.1　水和冰的物理性质

水与元素周期表中邻近氧的某些元素的氢化物（如 HF，H_2S，NH_3，CH_4，

2

H_2Te，H_2Se）等的物理性质相比，除黏度外，其他性质均有显著差异。由于水分子间强烈的氢键缔合作用，水的比热容和相变热（熔化热、蒸发热和升华热）等物理常数都异常高，这对食品加工中的冷冻和干燥过程有重大影响。水的密度（$1g/cm^3$）较高，结成冰时体积增加，表现出异常的膨胀特性，这会导致冻结时食品的组织结构破坏。冰的热导率在0℃时约为同一温度下水的4倍，这表明冰的热传导速率比生物组织中的非流动水要快得多；冰的热扩散速率约为水的9倍，即在一定的环境条件下冰的温度变化速率比水大得多。因而可以解释在温差相等的情况下为什么生物组织的冷冻速率比解冻速率更快。水和冰的物理常数见表2-2。

表2-2　水和冰的物理常数

物理量名称	物理常数值			
相对分子质量	18.0153			
相变性质				
熔点（101.3kPa）/℃	0.000			
沸点（101.3kPa）/℃	100.000			
临界温度/℃	373.99			
临界压力/MPa	22.064			
三相点	0.01℃和611.73Pa			
熔化热（0℃）/(kJ/mol)	6.012			
蒸发热（100℃）/(kJ/mol)	40.657			
升华热（0℃）/(kJ/mol)	50.910			
其他性质	20℃（水）	0℃（水）	0℃（冰）	−20℃（冰）
密度/(g/cm³)	0.99821	0.99984	0.9168	0.9193
黏度/(mPa·s)	1.002	1.793	—	—
界面张力（相对于空气）/(mN/m)	72.75	75.64	—	—
蒸气压/kPa	2.3388	0.6113	0.6113	0.103
热容量/[J/(g·K)]	4.1818	4.2176	2.1009	1.9544
热导率（液体）/[W/(m·K)]	0.5984	0.5610	2.240	2.433
热扩散系数/(m²/s)	1.4×10^{-7}	1.3×10^{-7}	11.7×10^{-7}	11.8×10^{-7}
介电常数	80.20	87.90	约90	约98

2.1.2　水分子

　　物质的结构决定物质的性质，了解水分子的结构就可以解释水的各种物理化学性质。水分子的化学式可表示为H_2O。2个氢原子与1个氧原子并不在同一条直线上，而是形成以氧核为顶角的等腰三角形。氢原子的电子层结构为$(1s)^1$，有1个未配对的电子，而氧原子的外电子层结构为$(2s)^2(2p_x)^2$ $(2p_y)^1(2p_z)^1$，有2个未配对的电子。氧原子与氢原子成键，氧原子发生sp^3杂化，形成4个sp^3杂化轨道。其中2个sp^3杂化轨道为氧原子本身的孤对电子占据（Φ_1，Φ_2），另外2个sp^3杂化轨道与2个氢原子的1s轨道重叠形成2个δ键。两个O—H键间夹角为104.5°，O—H核间距为0.096nm，氧与氢的范德华（van der Waals，又译范德瓦尔斯）半径分别为0.14nm和0.12nm（图2-1）。每个键的解离能为$4.61\times10^2kJ/mol$。

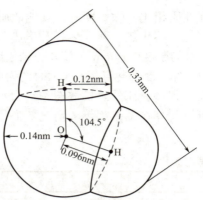

图2-1 单个水分子的结构示意图（气态水分子的范德华半径）

2.1.3　水分子的相互作用

　　水有 2 对孤对电子，水分子中的氢氧原子呈 V 字形排序。在蒸汽状态下，纯水分子的偶极矩为 1.84D。这种极性使分子间产生吸引力，因此水分子能以相当大的强度缔合。

　　在水分子中，由于氧的电负性远大于氢，价电子对强烈地偏向氧核，而使两个氢核几乎"裸露"出来，极易与另一水分子中氧原子外层的孤对电子形成氢键，水分子间便通过这种氢键产生较强的缔合作用。水分子具有形成三维氢键的能力，每个水分子最多能够与另外 4 个水分子通过氢键结合形成四面体构型（图 2-2）。由于每个水分子具有相等数目的氢键给体和受体，能够在三维空间形成氢键网络结构，因此水分子间的吸引力比同样靠氢键结合在一起的其他小分子（如 NH_3 和 HF）要大得多。

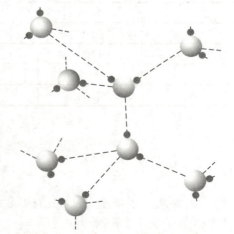

图2-2 四面体构型中水分子的氢键结合
虚线代表氢键，大圆球和小圆球分别代表氧原子和氢原子

2.1.4　冰的结构

　　冰是水分子通过氢键相互结合、有序排列形成的低密度、具有一定刚性的

六方形晶体结构。普通冰的晶胞如图 2-3 所示，最邻近的水分子的 O—O 核间距为 0.276nm，O—O—O 键角约为 109°，十分接近理想四面体的键角 109° 28′。

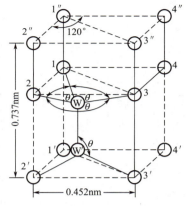

图 2-3　0℃时普通冰的晶胞
圆圈代表水分子中的氧原子

当从顶部沿着 C 轴观察几个晶胞结合在一起的晶胞群时，便可看出冰的正六边形对称结构，如图 2-4 所示。在图 2-3 中水分子 W 和最相邻近的另外 4 个水分子显示出冰的四面体结构，水分子 1、2、3 可以清楚地看见，第 4 个水分子位于 W 分子所在纸平面的下面。当在三维空间观察图 2-4 时，可看到如图 2-5 所显示的图形，显然它包含水分子的两个平面，这两个平面平行且很紧密地结合在一起。这类成对平面构成了冰的“基面”。在压力作用下，冰“滑动”或“流动”时，如同一个整体“滑动”，或者像冰河中的冰在压力作用下产生的“流动”。

几个基面堆积起来便得到冰的扩展结构。图 2-6 表示 3 个基面结合在一起时形成的结构，沿着平行 C 轴的方向观察，可以看到它的外形与图 2-4 完全相同，这表明基面完美地排列。冰在沿着 C 轴方向观察是单折射的，而在其他方向是双折射的，因此称 C 轴为冰的光轴。

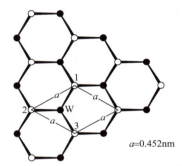

图 2-4　沿 C 轴方向观察到的冰的正六边形对称结构
圆圈代表水分子中的氧原子，空心圆圈和
实心圆圈分别代表上层和下层的氧原子

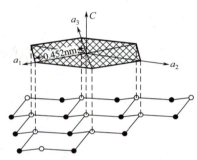

图 2-5　冰的基面立体图
圆圈含义同图 2-4

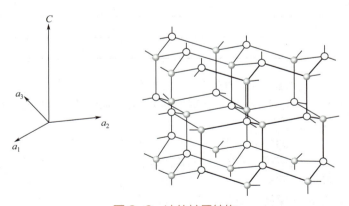

图 2-6　冰的扩展结构
空心圆圈和实心圆圈分别代表基面上层和下层的氧原子

冰有 11 种结晶类型。在常压和 0℃时，只有正六方形冰结晶是最稳定的。在食品和生物材料中，这是一种高度有序的结构，只有当样品在适度的低温冷却剂中进行缓慢冷冻且溶质的性质及浓度对水分子的迁移不造成严重干扰时，才有可能形成正六方形冰结晶。

水的冻结温度为0℃，可是纯水在此时并不结冰，而是先被冷却到过冷状态。所谓过冷是由于无晶核存在，液体水温度降到冰点以下仍不析出固体。如果外加晶核，在这些晶核周围就会逐渐形成大的冰晶，但此时生成的冰晶粗大，因为冰晶主要围绕有限的晶核长大。

食品中含有一定的水溶性成分，如葡萄糖、蔗糖、果糖、柠檬酸等，故食品的结冰温度降低，大多数天然食品的初始冻结点在 −1.0 ～ 2.6℃。随冻结量增加，冻结温度持续下降，直到达到食品的低共熔点（大约是 −65 ～ −55℃）。而我国冻藏食品的温度为 −18℃，因此，冻藏食品的水分实际上并未完全凝结。尽管如此，在这种温度下绝大部分水已冻结了。

现代冻藏工艺提倡速冻。速冻技术的要求是在 30min 内通过食品最大冰晶生成带（−5 ～ −1℃），速冻后食品中心温度必须达到 −18℃，并在 −18℃以下的温度贮藏。食品在这样的冻结条件下，细胞间隙的游离水和细胞内的结合水、游离水能同时冻结成无数冰晶体（冰晶粒子在 100μm 以下），冰晶分布与天然食品中液态水的分布极为相近，这样就不会损坏细胞组织。当食品解冻时，冰晶体融化。在该工艺下形成的冰晶体颗粒细小（呈针状），冻结时间缩短且微生物活动受到更大限制，因而食品品质好。

2.1.5 水的结构

在液态水中，水分子并不是以单个分子形式存在，含有偶极的水分子在三维空间上靠静电引力和氢键的缔合作用形成大分子 $(H_2O)_n$。温度和溶质对其影响最大。温度对水的缔合的影响表现为改变邻近水分子间的距离和水分子的配位数，见表 2-3。

表 2-3 水与冰结构中水分子之间的配位数和距离

状态及温度	配位数	O—H—O距离/nm
冰（0℃）	4.0	0.276
水（1.5℃）	4.4	0.290
水（83℃）	4.9	0.305

液态水是一种"稀疏"液体，其密度仅相当于紧密堆积的非结构液体的 60%。这是因为氢键键合形成了规则排列的四面体，这种结构使水的密度下降。

冰的熔化热异常高，足以破坏水中 15% 左右的氢键。虽然在水中不一定需要保留可能存在的全部氢键的 85%（例如，可能有更多的氢键破坏，能量变化将被同时增大的范德华相互作用力补偿），很可能水中仍然有相当多的氢键存在并保持广泛的缔合。

根据水的许多其他性质和 X 射线、核磁共振、红外和拉曼光谱分析测定的结果，以及水的计算机模拟体系的研究，进一步证明水分子具有这种缔合作用。

水的低黏度与结构有关，因为氢键网络是动态且呈四面体的网状结构，当分子在纳秒甚至皮秒这样短暂的时间内改变它们与邻近分子之间的氢键键合关系时，均会增大分子的流动性。

　　一般认为液态水分子间只存在范德华力和氢键，但是最近发表的研究成果表明在液态水中间还存在部分共价键力。来自欧美的科研小组首先应用康普顿（Compton）散射方法，用光子轰击冰中的化学键，然后分析电子吸收的能量，从而证实冰水分子中间的确存在部分共价键作用。

 概念检查 2.1

○　水与非水成分之间的相互作用有哪些？

2.2　食品中水与非水成分的相互作用

2.2.1　水与离子或离子基团的相互作用

　　当向纯水中添加可解离的溶质时，纯水靠氢键键合形成的四面体的正常结构遭到破坏。对于既不具有氢键受体又没有给体的简单无机离子，它们与水相互作用时仅仅是离子 - 偶极的极性结合。图 2-7 中仅指出了纸平面上第一层水分子可能出现的排列方式，这种作用方式通常称为离子水合作用，例如 K^+、Cl^- 和解离基团—COO^-、—NH_3^+ 等所带的电荷与水分子的偶极矩产生静电相互作用。Na^+ 与水分子的结合能大约是水分子间氢键能的 4 倍，但低于共价键能。

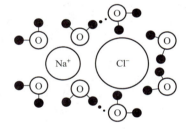

图 2-7　NaCl 附近的水分子可能出现的排列方式

（图中仅表示出纸平面上的水分子）

　　离子电荷与水分子的偶极子之间相互作用的水是食品中结合最紧密的水。这种作用对食品体系的影响表现在改变水的结构、改变水的介电常数以及改变食品体系和生物活性大分子的稳定性。在稀盐水溶液中，不同的离子对水结构的影响不同。一些离子具有净结构破坏效应（net structure-breaking effect），如 K^+、Rb^+、Cs^+、NH_4^+、Cl^-、I^-、Br^-、NO_3^-、BrO_3^-、IO_3^-、ClO_4^- 等。这些大的正离子和负离子能阻碍水形成网状结构，这类盐溶液的流动性比纯水更大。另外一些离子具有净结构形成效应（net structure-forming effect），这些离子大多是电场强度大、离子半径小的离子或多价离子如 Li^+、Na^+、Ca^{2+}、Ba^{2+}、Mg^{2+}、Al^{3+}、F^-、OH^- 等，它们有助于形成网状结构，因此这类离子的水溶液的流动性比纯水小。然而，从水的正常结构来看，所有离子对水的结构都起到破坏作用，因为它们都能阻止水在 0℃下结冰。

2.2.2　水与具有氢键键合能力的中性基团的相互作用

　　水与非离子、亲水溶质的相互作用力比水与离子间的相互作用弱，而与水 - 水氢键相互作用的强度大致相当。水按其所在的特定位置可分为化合水和邻近水（第一层水），溶质 - 水氢键的强度决定了邻近水的性质的改变及其流动性是否比体相水低。通过氢键而被结合的水流动性极小，凡能够产生氢键键合的溶质均可以强化纯水的结构，而不是破坏这种结构。然而，在某些情况下，溶质氢键键合的部位和取向在几何构型上与正常水不同，因此这些溶质通常对水的正常结构也会产生破坏。

水能与某些基团，例如羟基、氨基、羧基、酰氨基和亚氨基等极性基团，发生氢键键合作用。另外，在生物大分子的两个部位或两个大分子之间可形成由几个水分子构成的"水桥"。结晶大分子的亲水基团间的距离与纯水中最邻近两个氧原子间的距离相等，如果在水合大分子中这种间隔占优势，将会促进第一层水和第二层水之间形成氢键。

2.2.3　水与非极性基团的相互作用

向水中加入疏水性物质，例如烃、稀有气体，以及引入脂肪酸、氨基酸、蛋白质等非极性疏水基团，它们与水分子产生斥力，从而使疏水基团附近的水分子之间的氢键键合作用增强，结构更为有序，而疏水基团之间相互聚集，减少了它们与水的接触面积，导致自由水分子增多。非极性物质具有两种特殊的性质：一种是蛋白质分子间产生的疏水相互作用（hydrophobic interaction），它是一种为减少水与非极性实体的界面面积，在疏水基团之间进行缔合的作用；另一种是疏水水合作用，非极性物质和水形成的笼形水合物（clathrate hydrate），即像冰一样的包含化合物，水为"宿主"，它们靠氢键键合形成像笼一样的结构，通过物理方式将非极性物质截留在笼内，被截留的物质称为"客体"。

在水溶液中，溶质疏水基团间的缔合是很重要的，因为大多数蛋白质分子中大约40%的氨基酸含有非极性基团，因此疏水基团相互聚集的程度很高，从而影响蛋白质的功能。尽管蛋白质在水溶液中产生疏水相互作用，球状蛋白质的非极性基团40%～50%占据在蛋白质的表面，暴露的疏水基团与邻近的水分子间除了产生微弱的范德华力外，它们之间并无吸引力。由图2-8可以看出疏水基团周围的水分子对正离子产生排斥，对负离子产生吸引，因此水与水的结构在蛋白质的构象中起着重要的作用。

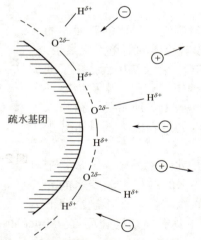

图 2-8　水在疏水基团表面的取向

2.3　水分存在的状态

在食品或食品原料中，由于非水物质的存在，水与它们以多种方式相互作用后，便形成了不同的存在状态。根据水分子存在的状态一般把食品中的水分为游离水和结合水。

游离水（或称体相水）是指没有被非水物质化学结合的水，它又可以分为自由流动水、毛细管水和截留水3类。自由流动水是指存在于动物的血浆、淋巴和尿液，植物的导管和细胞内液泡中的那部分可以自由流动的水。毛细管水是位于生物组织的细胞间隙和食品的组织结构中的一种由毛细管力系留的水。截留水是被组织中的显微和亚显微结构与膜阻留住的水，由于不能自由流动，所以称为截留水。

结合水（或称束缚水）是指存在于食品中的与非水成分通过氢键结合的水，是食品中与非水成分结合得最牢固的水。不能被微生物利用，在 –40℃下不结冰，无溶剂能力（溶解溶质的能力）。

根据结合水被结合的牢固程度的不同，结合水又分为化合水、邻近水和多层水。化合水（或称构成水）是指结合得最牢固的构成非水物质组成的那部分水，作为化学水合物中的水，它们在 –40℃下不结冰，无溶剂能力。邻近水是指处在非水组分亲水性最强的基团周围的第一层位置且与离子或离子基团缔合的水，也包括毛细管中的水（直径 < 0.1μm），在 –40℃下不结冰，无溶剂能力。多层水是指位于以上所说的第一层的剩余位置的水和邻近水的外层形成的几个水层，主要靠水 - 水和水 - 溶质间氢键形成。

食品中水的分类和各类水的性质可参考表 2-4 和表 2-5。

表 2-4　食品中水的分类与特征

分　类		特　征	典型食品中比例/%
结合水	化合水	食品中非水成分的组成部分	<0.03
	邻近水	与非水成分的亲水基团强烈作用形成单分子层；水-离子以及水-偶极结合	0.1～0.9
	多层水	在亲水基团外形成另外的分子层；水-水以及水-溶质结合	1～5
游离水	自由流动水	自由流动，性质同稀的盐溶液，水-水结合为主	5～96
	截留水和毛细管水	容纳于凝胶或基质中，水不能流动	5～96

表 2-5　食品中水的性质

性　质	结合水	游离水
一般描述	存在于溶质或其他非水组分附近的水，包括化合水、邻近水及几乎全部多层水	位置上远离非水组分，以水-水氢键存在
冰点（与纯水比较）	冰点大为降低，甚至在–40℃不结冰	能结冰，冰点略微降低
溶剂能力	无	大
平均分子水平运动	大大降低甚至无	变化很小
蒸发焓（与纯水比较）	增大	基本无变化
高水分食品中占总水分比例/%	0.03～3	约96
微生物利用性	不能	能

概念检查 2.2

○ 水分在食品体系内存在的状态有哪些？

2.4　水分活度与吸附等温线

食品中水分含量的多少与食品的腐败变质有着密切的关系，为了提高食品的稳定性，通常对食品进行浓缩和干燥处理以降低含水量。但是人们发现不同种类的食品即使水分含量相同，其腐败变质的难易

程度也存在明显差异，这说明以水分含量作为判断食品稳定性的指标不完全可靠，于是人们提出了水分活度（water activity，a_w）这一概念。

2.4.1 水分活度

路易斯（Lewis）从热力学平衡定律严密地推导出了物质活度的概念，斯科特（Scott）开创性地将它用于食品。水分活度可定义为

$$a_w=f/f_0 \tag{2-1}$$

式中，f 为溶剂逸度（溶剂从溶液中逸出的趋势）；f_0 为纯溶剂逸度。

在低温时（如室温下），f/f_0 和 p/p_0 之间的差值很小（低于 1%），因此采用 p/p_0 表示水分活度是合理的，于是 a_w 可表示为

$$a_w=p/p_0 \tag{2-2}$$

式中，p 为某种食品在密闭容器中达到平衡状态时的水分蒸气压；p_0 为在同一温度下纯水的饱和蒸气压。

式（2-2）成立的前提条件是理想溶液存在热力学平衡。然而，食品体系一般不符合上述条件，故应将式（2-2）看作近似表达，更合适的表达式如下：

$$a_w \approx p/p_0 \tag{2-3}$$

相对蒸气压（relative vapor pressure，RVP）是 p/p_0 的另一名称。RVP 与产品环境的平衡相对湿度（equilibrium relative humidity，ERH）有关，如下所示：

$$RVP=p/p_0=ERH/100 \tag{2-4}$$

应用相对蒸气压时必须注意：① RVP 是样品的内在性质，而 ERH 是与样品中的水蒸气平衡时的大气性质；②仅当样品与环境达到平衡时，式（2-4）的关系才成立。当样品数量很少（小于 1g 时），样品和环境之间达到平衡需要很长的时间，故对于大量样品，在温度低于 50℃时，与环境几乎不可能达到平衡。

水分活度与环境平衡相对湿度和拉乌尔（Raoult）定律的关系如下：

$$a_w=p/p_0=ERH/100=N=n_1/(n_1+n_2) \tag{2-5}$$

式中，N 为溶剂（水）的摩尔分数；n_1 为溶剂的物质的量；n_2 为溶质的物质的量。

n_2 可以通过测定样品的冰点下降温度，然后按下式计算求得：

$$n_2=G\Delta T_f/1000K_f \tag{2-6}$$

式中 G——样品中溶剂的量，g；

ΔT_f——样品冰点降低温度，℃；

K_f——水的摩尔冰点降低常数（1.86）。

蒸气压是溶液的基本特性之一。非电解质溶质挥发性低，不显示蒸气压，因此溶液的蒸气压可看成是全部由溶剂分子产生的。根据拉乌尔定律，在理想溶液中，溶剂分子的蒸气压与溶剂的物质的量成比例。

食品的水分活度可以用食品中水的摩尔分数表示，但食品中水和溶质相互作用或水和溶质分子相互接触时会释放或吸收热量，这与拉乌尔定律不相符。

当溶质为非电解质且质量摩尔浓度小于 1 时，a_w 与理想溶液相差不大，但溶质是电解质时便出现大的差异。表 2-6 给出了理想溶液、电解质和非电解质溶液的 a_w。

表 2-6　质量摩尔浓度溶质水溶液的 a_w[①]

溶液[①]	a_w	溶液[①]	a_w
理想溶液	0.9823[②]	氯化钠（食盐）	0.967
丙三醇（甘油）	0.9816	氯化钙	0.945
蔗糖	0.9806		

① 1kg 水（55.51mol）中溶解 1mol 溶质。
② $a_w=55.51/(1+55.51)=0.9823$。

由表 2-6 可以看出，纯溶质水溶液的 a_w 值与按拉乌尔定律预测的值不相同，更不用说复杂的食品体系中组分种类多且含量各异，因此用食品的组分和水分含量计算食品的 a_w 是不可行的。

2.4.1.1　水分活度的测定方法

食品中水分活度与水分含量之间有着密切的关系，因而通过测定食品的水分含量便可间接获得水分活度值。常见的水分活度测定方法有以下几种。

（1）冰点测定法　先测样品的冰点降低温度和含水量，然后代入式（2-5）和式（2-6）计算水分活度。采用在低温下测定冰点而计算较高温度时的 a_w 值方法所引起的误差很小。

（2）相对湿度传感器测定法　将已知含水量的样品置于恒温密闭的小容器中，使其达到平衡，然后用电子测定仪或湿度测定仪测样品和环境空气的平衡相对湿度，即可得 a_w。

（3）恒定相对湿度平衡法　置样品于恒温密闭的小容器中，用一定浓度的饱和盐溶液控制密闭容器的相对湿度，定期测量样品水分含量的变化，然后绘图求 a_w。以茶叶为例，将预先处理好的茶叶样品放置在一定浓度的饱和食盐水溶液中，通过雾化加湿器控制相对湿度，温度保持恒定不变，用电子天平定期称量，直到连续 3 次称重量相差不超过 0.002g 即达到平衡，操作的全过程不能超过 30s。整个平衡过程依赖于密闭容器的温度和相对湿度，一般在 3 周内即可达到平衡。

2.4.1.2　水分活度与温度的关系

蒸气压和平衡相对湿度都是温度的函数，所以水分活度也是温度的函数。水分活度与温度的函数可用克劳修斯 - 克拉贝龙（Clausius-Clapeyron）方程表示：

$$\mathrm{d}\ln a_w/\mathrm{d}(1/T)=-\Delta H/R \tag{2-7}$$

式中，T 为热力学温度；R 为气体常数；ΔH 为在样品的水分含量下的等量净吸附热。

式（2-7）经过整理，可推导出

$$\ln a_w=-\Delta H/RT+C \tag{2-8}$$

显然，$\ln a_w$ 对 $1/T$ 作图为一直线。图 2-9 表示马铃薯淀粉的水分活度与温度的关系，由图可以说明两者之间有良好的线性关系。水分活度起始值为 0.5 时，在 2～40℃范围内，温度系数为 0.0034K[-1]。一般来说，温度每变化 10℃，a_w 变化 0.03～0.20，因此温度的变化对水分活度产生的效应会影响密封袋或罐装食品的稳定性。

当温度范围较大时，以 $\ln a_w$ 对 $1/T$ 作图时，得到的图形并非始终是一条直线，当食品开始冻结时直线发生转折，因此对于冰点以下的水分活度需要重新定义。此时在计算水分活度时，公式中的 p_0 是表示冰的蒸气压还是过冷水的蒸气压？大量研究结果表明 p_0 表示过冷水的蒸气压，如果用冰的蒸气压，这样求得的 a_w 没有意义，因为在冰点温度以下的 a_w 值都相同。另一方面，冷冻食品中水的蒸气压与同一温度

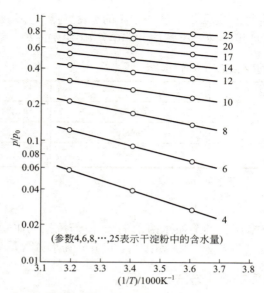

（参数4,6,8,…,25表示干淀粉中的含水量）

图2-9 马铃薯淀粉的水分活度与温度的克劳修斯－克拉贝龙关系

下冰的蒸气压相等（过冷纯水的蒸气压是在温度降低至–15℃时测定的，而测定冰的蒸气压，温度比前者要低得多），所以样品冻结后按如下公式计算其水分活度：

$$a_w = p_{ff}/p_{0(scw)} = p_{ice}/p_{0(scw)} \qquad (2-9)$$

式中，p_{ff} 为未完全冷冻的食品中水的蒸气压；$p_{0(scw)}$ 为过冷纯水的蒸气压；p_{ice} 为纯冰的蒸气压。

图2-10所示为 a_w 的对数值对 $1/T$ 作图所得到的关系图。图中说明：①在低于冰点温度时 $\lg a_w$ 与 $1/T$ 也是线性关系；②温度对 a_w 的影响在低于冰点温度时比在高于冰点温度时大得多；③样品在冰点时，图中直线出现明显的折断。

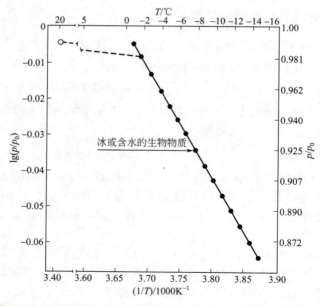

图2-10 高于或低于冻结温度时样品的水分活度和温度的关系

食品在冰点上下水分活度的比较：①在冰点以上，食品的 a_w 是食品的组成和温度的函数，并且主要与食品的组成有关，而在冰点以下 a_w 仅与食品的温度有关；②就食品而言，冰点以上和冰点以下水分活度的意义不一样，如在 $-15℃$、水分活度为 0.80 时微生物不会生长且化学反应缓慢，然而在 $20℃$、水分活度仍为 0.80 时化学反应快速进行且微生物能较快地生长；③不能用食品在冰点以下的 a_w 预测食品在冰点以上的 a_w，同样也不能用食品在冰点以上的 a_w 预测食品在冰点以下的 a_w。

2.4.2 水分吸附等温线

在恒定温度下，用来联系食品中的水分含量（以每单位干物质中的含水量表示）与其水分活度的图，称为水分吸附等温线（moisture sorption isotherm，MSI）。

水分吸附等温线对于了解以下信息是十分有意义的：
① 测定水分含量低于多少能够抑制微生物的生长；
② 预测食品的化学和物理稳定性与水分含量的关系；
③ 在浓缩和干燥过程中样品脱水的难易程度与相对蒸汽压的关系；
④ 配制混合食品必须避免水分在配料之间的转移；
⑤ 对于要求脱水的产品的干燥工艺、货架期和包装要求都有很重要的作用。

图 2-11 是高水分含量食品的水分吸附等温线，它表示食品脱水时各种食品的水分含量范围，但是低水分区域一些最重要的数据并未十分详细地表示出来，而低水分区域的数据对于食品研究来说显得更为重要，因此如图 2-12 所示的是更实用的吸附等温线。

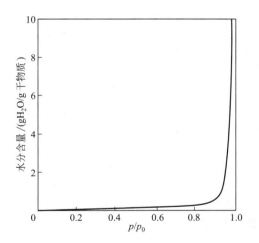

图 2-11 广泛范围水分含量的水分吸附等温线

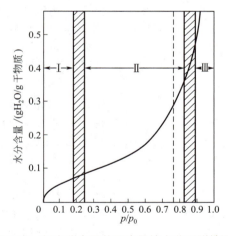

图 2-12 低水分含量范围食品的水分吸附等温线

向经过干燥的样品中添加水即可绘制出一些食品的水分吸附等温线，如图 2-13 所示。大多数食品的 MSI 呈 S 形，而水果、糖制品、含有大量糖和其他可溶性小分子的咖啡提取物以及多聚物含量不高的食品的 MSI 为 J 形。

为了深入了解吸附等温线的含义和实际应用，可将图 2-12 中的曲线分成 3 个区间，因回吸作用而被重新结合的水从 I 区（干燥的）向 III 区（高水分含量）移动时水的物理性质发生变化。下面分别叙述每个区间水的主要特性。

I 区：为化合水和邻近水区。这部分水能比较牢固地与非水成分结合，是食品中最不容易移动的水，因此 a_w 较低，一般在 0 ~ 0.25 之间，相当于物料含水量 0 ~ 0.07gH_2O/g 干物质。这种水不能作为溶剂，而且在 $-40℃$ 不结冰，对固体没有显著的增塑作用，可以简单地看作是食品固体的一部分。

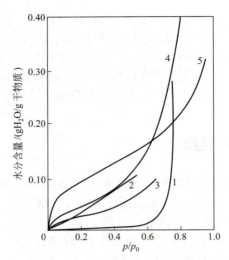

图 2-13 食品和生物材料的回吸等温线

1—糖果（主要成分为粉末状蔗糖），40℃；2—喷雾干燥菊苣根提取物，20℃；
3—焙烤后的咖啡，20℃；4—猪胰脏提取物粉末，20℃；5—天然稻米淀粉，20℃

Ⅱ区：主要为多层水区，包括Ⅰ区和Ⅱ区内所增加的水，它们占据固形物表面第一层的剩余位置和亲水基团（如酰氨基、羧基等）周围的另外几层位置，形成多分子层结合水，主要靠水 - 水和水 - 溶质的氢键键合作用与邻近的水分子缔合，也包括直径小于 1μm 的毛细管水。这部分水的 a_w 一般在 0.25 ～ 0.80 之间，相当于物料含水量在 $0.07gH_2O/g$ 干物质至 $0.14 ～ 0.33gH_2O/g$ 干物质。当食品中的水分含量相当于Ⅱ区和Ⅲ区的边界时，水将引起溶解过程，它还起增塑剂的作用，并且促使固体骨架开始溶胀。溶解过程的开始将促使反应物质流动，因此加速了大多数的食品化学反应。

一般把Ⅰ区和Ⅱ区交界处的水分含量定义为食品的 BET 单层水分含量。BET 是由布仑奥尔（Brunauer）、埃米特（Emmett）和特勒（Teller）提出的。这部分水可看成是在干物质可接近的强极性基团周围形成一个单分子层所需水量的近似值。

Ⅲ区：包括Ⅰ区和Ⅱ区的水，再加Ⅲ区上边界内增加的水。a_w 在 0.80 ～ 0.99 之间，物料含水量最低为 $0.14 ～ 0.33gH_2O/g$ 干物质，最高为 $20gH_2O/g$ 干物质，是食品中与非水物质结合最不牢固、最容易流动的水，也称为体相水。其蒸发焓基本上与纯水相同，既可以结冰，也可作为溶剂，并且还有利于化学反应的进行和微生物的生长。

虽然等温线划分为 3 个区间，但还不能准确地确定区间的分界线，而且除化合水外等温线每一个区间内和区间与区间之间的水都能发生交换。另外，向干燥物质中增加水虽然能够稍微改变原来所含水的性质，即基质的溶胀和溶解过程。但是当Ⅱ区增加水时，Ⅰ区内水的性质几乎保持不变。同样，在Ⅲ区内增加水，Ⅱ区中水的性质也几乎保持不变。从而可以说明，食品中结合得最不牢固的那部分水对食品的稳定性起着重要作用。

2.4.3 水分吸附等温线与温度的关系

食品的水分活度与温度有关，因此水分吸附等温线也与温度有关，同一食品在不同温度下具有不同的水分吸附等温线。如图 2-14 所示，在一定的水分含量时，水分活度随温度的上升而增大，同时在一定的温度时水分含量随水分活度的增加而增加，它与克劳修斯 - 克拉贝龙方程一致，符合食品中所发生的各种变化规律。

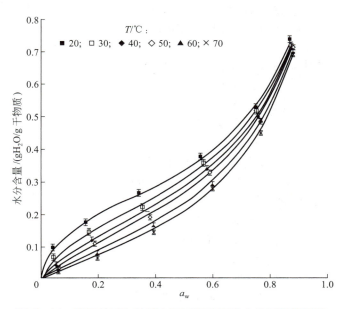

图 2-14　烘干的西红柿酱在不同温度下的水分吸附等温线

2.4.4　水分吸附等温线的数学描述

2.4.4.1　常用模型

一直以来有许多模型被用来描述食品中水分含量和水分活度之间的关系，例如 GAB（Guggenheim-Anderson-de Boer）、BET（Brunauer-Emmett-Teller）、Henderson、Iglesias-Chirife、Oswin、Peleg、Smith 和 Caurie 等数学模型。其中一些属于纯理论模型，是基于一些基本原则推理得出的，如热力学因素；一些属于半经验模型。这些模型可用于已知水分含量的食品的水分活度的计算、预测。常见的主要有以下几个模型。

（1）BET 模型

$$M = \frac{M_0 c a_{\mathrm{w}}}{(1-a_{\mathrm{w}})+(c-1)(1-a_{\mathrm{w}})a_{\mathrm{w}}} \tag{2-10}$$

式中　a_{w}——水分活度；

　　　M_0——BET 单分子层水值；

　　　M——水分含量，gH_2O/g 干物质；

　　　c——常数。

该模型适合于水分活度为 0.11 ～ 0.45 之间的物质。

（2）GAB 模型

$$M = \frac{M_0 c k a_{\mathrm{w}}}{(1-k a_{\mathrm{w}})(1-k a_{\mathrm{w}}+c k a_{\mathrm{w}})} \tag{2-11}$$

式中　a_{w}——水分活度；

M_0——BET 单分子层水值；

M——水分含量，gH_2O/g 干物质；

c，k——常数。

该模型适合于水分活度为 0.11 ～ 0.90 之间的物质。

（3）改良的 Chung-Pfost 模型

$$M=(-1/n)\ln[-(T+c)\ln a_w/k] \tag{2-12}$$

式中　M——水分含量，gH_2O/g 干物质；

n——实验次数；

a_w——水分活度；

T——温度，K；

c，k——常数。

（4）改良的 Henderson 模型

$$M=\{\ln(1-a_w)/[-k(T+c)]\}^{1/n} \tag{2-13}$$

式中　M——水分含量，gH_2O/g 干物质；

n——实验次数；

a_w——水分活度；

T——温度，K；

c，k——常数。

（5）改良的 Halsey 模型

$$a_w=\exp[-\exp(kT+c)M^{-n}] \tag{2-14}$$

式中　M——水分含量，gH_2O/g 干物质；

n——实验次数；

T——温度，K；

a_w——水分活度；

c，k——常数。

（6）Iglesias-Chirife 模型

$$\ln[M+(M^2+M_{0.5})^{1/2}]=ka_w+c \tag{2-15}$$

式中　M——水分含量，gH_2O/g 干物质；

$M_{0.5}$——水分活度为 0.5 时的水分含量，gH_2O/g 干物质；

a_w——水分活度；

c，k——常数。

（7）Oswin 模型

$$M=k[a_w/(1-a_w)]^n \tag{2-16}$$

式中　n——实验次数；

M——水分含量，gH_2O/g 干物质；

a_w——水分活度；

k——常数。

2.4.4.2　模型的确定

各种食品由于化学组成及结构不同，结合水的能力也不同，因此目前还没有一种模型能够完全准确地描述各种食品的吸附等温线。在研究使用哪个模型能更好地拟合实验数据时，平均相对偏差 [mean relative deviation，（%E）] 可用于衡量其拟合程度的好坏：

$$\%E = \frac{100}{n}\sum_{i=1}^{n}\left|\frac{m_{ei}-m_{pi}}{m_{ei}}\right| \tag{2-17}$$

式中，n 表示实验次数；m_{ei} 表示实验中所测得的水分含量；m_{pi} 表示预测的水分含量。

研究发现，BET 方程是一个常用的经典方程，而 GAB 方程被确认为是目前描述水分吸附等温线的最好模型。

在此以 GAB 模型为例简单描述其在实际中的运用。在吸附试验中，先将样品放置于烘箱中进行干燥预处理，然后将其放置在含有饱和盐溶液的密闭容器中，定期称量样品重量，直到连续两次称量的重量相差不超过 0.001g 时认为达到吸附平衡，再将样品取出，放置在烘箱中烘干，最后将其实验所得数据代入 GAB 模型方程。解吸过程与吸附过程相似。下面以小麦面粉的吸附和解吸图来说明 GAB 模型对实验数据的拟合情况。

由图 2-15 可看出，小麦的吸附、解吸等温线在不同温度的情况下都符合 S 形曲线，说明其拟合效果很好，故 GAB 模型适合用于制作于小麦面粉的吸附和解吸等温线。

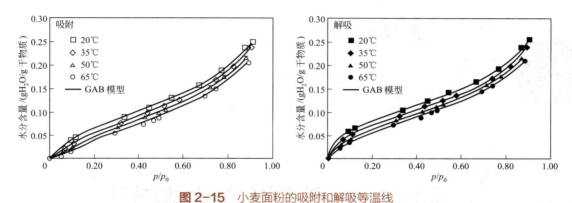

图 2-15　小麦面粉的吸附和解吸等温线

2.4.5　滞后现象

向干燥样品中添加水，所得到的吸附等温线与将水从样品中移出所得到的解吸等温线并不相互重叠，这种不重叠性称为滞后现象（hysteresis），如图 2-16 所示。食品的水分吸附等温线都表现出滞后现象。滞

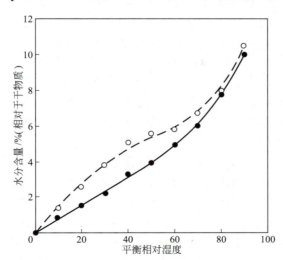

图 2-16　核桃仁的水分吸附等温线的滞后现象（25℃）

实心点代表吸附的实验值，空心圈代表解吸的实验值，实线代表吸附的预测值，虚线代表解吸的预测值

后作用的大小、滞后曲线的形状（hysteresis loop）、滞后曲线的起始点和终止点取决于食品的性质、食品除去或添加水分时所发生的物理变化，以及温度、解吸速度和解吸时的脱水程度等多种因素。在 a_w 一定时，食品的解吸过程一般比吸附过程水分含量更高。

在实践中，水分吸附等温线用于吸湿制品的研究，而水分解吸等温线用于干燥过程的研究。

引起食品水分解吸滞后于水分吸附的原因大致是：①解吸过程中一些水分与非水溶液成分作用而无法释放；②样品中不规则形状产生毛细管现象的部位，欲填满或抽空水分需不同的蒸气压（要抽出需 $p_内 > p_外$，要填满则需 $p_外 > p_内$）；③解吸时，因组织改变，无法紧密结合水，因此回吸相同水分含量时其 a_w 较高。

 概念检查 2.3

○ 什么是水分活度？

○ 水分吸附等温线的作用有哪些？

○ 水分吸附等温线如何定量计算？

2.5 水分活度与食品稳定性的关系

近半个世纪以来，人们认识到用 a_w 比用水分含量能更好地反映食品的稳定性。其原因与下列因素有关。

① a_w 与微生物生长有更为密切的关系。表 2-7 给出了适合于各种普通微生物生长的 a_w 的范围，换句话说，只有食物的水分活度大于某一临界值时，特定的微生物才能生长。一般来说，细菌为 $a_w > 0.91$，酵母为 $a_w > 0.87$，霉菌为 $a_w > 0.80$，当 $a_w < 0.50$ 时所有的微生物都不能生长。

② a_w 是引起食品品质下降的诸多化学反应、酶促反应的重要因素，因为大多数化学反应必须在水溶液中才能进行，如果水分活度降低，则食品中水的存在状态发生变化，自由水的比例减少，结合水的比例增加，而结合水不能作为反应物的溶剂，所以降低水分活度能抑制食品中的化学反应和酶促反应。如图 2-17 所示。

③ 用 a_w 比用水分含量能更清楚地表示水分在不同区域的移动情况。

④ 由 MSI 图可知干燥食品最佳的单分子层水分活度为 0.20～0.30。

⑤ 另外，a_w 比水分含量更易测，而且又不破坏试样。

由图 2-17 可以看出所有的化学反应在解吸过程中第一次出现最低反应速度是在等温线 Ⅰ 区和 Ⅱ 区的边界（a_w=0.20～0.30），除氧化反应外其他反应随 a_w 的降低保持着最低反应速度。在解吸过程中，最初出现最低反应速度的水分含量相当于"BET 单层"水分含量。

表2-7 食品中 a_w 与微生物生长的关系

$a_w(p/p_0)$ 范围	低于此 a_w 范围一般能抑制生长的微生物	在此范围的食品
1.00～0.95	假单胞菌、埃希杆菌、变形杆菌属、志贺杆菌属、芽孢杆菌、克雷伯菌属、梭菌属、产气荚膜杆菌属、几种酵母菌	极易腐败的新鲜食品、水果、蔬菜、肉、鱼和乳制品罐头、熟香肠和面包、含约40%（质量分数）的蔗糖或7%氯化钠的食品
0.95～0.91	沙门杆菌属、肉毒杆菌、沙雷菌属、乳杆菌属、足球菌、几种霉菌、酵母（红酵母属、毕赤酵母）	干酪、咸肉和火腿、某些浓缩果汁、蔗糖含量为55%（质量分数）或含12%氯化钠的食品
0.91～0.87	许多酵母菌（假丝酵母、汉逊酵母属、球拟酵母属）、微球菌属	发酵香肠、蛋糕、干奶酪、人造黄油及含65%蔗糖（质量分数）或15%氯化钠的食品
0.87～0.80	大多数霉菌（产霉菌毒素的青霉菌）、金黄色葡萄球菌、德巴利酵母	大多数果汁浓缩物、甜炼乳、巧克力糖、果汁糖浆、面粉、大米、含15%～17%水分的豆类、水果糕点、火腿、软糖
0.80～0.75	大多数嗜盐细菌、产真菌毒素的曲霉菌	果酱、马茉兰、橘子果酱、杏仁软糖、果汁软糖
0.75～0.65	嗜干性霉菌属、双孢子酵母	含10%水分的燕麦片、牛轧糖块、曲奇糖（一种软质奶糖）、果冻、棉花糖、蜜糖、某些干果、坚果、蔗糖
0.65～0.60	嗜高渗透压酵母（鲁酵母）、几种霉菌（刺孢曲霉、二孢红曲霉）	含水分15%～20%的干果、某些太妃糖和焦糖、蜂蜜
0.5	微生物不繁殖	含水分约12%的酱和含水分约10%的调味品
0.4	微生物不繁殖	含水分约5%的全蛋粉
0.3	微生物不繁殖	含水分约3%～5%的甜饼、脆点心和面包屑
0.2	微生物不繁殖	含水分为2%～3%的全脂奶粉、含水分为5%的脱水蔬菜或玉米花、脆点心、烤饼

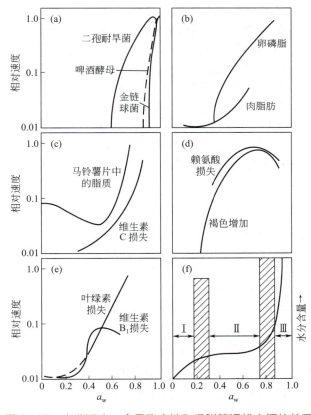

图2-17 水分活度、食品稳定性和吸附等温线之间的关系

（a）微生物生长与 a_w 的关系；（b）酶水解与 a_w 的关系；（c）氧化反应（非酶）与 a_w 的关系；（d）美拉德褐变与 a_w 的关系；
（e）其他反应的速度与 a_w 的关系；（f）水分含量与 a_w 的关系；图中除（f）外所有纵坐标表示相对速度

图 2-17（c）表示脂类氧化与 a_w 的关系。影响脂肪品质的化学反应主要为酸败，而酸败过程的化学本质是空气中氧的自动氧化。脂类的氧化反应与水分含量的关系：在 I 区中，氧化反应的速度随水分的增加而降低；在 II 区中，反应速度随水分的增加而加快；在 III 区中，反应速度随水分的增加呈下降趋势。其原因是脂类氧化反应的本质是水与脂肪自动氧化中形成的氢过氧化合物通过氢键结合，降低了氢过氧化合物分解的活性，从而降低了脂肪氧化反应的速度。从没有水开始，随着水量的增加，保护作用增强，因此氧化速度有一个降低的过程。除了水对氢过氧化物的保护作用外，水与金属的结合还可使金属离子对脂肪氧化反应的催化作用降低。当含水量超过 I、II 区交界时，较大量的水通过溶解作用可以有效地增加氧的含量，还可使脂肪分子通过溶胀而更加暴露，氧化速度加快。当含水量到达 III 区时，大量的水降低了反应物和催化剂的浓度，氧化速度又有所降低。

由图 2-17(a)、(b)、(d)、(e) 可见，在中等至高 a_w 值时，美拉德褐变反应、维生素 B_1 降解反应以及微生物生长均呈现出最大反应速度。但在有些情况下，随着水分活度增大，反应速度反而降低。例如，在水是生成物的反应中增加水的含量可阻止反应的进行，反应速度降低。另一种情况是，当样品中水的含量对溶质的溶解度、大分子表面与另一反应物相互接近的程度和反应物的迁移率等不再是限制因素时，进一步增加水的含量将会对提高反应速度的组分产生稀释效应，其结果是反应速度降低。一般而言，当食品中的水分活度增大时，水溶性色素分解的速度就会加快。

图 2-17 表示，食品在水分解吸过程中水分活度值相当于等温线 I 区和 II 区的边界位置（a_w 为 0.2 ~ 0.3）时，许多化学反应和酶催化反应速度最小。此时进一步降低水分活度，除氧化反应外，其余所有的反应仍然保持最小的反应速度。人们把相当于解吸过程中出现最小反应速度时的食品所含的这部分水称为 BET 单分子层水。用食品的 BET 单分子层水值可以准确地预测干燥食品在最大稳定性时的含水量，因此，它具有很大的实用意义。

利用水分吸附等温线数据按布仑奥尔（Brunauer）等人提出的下述方程可以计算出食品的单分子层水值：

$$\frac{a_w}{m(1-a_w)} = \frac{1}{m_1 c} + \frac{c-1}{m_1 c} a_w \qquad (2-18)$$

式中　a_w——水分活度；

　　　m——水分含量，gH_2O/g 干物质；

　　　m_1——单分子层水值；

　　　c——常数。

根据此方程，显然以 $a_w/[m(1-a_w)]$ 对 a_w 作图应得到一条直线，称为 BET 直线，$\frac{c-1}{m_1 c}$ 为斜率，$\frac{1}{m_1 c}$ 为截距。图 2-18 表示马铃薯淀粉的 BET 图。在 a_w 值大于 0.35 时，线性关系开始出现偏差。

单分子层水值计算公式如下：

$$单分子层水\ (m_1) = \frac{1}{Y截距 + 斜率} \qquad (2-19)$$

根据图 2-18 查得 Y 截距为 0.6，斜率等于 10.7，于是可求出

$$m_1=1/(0.6+10.7)=0.088(\mathrm{gH_2O/g}\ 干物质)\quad(2-20)$$

在这个例子中，单分子层水值对应的 a_w 为 0.2。

水分活度 a_w 除影响化学反应和微生物生长外，还影响干燥和半干燥食品的质地。例如，欲保持饼干、膨化玉米花和油炸马铃薯片的脆性，防止砂糖、奶粉和速溶咖啡结块以及硬糖果、蜜饯等黏结，均应保持适当低的 a_w 值。

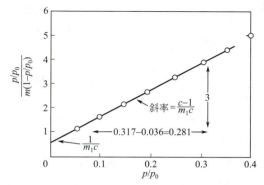

图 2-18　马铃薯淀粉的 BET 图（回吸温度为 20℃）

 概念检查 2.4

○ 简介水分活度与不同食品组分之间化学反应的关系。

2.6　分子流动性与食品稳定性

2.6.1　食品的玻璃态

水的存在状态有气态、液态和固态 3 种，在热力学上属于稳定态。比如，冰是以稳定的结晶态存在的。然而，复杂的食品与其他大分子（聚合物）一样，往往是以无定形态存在的。所谓无定形（amorphous）是指物质所处的一种非平衡、非结晶状态，当饱和条件占优势且溶质保持非结晶时形成的固体就是无定形态。食品处于无定形态，其稳定性不会很高，但是具有良好的食品品质。因此，食品加工的任务是在保证食品品质的同时使得食品处于介稳态或相对于非平衡态来说比较稳定的非平衡态。

对于非晶聚合物，对它施加恒定的力，观察它发生的形变与温度的关系曲线通常称为形变 - 温度曲线或热机械曲线（图 2-19）。非晶聚合物有 3 种力学状态：玻璃态、高弹态和黏流态。

玻璃态（glassy state）：是物质的一种存在状态，此时的物质既像固体一样具有一定的形状和体积，又像液体一样分子之间的排列只是近似有序，因此是非晶态或无定形态，类似于人们熟知的透光玻璃材料。处于此状态的大分子聚合物的链段运动被冻结，只允许小尺寸的运动，形变很小，因此称为玻璃态。

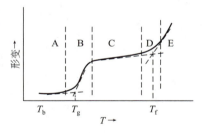

图 2-19　线性非晶态高聚物的形变 – 温度曲线

A—玻璃态；B,D—过渡区；C—高弹态；
E—黏流态；T_b—脆化温度；
T_g—玻璃化温度；T_f—黏流温度

高弹态（rubbery state）：当大分子聚合物转变为柔软而具有弹性固体时的状态。处于此状态的大分子聚合物的链段运动，但整个分子链不产生移动，受较小的力就可发生很大的形变（100%～1000%），外力除去后形变可完全恢复，这种形变称为高弹形变。

黏流态（viscous flow state）：与小分子液体的流动相似，聚合物呈现黏性液体状，流动产生不可逆变形。

所谓玻璃化温度（glass transition temperature，T_g）是指非晶体的食品从玻璃态向高弹态转变（称为玻

璃化转变）时的温度，是一个既与热力学有关又与动力学有关的参数。T_g'是指食品体系在冰形成时具有的最大冷冻浓缩效应的玻璃化温度。

2.6.2　状态图

状态图（state diagram）是包括平衡状态和非平衡状态的信息的图，它是对相图的补充。讨论干燥、部分干燥或冷冻食品的分子流动性与稳定性的关系时，由于它们不存在热力学平衡状态，状态图比相图更适合。

图 2-20 是以溶质含量为横坐标、以温度为纵坐标作出的二元体系状态图，相对于标准的相图增加了玻璃化相变曲线（T_g）和一条从 T_E（低共熔点）延伸到 T_g' 的曲线。

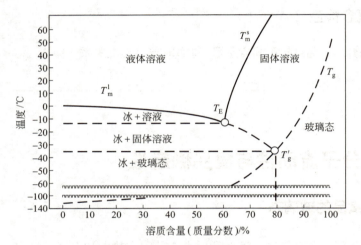

图 2-20　二元体系状态图
（假设：最大冷冻浓缩，无溶质结晶，恒压，无时间依赖性）

T_m^l—熔点曲线；T_E—共熔点；T_m^s—溶解度曲线；T_g—玻璃化相变曲线；T_g'—特定溶质的最大冷冻浓缩的玻璃化转变温度粗虚线代表介稳定平衡，所有其他线代表平衡状态

由融化平衡曲线（熔点曲线）T_m^l 可见，食品在低温冷冻过程中，随着冰晶的不断析出，未冻结相溶质的浓度不断提高，冰点逐渐降低，食品中非水组分也开始结晶（此时的温度可称为共晶温度 T_E），形成所谓共晶物，冷冻浓缩也就终止。复杂食品的平衡曲线（图中的 T_m^s 和 T_m^l）也是很难确定的。T_m^l 是干燥或半干燥食品的主要平衡曲线，通常不能用一条简单的曲线准确表示，一般采取近似的方法。首先根据水和决定复杂食品性质的溶质绘制状态图，然后推测出复杂食品的性质。例如饼干在焙烤和贮藏中的性质和特征是根据蔗糖 - 水的状态图预测的。然而对于不含有起决定作用的溶质的干燥或半干燥食品，目前还没有一个理想的方法确定它们的 T_m^l 曲线。冷冻食品的主要平衡曲线（也就是熔点曲线）一般容易确定，因此制备一个能满足商业准确度要求的复杂冷冻食品的状态图也就成为可能。

图 2-21 表示溶质种类对玻璃化相变曲线相位影响的二元体系状态图。在溶质含量为 0 时，T_g 线的交点应该是水的玻璃化温度 −135℃。不同溶质对于玻璃化相变曲线的影响是通过影响 T_g 和 T_g'，从而造成曲线的差异。

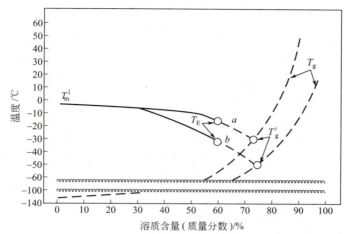

图 2-21 溶质种类对玻璃化相变曲线位置影响的二元体系状态图

T_g 曲线的左端总是固定于纯水的玻璃化温度（−135℃），中点在溶质的 T'_g，
右端是纯溶质的 T_g；a 和 b 是不同溶质的曲线，图 2-20 的假设在此图中同样适用

运用状态图可获得食品（产品）最佳的储存条件。以马鲭鱼肉为例，将其烘干至水分含量为 25% 时，最好将其储存在温度低于玻璃化温度（−89℃）的条件下。对于必须储存在温度高于玻璃化温度的产品，可以用 Williams-Landel-Ferry（WLF）动力学方程估计其货架期：

$$\lg\left(\frac{t}{t_g}\right) = \frac{C_1(T - T_g)}{C_2 + (T - T_g)} \tag{2-21}$$

式中，t、t_g 分别代表温度为 T、T_g 时的时间；C_1、C_2 是常量。

2.6.3　分子流动性与食品稳定性的关系

虽然利用 a_w（或 RVP）能很好地服务食品行业，但是也应该考虑可以补充或部分代替水分活度能预测及控制食品稳定性和加工性能的其他方法。例如分子流动性（molecular mobility，Mm），是分子的旋转移动和平动移动的总度量（不包括分子的振动），因为与食品的许多由扩散限制的性质有因果关系而成为食品的一个重要属性，与食品的稳定性和加工性能密切相关。

与 Mm 有关的重要组分是水和起支配作用的一种或几种溶质，比如食品中还含有大量的无定形亲水分子。这类食品包括含淀粉食品（如面条、汤圆），含糖液体食品，蛋白质类食品，中等水分食品，干燥、冷冻或冷冻干燥食品。表 2-8 列出了与分子流动性有关的某些食品性质和特征。

需要注意的是：大多数情况下，a_w（RVP）和 Mm 方法研究食品稳定性是相互补充而不是相互竞争的。RVP 方法集中关注食品中水的有效性，如水作为溶剂的能力、水被微生物利用的程度；而 Mm 方法集中关注食品的微观黏度（microviscosity）和化学组分的扩散能力。

第一，大多数食品含有无定形组分，并且以介稳态或非平衡态存在。

复杂的食品体系中存在无定形区，例如表 2-8 中所示的干燥食品、半干燥食品、冷冻食品和冷冻干燥食品。参与形成无定形区的食品组分包括蛋白质（如明胶、面筋蛋白）和碳水化合物（如葡萄糖、蔗糖、直链淀粉和支链淀粉）。无定形区以介稳态或非平衡态存在。虽然达到热力学平衡能导致食品最高的稳定性，但这不是食品加工的目标，与满意的食品质量是不一致的。食品研究人员和工艺人员的一个主要目标是尽可能使得食品具有期望的品质，并且是在品质取决于非平衡状态的条件下能达到可接受的稳定性。比如乳状液、小冰结晶和不饱和脂就是以不稳定的非平衡状态存在的。用干燥或冰冻方法可以使食品达到介稳定状态。

表 2-8　与分子流动性有关的某些食品性质和特征

干燥或半干燥食品	冷冻食品
流动性和黏性	水分迁移（冰的结晶作用）
结晶和重结晶	乳糖结晶（冰冻甜食中的砂状结晶析出）
巧克力中的糖霜	酶活力
食品在干燥时的破裂	冷冻干燥升华阶段的无定形相的结构塌陷
干燥和中等水分食品的质地	收缩（冷冻甜点泡沫状结构的部分塌陷）
冷冻干燥第二阶段（解吸）时的结构塌陷	
胶囊中固体、无定形基质的挥发性物质的逃逸	
酶活力	
美拉德反应	
淀粉的糊化	
淀粉老化引起的焙烤食品的变陈	
焙烤食品冷却时的破裂	
微生物孢子的热失活	

第二，大多数物理变化和一些化学反应的速度由分子流动性决定。

大多数食品以介稳态或非平衡态存在，分子流动性正是与食品的扩散限制变化速度有关，因此利用动力学方法可以比热力学方法更有效地了解、控制和预测食品的性质。分子流动性正是与食品的扩散限制变化速度有关，因此它被认为是适合于此目的的一种动力学方法，适合用于研究一些食品的稳定性。可以根据 WLF 方程估计玻璃化转变温度以上及 T_m^l 和 T_m^s 以下温度的 Mm。通过状态图可知道允许的介稳态和非平衡态存在时的温度与组成情况的相关性。

在讨论分子流动性与食品性质的关系时，还必须注意以下例外：

① 反应速度没有显著地受扩散影响的化学反应；

② 通过特定的化学作用（例如改变 pH 值或氧分压）达到适宜或不适宜的效应；

③ 试样的 Mm 是根据聚合物组分（聚合物的 T_g）估计的，而实际上渗透到聚合物的小分子才是决定产品重要性质的决定因素；

④ 微生物细胞的生长（p/p_0 是比 Mm 更可靠的估计参数）。

第三，自由体积与分子流动性的相关性。

当温度下降时，自由体积（free volume）减小，分子的平动和转动也变得困难，因此可以影响聚合物链段的运动和食品的局部黏度。在温度低于 T_g 时，食品由扩散限制的性质的稳定性通常是好的。添加小分子质量的溶剂（例如水）或提高温度，或者同时采取两项措施，能增加自由体积（一般是不期望的），两者的作用都是增加分子的平动，不利于食品的稳定性。以上说明自由体积与分子流动性是正相关，减小自由体积在某种意义上有利于食品的稳定性（但不是绝对的），目前自由体积还不能作为预测食品稳定性的定量指标。

第四，大多数食品具有玻璃化转变温度（T_g 或 T_g'）或范围。

T_g 与由扩散限制的食品性质的稳定性有着重要的关系。含有无定形区或者在冷却或干燥时无定形区成长起来的食品具有 T_g 或 T_g' 范围。在生物体系中，溶质很少在冷却或干燥时结晶，因此无定形区和玻璃化转变是常见的，可从 Mm 和 T_g 的关系估计这类物质由扩散限制的性质的稳定性。Mm 和所有由扩散限制的变化（包括许多变质反应）在低于 T_g 时通常受到严格的限制。现实情况中，许多食品保藏的温度 T 高于 T_g，与一些保藏的食品（$T < T_g$ 时）相比，M_m 高很多，而稳定性差很多。为了较精确地测定 T_g，对于简单体系，可采取配有导数作图软件的差示扫描量热计（DSC）测定 T_g；对于复杂体系（大多数食品），采用 DSC 精确测定 T_g 很困难，可以采用动态力学分析、动态力学热分析和核磁共振。所有这些方法因费用昂贵而不适合企业测定。除此之外，还包括热机械分析、热高频分析、松弛图谱分析、动力学流变仪法、黏度仪法和光谱法测定。

第五，在 T_m 和 T_g 温度之间范围，分子流动性和由扩散限制的食品性质的稳定性与温度的相关性。

$T_m^l \sim T_g$ 或 $T_m^s \sim T_g$ 在温度 $10 \sim 100℃$ 范围内，对于存在无定形区的食品，温度与分子流动性和黏弹性之间显示出异常好的相关性。大多数分子的流动性在 T_m 时很强，而在 T_g 或低于 T_g 时被抑制，将这个温度范围所包含的产品稠度称为"高弹态"或"玻璃态"。对于 M_m 和与 M_m 相关的食品的性质与温度的依赖关系，在 $T_m \sim T_g$ 温度范围远大于在高于或低于此区的温度时的依赖性。在 $T_m \sim T_g$ 范围，许多物理变化的速度较严密地符合 WLF 方程，与阿伦尼乌斯（Arrhenius）方程描述的有一定差距。许多物理和化学反应与 WLF 方程或阿伦尼乌斯方程所描述的一致性在有冰存在时比无冰存在时差距更大，这是因为冰形成的浓缩效应与上述两种方法都不相容。

WLF 方程用于评价食品的物理变化速度是一个很有用的工具。以黏度表示的 WLF 方程为

$$\lg\left(\frac{\eta}{\eta_g}\right) = \frac{-C_1(T - T_g)}{C_2 + (T - T_g)} \tag{2-22}$$

式中，η 为食品在 T（K）温度时的黏度，可用 $1/M_m$ 代替；η_g 为食品在 T_g（K）温度时的黏度；C_1（无量纲）和 C_2（K）是与温度无关的特定物理常数，对于许多合成的、完全无定形的纯聚合物（无稀释剂），它们的平均值分别为 17.44 和 51.6。

常数值随水分含量和物质类型而异，因此，在实际的食品中往往测定值与平均值相差较远。

在 WLF 区间（$T_m \sim T_g$）考虑由扩散限制的食品性质的稳定性，$T - T_g$（或 $T - T_g'$）和 T_m/T_g 两项是非常重要的。这里 T 是食品的温度；$\lg(\eta/\eta_g)$ 随 $T - T_g$ 变化；T_m/T_g 提供了在 T_g 时食品黏度的粗略估算值。在 T_g 时食品的黏度对于 WLF 方程是有参考价值的，食品的组成不同，黏度相差较大。

对于 $T_m \sim T_g$、$T - T_g$ 和 T_m/T_g 这些有价值的概念的考虑，大多是来自碳水化合物的由扩散限制的性质：

① $T_m \sim T_g$ 区间的大小一般在 $10 \sim 100℃$ 范围，而且与食品的组成有关；

② 在 $T_m \sim T_g$ 区间，食品的稳定性取决于食品的温度 T，即反比于 $\Delta T = T - T_g$；

③ T_g 确定和固体含量一定时，T_m/T_g 的变化反比于 M_m，因此在 WLF 区间的 T_g 和温度高于 T_g 时 T_m/T_g 直接与由扩散限制的食品性质的稳定性和食品的刚性（黏度）相关，例如，在 WLF 区给定的任何 T 具有小的 T_m/T_g 的物质（如糖）的 M_m 和扩散限制变化速度大于具有大的 T_m/T_g 的物质（如甘油），对于 T_m/T_g 值差异小的物质可能 M_m 和产品稳定性相差很大；

④ T_m/T_g 高度依赖于溶质的类型；

⑤ 在一定温度下的食品，如果 T_m/T_g 相等，固体含量的增加会导致 M_m 的降低和产品稳定性提高。

第六，水是一种高效增塑剂，并且显著地影响 T_g。

对于许多亲水性食品或含有无定形区的食品，水是一种特别有效的增塑剂，而且显著地影响食品的 T_g。水由于其特殊结构和性能，在食品中的增塑作用十分明显（例如面团中）。在高于或低于 T_g 时，水的增塑作用都可以提高 M_m。当增加水分含量时，引起 T_g 下降和自由体积增加，这种情况是由于混合物平均分子量降低造成的。通常添加 1% 水能使 T_g 降低 $5 \sim 10℃$。如图 2-22 所示，由于水的影响导致玻璃化转变温度随水分含量的增多而降低。

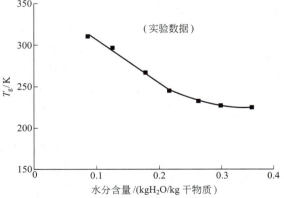

图 2-22　喷雾干燥的西红柿酱的水分含量与玻璃化温度的关系

应该注意的是，只有水进入无定形区时才会产生增塑作用。

水具有小的分子量，在玻璃态基质中仍然可以保持惊人的流动性，由于这种流动性，使得一些小分子参加的化学反应在低于聚合物基质的 T_g 时还能够继续以可以测量的速度进行下去，也使得水能在温度低于 T_g 的冷冻干燥的第二阶段解吸。

第七，溶质类型和分子量对 T_g 和 T_g' 的影响。

利用食品的 T_g（或 T_g'）预测化合物的特性、讨论有关参数的相关性固然非常重要，但是往往不是那么简单。已知 T_g 显著地依赖于溶质的种类和水分含量，而观察到的 T_g' 则主要与溶质的类型有关，水分含量的影响很小。

首先应注意溶质的分子量（M_w）与 T_g 和 T_g' 的相关性。对于蔗糖、糖苷和多元醇（最大相对分子质量约为1200），T_g'（和 T_g）随溶质分子质量的增加成比例地提高，而分子的运动则随分子的增大而降低，因此欲使大分子运动就需要提高温度。当 M_w 大于3000（淀粉水解产物的葡萄糖当量 DE ＜约6）时，T_g 与 M_w 无关。但有一些例外，如大分子的浓度和时间呈形成"缠结网络"（entanglement network，EN）的形式时，T_g 会随 M_w 的增加而继续升高（图2-23）。

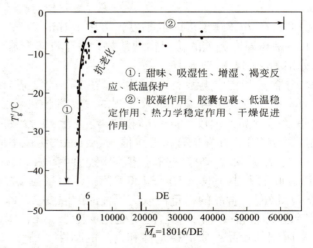

图 2-23 市售淀粉水解物的数均分子量（$\bar{M}_n$）和葡萄糖当量（DE）对 T_g' 的影响

T_g' 是由最大冷冻浓缩溶液测定的，溶液的起始水分含量为80%（质量分数）

大多数（或许所有的）生物大分子化合物具有非常类似的玻璃化相变曲线和 T_g（接近 −10℃）。这些大分子包括多糖（如淀粉、糊精、纤维素、半纤维素、羧甲基纤维素、葡聚糖）、黄原胶和蛋白质（如面筋蛋白、麦谷蛋白、麦醇溶蛋白、玉米醇溶蛋白、胶原蛋白、弹性蛋白、明胶、角蛋白、球蛋白、白蛋白、酪蛋白）。

第八，大分子的缠结对食品性质的影响。

当溶质分子足够大（如碳水化合物 M_w ＞3000，DE ＜约6），并且溶质的浓度超过临界值并使体系保持足够长的时间时，大分子的缠结就能够形成缠结网络（EN）。除碳水化合物外，蛋白质也能形成 EN。从微观上通过原子力显微镜可以清楚地观察到大分子缠结的立体三维形貌。

EN 对食品性质产生显著的影响。比如，EN 能减缓冷冻食品的结晶速度，阻滞焙烤食品中水分的迁移，有益于保持饼干的脆性和促进凝胶的形成，对大分子化合物的溶解度、功能性乃至生物活性都将产生不同程度的影响。一旦形成 EN，进一步提高 M_w 将不仅会导致 T_g 或 T'_g 的提高，而且会形成坚固的网络结构。

2.6.4　分子流动性、玻璃化温度的应用

2.6.4.1　冷冻

虽然冷冻被认为是长期保藏大多数食品最好的方法，但是这项保藏技术的益处主要来自低温而不是冰的形成。下面讨论冷冻的一些特殊例子和 M_m 对冷冻食品稳定性的重要性。

首先考虑一个复杂食品的缓慢冷冻。非常缓慢的冷冻使食品接近固 - 液平衡和最高冷冻浓缩。从图 2-24 的 A 开始，除去明显的热使产品移至 B，即试样的最初冰点。由于晶核形成困难，需要进一步除去热，使试样过冷，并在 C 处开始形成晶核。晶核形成后晶体随即长大，在释放结晶潜热的同时温度升高至 D。进一步除去热，导致有更多的冰形成，非冷冻相浓缩，试样的冰点下降，试样的组成沿着 D 至 T_E 的路线改变。对于被研究的复杂食品，T_E 是具有最低共熔点的溶质的 $T_{E,max}$（在此温度溶解度最小的溶质达到饱和）。在复杂的冷冻食品中，溶质很少在它们的低共熔点或低于此温度时结晶。在冷冻甜食中，乳糖低共熔混合物的形成是商业上一个重要的例外，它造成被称为产品"沙质"的质构缺陷。

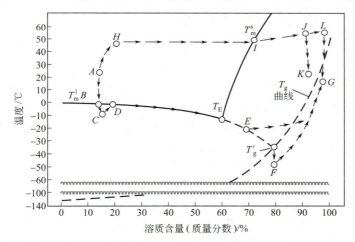

图 2-24　二元体系冷冻（不稳定顺序：$ABCDE$；稳定顺序：$ABCDET'_gF$）、干燥（不稳定顺序：$AHIJK$；稳定顺序：$AHIJLG$）和冷冻干燥（不稳定顺序：$ABCDEG$；稳定顺序：$ABCDEGT'_gFG$）可能经过的途径

设想低共熔混合物确实没有形成，冰的进一步形成导致许多溶质的介稳稳定过饱和（一个无定形液体相）和未冷冻相的组成沿着 T_E 至 E 的途径变化。E 点是推荐的大多数冷冻食品的保藏温度（-20℃）。不幸的是，E 点高于大多数食品的玻璃化转变温度，因而在此温度 M_m 较强，由扩散限制的食品的物理和化学性质较不稳定，并且高度依赖于温度。如果继续冷却至低于 E 点，有更多的冰形成。进一步冷冻浓缩，使未冷冻部分的组成从相当于 E 点变化至相当于 T'_g 点，在 T'_g 大多数过饱和未冷冻相转变成包含冰结晶的玻璃态。T'_g 是一个准恒定的 T_g，它仅用于在最高冷冻浓缩条件下的未冷冻相。观察到的 T'_g 主要取决于试样的溶质组成，其次是试样的起始水分含量（T_g 同时强烈取决于溶质组成和水分含量）。由于在测定 T'_g 的步骤中很少达到最高冷冻浓缩，观察到的 T'_g 并不完全是恒定的。进一步冷却不会导致进一步的冷冻浓缩，仅仅是除去显热和朝着 F 点的方向改变产品的温度。低于 T'_g，分子流动性 M_m 大大降低，而由扩散

限制的性质通常是非常稳定的。

2.6.4.2　空气干燥

食品在恒定的空气温度下干燥的途径（温度 - 组成）如图 2-24 所示。实际上它是一个复杂的体系，图中的 T_m^s 曲线是以食品中对曲线位置起主要影响的组分为基础制作的。空气干燥是从 A 点开始的，提高产品的温度和除去水分使食品具有与 H 点（空气的湿球温度）相当的性质，然后进一步除去水分使食品达到或通过 I 点，I 点为起决定作用的溶质（DS）的饱和点，此时只有少量或没有物质结晶。这个干燥过程得到了 DS 液态无定形的主要区域。而液态无定形区的较小区域由于次要物质具有比 DS 较高的饱和温度可能先已形成。当继续干燥至 J 点，食品的稳定达到了空气干球温度。如果干燥在 J 点停止或食品冷却至 K 点，食品此时的温度处在玻璃化相变曲线之上，有着较强的分子流动性（即 Mm 强），由扩散限制的性质的稳定性较差，而且与温度有很强的依赖关系。如果干燥继续由 J 点至 L 点，然后冷却至 G 点，它将处在 T_g 曲线的下方，此时 Mm 显著被抑制，由扩散限制的性质也是稳定的，并且很小地依赖于温度。因此，在实际干燥的过程中需要更好地了解食品状态图中的干燥曲线，从而才能选择合适的干燥温度和条件。

2.6.4.3　真空冷冻干燥

食品真空冷冻干燥的途径和变化也如图 2-24 所示。真空冷冻干燥过程包括干燥 - 升华途径，冷冻干燥的第一阶段与缓慢冷冻的途径 $ABCDE$ 相当接近，如果冰升华（最初的冷冻干燥）期间温度不是在 E 点，那么 EG 可能是一条理想途径。在 EG 途径的早期尽管以干燥为主，仍然包含冰的升华，但是这个阶段由于食品中有冰晶存在，不可能产生缺陷。然而，在沿着 E 至 G 的一些点，冰升华已经完全，同时解吸期已经开始（第二阶段），这种现象一般可能出现在食品经过玻璃化转变曲线之前，此时支持结构的冰已经不存在，而且在 $T > T_g$ 时 Mm 已经足以消除刚性。因此，不仅是对于流体食品，而且对于较低组织程度的食品，在冷冻干燥的第二阶段便可能会出现塌陷，这种情况在食品组织干燥时经常出现。塌陷的结果是食品的多孔性降低，复水性能较差，不能够得到最佳质量产品。因此，防止食品在真空冷冻干燥时产生塌陷，必须按照 $ABCDEFG$ 途径进行。

对于能产生最大冰晶作用的食品，其结晶塌陷的临界温度 T_c 是在冷冻干燥的第一阶段（$T_c \sim T_g'$），可以避免塌陷产生的最高温度。如果冰结晶作用不是最大，食品在冷冻干燥时避免塌陷的最高温度接近玻璃化相变温度 T_g。实际上，在通常情况下 T 必须略大于 T_g' 或 T_g，冷冻干燥的速度才具有实际意义。

2.6.4.4　食品相对货架期的预测

水分活度影响食品的稳定性。对于稳定食品，T_g 与 a_w（或 p/p_0）之间存在一定的线性关系，以 T_g 对 a_w（或 p/p_0）作图得到一条直线，仅仅在两端略微弯曲。

在低于 T_g 和 T_g' 的温度下贮藏，对于受扩散限制影响的食品是非常有利的，可以明显提高食品的稳定性或货架期。相反，在高于 T_g 和 T_g' 的温度贮藏，食品容易腐败和变质。在储存过程中应使储存温度低于 T_g 和 T_g'，即使不能满足此要求，也应尽量减小储存温度与 T_g 和 T_g' 的差别。预测食品货架期可以采用 WLF 动力学方程估计，具体见本书第 14 章。

2.6.5　水分活度和分子流动性在预测食品稳定性方面的比较

水分活度（a_w）是判断食品稳定性的有效指标，主要研究食品中水的有效性（利用程度）。分子流动性（Mm）评估食品稳定性主要依据食品的微观黏度和化学组分的扩散能力。玻璃化相变温度（T_g）是从食品的物理特性变化来评价食品稳定性。

一般来说，在不含冰的食品中非扩散限制的化学反应速度和微生物生长方面，应用 a_w 效果较好，Mm 方法效果较差，甚至不可靠。在估计接近室温保藏的食品稳定性时，运用 a_w 和 Mm 方法效果相当。

在估计由扩散限制的性质，如冷冻食品的理化性质，冷冻干燥的最佳条件，包括结晶作用、胶凝作用和淀粉老化等物理变化时，应用 Mm 的方法较为有效，a_w 在预测冷冻食品的物理或化学性质时是无用的。

由于测定 a_w 较为快速和方便，应用 a_w 评断食品稳定性仍是较常用的方法。快速、经济地测定食品的 Mm 和 T_g 的技术或方法还有待完善。

概念检查 2.5

○ 玻璃化转变温度概念。
○ 状态图与相图的差异。
○ 玻璃态与食品体系稳定性的关系。
○ 阐述分子流动性（Mm）与食品稳定性的关系。

2.7　本章小结

人们很早就认识到水分含量与食品的腐败变质之间存在一定关系，后来发现不同种类的食品即使含水量相同，其腐败变质的难易程度也存在明显的差异。研究人员发现，这是由于食品中水与非水成分氢键键合的能力和大小不同而存在不同状态，导致水分被微生物利用或参与化学反应的程度不同。由此提出水分活度这个概念，作为评价食品腐败变质或食品稳定性的指标比水分含量更合适，同时水分吸附等温线及其描述方程可作为有力工具。

分子流动性也是预测及控制食品稳定性和加工性能的一个重要方法。复杂的食品与其他大分子（聚合物）一样，往往以无定形态存在，存在玻璃化相变温度。利用玻璃化相变温度、状态图，可以评价低水分含量食品的贮藏品质。食品加工与贮藏的任务是在保证食品品质的同时使得食品处于介稳态或相对于非平衡态来说比较稳定的非平衡态。

总结

○ 水分与非水成分的相互作用
　· 主要分为3类，水与离子或离子基团的相互作用，水与具有氢键键合能力的中性基团的相互作用，水与非极性基团的相互作用。

- ○ 水分存在的状态
  - · 一般把食品中的水分为游离水和结合水，结合水又可分为化合水、邻近水和多层水。
- ○ 水分活度
  - · 水分活度反映了食物体系中水分被束缚的程度，反映了被微生物利用或参与化学反应的比例（以纯水为基准）。
- ○ 水分吸附等温线
  - · 水分吸附等温线是描述物质与水分子之间相互作用的函数关系图。它对实际运用具有指导价值。
- ○ 玻璃化转变温度
  - · 玻璃化转变温度是玻璃态物质在玻璃态和高弹态之间相互可逆转化的温度。食品成分处于玻璃态时，成分或食物处于比较稳定的状态，有利于食品品质的保持或稳定。
- ○ 分子流动性
  - · 食品的高稳定性（品质）是食品加工、储藏与销售环节中追求的目标。食品体系的分子流动性与水分活度是两个不同的概念。分子流动与温度一样，对食品的稳定性（化学变化与微生物变化）有重要影响。

思考题

1. 试从理论上解释水和冰的物理与化学性质。
2. 食品中的水分与离子、亲水性物质、疏水性物质的作用方式有何特点？水分存在的状态有哪些？有何特点？
3. 什么是水分活度？水分活度与水分含量有哪些方面的区别？什么是水分吸附等温线？水分吸附等温线受哪些因素影响？
4. 试阐述水分活度与食品稳定性的关系。
5. T_g 在食品稳定性方面有哪些作用？
6. 什么是分子流动性？其与食品稳定性有何关系？
7. 水分活度、水分流动性和玻璃化相变温度在预测食品稳定性中的作用有哪些？
8. 请查阅文献，了解目前测试水分活度有哪些改良的方法。

参考文献

[1] 王璋, 许时婴, 汤坚 . 食品化学 [M]. 北京: 中国轻工业出版社, 2011.
[2] 汪东风, 徐莹 . 食品化学 [M]. 4 版 . 北京: 化学工业出版社, 2024.
[3] 薛长湖, 汪东风 . 高级食品化学 [M]. 2 版 . 北京: 化学工业出版社, 2021.
[4] 谢笔钧 . 食品化学 [M]. 4 版 . 北京: 科学出版社, 2023.
[5] 阚建全 . 食品化学 [M]. 4 版 . 北京: 中国农业大学出版社, 2021.
[6] 夏延斌, 王燕 . 食品化学 [M]. 2 版 . 北京: 中国农业出版社, 2015.
[7] 李巨秀, 刘邻渭, 王海滨 . 食品化学 [M]. 2 版 . 郑州: 郑州大学出版社, 2017.
[8] Fennema O R. Food Chemistry[M]. 3rd ed. New York: Marcel Dekker Inc, 1996.

[9]　Belitz H D, Grosch W. Food Chemistry[M]. 2nd ed. Berlin: Springer-Verlag, 1999.

[10]　Arslan N, Togrul H. Modelling of water sorption isotherms of macaroni stored in a chamber under controlled humidity and thermodynamic approach[J]. Journal of Food Engineering, 2005, 69(2): 133-145.

[11]　Delgado A E, Sun D W. Influence of surface water activity on freezing/thawing times and weight loss[J]. Journal of Food Engineering, 2007, 83(1): 23-30.

[12]　Franks F. Water, A Comprehensive Treatise: Volume 6[M]. New York: Plenum Press, 1979.

[13]　Lewicki P P. Raoult's law based food water sorption isotherm[J]. Journal of Food Engineering, 2000, 43(1): 31-40.

[14]　Mathlouthi M. Water content, water activity, water structure and the stability of foodstuffs[J]. Food Control, 2001, 12(7): 409-417.

[15]　Meinders M B J, van Vliet T. Modeling water sorption dynamics of cellular solid food systems using free volume theory[J]. Food Hydrocolloids, 2009, 23(8): 2234-2242.

[16]　Ruan R, Zou C, Wadhawan C, Martinez B, Chen P, Addis P. Studies of water mobility and shelf life quality of precooked wild rice using pulsed NMR[J]. Journal of Food Processing and Preservation,1996, 21(2): 91-104.

[17]　Ruan R, Zhenzhong L, Aijun S, Chen P L. Determination of the glass transition temperature of food polymers using low field NMR[J]. Lebensmittel Wissenschaft und Technologies, 1998, 31(6): 516-521.

[18]　Slade L, Levine H. Beyond water activity: recent advances based on an alternative approach to the assessment of food quality and safety[J]. Critical Reviews in Food Science and Nutrition. 1991, 30(2-3): 115-360.

[19]　Timmermann E O, Chirife J, Iglesias H A. Water sorption isotherms of foods and foodstuffs: BET or GAB parameters? [J]. Journal of Food Engineering, 2001, 48(1): 19-31.

[20]　Zhang L, Sun D W, Zhang Z. Methods for measuring water activity (a_w) of foods and its applications to moisture sorption isotherm studies[J]. Critical reviews in food science and nutrition, 2017, 57(5): 1052-1058.

[21]　Yang R, Guan J, Sun S, Sablani S S, Tang J. Understanding water activity change in oil with temperature[J]. Current research in food science, 2020, 3: 158-165.

[22]　Mannaa M, Kim K D. Influence of Temperature and Water Activity on Deleterious Fungi and Mycotoxin Production during Grain Storage[J]. Mycobiology, 2017, 45(4): 240-254.

[23]　Ozbekova Z, Kulmyrzaev A. Study of moisture content and water activity of rice using fluorescence spectroscopy and multivariate analysis[J]. Spectrochimica Acta Part A: Molecular and biomolecular spectroscopy, 2019, 223: 117357.

[24]　Kawai K, Sogabe T, Nakagawa H, Yamada T, Koseki S. Effect of water activity on the mechanical glass transition and dynamical transition of bacteria-solute systems[J]. Journal of Food Engineering, 2024: 112066.

第 3 章　碳水化合物

　　你能说出碳水化合物在生活中的功能和作用吗？常见的糖类物质有哪些？不同单糖、寡糖和多糖的概念、结构和性质是什么？淀粉为什么会让人变胖？米饭放久了为什么会变硬？

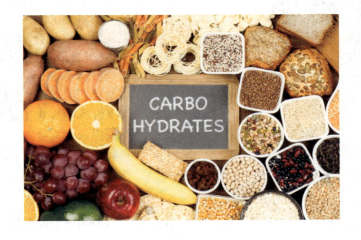

学习目标

○ 了解碳水化合物的主要生理功能。
○ 掌握碳水化合物的概念、分类和食物来源。
○ 熟悉单糖的结构和性质。
○ 熟悉低聚糖的性质及食品中重要的低聚糖。
○ 掌握淀粉、果胶的特性。
○ 了解常见活性多糖的结构与生理功能。
○ 运用所学知识指导人们合理选取糖类，保障健康。

3.1 概述

3.1.1 食品中碳水化合物的定义

碳水化合物（carbohydrate）是人体所需的七大营养素之一，是自然界分布最广、数量最多的一类有机化合物，占所有陆生植物和海藻干重的 3/4。它存在于所有人类可食用的植物中，是人类主要的膳食热量来源，占人体热量总摄入量的 70% ~ 80%。

早先认为该类化合物仅由 C、H、O 三种元素组成，其中氢和氧的比例与水分子的组成比例相同，就如同是碳与水分子形成的化合物，由此而得名碳水化合物，通式为 $C_x(H_2O)_y$。后来发现，一些糖如鼠李糖（$C_6H_{12}O_5$）和脱氧核糖（$C_5H_{10}O_4$）等不符合上述通式，有些还含有氮、硫、磷等元素，因此用碳水化合物来统称糖类物质是不准确的，但由于沿用已久，所以碳水化合物一词仍被广泛使用。

碳水化合物从结构上定义为多羟基醛或多羟基酮与其聚合物与衍生物的总称。

3.1.2 食品中碳水化合物的分类

碳水化合物根据其单糖组成的数量来分类，可分为单糖、低聚糖和多糖。

单糖（monosaccharide）是糖类物质最基本的单位，根据其所含碳原子的数目可分为丙糖、丁糖、戊糖和己糖等，其中戊糖和己糖是最重要的单糖。根据官能团中是否含有醛基或酮基又可分为醛糖或酮糖，如葡萄糖和果糖，前者为醛糖，后者为酮糖。由于醛基具有还原性而酮基没有，可根据这一性质鉴别醛糖和酮糖，如溴水反应、本尼迪克特（Benedict）反应（又称班氏反应），α-萘酚反应等。

低聚糖（oligosaccharide）又称寡糖，是由 2 ~ 10 个单糖通过糖苷键连接形成的直链或支链低度聚合糖类。低聚糖按水解后生成单糖数目的不同可分为二糖、三糖、四糖、五糖等，其中以二糖最为常见，如蔗糖、麦芽糖等。根据单糖分子的相同与否又可分为均低聚糖和杂低聚糖，前者由同一种单糖聚合而成（如麦芽糖、环糊精等），后者由不同的单糖聚合而成（如蔗糖、棉籽糖等）。根据功能性质的不同可分为普通低聚糖和功能性低聚糖，普通低聚糖可供给人体热量（如蔗糖、麦芽糖、环糊精等），而功能性低聚糖则可促进肠道有益菌的生长，改善消化道菌群结构（如低聚果糖、低聚木糖等）。根据是否具有还原性又可分为还原性低聚糖和非还原性低聚糖。目前已报道的低聚糖种类较多，由于具有良好的性能，广泛应用于现代食品加工中。

多糖（polysaccharide）是由 10 个以上的单糖通过糖苷键连接而成的一类化合物。根据其单糖分子的相同与否可分为同聚多糖和杂聚多糖，淀粉、纤维素、糖原等属于同聚多糖，半纤维素、卡拉胶、茶叶多糖等属于杂聚多糖。根据来源不同可分为植物多糖、动物多糖和微生物多糖等。根据其在生物体内的功能又可分为结构性多糖、储藏性多糖和功能性多糖。此外，多糖上含有许多羟基，这些羟基可与肽链结合形成糖蛋白（glycoprotein）或蛋白聚糖，与脂类结合形成脂多糖（lipopolysaccharide），与硫酸络合生成硫酸酯化多糖；多糖上的羟基还能与一些过渡性金属元素结合，这些多糖习惯上又称为多糖复合物。

 概念检查 3.1

○ 选择题

1. 下列碳水化合物中（　　　）为单糖。

　A. 果糖　　　　　　　　B. 麦芽糖　　　　　　C. 淀粉　　　　D. 水苏糖

2. 属于多糖的物质是（　　　）。

　A. 木糖　　　　　　　　B. 糊精　　　　　　　C. 果糖　　　　D. 蔗糖　　　　E. 核糖

3. 蔬菜水果中的碳水化合物通常都可以分为可溶和不可溶两种，其中不可溶碳水化合物主要有
　（　　　）。

　A. 淀粉　　　　　　　　B. 葡萄糖　　　　　　C. 膳食纤维　　D. 蔗糖

4. 糖醇的甜度除了（　　　）的甜度和蔗糖相近外，其他糖醇的甜度均比蔗糖低。

　A. 木糖醇　　　　　　　B. 甘露醇　　　　　　C. 山梨醇　　　D. 乳糖醇

○ 判断题

碳水化合物仅仅存在于植物性食品中。

3.2　食品中的单糖

3.2.1　单糖的结构

甘油醛（glyceraldehyde）是含有醛基的丙糖，也是最简单的醛糖。甘油醛分子中有一个手性中心，存在两个对映异构体。费歇尔（Fischer）投影式把右旋体规定为 D 型，2 位羟基在右侧；相应的左旋体为 L 型，2 位羟基在左侧（图 3-1）。所有的醛糖构型都是以此为标准。

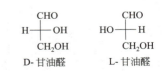

图 3-1　甘油醛的费歇尔投影式

单糖的构型是指分子中离羰基碳最远的手性碳原子的 4 个取代基在空间的相对取向。在费歇尔投影式中，单糖碳原子的羟基若具有与 D-(+)- 甘油醛的 2 位羟基相同的取向，则称为 D 型糖，反之则称为 L 型糖。值得注意的是，D 与 L 仅表示单糖在构型上与甘油醛的构型关系，与其旋光方向（+，–）无关。D- 醛糖的构型见图 3-2。

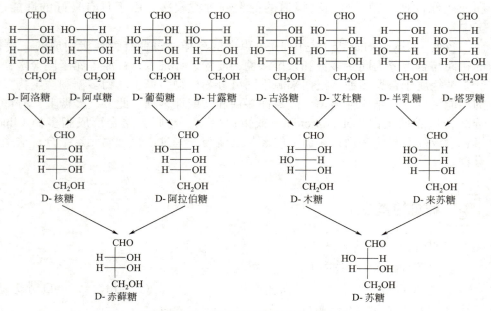

图 3-2　D- 醛糖的结构式（$C_4 \sim C_6$）

酮糖与相同碳原子数的醛糖互为异构体，比相应的醛糖少一个手性中心，因而其对映异构体数目比醛糖少一半。单糖中最简单的酮糖是二羟基丙酮，它是唯一不含有手性中心的单糖。在自然界中，大多数酮糖的羰基接在 2 位碳上。

葡萄糖是己醛糖，但在实际中它却不能进行醛类的某些特性反应。例如，醛在干燥的氯化氢存在下与两分子甲醇反应生成缩醛，而葡萄糖在相同的条件下却只与一分子甲醇作用。又如，D-(+)- 葡萄糖存在两种结晶，一种比旋光度是 +112°，另一种比旋光度是 +19°，当把任意一种结晶溶于水后，溶液的比旋光度逐渐变为恒定值（+52.6°）。诸多事实说明单糖以环状半缩醛的形式存在。如果单糖形成与四氢呋喃相关的五元环，称为呋喃糖；形成与四氢吡喃相关的六元环，称为吡喃糖。常用哈沃斯（Haworth）透视式（也称哈沃斯投影式）描绘单糖环式各原子在空间的排布。

单糖由开链结构变成环状结构后，羰基碳原子成为手性中心，这个手性碳原子称为苷原子或异头碳原子。由于环式比链式多一个手性碳原子，有两种异构体（差向异构体）存在。对于 D 型糖，如果费歇尔投影式异头碳羟基在右侧，或哈沃斯透视式异头碳羟基在平面下方，则该差向异构体为 α 异构体；如果异头碳羟基在左侧或平面上方，该异构体为 β 异构体。对于 L 型糖，α 异构体的半缩醛羟基在费歇尔投影式中位于左侧，或在哈沃斯透视式中位于平面上方；反之，β 异构体的半缩醛羟基位于右侧或平面下方。如 D- 吡喃葡萄糖，其 α 和 β 异构体哈沃斯透视式如图 3-3 所示。

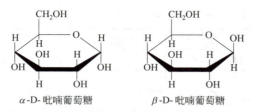

α-D- 吡喃葡萄糖　　　　　β-D- 吡喃葡萄糖

图 3-3 D- 吡喃葡萄糖的两种差向异构体

3.2.2 单糖的构象

由于 σ 键的自由旋转引起组成原子的不同排列称为构象（conformation），它们形成的异构体称为构象异构体。σ 键在旋转时受到相邻碳上取代基间的非共价作用约束，只允许分子采取某种或某几种构象，即占优势的构象。糖的构象决定于端基效应、分子内的范德华力、氢键和静电作用。

吡喃糖环的形状在很大程度上类似于环己烷，其构象形态主要为 2 种椅式构象，其他还有船式构象、半椅式构象和扭曲式构象（图 3-4）。选含有最多数目原子的平面为参照平面，上标和下标的数字分别代表处于平面上方和下方的原子。在多数 D- 己醛糖的稳定构象式中，—CH$_2$OH 作为较大的基团处在平伏键（e 键）上，这是因为当分子为椅式构象时糖环的取代基处于 e 键位置与处于直立键（a 键）位置相比能量较低。β-D- 吡喃葡萄糖的构象式中，所有较大基团均处在 e 键上。而在 α 异构体中，半缩醛羟基处于 a 键，其他较大基团处于 e 键。因此 β 异构体较 α 异构体更稳定。必须指出，β-D- 吡喃葡萄糖是 D- 己醛糖中唯一一个较大基团都处于平伏位置的构象。

椅式　　　船式　　　半椅式　　　扭曲式　　　　　信封式　　　扭曲式

图 3-4 吡喃糖的主要构象　　　　　　**图 3-5** 呋喃糖的主要构象

呋喃糖环的主要构象是信封式（E）和扭曲式（T）（图 3-5），其中扭曲式构象稍占优势。信封式构象中，环上的 3 个碳原子和 1 个氧原子处于一个平面，另一个碳原子在平面外。扭曲式构象中，2 个碳原子和 1 个氧原子在一个平面上，另两个碳原子分别处于平面的上方和下方。由于呋喃糖环各种构象间的能量势垒比吡喃糖环各构象间的能量势垒小，呋喃糖环不如吡喃糖环稳定，所以在自然界中以呋喃环存在的糖很少。

3.2.3 单糖的物理性质

3.2.3.1 旋光性

旋光性（optical activity）是指物质使平面偏振光的振动平面发生旋转的特性。使偏振面向右旋转的称为右旋糖，以（+）表示；使偏振面向左旋转的称为左旋糖，以（−）表示。除二羟基丙酮外，其余的单糖都具有旋光性，常与旋光度一起作为糖的一种鉴定指标。

所谓比旋光度是指浓度为 1g/mL 的糖溶液在其透光层为 1dm 时使偏振光旋转的角度。测定时通常采用钠光灯作为偏振光源，环境温度一般为 20℃。一些常见单糖在 20 ～ 25℃时的比旋光度见表 3-1。

表 3-1   一些重要单糖的比旋光度$[\alpha]_D^{20}$

单　糖	比旋光度/(°)	单　糖	比旋光度/(°)
D-甘油醛	+9.4	D-甘露糖	+14.5
D-赤藓糖	-9.3	D-半乳糖	+80.2
D-核糖	-19.7	L-山梨糖	-43.1
D-木糖	+18.8	L-鼠李糖	+8.2
D-葡萄糖	+52.2	L-岩藻糖	-75
D-果糖	-92.4	L-阿拉伯糖	+104.5

3.2.3.2   甜度

甜味是单糖的重要特征。甜味的强弱通常以蔗糖作为基准物，采用感官比较法进行评价，因此所得数据为一个相对值。一般规定 10% 的蔗糖水溶液在 20℃ 的甜度为 1.0，其他糖在相同条件下与之比较得出相应的甜度（又称比甜度）。表 3-2 列出了一些常见单糖的比甜度。

表 3-2   一些常见单糖的比甜度

单　糖	比甜度	单　糖	比甜度
蔗糖（基准物，二糖）	1.0	果糖	1.5
葡萄糖	0.7	半乳糖	0.3
甘露糖	0.6	木糖	0.5

甜味由物质的分子结构决定，甜度的高低与糖的分子结构、端基构型和分子量及外界因素有关。分子量越大，溶解度越小，则甜度也越小。单糖都有甜味，绝大多数低聚糖也有甜味，多糖则无甜味。优质糖应具备甜味纯正、甜度适宜、甜味反应快、无不良风味等特点。常用的几种单糖基本上符合这些要求，但稍有差别。例如果糖的甜味反应快，甜度较高，持续时间短；葡萄糖的甜味反应较慢，甜度较低。

3.2.3.3   溶解性

单糖分子具有多个羟基，故易溶于水，但不溶于丙酮等有机溶剂。温度对单糖溶解度的影响较大，一般溶解度随温度的升高而增大，同一温度下果糖的溶解度最高。果糖和葡萄糖在不同温度下的溶解度见表 3-3。

表 3-3   葡萄糖和果糖的溶解度   单位：g/100g 水

温　度	20℃	30℃	40℃	50℃
葡萄糖	87.67	120.46	162.38	243.76
果糖	374.78	441.70	538.63	665.58

3.2.3.4   结晶性

糖的特征之一是能形成晶体，糖溶液越纯越容易结晶。某些还原性单糖，例如果糖，由于存在 α 与 β 异构体，造成难结晶。葡萄糖易于结晶，而且形成的晶体细小。混合糖比单一的糖难结晶，利用这一特性在生产硬糖时适当添加葡萄糖、低聚糖和糊精的混合物——淀粉糖浆可以防止蔗糖结晶。

3.2.3.5　吸湿性和保湿性

糖处在较高的空气湿度环境下时可以吸收空气中的水分，糖处于较低的空气湿度环境下时可以保持自身的水分，此即为糖的吸湿性和保湿性。果糖的吸湿性最强，葡萄糖次之，蔗糖最弱。因而当生产要求吸湿性低的硬糖时，不宜使用果糖，而应选用蔗糖；对于面包类需要保持松软的食品，用果糖为宜。

3.2.3.6　抗氧化性

氧气在糖溶液中的溶解量比在水溶液中低很多，因此单糖溶液具有抗氧化性，一定浓度的糖溶液有利于保持水果的颜色、风味和食品中的维生素 C。

3.2.4　单糖的化学性质

3.2.4.1　糖苷的生成

单糖像其他半缩醛、半缩酮一样，能在干燥氯化氢催化下与醇作用生成相应的缩醛、缩酮。这种半缩醛羟基上的氢原子被其他基团取代后的化合物称为糖苷。例如葡萄糖和甲醇反应生成甲基葡萄糖苷，该反应过程如图 3-6 所示。

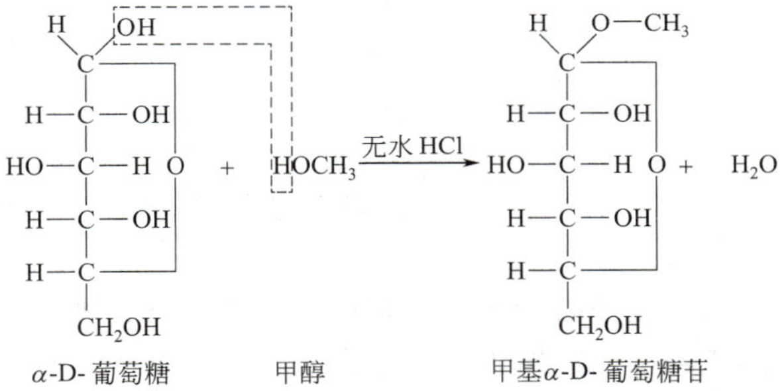

图 3-6　甲基葡萄糖苷的生成

糖苷分子不能再转变成开链结构，故无变旋现象。在化学性质上，糖苷非常稳定，不易被氧化，与碱不起反应。但在酸或酶的催化下可水解成原来的糖和醇。

3.2.4.2　与碱反应

单糖在碱性溶液中的稳定性与温度有关，在较低温度时较稳定，但温度升高，单糖会很快发生异构化和分解反应。反应程度和产物受到许多因素的影响，如单糖的种类和结构、碱的种类和浓度、作用温度和时间等。

（1）烯醇化作用和差向异构化作用　醛糖和酮糖在稀碱溶液中会发生重排，形成某些差向异构体的平衡体系。例如用浓度非常低的氢氧化钠溶液处理 D- 葡萄糖，在溶液中可得到 D- 葡萄糖、D- 甘露糖和 D- 果糖的混合物（图 3-7）。葡萄糖和甘露糖间的转换是差向异构化，而整个重排是通过葡萄糖的烯醇化得到烯二醇（enediol），烯二醇可以异构化为葡萄糖、甘露糖和果糖。

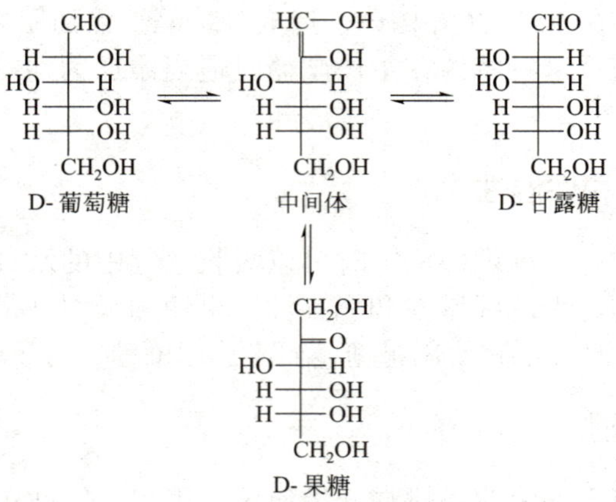

图 3-7 D- 葡萄糖的烯醇化和差向异构化

（2）分解反应 在高浓度碱的作用下，单糖通过逆缩醛反应断裂成较小的分子。例如，己糖与碱长时间作用后可发生连续烯醇化反应，糖链在双键处发生断裂，生成小分子片段，如乳酸、丙酮酸和 2- 羟基丙醛，而这些小分子均来自降解初始产物甘油醛和二羟基丙酮。分解初始反应如图 3-8 所示。

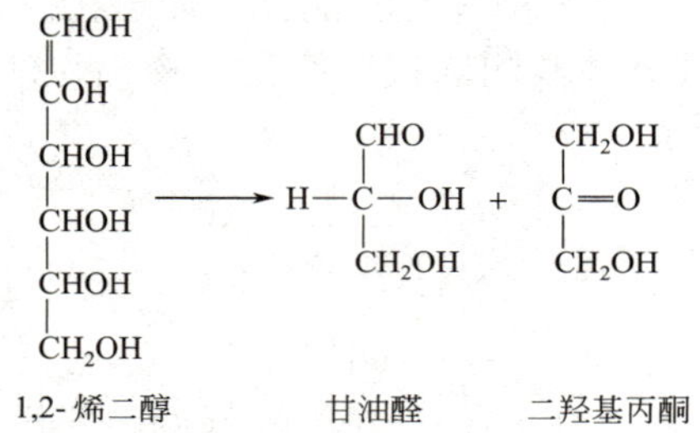

图 3-8 1,2- 烯二醇的分解

（3）糖精酸的生成 单糖与碱作用时，随着加热时间的延长、加热温度的提高或碱浓度的增大，单糖会发生分子内的氧化还原反应和重排，生成羧酸类化合物，又称为糖精酸类化合物。

3.2.4.3 与酸反应

酸对于糖的作用，因酸的种类、浓度和温度不同而不同。单糖在较低浓度的无机强酸作用下，发生分子间脱水反应，生成二糖和其他低聚糖（图 3-9）；在弱酸和加热作用下，易发生分子内脱水，生成环状结构产物。此外，醛糖在钼酸盐存在的弱酸性环境中还可以发生异构化作用。

3.2.4.4 氧化反应

醛糖很容易被土伦（Tollens）试剂、费林（Fehling）试剂和本尼迪克特（Benedict）试剂（又称班氏试剂）氧化。酮糖在碱性条件下可通过异构化作用转化成醛糖，发生氧化反应。凡是能够被上述弱氧化剂氧化的糖称为还原糖（reducing sugar）。土伦反应如图 3-10 所示。

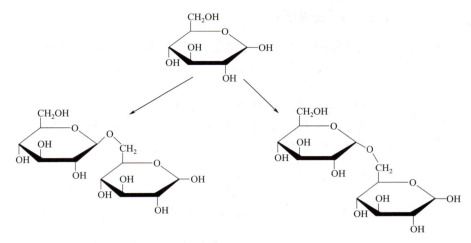

图 3-9　单糖的分子间脱水

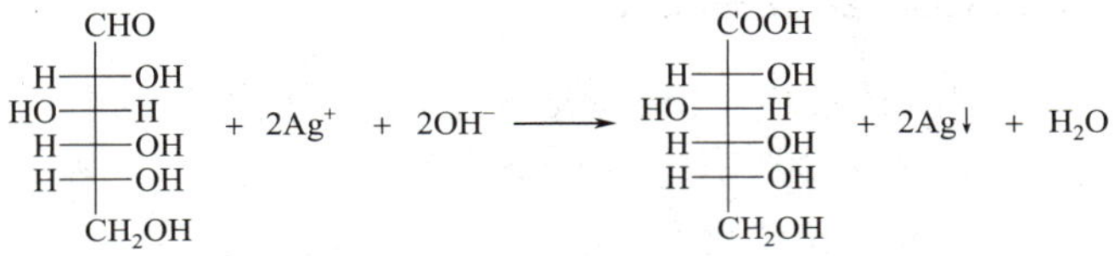

$$CHO,\ H{-}OH,\ HO{-}H,\ H{-}OH,\ H{-}OH,\ CH_2OH\ +\ 2Ag^+\ +\ 2OH^-\ \longrightarrow\ COOH,\ H{-}OH,\ HO{-}H,\ H{-}OH,\ H{-}OH,\ CH_2OH\ +\ 2Ag\downarrow\ +\ H_2O$$

图 3-10　土伦反应

饱和溴水是一种氧化剂，可以使单糖的醛基氧化形成羧基，但不能氧化酮基，因此该反应能用来鉴别醛糖和酮糖。硝酸是一种强氧化剂，当作用于单糖时不仅可以氧化醛基，还能氧化端基的—CH_2OH，因此产物为糖二酸（图 3-11）。

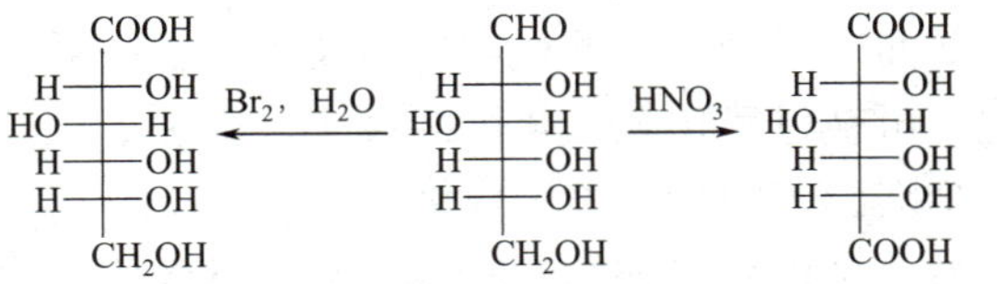

D- 葡萄糖酸　　$\xleftarrow{Br_2,\ H_2O}$　　D- 葡萄糖　　$\xrightarrow{HNO_3}$　　D- 葡萄糖二酸

图 3-11　葡萄糖被溴水、硝酸氧化

具有连二羟基或连三羟基及以上的单糖可被高碘酸氧化，发生碳碳键断裂（图 3-12）。该反应定量进行，每断裂一个碳碳键就消耗一分子高碘酸。具有连三羟基的糖单元还可生成一分子甲酸，由此可以判断糖链中是否含有连羟基，并可根据甲酸的生成量计算出连二羟基或连三羟基的比例。该性质是研究糖类结构的重要手段之一。

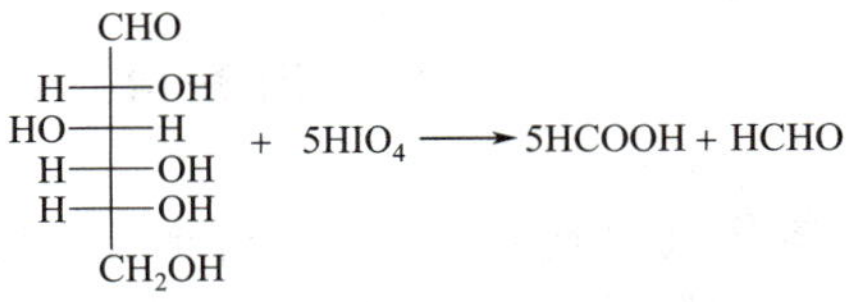

$$CHO,\ H{-}OH,\ HO{-}H,\ H{-}OH,\ H{-}OH,\ CH_2OH\ +\ 5HIO_4\ \longrightarrow\ 5HCOOH\ +\ HCHO$$

图 3-12　葡萄糖被高碘酸氧化

3.2.4.5　还原反应

单糖的羰基可被催化氢化或被金属氢化物还原生成糖醇。工业上制备糖醇常用镍催化、高压还原醛糖。随着硼氢化钠及氢化铝锂的开发应用，糖的许多还原反应变得非常容易。例如基里安尼 - 费歇尔（Kiliani-Fischer）合成，用硼氢化钠代替钠汞齐将内酯还原为醛糖（图 3-13）。值得注意的是，醛糖被还原的产物只有一种，而酮糖的还原产物则有两种，如 D- 果糖的还原产生 D- 葡萄糖醇和 D- 甘露糖醇。

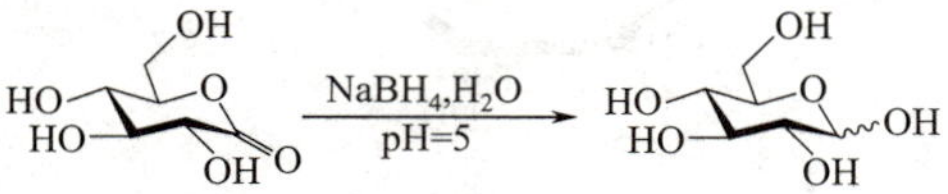

图 3-13　硼氢化钠还原

3.2.4.6　美拉德反应

美拉德反应（Maillard reaction）又称羰氨反应，是指经羰基与氨基缩合、聚合生成可溶和不可溶高聚物的反应，反应机理复杂。在食品加工中，由美拉德反应引起的食品色泽变化现象较为普遍。对于某些食品（如皮蛋、面包等）美拉德反应产生的颜色人们欣然接受，但有些食品（如果汁）在加工时就应防止此类反应的发生。食品生产中为了避免某些必需氨基酸的损失，也需要防止美拉德反应的发生。有关美拉德反应的具体内容将在本书第 9 章进行详细介绍。

3.2.4.7　单糖链的增长与缩短

前面已经谈到单糖很容易被溴水氧化成糖酸，而糖酸的钙盐在 3 价铁盐的催化下可被过氧化氢氧化，断裂 1 位碳和 2 位碳之间的单键，生成比原来单糖少一个碳原子的糖，该过程称为鲁弗（Ruff）降解。

另一个糖链的缩短反应是沃尔（Wohl）降解（图 3-14）。首先用羟胺使醛糖成肟，接着用乙酸酐使之转化为氰醇，最后氰醇在碱性条件下失去氰化氢，变成少一个碳原子的醛糖。

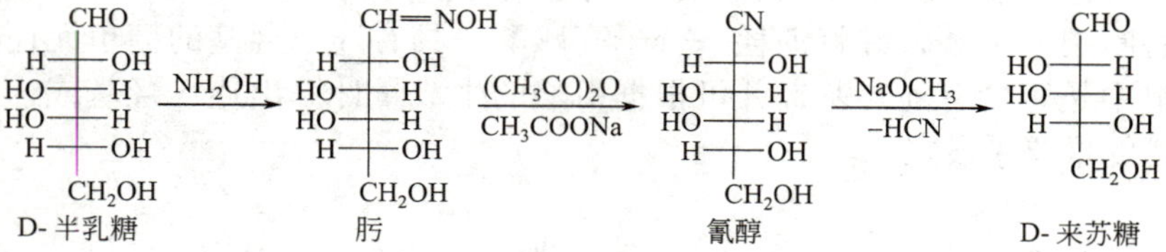

图 3-14　沃尔降解

糖与氰化氢加成生成氰醇，再水解成糖酸，之后转化成内酯，最后还原得到增加一个碳原子的糖，此反应称为基里安尼（Kiliani）反应（图 3-15）。例如 D- 阿拉伯糖通过该反应可以制得 D- 葡萄糖和 D- 甘露糖。

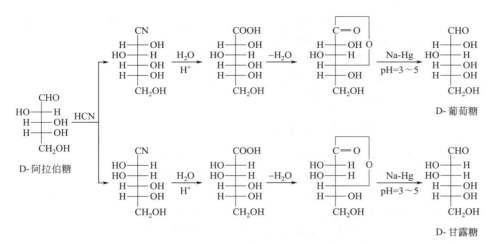

图 3-15　基里安尼反应

3.2.5　食品中的重要单糖

3.2.5.1　D- 葡萄糖

葡萄糖（glucose）是自然界中最常见的单糖。普通结晶形的 α-D- 葡萄糖是含有一分子结晶水的单斜晶系晶体，其熔点为 $80\sim86℃$。在酒精溶液中析出的 β-D- 葡萄糖是无水的斜方晶体，其熔点是 $146.5℃$。

葡萄糖甜度约为蔗糖的 $56\%\sim75\%$，其味凉爽，宜食用。葡萄糖加热后逐渐变为褐色，当温度达到 $170℃$ 以上时则生成焦糖。葡萄糖能被许多微生物利用，是发酵工业中的重要原料。工业上以淀粉为原料经酶法或酸法水解生产葡萄糖。

3.2.5.2　D- 果糖

果糖（fructose）天然存在于蜂蜜及菊科植物中，其甜味纯正，与糖精等甜味剂有较好的协同作用。口服果糖吸收较葡萄糖慢，但吸收后不依赖胰岛素，对血糖影响甚小，适用于肝功能和葡萄糖代谢不全的患者补充能量。果糖主要以纯结晶果糖和果葡糖浆的形式应用于食品行业中。

果糖作为运动型饮料的新原料，其优势体现在三个方面。其一，果糖具有较低的升糖指数，如果在运动前摄入果糖，由于果糖代谢缓慢，要在人体摄入后的较长时间逐渐提供能量，因而避免了运动过程中的低血糖现象。其二，含有果糖的饮料在胃里的排空速度很快，若运动前饮用含有果糖的饮料，运动时人体会消耗更多的脂肪。其三，果糖可以掩盖饮料中的乳清蛋白和部分矿物质的不良口味。

值得注意的是，人体中存在遗传性果糖不耐受症（hereditary fructose intolerance），其病理是果糖代谢中果糖二磷酸醛缩酶缺乏或活性降低所致。大多数患者在新生儿或幼儿时期发病，发病与食用含有果糖的食品有关，患者会出现腹泻、肝大等症状，少数可能死于进行性肝功能衰竭。

3.2.5.3　L- 阿拉伯糖

L- 阿拉伯糖（L-arabinose）以阿拉伯聚糖、阿拉伯糖基木聚糖、阿拉伯糖基半乳糖和类似于高等植物半纤维素的形式广泛存在于植物和细菌的细胞壁以及树胶中。L- 阿拉伯糖可采用碱法提取植物中的半纤维素，再用酸水解制备得到。目前工业上也可以通过酶、微生物等选择性分解含 L- 阿拉伯糖的植物组织生产该糖。自然界中，L- 阿拉伯糖含量较高的植物组织有甜菜渣、麦糠、玉米皮和苹果浆等。

L- 阿拉伯糖是一种没有热量的甜味剂，可以抑制因摄入蔗糖而导致的血糖升高，从而预防并治疗与高血糖相关的疾病，现已被美国食品药品监督管理局和日本厚生省批准列入健康食品添加剂。L- 阿拉伯

血糖生成
指数（GI）

糖能调节骨骼肌肌纤维的组成，促进可利用肌糖原的 I 型骨骼肌纤维生成，改善骨骼肌的胰岛素抵抗状态，在血糖调控中发挥重大作用。L- 阿拉伯糖还可作为身体脂肪堆积抑制剂，抑制蔗糖分解吸收，减少能量摄入，避免新脂肪产生，因此可用于防治肥胖、高血压和高血脂，美国医疗协会已将其列入抗肥胖剂的营养补充剂或非处方药。

3.2.5.4 D- 半乳糖

D- 半乳糖是一种还原糖，化学式为 $C_6H_{12}O_6$，是由乳糖水解制得的一种右旋六碳醛糖，天然存在于人体内和许多食物（如牛奶、蜂蜜、甜菜等）中。游离的半乳糖（galactose）在自然界不常见，仅在常春藤等少数植物中发现有 D- 半乳糖。它主要以半乳聚糖形式存在于植物细胞壁中，是乳糖、棉籽糖、神经节苷脂和血型决定族寡糖等的组成成分。因为水解后容易与葡萄糖分离，因此半乳糖能很好地从乳糖中分离得到。半乳糖微溶于水，容易结晶。它不能被高等酵母发酵，故可与葡萄糖和果糖相区别。

对于健康成年人，半乳糖的每日最大推荐剂量为 50g，大部分半乳糖可在摄入后约 8 h 内代谢并从体内排出。然而，在高水平摄入下 [≥ 50mg/(kg·d)]，半乳糖可以在半乳糖氧化酶的催化下转化为醛糖和氢过氧化物，从而产生活性氧（ROS），而 ROS 增加可能导致氧化应激损伤、钙稳态失调、线粒体老化、非酶糖基化反应、端粒缩短及端粒酶的活性下降以及免疫功能低下等。D- 半乳糖常应用于制作衰老动物模型。与其他衰老模型相比，D- 半乳糖衰老动物模型造模方法简单、价格低廉、结果稳定，已在抗衰老药物研究等领域得到广泛应用。

3.2.5.5 L- 赤藓酮糖

L- 赤藓酮糖（L-erythrulose）常温下为淡黄色液体，其在自然界存在但含量极少，属于稀有糖。高纯度（78%~85%）的 L- 赤藓酮糖是黄色黏稠状液体，有甜味。分子式为 $C_4H_8O_4$，分子量为 120.13。

L- 赤藓酮糖具有生物可降解性，能够食用且没有毒性，其含有酮基，理化性质活跃，能够参与并催化许多反应，因此是化工合成中重要的中间体和多性能添加剂，在食品、化工领域和制药领域应用广泛。

由于 L- 赤藓酮糖含有酮基，可与氨基化合物发生 Maillard 反应，可作为褐变食品的添加剂及生产肉类香精。此外，L- 赤藓酮糖还可以与皮肤表层的角蛋白发生 Maillard 反应，用于人工美黑且没有导致皮肤癌变的风险。在皮革工业中，L- 赤藓酮糖还可作为鞣剂的主要成分。

3.3 食品中的低聚糖

低聚糖广泛存在于自然界中，可由单糖聚合而成或由多糖水解得到，其分子通式一般可表示为 $(C_6H_{10}O_5)_n$，$n=2 \sim 10$，分子质量为 300 ～ 2000Da。

3.3.1 低聚糖的结构

低聚糖几乎都是由己糖组成，除果糖为呋喃环结构外，葡萄糖、甘露糖和半乳糖等均是以吡喃环结构、椅式构象存在。低聚糖的糖苷键结合方式，即醛糖 C_1（酮糖为 C_2）上的半缩醛羟基与其他单糖分子羟基的脱水缩合方式，存在 α 型和 β 型两种构型，结合位置有 1→2、1→3、1→4、1→6 等。当两个单糖分子的半缩醛（酮）羟基之间脱水缩合时，生成非还原性低聚糖；若是一个半缩醛（酮）羟基与一个醇羟基脱水形成糖苷键时，因存在还原性的半缩醛（酮）羟基而生成还原性低聚糖。一般来讲，具有半缩醛（酮）羟基的单糖单位称为糖基（glycosyl），没有半缩醛（酮）羟基的单糖单位称为配基（aglycone）。

　　低聚糖采用系统命名法，用规定的符号 D 或 L 和 α 或 β 分别表示单糖残基的构型，用阿拉伯数字和箭头（→）表示糖苷键连接碳原子的位置和方向，依据单糖是糖苷还是糖基进行命名，其全称为某糖基（$X{\rightarrow}Y$）某醛（酮）糖苷，X 和 Y 分别代表糖苷键所连接的碳原子位置。如蔗糖的系统命名为 α-D- 吡喃葡萄糖基 -(1→2)-D- 呋喃果糖苷。图 3-16 为几种均低聚糖的结构式，图 3-17 为几种杂低聚糖的结构式。由于习惯原因，仍然经常使用习惯名称来命名低聚糖，如蔗糖、乳糖、龙胆二糖、海藻糖、棉籽糖等。

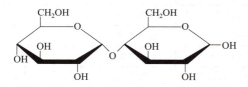

O-α-D- 吡喃葡萄糖基 -(1 → 4)-D- 吡喃葡萄糖（麦芽糖）　　　　O-β-D- 吡喃葡萄糖基 -(1 → 4)-D- 吡喃葡萄糖（纤维二糖）

O-β-D- 吡喃葡萄糖基 -(1 → 6)-D- 吡喃葡萄糖（龙胆二糖）　　　　O-α-D- 吡喃葡萄糖基 -(1 → 1)-D- 吡喃葡萄糖（海藻糖）

图 3-16　常见均低聚糖的结构

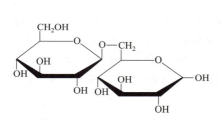

O-α-D- 吡喃葡萄糖基 -(1 → 2)-D- 呋喃果糖（蔗糖）　　　　O-β -D- 吡喃半乳糖基 -(1 → 4)-D- 吡喃葡萄糖（乳糖）

O-α-D- 吡喃半乳糖基 -(1 → 6)-O-α-D- 吡喃葡萄糖基 -D- 呋喃果糖（棉籽糖）

图 3-17　常见杂低聚糖的结构

3.3.2　低聚糖的性质

3.3.2.1　甜度

大部分低聚糖都具有一定的甜味，并随着聚合度的增加甜度降低。表 3-4 列出了几种常见低聚糖的比甜度。蔗糖是重要的甜味剂，但近年来发现许多人体疾病可能与过度食用蔗糖有关，如龋齿、肥胖、高血压、糖尿病等。因此，开发对人体无毒无害、低热量的高效甜味剂是当前食品研究领域的热门方向。

表 3-4　常见低聚糖的比甜度

名　称	比甜度	名　称	比甜度
蔗糖	1.00	低聚果糖	0.30～0.60
乳糖	0.27	低聚木糖	0.40～0.50
麦芽糖	0.60	低聚异麦芽糖	0.45～0.50
大豆低聚糖	0.20～0.40	低聚半乳糖	0.30～0.40

3.3.2.2　溶解度和黏度

低聚糖都较易溶于水，但不同的低聚糖溶解度各异。如蔗糖的溶解度介于果糖和葡萄糖之间，而麦芽糖的溶解度较高，乳糖的溶解度较小。

低聚糖的黏度一般比单糖大，并随着聚合度的升高黏度增大。在一定黏度范围内，可将低聚糖浆熬制成糖膏，使其具有一定的可塑性，以适合糖果工艺中的拉条和成型需要。

3.3.2.3　吸湿性、保湿性和结晶性

不同种类的食品对糖的吸湿性和保湿性要求不同。大多数低聚糖吸湿性小，可作为糖衣材料，或者用作硬糖或酥性饼干的甜味剂；而软糖、面包和糕点等因为要保持一定的水分，避免在干燥天气下干缩，用转化糖浆和果葡糖浆为宜。

蔗糖易结晶，结晶速率与溶液的浓度、温度、杂质性质和浓度等因素有关。对于高糖浓度的蜜饯类食品，若使用蔗糖会产生返砂现象，不仅影响产品外观，而且降低防腐效果，可用适当的果糖或果葡糖浆等一些不易结晶的甜味剂代替蔗糖。

3.3.2.4　水解与变旋

低聚糖的糖苷键易被酸水解生成相应的单糖，如蔗糖水解后生成等摩尔的葡萄糖和果糖混合物。蔗糖的比旋光度为 +66.5°，水解后混合物的比旋光度变为 −19.8°，因此将这种因水解作用引起旋光度变化的水解产物称为转化糖（invert sugar）。

从还原性双糖水解引起的变旋作用可以知道异头碳的构型，这是因为 α-异头碳比 β-异头碳的旋光度大，β-糖苷键断裂使旋光度增大，而 α-糖苷键断裂使旋光度降低，例如：

$$麦芽糖（\alpha）\longrightarrow 2D\text{-}葡萄糖$$
$$[\alpha]_D=+130° \qquad [\alpha]_D=+52.7°$$
$$纤维二糖（\beta）\longrightarrow 2D\text{-}葡萄糖$$
$$[\alpha]_D=+34.6° \qquad [\alpha]_D=+52.7°$$
$$乳糖（\beta）\longrightarrow D\text{-}葡萄糖 +D\text{-}半乳糖$$
$$[\alpha]_D=+52.3° \qquad [\alpha]_D=+66.3°$$

转化酶（invertase）也可使蔗糖转化成果糖和葡萄糖，许多果实中的转化糖多是由转化酶水解而来。蜜蜂分泌的转化酶能使植物花粉中的大部分蔗糖转化，因此蜂蜜中含有大量的转化糖。

3.3.2.5　氧化还原性

还原性低聚糖因含有半缩醛（酮）而具有一定的氧化性和还原性，可在一定压力和催化剂作用下还原成糖醇（如麦芽糖醇），亦可在氧化剂或酶存在的情况下氧化生成糖酸。糖醇具有一定的甜度且不会引起龋齿，因而是一种良好的甜味剂，可以作为蔗糖替代品。

3.3.2.6　抗氧化性与抑菌作用

与单糖一样，低聚糖溶液也具有一定的抗氧化性，这是因为一定浓度的低聚糖溶液可降低氧气的溶解度。如 20℃时 60% 蔗糖溶液中的含氧量仅为水中的 1/6。当蔗糖溶液浓度达到 70% 以上时，因溶液渗透压增大，还可起到抑制细菌生长的作用，糖水罐头、果酱和蜜饯等就是利用这一原理制作的。

3.3.3　常见低聚糖

低聚糖主要存在于植物类食物中，如果蔬、谷物、豆科、海藻和植物树胶等，此外在牛奶、蜂蜜和昆虫等中也含有。食品中常见的低聚糖有蔗糖、麦芽糖、乳糖、果葡糖浆和环糊精等，也是食品加工中最常用的低聚糖。

3.3.3.1　蔗糖

蔗糖（sucrose）又称为白糖或食糖，无色透明单斜晶系晶体，易溶于水，易吸湿，无变旋现象。因其甜味纯正、持续时间长而成为食品工业和日常生活中最常用的一种甜味剂。蔗糖是一种非还原糖，由 1 分子葡萄糖和 1 分子果糖通过 α-（1→2）糖苷键连接组成，其水溶液有变旋现象。

蔗糖主要来源于甘蔗和甜菜，在食品加工中常用蔗糖制造焦糖色素。由于蔗糖亲水性极强，溶解度大，能与其他低分子量的碳水化合物合用形成高渗透性的溶液，作为糖渍食品和糖水食品的防腐剂与保湿剂。蔗糖是食品工业中最重要的能量型甜味剂，在人类营养上起着巨大的作用。蔗糖的衍生物蔗糖脂肪酸酯是常用的乳化剂。利用蔗糖为原料化学合成的衍生物三氯蔗糖是一种强力甜味剂。

3.3.3.2　麦芽糖

麦芽糖（maltose）又称为饴糖，是一种透明针状晶体，易溶于水，微溶于乙醇。麦芽糖是一种还原糖，由 2 分子葡萄糖通过 α-（1→4）糖苷键连接而成，能形成糖脎，有变旋作用，比旋光度 $[\alpha]_D=+136°$。

麦芽糖在植物中含量很少，主要存在于麦芽、花粉，以及大豆植株的叶柄、茎和根部。工业上主要用 β-淀粉酶水解淀粉制取麦芽糖。麦芽糖甜味柔和，有特殊风味，在食品中常用作一种温和的甜味剂。同时，麦芽糖易被机体消化吸收，是糖类中营养最为丰富的一种。

3.3.3.3 乳糖

乳糖（lactose）由 1 分子 β- 半乳糖和 1 分子葡萄糖通过 β-（1→4）糖苷键连接而成。纯净的乳糖是白色固体，溶解度小。乳糖具有还原性，能发生变旋现象，能被酸、苦杏仁酶和乳糖酶等水解。

$$乳糖 \xrightarrow{\text{乳糖酶}} D- 半乳糖 +D- 葡萄糖$$

乳糖主要来源于哺乳动物的乳汁，牛乳中含量约为 4.5% ～ 5.0%，人乳中约含有 7%。乳糖是哺乳动物发育的主要糖类物质，婴儿哺乳期间乳糖占消耗能量的 40%；乳糖对于人体具有特殊的生理功能，能促进婴儿肠道双歧杆菌的生长，有助于机体内钙的吸收和代谢。乳糖只有到达小肠之后才能被消化吸收，这是因为小肠内存在乳糖酶，能水解乳糖生成 D- 葡萄糖和 D- 半乳糖，从而进入血液循环。

当摄入的乳糖仅部分水解或未被水解时，人体会发生一系列不适现象，临床上称为乳糖不耐受（lactose intolerance），6 岁以上人群中发病较多。这是因为体内缺乏乳糖酶，乳糖被保留在小肠内而引起腹胀和痉挛，当乳糖从小肠中进入大肠之后，经厌氧菌发酵生成乳酸和其他短链脂肪酸，又会引起腹泻等病状。克服乳糖不耐受有两种方法：一是通过发酵使乳糖转化成乳酸，如酸奶和其他发酵乳制品等；二是加入乳糖酶来减少乳中的乳糖，但这种方法会使乳制品的甜度发生变化，影响口感。为解决这一问题，在新的乳品加工工艺中常将酸奶活菌加入冷藏乳中，细菌在冷藏温度下停止活动而不会影响乳品的风味，当进入人体小肠后这些细菌就会立即释放出乳糖酶。

3.3.3.4 果葡糖浆

果葡糖浆又称为高果糖浆（high fructose corn syrup），它是以酶法糖化淀粉所得糖化液经葡萄糖异构酶作用将部分葡萄糖异构成果糖，由葡萄糖和果糖组成的一种混合糖浆，因此又叫异构糖浆。根据混合糖浆中所含果糖的多少分为 F-42、F-55、F-90 三代产品，其质量与果糖含量成正比。3 种果葡糖浆的组成和比甜度见表 3-5。

表 3-5 3 种果葡糖浆的组成和比甜度

项目		F-42	F-55	F-90
组成	果糖	42%	55%	90%
	葡萄糖	52%	40%	9%
	多糖	6%	4%	1%
比甜度		1	1.1～1.4	1.5～1.6

果葡糖浆素有天然蜂蜜之称，与其他甜味剂比较，其最大优点是含有相当数量的果糖，由此具备了果糖很多方面的独特性质，如甜味纯正、甜度协同增效、冷甜爽口、高溶解度和高渗透压、抗结晶性、良好的吸湿性和保湿性、优越的发酵性能、易发生褐变反应及抗龋齿作用等。由于果葡糖浆优越的特性，其在食品生产和加工中可以部分甚至全部取代蔗糖。果葡糖浆在食品工业中的应用见表 3-6。

表 3-6 果葡糖浆在食品工业中的应用

果葡糖浆的特性	应用
爽口、清凉、甜度	碳酸饮料、果汁饮料、冰淇淋、酸牛奶、各类冷食品等
渗透性、贮存性	果脯、蜜饯、水果、罐头、果酱等
发酵性、保湿性	蛋糕、夹心糕点、面包等
控制结晶	冰淇淋、软糖果等
溶解度	葡萄酒、苹果酒、果露酒、黄酒、汽酒、香槟酒等
直接吸收性、良好风味	咳必清、枇杷露、药酒、保健食品等

目前有研究表明过量摄入果葡糖浆可能导致新陈代谢紊乱，使人罹患心脏病和糖尿病的概率增加。果葡糖浆和葡萄糖等糖类都能在体内转化为甘油三酯，但葡萄糖等糖类的转化速度和程度受控于肝脏中的 6- 磷酸果糖激酶。而果葡糖浆代谢则绕过此限速酶，直接进入下一步代谢，过量摄入导致肥胖和脂肪肝的可能性更大。

3.3.3.5 环糊精

环糊精（cyclodextrin，CD）又称为沙丁格糊精或环状淀粉，是一种由 D- 葡萄糖通过 α-（1→4）糖苷键聚合而成环状低聚糖的独特糖类物质。最常见的有 3 种，聚合度为 6、7、8，分别称为 α- 环糊精、β- 环糊精和 γ- 环糊精，其结构如图 3-18 所示。

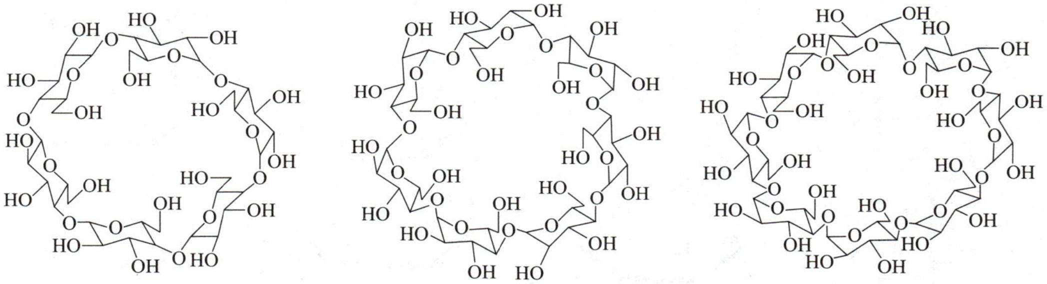

图 3-18 环糊精的结构

环糊精是白色结晶性粉末，熔点为 300 ～ 305℃，微甜，性质较稳定，由软化芽孢杆菌作用于淀粉得到。环糊精结构高度对称，分子中糖苷氧原子共平面，是略呈锥形的中空圆筒立体环状结构，羟基位于 CD 的外表面，伯羟基位于窄侧，仲羟基位于宽侧。环外侧是亲水的，内侧的空穴是相对疏水区域，既无还原端也无非还原端，没有还原性。在碱性介质中很稳定，但强酸可以使之裂解。只能被 α- 淀粉酶水解而不能被 β- 淀粉酶水解，对酸及一般淀粉酶的耐受性比直链淀粉强。疏水性空洞内可嵌入各种有机化合物，形成包埋复合物，并改变被包埋物的物理和化学性质，因此环糊精可包埋脂溶性物质如香精油、胆固醇等，可作为微胶囊化的壁材。此外，由于环糊精含有多个亲水醇羟基，能增加包埋药物的溶解度，使药物分子易通过生物细胞膜和血脑屏障，从而提高生物利用度。CD 很少被胃肠道吸收，主要在结肠和大肠中生物降解，因此它可以作为将药物递送至结肠的载体。

3.3.4 功能性低聚糖

功能性低聚糖（functional oligosaccharide）是指对人体有显著生理功能，能够促进人体健康的低聚糖。

与普通低聚糖相比，功能性低聚糖由 2～7 个单糖组成，在机体胃肠道内不被消化吸收而直接进入大肠，优先被双歧杆菌利用，是双歧杆菌的增殖因子。双歧杆菌已被广泛认为是一种存在于肠道内有利于人体健康的有益菌，能够改善肠道环境，抑制肠内腐败菌和有害菌的生长，对于抑制衰老和抗癌具有重要的意义。此外，功能性低聚糖还是一种低甜度、低热量的糖类物质，具有能够降低血脂、抗龋齿、食用后不会升高血糖等功能。

常见的功能性低聚糖有低聚果糖、低聚半乳糖、低聚木糖和低聚异麦芽糖等。

3.3.4.1　低聚果糖

低聚果糖（fructooligosaccharide）又称为寡果糖或蔗果三糖族低聚糖，是指在蔗糖分子的果糖基上通过 β-（1→2）糖苷键连接 1～3 个果糖基而成的蔗果三糖、蔗果四糖、蔗果五糖及其混合物，其结构如图 3-19 所示。低聚果糖的分子式可表示为 $G\text{-}F\text{-}F_n$（G 为葡萄糖，F 为果糖，$n=1～3$），它是一种非还原性糖。低聚果糖易溶于水，极易吸湿，其冻干产品在空气中会很快失去稳定状态，黏性、保湿性及在中性条件下的热稳定性等特性都与蔗糖相近。

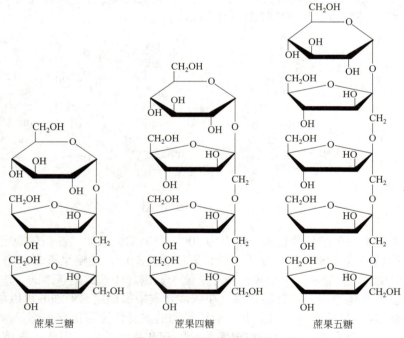

蔗果三糖　　　　　蔗果四糖　　　　　蔗果五糖

图 3-19　低聚果糖的结构

低聚果糖存在于香蕉、蜂蜜、洋葱、菊芋等天然植物中，已广泛应用于乳制品、乳酸饮料、糖果、焙烤食品、膨化食品及冷饮中。目前低聚果糖多采用适度酶解菊芋粉获得。此外，还可以蔗糖为原料，采用 β-D-呋喃果糖苷酶的转果糖基作用制取低聚果糖，反应过程可用以下反应式表示：

$$G\text{-}F \xrightarrow{\text{酶}} G+G\text{-}F+G\text{-}F\text{-}F+G\text{-}F\text{-}F_2+G\text{-}F\text{-}F_3$$

低聚果糖具有卓越的生理功能，可作为双歧杆菌增殖因子，具有调节肠道微生物菌群、促进排便、缓解便秘程度等功能；也是一种水溶性膳食纤维，能降低血清胆固醇和甘油三酯的含量，不会引起血糖升高，可作为高血压、糖尿病和肥胖症患者的甜味剂。低聚果糖具有一定的抑菌作用，能预防龋齿；在食品工业中，低聚果糖还具有明显的抑制淀粉回生的作用。

3.3.4.2　低聚半乳糖

低聚半乳糖（galacto-oligosaccharide）是以乳糖为原料，经 β- 半乳糖苷酶（EC 3.2.1.23）作用制得，是在乳糖分子中的半乳糖基上以 β-（1→4）糖苷键、β-（1→6）糖苷键连接 1 ～ 4 个半乳糖分子的寡糖类混合物，其中以 β-（1→4）键占多数，属于葡萄糖和半乳糖组成的杂低聚糖。结构通式为：Gal-（Gal）$_n$-Glu（Gal 为半乳糖，Glu 为葡萄糖，$n=1 \sim 4$）。

低聚半乳糖是一种天然存在的低聚糖，在动物乳汁中微量存在，母乳中含量较多。实际生产中，常以高浓度的乳糖溶液为原料，利用 β- 半乳糖苷酶进行半乳糖基转移反应，再经脱色、过滤、脱盐、浓缩后得到低聚半乳糖浆，进一步分离精制可得高纯度产品。

低聚半乳糖热稳定性较好，即使在酸性条件下也能保持较好的稳定性。它不被人体消化酶消化，具有很好的双歧杆菌增殖活性，可调节人体肠道菌群；难消化、低热量，具有润肠通便的作用；可以降低结肠癌的发生率；可促进矿质元素的吸收。

3.3.4.3　低聚木糖

低聚木糖（xylo-oligosaccharide）是由 2 ～ 7 个木糖以 β-（1→4）糖苷键连接而成的，是木糖的直链低聚糖，其中以二糖和三糖为主，木二糖的含量决定了低聚木糖产品的质量，其化学结构如图 3-20 所示。

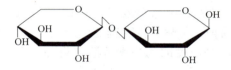

图 3-20　木二糖的结构

低聚木糖一般以富含木聚糖的农业废料玉米芯、棉籽壳以及蔗渣等为原料生产，其中玉米芯中的木聚糖含量高，使用最多。自然界中，竹笋等天然植物中含有少量的低聚木糖，另外部分植物半纤维素能在人体大肠内分解转化为低聚木糖。工业上，常采用富含木聚糖的植物原料，如玉米穗、蔗渣、棉籽壳、麸皮等，通过木聚糖酶水解获得低聚木糖。

低聚木糖不仅具有优良的稳定性，能在较宽的 pH 值和温度范围内保持稳定，在食品领域广泛使用。它具有低热量和一定的甜味，这使其成为糖尿病患者理想的甜味剂。而且与其他低聚糖相比，低聚木糖最难消化吸收，对双歧杆菌的增殖效果最好，有抗龋齿性，是一种优良的功能性食品原料。低聚木糖能促进面团中有机酸的产生，并对面团的流变特性、保水性、风味和感官特性产生积极影响。此外，低聚木糖还用于生产食品着色剂，与人工色素相比，低聚木糖生产的着色剂具有良好的益生元价值和优异的性能。国际益生菌和益生元科学协会在其报告中将低聚木糖定义为益生元低聚糖。

3.3.4.4　低聚异麦芽糖

低聚异麦芽糖（isomalto-oligosaccharide，IMO）又称为异麦芽低聚糖、分枝低聚糖，是指葡萄糖之间至少一个以 α-（1→6）糖苷键结合而成、单糖数 2 ～ 5 个不等的一类低聚糖。主要成分有异麦芽糖（IG_2）、潘糖（P）和异麦芽三糖（IG_3），结构如图 3-21 所示。商品化的低聚异麦芽糖有 2 种规格，主成分占 50% 以上的称为 IMO-50，90% 以上的称为 IMO-90。

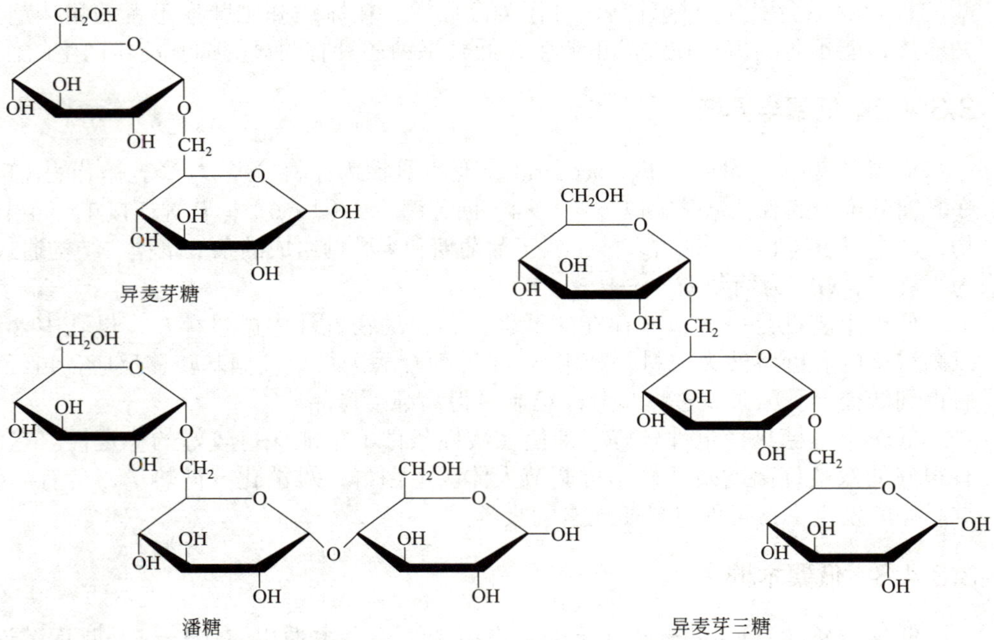

图 3-21   异麦芽糖、潘糖、异麦芽三糖的结构

低聚异麦芽糖在自然界中极少以游离态存在，但作为支链淀粉或多糖的组成部分，在蜂蜜和某些发酵食品如酱油、黄酒或酶法制备的果葡糖浆中有少量存在。目前，低聚异麦芽糖的生产大致有两种途径：一是利用糖化酶的逆合作用，在较高浓度的葡萄糖溶液中将葡萄糖逆合生成异麦芽糖、麦芽糖等低聚糖，但这种方法产率低、周期长，难以工业化推广；二是 α-转移葡萄糖苷酶的转苷作用生成，这是工业化生产的主要方法。

低聚异麦芽糖也可作为双歧杆菌增殖因子，有抗龋齿作用，有良好的低腐蚀性、耐酸耐热性、难发酵性和保湿性等，在食品、医药和饲料工业中得到越来越广泛的应用。

3.3.4.5 大豆低聚糖

大豆低聚糖（soybean oligosaccharide）是从大豆籽粒中提取的可溶性寡糖的总称，主要成分有水苏糖（stachyose）、棉籽糖（raffinose）和蔗糖等。棉籽糖是半乳糖基以 α-（1→6）糖苷键与蔗糖的葡萄糖连接构成的三糖，水苏糖是棉籽糖的半乳糖基以 α-（1→6）糖苷键与半乳糖基连接的四糖，它们都属于 α-半乳糖苷类低聚糖。棉籽糖易溶于水，比甜度为 0.2～0.4，其吸湿性在所有低聚糖中是最低的，即使在相对湿度为 90% 的环境中也不吸水结块，还具有较好的热稳定性。

大豆低聚糖广泛存在于各种植物中，以豆科植物的含量居多。大豆低聚糖中对双歧杆菌起增殖作用的因子是水苏糖和棉籽糖，二者能量值很低，具有良好的热稳定性和酸稳定性。大豆低聚糖是一种安全无毒的功能性食品原料，其甜味特性接近于蔗糖，可部分代替蔗糖作为食品甜味剂。

3.3.4.6　海藻糖

海藻糖（trehalose）是由两个葡萄糖分子以 α-(1→1) 糖苷键构成的非还原性糖，有 3 种光学异构体，分别是 α,α-海藻糖、α,β-海藻糖和 β,β-海藻糖。其中只有 α,α-海藻糖在自然界中以游离状态存在，即为通常所说的海藻糖，其广泛存在于各种生物体中，尤其在酵母中含量较多。

海藻糖具有保护生物活性物质的特殊功能，使生物体在极端异常情况下，仍能保持生命活力，有"生命之糖"的美称。

海藻糖是天然物质中最稳定的糖，具有良好的非还原性，在与氨基酸、蛋白质共存时，不会因加热产生褐变；在高热酸性环境中也不会着色分解，非常适用于饮料、罐头等行业；海藻糖吸湿性低，能有效避免因加入糖类物质导致的吸湿性增加，降低食品储藏风险和成本。

3.3.4.7　水苏糖

水苏糖（sachyose）是由两个 α-半乳糖、一个 α-葡萄糖和一个 β-果糖基连接而成的功能性低聚糖，分子式 $C_{24}H_{42}O_{21}$，稳定性良好，甜度为蔗糖的 22%，口感清爽，无异味。其临床营养应用、靶向作用机制研究与功能性食品开发一直深受关注。2006 年，美国 FDA 审核认定水苏糖为 GRAS（Generally Recognized as safe，安全食品），推荐每天摄入量为 0.53g，世界卫生组织称水苏糖是"二十一世纪最佳保健品"。

我国特色天然植物草石蚕中水苏糖含量较高，食用历史悠久，可用于水苏糖的工业提取。此外，地黄、大豆、鹰嘴豆等均可作为提取水苏糖的常用原料。

3.4　食品中的多糖

多糖（polysaccharide）又称为多聚糖，指 10 个或以上单糖通过糖苷键连接在一起形成的聚合物，广泛存在于植物、动物、微生物（真菌和细菌）中。由相同的单糖组成的多糖称为同多糖，如淀粉、纤维素和糖原；以不同的单糖组成的多糖称为杂多糖，如果胶是由鼠李糖和半乳糖等组成。单糖的个数称为聚合度。

除了人们常说的膳食纤维类多糖，还有一些具有特定生物活性的多糖，从动物、植物、微生物中分离得到的具有某种特定生物活性的非淀粉天然大分子碳水化合物，一般是由数十个甚至数千个一种或两种以上的单糖通过糖苷键缩合而成的聚合物，将其定义为生物活性多糖。

3.4.1　多糖的结构

多糖结构是多糖发挥生物活性的基础，结构决定功能，因此解析多糖结构有助于更好地研究多糖的生物活性，揭示其构效关系，为更好地开发利用食用菌多糖奠定基础。

与蛋白质和核酸的结构分类类似，多糖结构也可分为四级，其中一级结构为初级结构，二、三、四级结构为高级结构。一级结构主要是指多糖中的单糖种类、排列顺序、糖苷键类型、连接顺序、主链构型、糖链有无分支、支链位置及长度、取代基的种类及位置以及分子量等，由于多糖成键的复杂性、糖链的柔韧性、构象的易变性以及较强的分子间作用力等特性，所以多糖一级结构比蛋白质和核酸更复杂。二级结构是骨链间以氢键为主要次级键连接形成的有规则构象，只涉及主链构象而不涉及侧链的空间位置。三级结构是糖残基中的官能团通过非共价作用形成的规则且相对较大的空间构象。四级结构是多聚链以非共价键的形式构成的聚集体。但是目前更多研究显示，多糖结构也不能

多糖的一般分离纯化、结构表征技术及多糖结构相对有序性的探讨和认识

完全参考蛋白质的结构理论，特别是关于多糖结构是否有规律可循，最新研究成果显示多糖结构存在相对有序性。

3.4.2　多糖的性质

3.4.2.1　溶解性

多糖由己糖基和戊糖基单位构成，链中的每个糖基单位大多数平均含 3 个羟基，有多个氢键结合位点，每个羟基均可与一个或多个水分子形成氢键。环上的氧以及糖苷键上的氧原子也可与水形成氢键，因而多糖具有较强的持水能力和亲水性。在食品体系中多糖具有控制水分移动的能力，同时水分也是影响糖的物理与功能性质的重要因素。因此，食品的许多功能性质都同多糖和水分有关。

多糖的分子量较大，既不能增加摩尔渗透浓度，也不会显著降低水的冰点，因此是一种冷冻稳定剂。例如淀粉溶液冷冻时形成两相体系，一个是结晶水（即冰），另一个是由 70% 淀粉分子与 30% 非冷冻水组成的玻璃体。非冷冻水是高浓度的多糖溶液的组成部分，由于黏度很高，水分子的运动受到限制。当大多数多糖处于冷冻浓缩状态时，水分子的运动受到极大的限制，水分子不能吸附到晶核或结晶增长的活性位置，因而抑制了冰晶的长大，发挥了冷冻稳定作用，有效保护食品的结构与质构不被破坏，提高产品的质量与贮藏稳定性。

除了高度有序具有结晶性的多糖不溶于水外，大部分多糖不能结晶，并不是水不溶性，而是非常容易水合和溶解。在食品工业和其他工业中使用的水溶性多糖和改性多糖被称为胶或亲水胶体。

3.4.2.2　黏度

多糖（亲水胶体或胶）具有增稠和胶凝的功能，此外还能控制流体食品与饮料的流动性质、质构以及改变半固体食品的变形性等。在食品中，一般使用 0.25% ～ 0.5% 含量的胶即能产生极大的黏度，甚至形成凝胶。

大分子溶液的黏度同分子的大小、形状、所带净电荷及其在溶液中的构象有关。在食品和饮料中，多糖分子一般在溶液中呈无规线团状态（图 3-22）。但是大多数多糖的状态与严格的无规线团存在偏差，它们形成紧密的线团。线团的性质同单糖的组成与连接有关，有些是紧密的，有些是松散的。

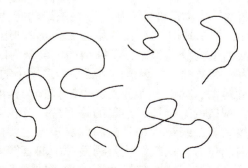

图 3-22　无规线团状多糖分子示意图

3

对于带一种电荷的直链多糖（一般是带负电荷，它由羧基、硫酸半酯基或磷酸基电离而得），由于同种电荷产生静电斥力，引起链伸展，使链长增加，高聚物体积增大，因而溶液的黏度大大增加。

高度支链的多糖分子比具有相同分子量的直链多糖分子占有的体积小得多，相同分子量的直链多糖与高度支化的支链多糖的相对体积如图 3-23 所示。溶液中线性多糖分子旋转时占有很大空间，分子间彼此碰撞频率高，产生摩擦，因而具有很大的黏度，甚至当浓度很低时，其溶液的黏度仍然很大。多糖在食品中主要是产生黏稠性、结构或胶凝等作用，所以线性多糖一般是最实用的。

3.4.2.3　凝胶

在许多食品中，一些高聚物分子（如多糖或蛋白质）能形成海绵状的三维网状凝胶结构，典型的三维网状凝胶结构如图 3-24 所示。连续的三维网状凝胶结构是由高聚物分子通过氢键、疏水相互作用、范德华引力、离子桥联、缠结或共价键形成的连接区，网孔中充满了由分子量小的溶质和部分高聚物组成的水溶液。

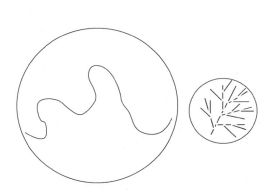 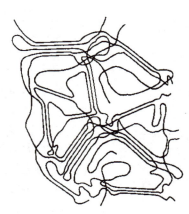

图 3-23　相同分子量的直链多糖与
高度支化的支链多糖的相对体积

图 3-24　典型的三维网状凝胶结构

凝胶具有二重性，既具固体性质，也具液体性质。海绵状三维网状凝胶结构是具有黏弹性的半固体，显示部分弹性与部分黏性。多糖凝胶虽然只含有 1% 高聚物，含有 99% 水分，但能形成很强的凝胶，例如甜食凝胶、果冻、仿水果块等。

不同的胶具有不同的用途，选择标准取决于所期望的黏度、凝胶强度、流变性质、体系的 pH 值、加工温度、与其他配料的相互作用、质构以及价格等，此外也必须考虑所期望的功能特性。亲水胶体具有多功能用途，它可以作为增稠剂、结晶抑制剂、澄清剂、成膜剂、脂肪代用品、絮凝剂、泡沫稳定剂、缓释剂、悬浮稳定剂、吸水膨胀剂、乳状稳定剂以及胶囊剂等。

3.4.2.4　水解

在食品加工与贮藏过程中，多糖比蛋白质更容易水解，因此往往添加相对高浓度的食用胶，以免由于水解导致食品体系黏度下降。

在酸的作用下，多糖的糖苷键水解，将伴随着黏度下降。水解程度取决于酸的强度（或酶的活力）、作用时间和温度以及多糖的结构。在热加工过程中最容易发生水解，因为许多食品是酸性的，随着温度的提高，酸催化的糖苷水解速率大大增加。

在食品加工中常利用酶作为催化剂水解多糖，如果汁的生产和加工等。从 20 世纪 70 年代开始，工业上采用 α-淀粉酶和葡萄糖糖化酶水解玉米淀粉得到近乎纯的 D-葡萄糖，然后用异构酶使 D-葡萄糖异构化制备果葡糖浆。

3.4.3 淀粉

淀粉（starch）是人类食物的主要能量物质之一。淀粉主要来源于玉米、马铃薯、小麦、甘薯等作物，此外栗、稻和藕等也常作为淀粉加工的原料。淀粉具有独特的化学和物理性质及营养功能，在食品工业中淀粉消耗量远远超过其他食品亲水胶体。淀粉与变性淀粉在食品工业中应用极为广泛，可作为黏着剂、混浊剂、成膜剂、保鲜剂、胶凝剂、持水剂以及增稠剂等，广泛用于布丁、汤汁、沙司、色拉调味汁、婴儿食品、饼馅、蛋黄酱等。

3.4.3.1 颗粒和分子结构

淀粉分子以白色固体淀粉颗粒的形式存在。淀粉颗粒是淀粉分子的聚集体，由于遗传及环境条件的影响，来源不同的淀粉的结构形态和性质会有所不同。淀粉颗粒由以氢键结合并以放射状排列的直链淀粉分子和支链淀粉分子构成，直链淀粉和支链淀粉在自然界中不会单独存在，只能作为独立物质的一部分。淀粉颗粒的一部分具有结晶性结构，分子间具有规律性排列；另一部分为无定形结构，分子间排列杂乱，没有规律性。

淀粉颗粒的形状一般分为圆形、多角形和卵形（椭圆形）3种，随来源不同而呈现差异。表3-7列出了几种常见食物淀粉粒的一些性质。一般高水分作物淀粉颗粒较大，形状也比较整齐，呈圆形或椭圆形。例如，马铃薯淀粉和甘薯淀粉的大粒为卵形，小粒为圆形；大米淀粉和玉米淀粉颗粒大多为多角形；蚕豆淀粉为卵形，更接近肾形；绿豆淀粉和豌豆淀粉颗粒则主要是圆形和卵形。同种淀粉颗粒的大小也有很大差别。淀粉颗粒的形状和大小受种子生长条件、成熟度、胚乳结构以及直链淀粉和支链淀粉的相对比例等因素影响。

表3-7　几种常见食物淀粉粒的一些性质

性　质	玉米	小麦	大米	土豆	木薯
直径/μm	2～30	2～55	1～9	5～100	4～35
形状	圆形或多角形，棱角显著	大粒凸镜形，小粒卵形	多角形，棱角最为显著	大粒呈卵形或贝壳形，小粒圆形	棱角较不显著，有些呈圆形
脂肪/%	0.8	0.9	0.6	0.1	0.1
蛋白质/%	0.35	0.4	0.07	0.1	0.1
磷/%	0.045	0.015	0.015	0.176	0.017
（凝胶化/糊化）温度/℃	62～80	52～85	70～75	58～65	52～65
黏度	中	低	—	非常高	高
糊状物流变性	低	低	—	非常高	高
糊状物透明度	透明	透明	—	清晰	清晰

淀粉颗粒的外层是结晶性部分，具有一定的抗酸和抗酶作用。偏光显微镜观察发现：淀粉颗粒由许多排列成放射性的微晶束构成，微晶束以支链淀粉分子作为骨架，以其葡萄糖链前端相互平行靠拢并借助氢键彼此结合成簇状结构，直链淀粉分子主要在淀粉颗粒内部，有部分分子也伸到微晶束中去。淀粉分子也有某些部分并未参与微晶束的组成，这部分就呈无定形状态，即非结晶

部分。

直链淀粉和支链淀粉两者在结构上是有区别的。直链淀粉由 D- 葡萄糖以 α-（1→4）糖苷键缩合而成，在水中并不是直线型分子，而是由分子内的氢键作用使链卷曲成螺旋状，每个回转含有 6 个葡萄糖残基，分子质量为 $10^5 \sim 10^6$Da。直链淀粉的结构如图 3-25 所示。

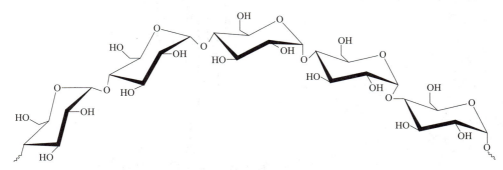

图 3-25 直链淀粉的结构

支链淀粉是高度分支的淀粉，葡萄糖残基通过 α-（1→4）糖苷键连接构成主链，支链通过 α-（1→6）糖苷键与主链相连，分支点的 α-（1→6）糖苷键占总糖苷键的 4% ～ 5%（图 3-26）。支链淀粉中含有末端还原基的线型主链称为 C 链。C 链具有很多侧链，称为 B 链。B 链又有侧链，与其他 B 链或 A 链相连。A 链是外链，经 α-（1→6）糖苷键与 B 链连接，B 链又经 α-（1→6）糖苷键与 C 链连接，A 链和 B 链的数目大致相等。C 链是主链，每个支链淀粉只有一个 C 链，一端为非还原端，另一端为还原端，只有这个链上的葡萄糖是由 α-（1→6）糖苷键连接的（图 3-27）。A 链和 B 链只有非还原端，每个分支平均含 20 ～ 30 个葡萄糖残基，分支与分支之间相距一般有 11 ～ 12 个葡萄糖残基，各分支也卷曲成螺旋状，所以支链淀粉分子是近似球形的。支链淀粉的分子质量比直链淀粉大很多，$10^7 \sim 5 \times 10^8$Da。支链淀粉的分支是成簇和以双螺旋形式存在，它们形成许多小结晶区，这些结晶区是由支链淀粉的侧链有序排列生成的。

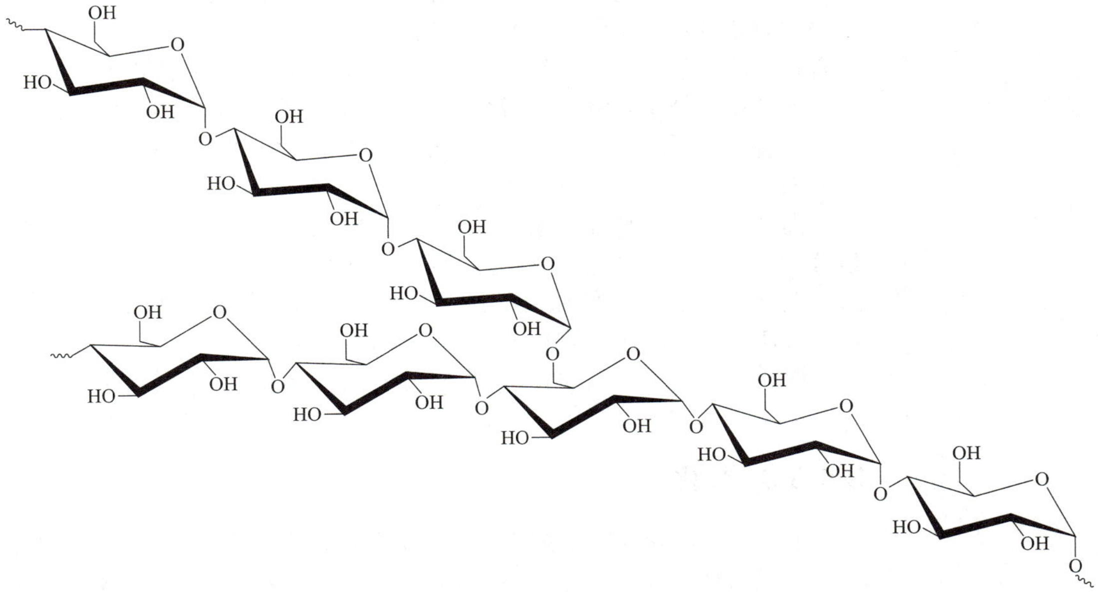

图 3-26 支链淀粉的结构

淀粉遇碘
变蓝视频

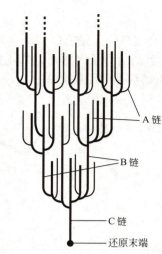

```
                        A 链

                        B 链

                        C 链
                        还原末端
```

图 3-27　支链淀粉分子的链状结构

3.4.3.2　物理性质

　　淀粉以淀粉颗粒的形式存在，因此研究淀粉的物理性质需要从淀粉颗粒和分子水平两方面考虑。在偏光显微镜下可观察到淀粉粒出现的偏光十字，不同种类的淀粉粒的偏光十字出现的位置、形状和清晰程度均不相同，同时还可以看到淀粉粒能产生双折射现象，说明它具有结晶结构。

　　淀粉分子间形成的氢键众多，导致淀粉分子间作用力较强，在一般条件下无法破坏这些作用力，因此淀粉不溶于冷水。将干燥的淀粉放入冷水中，水分子进入淀粉颗粒的内部，在非结晶区同一些亲水基团（游离的）作用，淀粉颗粒会因吸收少量水而产生溶胀作用。另外淀粉颗粒还具有一定的完整性，水分子只能进入组织性最差的非结晶区，不能破坏淀粉结晶的完整性。

　　淀粉的溶解度通常是指一定温度下在水中加热处理 30min 后淀粉溶解在水中的质量分数。不同种类的淀粉的溶解度有一定的差异性。马铃薯淀粉由于含有较多的磷酸基、颗粒较大，内部结构较松弛，溶解度相对较高。玉米淀粉由于颗粒小、结构致密，同时含有较多的脂类化合物，抑制了淀粉的膨胀和溶解，溶解度相对较低。但由于温度能够破坏氢键，当温度升高时，淀粉的溶胀性增加，溶解度也会相应增加。

　　提高淀粉的溶解性可采取三种不同的途径：①引入一些亲水基团，增加淀粉分子与水分子间的相互作用，如化学改性淀粉；②改变淀粉分子的结构方式，破坏淀粉颗粒，使原有的结晶区不再存在，如预糊化淀粉；③将淀粉水解，破坏淀粉的结构，使分子变小，如糊精。

　　淀粉与碘发生非常灵敏的颜色反应，直链淀粉呈蓝色，支链淀粉呈微红 - 紫红色。

3.4.3.3　糊化

　　未受损的淀粉颗粒不溶于冷水，但可逆地吸着水并产生溶胀，淀粉颗粒的直径明显增加。经过搅拌后淀粉 - 水体系再进行加热处理，随着温度的升高淀粉分子运动加剧，淀粉分子间的氢键开始断裂，所裂解的氢键位置就可以同水分子产生氢键，淀粉颗粒的体积增大，失去晶态。由于水分子的穿透以及更多、更长的淀粉分子分散而呈糊状，体系的黏度增加，双折射现象消失，最后得到半透明的黏稠体系。这个过程就是淀粉的糊化。糊化后的体系不是溶液，而是一个由淀粉分子的多种存在状态组成的凝胶分散系。具有胶束（微晶）结构的生淀粉称为 β-淀粉，糊化后的淀粉称为 α-淀粉。

各种淀粉的糊化温度不相同。表3-8列出了几种常见食物中淀粉的糊化温度，通常用糊化开始的温度和糊化完成的温度共同表示淀粉糊化温度。

整个糊化过程可以分为3个阶段：①可逆吸水阶段，水分进入淀粉颗粒的非晶质部分，体积略有膨胀，此时冷却干燥可以复原，双折射现象不变；②不可逆吸水阶段，随着温度的升高水分进入淀粉微晶间隙，不可逆大量吸水，结晶"溶解"；③淀粉糊化后继续加热则会使膨胀的淀粉粒继续分离支解，淀粉颗粒成为无定形的袋状，淀粉分子全部进入溶液，溶液的黏度继续增高，将新鲜的糊化淀粉浆脱水干燥可得易分散于凉水的无定形粉末，即可溶性 α-淀粉。

表3-8 几种常见食物中淀粉的糊化温度

淀 粉	开始糊化温度/℃	完全糊化温度/℃	淀 粉	开始糊化温度/℃	完全糊化温度/℃
粳米	59	61	玉米	64	72
糯米	58	63	荞麦	69	71
大麦	58	63	马铃薯	59	67
小麦	65	68	甘薯	70	76

淀粉的糊化性质不仅同淀粉的种类、体系的温度有关，还受以下因素影响：①淀粉晶体结构、淀粉分子间的结合程度、淀粉分子排列紧密程度、淀粉分子形成微晶区的大小等影响淀粉分子的糊化难易程度，淀粉分子间的结合程度大、分子排列紧密，破坏这些作用和拆开微晶区所需要的能量就多，淀粉颗粒就不容易糊化；②直链淀粉/支链淀粉的比例，直链淀粉在冷水中不易溶解、分散，直链淀粉分子间存在相对较大的作用力，直链淀粉含量越高，淀粉越难以糊化，糊化温度越高；③水分活度，水分活度较低时糊化就不能发生或糊化程度非常有限，事实上能与水强烈结合的成分由于竞争与水结合甚至可以推迟淀粉的糊化，干淀粉（水分含量低于3%）加热至180℃也不会导致淀粉糊化，而对水分含量为60%的悬浮液70℃的加热温度通常能够产生完全的糊化；④pH值，一般淀粉在pH值为4～7时较为稳定，在碱性条件下易于糊化，当pH值小于4时淀粉糊的黏度将急剧下降。

在许多情况下，淀粉和单糖、低聚糖、脂类、蛋白质等物质共同存在，共存的其他组分对淀粉的糊化也有影响。高浓度的糖将会降低淀粉糊化的速率、黏度的峰值和所形成凝胶的强度，二糖在推迟糊化和降低黏度峰值等方面比单糖更有效。脂类，如三酰基甘油以及脂类衍生物，能与直链淀粉形成复合物而推迟淀粉颗粒的糊化。在糊化淀粉体系中加入脂肪，会降低达到最大黏度的温度。

3.4.3.4 老化

经过糊化后的 α-淀粉在室温或低于室温下放置后，会变得不透明，甚至凝结而沉淀，这种现象称为淀粉的老化。老化（回生、凝沉）一词通常是表示淀粉由分散态向不溶的微晶态、聚集态的不可逆转变，是直链淀粉分子的重新定位过程。

糊化后的淀粉分子处于无定形状态，在低温下淀粉分子又自动排列成序，相邻分子间的氢键逐步恢复，最后可以形成致密、高度晶化的淀粉分子微粒。所以，从某种意义上看，老化过程可看成是糊化的逆过程。但是老化不能使淀粉彻底复原到生淀粉的结构状态，它比生淀粉结晶化程度低。老化后的淀粉与水失去亲和力，并且难以被淀粉酶水解，严重影响食品的质地。一些食品的品质劣化，例如面包陈化失去新鲜感、汤汁失去黏度或产生沉淀，就与老化有关。所以对淀粉老化作用的控制在食品工业中有重要意义。

不同来源淀粉的老化难易程度不相同，但主要是直链淀粉起作用。直链淀粉由于是线性分子，易于取向，比支链淀粉更易于老化，淀粉中直链淀粉含量越多老化问题越严重。支链淀粉几乎不发生老化，其原因是它的分支结构妨碍了微晶束氢键的形成，这个特性被实际应用于淀粉的化学改性中。温度也影响淀粉的老化，在较低温度（特别在0℃附近）、中性pH值、高浓度淀粉和无表面活性剂存在情况下，淀粉的老化趋势增强；但在迅速冷却过程中，由于淀粉分子来不及取向，可以减小淀粉老化速率。淀粉的老化程度还取决于淀粉分子的分子量（链长或聚合度）和淀粉的来源（直链/支链比例不同），对于常见的淀粉，它们的老化趋势按马铃薯淀粉＜玉米淀粉＜小麦淀粉的顺序变化。

在食品加工中防止淀粉老化的一种有效方法，就是将淀粉（或含淀粉的食品）糊化后，在80℃以上的高温迅速除去水分（水分含量最好达10%以下），或冷却至0℃以下迅速脱水。这样，水易于浸入而将淀粉分子包蔽，不需加热就糊化，这就是制备一些富含淀粉的方便食品的原理。除脱水可以延缓淀粉老化外，脂类（极性脂类如磷酸酯、硬脂酰乳酸钠、单甘酯等）对抗老化有较大的贡献，它们进入淀粉的螺旋结构，所形成的包合物可阻止直链淀粉分子间的平行定向、相互靠近及结合，对淀粉的抗老化很有效。在一些谷物食品如面包中，这些极性脂类已经得到应用，有效地增加了食品的货架寿命。此外，一些大分子物质如蛋白质、半纤维素、植物胶等对淀粉的老化也有减缓的作用，作用机制与它们对水的保留以及干扰淀粉分子之间的结合有关。

3.4.3.5　改性淀粉

为了适应各种需要，需将天然淀粉经物理、化学或酶处理，使淀粉原有的物理性质发生一定的变化，如水溶性、黏度、色泽、味道和流动性等，这种经过处理的淀粉总称为改性淀粉（modified starch）。

物理改性的方法有膨化、滚筒加热、焙烤等。酶法改性主要通过水解酶、异构酶和合成酶等处理淀粉。化学改性应用更加广泛。淀粉的分子链中每个D-吡喃葡萄糖单元上含有3个醇羟基，羟基的存在使淀粉分子有可能发生各种衍生反应，这些反应包括氧化反应、酯化反应和醚化反应等。淀粉葡萄糖单元上的羟基被取代基团取代的程度经常用取代度（DS）描述，DS表示每个葡萄糖单元上被取代基取代的平均羟基数。因为淀粉的每个葡萄糖单元上有3个可被取代的羟基，所以DS的最大值是3。在改性过程中只有极少量羟基被改性，DS大概为0.002～0.2，但淀粉性质却产生了很大的变化，大大拓宽了其用途。经化学改性获得的淀粉种类较多，如氧化淀粉、交联淀粉、酯化淀粉、醚化淀粉、接枝淀粉等。

（1）预糊化淀粉　淀粉悬浮液在高于糊化温度下加热，而后进行干燥，即得到可溶于冷水和能发生凝胶的淀粉产品。常用于方便食品和焙烤食品助剂。

（2）低黏度变性淀粉　低于糊化温度时的酸水解在淀粉粒的无定形区发生，剩下较完整的结晶区。玉米淀粉的支链淀粉比直链淀粉酸水解更完全。淀粉经酸处理后生成在冷水中不易溶解而易溶于沸水的产品，这种产品称为低黏度变性淀粉或酸变性淀粉，其热糊黏度、特性黏度和凝胶强度均有所降低，而糊化温度提高，不易发生老化，可用于增稠和制成膜。

市售酸变性淀粉是用40%玉米或糯玉米淀粉浆与硫酸或盐酸在25～55℃

温度条件下反应制成的，按黏度降低的程度确定处理时间，为 6 ～ 24h 不等，水解产物用碳酸钠或稀氢氧化钠溶液中和，然后过滤、干燥。酸变性淀粉可形成热的黏稠状物，放冷可转变成硬凝胶，用于制作糖果和口香糖。

（3）醚化淀粉　淀粉分子中的羟基被醚化得到醚化淀粉，包括羟烷基淀粉、羟甲基淀粉、阳离子淀粉等。淀粉的醚化作用由于提高了黏度的稳定性，而且在强碱性条件下醚键也不易发生水解，因此得到广泛的应用。

（4）酯化淀粉　淀粉的糖基单体含有 3 个游离羟基，能与酸或酸酐形成淀粉酯，其取代度能从 0 变化到最大值 3。常见的有淀粉醋酸酯、淀粉硝酸酯、淀粉磷酸酯和淀粉黄原酸酯等。

淀粉和酸式正磷酸盐、酸式焦磷酸盐以及三聚磷酸盐的混合物在一定温度范围内反应可制成淀粉磷酸单酯。典型反应条件为在温度 50 ～ 60℃加热 1h，取代度一般低于 0.25。制备较高取代度的衍生物需提高温度和磷酸盐浓度，并延长反应时间。

淀粉单磷酸酯因具有极好的冷冻 - 解冻稳定性，适于加工冷冻食品，通常作为冷冻肉汁和冷冻奶油馅饼的增稠剂。

淀粉与有机酸（如乙酸、长链脂肪酸、琥珀酸等）在加热条件下反应生成淀粉有机酸酯，其增稠性、糊的透明性和稳定性均优于天然淀粉，可用作焙烤食品、汤汁粉料、沙司、布丁、冷冻食品的增稠剂和稳定剂，以及脱水水果的保护涂层和保香剂、微胶囊包被剂。

低取代度的淀粉乙酸酯可形成稳定的溶液，因为这种淀粉只含有几个乙酰基，所以能够抑制直链淀粉和支链淀粉的外层长链发生缔合。低取代度淀粉乙酸酯的糊化温度低，形成的糊冷却后具有较好的抗老化性能。这种淀粉的糊透明而且稳定，可用于冷冻水果馅饼、焙烤食品、速溶布丁、馅饼和肉汁。取代度较高的淀粉乙酸酯能降低凝胶生成的能力。表 3-9 列举了各种玉米改性淀粉的性质。

表 3-9　各种玉米改性淀粉的性质

种　类	直链淀粉/支链淀粉	糊化温度范围/℃	性　质
普通淀粉	1:3	62～72	冷却解冻稳定性不好
糯质淀粉	0:1	63～70	不易老化
高直链淀粉	（3:2）～（4:1）	66～92	颗粒双折射小于普通淀粉
酸变性淀粉	可变	69～79	与未变性淀粉相比热糊的黏性降低
羟乙基化淀粉	可变	58～68（$DS_{0.04}$）	增加糊的透明性，降低老化作用
淀粉磷酸单酯	可变	56～66	降低糊化温度和老化作用
交联淀粉	可变	高于未改性的淀粉，取决于交联度	峰值黏度减小，糊的稳定性增大
乙酰化淀粉	可变	55～65	糊状物透明，稳定性好

（5）交联淀粉　用具有多元官能团的试剂，如甲醛、环氧氯丙烷、三氯氧磷、三偏磷酸钠盐等，作用于淀粉颗粒，能将不同淀粉分子经"交联"结合，产生的淀粉称为交联淀粉。常用的交联试剂有三偏磷酸二钠、氯氧化磷、乙酸与二元羧酸酐的混合物等。

大多数改性淀粉都是交联淀粉。淀粉交联后，平均分子量明显增加，由于形成新的交联化学键，可增强保持颗粒结构的氢键作用，紧密程度进一步增强，限制了糊化时颗粒的膨胀。因此交联剂有时又称为抑制剂，交联淀粉又称抑制淀粉。

交联淀粉主要作用于婴儿食品、色拉调味汁、水果馅饼和奶油型玉米食品，作为食品增稠剂和稳定剂。淀粉磷酸二酯优于未改性的淀粉，因为它能使食品在煮过以后仍保持悬浮状态，能阻止胶凝和老化，有良好的冷冻 - 解冻稳定性，放置后也不发生脱水收缩。

（6）氧化淀粉　工业上应用次氯酸钠或次氯酸处理淀粉，通过氧化反应改变淀粉的胶凝性质。氧化所得的产品称为氧化淀粉。这种氧化淀粉的糊黏度较低，但稳定性高，较透明，颜色较白，生成薄膜的

性质好。直链淀粉被氧化后成为扭曲状，因而不易引起老化。氧化淀粉在食品工业中可形成稳定溶液，适宜作分散剂或乳化剂。氧化淀粉可用于色拉调味料和蛋黄酱等较低黏度的填充料。

3.4.3.6 水解

淀粉同其他多糖一样，糖苷键在酸的催化下加热会发生不同程度的随机水解，最初产生很大的片段。淀粉水解程度不同，其水解产物的分子大小也不同，可以是糊精、麦芽糖和葡萄糖等。目前淀粉水解的方法有酸水解法和酶水解法。

（1）酸水解法　利用无机酸为催化剂使淀粉发生水解。如果水解程度较低，只有少量的糖苷键被水解，这个过程即为变稀，也称酸改性或变稀淀粉。如果水解程度加大，则制得低黏度糊精，具有成膜性或黏结性，可用于烤果仁或糖果的涂层，也可用于喷雾干燥法制备微胶囊化风味物的壁材。

（2）酶水解法　酶水解在工业上称为酶糖化。酶糖化经过糊化、液化和糖化 3 道工序，使用的酶主要为 α- 淀粉酶、β- 淀粉酶和葡萄糖淀粉酶。α- 淀粉酶又称为液化酶，用于液化淀粉；β- 淀粉酶和葡萄糖淀粉酶又称为糖化酶，用于糖化。商业上采用玉米淀粉为原料，用 α- 淀粉酶和葡萄糖淀粉酶进行水解，得到近乎纯的 D- 葡萄糖，再使用葡萄糖异构酶将 D- 葡萄糖异构成 D- 果糖，最后得到 58% 的 D- 葡萄糖和 42% 的 D- 果糖组成的玉米糖浆。

3.4.3.7 抗性淀粉

淀粉在消化过程中，首先被口腔内的唾液淀粉酶水解成糊精及麦芽糖，然后糊精及麦芽糖被小肠内的胰淀粉酶和双糖酶分解为游离单糖，进而通过小肠被机体所吸收，但并不是所有类型的淀粉都能在小肠内被消化、吸收。根据淀粉能否在小肠内被完全消化分解生成葡萄糖以及在小肠内吸收的速率，人们通常将淀粉分成 3 种类型：快消化淀粉（rapid digested starch，RDS）、慢消化淀粉（slow digestible starch，SDS）和抗性淀粉（resistant starch，RS）。快消化淀粉：在小肠中 20 min 内能够被消化吸收的淀粉。慢消化淀粉：在小肠中 20 ～ 120 min 才能够被完全消化吸收的淀粉，如天然玉米淀粉。抗性淀粉：不能在小肠中被消化吸收，但 120 min 后可到达结肠并被结肠中的微生物菌群发酵，继而发挥有益的生理作用。抗性淀粉又称抗酶解淀粉、难消化淀粉，联合国粮食及农业组织根据 Englyst 和欧洲抗性淀粉研究协作组建议，将 RS 定义为：不能被健康人体小肠消化吸收但能在大肠中发酵或部分发酵的淀粉和淀粉降解产物。

目前，抗性淀粉可作为膳食纤维营养强化剂、膨化和脆性食品的改良剂、食品增稠剂、热量添加剂应用于食品工业中。在日常膳食中，添加普通膳食纤维的产品口感及质构特性较差，这会在一定程度上影响产品的生产和销售。然而，抗性淀粉可弥补上述不足，添加抗性淀粉的谷物食品具有较好的外观、质构、口感、膨胀性和脆性。与传统意义的膳食纤维相比，抗性淀粉具有两方面优势：①具有类似于膳食纤维的潜在生理功能；②具有独特的物理特性，包括低持水能力、细腻的口感等加工特性和感官特点。几种食品中常用的商业抗性淀粉见表 3-10。

人工合成淀粉

表 3-10　几种食品中常用的商业抗性淀粉

名称	抗性淀粉占总膳食纤维的比例/%	理化性质或生理作用
Hi-maize	30～60	降低结肠pH，增加短链脂肪酸浓度，利于肠道益生菌的生长，促进肠道蠕动，促进排便
CrystaLean	19.2～41	增加肠道丁酸浓度，促进大鼠近端结肠细胞的增殖，降低升糖指数
Novelose 240	47	降低升糖指数
Novelose 260	60	降低升糖指数
Novelose 300	<30	降低升糖指数
C*Actistar	53	能量值低；提高免疫力，降低升糖指数，提高丁酸浓度
Fibersym™ HA	>70	降低升糖指数，提高胰岛素敏感性
Fibersym™ 80ST	80	降低升糖指数，提高胰岛素敏感性
Nutriose FB	85	能量值低
Fibersol 2	90	提高短链脂肪酸浓度，调节肠道健康和糖代谢
Hylon^R Ⅶ	23	促进排便，增加粪便短链脂肪酸浓度

3.4.4　膳食纤维

截至目前，关于膳食纤维的定义仍然存在争议，首先，膳食纤维既不能定义为单一的化学成分，也不能定义为一组相关的组分；其次，不同的膳食纤维可能有一种或多种生理功能，所以很难通过健康保护作用去定义膳食纤维。

1972 ～ 1976 年，Trowell 等建立了大量膳食纤维与健康相关的假说，这些假说引起了学术界对膳食纤维定义和生理健康功能的探讨，但 40 多年来，全球针对膳食纤维的定义和分析方法还没有一个完全统一的意见。目前，对于膳食纤维的定义接受程度最高的是 2009 年国际食品法典委员会（Codex Alimentarius Commission）提出来的定义，即膳食纤维是指 10 个或 10 个以上单体连接的碳水化合物，不能被人体小肠内的酶水解，且属于以下类别：①食物中天然存在的膳食纤维多聚物；②通过物理、化学和酶方法从食物原材料中提取的碳水化合物多聚物；③合成的碳水化合物多聚物。包括抗性低聚糖、抗性淀粉和抗性麦芽糊精。该定义中还明确：允许国际权威机构将聚合度为 3 ～ 9 的组分列入膳食纤维的范畴；上面类别②和③中分离与合成的膳食纤维必须对人体生理健康有一定益处。同时，也有相关机构将木质素、多酚等纳入膳食纤维的范畴。

随着人们健康意识的增强，消费者对膳食纤维强化食品的需求不断增加。膳食纤维在主食应用上较为方便，而全谷物是人们日常摄入膳食纤维的来源之一。对于面条类主食，膳食纤维的加入可以增强煮熟后面条的强度、韧性，但颜色较深；此外，米饭中添加膳食纤维可使其具有良好口感与清香味道。将膳食纤维加入肉制品中不仅能够降低成本，还可以减少肉制品的热量，这也使得膳食纤维成为减肥食谱的良好基料。将膳食纤维应用于各种高纤维饮料中，既可以使其稳定性、分散性和冲调性得到提高，又可以改善饮料营养结构，丰富饮料的种类，制造出低热、低脂肪、低糖的健康饮品。然而，目前膳食纤维强化饮料中大多仅仅强化了可溶性膳食纤维含量，对同时包含不溶性膳食纤维的强化饮料的开发还有一定难度。

3.4.5　纤维素和半纤维素

3.4.5.1　纤维素

纤维素（cellulose）作为细胞壁的主要结构成分广泛存在于所有高等植物以及若干低等

膳食纤维的
来源和推荐量

植物中，通常和半纤维素、木质素、果胶结合在一起，是由 1000 ～ 14000 个 D- 吡喃葡萄糖通过 β-（1→4）糖苷键连接而成的直链多糖。纤维素的结构如图 3-28。

纤维素不溶于水、稀酸、稀碱和一般有机溶剂，但包括 1- 丁基 -3- 甲基咪唑氯盐在内的一系列离子液体均可以溶解纤维素，这一发现大大拓展了纤维素的工业应用前景。虽然棉花和麻类作物中纤维素含量很高，木材中含量相对较低，但木材价格低廉且来源丰富，因此是工业用纤维素的最主要来源。

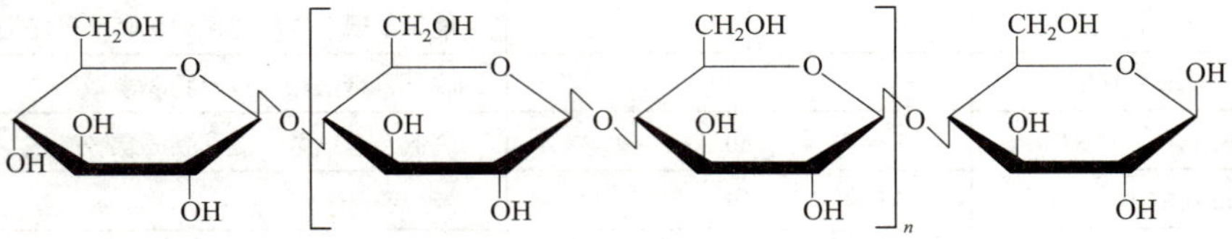

图 3-28　纤维素的结构

纤维素是直链淀粉的 β- 异构体，β- 连接使纤维素分子以完全伸展的构象折叠，形成类似纸张的二级结构，即纤维素链中每个残基相对于前一个残基翻转 180°。借助 X 射线衍射法研究纤维素的三级结构，发现纤维素是由平行排列的多条纤维素分子相互以氢键连接起来的具有微晶束结构的物质。结晶区由大量氢键连接而成，结晶区中纤维素的密度为 $1.588g/cm^3$。结晶区之间由无定形区隔开，这一部分的分子排列不整齐且松弛，纤维素的密度为 $1.500g/cm^3$。无定形区容易受化学试剂作用，在纤维素的水分脱除时转化为结晶区。值得注意的是，纤维素结晶结构存在着 5 种结晶变体，这 5 种结晶变体各有不同的晶胞结构，并可通过红外光谱和 X 射线衍射等方法加以鉴别。

纤维素的结晶度（α）是指纤维素构成的结晶区占纤维素整体的百分数，它反映纤维素聚集时形成结晶的程度。纤维素的可及度（A）表示无定形区的全部和结晶区的表面部分占纤维素总体的百分数，反映试剂抵达纤维素羟基的难易程度，是纤维素化学反应的一个重要因素。一般认为大多数反应试剂只能穿透纤维素的无定形区，因此人们把纤维素的无定形区也称作可及区。人体消化系统中的酶不能使纤维素水解，因而纤维素不能提供营养和热量，但却是很好的膳食纤维来源。

部分反刍动物在肠道内共生能产生纤维素酶的细菌，因此能消化利用纤维素。纤维素可与某些水解胶体如树胶和果胶配合使用代替脂肪。纤维素粉吸水后重量可达本身的 3 ～ 10 倍，尤其适合于少脂的汤汁。将纤维素粉末添加到烘焙食品中，可有效减少焙烤后的收缩，增加焙烤食品的持水力，并延长保鲜期。

3.4.5.2　纤维素衍生物

（1）甲基纤维素（methyl cellulose，MC）　MC 是纤维素的醚化衍生物，在强碱性条件下将纤维素同一氯甲烷或三氯甲烷反应即得到 MC（图 3-29），商品级产品的取代度通常为 1.1 ～ 2.2。MC 溶液在加热的初始阶段黏度下降，之后黏度迅速上升形成凝胶，冷却后又转变为溶液，胶凝温度范围为 50 ～ 70℃。若加入一些盐，如硫酸钠或聚磷酸三钠，可显著降低 MC 的胶凝温度。MC 在食品工业中的应用也非常广泛。MC 具有表面活性，可在水中水解，在溶液中容易成膜。在油炸食品中加入 MC，可以在油炸过程大量减少食品对油的摄入；在冷冻食品中添加 MC，可抑制脱水收缩；在色拉调味汁中 MC 可作为稳定剂和增稠剂。

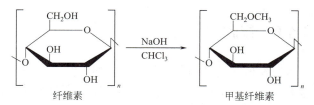

图 3-29　甲基纤维素的制备

（2）羧甲基纤维素（carboxymethyl cellulose，CMC）　CMC 是用一定浓度的氢氧化钠溶液处理纯木浆得到碱性纤维素，然后与氯乙酸反应制得（图 3-30）。然而在食品工业中采用的是羧甲基纤维素钠。1974 年联合国粮农组织（FAO）和世界卫生组织（WHO）批准将羧甲基纤维素钠作为食品添加剂使用。羧甲基纤维素钠具有增稠、乳化、成膜、悬浮、稳定、膨化、耐酸等多种功能。我国国标规定羧甲基纤维素钠可用于方便面、膨化食品、果冻、饮料、雪糕和饼干的生产。

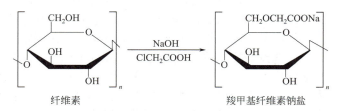

图 3-30　羧甲基纤维素钠盐的制备

（3）微晶纤维素（microcrystalline cellulose，MCC）　MCC 是由天然纤维素经稀酸水解至极限聚合度的可自由流动的白色固体。MCC 具有极强的吸水性，在水介质中经强力剪切作用后具有形成胶的能力，在乙酰化、羧甲基化等过程中具有较高的反应性能，对化学改性极为有利。MCC 主要有两种形式：一种是经过喷雾干燥得到的细粉末状产品，主要用作黏合剂和吸附剂；另一种是胶体状，它能分散在水中，具有与水溶性胶相似的功能性质，因此用作液体中的分散剂。

MCC 作为食品添加剂广泛应用于食品行业，功能主要包括防止速溶饮品粉末受潮结块和冲泡时分散不均、在生产油质调味料时可以防止加热时油脂与调味汁分离、使冰奶油和冰淇淋口感更润滑和爽口、用作脂肪代替物、提高淀粉和果胶的耐热性等。

3.4.5.3　半纤维素

半纤维素（hemicellulose）是一类杂聚多糖，因为它总是和纤维素共同存在于植物细胞壁中，故得半纤维素之名，但这个名称并不恰当，它的化学结构与纤维素没有丝毫关系，半纤维素不是纤维素合成的前躯体。半纤维素可定义为"来源于植物的聚糖，它们含有 D-木糖基、D-甘露糖基、D-葡萄糖基或 D-半乳糖基的主链，其他糖类可以成为支链而连接在主链上"。1891 年，Schulze 首次提出了半纤维素一词，将半纤维素定义为构成植物细胞壁结构的一类碳水化合物高聚物（含量仅次于纤维素）。根据构成单糖单元的不同，可将半纤维素分为木聚糖、甘露聚糖、半乳聚糖和阿拉伯聚糖等。

半纤维素的含量在植物资源中大约占 1/4 到 1/3。尽管它如此丰富地存在于自然中，但因为结构的复杂性，限制了其在工业上的应用。然而近 10 年来，人们试图通过化学改性克服半纤维素自身结构的缺点。例如，通过半纤维素羟基的酯化可以增加其疏水性，因此酯化半纤维素可用于生产生物降解塑料和树脂等。与天然树胶相似，半纤维素可用作食品加工的增稠剂、稳定剂、乳化剂和胶黏剂。在焙烤食品中添

加半纤维素，可提高面粉对水的结合能力，改善面团的品质。此外，半纤维素也是膳食纤维的良好来源。

3.4.6 果胶

果胶是一类结构非常复杂的多糖，广泛存在于高等植物细胞壁内，尤其是双子叶及非禾本科植物细胞壁非纤维素多糖的重要组成部分。在高等植物细胞壁中，果胶约占干物质含量的 1/3，但在草本植物中含量较少，尤其是进入细胞内部后在初生壁和质膜中含量逐渐降低。果胶沉积于初生壁和细胞间层，是细胞间的连接物质，同时也在初生壁中与纤维素、半纤维素、木质素的微纤丝及某些伸展蛋白相互交联，使各种细胞组织结构坚硬，但不阻碍细胞生长，既能起到缓冲作用，也可以达到防止病原微生物入侵的目的。目前，商品化果胶原料主要包括苹果皮、柑橘皮、柠檬皮。此外，豆腐柴叶、香蕉皮、榨油后的向日葵盘及薛荔籽等副产物中也含有较多的果胶，但目前尚未工业化应用。

一般人们所说的果胶通常由原果胶（protopectin）、果胶酯酸（pectinic acid）和果胶酸（pectic acid）组成，但其化学概念尚未得到很好的澄清，因此通称果胶类物质［果胶多糖（pectic polysaccharide）］。在未成熟的果蔬组织中，原果胶与纤维素等连在一起形成牢固的细胞壁，使整个组织比较坚硬。随着果实成熟度的增加，原果胶水解成果胶，果蔬组织因此变得松软。果胶酸是完全未甲酯化的聚半乳糖醛酸，当果实过熟时，果胶去酯化，生成果胶酸。自然界中的天然果胶大多以不溶性原果胶形式存在。果胶的结构因植物种类、组织部位、生长环境等不同存在一定差异。

3.4.6.1 化学结构

果胶中的单糖种类极为复杂，据不完全统计，研究已经发现果胶中至少含有 17 种单糖，主要是半乳糖醛酸（GalA），其次是阿拉伯糖（Ara）、半乳糖（Gal）、鼠李糖（Rha）等其他中性糖。D-GalA 残基是果胶分子主链的结构单元，聚半乳糖醛酸中的部分羧基被甲基酯化（图 3-31），而其游离的羧基与钠、钾或铵离子形成盐。

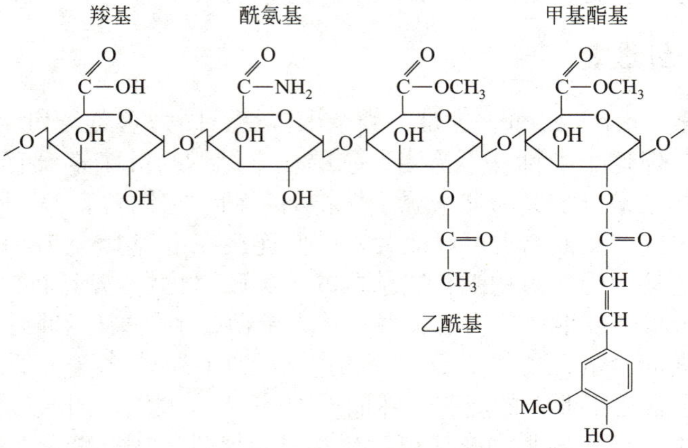

图 3-31   果胶分子中半乳糖醛酸典型的酯化形式

果胶主链结构中相隔一定距离就含有 α- 鼠李吡喃糖基侧链，分子结构可分为光滑区和毛发区：光滑区由 α- 半乳糖醛酸残基通过 1,4- 糖苷键线性连接；毛发区由高度支链化的 α- 鼠李半乳糖醛酸组成（图 3-32）。根据不同的主链和支链结构，可将果胶（图 3-32）大致分为四类：同型半乳糖醛酸聚糖（homogalacturonan，HG）、木糖半乳糖醛酸聚糖（xylogalacturonan，XG）、鼠李半乳糖醛酸聚糖 I（rhamnogalacturonan I，RG I）和鼠李半乳糖醛酸聚糖 II（rhamnogalacturonan II，RG II）。同型半乳糖醛酸聚糖（HG）是由 D- 半乳糖醛酸残基通过长且连续的 α-1,4- 糖苷键连接成的线状糖链，是一种结构均匀的聚合物，占果胶初生壁的 60% ～ 65%。HG 通常含有 100 ～ 200 个 GalA 残基，其中 O-3 或 O-4 可被木糖取代，形成木糖半乳糖醛酸聚糖（XG）。RG I 由不同组分组成，一般被认为主链区域是几十甚至超过 100 个 Rha$p$ 与 HG 的 →4)-α-GalAp-(1→。重复单位：[→4)-α-GalAp-(1→2)-α-Rha$p$-(1→]。RG II 由至少 12 种单糖以多于 20 种糖苷键方式连接，结构更加复杂，主要包含 11 种稀有糖类，如芹菜糖、2-O- 甲基 -L- 海藻糖、2-O- 甲基 -D- 木糖、3-C- 羧基 -5- 脱氧 -L- 木糖等。

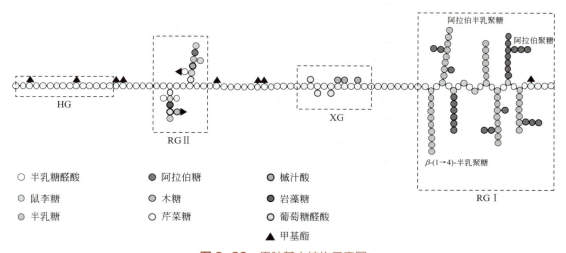

图 3-32　果胶基本结构示意图

3.4.6.2　凝胶性

果胶的凝胶化作用最早是由布拉科诺（Henri Braconnot）于 1825 年提出的，当果胶中的高聚半乳糖醛酸部分交联形成一个三维晶型网状结构，使水和其他溶质被包裹在所形成的网格之中时，果胶就会形成凝胶。

果胶在不同条件下的凝胶性与果胶的乳化、稳定、增稠等功能有关，凝胶性是果胶应用最广泛、重要的性质之一，也是评价果胶品质的重要参数之一，其结构强度与果胶类型、溶剂、pH 及温度有很大关系。果胶主要由高分子网络结构和溶剂组分构成，其中高分子网络结构包裹住溶液，不让液体流出，起到了容器的作用。果冻的冻胶态、果酱果泥的黏稠态等均是由于果胶的凝胶作用结果，形成的凝胶在结构和感官上优于其他食品胶形成的凝胶。HM 和 LM 都能形成性能优良的凝胶，但成胶机理和条件不同。

有许多因素影响凝胶的形成。对于 HM，果胶质量分数在 0.01% ～ 1% 范围内，随着果胶含量增加，凝胶效果越来越好。但 HM 所要求的凝胶条件较局限，因此它主要用于高糖高热量食品的制备。相比较而言，LM 在钙等 2 价金属离子存在时即可形成凝胶，溶液中固形物含量的高低对其凝胶影响不大，所以主要用于低糖低热量食品的生产。LM 形成凝胶理想的果胶浓度为 1.0% ～ 1.2%。

溶液 pH 值是影响凝胶的一个重要因素。当 pH 值较高时，会发生酯的皂化反应，使果胶降解，果胶分子内部的羧基带上负电荷，产生静电排斥力，从而阻碍凝胶的形成。随着 pH 值减小，果胶分子中羧基的电离被抑制，果胶分子内的静电排斥力也变小，当 pH 值接近果胶的 pK_a 时便形成凝胶。LM 溶液凝胶

最佳 pH 值为 3.5 ～ 4.5。此外，对 LM 形成凝胶，2 价金属离子的种类和浓度也是不可忽视的因素。

总体而言，果胶凝胶性强弱，取决于其分子中—COOH 被甲氧基化的程度，以及相对分子质量大小。甲氧基化程度越高，相对分子质量越大，形成凝胶的能力越强，反之则越弱。其他影响因素还有 pH、温度、糖等固形物浓度、果胶种类与性质等。例如，糖等固形物的作用是使高度水合果胶脱水，果胶脱水后形成凝胶。果胶溶液在 50℃ 以下可形成凝胶，温度越低，形成凝胶的速度越快，强度也越大。

3.4.6.3　生物学功能

果胶具有优良的生物降解性、生物相容性、无毒和成本低等优点，因此在食品、生物和医药领域备受关注。目前诸多研究发现，果胶具有抗氧化、抗炎、抗肿瘤、降血脂、吸附重金属、药物载运等功能。

人体在新陈代谢过程中不产生果胶（分解）酶，且由于其分子结构特征，果胶并不能在人体内被消化吸收，但某些肠道微生物可以将果胶作为底物进行发酵，在碱性或有微生物存在的环境中（如回肠中），会有一定比例的果胶被降解（15% ～ 46%）。在消化代谢的过程中，胰腺酶的活性因为消化液黏度的增加而降低，从而减少了酶与底物间的接触。果胶也可以通过与底物的相互作用阻碍酶对底物的吸附作用，从而抑制脂肪酶的活性。

同时，果胶可作为益生菌的碳源，选择性地刺激益生菌的生长和活力，从而使益生菌增殖，产生有机酸（乙酸、丙酸、丁酸等短链脂肪酸），降低肠道 pH，抑制有害菌生长繁殖，减少如氨、吲哚、胺类等蛋白质发酵产物，同时为机体供给维生素并提高免疫能力。体内发酵生成的短链脂肪酸能刺激肠道黏膜，促进肠道蠕动，加速排泄粪便及其频率，及时排出体内有毒有害物质，促进肠道健康。

3.4.6.4　在食品中的应用

果胶由于具有良好的凝胶、增稠、稳定等特性，广泛应用于食品行业。在配制酸奶生产中，低甲氧基果胶与其他胶配合使用可以防止乳清析出，因此添加果胶可以延长酸奶的保质期。果胶可以使蜜饯具有理想的口感，当蜜饯的固形物含量在下限时可添加低甲氧基果胶，当固形物含量在上限时则添加高甲氧基果胶。高甲氧基果胶作为悬浮剂可添加在含有果肉的饮料中，它不仅能与钙离子发生胶凝作用，实现果粒均匀悬浮，还能赋予果汁优良的风味。果胶的另一用途是改善冻藏食品的质构，减缓冷冻时晶体的生长速率，减少融化时糖浆的损失。此外，果胶由于其良好的酸稳定性和清爽利口的口感可作为品质改良剂，改进色拉酱的特性。

果胶是 FAO/WHO 食品添加剂联合委员会推荐的公认安全的食品添加剂，相关应用包括增稠、凝胶、乳化稳定等。我国果胶产业起步于 20 世纪 90 年代，当时我国果胶原料资源比较丰富，但是利用率较低、产品品质较差，在很长一段时间里，全世界只有美国（Cargill 公司）、德国（Herbstreith & Fox 公司）、丹麦（Danisco 公司，原 Grindsted 及 Copenhagen Pectin 公司，属 Hercules）、瑞士（Obipekin 公司）等国家的少数企业掌握果胶生产技术。2008 年在我国烟台建成了亚洲最大的果胶生产基地——安德利果胶公司，而后陆续有一批果胶生产基地建成，逐步摆脱我国食品、医药用果胶大量依赖进口的局面。

日常生活中，人们通过食用水果和蔬菜摄入果胶，商业果胶通过不同来源（苹果渣、柑橘皮等）、不同制备工艺方式获取。用于食品添加剂的标准果胶，相对分子质量较高，以获得所需的高结合水能力；相对分子质量较低的果胶黏度低，可在高剂量的情况下使用，且不会对所需产品纹理造成影响。果胶常被用于制备果酱、果冻、甜点、烘焙食品等，其所形成的胶凝剂在结构、外观、色、香、味等影响感官方面均优于其他食品胶制作的凝胶。其中果酱制造过程是将水果中不溶性的原果胶通过简单蒸煮变成可溶性果胶并释放出果汁，在低 pH 下对比多数食品胶的凝胶性能较差，果胶相对比较稳定。但由于各种果胶凝胶速度、胶凝强度的不同，在软糖制作中根据产品品种要求，应该选用特性不同的果胶。同时，果胶制备的水果制品可使烘焙产品（如饼干、曲奇）保持新鲜及热稳定性，也可作为水分来源，防止饼干干燥。

3.4.7 阿拉伯木聚糖

阿拉伯木聚糖（arabinoxylan，AX）是以 D- 木糖为多糖链构成单元，并含有 L-Ara 取代基团的一类半纤维素。主链结构是由木糖（吡喃环形式）以 β-1,4- 键连接而成，在 O-2 或者 O-3 位可能有阿拉伯糖（呋喃环形式）取代，且阿拉伯糖还可能与阿魏酸基团结合（酯化），在 O-2 位可能有 4-O-α- 甲基葡萄糖醛酸取代，AX 主链还可能被乙酰基取代（图 3-33）。此外，糖链间阿魏酸基团还可能通过共价键连接，增强细胞壁内 AX 与其他多糖、蛋白质的连接作用。

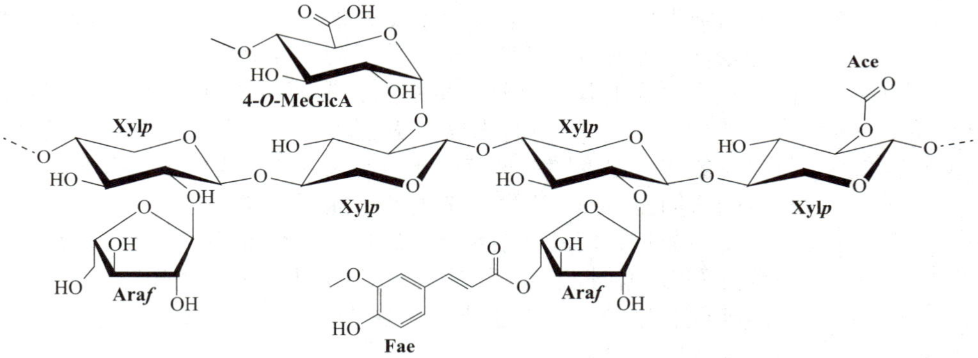

图 3-33 AX 结构示意图

Ace: 乙酰基；Ara$f$: α- 呋喃阿拉伯糖；Xyl$p$: β- 吡喃木糖；Fae: 阿魏酸基；4-O-MeGlcA: 4-O-α- 甲基葡萄糖醛酸

在面团中添加阿拉伯木聚糖可改善烘焙面包的品质，改善作用与添加的阿拉伯木聚糖的含量和表观摩尔质量相关。在烘焙过程中，高分子质量 AX- 蛋白质复合物和 AX 复合物会发生部分分解，进而影响 AX 与淀粉、蛋白质之间的竞争性水合作用，导致淀粉高度膨胀，但是添加 AX 水解物面团的膨胀则比较有限，烘焙出的面包品质更好。但由于 AX 的吸水作用，当淀粉浓度为 50%~60% 时，AX 会促进淀粉在储藏过程中的老化。另外，啤酒的主要原料为大麦麦芽，小麦麦芽中因为含有 AX，容易导致麦芽汁和啤酒黏度较高，影响其过滤性能。AX 还可能与啤酒酿造过程中酵母过早絮凝相关。

3.4.8 魔芋葡甘聚糖

魔芋葡甘聚糖（konjac gucomannan）又称为魔芋粉、魔芋胶，是天南星科中魔芋植物块茎所富含的储备性多糖，由 D- 吡喃甘露糖与 D- 吡喃葡萄糖通过 β-（1→4）糖苷键连接而成，D- 甘露糖和 D- 葡萄糖的比为 1∶1.6。在主链上的 D- 甘露糖的 C_3 位上存在由 β-（1→3）糖苷键连接的支链，每 32 个糖残基约有 3 个支链，支链由几个糖残基组成；每 19 个糖残基有 1 个乙酰基，是具有一定刚性的半柔顺性分子，

并赋予其水溶性；每 20 个糖残基含有 1 个葡萄糖醛酸。其最可能的结构如图 3-34 所示。

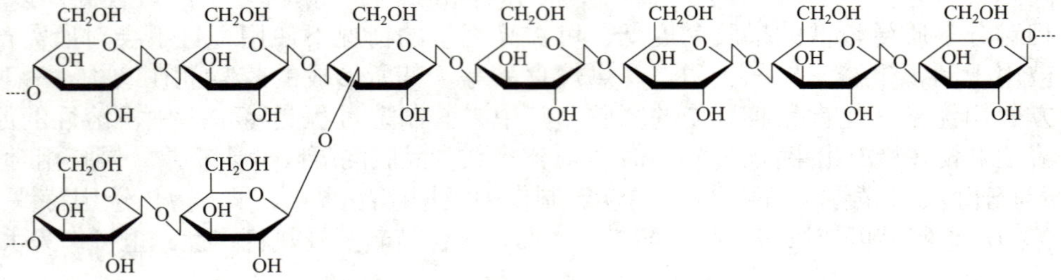

图 3-34　魔芋葡甘聚糖最可能的结构

天然魔芋葡甘聚糖是由放射状排列的胶束组成的，其晶体结构有 α 型（非晶型）和 β 型（结晶型）两种。X 射线衍射表明，魔芋葡甘聚糖粒子显示近似无定形结构，退火的纤维型的魔芋葡甘聚糖在 X 射线衍射图上显示出伸展的二折螺旋形结构；魔芋葡甘聚糖三乙酸酯的纤维衍射型呈伸展的三折螺旋形结构，计算机程序构象分析表明其有利的手性为左旋。

魔芋葡甘聚糖为白色或淡棕黄色粉末，天然的魔芋精粉一般具有鱼腥味，并且其相对分子质量较大，一般为 $10^5 \sim 10^6$。魔芋葡甘聚糖是一种酸性多糖，具有高吸水性、高膨胀性、高黏度。能溶于水，形成高黏度的假塑性流体。在碱性条件下可发生脱乙酰反应，分子间相互聚集成三维网络结构，形成强度较高的热不可逆的弹性凝胶。魔芋葡甘聚糖与黄原胶混合时能形成热可逆凝胶，当二者的比例为 1∶1 时强度最大，其混合凝胶的熔化温度为 30 ～ 60℃，而且凝胶的熔化温度同两种胶的比例与聚合物的总浓度无关，但其凝胶强度随总浓度的增加而增加，并随盐浓度的增加而减少。

魔芋葡甘聚糖具有亲水性、增稠性、稳定性、乳化性、悬浮性、凝胶性和成膜性等多种特性，广泛应用于食品工业，如可用作冰淇淋和啤酒的稳定剂。以魔芋葡甘聚糖为主料还能制作魔芋食品，如发泡魔芋食品、牛奶魔芋食品、魔芋冻豆腐、魔芋面等。

3.4.9　壳聚糖

壳多糖（chitin）又名甲壳素、几丁质、蟹壳素、乙酰氨基葡聚糖等，是一类由 2- 乙酰氨基 -2- 脱氧 -β-D- 吡喃葡萄糖以（1→4）糖苷键连接的线性聚合物，其资源丰富，主要存在于节足类动物的外骨骼中，尤其在甲壳纲和昆虫纲中。其基本结构单位是壳二糖，如图 3-35 所示。

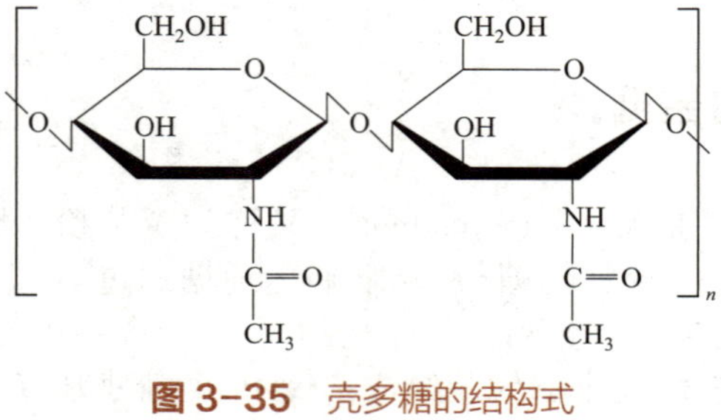

图 3-35　壳多糖的结构式

　　壳聚糖（chitosan）又称为脱乙酰壳多糖、可溶性甲壳素，是甲壳素在碱性条件下水解部分脱乙酰基得到的，因其分子中带有游离氨基，在酸性溶液中易成盐，呈阳离子性质。氨基数量越多，氨基特性越显著，这赋予了它独特的生物学特性和加工特性。甲壳素的脱乙酰反应一般不完全，壳聚糖工业品的脱乙酰度通常在 70% ～ 90% 之间，所以实际上壳聚糖工业品可视为甲壳素和壳聚糖的混合物。

　　壳聚糖可用作抑菌剂、天然保鲜剂、澄清剂、保湿剂、填充剂、乳化剂。如壳聚糖分子的正电荷和细菌细胞膜上的负电荷相互作用，使细胞内的蛋白酶和其他成分暴露，从而达到抗菌、杀菌作用；壳聚糖膜可阻碍大气中氧气的渗入和水果呼吸产生的二氧化碳的逸出，但可使诱使水果熟化的乙烯气体逸出，从而抑制真菌的繁殖和延迟水果的成熟；壳聚糖带正电荷，能与果汁中大量带负电荷的果胶、纤维素、鞣质和多糖等物质吸附絮凝，经处理后可得到澄清的果汁。

　　值得注意的是，壳聚糖不是低聚糖。与壳聚糖相关的一类低聚糖是甲壳低聚糖。甲壳低聚糖是甲壳素或壳聚糖经化学降解和酶解生成的一系列低聚物，它具有优越的生理活性和功能性质。在食品行业中，甲壳低聚糖可用作保健食品。例如，甲壳二、三聚糖具有非常爽口的甜味，可作为糖尿病和肥胖症患者的可食甜味剂。

3.4.10　琼脂

　　琼脂（agar）作为微生物培养基已为人们所熟知，它是从以石花菜为主的石花菜属、江蓠属、鸡毛菜属等红藻中提取的，主要产于中国、日本、墨西哥和葡萄牙等地的近海水域。琼脂又名琼胶、洋菜、冻粉等，它是非均匀的多糖混合物，像普通淀粉一样，它可分为琼脂糖（agarose）和琼脂果胶（agar pectin）两部分。

　　琼脂糖是不含硫酸酯（盐）的非离子多糖，是形成凝胶的组分，它是由（1→3）糖苷键连接的 β-D- 吡喃半乳糖与（1→4）糖苷键连接的 3,6- 内醚 -α-L- 吡喃半乳糖交替连接而成的，其结构如图 3-36 所示。琼脂果胶以琼脂糖为基本骨架，结合硫酸基、糖醛酸、羧酸等基团，并结合有钙、镁等无机元素，是商品生产中常要除去的部分。

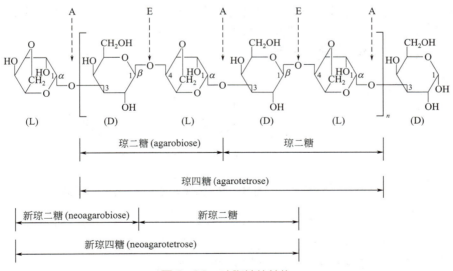

图 3-36　琼脂糖的结构

A—易被酸水解的键；E—易被 β- 琼脂酶水解的键；L—3,6- 内醚 -α-L- 半乳糖（3,6-AG）；D—D- 半乳糖

　　琼脂为无色或淡黄色的细条或粉末，不易折断，完全干燥后脆而易碎。用冻结 - 融化方法制得的琼脂糖为主的高纯度琼脂不溶于冷水，在加热煮沸后才能溶解。用醇析法制得的琼脂可溶于 25℃水中，冷

却后可形成凝胶。干燥的琼脂只溶于热水，溶液冷却至 28～31℃则形成凝胶，是胶凝性能最强的胶凝剂，在含量 0.04% 时仍可产生胶凝作用。值得注意的是，琼脂凝胶随着放置时间延长，在其表面会分泌出水滴。琼脂的凝固力很强，但是其黏度不大，而且当琼脂溶液中加入 NaCl、MgSO₄ 等少量电解质时黏度减小。

在食品加工中，琼脂可防止冷冻食品脱水收缩和提供需要的质地，在加工干酪和奶油时，使之具有稳定性，在生产甜酥饼和糖果时可控制食品水分活度和阻止其变硬。琼脂还用于肉制品罐头，用作凝固剂。琼脂通常可与其他胶体如黄蓍胶、角豆胶或明胶合并使用。

3.4.11　海藻酸及海藻酸盐

海藻酸（alginic acid）及海藻酸盐（alginate）是从褐藻中提取得到的线性大分子多糖。海藻酸盐大多是以钠盐形式存在。海藻酸由两种单体 β-D- 吡喃甘露糖醛酸和 α-L- 吡喃古洛糖醛酸组成，二者结构如图 3-37 所示。仅含有 D- 吡喃甘露糖醛酸基单位的称为 M 块，只含有 L- 吡喃古洛糖醛酸基单位的称为 G 块。

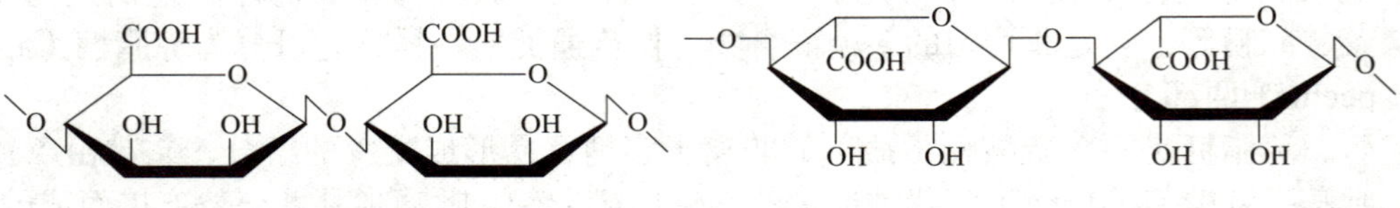

图 3-37　海藻酸两种单体的结构

古洛糖醛酸片段具有接受 Ca²⁺ 的空间构型，因此海藻酸盐分子链中的 G 块容易与 Ca²⁺ 作用，两条分子链的 G 块间形成一个洞，结合 Ca²⁺ 形成"蛋盒"模型，如图 3-38 所示。

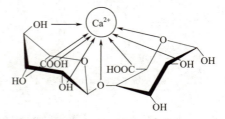

图 3-38　海藻酸盐成胶理论的"蛋盒"模型

海藻酸盐与 Ca²⁺ 形成的凝胶是热不可逆凝胶，凝胶强度同海藻酸盐分子中 G 块的含量以及 Ca²⁺ 浓度有关。海藻酸盐凝胶具有热稳定性，因此可用于制造各种凝胶食品，不发生收缩或渗液，适合于人工仿生食品和冷冻食品。海藻酸钠常添加于色拉酱和果肉饮料中用作增稠剂，添加于冰淇淋和酸奶中用作稳定剂，用于夹心糕点中作为成膜剂，还可用于挂面和米粉中作为持水剂。

海藻酸丙二醇酯（PGA）是一类重要的海藻酸衍生物，它是由海藻酸水溶液与环氧丙烷反应得到的一种酯，其中 50%～80% 羧基被酯化。与海藻酸及海藻酸盐相比，PGA 可以溶于水形成黏稠胶体，在 pH=3 ～ 4 的酸性溶液中能形成凝胶，在浓电解质溶液中不盐析。不仅如此，PGA 对钙和钠等金属离子很稳定，因此能阻止因钙等金属离子在食品中引起的沉淀作用。PGA 除了具有胶体性质外，由于在其分子链上的丙二醇基团产生碰撞，可以阻止相互靠近的分子链间缔合，因此它可应用于酸乳饮料、啤酒和色拉油等食品作为稳定剂。此外，丙二醇基团的疏水性使 PGA 具有起泡性、乳化性以及稳定乳状液的性质。

3.4.12　刺槐豆胶

　　刺槐豆胶（locust bean gum）又称为槐豆胶、长角豆胶等，是从刺槐种子胚乳中提取得到的一种多糖胶。刺槐豆是地中海东部地区生长的常绿高大乔木，它的根系发达，抗干旱和耐盐能力强。这种植物胶的化学结构与瓜尔豆胶相似，主要成分是半乳甘露聚糖。半乳甘露聚糖是由 β-（1→4）糖苷键连接的 β-D- 吡喃甘露糖为主链，在某些甘露糖基的 1、6 位上连接 α-D- 吡喃半乳糖，甘露糖与半乳糖的比为 3.9：1。刺槐豆胶的生产过程也和瓜尔豆胶基本相同，刺槐豆籽经过脱皮去除外壳，分离胚芽后的胚乳部分经过碾磨、筛分即可得到不同细度的刺槐豆胶。

　　刺槐豆胶可以分散在冷水中，慢慢膨胀，但不会充分水化溶解。将溶液加热至 85℃ 以上并保持 10min 可以充分水化，冷却后能获得均匀、半透明、黏稠的溶液。刺槐豆胶溶液的正常 pH 值在 6 ～ 7，调节 pH 值在 3 ～ 11 范围对溶液的黏度没有显著影响。刺槐豆胶中半乳糖单位的分布非常不规则，这使未取代的甘露糖基有较长的区段，类似于海藻胶，所以尽管它本身不能形成凝胶，但与其他多糖胶如卡拉胶、黄原胶有良好的凝胶协同效应。

　　在食品工业上，由于刺槐豆的资源有限和其胶的优良特性，刺槐豆胶价格较高，目前一般用于高档食品之中。它常常用来与其他胶体复配后使用，可用作凝胶剂、黏合剂、增稠剂等。例如，以刺槐豆胶和黄原胶复配作为成膜基质，添加羧甲基纤维素钠等成膜助剂，可以制备可食性涂膜保鲜剂，这种保鲜剂的优点是可食且具有一定营养价值。刺槐豆胶可用于冷冻食品，它可以有效控制冰晶再生长，尤其在冰淇淋储藏中，由于冰淇淋的细小冰晶重复融化和再冻结，冰晶会不断增大，如果适当添加刺槐豆胶，能在冰晶表面形成凝胶网络，达到控制水分迁移的作用。用刺槐豆胶与卡拉胶复配可制备弹性果冻，而单独使用卡拉胶只能制备脆性果冻。刺槐豆胶用于肉制品可改善肉的组织结构和持水性能，用于面制品能延长老化时间，用于奶酪可提高产量和增进涂布效果。

3.5　本章小结

"无糖"食品

　　碳水化合物是人体所需的七大营养素之一，是自然界分布最广、数量最多的一类有机化合物，其通式为 $C_x(H_2O)_y$。从化学结构特征来说，它是含有多羟基的醛类或酮类的化合物，或者经水解转化成为多羟基醛类或酮类的化合物。根据其单糖组成的数量可分为单糖、低聚糖和多糖。

　　单糖是糖类物质最基本的单位，根据其所含碳原子的数目可分为丙糖、丁糖、戊糖和己糖等，其中戊糖和己糖是最重要的单糖。单糖中存在醛基或酮基，可与醇发生缩醛或缩酮反应，形成相应的糖苷。具有醛基的单糖叫做还原性单糖，可被土伦（Tollens）试剂、费林（Fehling）试剂、本尼迪克特试剂及饱和溴水等氧化生成糖酸。

　　低聚糖是由 2 ～ 10 个单糖通过糖苷键连接形成的直链或支链低聚合度糖类，可由单糖聚合而成或多糖水解得到，分子通式可表示为 $(C_6H_{10}O_5)_n$，$n=2 ～ 10$。低聚糖的糖苷键结合方式存在 α 型和 β 型两种构型，结合位置有 1→2、1→3、1→4、1→6 等。食品中常见的低聚糖有蔗糖、麦芽糖、乳糖、果葡糖浆和环糊精等。常见的功能性低聚糖有低聚果糖、低聚半乳糖、低聚木糖、低聚异麦芽糖、大豆低聚糖等。

　　多糖又称为多聚糖，通常指 10 个以上单糖分子连接在一起形成的长链聚合物。单糖的个数称为聚合度，大多数多糖的聚合度为 200～3000。多糖的构型、构象决定了多糖的理化性质。食品中常见的多糖有淀粉、纤维素、半纤维素、果胶等。

　　淀粉由以氢键结合并以放射状排列的直链淀粉分子和支链淀粉分子构成，以淀粉颗粒的形式存在。纤维素通常和半纤维素、木质素、果胶结合在一起，是由 1000～14000 个 D- 吡喃葡萄糖通过 β-（1→4）糖苷键连接而成的直链多糖。半纤维素含有 D- 木糖基、D- 甘露糖基、D- 葡萄糖基或 D- 半乳糖基的主链，其他糖类以支链连接在主链上。果胶是 α-D- 吡喃半乳糖醛酸基通过 α-（1→4）糖苷键连接而成的聚合物，常带有鼠李糖、木糖、阿拉伯糖、海藻糖等组成的侧链，游离的羧基部分被甲酯化，部分与钙、钾、钠离子或硼化合物结合在一起。食品中其他常见的多糖还有魔芋葡甘聚糖、琼脂、海藻酸及海藻酸盐、刺槐豆胶、壳聚糖等。

📄 总结

○ 碳水化合物
- 定义：从结构上定义为多羟基醛或多羟基酮与其聚合物及衍生物的总称。
- 分类：按单糖组成的数量可分为单糖、低聚糖和多糖。

○ 食品中的单糖
- 定义：单糖为不能再水解的最简单的多羟基醛、酮及其衍生物，根据所含碳原子的数目可分为丙糖、丁糖、戊糖和己糖等。
- 性质：除二羟基丙酮外，其余的单糖都具有旋光性。使偏振面向右旋转的称为右旋糖，以（+）表示；使偏振面向左旋转的称为左旋糖，以（−）表示。
- 化学性质：与酸碱的反应、氧化还原反应、美拉德反应、糖苷的生成等。

○ 食品中的低聚糖
- 定义：又称寡糖，是由2～10个单糖通过糖苷键连接形成的直链或支链低度聚合糖类。
- 分类：根据水解后生成单糖数目的不同可分为二糖、三糖、四糖、五糖等；根据单糖分子的相同与否可分为均低聚糖和杂低聚糖；根据功能性质的不同可分为普通低聚糖和功能性低聚糖；根据是否具有还原性可分为还原性低聚糖和非还原性低聚糖。
- 结构特点：低聚糖几乎都是由己糖组成，除果糖为呋喃环结构外，葡萄糖、甘露糖和半乳糖等均是以吡喃环结构、椅式构象存在。
- 种类：蔗糖、麦芽糖、乳糖、果葡糖浆、环糊精等常见低聚糖，低聚果糖、低聚半乳糖、低聚木糖、低聚异麦芽糖、大豆低聚糖等功能性低聚糖。

○ 食品中的多糖
- 定义：又称为多聚糖，指10个或以上单糖通过糖苷键连接在一起形成的聚合物，广泛存在于植物、动物、微生物（真菌和细菌）中。

- 分类：由相同的单糖组成的多糖称为同多糖；以不同的单糖组成的多糖称为杂多糖。
- 物理性质：溶解性、黏度、凝胶、水解。
- 淀粉的糊化主要分为以下过程：①可逆吸水阶段，②不可逆吸水阶段，③糊化后继续加热使膨胀的淀粉粒继续分离支解。
- 淀粉的老化：经过糊化后的α-淀粉在室温或低于室温下放置后，会变得不透明，甚至凝结而沉淀。
- 改性淀粉：将天然淀粉经物理、化学或酶处理，使原有的物理性质发生一定的变化。
- 根据淀粉能否在小肠内被完全消化分解生成葡萄糖以及在小肠内吸收的速率，人们通常将淀粉分成3种类型：快消化淀粉（RDS）、慢消化淀粉（SDS）和抗性淀粉（RS）。
- 纤维素的定义：是所有高等植物以及若干低等植物中细胞壁的主要结构成分，通常和半纤维素、木质素、果胶结合在一起，是由吡喃葡萄糖通过β-(1→4)糖苷键连接而成的直链多糖。
- 淀粉与纤维素的异同点：单糖组成相同，但连接方式不同；物理性质（溶解性等）不同；功能（如存在方式及人体消化吸收情况）不同。
- 膳食纤维，更多强调不能被人体消化系统直接吸收的一大类物质，对应的成分包括纤维素、非淀粉性多糖、抗性低聚糖、抗性淀粉、木质素、多酚等。
- 果胶的定义：通常由原果胶、果胶酯酸和果胶酸组成，是一类存在于高等植物细胞壁内结构非常复杂的多糖，根据不同的主链和支链结构，可大致分为HG、XG、RGⅠ、RGⅡ四类，常被用于制备果酱、果冻、甜点、烘焙食品等。
- 果胶的酯化度：酯化的半乳糖醛酸基与总半乳糖醛酸基的比值。
- 果胶的凝胶性：高甲氧基果胶（HM）和低甲氧基果胶（LM）均能形成性能优良的凝胶，但成胶机理、条件和影响因素不同。

思考题

1. 食品中碳水化合物的生理作用有哪些？
2. 单糖的结构特点如何？
3. 什么是淀粉的糊化？淀粉的糊化分为哪三个阶段？影响淀粉糊化的因素有哪些？
4. 什么是淀粉的老化？影响淀粉老化的因素有哪些？如何在食品加工中防止淀粉老化？
5. 果胶物质的基本结构单位及其分类分别是什么？在食品中的作用如何？
6. 比较单糖与多糖在性质上有何异同点。
7. 论述碳水化合物的种类及其在食品中的应用。

参考文献

[1] 聂少平，殷军艺. 食物中复杂碳水化合物 [M]. 北京：科学出版社，2022.
[2] 李丰隆. 不同来源淀粉对育肥猪生长性能、养分消化率以及血液生化指标的影响 [D]. 咸阳：西北农林科技大学，2015.
[3] Raigond P, Ezekiel R, Raigond B. Resistant starch in food: a review[J]. Journal of the Science of Food and Agriculture, 2015, 95(10): 1968-1978.
[4] Matsuda H, Kumazaki K, Otokozawa R, et al. Resistant starch suppresses postprandial hypertriglyceridemia in rats[J]. Food Research International, 2016, 89: 838-842.
[5] Wang J, Huang J H, Cheng Y F, et al. Banana resistant starch and its effects on constipation model mice[J]. Journal of Medicinal Food, 2014, 17(8): 902-907.

[6]　Homayouni A, Amini A, Keshtiban A K, et al. Resistant starch in food industry: A changing outlook for consumer and producer[J]. Starch-Starke, 2014, 6(1-2): 102-114.

[7]　Jones J M. CODEX-aligned dietary fiber definitions help to bridge the 'fiber gap' [J]. Nutrition Journal, 2014, 13(1): 34.

[8]　Dhingra D, Michael M, Rajput H, et al. Dietary fibre in foods: a review[J]. Journal of Food Science and Technology, 2012, 49(3): 255-266.

[9]　Niu Y, Xia Q, Gu M, et al. Interpenetrating network gels composed of gelatin and soluble dietary fibers from tomato peels[J]. Food Hydrocolloids, 2018, 89: 95-99.

[10]　Hajmohammadi M A M. Enrichment of a fruit-based beverage in dietary fiber using basil seed: Effect of Carboxymethyl cellulose and Gum Tragacanth on stability[J]. LWT-Food Science & Technology, 2016, 74: 84-91.

[11]　Chakraborty P, Witt T, Harris D, et al. Texture and mouthfeel perceptions of a model beverage system containing soluble and insoluble oat bran fibres[J]. Food Research International, 2019, 120: 62-72.

[12]　谢明勇，李精，聂少平 . 果胶研究与应用进展 [J]. 中国食品学报，2013(8): 14.

[13]　Serena A, Hedemann M S, Knudsen K E B. Influence of dietary fiber on luminal environment and morphology in the small and large intestine of sows[J]. Journal of Animal Science, 2008, 86(9): 2217.

[14]　Saulnier L, Sado P-E, Branland G, et al. Wheat arabinoxylans: Exploiting variation in amount and composition to develop enhanced varieties[J]. Journal of Cereal Science, 2007, 46(3): 261-281.

[15]　Correia M A S, Mazumder K, Brás J L A, et al. Structure and Function of an Arabinoxylan-specific Xylanase[J]. Journal of Biological Chemistry, 2011, 286(25): 22510-22520.

[16]　陈叶红 . 阿拉伯糖在 2 型糖尿病防治及饮食干预中的应用展望 [J]. 中国医药科学，2021，11(13): 33-36.

[17]　Zhang J, Song Z, Li Y, et al. Structural analysis and biological effects of a neutral polysaccharide from the fruits of *Rosa laevigata*[J]. Carbohydrate Polymers, 2021, 265: 118080.

[18]　Maity G N, Maity P, Dasgupta A, et al. Structural and antioxidant studies of a new arabinoxylan from green stem *Andrographis paniculata* (Kalmegh)[J]. Carbohydrate Polymers, 2019, 212: 297-303.

[19]　Azman K F, Zakaria R. D-Galactose-induced accelerated aging model: an overview[J]. Biogerontology, 2019, 20(6): 763-782.

[20]　潘龙 . 微生物法生产赤藓酮糖发酵及提取的研究 [D]. 郑州: 河南大学，2016.

[21]　Wang X, Zhu L, Li X, et al. Effects of high fructose corn syrup on intestinal microbiota structure and obesity in mice[J]. npj Science of Food, 2022, 6(1): 17.

[22]　Liu Z, Ye L, Xi J, et al. Cyclodextrin Polymers: Structure, Synthesis, and Use as Drug Carriers[J]. Progress in Polymer Science, 2021, 118: 101408.

[23]　Ash C, Smith J, Ash C. Trehalose confers superpowers[J]. Science, 2017, 358(6369): 1398-1399.

[24]　Anqi Chen, Hugo Tapia, Julie M Goddard, et al. Trehalose and its

applications in the food industry[J]. Comprehensive Reviews in Food Science and Food Safety, 2022, 21: 5004-5037.

[25] Antunes L L, Back A L, Kossar M L B C, et al. Prebiotic potential of carbohydrates from defatted rice bran—Effect of physical extraction methods[J]. Food Chemistry, 2023, 404: 134539.

[26] Katrolia P, Rajashekhara E, Yan Q, et al. Biotechnological potential of microbial a-galactosidases[J]. Critical Reviews in Biotechnology, 2014, 34(4): 307-317.

[27] Zhong X, Zhang Y, Huang G, et al. Proteomic analysis of stachyose contribution to the growth of *Lactobacillus acidophilus* CICC22162[J]. Food & Function, 2018, 9(5): 2979-2988.

[28] Liang L, Liu G, Yu G, et al. Urinary metabolomics analysis reveals the anti-diabetic effect of stachyose in high-fat diet/streptozotocin-induced type 2 diabetic rats[J]. Carbohydrate Polymers, 2020, 229: 115534.

[29] 谢笔钧 . 食品化学 [M]. 4 版 . 北京 : 科学出版社，2023.

[30] 夏延斌，王燕 . 食品化学 [M]. 北京 : 中国农业出版社，2015.

[31] 孔繁祚 . 糖化学 [M]. 北京 : 科学出版社，2005.

[32] 蔡孟琛，李中军 . 糖化学 [M]. 北京 : 化学工业出版社，2007.

[33] Belitz H-D, Grosch W, Schieberle P. Food Chemistry[M]. 4th ed. Berlin: Springer, 2009.

[34] 王镜岩 . 生物化学 [M]. 北京 : 中国轻工业出版社，2022.

[35] 江波 . 食品化学 [M]. 北京 : 中国轻工业出版社，2018.

[36] 王积涛，张宝申，王永梅，等 . 有机化学 [M]. 3 版 . 天津 : 南开大学出版社，2009.

[37] 汪小兰 . 有机化学 [M]. 5 版 . 北京 : 高等教育出版社，2017.

[38] 阚建全 . 食品化学 [M]. 4 版 . 北京 : 中国农业大学出版社，2022.

[39] 孙长颢，营养与食品卫生学 [M]. 8 版 . 北京 : 人民卫生出版社，2017.

[40] 汪东风，徐莹 . 食品化学 [M]. 4 版 . 北京 : 化学工业出版社，2024.

[41] Zheng Y, Mort A . Isolation and structural characterization of a novel oligosaccharide from the rhamnogalacturonan of *Gossypium hirsutum* L. [J]. Carbohydrate Research, 2008, 343(6): 1041-1049.

[42] 王璋，许时婴，汤坚 . 食品化学 [M]. 北京 : 中国轻工业出版社，2007.

[43] 张燕萍 . 变性淀粉制造与应用 [M]. 北京 : 化学工业出版社，2007.

[44] Zhou D, Zhang L, Zhou J, et al. Cellulose/Chitin beods for adsorption of heavy metals in aqueous solution[J]. Water research, 2004, 38(11): 2643-2650.

[45] 詹怀宇 . 纤维化学与物理 [M]. 北京 : 科学技术出版社，2005.

第4章　脂质

脂质是人体三大营养素之一，是重要的食品成分和供能物质。为什么说饭菜没有油水，人会感觉吃不饱？夏天巧克力为什么会更易融化，需要在低温保存？坚果迷人的风味是由什么成分贡献的？

4.1　概述

　　脂质（lipids）是生物体内一类不溶于水而溶于大部分有机溶剂的物质。分布于天然动植物体内的脂类物质主要为三酰基甘油（triacylglycerol），占95%以上，俗称油脂或脂肪。习惯上将在室温下呈固态的三酰基甘油称为脂（fat），呈液态的称为油（oil），油和脂在化学上没有本质区别。脂质还包括少量的非酰基甘油化合物，如磷脂、甾醇、糖脂、类胡萝卜素等。

　　人类可食用的脂类是食品中重要的组成成分和营养成分，是一类高热量化合物，每克油脂可产生39.58kJ的热量，该值远远大于蛋白质与淀粉所产生的热量；还能供给人体必需的脂肪酸（亚油酸、亚麻酸）；是脂溶性维生素（A，D，E和K）的载体；并能溶解风味物质，赋予食品良好的风味和口感。但是过多摄入油脂对人体产生的不利影响也是近几十年来争论的焦点。

　　食用油脂独特的物理和化学性质对于食品加工非常重要。如油脂的组成、晶体结构、熔融和固化行为以及它同水或与其他非脂类分子的缔合作用使食品具有不同的质地，这些性质在焙烤食品、人造奶油、冰淇淋、巧克力、制作糖果点心和烹调食品中都是特别重要的。但含油食品在贮存过程中极易氧化，为食品的贮藏带来诸多不利因素。

概念检查 4.1

○ 脂质的定义。

4.1.1　食品中脂质的分类

　　脂质按其结构和组成可分为简单脂质（simple lipids）、复合脂质（complex lipids）和衍生脂质（derivative lipids）（表4-1）。天然脂类物质中最丰富的是酰基甘油类，广泛分布于动植物的脂质组织中。

表4-1　脂质的分类

主　类	亚　类	组　成
简单脂质	酰基甘油 蜡	甘油+脂肪酸 长链脂肪醇+长链脂肪酸
复合脂质	磷酸酰基甘油 鞘磷脂类 脑苷脂类 神经节苷脂类	甘油+脂肪酸+磷酸盐+含氮基团 鞘氨醇+脂肪酸+磷酸盐+胆碱 鞘氨醇+脂肪酸+糖 鞘氨醇+脂肪酸+碳水化合物
衍生脂质		类胡萝卜素、类固醇、脂溶性维生素

4.1.2　食用油脂中的脂肪酸种类

食用油脂中脂肪酸结构的共同特点是饱和脂肪酸与不饱和脂肪酸的碳链绝大多数为偶数碳原子的直链。植物油脂中的脂肪酸主要是 16 和 18 个碳原子的直链高级脂肪酸（含量大于 10% 为主要脂肪酸）。动物油脂中的不同碳链脂肪酸分布较广（4 ～ 22 个碳原子），但仍以 16 和 18 个碳原子的脂肪酸为主。

4.1.3　脂肪酸的命名

（1）系统命名法　以含羧基的最长的碳链为主链，若是不饱和脂肪酸则主链包含双键，编号从羧基端开始，并标出双键的位置。例如：

$$CH_3(CH_2)_7CH{=\!=}CH(CH_2)_7COOH$$
9- 十八碳一烯酸

（2）数字命名法　$n:m$（n 为碳原子数，m 为双键数）。例如：18：1，18：2，18：3。

有时还需要标出双键的顺反结构及位置，c 表示顺式，t 表示反式。位置可以从羧基端编号，例如5t，9c-18：2。也可以从甲基端开始编号，记作"ω 数字"或"n- 数字"，该数字为编号最小的双键碳原子位次，例如18：1ω9 或 18：1（n-9）、18：3ω3 或 18：3（n-3）。但此法仅用于顺式双键结构和五碳双烯结构，即具有非共轭双键结构，其他结构的脂肪酸不能用 ω 法或 n- 法表示。具有该结构的脂肪酸，第一个双键位置定位后，其余的双键位置也随之而定，故只需标出第一个双键碳的位置即可。

（3）俗名或普通名　许多脂肪酸最初是从某种天然产物中得到的，因此常常根据其来源命名。例如月桂酸、棕榈酸、花生酸等。

（4）英文缩写　见表 4-2。DHA 和 EPA 是我国市场上曾出现过的保健产品"脑黄金"的主要成分。

表4-2　一些常见脂肪酸的命名

数字命名	系统命名	俗名或普通名	英文缩写
4：0	丁酸	酪酸（butyric acid）	B
6：0	己酸	羊油酸（caproic acid）	H
8：0	辛酸	亚羊脂酸（caprylic acid）	Oc
10：0	癸酸	羊蜡酸（capric acid）	D
12：0	十二酸	月桂酸（lauric acid）	La
14：0	十四酸	肉豆蔻酸（myristic acid）	M
16：0	十六酸	棕榈酸（palmtic acid）	P

续表

数字命名	系统命名	俗名或普通名	英文缩写
16：1	9-十六碳一烯酸	棕榈油酸（palmitoleic acid）	Po
18：0	十八酸	硬脂酸（stearic acid）	St
18：1ω9	9-十八碳一烯酸	油酸（oleic acid）	O
18：2ω6	9,12-十八碳二烯酸	亚油酸（linoleic acid）	L
18：3ω3	9,12,15-十八碳三烯酸	α-亚麻酸（linolenic acid）	α-Ln
18：3ω6	6,9,12-十八碳三烯酸	γ-亚麻酸（linolenic acid）	γ-Ln
20：0	二十酸	花生酸（arachidic acid）	Ad
20：4ω6	5,8,11,14-二十碳四烯酸	花生四烯酸（arachidonic acid）	An
20：5ω3	5,8,11,14,17-二十碳五烯酸	EPA（eicosapentaenoic acid）	EPA
22：1ω9	13-二十二碳一烯酸	芥酸（erucic acid）	E
22：6ω3	4,7,10,13,16,19-二十二碳六烯酸	DHA（docosahexanoic acid）	DHA

油脂化学奠基人

4.1.4　食用油脂的组成

　　大多数食用油脂的主要成分是三酰基甘油，约占总量的 95% 以上，其他还有游离脂肪酸、一酰基甘油、二酰基甘油、磷脂、甾醇、脂肪醇、脂溶性维生素及色素等。

　　三酰基甘油是甘油和脂肪酸生成的三酯，其结构如下式所示：

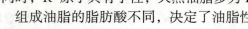

　　如果 $R^1=R^2=R^3$，称为单纯甘油酯；当 R 不完全相同时，称为混合甘油酯。天然油脂多为混合甘油酯。甘油的碳原子编号自上而下为 1～3，当 R^1 和 R^3 不同时，R^2 原子具有手性，天然油脂多为 L 型。

　　组成油脂的脂肪酸不同，决定了油脂性质不同。一些常见油脂中脂肪酸组成见表 4-3 和表 4-4。

表 4-3　常见食用动物油脂中脂肪酸组成　　　　　　　　单位：%

脂肪酸	乳脂	猪脂	鳕鱼肝油	脂肪酸	乳脂	猪脂	鳕鱼肝油
6：0	1.4～3.0			18：2	0.9～3.7	3～14	1.5
8：0	0.5～1.7			18：3		0～1	0.6
10：0	1.7～3.2			18：4			1.3
12：0	2.2～4.5	0.1		20：1			10.9
14：0	5.4～14.6	1.0	2.4	20：4		0～1	1.5
16：0	26～41	26～32	11.9	20：5			6.2
16：1	2.8～5.7	2.0～5.0	7.8	22：1			6.9
18：0	6.1～11.2	12～16	2.8	22：6			12.4
18：1	18.7～33.4	41～51	26.3				

表 4-4　常见食用植物油脂中脂肪酸组成　　　　　　　　　　　　　　　　　　单位：%

脂肪酸	可可脂	椰子油	玉米油	菜籽油	花生油	芝麻油	豆油	茶油
12：0		48						
14：0		17			0～1			
16：0	24	9	12.6	4.0	6～9	7～9	8	8.5
16：1			0.3	0.1	0～1.7			
18：0	35	2	1.3	1.3	3～6	4～55	4	1.5
18：1	38	7	27.4	20.2	53～71	37～49	28	78.8
18：2	2.1	1	56.4	16.3	13～27	35～47	53	10.0
18：3			0.6	8.4			6	1.1
20：0			0.5		2～4			
22：0			0.1	6.2				
22：1				34.6				

4.2　食用油脂的物理性质

4.2.1　食用油脂的气味和色泽

　　纯净的食用油脂是无色无味的，天然油脂中略带的黄绿色是其中含有一些脂溶性色素（如类胡萝卜素、叶绿素等）所致。食用油脂经精炼脱色后色泽变浅。多数食用油脂无挥发性。少数食用油脂含有短链脂肪酸，会引起臭味，如乳脂。油脂的气味大多是由非脂成分引起的，如芝麻油的香气是由乙酰吡嗪引起的，椰子油的香气是由甲基壬基甲酮引起的，而菜籽油受热时产生的刺激性气味则是由其中的黑芥子苷分解所致。

4.2.2　食用油脂的熔点和沸点

　　天然油脂是由各种酰基甘油组成的混合物，所以没有确定的熔点（melting point）和沸点（boiling point），仅有一定的熔点和沸点范围。另外，油脂存在同质多晶现象也是油脂无确定熔沸点的原因之一。游离脂肪酸、一酰基甘油、二酰基甘油、三酰基甘油的熔点依次降低，这是因为它们的极性依次降低，分子间的作用力依次减小的缘故。

　　油脂的熔点一般最高在 40～55℃之间，与脂肪酸的碳链长度、饱和度和双键的结构有关。一般地，酰基甘油中脂肪酸的碳链越长，饱和度越高，熔点越高；反式结构脂肪酸的熔点比顺式结构高；共轭双键结构脂肪酸的熔点比非共轭双键高。可可脂及陆产动物油脂相对其他植物油而言饱和脂肪酸含量较高，在室温下常呈固态；植物油的不饱和脂肪酸含量高，在室温下多呈液态。油脂的熔点与其消化率有关。一般油脂的熔点低于人体温度（37℃）时，其消化率达 96% 以上；熔点高于 37℃时，熔点越高越不易消化。

　　油脂的沸点一般在 180～220℃之间，也与脂肪酸的组成有关。沸点随脂肪酸碳链增长而增高，但碳链长度相同、饱和度不同的脂肪酸沸点变化不大。油脂在储藏和使用过程中，随着游离脂肪酸增多，油

脂变得易冒烟，此时发烟点低于沸点。

4.2.3　食用油脂的烟点、闪点和着火点

食用油脂的烟点（smoking point）、闪点（flash point）和着火点（fire point），是油脂在接触空气加热时的热稳定性指标。油脂所含杂质越多，其烟点、闪点及着火点越低。未精炼的油脂，特别是游离脂肪酸含量高的油脂，其烟点、闪点和着火点都大大下降。

烟点：在不通风的情况下加热观察到试样出现稀薄蓝烟时的温度。油脂中含易挥发组分越多烟点越低，因此烟点可用于评价油脂精炼的程度。

闪点：试样挥发的物质能被点燃但不能维持燃烧的温度。

着火点：试样挥发的物质能被点燃并能维持燃烧不少于 5s 的温度。

4.2.4　食用油脂的结晶特性及同质多晶现象

脂肪是长碳链化合物，在其温度处于凝固点以下时通常会以一种以上的晶型存在，因而脂肪会显示出一种以上的熔点。天然脂肪的这种因结晶类型的不同而导致其熔点相差很大的现象称为同质多晶现象（polymorphism），它表明化学组成相同的物质可以有不同的晶体结构，而晶体在熔化后变成相同的液相。脂类的纯度、温度、冷却速率、晶核的存在和溶剂的种类等因素可以影响待定化合物在结晶时所出现的同质多晶类型。

不同的同质多晶体具有不同的稳定性。稳定性较低的亚稳态在未熔化时会自发地转变为稳定态，这种转变具有单向性。当同质多晶体的稳定性均较高时，则可双向转变，转向何方取决于温度。天然脂肪多为单向转变。同质多晶现象在食品加工中有重要的应用价值，巧克力和人造奶油的感官质量好坏就与其中脂肪的同质多晶现象有关。

天然油脂一般存在 3 种以上晶型，α、β、β' 晶型（图 4-1）是其中最常见的 3 种。脂肪酸晶型与碳链在晶体中的不同排列方式有关。

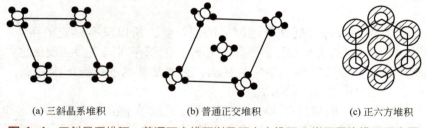

(a) 三斜晶系堆积　　　　(b) 普通正交堆积　　　　(c) 正六方堆积

图 4-1　三斜晶系堆积、普通正交堆积以及正六方堆积 3 类亚晶胞堆积示意图

如图 4-1 和表 4-5 所示，α 晶型的脂肪酸侧链为六方形排列，碳链之间的排列相当松散，分子间范德华作用力较小，因而油脂熔点低、密度小、不稳定；β' 晶型为正交排列，这是一种有序排列，油脂的熔点随分子间作用力的增大而升高；β 晶型为三斜排列，分子间作用力最大，油脂熔点最高，密度和稳定性最好。

　　天然油脂的同质多晶性质会受到酰基甘油中脂肪酸组成及其位置分布影响。一般来说，同一脂肪酸组成的三酰基甘油易形成稳定的 β 型结晶，而不同脂肪酸组成的三酰基甘油由于碳链长度不同，空间阻碍增大，则比较容易停留在稳定的 β' 型结晶。天然油脂中，大豆油、花生油、玉米油、橄榄油、椰子油、红花油、可可脂和猪油等容易形成 β 型结晶，而棉籽油、棕榈油、菜籽油、乳脂和牛脂易形成稳定的 β' 型结晶。

表 4-5　脂肪酸甘油酯的同质多晶理化特征

特　性	α 晶型	β' 晶型	β 晶型
堆积方式	正六方	正交	三斜
熔点	最低	中等	最高
密度	最小	中等	最大
有序程度	无序	部分有序	有序

4.2.5　食用油脂的塑性

　　室温下呈固态的油脂如猪油、牛油实际是由液体油和固体脂两部分组成的混合物，通常只有在很低的温度下才能完全转化为固体。这种由液体油和固体脂均匀融合并经一定加工而成的脂肪称为塑性脂肪（plastic fat）。塑性脂肪在一定的外力范围内具有抗变形的能力，可保持一定的外形。

　　油脂的塑性主要取决于以下几点。

　　① 油脂的晶型。油脂为 β' 型结晶时塑性最好，因为 β' 型在结晶时会包含大量小气泡，从而赋予产品较好的塑性；β 型结晶所包含的气泡大而少，塑性较差。

　　② 熔化温度范围。从开始熔化到熔化结束的温度范围越大，油脂的塑性越好。

　　③ 固液两相比。油脂中固液两相比适当时塑性最好。固体脂过多，形成刚性交联，油脂过硬，塑性不好；液体油过多，流动性大，油脂过软，易变形，塑性也不好。

　　固液两相比又称为固体脂肪指数（solid fat index，SFI），是其中最重要的影响因素。可以通过测定塑性脂肪的膨胀特性确定油脂中固液两相的比例，或者测定脂肪中固体脂的含量，来了解油脂的塑性特征。

　　固体脂和液体油在加热时都会引起比体积的增加，这种非相变膨胀称为热膨胀。由固体脂转化为液体油时因相变化引起的体积增加称为熔化膨胀。用膨胀计测量液体油和固体脂的比容（比体积）随温度的变化就得到了塑性脂肪的熔化膨胀曲线（图 4-2）。固体在 X 点开始熔化，在 Y 点全部转化为液体，曲线 XY 表示体系中固体成分的逐步熔化。在曲线的 b 点处是固 - 液混合物，此时固体脂的比例是 ab/ac，液体油的比例是 bc/ac，固体脂肪指数 SFI 就是固液比（ab/bc）。

　　如果脂类在一个很窄的温度范围熔化，XY 的斜率会很大；如果脂类的熔点范围很大，脂类具有较宽的塑性范围。因此，脂肪的塑性范围可以通过添加熔点相对较高或较低的成分来改变。

　　塑性脂肪具有良好的涂抹性（如西餐中常用于涂抹的黄油等）和可塑性（如用于蛋糕的裱花），用在焙烤食品中具有起酥作用。在面团调制过程中加入塑性脂肪，则形成较大面积的薄膜和细条，使面团的延展性增强，油膜的隔离作用使面筋粒彼此不能黏合成大块面筋，降低了面团的弹性和韧性，同时还降低了面团的吸水率，使制品起酥；塑性脂肪的另一作用是在调制时能包含和保持一定数量的气泡，使面团体积增加。在饼干、糕点、面包生产中专用的油脂称为起酥油，是结构稳定的塑性固形脂，具有在 40℃时不变软、在低温下不太硬、不易氧化的特性。

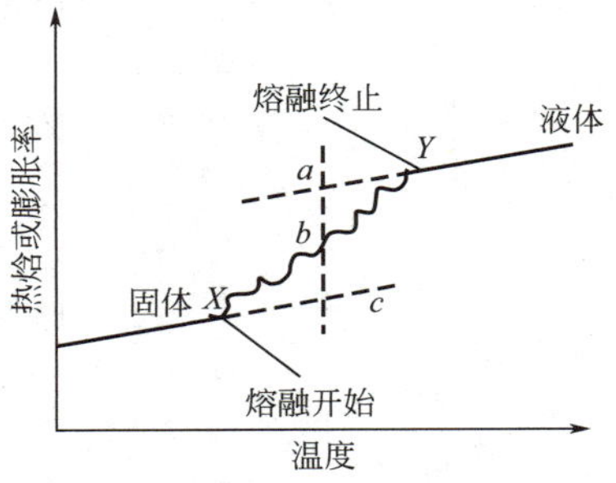

图 4-2　甘油酯混合物的热焓或熔化膨胀曲线

4.2.6　食用油脂的液晶态

油脂中存在着几种相态，除固态、液态外，还有一种物理特性介于固态和液态之间的相态，称为液晶态（liquid crystal）或介晶相（mesomorphic phase）。

油脂液晶态的存在是由油脂的结构决定的。油脂的分子结构中包括极性基团（酯基、羧基）和非极性基团（烃链）。非极性的烃链之间仅存在较弱的范德华力，加热油脂时，未达到真正的熔点之前，烃区便熔化；极性基团之间除存在范德华力外，还存在诱导力、取向力，甚至还有氢键力，因此极性区不熔化，从而形成液晶相。乳化剂是典型的两亲性物质，故易形成液晶相。

在脂类 - 水体系中，液晶相主要有 3 种，即层状结构、六方结构及立方型结构，如图 4-3 所示。层状结构类似生物双层膜，排列有序的两层脂中夹一层水。层状液晶加热时，可转变成立方型或六方Ⅱ型液晶。六方Ⅰ型结构中，非极性基团在六方柱内部，极性基团在六方柱外部，水处在六方柱之间的空间中；六方Ⅱ型结构中，水被包裹在六方柱内部，油的极性端包围着水，非极性的烃区朝向六方柱外部。立方型结构中也是如此。在生物体内，液晶态影响细胞膜的可渗透性。

层状结构　　　　六方Ⅰ型结构　　　　六方Ⅱ型结构　　　　立方型结构

图 4-3　脂类的液晶结构

4.2.7　食用油脂的乳化

在一定条件下，互不相溶的油、水两相物质可以形成介稳态的乳浊液。其中一相以直径 0.1 ～ 50μm 的小滴分散在另一相中，前者称为内相或分散相，后者称为外相或连续相。

乳浊液分为水包油型（oil in water，O/W）和油包水型（water in oil，W/O）。水包油型乳浊液中水为连续相，油包水型乳浊液连续相则是油。牛乳是典型的 O/W 型乳浊液，而奶油则为 W/O 型乳浊液。

乳浊液是一种热力学不稳定体系，在一定条件下会出现分层、絮凝，甚至聚结。

乳浊液失去稳定性的主要原因有以下几种。

① 分层或沉降。由于重力作用，密度不相同的相会产生分层或沉降，沉降速率遵循斯托克斯（Stokes）定律。

② 絮凝或群集。乳浊液絮凝时，脂肪球是成群地而不是各自地运动。未均质的牛奶，脂肪球容易絮凝，絮凝能够加快其分层，但不能使被包围的脂肪球界面膜破裂，因此脂肪球原来的大小不会改变。球表面的静电荷量不足是引起絮凝的主要原因。

③ 聚结。聚结时脂肪球先互相接触，然后通过絮凝、分层或沉降以及布朗运动最终发生聚结。在聚结过程中，界面膜破裂，脂肪球相互结合，界面面积减少，严重时导致均匀的脂相和水相之间产生平面界面。这是乳浊液失去稳定性的最主要的途径。

乳化剂是分子中同时具有亲水基和亲油基的一类两亲性物质，可以在油水界面定向吸附，降低表面能，起到稳定乳浊液的作用。许多亲水性食用胶能使乳浊液连续相的黏度增大，蛋白质能在分散相的周围形成有弹性的厚膜，同样可抑制分散相絮凝和聚结，因此均可适用于 O/W 型体系，起到稳定乳浊液的作用。

食品中常用的乳化剂种类有甘油脂肪酸单酯及其衍生物、蔗糖脂肪酸酯、山梨糖醇酐脂肪酸酯及其衍生物、大豆磷脂等。

概念检查 4.2

○ 选择题

1. 油脂塑性主要取决于以下几点？（　　　　）

    A. 油脂晶型　　　B. 熔化温度范围　　　C. 固液相比　　　D. 脂肪酸链长

2. 油脂氧化的主要途径包括哪些？（　　　　）

    A. 自动氧化　　　B. 光敏氧化　　　C. 酶促氧化　　　D. 热分解

4.3　食用油脂在加工和储藏过程中的化学变化

4.3.1　油脂水解

油脂在有水存在时，在加热、酸、碱及脂酶的作用下可发生水解（hydrolysis）反应，生成游离脂肪酸。油脂在碱性条件下的水解称为皂化（saponification）反应，水解生成的脂肪酸盐即为肥皂。在工业上，就用此反应制肥皂。

在活体动物的脂肪组织中不存在游离脂肪酸，但动物屠宰后，在组织内脂水解酶的作用下部分油脂会水解，生成游离脂肪酸。成熟的油料种子在收获时油脂已经发生明显水解，并产生游离脂肪酸。游离脂肪酸不如甘油酯稳定，会导致油脂更快地氧化酸败，因此动物油脂可经高温熬炼使脂酶失活。植物油中的游离脂肪酸可以通过油脂精炼（脱酸）除去。

食品在烹饪油炸过程中油脂温度可达到 160℃以上，同时被油炸的食品水分含量都较高，油脂在此情况下发生水解，释放出游离脂肪酸，导致油的发烟点降低，并且随着脂肪酸含量增高油的发烟点不断降低（见表 4-6），因此水解导致油的品质降低，油炸食品的风味变差。

表 4-6　油脂中游离脂肪酸含量与发烟点的关系

游离脂肪酸/%	发烟点/℃	游离脂肪酸/%	发烟点/℃
0.05	226.6	0.50	176.6
0.10	218.6	0.60	148.8～160.4

多数情况下，人们采取工艺措施降低油脂的水解。但在一些食品的加工中，则利用油脂的轻度水解

油脂抗氧化领域
国内先驱

生成食品的特有风味，如为了产生典型的干酪风味特地加入微生物和乳脂酶，在制造面包及酸奶时也采用有控制和选择性的脂解。

4.3.2　油脂的氧化及抗氧化

油脂氧化（oxidation）是油脂及含油食品品质劣化的主要原因之一。在食品加工和储藏期间，油脂因温度的变化及氧气、光照、微生物、酶等的作用产生令人不愉快的气味、苦涩味和一些有毒性的化合物，这些变化统称为酸败（rancidity）。但有时油脂的适度氧化对于油炸食品香气的形成却又是必需的。

油脂氧化的初级产物是氢过氧化物（hydroperoxide）。氢过氧化物的形成途径有自动氧化（autoxidation）、光敏氧化（photooxidation）和酶促氧化（enzymeoxidation）3 种。氢过氧化物不稳定，易分解，分解产物还可进一步聚合。

4.3.2.1　自动氧化

油脂自动氧化是活化的不饱和脂肪与基态氧发生的自由基（free radical）链式反应，包括链引发（chain initiation）、链传递（chain propagation）、链终止（chain termination）3 个阶段。在链引发阶段，不饱和脂肪酸及其甘油酯（RH）在金属催化或光、热作用下易使与双键相邻的 α-亚甲基脱氢，引发烷基自由基（R·）产生（因为 α-亚甲基氢受到双键的活化，易脱去）；在链传递阶段，R·与空气中的氧结合，形成过氧自由基（ROO·），ROO·又夺取另一分子 RH 中的 α-亚甲基氢，生成氢过氧化物（ROOH），同时产生新的 R·，如此循环下去；在链终止阶段，自由基之间反应，形成非自由基化合物。

（1）链引发（诱导期）　自由基的引发通常活化能较高，故这一步反应相对较慢。

$$RH \xrightarrow{\text{引发剂}} R·+H·$$

（2）链传递　链传递反应的活化能较低，故此步骤进行很快，并且反应可循环进行，产生大量的氢过氧化物。

$$R·+O_2 \longrightarrow ROO·$$
$$ROO·+RH \longrightarrow ROOH+R·$$

（3）链终止　产生的各种自由基之间相互碰撞反应，形成稳定化合物。

$$R·+R· \longrightarrow R—R$$
$$R·+ROO· \longrightarrow ROOR$$
$$ROO·+ROO· \longrightarrow ROOR+O_2$$

链传递反应中的氧是能量较低的基态氧，即所谓的三线态氧（triplet，$^3O_2$）。油脂直接与 $^3O_2$ 反应生成 ROOH 是很难的，因为该反应的活化能高达 146～273kJ/mol。所以自动氧化反应中最初自由基的产生需引发剂帮助。$^3O_2$ 受到激发（如光照）时变成激发态氧，又称为单线态氧（singlet，$^1O_2$），单线态氧反应活性高，可参与光敏氧化，生成氢过氧化物，并引发自动氧化链反应中的自由基。此外，过渡金属离子、某些酶及加热等也可引发自动氧化链反应中的自由基。

4.3.2.2　光敏氧化

光敏氧化是脂类的不饱和脂肪酸双键与单线态氧发生的氧化反应。光敏氧化可以引发脂类的自动氧化反应。食品中存在的某些天然色素如叶绿素、血红蛋白和肌红蛋白中的血卟啉是光敏化剂，受到光照后吸收能量被激发，成为活化的分子。

光敏氧化有两种途径：其一是光敏化剂被光照激发后直接与油脂作用，生成自由基，从而引发油脂的自动氧化反应。其二是光敏化剂被光照激发后通过与基态氧（三线态氧 $^3O_2$）反应生成激发态氧（单线态氧 $^1O_2$），高度活泼的单线态氧可以直接进攻不饱和脂肪酸双键部位上的任一碳原子，双键位置发生变化，生成反式构型的氢过氧化物，生成氢过氧化物的种类数为双键数的两倍。亚油酸的光敏反应机理如图 4-4 所示。

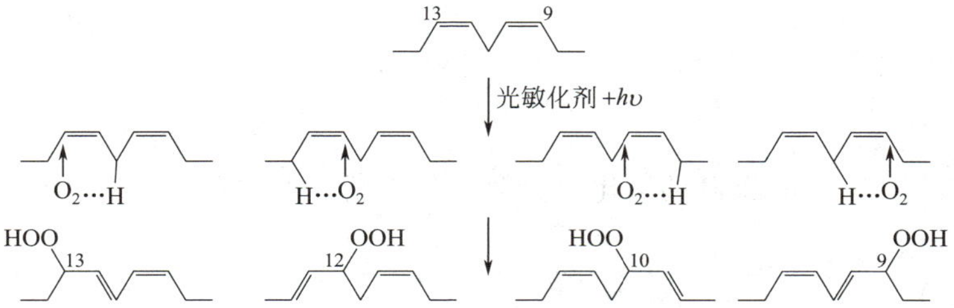

图 4-4　亚油酸的光敏反应机理

单重态氧 $^1O_2$ 能量高，反应活性大，故光敏氧化的速率比自动氧化快 1000 倍以上。光敏氧化反应产生的氢过氧化物再裂解，可引发自动氧化历程的自由基链式反应。

4.3.2.3　酶促氧化

脂肪在酶参与下发生的氧化反应称为脂类的酶促氧化。催化这个反应的主要是脂肪氧化酶，它广泛分布于生物体内，特别是植物体内。脂肪氧化酶专一性作用于具有顺，顺 -1,4- 戊二烯结构，并且其中心亚甲基处于 ω-8 位的多不饱和脂肪酸，如亚油酸、亚麻酸、花生四烯酸等，使之生成氢过氧化物。以亚油酸为例，首先在 ω-8 位亚甲基脱氢生成自由基，自由基再通过异构化使双键位置转移，并转变为反式构型，形成具有共轭双键的 ω-6 和 ω-10 氢过氧化物（图 4-5）。

在动物体内脂肪氧化酶选择性地氧化花生四烯酸，产生前列腺素、凝血素等活性物质。大豆加工中产生的豆腥味与脂肪氧化酶对亚麻酸的氧化有密切关系。

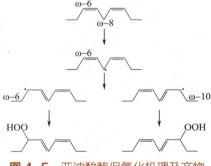

图 4-5　亚油酸酶促氧化机理及产物

其他脂肪酸的酶促氧化需要脱氢酶、水合酶和脱羧酶参加，氧化反应多发生在饱和脂肪酸的 α 碳位和 β 碳位之间的键上，因而称为 β- 氧化。氧化的最终产物是有不愉快气味的酮酸和甲基酮，所以又称为酮型酸败。这种酸败多数是由于污染微生物如灰绿青霉、曲霉等在繁殖时产生酶的作用下引起的。

4.3.2.4　氢过氧化物的分解及聚合

上述 3 种典型的氧化反应机理均形成氢过氧化物这一反应中间体。氢过氧化物极不稳定，一经形成就开始分解，在自动氧化的第一步氢过氧化物的生成速率超过分解速率，而在随后的几步反应中则相反。由于油脂氧化的方式不同，生成氢过氧化物的位置也不同，因此氢过氧化物分解产生的小分子挥发物成分非常复杂。

氢过氧化物的分解主要涉及烷氧自由基的生成及进一步分解。烷氧自由基的主要分解产物包括醛、酮、醇、酸化合物，除这 4 类产物外还可以生成环氧化合物、碳氢化合物等；生成的醛、酮类化合物主要有壬醛、2- 癸烯醛、2- 十一烯醛、己醛、顺 -4- 庚烯醛、2,3- 戊二酮、2,4- 戊二烯醛、2,4- 癸二烯醛和 2,4,7- 癸

三烯醛，生成的环氧化合物主要是呋喃同系物。

油脂氧化后生成的丙二醛不仅对食品风味产生不良影响，而且会产生安全性问题。丙二醛可以由所产生的不饱和醛类化合物进一步氧化产生。

$$R-CH_2-CH=CH-CHO \longrightarrow R-\underset{\underset{OOH}{|}}{CH}-CH=CH-CHO \longrightarrow \underset{\underset{CHO}{|}}{\overset{\overset{CHO}{|}}{CH_2}} + RCHO$$

分解产物中生成的饱和醛易进一步氧化成相应的酸，还可以聚合或缩合生成新的化合物。例如三己醛聚合生成三戊基三噁烷，具有强烈的气味。

$$3C_5H_{11}CHO \longrightarrow$$

油脂自动氧化及分解过程中所发生的反应如图 4-6 所示。

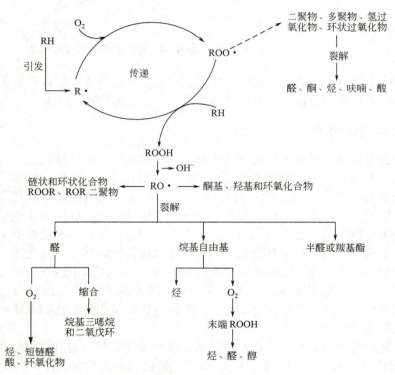

图 4-6 油脂自动氧化及分解过程

4.3.2.5 影响油脂自动氧化的因素

（1）脂肪酸组成   脂类自动氧化与组成脂类的脂肪酸的双键数目、位置和几何形状都有关系。双键数目越多，氧化反应速率越快，花生四烯酸、亚麻酸、亚油酸、油酸的相对氧化反应速率近似为 40∶20∶10∶1。顺式酸比反式酸更容易氧化；含共轭双键的比没有共轭双键的易氧化；饱和脂肪酸自动氧化反应速率远远低于不饱和脂肪酸；游离脂肪酸比甘油酯氧化反应速率略高，油脂中游离脂肪酸含量大于 0.5% 时油脂的自动氧化反应速率会增加；油脂中脂肪酸的无序分布有利于降低脂肪的自动氧化反应速率。

（2）温度　一般来说，脂类的氧化反应速率随温度升高而增加，因为高温既可以促进自由基的产生又可以加快氢过氧化物的分解。但温度升高，氧的溶解度降低。总体上看，油脂自动氧化反应速率均是随温度升高而增加。

（3）氧浓度　体系中供氧充分时，氧分压对氧化反应速率没有影响；当氧分压很低时，氧化反应速率与氧分压近似成正比。故采用真空或充氮包装及使用低透气性材料包装可防止含油食品的氧化变质。但氧分压对氧化反应速率的影响还与其他因素，如温度、表面积等有关。

（4）表面积　脂类的自动氧化反应速率与它和空气接触的表面积成正比关系。所以，当表面积与体积之比较大时，降低氧分压对降低氧化反应速率的效果不大。

（5）水分　在含水量很低（$a_w < 0.1$）的干燥食品中，脂类氧化反应很迅速。随着水分活度的增加，氧化反应速率降低。当水分含量增加到相当于 0.3 时，可阻止脂类氧化，使氧化反应速率变得最小，这是由于水可降低金属催化剂的催化活性，同时可以淬灭自由基，促进非酶褐变反应（产生具有抗氧化作用的化合物），并阻止氧同食品接触。随着 a_w 的继续增加（$a_w = 0.3 \sim 0.7$），氧化反应又加快进行，这与高 a_w 时水中溶解氧增加、催化剂流动性增加以及分子暴露出更多的反应位点有关。a_w 过高（如 $a_w > 0.8$）时，由于催化剂、反应物被稀释，脂肪的氧化反应速率降低。

（6）助氧化剂　一些具有合适氧化-还原电位的 2 价或多价过渡金属元素是有效的助氧化剂，如钴、铜、铁、锰和镍等。这些金属元素在含量低至 0.1mg/kg 时仍可以缩短引发期，使氧化反应速率增大。食品中天然就存在游离的和结合形式的微量金属，食品中的过渡金属还可能来自加工、储存所使用的金属设备和包装容器，其中最重要的天然成分是羟高铁血红素。不同金属的催化能力如下：铅＞铜＞锡＞锌＞铁＞铝＞银。

（7）光和射线　可见光、紫外线和高能射线都能促进脂类自动氧化，这是因为它们能引发自由基、促进氢过氧化物分解，特别是紫外线和 γ 射线。因此油脂或含油脂食品应该避光保藏，或使用不透明的包装材料。在食品的辐照杀菌过程中也应该注意由此引发的油脂的自动氧化问题。

（8）抗氧化剂　抗氧化剂能延缓和减慢脂类的自动氧化反应速率。按其抗氧化机理，抗氧化剂可分为自由基清除剂、单线态氧淬灭剂、氢过氧化物分解剂、酶抑制剂、抗氧化剂增效剂（详见第 12 章）。

（9）乳化　在 O/W 乳化体系中，或者是油脂分散在水溶性介质中的食品体系，氧分子必须扩散到水相并通过油-水界面才能接近脂肪，进而与脂肪发生氧化反应。此时油脂的氧化反应速率与许多因素有关，如乳化剂的类型和浓度、油滴的大小、界面的大小、黏度、介质的组成等。

4.3.2.6　氧化油脂的安全性

油脂氧化酸败后，氧化产物分解，形成分子量较低的醛、酮、酸等混合物，产生不良的气味，这些物质可以与共存的蛋白质、维生素等作用，引起营养价值的降低，同时低分子量的醛、酮本身具有毒性，直接对健康产生危害。因此加工用油一般不能长期循环使用，残油不能再作为食品用油。

动物实验结果表明，大鼠在进食高度氧化的脂肪后出现不良反应，包括食欲下降、生长抑制、肝脏肿大。用脂肪酸氧化产物饲喂老鼠，确认过氧化产物及其分解产物具有毒性，可使老鼠肝脏肿大，除脂肪渗透外还发生肝细胞坏死。长期高温油炸用的油、反复使用的油炸用油存在显著的致癌活性。所以对加工用油品质的检测可以分析其理化指标的变化，例如烟点、黏度、游离脂肪酸等。

 概念检查 4.3

○ 什么是油脂的酸败？

○ 影响油脂自动氧化的因素有哪些？

4.3.3　油脂在高温下的化学反应

油脂在高温下烹调时会发生各种化学反应，如热分解、热聚合、热氧化聚合、缩合、水解、氧化等。油脂经长时间加热会导致油的品质降低，如黏度增大、碘值降低、酸价升高、发烟点降低、泡沫量增多。

4.3.3.1　热分解

饱和油脂和不饱和油脂在高温下都会发生热分解反应。热分解反应根据有氧、无氧参与反应又可以分为氧化热分解和非氧化热分解。金属离子（如 Fe^{2+}）的存在可催化热分解反应。饱和油脂的热分解反应如图4-7所示。

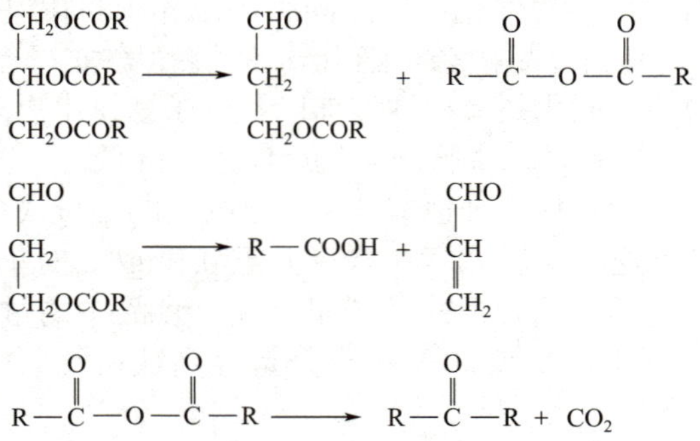

图4-7　饱和油脂的非氧化热分解反应

饱和油脂在常温下较稳定，但在高温（＞150℃）下也将发生氧化热分解反应，首先在羧基或酯基的 α- 或 β- 或 γ- 碳上形成氢过氧化物，然后氢过氧化物进一步分解成烃、醛、酮等化合物。例如，当氧进攻 β 位置时，首先是在 β- 碳位形成氢过氧化物，然后氢过氧化物发生氢 - 氧断裂，再发生碳 - 碳断裂，生成一系列化合物，如图4-8所示。

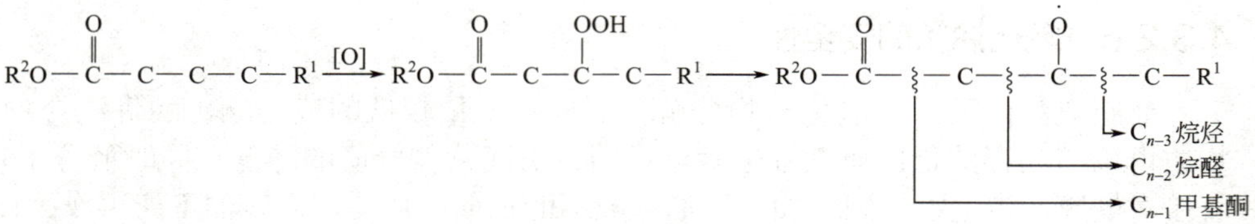

图4-8　饱和油脂的氧化热分解反应

不饱和油脂在隔氧条件下加热，主要生成二聚体，此外还生成一些低分子量的物质。不饱和油脂的氧化热分解反应与低温下的自动氧化反应的主要途径相同，根据双键的位置可以预示氢过氧化物中间物的生成与分解，但高温下氢过氧化物的分解速率更大。

4.3.3.2　热聚合

油脂在高温条件下可发生氧化热聚合和非氧化热聚合反应。聚合反应将导致油脂黏度增大，泡沫增多。

隔氧条件下的热聚合（非氧化热聚合），是多烯化合物之间发生狄尔斯 - 阿德耳（Diels-Alder 反应），生成环烯烃。该聚合反应可以发生在不同甘油酯的分子间（图 4-9），也可以发生在同一个甘油酯的分子内（图 4-10）。

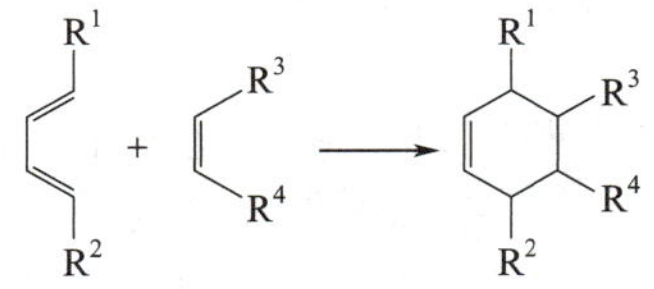

图 4-9　分子间的狄尔斯 - 阿德耳反应

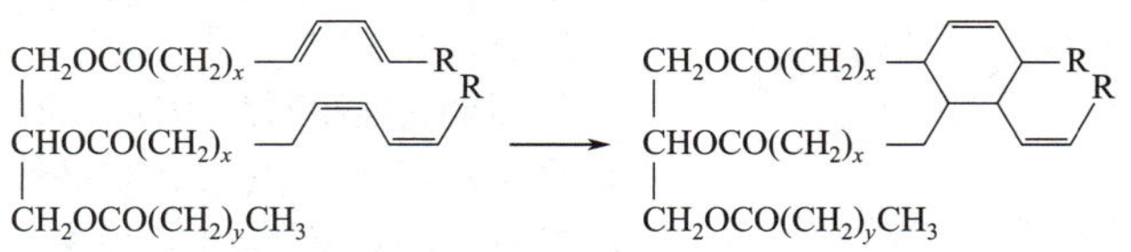

图 4-10　分子内的狄尔斯 - 阿德耳反应

氧化热聚合反应，是在 $200 \sim 230℃$ 条件下，甘油酯分子在双键的 α- 碳上均裂，产生自由基，自由基之间再结合成二聚物。其中有些二聚物有毒性，因为这种物质在体内被吸收后能与酶结合使之失活，从而引起生理异常。油炸鱼虾时出现的细泡沫经分析发现也是一种二聚物。如：

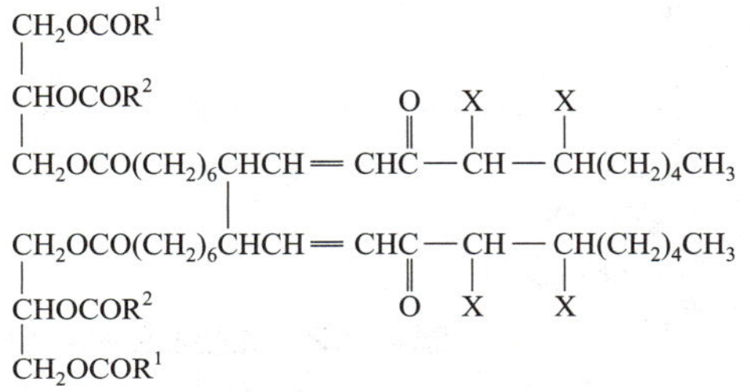

X=OH 或环氧化物

4.3.3.3　缩合

在高温下，特别是在油炸条件下，食品中的水进入到油中，把挥发性氧化物赶走，同时也使油脂发生部分水解，酸价增高，发烟点降低，然后水解产物再缩合成分子量较大的环氧化合物，如图 4-11 所示。

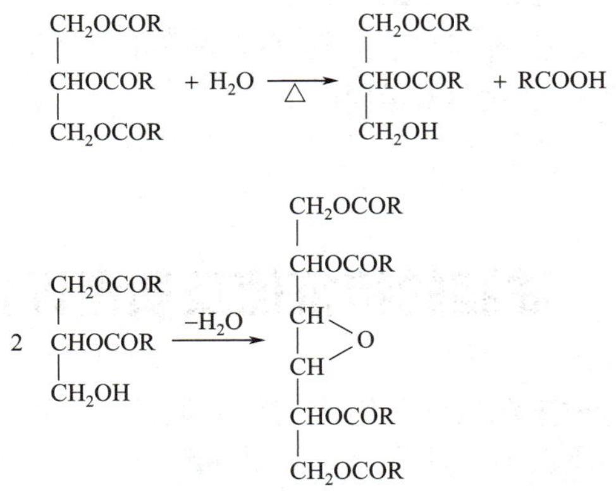

图 4-11　油脂的缩合反应，生成环氧化合物

油脂在高温下发生的化学反应并不都是负面的。油炸食品中香气的形成与油脂在高温条件下的某些反应产物有关，通常油炸食品香气的主要成分是羰基化合物（烯醛类）。例如，将三亚油酸甘油酯加热到 185℃，每 30min 通 2min 水蒸气，前后加热 72h，从其挥发物中发现其中有 5 种直链 2,4- 二烯醛和内酯，呈现油炸物特有的香气。然而，油脂在高温下过度反应，对于油的品质、营养价值均是十分不利的。在食品加工工艺中，一般宜将油脂的加热温度控制在 150℃以下。

4.3.4　辐照时油脂的化学反应

辐照导致油脂降解的反应称为辐解（radiolysis）。食物的辐照作为一种灭菌手段，可延长食品的货架期。其负面的影响同热处理一样，可诱导化学变化。辐射剂量越大，影响越严重。

在辐照油脂的过程中，油脂分子吸收辐射能形成离子和激化分子，激化分子可进一步降解。以饱和脂肪酸酯为例，辐照后首先在羰基附近的 α、β、γ 位置处断裂，即在羰基附近的 5 个位置（a，b，c，d，e）优先发生裂解（图 4-12），而在其余部位发生的裂解则是随机的，生成的辐照产物有烃、醛、酮、酸、酯等。激化分子分解时还可产生自由基，自由基之间可结合，生成非自由基化合物。在有氧存在时，辐照还可加速油脂的自动氧化反应，同时使抗氧化剂遭到破坏。

辐照和加热均造成油脂降解，这两种途径生成的降解产物有些相似，只是后者生成更多的分解产物。大量实验证明，按巴氏灭菌剂量辐照含脂肪食品不会有毒性危险。

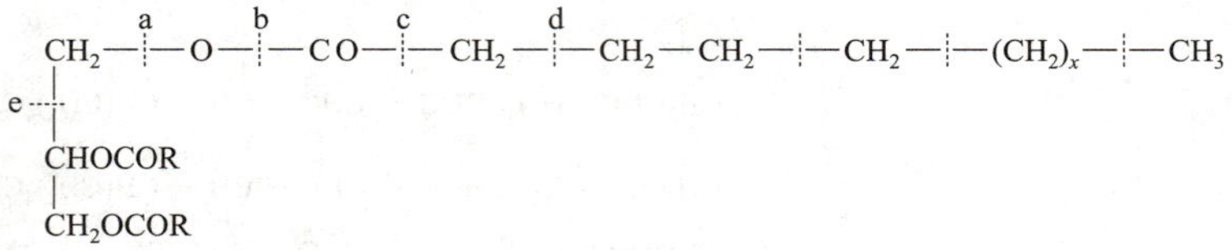

$$CH_2\!-\!\overset{a}{|}\!-\!O\!-\!\overset{b}{|}\!-\!CO\!-\!\overset{c}{|}\!-\!CH_2\!-\!\overset{d}{|}\!-\!CH_2\!-\!CH_2\!-\!|\!-\!CH_2\!-\!|\!-\!(CH_2)_x\!-\!|\!-\!CH_3$$

$$\overset{e}{|}$$
$$CHOCOR$$
$$CH_2OCOR$$

图 4-12　油脂发生辐解反应的断裂位置

概念检查 4.4

○ 判断题

1.油脂在高温下易发生氧化、分解和聚合反应。
2.辐照油脂会产生更多的有毒分解产物，不宜使用。
3.毛油的精制过程会保留油中的游离脂肪酸。
4.油脂分提是物理变化。

4.4　油脂的特征值及质量评价

各种来源的油脂组成、特征值及稳定性均有差异。在加工和储藏过程中，油脂品质会因各种化学变化而逐渐降低。油脂的氧化是引起油脂酸败的主要因素，此外水解、辐照等反应均会导致油脂品质降低。

4.4.1　油脂的特征值

4.4.1.1　酸价

酸价（acid value，AV）是指中和 1g 油脂中游离脂肪酸所需要的氢氧化钾的质量（以毫克数表示）。该指标可衡量油脂中游离脂肪酸的含量，也反映油脂品质的好坏。新鲜油脂的酸值很小，但随着储藏期的延长和油脂的酸败酸值增大。我国食品安全国家标准 GB 2716—2018 规定食用植物油（包括调和油）的酸价不得超过 3。

4.4.1.2　皂化值

1g 油脂完全皂化时所需要的氢氧化钾的质量（以毫克数表示）称为皂化值（saponify value，SV）。皂化值的大小与油脂的平均分子量成反比。一般油脂的皂化值在 200 左右。皂化值高的油脂熔点较低，易消化。肥皂工业可以根据油脂的皂化值大小确定合理的用碱量和配方。

4.4.1.3　二烯值

丁烯二酸酐可与油脂中的共轭双键发生狄尔斯 - 阿德耳反应，二烯值（diene value，DV）是指 100g 油脂中所需顺丁烯二酸酐换算成碘的质量（以克数表示）。该指标可反映不饱和脂肪酸中共轭双键的多少。天然存在的脂肪酸一般含非共轭双键，经化学反应后可转变为无营养的含共轭双键的脂肪酸。

4.4.1.4　溶剂残留量

溶剂残留量是指 1kg 油脂中残留的溶剂质量（mg）。该指标通常反映了采用浸出法生产的食用植物油中浸出溶剂的残留多少。我国食品安全国家标准 GB 2716—2018 规定食用植物油（包括调和油）的溶剂残留量不得超过 20mg/kg。

4.4.2　油脂的氧化程度

脂类氧化反应十分复杂，氧化产物众多，而且有些中间产物极不稳定，易分解，故对油脂氧化程度评价指标的选择是十分重要的。目前仍没有一种简单的测试方法可立即测定所有的氧化产物，常常需要测定几种指标，方可正确评价油脂的氧化程度。

4.4.2.1　过氧化值

过氧化值（peroxide value，POV）是指 1kg 油脂中所含氢过氧化物的物质的量（以毫摩尔数表示）。氢过氧化物是油脂氧化的主要初级产物。在油脂氧化初期，POV 值随氧化程度加深而增高。当油脂深度氧化时，氢过氧化物的分解速率超过氢过氧化物的生成速率，这时 POV 值就会降低。所以 POV 值适用于衡量油脂氧化初期的氧化程度。

POV 值常用碘量法测定：

$$ROOH+2KI \longrightarrow ROH+I_2+K_2O$$

生产的碘再用 $Na_2S_2O_3$ 溶液滴定，即可定量确定氢过氧化物的含量。

$$I_2+2Na_2S_2O_3 \longrightarrow 2NaI+Na_2S_4O_6$$

我国食品安全国家标准 GB 2716—2018 规定食用植物油（包括调和油）的过氧化值不得超过 0.25g/100g。

4.4.2.2　硫代巴比妥酸法

不饱和脂肪酸的氧化产物醛类可与硫代巴比妥酸（thiobarbituric acid，TBA）生成有色化合物，如丙二醛与 TBA 生成的有色物在 530nm 处有最大吸收，而其他醛（烷醛、烯醛等）与 TBA 生成的有色物的最大吸收在 450nm 处，故需要在两个波长处测定有色物的吸光度值，以此衡量油脂的氧化程度。

此法的不足是，并非所有的脂类氧化体系都有丙二醛产生，而且有些非氧化产物也可与 TBA 显色，如 TBA 可与食品中共存的蛋白质反应。故此法不便于评价不同体系的氧化情况，但仍可用于比较单一物质在不同氧化阶段的氧化程度。

4.4.2.3　碘值

碘值（iodine value，IV）是指 100g 油脂吸收碘的质量（以克数表示）。该值的测定利用双键的加成反应，由于碘直接与双键的加成反应很慢，先将碘转变为溴化碘或氯化碘，再进行加成反应。碘值越高，说明油脂中双键越多；碘值降低，说明油脂发生了氧化。

加成反应如下：

$$I_2 + Br_2 \longrightarrow 2IBr$$

$$—HC = CH— + IBr \longrightarrow —CH—CH—$$
$$\qquad\qquad\qquad\qquad\qquad\quad | \qquad |$$
$$\qquad\qquad\qquad\qquad\qquad\quad I \qquad Br$$

过量的 IBr 在 KI 存在下析出 I_2，再用 $Na_2S_2O_3$ 溶液滴定，即可求得碘值。

$$IBr + KI \longrightarrow I_2 + KBr$$

$$I_2 + 2Na_2S_2O_3 \longrightarrow 2NaI + Na_2S_4O_6$$

4.4.2.4　羰基值

油脂发生氧化所生成的过氧化物分解后产生含羰基的醛、酮类化合物。这些二次分解产物的量以羰基值表示。羰基值（carbonyl value，CV）是指中和 1g 油脂与盐酸羟胺反应生成肟时释放的 HCl 所消耗的氢氧化钾的质量（以毫克数表示）。油脂羰基值的大小直接反映油脂酸败的程度。对于变质油和煎炸残油来说，羰基值的变化比过氧化值的变化更灵敏。油脂和含油脂食品的羰基值受存放、加工条件影响很大，并会随着加热时间、贮存时间的延长而显著增加。例如，食物煎炸过程中，油接触煎炸锅的表面，局部过热，易形成脂肪酸、醛、酮和聚合物，严重影响煎炸油的品质。

羰基化合物与 2,4- 二硝基苯肼（2,4-DNP）作用生成有色物质腙，在一定波长（300nm）下有吸收，通过比色法定量测定。一般羰基值为 0.2 时就表示油脂已经开始酸败。

茴香胺在乙酸存在时与 α,β- 不饱和醛反应显黄色。在盐酸酸性条件下脂肪的氧化产物 1,2- 环氧丙醛和间苯三酚反应显红色。这些羰基化合物的反应也可以用于评价油脂的氧化程度。

4.4.3　油脂的氧化稳定性

油脂的氧化稳定性是表征油脂自动氧化变质的灵敏度，即油脂抵御自动氧化反应的能力，反映油脂的耐贮性。

4.4.3.1　活性氧法

活性氧法（active oxygen method，AOM）是在 97.8℃温度下连续通入速度

为 2.33mL/s 的空气，测定 POV 达到 100（植物油脂）或 20（动物油脂）所需的时间（h）。该法可用于比较不同抗氧化剂的抗氧化性能，但它与油脂的实际货架期并不完全对应。

4.4.3.2　史卡尔法

史卡尔（Schaal）法是定期测定处于 60℃温度油脂的 POV 值的变化，确定油脂出现氧化性酸败的时间，或用感官评定确定油脂达到酸败的时间。

4.4.3.3　仪器分析法

也可采用色谱法及光谱分析法等测定含油食品中的氧化产物，来评价油脂的氧化程度。

4.4.3.4　感官评定法

感官评定是最终评定食品中氧化风味的方法，评价任何一种客观的化学或物理方法的价值很大程度上取决于它与感官评定相符合的程度。风味评定一般是受过训练的或经过培训的品尝小组采用非常特殊的方法进行的。

4.5　油脂加工及产品

4.5.1　油脂的精制

油脂工业
国内先驱

从油料作物、动物脂肪组织等原料中采用压榨、有机溶剂浸提、熬炼等方法得到的油脂称为毛油。毛油中含有各种杂质，如游离脂肪酸、磷脂、糖类、蛋白质、水、色素等，这些杂质不但会影响油脂的色泽、风味、稳定性，甚至还会影响到食用安全性（如花生油中的黄曲霉素、棉籽油中的棉酚等），油脂的精制就是除去这些杂质的加工过程。

4.5.1.1　脱胶

应用物理、化学或物理化学方法将油脂中的胶溶性杂质脱除的工艺过程称为脱胶（degumming）。食用油脂中，若磷脂含量高，加热时易起泡、冒烟、有臭味，而且磷脂在高温下因氧化而使油脂呈焦褐色，影响煎炸食品的风味。脱胶就是依据磷脂及部分蛋白质在无水状态下可溶于油，但与水形成水合物后则不溶于油的原理，向毛油中加入热水或通入水蒸气加热油脂，并在 50℃温度下搅拌混合，然后静置分层，分离水相，即可除去磷脂和部分蛋白质。

4.5.1.2　脱酸

毛油中含有约 0.5% 以上的游离脂肪酸，米糠油中游离脂肪酸含量高达 10%。游离脂肪酸影响油脂的稳定性和风味。可采用加碱中和的方法除去游离脂肪酸，称为脱酸（deacidification），又称为碱炼（alkali refining）。加入的碱量可通过测定油脂的酸价确定。该反应生成的脂肪酸盐（皂脚）进入水相，分离水相后，用热水洗涤中性油脂，静置离心，分离残留的皂脚。该过程同时还可吸附一部分胶质和色素。

4.5.1.3　脱色

毛油中含有叶绿素、类胡萝卜素等色素。叶绿素是光敏化剂，影响油脂的稳定性，同时色素也影响油脂的外观。可用吸附剂除去。常用的吸附剂有活性炭、白土等。吸附剂同时还可吸附磷脂、皂脚及一

些氧化产物，提高油脂的品质和稳定性。最后过滤除去吸附剂。

4.5.1.4　脱臭

油脂中存在一些异味物质，主要源于油脂氧化产物。脱臭是基于油脂同影响油脂风味和气味的物质之间挥发性存在很大的差异，在低于油脂分解的温度下，在搅拌和汽提气（通常为水蒸气）的存在下，升高温度，减小残压，完成油脂的脱臭。此法不仅可去除挥发性的异味物，还可使非挥发性的异味物热分解转为挥发物，被水蒸气夹带除去。

油脂精制处理对于油脂中的一些杂质、有害物质进行有效的脱除，其残留量得到很好的控制，使油脂的食用品质得到有效提高。但精制过程中同样会造成有用成分脂溶性维生素、天然抗氧化物质等的损失。

双低菜籽油

4.5.2　油脂的改性

大部分天然油脂，因为它们特有的化学组成，使得天然形式的油脂的应用十分有限。为了拓展天然油脂的用途，要对这些油脂进行各种各样的改性。常用的改性方法是氢化、酯交换和分提。

氢化和酯交换反应均是以脂肪组成发生一种不可逆的化学变化为基础的。由于使用的催化剂的污染，以及不可避免地会发生副反应，经过化学改性的油脂需要精制，以便使改性后的油脂可以食用。

分提是一种完全可逆的改性方案，在分提中脂肪组成的改变是通过物理方法有选择地分离脂肪的不同组分而实现的，是将多组分的混合物物理分离成具有不同理化特性的两种或多种组分，这种分离是以不同组分在凝固性、溶解度或挥发性方面的差异为基础的。目前，油脂加工工业越来越多地使用分提拓宽油脂各品种的用途，并且这种方法已全部或部分替代化学改性的方法。

4.5.2.1　油脂的氢化

由于天然来源的固体脂很有限，可采用改性的办法将液体油转变为固体或半固体脂。酰基甘油上不饱和脂肪酸的双键在镍、铂等的催化作用下，在高温下与氢气发生加成反应，不饱和度降低，从而把在室温下呈液态的油变成固态的脂，这种过程称为油脂的氢化（hydrogenation）。氢化后的油脂熔点提高，颜色变浅，稳定性提高。

当油脂中所有的双键都被氢化后，得到的是全氢化油脂，可用于制肥皂工业的原料；部分氢化的产品可用于食品工业，制造起酥油、人造奶油等。油脂的全氢化是采用骨架镍作催化剂，在 810.6kPa、250℃下进行氢化；油脂的部分氢化可用镍粉，在 151.99 ～ 253.3kPa、125 ～ 190℃下进行氢化。

（1）油脂氢化的机理　氢化中最常用的催化剂是金属镍。虽然有些贵金属（如铂）的催化效率比镍高得多，但由于价格因素，并不适用；金属铜催化剂对豆油中的亚麻酸有较好的选择性，但其缺点是铜易中毒，反应完毕后不易除去。

氢化反应的机理如图 4-13 所示，液态油脂和气态氢均被固态催化剂吸附。首先是油脂中双键两端的任意一端与金属形成碳 - 金属复合物（a），（a）再与被催化剂吸附的氢原子相互作用，形成一个不稳定的半氢化状态（b）或（c）。此时只有一个双键碳被接到催化剂上，故可自由旋转。（b）、（c）既可以再接受氢原子，生成饱和产品（d）；也可失去一个氢原子，重新生成双键，重新生成的双键既可处在原位如产品（g），也可发生位移，生成产品（e）和（f），并均有顺式和反式两种异构体。

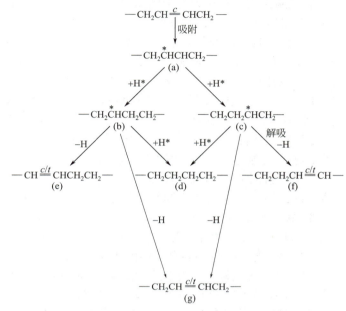

图 4-13　油脂氢化机理（c 表示顺式，t 表示反式；* 代表金属键）

（2）氢化的选择性　氢化反应的产物十分复杂，反应物的双键越多，产物也越多。三烯可转变为二烯，二烯可转变为一烯，直至达到饱和。以 α- 亚麻酸的氢化为例，可生成 7 种产物：

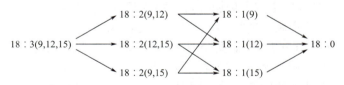

油脂氢化后，多不饱和脂肪酸含量下降，脂溶性维生素如维生素 A 及类胡萝卜素因氢化而破坏，而且氢化还伴随着双键的位移和反式异构体的产生，这些从营养学方面考虑都是不利的因素。但如果必需脂肪酸能满足需要的话，从营养学和毒理学上讲，氢化前后的油脂无显著差别。

（3）反式脂肪酸　不饱和脂肪酸的双键在植物油脂中天然存在为顺式构型，空间构象呈弯曲状。而双键从顺式转为反式后双键上两个碳原子所结合的氢原子分别位于双键的两侧，其空间构象呈线形。

在氢化油脂生产过程中，部分双键的顺式构型转变为反式，产生几何异构体反式脂肪酸（trans fatty acid，TFA），膳食中 80% 的 TFA 来源于氢化油脂。与顺式脂肪酸相比，TFA 的双键键角小，酰基碳链显示出较强的刚性。而顺式脂肪酸氢原子位于碳链的一侧，酰基碳链"绞缠"而有弹性。TFA 的空间结构处于顺式不饱和脂肪酸和饱和脂肪酸之间。TFA 甘油三酯熔点高于顺式脂肪酸，如反式亚麻酸熔点比顺式亚麻酸高 40～80℃。

TFA 和顺式异构体存在几何差别，在脂质新陈代谢中酶的交叉反应也不同。TFA 作为饱和脂肪酸的替代品曾一度风行，然而近年研究发现实际上其危害比饱和脂肪酸更大。许多研究证实体内 TFA 含量过高对健康有不良影响。实验表明，TFA 的摄入量达到总能量的 6% 时，人的全血凝集程度比 TFA 摄入量为 2% 时高，因而容易使人产生血栓。TFA 进入细胞膜，改变膜脂分布，直接改变膜的流动性、通透性，

影响膜蛋白结构和离子通道，这也可能是 TFA 导致心肌梗死等疾病发病率增高的重要原因。此外，动物来源的 TFA 和氢化油中的 TFA 对心血管疾病的影响尚存在争议。有人发现，增加动物来源的 TFA 摄入，患冠心病的风险表现出不同程度的降低，或至少没有增加。有研究证实，$11t$ C18∶1 在人体内经 Δ9 脱氢酶作用可转化为能降低动物体内脂肪含量的共轭亚油酸 $9c$ $11t$ C18∶2，使其含量增加。因此，并非所有 TFA 都是有害的。

目前，TFA 已经得到了世界各国的普遍关注。尽管在一些问题上还没有达成共识，但许多国家都颁布了关于 TFA 的法律法规。在 1993 年针对 TFA 影响人体健康的一些报告发表后，FAO 和 WHO 就建议政府应限制食品加工者在 TFA 高的食品中标示"低饱和脂肪酸"的声明；WHO/FAO 于 2003 年发表的"膳食、营养与慢性病预防"的专家委员会报告中指出，为增进心血管健康，应尽量控制饮食中的 TFA，最大摄取量最好不超过总能量的 1%。2003 年 6 月，丹麦对 TFA 制定了严格的规定，成为世界上第一个对食品工业生产中 TFA 设立法规进行限制的国家。2003 年 1 月 1 日，加拿大采用新的强制性的食品标签系统，要求在食品营养标签中标示 TFA 含量。2003 年 7 月，美国食品和药物管理局（Food and Drug Administration，FDA）公布的规章指出：自 2006 年 1 月 1 日起，食品营养标签中必须标注产品的饱和脂肪酸含量及 TFA 的含量。荷兰及瑞典等国拟将油脂食品中的 TFA 含量定在 5% 以下。日本也修订人造奶油中的 TFA 含量标准，并提醒消费者减少摄取含饱和脂肪酸与 TFA 的油脂食品。在 GB 28050—2011《食品安全国家标准　预包装食品营养标签通则》4.4 中规定"食品配料含有或生产过程中使用了氢化和（或）部分氢化油脂时，在营养成分表中还应标示出反式脂肪（酸）的含量"，并推荐了反式脂肪酸摄入引起的健康风险标签标示规范用语；4.2 条款中标注了"每天摄入反式脂肪酸不应超过 2.2g，过多摄入有害健康。反式脂肪酸摄入量应少于每日总能量的 1%，过多有害健康。过多摄入反式脂肪酸可使血液胆固醇增高，从而增加心血管疾病发生的危险。"此外，GB 10765《食品安全国家标准　婴儿配方食品》、GB 10767《食品安全国家标准　较大婴儿和幼儿配方食品》、GB 10769《食品安全国家标准　婴幼儿谷类辅助食品》和 GB 10770《食品安全国家标准　婴幼儿罐装辅助食品》均规定不应使用氢化油脂。

4.5.2.2　油脂的酯交换

天然油脂中脂肪酸的分布模式赋予了油脂特定的物理性质，如结晶特性、熔点等。有时这种性质限制了它们在工业上的应用，但可以采用化学改性的方法如酯交换改变脂肪酸的分布模式，以适应特定的需要。例如猪油的结晶颗粒大，口感粗糙，不利于产品的稠度，也不利于用在糕点制品上，但经过酯交换后，改性猪油可结晶成细小颗粒，稠度改善，熔点和黏度降低，适合于作为人造奶油和糖果用油。酯交换可以在分子内进行，也可以在不同分子之间进行，如图 4-14 所示。

酯交换一般采用甲醇钠作催化剂，通常只需在 50～70℃ 温度下，不太长的时间内就能完成。

（1）酯交换反应机理　以 S_3、U_3 分别表示三饱和甘油酯及三不饱和甘油酯。首先是甲醇钠与三酰基甘油反应，生成二酰基甘油酸盐。

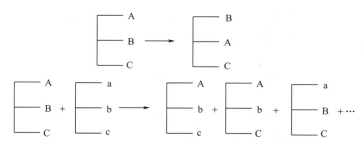

图 4-14 　在分子内或不同分子之间进行酯交换

$$U_3+NaOCH_3 \longrightarrow U_2ONa+U{-}CH_3$$

这个中间产物再与另一分子三酰基甘油反应，发生酯交换。

$$S_3+U_2ONa \Longrightarrow SU_2+S_2ONa$$

生成的 S_2ONa 又可与另一三酰基甘油分子发生酯交换。反应如此不断地进行下去，直到所有脂肪酸酰基改变其位置，并随机化趋于完全为止。

（2）随机酯交换　当酯交换反应在高于油脂熔点进行时，脂肪酸的重排是随机的，产物很多，这种酯交换称为随机酯交换。如 50% 的三硬脂酸酯和 50% 的三油酸酯发生随机酯交换反应，如图 4-15 所示。

StStSt　　　　　　OOO
（50%）　　+　　（50%）

↓ NaOCH₃

StStSt　StOSt　OStSt　　　StOO　OStO　OOO
（12.5%）（12.5%）（25%）　　（25%）（12.5%）（12.5%）

图 4-15 　脂肪随机酯交换示意图（St 代表硬脂酰，O 代表油酰）

（3）定向酯交换　当酯交换反应是在油脂熔点温度以下进行时，脂肪酸的重排是定向的。因反应中形成的高熔点的三饱和脂肪酸酯结晶析出，不断移去三饱和脂肪酸酯，就能产生更多的三饱和脂肪酸酯，直至饱和脂肪酸全部生成三饱和脂肪酸酯，实现定向酯交换为止。混合甘油酯经定向酯交换后，生成高熔点的 S_3 产物和低熔点的 U_3 产物，如图 4-16 所示。

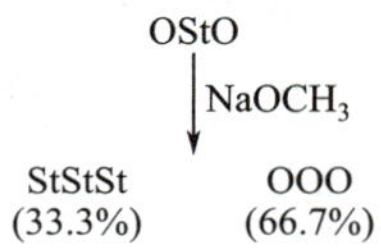

OStO

↓ NaOCH₃

StStSt　　　OOO
（33.3%）　（66.7%）

图 4-16 　脂肪定向酯交换示意图（St 代表硬脂酰，O 代表油酰）

由于用酶作催化剂更具有专一性，而且反应条件不剧烈，副产品较少，具有较好的可控性，将其用于定向酯交换具有优势。若再采用固定化酶技术，则酶可重复使用，从而降低生产成本。近年来，以酶作为催化剂进行酯交换的研究已取得可喜进步。脂水解酶可以使脂水解，但变更条件则可合成酯：

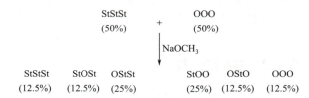

以无选择性的脂酶催化的酯交换也是随机酯交换，但以选择性脂酶催化的酯交换则是定向酯交换。如以 Sn-1,3 位的脂酶催化的酯交换，只能在 Sn-1,3 位交换，Sn-2 位保持不变 [Sn 表示 Sn 系统：以手性碳原子为中心，*S*（反时针）- 原羟甲基（增加该基团优先性时，手性原中心为 *S*- 构型）为 1 位，*R*（顺时针）-

原羟甲基（增加该基团优先性时，手性原中心为 *R*- 构型）为 3 位，称作主体专一编号系统]。例如：

$$B-\left[\begin{array}{c}A\\A\end{array}\right.+C \longrightarrow B-\left[\begin{array}{c}A\\C\end{array}\right.+B-\left[\begin{array}{c}C\\C\end{array}\right.+B-\left[\begin{array}{c}A\\A\end{array}\right.+C+A$$

这个反应很重要，此种酯交换可以得到天然油脂中所缺少的三酰基甘油组分。如棕榈油中存在大量的 POP（1- 软脂酰 -2- 油酰 -3- 软脂酰甘油，P 代表软脂酰，O 代表油酰）组分，但加入硬脂酸或其三酰基甘油，以 Sn-1,3 位的脂水解酶催化进行酯交换，可得到可可脂的主要成分 Sn-StOSt，这是人工合成可可脂的最新方法。

$$O-\left[\begin{array}{c}P\\P\end{array}\right.+St \xrightarrow{1,3-\text{脂酶}} O-\left[\begin{array}{c}P\\St\end{array}\right.+O-\left[\begin{array}{c}St\\St\end{array}\right.+O-\left[\begin{array}{c}P\\P\end{array}\right.+\cdots$$

酶促酯交换很有意义，但现在完全用其取代化学酯交换是不可能的，因为酶促酯交换的成本较高，而得到的产品如起酥油、人造奶油等相对较便宜。酶促酯交换有价值之处在于用其生产不能用化学酯交换获得的高价值油脂，如可可脂代用品、糖果业用油脂等。未来酶促酯交换的发展方向将是用于生产低热量产品。而开发新的脂酶，尤其是 Sn-2 位的脂酶，是今后的研究方向。

4.5.2.3 油脂的分提

油脂由各种熔点不同的三酰基甘油组成，在一定温度下利用构成油脂的各种三酰基甘油的熔点差异及溶解度的不同把油脂分成具有不同理化特性的两种或多种组分，就是油脂分提。

分提过程包括 3 个相继的阶段：①液体或熔化的三酰基甘油冷却产生晶核；②晶体成长到形状及大小都可以有效分离的程度；③固相和液相分离、离析和分别提纯。固液分提工序需要晶粒大、稳定性佳、过滤性好的晶体，为此必须控制分提工序，如缓慢冷却并不断轻缓地搅拌等。

分提可分为干法分提、溶剂分提及表面活性剂分提。

干法分提是指在无有机溶剂存在情况下将处于溶解状态的油脂慢慢冷却到一定程度，析出固体脂，过滤分离结晶的方法。包括冬化、脱蜡、液压及分级等方法。冬化时要求冷却速度慢，并不断轻轻搅拌，以保证生产体积大、易分离的 β' 或 β 型晶体。冷却油脂至 10℃左右使蜡结晶析出（24 ~ 72h），这种方法称为油脂脱蜡。分级是在不加溶剂的情况下冷却熔化油脂至一定温度结晶，使油脂分离为大量的固体脂及相当多的油。

溶剂分提是指在油脂中按比例掺入某一溶剂构成混合油体系，然后进行冷却结晶、分提的一种工艺。溶剂分提法可通过降低体系黏度形成容易过滤的稳定结晶，来提高分离得率和分离产品的纯度，缩短分离时间。此法对于组成三酰基甘油的脂肪酸碳链长并在一定范围内黏度较大油脂的分提较为适用。油脂在溶剂中的溶解度是溶剂分提法最重要的因素。一般情况下，饱和三酰基甘油熔点高、溶解性差，反式三酰基甘油较顺式三酰基甘油熔点高、溶解度低。油脂分提常用的溶剂有正己烷、丙酮、异丙醇等。具体溶剂的选择取决于油脂中三酰基甘油的类型及对分离产品特性的要求等。

表面活性剂分提的第一步与干法分提相似，先冷却预先熔化的油脂，析出 β' 或 β 型晶体后，再添加表面活性剂水溶液并搅拌，改善油与脂的界面张力，形成脂在表面活性剂水溶液中的悬浮液，然后利用密度差将油水混合物离心分离，分为油层和包含晶体的水层，加热水层，晶体溶解、分层，将高熔点的油脂和表面活性剂水溶液分离开。为防止分离体系乳化，往往添加无机盐电解质，如 NaCl、Na_2SO_4、$MgSO_4$ 等。

4.5.3　油脂微胶囊化

微胶囊技术是利用天然或合成高分子材料（壁材），将固体、液体或气体（芯材）经包囊形成一种具有半透性或密封囊膜的微型胶囊，并在一定条件下能控制芯材释放的技术。其大小通常在 1 ～ 1000μm 之间，形状有球形、米粒形、针形、方形或不规则形等。

粉末油脂是以植物油、玉米糖浆、优质蛋白质、稳定剂、乳化剂和其他辅料，采用微胶囊技术加工成的水包油型（O/W）制品。由于油脂微粒被包囊壁材包埋，赋予了产品许多新的特性。与普通油脂相比，粉末油脂便于计量使用和运输，使用时散落性十分优良；它既不像液态油那样油腻，又不像塑性脂肪那样外形或质构会受到环境温度的变化而改变；并且，微胶囊化后的油脂可防止氧气、热、光及化学物质破坏，具有不易酸败的稳定性，长时间储存后质量与风味不变。经特定配方设计和微胶囊化的各种专用油脂产品可以具有各种特色功能。例如在微胶囊化油脂的同时可以包埋易挥发油溶性香味物质，从而达到留香的目的；同时也可包埋如 β- 胡萝卜素这类易氧化褪色的油溶性色素，来达到改善食品色泽的目的。引人注目的是，若在粉末油脂中添加油溶性表面活性剂，可使原来难以分散于食品配料中的表面活性剂在食品配料中分散得更均匀。另外，微胶囊化后的油脂营养成分以微胶囊形式存在，生物消化率、吸收率、生物效价大大提高。

目前粉末油脂的生产方法主要有 3 种：冷却固化法、吸附法和喷雾干燥法。前两种方法实用性较差，不常使用。喷雾干燥法因其包埋率和稳定性较好，使用较多。喷雾干燥法是在油脂中添加适当的包埋剂和乳化剂，形成乳状液，经喷雾干燥成粉末状产品。

粉末油脂产品具备多种功能，可用于乳品（婴幼儿、中老年、孕妇、产妇配方奶粉，含乳饮料等）、婴儿食品（婴幼儿米粉、米糊）、糕点、冷食、饮品、面食、糖果、肉制品等的加工中。如在速冻食品及方便食品中添加 5% ～ 8% 的粉末油脂，可使面食更加柔软可口，使汤料味醇厚、肉馅汁多。在各种汤料中加入芝麻油或大蒜油型粉末油脂，汤料有扑鼻的芝麻香或大蒜香。近年来，一些大型饲料业开始应用粉末油脂替代液体油脂加入配合饲料中。

4.5.4　油脂加工产品

4.5.4.1　氢化油

氢化油的稳定性高于原料油脂；能除去部分原料油脂令人不愉快的气味；能扩大油脂使用的范围。食用氢化油是人造奶油和起酥油的主要原料。控制氢气的添加量，可使产品达到所希望的硬度（熔点）。人造奶油、起酥油中固体脂肪指数（SFI）是氢化油的关键性指标。

4.5.4.2　调和油

调和油是用两种或两种以上的食用油脂，根据某种需要，以适当比例调配成的一类新型食用油产品。调和油的品种很多，根据我国人民的食用习惯和市场需要，可以生产出多种调和油。

（1）风味调和油　根据群众爱吃花生油、芝麻油的习惯，可以把菜籽油、米糠油和棉籽油等经全精炼，然后与香味浓郁的花生油或芝麻油按一定比例调和，以"轻味花生油"或"轻味芝麻油"供应市场。

（2）营养调和油　利用玉米胚芽油、葵花籽油、红花籽油、米糠油和大豆油配制富含亚油酸和维生素 E 且比例合理的营养保健油，供高血压、高血脂、冠心病以及必需脂肪酸缺乏症患者食用。

（3）煎炸调和油　用氢化油和经全精炼的棉籽油、菜籽油、猪油或其他油脂可调配成脂肪酸组成平衡、起酥性能好、烟点高的煎炸用油脂。

4.5.4.3　人造奶油

人造奶油又叫麦淇淋（margaron）、人造黄油。麦淇淋是从希腊语"珍珠"一词转化来的，因为在制造过程中流动的油脂会闪现出珍珠般的光泽。人造奶油是在精制食用油中加入水及辅料，经乳化、急冷、捏合而成的具有类似天然奶油特点的一类可塑性油脂制品。

4.5.4.4　起酥油

起酥油是指经精炼的动植物油脂、氢化油脂或上述油脂的混合物，经急冷、捏合而成的固态油脂，或者不经急冷、捏合而成的固态或流动的油脂产品。起酥油具有可塑性和乳化性等加工性能，一般不宜直接食用，而是用于加工糕点、面包或煎炸食品，所以必须具有良好的加工性能。

4.5.4.5　代可可脂

可可脂是由可可豆经预处理后压榨制得的。由于原料的局限性，天然可可脂的产量远远不能满足巧克力制品的发展需要，而且价格昂贵，因此天然可可脂的代用品应运而生。根据所采用的油脂原料和加工工艺的不同，可可脂代用品可以分为代可可脂和类可可脂两大类。代可可脂又分为月桂酸型和非月桂酸型两种。月桂酸型代可可脂是可可脂代用品中的一大系列，它以棕榈仁油、椰子油等为原料，通过氢化、酯交换、分提或几种方式相结合等处理得到，其脂肪酸组成中 40% ～ 50% 是月桂酸。

4.6　脂肪代用品

脂肪是人体必不可少的营养素，但摄入过多会导致肥胖和引起某些心血管疾病。美国膳食指南建议每人每日摄入源于脂肪的热量不宜超过 30%，饱和脂肪不宜超过 10%。开发低热量甚至无热量的脂肪代用品（fat replacer），能保持脂肪的口感和组织特性，部分替代脂肪以减少脂肪的摄入量。

脂肪代用品应具备两个特征：①热量低于脂肪；②能充分再现脂肪在食品中的各种性状。所以将脂肪代用品定义为：一类加入低脂或无脂食品中，使它们具有与同类全脂食品相同或相近感官效果的物质。

脂肪代用品分为脂肪替代品和脂肪模拟品。

4.6.1 脂肪替代品

脂肪替代品以脂质、合成脂肪酸酯为基质，其理化性质与油脂类似，可部分或完全替代食品中的脂肪，但其热量比脂肪低得多。

糖脂肪酸聚酯是蔗糖与 6～8 个脂肪酸通过酯基团转移或酯交换形成的蔗糖酯的混合物，其热量为 0；山梨糖醇聚酯是山梨糖醇与脂肪酸形成的三酯、四酯及五酯，它的热量为 4.2kJ/g；在甘油 β 位上接有长链脂肪酸、α 位上接有短链或中链脂肪酸的构造脂质，热量为 21kJ/g。它们均属脂肪替代品，可用于色拉调味及焙烤食品。

4.6.2 脂肪模拟品

脂肪模拟品（fat mimics）在感官和物理性质方面与油脂相近，但不是真正含义上的脂类化合物。它们是一般以蛋白质、碳水化合物等为基质，通过相应的组织化处理得到的脂肪模拟品。它们在高温下易发生变性、褐变、焦糖化等不良反应，故只能在较低的温度下使用，不能完全替代传统脂肪。由于蛋白质、碳水化合物的能量低于脂肪且含水量较高，能达到降低膳食热能的目的。

4.6.2.1 以蛋白质为基质的脂肪模拟品

以鸡蛋、牛乳、乳清、大豆、明胶及小麦谷蛋白等天然蛋白质为原料，经过微粒化、高剪切处理，改变其原有的水结合特性和乳化特性，可制得具有类似脂肪口感和组织特性的脂肪模拟品，替代某些水包油型（O/W）乳化体系食品配方中的油脂，多用于乳制品、色拉调味料、冷冻甜食等食品中。如 Nutra-Sweet 公司生产的 Simplesse（辛普莱斯）是由乳清蛋白浓缩物经过微粒化等一系列处理制成的脂肪模拟品，其干基热量为 16.8kJ/g，水合胶态的热量更低。Simplesse 已被用于冷冻甜食、酸乳、干酪及不需油炸的焙烤食品、色拉调味料、蛋黄酱、沙司等食品中。

4.6.2.2 以碳水化合物为基质的脂肪模拟品

植物胶、改性淀粉、某些纤维素、麦芽糊精、葡萄糖聚合物等可提供类似脂肪的口感、组织特性。用于脂肪模拟品的植物胶有瓜尔豆胶、黄原胶、卡拉胶、阿拉伯树胶、果胶及刺槐豆胶等。淀粉经酸法或酶法水解、氧化、糊化、交联或取代后，可提供类似油脂的滑爽口感，也可用作脂肪模拟品。该类脂肪模拟品多用于色拉调味料、甜食品、冰淇淋、乳制品、沙司及焙烤食品中。

微生物油脂

4.7 本章小结

脂质是一大类天然有机化合物，是食品中的主要组成成分和营养成分。脂类化合物种类繁多，结构各异，分布于天然动植物体内的脂类物质主要为三酰基甘油。

在食品中脂质所表现出的独特的物理和化学性质对于食品加工十分重要。如油脂的组成、晶体结构、熔融和固化行为等独特的物理性质，使食品具有各种不同的质地。另外，油脂在加工和储藏过程中会发生一系列化学变化，或与食品中的其他组分相互作用，形成很多不利于食品品质或有害的化合物。其中，氧化反应对油脂的稳定性及含油食品的稳定性影响最大，也是引起油脂酸败的主要因素，因其反应十分复杂，氧化产物众多，目前没有一种简单的方法可立即测定所有的氧化产物，常常需要结合几种测定指标对油脂的质量进行评价。

大部分天然油脂，因为它们特有的化学组成，应用十分有限。为了拓展天然油脂的用途，要对这些油脂进行各种各样的改性。常用的改性方法是氢化、酯交换和分提。油脂氢化过程中产生的反式脂肪酸是一类对健康不利的不饱和脂肪酸，研究低反式脂肪酸或零反式脂肪酸的制造与加工技术是世界各国研究的热点。

总结

○ 脂质
- 脂质是生物体内一类不溶于水而溶于大部分有机溶剂的物质。
- 天然脂类物质中最丰富的是酰基甘油类，广泛分布于动植物的脂质组织中。
- 脂质按其结构和组成可分为简单脂质、复合脂质和衍生脂质。

○ 食用油脂中的脂肪酸
- 脂肪酸的命名包括系统命名法、数字命名法、俗名以及英文缩写。
- 组成油脂的脂肪酸不同，决定了油脂性质不同。

○ 食用油脂的性质
- 纯净的食用油脂是无色无味的。
- 天然油脂没有确定的熔点和沸点，仅有一定的熔点和沸点范围。
- 同质多晶现象。
- 塑性脂肪在一定的外力范围内具有抗变形的能力，其塑性主要取决于油脂的晶型、熔化温度范围、固液两相比。
- 油脂的液晶态是介于固态和液态之间的相态，由油脂的结构决定。

○ 食用油脂在加工和储藏过程中的化学变化
- 油脂的水解。
- 油脂的酸败。
- 油脂的自动氧化、光敏氧化、酶促氧化。
- 油脂在高温下的各种化学反应，如热分解、热聚合、热氧化聚合、缩合、水解、氧化等，油脂经长时间加热会导致油的品质降低。

○ 油脂的特征值及质量评价
- 油脂的特征值包括酸价、皂化值和二烯值。
- 油脂的氧化是引起油脂酸败的主要因素，其评价指标包括过氧化值、硫代巴比妥酸值、碘值、羰基值。
- 油脂的氧化稳定性是表征油脂自动氧化变质的灵敏度，其评价方法包括活性氧法、史卡尔法、仪器分析法和感官评定法。

○ 油脂加工及产品
- 油脂的精制可以脱除油脂中的一些杂质、有害物质，包括脱胶、脱酸、脱色和脱臭过程。
- 为了拓展天然油脂的用途，要对油脂进行各种各样的改性，常用的改性方法有氢化、酯交换和分提。
- 油脂加工产品有氢化油、调和油、人造奶油、起酥油、代可可脂等。

○ 脂肪代用品
- 脂肪代用品应具备两个特征：①热量低于脂肪；②能充分再现脂肪在食品中的各种性状。
- 脂肪代用品分为脂肪替代品和脂肪模拟品。

思考题

1. 简述食品中脂质的化学组成及分类。
2. 食用油脂中的脂肪酸种类有哪些？如何命名？
3. 什么叫同质多晶？常见同质多晶型物有哪些？各有何特性？
4. 油脂氧化有哪几种类型？机理分别是什么？
5. 影响油脂氧化的因素有哪些？如何控制油脂氧化？
6. 油脂评价指标有哪些？如何评价油脂的氧化程度？
7. 简述食用油脂的塑性及其影响因素。
8. 食用油脂为什么要进行精制？应如何进行精制？
9. 油脂改性的工艺有哪些？

参考文献

[1] 阚建全. 食品化学 [M]. 4 版. 北京：中国农业大学出版社, 2021.
[2] 冯凤琴, 叶立扬. 食品化学 [M]. 2 版. 北京：化学工业出版社, 2020.
[3] 陈敏. 食品化学 [M]. 北京：中国林业出版社, 2008.
[4] 汪东风, 徐莹. 食品化学 [M]. 4 版. 北京：化学工业出版社, 2024.
[5] 赵新淮. 食品化学 [M]. 北京：化学工业出版社, 2006.
[6] 徐洪宇. 植物油脂氧化及其氧化稳定性的研究 [J]. 食品安全导刊, 2021, (33): 177-179.
[7] 王贺. 山茶籽油在高温加热过程中的品质变化及其控制 [D]. 杭州：浙江工业大学, 2019.
[8] 李春焕, 王晓琴, 曾秋梅. 植物油脂氧化过程及机理、检测技术以及影响因素研究进展 [J]. 食品与发酵工业, 2016, 42(09): 277-284.
[9] 李林风, 魏冰, 韦东林, 等. 油脂精制工艺对无色茶油制备过程中色泽的影响 [J]. 粮食与食品工业, 2017, 24(01): 13-14, 23.
[10] 徐振波, 梁军, 陈丽丽, 等. 微胶囊化粉末油脂的研究与应用进展 [J]. 食品工业科技, 2014, 35(05): 392-395.
[11] 吴超, 刘哲, 田艳杰, 等. 粉末油脂组成与制备及其在食品中的应用 [J]. 中国食品学报, 2023, 23(11): 435-445.
[12] 王天西. 食品中反式脂肪酸的来源、健康风险和管控措施研究 [J]. 市场监管与质量技术研究, 2023, (01): 57-61.
[13] 成艳. 裂殖壶菌合成 DHA 油脂代谢过程的研究 [D]. 大连：大连工业大学, 2021.
[14] 王维曼, 马凡提, 张军, 等. 微生物油脂提取工艺研究进展 [J]. 中国粮油学报, 2021, 36(06): 197-202.
[15] 张勇, 陈燕, 李欣阳, 等. 微生物混合培养生产油脂的研究进展 [J]. 中国油脂, 2022, 47(04): 133-137, 152.
[16] Rossi Indiarto, Muhammad Abdillah Hasan Qonit. A Review of Soybean Oil Lipid Oxidation and Its Prevention Techniques[J]. International Journal of Advanced Science and Technology, 2020, 29(06): 5030-5037.
[17] Roppongi T, Miyagawa Y, Fujita H, et al. Effect of Oil-Droplet Diameter on Lipid Oxidation in O/W Emulsions[J]. Journal of Oleo Science, 2021, 70(9): 1225-1230.
[18] Pase C S, Roversi K, Trevizol F, et al. Chronic consumption of trans fat can facilitate the development of hyperactive behavior in rats[J]. Physiology & Behavior, 2015, 139: 344-350.
[19] Oteng A B, Kersten S. Mechanisms of Action of trans Fatty Acids[J]. Advances in Nutrition, 2020, 11(3): 697-708.
[20] Yashini M, Sunil C K, Sahana S, et al. Protein-based Fat Replacers—A Review of Recent Advances[J]. Food Reviews International, 2021, 37(2): 197-223.
[21] Gao Y, Zhao Y, Yao Y, Chen S, Xu L, Wu N, Tu Y. Recent trends in design of healthier fat replacers: Type, replacement mechanism, sensory evaluation method and consumer acceptance[J]. Food Chemistry, 2024, 447: 138982.

第 5 章　蛋白质

你能介绍下家乡富含蛋白质的食品吗？素食产品的制作原料有哪些？"中国特色双蛋白工程"中的"双蛋白"指的是什么？啤酒泡沫为什么不像小朋友吹的肥皂泡一样容易破碎？面粉揉捏后怎么形成黏弹性的面团了？

5.1 概述

蛋白质（protein）是生物体细胞的重要组成成分，在细胞的结构和功能中起着重要的作用；蛋白质也是重要的产能营养素，同时提供必需氨基酸；蛋白质亦是食品的重要成分，对食品的质构、风味和加工性状产生重要影响。

5.1.1 食品中蛋白质的定义及化学组成

蛋白质是一种复杂的大分子，相对分子质量在 1 万至几百万之间。蛋白质由碳、氢、氧、氮元素构成，有些蛋白质分子还含有硫、铁、碘、磷或锌。构成食品中蛋白质的结构单元是 20 种 α- 氨基酸，它们的侧链结构和性质各不相同。蛋白质分子中的氨基酸残基以肽键连接，形成多达几百个氨基酸残基的多肽链。

5.1.2 食品中蛋白质的特性及分类

5.1.2.1 根据蛋白质的分子组成分类

蛋白质可以分为两类：一类是分子中仅含有氨基酸的简单蛋白（homoproteins）；另一类是由氨基酸和其他非蛋白质化合物组成的结合蛋白（conjugated proteins），又称杂蛋白（heteroproteins）。结合蛋白中的非蛋白质化合物统称为辅基（prosthetic groups）。根据辅基的化学性质不同，可以分为核蛋白（如核糖体和病毒）、脂蛋白（如蛋黄蛋白、一些血浆蛋白）、糖蛋白（如卵清蛋白、κ- 酪蛋白）、磷蛋白（如酪蛋白）和金属蛋白（血红蛋白、肌红蛋白和几种酶）。

5.1.2.2　根据蛋白质的结构分类

每一种蛋白质都有其特定的三维结构。纤维蛋白由线形多肽链组成，构成生物组织的纤维部分，如胶原蛋白、角蛋白、弹性蛋白和丝心蛋白属于这类蛋白质。球蛋白是一条或几条多肽链靠自身折叠形成的球形三维空间结构。还有一些蛋白质分子兼有纤维蛋白和球蛋白的性质（如肌动蛋白、血纤维蛋白原等）。

5.1.2.3　根据蛋白质的功能分类

蛋白质具有多种功能，根据功能不同可分成三大类：结构蛋白质、有生物活性的蛋白质和食品蛋白质。肌肉、骨骼、皮肤等动物组织中含有结构蛋白质（角蛋白、胶原蛋白、弹性蛋白等），它们的功能大多与其纤维结构有关。具有生物活性的蛋白质是生物体的重要组成部分，它与生命活动有着十分密切的关系，生命现象和生理活动往往是通过蛋白质的功能来实现的。蛋白质的各种生物功能可归类如下：酶催化、结构蛋白、收缩蛋白（肌球蛋白、肌动蛋白）、激素（胰岛素、生长激素）、传递蛋白（血清蛋白、血红蛋白、铁传递蛋白）、抗体（免疫球蛋白）、储藏蛋白（蛋清蛋白、种子蛋白）和保护蛋白（毒素和过敏素）。

 概念检查 5.1

○ 蛋白质的定义。

5.2　食品中的氨基酸

5.2.1　食品中氨基酸的组成、结构与分类

5.2.1.1　氨基酸的组成与结构

蛋白质的基本构成单位是 α- 氨基酸。这些氨基酸含有一个 α- 碳原子、一个 α- 氢原子、一个氨基、一个羧基和一个侧链 R 基，它们以共价键与此碳原子相连，如图 5-1 所示。天然存在的蛋白质含有 20 种不同的 L-α- 氨基酸，见表 5-1。这些氨基酸的差别仅在于侧链 R 基团的不同，氨基酸的物理化学性质如净电荷、溶解度、化学反应性和氢键形成能力都与 R 基团有关。在这 20 种氨基酸中，有 8 种是人体自身不能合成，只能从食物中获得的，称为必需氨基酸。

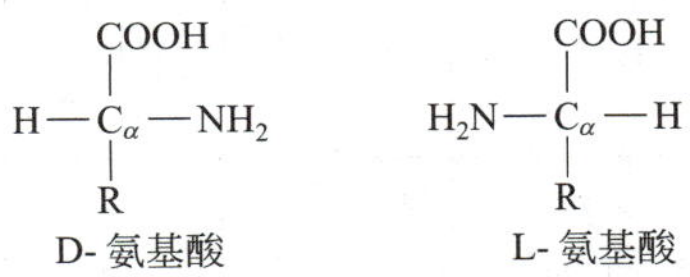

COOH　　　　　　COOH
H—Cα—NH₂　　H₂N—Cα—H
R　　　　　　　　R
D- 氨基酸　　　　L- 氨基酸

图 5-1　α- 氨基酸的组成结构

表5-1 存在于蛋白质中的氨基酸

名　称		缩写符号		相对分子质量	在中性pH值条件下结构
中文名称	英文名称	三位字母	一位字母		
丙氨酸	Alanine	Ala	A	89.1	$H_3C-\overset{\overset{H}{\|}}{\underset{\underset{+NH_3}{\|}}{C}}-COO^-$
精氨酸	Arginine	Arg	R	174.2	$H_2N-\overset{\overset{H}{\|}}{\underset{\underset{+NH_2}{\|}}{C}}-N-(CH_2)_3-\overset{\overset{H}{\|}}{\underset{\underset{+NH_3}{\|}}{C}}-COO^-$
天冬酰胺	Asparagine	Asn	N	132.1	$H_2N-\overset{\overset{\|}{C}}{\underset{O}{\|}}-\overset{\overset{H}{\|}}{\underset{\underset{+NH_3}{\|}}{C}}-COO^-$
天冬氨酸	Asparticacid	Asp	D	133.1	$^-O-\overset{\overset{\|}{C}}{\underset{O}{\|}}-\overset{H_2}{C}-\overset{\overset{H}{\|}}{\underset{\underset{+NH_3}{\|}}{C}}-COO^-$
半胱氨酸	Cysteine	Cys	C	121.1	$HS-\overset{H_2}{C}-\overset{\overset{H}{\|}}{\underset{\underset{+NH_3}{\|}}{C}}-COO^-$
谷氨酰胺	Glutamine	Gln	Q	146.1	$H_2N-\overset{\overset{\|}{C}}{\underset{O}{\|}}-(CH_2)_2-\overset{\overset{H}{\|}}{\underset{\underset{+NH_3}{\|}}{C}}-COO^-$
谷氨酸	Glutamicacid	Glu	E	147.1	$^-O-\overset{\overset{\|}{C}}{\underset{O}{\|}}-(CH_2)_2-\overset{\overset{H}{\|}}{\underset{\underset{+NH_3}{\|}}{C}}-COO^-$
甘氨酸	Glycine	Gly	G	75.1	$H-\overset{\overset{H}{\|}}{\underset{\underset{+NH_3}{\|}}{C}}-COO^-$
组氨酸	Histidine	His	H	155.2	$\overset{HN}{\underset{N}{\diagup}}\diagdown-\overset{\overset{H}{\|}}{\underset{\underset{+NH_3}{\|}}{C}}-COO^-$
异亮氨酸	Isoleucine	Ile	I	131.2	$H_3C-\overset{H_2}{C}-\overset{\overset{H}{\|}}{\underset{\underset{CH_3}{\|}}{C}}-\overset{\overset{H}{\|}}{\underset{\underset{+NH_3}{\|}}{C}}-COO^-$
亮氨酸	Leucine	Leu	L	131.2	$H_3C-\overset{\overset{H}{\|}}{\underset{\underset{CH_3}{\|}}{C}}-\overset{H_2}{C}-\overset{\overset{H}{\|}}{\underset{\underset{+NH_3}{\|}}{C}}-COO^-$
赖氨酸	Lysine	Lys	K	146.2	$H_3\overset{+}{N}-(CH_2)_4-\overset{\overset{H}{\|}}{\underset{\underset{+NH_3}{\|}}{C}}-COO^-$
蛋氨酸	Methionine	Met	M	149.2	$H_3C-S-(CH_2)_2-\overset{\overset{H}{\|}}{\underset{\underset{+NH_3}{\|}}{C}}-COO^-$

续表

名　称		缩写符号		相对分子质量	在中性pH值条件下结构
中文名称	英文名称	三位字母	一位字母		
苯丙氨酸	Phenylalanine	Phe	F	165.2	
脯氨酸	Proline	Pro	P	115.1	
丝氨酸	Serine	Ser	S	105.1	
苏氨酸	Threonine	Thr	T	119.1	
色氨酸	Tryptophan（e）	Trp	W	204.2	
酪氨酸	Tyrosine	Tyr	Y	181.2	
缬氨酸	Valine	Val	V	117.1	

5.2.1.2　氨基酸的分类

（1）根据侧链 R 基团分类　通常根据氨基酸侧链 R 基团的极性情况不同，可以将这 20 种氨基酸分为以下 4 类。

① 非极性氨基酸或疏水性氨基酸　丙氨酸、亮氨酸、异亮氨酸、缬氨酸、脯氨酸、色氨酸、苯丙氨酸和甲硫氨酸（蛋氨酸）。它们在水中的溶解度较极性氨基酸小，而且其疏水程度随碳链长度的增加而增加。

② 侧链不带电荷的极性氨基酸　丝氨酸、苏氨酸、酪氨酸、半胱氨酸、天冬酰胺、谷氨酰胺及甘氨酸。

③ 带正电荷的极性（碱性）氨基酸　赖氨酸、精氨酸、组氨酸。

④ 带负电荷的极性（酸性）氨基酸　谷氨酸和天冬氨酸。

（2）从营养学分类　从营养学上，可以将氨基酸分成必需氨基酸、非必需氨基酸和限制性氨基酸 3 类。

① 必需氨基酸　有 8 种氨基酸在人体内不能合成或合成的速度不能满足机体需要，必须从日常膳食中供给一定的数量。根据 WHO 和 FAO 公布的氨基酸模式，苏氨酸、缬氨酸、亮氨酸、异亮氨酸、赖氨酸、色氨酸、苯丙氨酸和蛋氨酸 8 种氨基酸为必需氨基酸。婴儿时期和某些情况下（如出现代谢障碍病灶），内源性合成不足时，还有 2 种氨基酸，即组氨酸和精氨酸，需要由外源膳食直接供给，此类现象有时间性和阶段性，因此组氨酸和精氨酸在营养学上称为半必需氨基酸。

② 非必需氨基酸　人体能自身合成，不需通过食物补充的氨基酸，共12 种。

③ 限制性氨基酸　在食物蛋白质中某一种或几种必需氨基酸缺少或数量不足，使得食物蛋白质转化为机体蛋白质受到限制，这一种或几种必需氨基酸就称为限制性氨基酸。如大米的主要限制性氨基酸是赖氨酸和苏氨酸。对大豆蛋白而言，蛋氨酸是限制性氨基酸。

5.2.2　食品中氨基酸的物理性质

5.2.2.1　氨基酸的色泽和状态

氨基酸一般呈现无色结晶，每种氨基酸都有各自特殊的晶形。

5.2.2.2　氨基酸的熔点

氨基酸的熔点较高（200℃）。加热达到熔点时，往往已开始分解。

5.2.2.3　氨基酸的溶解度与疏水性

氨基酸在水中溶解度差别较大，易溶于酸碱，不溶于有机溶剂。

蛋白质与氨基酸在水中的溶解度同氨基酸侧链的极性基因（带电荷或不带电荷）和非极性（疏水）基团的分布状态有关。氨基酸以及肽和蛋白质的疏水程度可以根据氨基酸在水和弱极性溶液（例如乙醇）中的相对溶解度确定。

氨基酸的疏水性可定义为将 1mol 氨基酸从水溶液中转移到乙醇溶液中时所产生的自由能变化。在忽略活度系数变化的情况下，$\Delta G_t^{\ominus} = -RT\ln(S_{乙醇}/S_水)$ 自由能的变化可由下式计算：

$$\Delta G_t^{\ominus} = -RT\ln(S_{乙醇}/S_水)$$

式中　$S_{乙醇}$，$S_水$——分别为氨基酸在乙醇和水中的溶解度，mol/L。

假若氨基酸有多个基团，则 $\Delta G_t^{\ominus}$ 是氨基酸中各个基团的加合函数：

$$\Delta G_t^{\ominus} = \sum \Delta G_t^{\ominus\prime}$$

例如苯丙氨酸（Phe），从水向乙醇转移的自由能可以看成甘氨酸（Gly）在 α- 碳原子上连接着苄基侧链的一个衍生物。

表 5-2 给出了某些氨基酸侧链的疏水性数值。具有大的正 $\Delta G_t^{\ominus}$ 的氨基酸侧链是疏水性的，它会优先选择处在有机相而不是水相。在蛋白质分子中，疏水性的氨基酸残基倾向于配置在蛋白质分子的内部。具有负的 $\Delta G_t^{\ominus}$ 的氨基酸侧链是亲水性的，这些氨基酸残基倾向于配置在蛋白质分子的表面。应注意到，虽然赖氨酸（Lys）被认为是蛋白质分子中一种亲水性的氨基酸残基，但是它具有一个正的 $\Delta G_t^{\ominus}$，这是由于它的侧链含有优先选择有机环境的 4 个—CH_2—基。事实上，蛋白质分子中的赖氨酸侧链被埋藏的同时，它的 ε- 氨基则突出在蛋白质分子的表面。

表 5-2　氨基酸侧链的疏水性（乙醇→水）

氨基酸	$\Delta G_t^\ominus$侧链/(kJ/mol)	氨基酸	$\Delta G_t^\ominus$侧链/(kJ/mol)
丙氨酸	2.09	亮氨酸	9.61
精氨酸	—	赖氨酸	—
天冬酰胺	0	蛋氨酸	5.43
天冬氨酸	2.09	苯丙氨酸	10.45
半胱氨酸	4.18	脯氨酸	10.87
谷氨酰胺	−0.42	丝氨酸	−1.25
谷氨酸	2.09	苏氨酸	1.67
甘氨酸	0	色氨酸	14.21
组氨酸	2.09	酪氨酸	9.61
异亮氨酸	12.54	缬氨酸	6.27

5.2.2.4　氨基酸的紫外吸收特性

氨基酸都不吸收可见光，但芳香族氨基酸酪氨酸、色氨酸和苯丙氨酸却显著地吸收紫外光，而且在紫外区还显示荧光。表 5-3 列出了它们的最大吸收和荧光发射的波长。氨基酸所处环境的极性影响它们的吸收光和荧光性质，因此氨基酸光学性质的变化常被用来考察蛋白质的构象变化。另外，大多数蛋白质都含有酪氨酸残基，因此测定蛋白质在 280nm 紫外光的吸收可以作为测定蛋白质含量的快速方法。

表 5-3　芳香族氨基酸的紫外吸收和荧光

氨基酸	最大吸收波长λ_{max}/nm	摩尔消光系数/(L·cm⁻¹·mol⁻¹)	最大荧光波长λ_{max}/nm
苯丙氨酸（Phe）	260	190	282[①]
色氨酸（Trp）	278	5590	348[②]
酪氨酸（Tyr）	275	1340	304[②]

① 在 260nm 处激发。
② 在 280nm 处激发。

5.2.3　食品中氨基酸的化学性质

5.2.3.1　氨基酸的酸碱性质

氨基酸同时含有羧基（酸性）和氨基（碱性），因此，它们既有酸的性质，也有碱的性质。但它们的酸碱解离常数比一般的羧基—COOH 和氨基—NH₂ 都低。这说明氨基酸在一般情况下不是以游离态的羧基和氨基存在的，而是以内盐（偶极离子）的形式存在，如 H₃N⁺CHRCOO⁻。

氨基酸的某些物理和光谱性质也表明，它们是以偶极离子（两性离子）形式存在的，分子中没有游离的—NH₂ 或—COOH。例如，氨基酸一般在 200℃以下不熔化，具有很高的熔点（实际上是分解点）。氨基酸可溶于水，而不溶于苯、醚等有机溶剂。这些都是由偶极离子结构所导致的特性。在氨基酸的红外光谱上，没有典型的羧基（—COOH）伸展吸收峰（1275～1700cm⁻¹），而只有—COO⁻ 负离子的伸展

吸收峰（1545～1650cm⁻¹）。

氨基酸偶极离子作为两性物质，既能接受质子，又可给出质子。例如，最简单的氨基酸甘氨酸在溶液中受 pH 值的影响，可能有 3 种不同的离解状态：

$$H_3N^+—\overset{H_2}{\underset{}{C}}—COOH \underset{H^+}{\overset{K_1}{\rightleftharpoons}} H_3N^+—\overset{H_2}{\underset{}{C}}—COO^- \underset{-H^+}{\overset{K_2}{\rightleftharpoons}} H_2N—\overset{H_2}{\underset{}{C}}—COO^-$$

酸性   中性   碱性

所有氨基酸在接近中性 pH 值的水溶液中主要以偶极离子或两性离子的形式存在。偶极离子以电中性状态存在时的 pH 值称为氨基酸的等电点（isoelectric point，简写 pI）。也就是说，就某种氨基酸而言，如果调节其溶液至一定的 pH 值时，使其成为在电场中既不向阳极移动也不向阴极移动的偶极离子，此时溶液的 pH 值称为该氨基酸的等电点。不同的氨基酸的等电点不相同，等电点是每一种氨基酸的特定常数。

当两性离子被酸滴定时，—COO⁻ 基变成质子化，当—COO⁻ 和—COOH 的浓度相等时的 pH 值称为 pK_{a1}（即解离常数 K_{a1} 的负对数）。类似地，当两性离子被碱滴定时，—NH₃⁺ 基变成去质子化，当—NH₃⁺ 和—NH₂ 浓度相等时的 pH 值称为 pK_{a2}。图 5-2 是偶极离子典型的电化学滴定曲线。除 α- 羧基和 α- 氨基外，某些氨基酸的侧链也含有可离子化的基团。表 5-4 列出了氨基酸中所有可离子化基团的 pK_a。

根据下式可从氨基酸的 pK_{a1}、pK_{a2}、pK_{a3} 估计等电点，下标 1、2、3 分别指 α- 羧基、α- 氨基、侧链可离子化基团：

侧链不含有带电荷基团的氨基酸   pI=（pK_{a1}+pK_{a2}）/2
酸性氨基酸   pI=（pK_{a1}+pK_{a3}）/2
碱性氨基酸   pI=（pK_{a2}+pK_{a3}）/2

各种氨基酸处于等电点时，主要以电中性的偶极离子形式存在，和水的亲和力比正离子或负离子小得多，因此溶解度最小，最易沉淀。所以可用调节等电点的方法分离氨基酸的混合物。在电场中，偶极离子不向任一电极移动，而带净电荷的氨基酸则向某一电极移动。可以利用移动的方向和速度分离和鉴别氨基酸。这种带电粒子在电场中所发生的移动现象称为电泳。这种分离和鉴别氨基酸的方法称为电泳法。

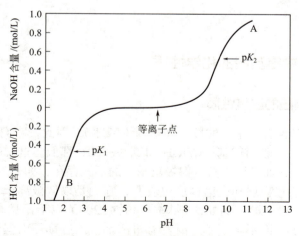

图 5-2   一种典型氨基酸的滴定曲线

表 5-4　在 25℃时游离氨基酸和蛋白质的可离子化基团的 pK_a 和 pI 值

氨基酸	pK_{a1} (α-COOH)	pK_{a2} (α-NH$_3^+$)	pK_{a3}		pI
			AA	侧链[①]	
丙氨酸	2.34	9.69	—		6.00
精氨酸	2.17	9.04	12.48	>12.00	10.76
天冬酰胺	2.02	8.80	—		5.41
天冬氨酸	1.88	9.60	3.65	4.60	2.77
半胱氨酸	1.96	10.28	8.18	8.60	5.07
谷氨酰胺	2.17	9.13	—		5.65
谷氨酸	2.19	9.67	4.25	4.60	3.22
甘氨酸	2.34	9.60	—		5.98
组氨酸	1.82	9.17	6.00	7.00	7.59
异亮氨酸	2.36	9.68	—		6.02
亮氨酸	2.30	9.60	—		5.98
赖氨酸	2.18	8.95	10.53	10.20	9.74
蛋氨酸	2.28	9.21	—		5.74
苯丙氨酸	1.83	9.13	—		5.48
脯氨酸	1.94	10.60	—		6.30
丝氨酸	2.20	9.15	—		5.68
苏氨酸	2.21	9.15	—		5.68
色氨酸	2.38	9.39	—		5.89
酪氨酸	2.20	9.11	10.07	9.60	5.66
缬氨酸	2.32	9.62	—		5.96

① 在蛋白质中的 pK_a 值。

5.2.3.2　氨基酸的化学反应性

　　氨基酸和蛋白质分子中的反应基团主要是指氨基、羧基、巯基、酚羟基、羟基、硫醚基、咪唑基和胍基，它们能参与的反应类似于它们与其他小的有机分子相连接时所能参与的反应。主要反应见表 5-5。这些反应有的可用来改变蛋白质和肽的亲水和疏水性质或功能性质，有的还可用来定量检测氨基酸和蛋白质分子中特定氨基酸残基的含量。

表 5-5　氨基酸和蛋白质中功能基团的化学反应性

反应的类型	试剂和条件	产　物	注　释
A.氨基			
1.还原烷基化	甲醛（HCHO），NaBH$_4$	R—N$^+$H(CH$_3$)CH$_3$	对放射性标记蛋白质有用
2.胍基化	O—CH$_3$ / HN=C—NH$_2$ （邻甲基异脲） pH 值 10.6,4℃,4d	R—NH—C(=N$^+$H$_2$)—NH$_2$	将赖氨酰基侧链转移至高精氨酸

反应的类型	试剂和条件	产　物	注　释
3.乙酰化	乙酸酐	$R-NH-\overset{\overset{O}{\|\|}}{C}-CH_3$	消去正电荷
4.琥珀酰化	琥珀酸酐	$R-NH-\overset{\overset{O}{\|\|}}{C}-(CH_2)_2-COOH$	在赖氨酰基残基上引入一个负电荷基团
5.巯基化	硫代仲康酸	$R-NH-\overset{\overset{O}{\|\|}}{C}-CH_2-\overset{\overset{COOH}{\|}}{CH}-CH_2-SH$	消去正电荷，在赖氨酰基残基上引入巯基
6.芳基化	1-氟-2,4-二硝基苯（FDNB）	用于测定氨基（苯环，邻位O₂N，对位NO₂，R—NH连接）	用于测定氨基
	2,4,6-三硝基苯磺酸（TNBS）	苯环，R—NH连接，邻位O₂N两个，对位NO₂	在367nm的消光系数是$1.1\times10^4 L\cdot mol^{-1}\cdot cm^{-1}$，用于测定在蛋白质中的活性赖氨酰基残基
7.脱氨基作用	含1.5mol/L NaNO₂的乙酸，0℃	$R-OH+N_2+H_2O$	
B.羧基			
1.酯化	酸性甲醇	$R-COOCH_3+H_2O$	在pH＞6.0时，发生酯的水解
2.还原	含硼氢化合物的四氢呋喃，三氟乙酸	$R-CH_2OH$	
3.脱羧基化	酸、碱、热处理	$R-CH_2-NH_2$	
C.巯基			
1.氧化	过氧甲酸	$R-CH_2-SO_3H$	
2.封闭	（乙撑亚胺 H_2C-CH_2 环 N-H）	$R-CH_2-S-(CH_2)_2-\overset{+}{N}H_3$	引入氨基
	碘乙酸	$R-CH_2-S-CH_2-COOH$	引入一个羧基
	（苹果酸酐 $HC-\overset{\overset{O}{\|\|}}{C}$，$HC-\overset{\overset{O}{\|\|}}{C}$，O）	$R-CH_2-S-\overset{\overset{\|}{CH}}{}-COOH$，$CH_2-COOH$	封闭一个SH基，引入两个负电荷
	对汞代苯甲酸	$R-CH_2-S-Hg-$（苯环）$-COO^-$	此衍生物在250nm（pH值7）的消光系数是7500 $L\cdot mol^{-1}\cdot cm^{-1}$。此反应用于测定蛋白质中的SH含量
	N-乙基马来亚胺	$R-CH_2-S-\overset{\overset{H}{\|}}{C}$（带$H_2C$及两个C=O的NH环）	用于封闭巯基

续表

反应的类型	试剂和条件	产物	注释
2.封闭	5,5'-二硫双（2-硝基苯甲酸）（DTNB）	（硫代硝基苯甲酸）	1mol硫代硝基苯甲酸被释出。硫代硝基苯甲酸在412nm的消光系数是13600L·mol^{-1}·cm^{-1}。此反应用于测定蛋白质中的SH基含量
D.丝氨酸和苏氨酸			
酯化	H_3C—COCl	R—O—C($=$O)—CH_3	
E.蛋氨酸			
1.烷烃卤	CH_3I	R—CH_2—S$^+$(CH_3)—CH_3	
2. β-丙醇酸内酯	CH_2—CH_2—C$=$O / O	R—CH_2—S$^+$(CH_3)—CH_2—CH_2—COOH	

 概念检查 5.2

○ 氨基酸的等电点。

5.3　蛋白质的结构

5.3.1　蛋白质的结构水平

　　蛋白质是由氨基酸以肽键连接成肽链，再由一条或多条肽链按各自特殊的方式组合成的高分子化合物。随着参与形成蛋白质分子的氨基酸的种类、数目、排列次序、肽链数目、空间结构的不同，形成具有不同结构的蛋白质。人为将其分为一级、二级、三级和四级结构等结构水平。一级结构为线状结构，二、三、四级结构为空间结构。蛋白质结构的形成如图 5-3 所示。

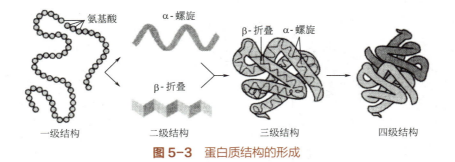

图 5-3　蛋白质结构的形成

5.3.1.1 一级结构

蛋白质的一级结构（primary structure）有时也称为蛋白质的共价结构，由一个氨基酸的 α- 羧基和下一个氨基酸的 α- 氨基形成肽键，同时失去 1 分子水。蛋白质的一级结构是蛋白质多肽链中氨基酸残基的排列顺序（sequence），也是蛋白质最基本的结构。组成蛋白质的 20 种氨基酸各具特殊的侧链，侧链基团的理化性质和空间排布各不相同，当它们按照不同的序列关系组合时，就可形成多种多样的空间结构和不同生物学活性、不同食品特性的蛋白质分子。

蛋白质的一级结构决定了蛋白质的二级、三级等高级结构。从理论上讲，氨基酸连接为蛋白质时的可能结构非常多，但显然在生物界没有这么多的蛋白质存在，故在生物体中大约只有非常小的一部分蛋白质被合成出来，而现在已经被分离、鉴定出的蛋白质只有几千种。

5.3.1.2 二级结构

蛋白质的二级结构（secondary structure）是指多肽链中主链原子的局部空间排布即构象，不涉及侧链部分的构象。主要的构象是螺旋结构（以 α- 螺旋常见，其他还有 π- 螺旋和 γ- 螺旋等）和折叠结构（以 β- 折叠、β- 弯曲常见），另外还有一种没有对称轴或对称面的圆规卷曲结构。氢键在蛋白质的二级结构中对稳定构象起了重要作用。

α- 螺旋结构如图 5-4 所示，其特点如下。

① 多个肽键平面通过 α- 碳原子旋转，相互之间紧密盘曲成稳固的右手螺旋。

② 主链呈螺旋上升，每 3.6 个氨基酸残基上升一圈，相当于 0.54nm，这与 X 射线衍射图一致。

③ 相邻两圈螺旋之间借肽键中 $-\overset{\text{O}}{\underset{}{\text{C}}}-$ 和 —NH— 形成许多链内氢键，即每一个氨基酸残基中的 —NH— 和前面相隔 3 个残基的 $-\overset{\text{O}}{\underset{}{\text{C}}}-$ 之间形成氢键，这是稳定 α- 螺旋的主要键。

④ 肽链中氨基酸侧链 R 分布在螺旋外侧，其形状、大小及电荷影响 α- 螺旋的形成。酸性或碱性氨基酸集中的区域，由于同电荷相斥，不利于 α- 螺旋形成；较大的 R（如 Ala，Trp，Ile）集中的区域，也妨碍 α- 螺旋形成；Pro 因其 α- 碳原子位于五元环上，不易扭转，加之它是亚氨基酸，不易形成氢键，故不易形成上述 α- 螺旋；Gly 的 R 基为 H，空间

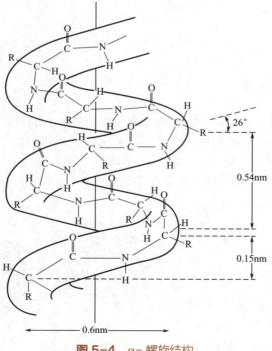

图 5-4 α- 螺旋结构

占位很小，也会影响该处螺旋的稳定。

　　蛋白质的 β- 折叠结构是一种锯齿状的结构，该结构比 α- 螺旋结构伸展，蛋白质在加热时 α- 螺旋结构就转化为 β- 折叠结构。在 β- 折叠结构中，伸展的肽链通过分子间的氢键连接在一起，而且所有的肽键都参与结构的形成。肽链的排布分为平行式（所有的 N 端在同一侧）和反平行式（N 端按照顺 - 反 -）排列，而氨基酸残基在折叠面的上面或下面。β- 折叠的结构如图 5-5 所示。

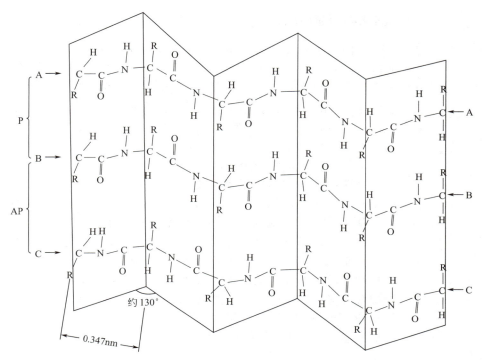

图 5-5　β- 折叠结构（P 表示平行式，AP 表示反平行式）

　　存在于蛋白质结构中的 β- 转角是另一种常见的结构，它可以看作为间距为零的特殊螺旋结构。这种结构使得多肽链自身弯曲，具有由氢键稳定的转角构象。β- 转角常发生于肽链进行 180° 回折时的转角上，通常由 4 个氨基酸残基组成，其第一个残基的羰基氧与第四个残基的氨基氢可形成氢键。β- 转角的第二个残基常为脯氨酸，因为其 N 原子位于环中，形成肽键 N 原子上已没有 H，不能再形成氢键，故走向转折。β- 转角常发生在蛋白质分子的表面，这与蛋白质的生物学功能有关。β- 转角结构如图 5-6 所示。

5.3.1.3　三级结构

　　当含有二级结构片段的线性蛋白质链进一步折叠成紧密的三维形式时，就形成了蛋白质的三级结构（tertiary structure）。稳定蛋白质三级结构的作用力有氢键、离子键、二硫键和范德华力等。许多蛋白质的三级结构已经充分了解，但很难用简单的方式表示这种结构，大多数蛋白质含有 100 个以上的氨基酸残基。

　　蛋白质从线性构型转变成折叠的三级结构是一个复杂的过程。当蛋白质肽链局部的肽段形成二级结构以及它们之间进一步相互作用成为超二级结构后，仍有一些肽段中

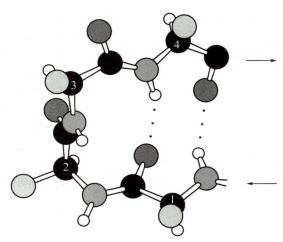

图 5-6　β- 转角结构

的单键在不断运动旋转，肽链中的各个部分（包括已知相对稳定的超二级结构以及还未键合的部分）继续相互作用，使整个肽链的内能进一步降低，分子变得更为稳定。因此，在分子水平上，蛋白质结构形成的细节存在于氨基酸序列中。也就是说，三维构象是多肽链的各个单键的旋转自由度受到各种限制的结果。

5.3.1.4　四级结构

蛋白质的四级结构（quarternary structure）可定义为一些特定三级结构的肽链通过非共价键形成大分子体系时的组合方式，是指含有多于一条多肽链的蛋白质的空间排列。它是蛋白质三级结构的亚单位通过非共价键缔合的结果，这些亚单位既可能是相同的也可能是不同的，它们的排列方式既可以是对称的也可以是不对称的。稳定四级结构的力或键（除二硫交联键外）与稳定三级结构的键相同。

某些生理上重要的蛋白质是以二聚体、三聚体、四聚体等多聚体形式存在。寡聚体结构的形成是蛋白质 - 蛋白质特定相互作用的结果。这些相互作用基本上是非共价相互作用，如氢键、疏水相互作用和静电相互作用。疏水性氨基酸残基所占的比例似乎影响着形成寡聚体结构的倾向。从热力学角度考虑，需要将暴露的疏水性亚基表面埋藏起来，这就驱动着蛋白质分子四级结构的形成。当一个蛋白质分子含有高于 30% 的疏水性氨基酸残基时，它在物理上已不可能形成一种将所有的非极性残基埋藏在内部的结构，因此在表面存在疏水性小区的可能性就很大。这种相邻单体表面疏水小区之间的相互作用能导致形成二聚体、三聚体等。因此，含有超过 30% 的疏水性氨基酸残基的蛋白质形成寡聚体的倾向大于含有较少疏水性氨基酸残基的蛋白质。

5.3.2　稳定蛋白质结构的作用力

一个无规则的多肽链折叠成一个独特的三维结构的过程是十分复杂的。1960 年安芬森（Anfinsen）和他的同事证实，将变性的核糖核酸酶加入至一种生理缓冲液中，它能再折叠成它的天然构象，并获得几乎 100% 的生物活性。大多数酶都先后被证明具有类似的倾向。一些分子内非共价相互作用促进了从伸展状态向折叠状态缓慢而自发的转变。蛋白质的天然构象是一种热力学状态，在此状态各种有利的相互作用达到最大，而不利的相互作用降到最小，于是蛋白质的整个自由能具有最低的可能值。

影响蛋白质折叠的作用力包括两类：蛋白质分子固有的作用力所形成的分子内相互作用和受周围溶剂影响的分子内相互作用。范德华相互作用和空间相互作用属于前者，而氢键、静电相互作用和疏水相互作用属于后者。

5.3.2.1　空间相互作用

虽然 ψ 和 ϕ 角在理论上具有 360° 的转动自由度，实际上由于氨基酸残基侧链原子的空间位阻而使它们的转动受到很大的限制。多肽链的折叠必须避免键长和键角的变形。

5.3.2.2　范德华相互作用

这是蛋白质分子中中性原子之间偶极 - 诱导偶极和诱导偶极 - 诱导偶极相互作用，其作用力的大小取决于相互作用的原子间的距离。各种原子对的范德华相互作用的能量范围为 −0.17 ～ −0.8kJ/mol。在蛋白质中有许多原子对参与范德华相互作用，因此它对于蛋白质的折叠和稳定性的贡献是很大的。

5.3.2.3　氢键

蛋白质中有形成氢键的基团。氢键的强度取决于所涉及的电负性原子对和键角，强度范围在 8.4 ～ 33kJ/mol 之间。在蛋白质中，由氢键降低的蛋白质的自由能约为 −18.8kJ/mol，因此普遍认为氢键的作用不仅是蛋白质折叠的驱动力，而且能对天然结构的稳定性做出巨大的贡献。但是研究证实，这并非是一个可靠的观点。因为生物体内存在着大量的水，水分子能与蛋白质分子中的 N—H 和 C ═ O 基团竞争氢键的形成，因此这些基团之间的氢键不能自发地形成，而且 N—H 和 C ═ O 之间的氢键也不能作为蛋白质分子中 α- 螺旋结构和 β- 折叠结构形成的驱动力。事实上，α- 螺旋结构和 β- 折叠结构中的氢键相互作用是其他有利的相互作用的结果。

氢键基本上是一个离子相互作用。类似于其他的离子相互作用，它的稳定性也取决于环境的介电常数。

5.3.2.4　静电相互作用

蛋白质含有一些带有可离解基团的氨基酸残基。在中性 pH 值，Asp 和 Glu 残基带负电荷，而 Lys、Arg 和 His 带正电荷。在碱性 pH 值，Cys 和 Tyr 残基带负电荷。蛋白质分子中带相同电荷基团之间的推斥作用或许会导致蛋白质结构的不稳定。同样，在蛋白质分子结构中某些关键部位带相反电荷基团之间的吸引作用有助于蛋白质结构的稳定。

除少数外，蛋白质中几乎所有的带电基团都分布在分子的表面。处在蛋白质分子表面的带电基团对蛋白质结构的稳定性没有重要的贡献，这是由于在水溶液中介电常数很高的水使得蛋白质的排斥力和吸引强度已降低到了最小值，37℃时其静电相互作用能仅为 ±（3.5 ～ 5.8）kJ/mol。然而，部分地埋藏在蛋白质内部的带相反电荷的基团由于所处环境的介电常数比水的介电常数低，通常能形成相互作用能量较高的盐桥，对蛋白质的结构起到稳定作用。静电相互作用能的范围为 ±（3.5 ～ 460）kJ/mol。

尽管静电相互作用并不能作为蛋白质折叠的主要作用力，然而在水溶液中带电基团倾向于暴露在分子结构的表面确实影响着蛋白质分子的折叠模式。

5.3.2.5　疏水相互作用

从上面的论述可以清楚地了解到，在水溶液中多肽链上的各种极性基团之间的静电相互作用和氢键不具有足够的能量驱动蛋白质折叠。在蛋白质分子中的这些极性基团的相互作用是非常不稳定的，它们的稳定性取决于能否保持在一个非极性环境中。驱动蛋白质折叠的主要力量来自非极性基团的疏水相互作用。

在水溶液中，非极性基团之间的疏水相互作用是水与非极性基团之间热力学上不利的相互作用的结果。因为当非极性基团溶于水，吉布斯自由能的变化（ΔG）是正值，体积变化（ΔV）和焓（ΔH）为负值。尽管 ΔH 是负的，根据 $\Delta G = \Delta H - T\Delta S$，熵（$\Delta S$）应是一个大的负值才能使 ΔG 为正值。可见，一个非极性基团溶于水，熵减小（ΔS 为负值），这是一个热力学上不利的过程。由于熵减小引起了水在非极性基团周围形成笼形结构。ΔG 为正值极大地限制了水同非极性基团间的相互作用，因此非极性基团在水溶液中倾向于聚集，使它们直接与水接触的面积降到最小，同时将非极性侧链周围多少有些规则的水分子变成可自由运动的游离的水分子，这样一个过程的吉布斯自由能改变使 $\Delta G < 0$。在水溶液中，这种由于水的结构引起的非极性基团相互作用称为疏水相互作用。

非极性基团的疏水相互作用实际上是非极性基团溶于水的逆过程，$\Delta G < 0$，而 ΔH 和 ΔS 为正值。因此，疏水相互作用的本质是一种熵驱动的自发过程。与其他非共价键相互作用不同，疏水相互作用是一

个吸热过程，高温下作用很强，低温下作用较弱。而且非极性残基侧链的聚集所产生的能量变化比上述几种分子间的相互作用大得多。为此，疏水相互作用对于稳定蛋白质主体结构是非常重要的。在蛋白质二级结构的形成中疏水相互作用不是至关重要的，但是在蛋白质三级结构的形成和稳定中疏水作用位于诸多因素的首位。

在球状蛋白质中，每个氨基酸残基的平均疏水自由能约为 10.45kJ/mol，疏水相互作用对蛋白质结构的稳定性起了重要的作用。

5.3.2.6　二硫键

二硫键是天然蛋白质中存在的唯一的共价侧链交联，它们既存在于分子间又存在于分子内部。它们的存在是蛋白质折叠的结果，同时也稳定了蛋白质的结构。

有利于稳定多肽链的二级结构和三级结构的各种相互作用在图 5-7 中说明。

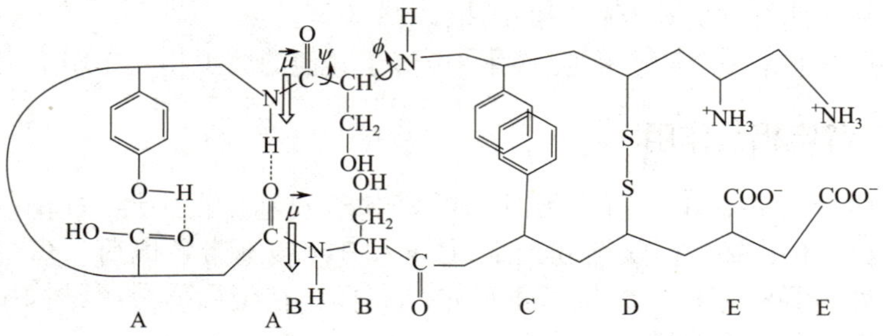

图 5-7　决定蛋白质二级、三级结构的键和相互作用
A—氢键；B—偶极相互作用；C—疏水相互作用；D—二硫键；E—离子相互作用

5.3.2.7　配位键

已知某些离子 - 蛋白质的相互作用有利于蛋白质四级结构的稳定，如蛋白质 -Ca^{2+}- 蛋白质型的静电相互作用对维持酪蛋白胶束的稳定性起着重要作用。在某些情况下，金属 - 蛋白质复合物还可能产生生物活性，使它们具有一定的功能，如铁的运载或酶活性。通常金属离子在蛋白质分子一定的位点上结合，过渡金属离子（Cr，Mn，Fe，Cu，Zn，Hg 等）可同时通过部分离子键与几种氨基酸的咪唑基和巯基结合。

总之，一个独特的蛋白质三维结构的形成是各种排斥和吸引的非共价相互作用以及几个共价二硫键的净结果。

5.3.3　蛋白质构象的稳定性和适应性

蛋白质分子中的天然状态和变性状态（或者是非折叠、展开）两者之间的吉布斯自由能之差（ΔG_D）可以用于判断天然蛋白质分子的稳定性。前面论述的非共价键相互作用，除静电排斥作用外，都起着稳定天然蛋白质结构的作用。这些相互作用引起的吉布斯总自由能变化达到几百千焦每摩尔，然而大多数蛋白质的 ΔG_D 在 20 ～ 85kJ/mol 范围。多肽链的构象熵（conformational entropy）主要作用是使蛋白质的天然结构失去稳定性。当一个无规则状态的多肽链折叠成为紧密的状态时，蛋白质各个基团的平动、转动和振动将受到极大的限制，结果降低了构象熵，使总的吉布斯净自由能减少。

在非折叠状态，蛋白质每个残基的构象熵在 8 ~ 42J/（mol·K）范围，其平均值为 21.7J/（mol·K）。一个具有 100 个残基的蛋白质在 310K 时的构象熵约为 672.7kJ/（mol·K）。可见，这个不稳定的构象熵将降低蛋白质天然结构的稳定性。

尽管蛋白质分子内有许多相互作用，但是蛋白质仍然只是刚好处于稳定状态。例如，大多数蛋白质的 ΔG_D 只相当于 1 ~ 3 个氢键或 2 ~ 5 个疏水相互作用的能量，因此可以认为打断几个非共价键相互作用将使许多蛋白质的天然结构不稳定。

蛋白质分子并非刚性分子；相反，它们是高度柔性分子，蛋白质分子的天然状态属于介稳定状态。蛋白质结构对于介质环境的适应性是十分必要的，因为这有利于蛋白质执行某些关键的功能，如酶与底物或辅助配体的有效结合涉及多肽链序列键合部位的重排。对于只有催化功能的蛋白质，通过二硫键使蛋白质的结构保持高度的稳定性，分子内的这些二硫键能够有效降低构象熵，减少多肽链伸长的倾向。

概念检查 5.3

○ 选择题

1. 一般每个蛋白质必定具有的结构是（　　　　）。

　　A. 三级结构　　　B. 肽键连成的线性序列　　　C. β-片层结构　　　D. α-螺旋结构

2. 下列关于蛋白质结构的叙述，哪些项是正确的？（　　　　）

　　A. 氨基酸的疏水侧链很少埋在分子的中心部位

　　B. 氨基酸亲水侧链常在分子的外侧，面向水相

　　C. 蛋白质的一级结构在决定高级结构方面是重要因素之一

　　D. 蛋白质的空间结构主要靠次级键维持

5.4　蛋白质的变性

蛋白质变性机
理提出者

蛋白质的天然结构是各种吸引和排斥相互作用的净结果，这些相互作用源自于各种分子内的作用力以及各种蛋白质基团与周围水分子的相互作用，蛋白质分子的天然状态是在生理条件下热力学上最稳定（自由能最低）的状态。蛋白质的天然结构主要取决于蛋白质所处的环境。当环境变化，如 pH 值、离子强度、温度、溶剂组成等改变，都会迫使蛋白质分子采取一个新的平衡结构，其构象会发生不同程度的变化。当这种变化仅是结构上的细微变化，而未能导致分子结构剧烈的改变，通常称为构象的适应性。蛋白质变性实际上是指蛋白质分子在受到外界一些物理因素（如加热、紫外线照射等）或化学因素（如化学试剂、酸、碱等）影响时蛋白质的二级、三级、四级结构发生较大的变化，但不伴随一级结构中肽键断裂。

由于空间构象变化，变性后蛋白质的一些物理性质、化学性质和生物活性往往发生变化：

① 疏水性基团暴露，蛋白质在水中溶解性能降低；

② 由于四级结构变化，某些生物蛋白质的生物活性丧失；

③ 肽键更多地暴露出来，易被蛋白酶结合而水解；

④ 蛋白质结合水的能力发生变化；

⑤ 蛋白质分散系的黏度发生变化；

⑥ 蛋白质结晶能力丧失。

因此，可以通过测定蛋白质的一些性质，如光学性质、沉降性质、黏度、电泳性质、热力学性质等，来了解蛋白质的变性与否，以及变性程度如何。此外，也可以利用免疫学方法，如近年来酶联免疫吸附分析（ELISA）就被很好地应用于蛋白质变性的研究。

天然蛋白质的变性有时是可逆的，当引起变性的因素解除后，蛋白质恢复到原状，此过程称为蛋白质的复性（renaturation）。一般来说，在温和条件下蛋白质比较容易发生可逆的变性，而在比较剧烈的条件下产生的是不可逆变性。若稳定蛋白质构象的二硫键被破坏，变性蛋白质就很难复性。引起蛋白质变性的因素可分为物理和化学因素两类，物理因素可以是加热、冷冻、机械处理、静高压、电磁辐射及界面作用等，化学因素有酸、碱、盐类、有机化合物和还原剂等。

5.4.1　蛋白质变性的热力学和动力学

如同其他的物理化学变化一样，蛋白质的变性过程也可以用一系列热力学常数描述。对于一些单体的球蛋白，它们的变性是所谓的"两状态转变"，即在变性条件强度逐步增加时，如温度升高、化学变性剂浓度增加，可以检测到的蛋白质的物理化学性质并没有立即发生巨变，只有在变性条件达到一个临界点时这些物理化学性质才开始剧烈变化。因此在天然蛋白和变性蛋白质之间存在的中间状态很少，蛋白质只以天然、变性状态存在。所以此类蛋白质的变性过程可以表示为：

$$\text{天然蛋白质（}P_N\text{）} \rightleftharpoons \text{变性蛋白质（}P_D\text{）}$$

这样可以得到蛋白质的变性平衡常数以及其他热力学常数。

在动力学方面，蛋白质变性是一级反应。与一般的化学反应相比，蛋白质的活化能较高，例如胰蛋白酶、过氧化物酶的热变性活化能分别为 167kJ/mol 和 773kJ/mol。这是因为蛋白质变性所涉及的化学键、作用力需要一定的能量破坏，所以蛋白质变性时的活化能较大，导致低温下变性速度很低。而在高温下的变性速度很快。不过，由于变性所涉及的某一化学键、作用力的能量均不是很大，在外来作用不是很大时就可以破坏稳定蛋白质的化学键或作用力，蛋白质就发生变性。

5.4.2　蛋白质变性的物理因素

5.4.2.1　加热

加热是使蛋白质变性的最普通的物理因素，热变性是最常见的变性现象。当蛋白质溶液被逐渐加热并超过一个临界温度时，蛋白质发生变性，从天然状态转变至变性状态。在此转变中临界点的温度称为熔化温度 T_m 或变性温度 T_d。蛋白质热变性的一般规律：大多数蛋白质在 45 ～ 50℃时就可以变性，但也有些蛋白质的 T_d 可以达到相当高的温度，如大豆球蛋白达到 93℃、燕麦球蛋白达到 108℃。当加热温度在临界温度以上时，每提高 10℃，变性速率提高 600 倍。变性速率取决于温度。对于许多化学反应，其温度系数 Q 约为 2 ~ 3，即反应温度每升高 10℃，反应速率增加 3 ~ 4 倍。但对于蛋白质的变性，其温度系数 Q 一般超过 100，所以温度升高所带来的变性速率变化远远大于一般化学反应速率的变化。这个性质在食品工业中有很重要的应用价值，如利用高温瞬时杀菌（HTST）、超高温杀菌（UHT）技术快速破坏生物活性蛋白质或微生物中的酶，而在较短时间内所分解、破坏的维生素等营养物质的量很少。

加热使蛋白变性的本质是由蛋白质的热稳定性决定的，一个特定蛋白质的热稳定性又由许多因素决定，蛋白质的性质、蛋白质浓度、水分活度、pH 值、离子强度和离子种类等因素都影响蛋白质对热变性的敏感性。

5.4.2.2　冷冻

低温处理也可以导致某些蛋白质的变性。导致蛋白质低温变性的原因可能是：一方面，由于蛋白质的水合环境变化破坏了维持蛋白质结构的作用力的平衡，并且因为一些基团的水化层被破坏，基团之间的相互作用引起蛋白质的聚集或亚基重排，也可能是由于体系结冰后的盐效应问题，盐浓度的提高导致蛋白质的变性；另一方面，由于冷冻引起的浓缩效应可能导致蛋白质分子内、分子间的二硫键交换反应增加，从而也导致蛋白质的变性。

蛋白质的冷冻变性和 pH 值有关，已经发现在指定的 pH 值条件下降低温度或在指定温度下降低 pH 值，所得到的酶失活反应的速率和程度是一样的。

5.4.2.3　机械处理

一些机械处理如揉捏、搅打等，由于剪切力的作用使蛋白质分子伸展，破坏了蛋白质的螺旋结构，使蛋白质网络发生改变而导致蛋白质变性。剪切的速度越大，蛋白质的变性程度越大。例如，在打蛋时，就是通过强烈快速地搅拌使鸡蛋蛋白质分子由复杂的空间结构变成多肽链，多肽链在继续搅拌下以多种次级键交联，形成球状小液滴，由于大量空气充入使鸡蛋体积大大增加。在加工面包或其他食品的面团时，产生的剪切力使蛋白质变性，主要是因为 α- 螺旋的破坏导致了蛋白质网络结构的改变。

5.4.2.4　静高压

静高压能使蛋白质变性。它的变性温度不同于热变性，当压力很高时一般在 25℃ 即能发生变性，而热变性需要在 0.1MPa 压力下、温度为 40 ~ 80℃ 范围才能发生变性。压力诱导蛋白质变性的原因是分子内部的残基紧密排列存在一些空穴，使蛋白质分子具有一定的柔性和可压缩性，所以在高压下蛋白质分子会发生变形现象（即发生变性）。在一般温度下，蛋白质分子在 100 ~ 1000MPa 的压力下就会发生变性。不过，由于高压而导致的蛋白质变性或酶失活在高压消除以后有时会重新恢复到原状态。多数纤维状蛋白质分子不存在空穴，因此它们对静液压作用的稳定性高于球状蛋白，也就是说静液压不易引起纤维状结构的蛋白质变性。

球状蛋白质因压力作用产生变性，此时由于蛋白质伸展而使空隙不复存在；另外非极性氨基酸残基因蛋白质的伸展而暴露，并产生水合作用。这两种作用的结果使得球状蛋白质变性过程会伴随体积减小。

静高压下对食品处理只导致酶或微生物灭活，对食品中的营养物质、色泽、风味等不会造成破坏作用，也不形成有害化合物，对肉制品进行处理还可以使肌肉组织中的肌纤维裂解，有提高食品品质的有益作用。

5.4.2.5　电磁辐射

电磁辐射对蛋白质的影响因波长和能量大小而异。可见光由于波长较长、能量较低，对蛋白质的构

象影响不大；紫外线、X 射线、γ 射线等高能量电磁波会对蛋白质构象产生明显影响。高能射线被芳香族氨基酸吸收，导致蛋白质构象改变，同时还会使氨基酸残基发生各种变化，如氧化氨基酸残基、使共价键断裂、离子化等。所以辐射不仅可以使蛋白质改性，而且在破坏氨基酸结构的同时还可使蛋白质的营养价值发生变化。

5.4.2.6　界面作用

改变蛋白质水溶液的界面性质，也可以加速或直接使蛋白质分子发生变性。蛋白质发生界面改性的原因在于，在界面上的水分子能量较体系内部水分子能量高，与蛋白质分子发生作用后能导致蛋白质分子的能量增加。蛋白质分子向界面扩散后，与界面上的水分子作用，蛋白质分子中的一些化学作用被破坏，其结构发生少许的伸展，最后水分子进入蛋白质分子的内部，进一步导致蛋白质分子的伸展，使得疏水性残基、亲水性残基分别向极性不同的两相（空气 - 水）排列，最终使蛋白质变性。吸附在气 - 液、液 - 固或液 - 液界面的蛋白质分子的改性一般是不可逆的。蛋白质吸附速率与其向界面扩散的速率有关，当界面被变性蛋白质饱和时即停止吸附。蛋白质的界面性质对各种食品体系都是很重要的，例如蛋白质在界面上吸附有利于乳浊液和泡沫的形成和稳定。

5.4.3　蛋白质变性的化学因素

5.4.3.1　酸碱

大多数蛋白质在特定的 pH 值范围内是稳定的，在等电点时最稳定。表 5-6 列出了几种蛋白质的等电点。在中性 pH 环境中，除少数几种蛋白质带有正电荷外，大多数蛋白质带有负电荷，因为在中性 pH 附近静电排斥的净能量小于其他相互作用，大多数蛋白质是稳定的，但若处于极端 pH 条件下，蛋白质分子内部的可离解基团如氨基、羧基离解，产生强烈的分子内静电排斥与吸引作用，从而使分子产生伸展，很容易导致蛋白质的不可逆变性。当鲜牛奶制成酸奶时，蛋白质就由液体变成了半流体，原因是酸性条件导致蛋白质变性。不过在一些情况下，蛋白质经过酸碱变性后，pH 又调节回原来的范围，蛋白质仍可以恢复原来的结构，如果是酶的话则酶的活性可以部分恢复。

表 5-6　几种蛋白质的等电点（pI）

蛋白质	等电点	蛋白质	等电点
胃蛋白酶	10.0	血红蛋白	6.7
κ-酪蛋白	4.1～4.5	α-糜蛋白酶	8.3
卵清蛋白	4.6	α-糜蛋白酶原	9.1
大豆球蛋白	4.6	核糖核酸酶	9.5
血清蛋白	4.7	细胞色素c	10.7
β-乳球蛋白	5.2	溶菌酶	1.0

5.4.3.2　盐类

凡是能促进蛋白质水合作用的盐均能提高蛋白质结构的稳定性；反之，与蛋白质发生强烈相互作用降低蛋白质水合作用的盐则使蛋白质结构去稳定。稳定蛋白质的盐提高水的氢键结构；使蛋白质失稳的盐则破坏体相水的有序结构，因而有利于蛋白质伸展，导致蛋白质变性。碱土金属 Ca^{2+}、Mg^{2+} 离子可能是蛋白质分子中的组成部分，对稳定构象起着重要作用，所以 Ca^{2+}、Mg^{2+} 的除去会大大降低蛋白质对热的稳定性。而对于一些重金属离子，如 Cu^{2+}、Fe^{2+}、Hg^{2+}、Pb^{2+}、Ag^+ 等，由于易与蛋白质分子中的—SH 形成稳定的化合物，或者是将双硫键转化为—SH 基，改变了稳定蛋白质结构的作用力，因而也可以导致蛋白质的稳定性改变。此外，Hg^{2+}、Pb^{2+} 等由于还能够与组氨酸、色氨酸残基等反应，它们也能导致蛋白质变性。

阴离子对蛋白质结构稳定性影响的大小程度为：$F^- < SO_4^{2-} < Cl^- < Br^- < I^- < ClO_4^- < SCN^- < Cl_3CCOO^-$。在高浓度时阴离子对蛋白质结构的影响比阳离子更强，一般 F^-、SO_4^{2-}、Cl^- 是蛋白质结构的稳定剂，而 SCN^-、Cl_3CCOO^- 则是蛋白质结构的去稳定剂。

5.4.3.3　有机溶质

某些有机溶质如尿素和盐酸胍的高浓度（4～8mol/L）水溶液可使蛋白质发生变性。通常增加变性剂浓度可提高变性程度，8mol/L 尿素和约 6mol/L 盐酸胍可以使蛋白质完全转变为变性状态。

尿素和盐酸胍引起的变性包括两种机制。第一种机制是变性蛋白质能与尿素和盐酸胍优先结合，形成变性蛋白质 - 变性剂复合物，当复合物不断地被除去，天然状态的蛋白质不断转变为复合物，最终导致蛋白质完全变性。然而，由于变性剂与变性蛋白的结合非常弱，只有高浓度的变性剂才能引起蛋白质完全变性。第二种机制是尿素与盐酸胍对疏水氨基酸残基的增溶作用。因为尿素和盐酸胍具有形成氢键的能力，当它们在高浓度时可以破坏水的氢键结构，结果尿素和盐酸胍就成为非极性残基的较好溶剂，使蛋白质分子内部的疏水残基伸展和溶解性增加。

尿素和盐酸胍引起的变性通常是可逆的。但是，在某些情况下，一部分尿素可以转变为氰酸盐和氨，而蛋白质的氨基能够与氰酸盐反应，改变蛋白质的电荷分布，因此尿素引起的蛋白质变性有时很难完全复性。

5.4.3.4　有机溶剂

大多数有机溶剂可导致蛋白质的变性。如与水互溶的有机溶剂乙醇和丙酮，它们的存在降低了溶液的介电常数，使蛋白质分子内带电基团间的静电吸引力增强；或者穿透到蛋白质的疏水区域，打断疏水相互作用；或者破坏蛋白质分子内的氢键。总的结果是改变了稳定蛋白质构象的作用力，导致蛋白质变性。

在低浓度下有机溶剂对蛋白质结构的影响较小，一些有机溶剂甚至具有稳定作用，但是高浓度下所有的有机溶剂均能对蛋白质产生变性作用。

5.4.3.5　还原剂

巯基乙醇（$HSCH_2CH_2OH$）、半胱氨酸、二硫苏糖醇等还原剂由于具有—SH 基，能使蛋白质分子中存在的二硫键还原，破坏蛋白质结构，从而改变原有的构象，造成蛋白质的不可逆变性。

5.4.3.6　表面活性剂

表面活性剂，例如十二烷基硫酸钠（SDS），是一种很强的变性剂。SDS 浓度在 3～8mmol/L 范围可引起大多数球状蛋白质变性。这类物质使蛋白质变性的原因是它在蛋白质的疏水区和亲水环境之间起着媒介作用，除破坏蛋白质分子内的疏水相互作用外，还促使天然蛋白质伸展；另外表面活性剂能与蛋白质分子强烈结合，在接近中性 pH 时使蛋白质带有大量的净负电荷，从而增加蛋白质内部的斥力，使伸展趋势增大，这也是 SDS 类表面活性剂能在较低浓度下使蛋白质完全变性的原因。同时 SDS 类表面活性剂诱导的蛋白质变性是不可逆的。

概念检查 5.4

○ 什么是蛋白质变性？
○ 影响蛋白质变性的因素有哪些？

5.5 蛋白质的功能性质

蛋白质的功能性质是指食品体系在加工、贮藏、制备和消费过程中蛋白质对食品产生需要特征的物理、化学性质。主要包括水化性质、表面性质、蛋白质与蛋白质的相互作用、蛋白质与风味物质结合和蛋白质与其他物质的结合。

① 水化性质。取决于蛋白质同水之间的相互作用，包括水的吸附与保留、湿润性、膨胀性、黏合、分散性、溶解性等。

② 表面性质。涉及蛋白质在极性不同的两相之间所产生的作用，主要有蛋白质的起泡、乳化等方面的性质。

③ 与蛋白质相互作用有关的性质。如沉淀、胶凝作用、组织化、面团的形成等。

蛋白质的这些功能性质不是完全独立的，它们之间也存在着相互联系。例如蛋白质的胶凝作用不仅包括蛋白质和蛋白质相互作用（形成空间三维网络结构），而且也涉及蛋白质和水（水的保留）及其他组分的相互作用；同样，黏度和溶解度也取决于蛋白质与水、蛋白质与蛋白质的相互作用。

各种食品中蛋白质的功能性质见表 5-7。蛋白质不仅是食品中的重要营养成分，它所具有的功能性质也是其他食品成分所不能比拟或替代的，蛋白质的功能性质对一些食品的品质起着决定性的作用。

表 5-7 蛋白质在食品体系中的功能作用

功 能	机 制	食 品	蛋白质种类
溶解性	亲水性	饮料	乳清蛋白
黏度	水结合、流体动力学、分子大小和形状	汤、肉汁、色拉调味料和甜食	明胶
持水性	氢键、离子水合	肉、香肠、蛋糕和面包	肌肉蛋白、鸡蛋蛋白
胶凝作用	水截留和固定、网状结构形成	肉、凝胶、蛋糕、焙烤食品和奶酪	肌肉蛋白、鸡蛋蛋白和乳清蛋白
黏结-黏合	疏水结合、离子结合和氢键	肉、香肠、面条和焙烤食品	肌肉蛋白、鸡蛋蛋白和乳清蛋白
弹性	疏水结合和二硫交联键	肉和焙烤食品	肌肉蛋白和谷物蛋白
乳化	界面吸附和形成膜	香肠、大红肠、汤、蛋糕和调味料、豆奶	肌肉蛋白、鸡蛋蛋白和乳清蛋白
起泡	界面吸附和形成膜	搅打起泡的浇头、冰淇淋、蛋糕和甜食、啤酒	鸡蛋蛋白、乳清蛋白
脂肪和风味物的结合	疏水结合、截留	低脂肪焙烤食品、油炸面包圈	乳清蛋白、鸡蛋蛋白和谷物蛋白

5.5.1 蛋白质的水化性质

5.5.1.1 蛋白质的水合

食品蛋白质的水合和复水性质具有很重要的意义。干燥的蛋白质原料并不能直接加工，须先将其水化。大多数食品是蛋白质水化的固态体系，蛋白质中水的存在及存在方式直接影响水化，蛋白质在其不同的水化阶段表现出不同的功能特性。蛋白质的水化过程如图 5-8 所示。

干蛋白质→水分子通过与极性部位结合而被吸附→多层水吸附→液态水凝聚→蛋白质溶胀→溶剂化→分散→溶液

↓

溶胀的不溶性粒子或块

图 5-8 蛋白质的水化过程

从蛋白质水化过程可以看出，蛋白质的水吸收、溶胀、润湿性、持水能力、黏着性与水化过程的前四步相关，而蛋白质的溶解度、速溶性、浓度与蛋白质水化的第五步有关。蛋白质水化后往往以不溶性的充分溶胀的固态蛋白质存在。

影响蛋白质水化的因素首先是蛋白质形状、表面积大小、蛋白质粒子表面极性基团数目和蛋白质粒子的微观结构是否多孔等。其次，蛋白质的环境因素会影响蛋白质的水化程度。例如蛋白质总水吸附量随蛋白质浓度的增加而增加，而在等电点时蛋白质表现出最小的水合作用，这是由于在等电点条件下蛋白质与蛋白质的相互作用达到最大。动物被屠宰后，在僵直期内肌肉组织的持水力最差，这是由于肌肉的 pH 值从 6.5 降到 5.0 左右（接近等电点），肉的嫩度下降。蛋白质分子加工中不仅仅考虑蛋白质对水的吸附、结合的能力，对于蛋白质的水合作用，实际生产中通常以持水力或保水性衡量。

蛋白质吸附水、结合水的能力对各类食品尤其是肉制品和面团等的质地有重要作用。蛋白质其他的功能性质如胶凝、乳化作用也对蛋白质水合性质有重要作用。

5.5.1.2 蛋白质的溶解度

蛋白质的许多功能特性都与蛋白质的溶解度有关，特别是增稠、起泡、乳化和胶凝作用。不溶性蛋白质在食品中的应用非常有限。作为有机大分子化合物，蛋白质在水中以分散态（胶体态）存在，而不是真正化学意义上的溶解态，所以蛋白质在水中无严格意义上的溶解度，一般蛋白质在水中的分散量或分散水平相应地称为蛋白质的溶解度（solubilty）。蛋白质溶解度的大小最终受到 pH 值、离子强度、温度、溶剂类型等因素影响。

大多数食品蛋白质的溶解度 -pH 关系曲线是一条 U 形曲线。在高于或低于等电点 pH 值时，蛋白质带有净电荷，这些电荷对蛋白质的溶解性产生有益作用，故蛋白质的溶解度在等电点时最低，高于或低于等电点其溶解度均增大。对于溶解性随 pH 值变化大的蛋白质，通过改变介质酸碱度对蛋白质进行提取、分离是十分方便的。

盐类对蛋白质的溶解性产生不同的影响。当中性盐的离子强度较低（< 0.5）时，可增加蛋白质的溶解度，这种效应称为盐溶效应（salting-in effect）。硫氰酸盐和过氯酸盐逐渐提高蛋白质的溶解度（盐溶）。当中性盐的离子强度 > 1.0 时，盐对蛋白质溶解度的影响具有特异的离子效应，硫酸盐和氟化物降低蛋白质的溶解度，并产生沉淀（盐析），这种盐析效应（salting-out effect）是蛋白质和离子之间为各自溶剂化争夺水分子的结果。

热处理在大多数食品加工过程中是必不可少的。大多数蛋白质在加热时溶解度明显地不可逆降低。一般来讲，在其他条件固定时，蛋白质的溶解度在 0℃ 到 40 ~ 50℃ 范围内随温度升高而增加。但随着温度进一步升高，蛋白质分子发生伸展、变性，蛋白质溶解度下降。

一些有机溶剂如丙酮、乙醇等，由于降低了蛋白质溶液中的介电常数，使得蛋白质分子之间的静电

斥力减弱，蛋白质分子间的静电吸引力相对增加，从而使蛋白质发生聚集，甚至产生沉淀。

5.5.1.3　黏度

蛋白质体系的黏度（viscosity）和稠度是流体食品的主要功能性质，反映出它对流动的阻力情况，是流体食品如饮料、肉汤、汤汁等的主要功能性质，影响着食品品质和质地，对于蛋白质食品的输送、混合、加热、冷却等加工过程也有实际意义。

蛋白质的黏度与溶解性之间不存在简单的关系。通过热变性而得到的不溶性蛋白在水中分散后不能产生高黏度，溶解性能好但吸水性和溶胀能力较差的乳清蛋白同样也不能在水中形成高黏度的分散系。而那些具有很大初始吸水能力的蛋白质（如大豆蛋白、干酪素钠）在水中分散后却具有很高的黏度，这也是它们作为食品蛋白质配料的重要原因。所以在蛋白质的水吸附能力与黏度之间存在着正的相关性。

5.5.2　蛋白质的表面性质

蛋白质的表面性质又称为蛋白质的界面性质。蛋白质是两性分子，它们能自发地迁移至气-水界面或油-水界面。蛋白质自发地从体相迁移至界面表明蛋白质处在界面上比处在体相水相中具有较低的自由能，于是当达到平衡时蛋白质的浓度在界面区域总是高于在体相水相中。不同于低分子量表面活性剂，蛋白质能在界面形成高黏弹性薄膜，后者能承受保藏和处理中的机械冲击，于是由蛋白质稳定的泡沫和乳状液体系比采用低分子量表面活性剂制备的相应分散体系更加稳定。正因为如此，蛋白质广泛应用于此目的。

虽然所有的蛋白质是两亲的，但是它们在表面活性性质上存在着显著的差别。不能将蛋白质在表面性质上的差别简单地归之于它们具有不同的疏水性氨基酸残基与亲水性氨基酸残基之比。蛋白质表面活性的差别主要与它们在构象上的差别有关。重要的构象因素包括多肽链的稳定性/柔性、对环境改变适应的难易程度和亲水与疏水基团在蛋白质表面的分布模式。所有这些构象因素是相互关联的，它们集合在一起对蛋白质的表面活性产生重大的影响。

已经证实，理想的表面活性蛋白质具有3个性能：①能快速地吸附至界面；②能快速地展开，并在界面上再定向；③一旦达到界面能与邻近分子相互作用，形成具有强的黏合和黏弹性质并能忍受热和机械运动的膜。

蛋白质在界面上的性质非常复杂。乳状液和泡沫的形成与稳定的基本原理非常类似。然而，由于这两类界面在能量上的差异，它们对蛋白质的分子结构具有不完全相同的要求。换言之，一种蛋白质可以是一种好的乳化剂，而未必是一种好的起泡剂。

5.5.2.1　乳化性质

食品乳化体系定义为互不相溶的两个分散液态相。常见的液态相为水相与脂肪相。由于两相的极性不同，在界面上界面张力相当大，所以乳化体系在热力学上为不稳定分散系，需要通过表面活性物质（乳化剂）的作用降低界面张力，增加体系的稳定性。蛋白质由于分子中具有亲水、亲油基团或区域，所以可以在乳化体系的形成中发挥乳化剂作用。

许多食品都是蛋白质稳定的乳化体系，如牛乳、冰淇淋、黄油、干酪、蛋黄酱、肉馅等。在天然食品的脂肪球中，由磷脂、不溶性脂蛋白和可溶性蛋白的连续吸附层所构成"膜"稳定着脂肪球，蛋白质通常在稳定这些乳化体系时起重要作用。蛋白质在分散的油滴和水相的界面上吸附，能使液滴产生抗凝集性的物理学、流变学性质，如静电斥力、黏度等。

球蛋白具有很稳定的结构和很大的表面亲水性，因此它们不是一种很好的乳化剂，如血清蛋白、乳清蛋白。酪蛋白由于其结构特点（无规则卷曲）以及肽链上高度亲水区域和高度疏水区域是隔开的，所以它是一种很好的乳化剂。大豆蛋白分离物、肉和鱼肉蛋白质的乳化性能也都不错。

有很多因素影响蛋白质稳定的乳状液性质，包括内在因素（如 pH 值、离子强度、温度、存在的低分子量表面活性剂、糖、油相体积、蛋白质类型和使用的油的熔点）和外在因素（如制备乳状液的设备的类型、剪切速度）。比如，蛋白质的乳化能力与溶解度成正比，一旦乳状液形成，则不溶的蛋白质起到稳定乳状液的作用。加热处理时，界面上的蛋白质的黏度和硬度降低，其乳化能力也随之降低。当体系中加入其他小分子表面活性剂时，它们能够替换蛋白质留在界面上，使蛋白质的乳化能力降低。二硫键可能是提高蛋白质乳化活性的重要因素。

评价食品乳化性质的方法有油滴大小分布、乳化活力、乳化能力和乳化稳定性。但目前还没有一致认可的系统地评价蛋白质乳化性质的标准方法。

5.5.2.2　起泡性质

食品泡沫通常是指气体在连续液相或半固相中分散所形成的分散体系。在稳定的泡沫体系中，由弹性的薄层连续相将各个气泡分开，气泡的直径从 $1\mu m$ 到几厘米不等，典型的食品例子就是冰淇淋、啤酒等。产生泡沫的方法有 3 种：第一种方法是让气体经过多孔分散器通入溶液中；第二种方法是在大量气体存在下机械搅拌或振荡溶液；第三种方法是在高压下使气体溶于溶液，突然将压力解除。在泡沫形成过程中，蛋白质首先向气 - 液界面上迅速扩散，然后被吸附，进入界面层后再进行分子结构重排，在这 3 个过程中蛋白质的扩散过程是一个决定因素。泡沫体系中气体所占的体积分数变化范围大，气体体积与连续相体积的比甚至可达 100 : 1，泡沫有很大的界面面积，界面张力也远大于乳化分散系，因而它们非常容易破裂。

液体通过上述的 3 种途径产生泡沫后，就要考虑泡沫的稳定性问题。具有良好起泡能力的蛋白质并非一定是好的泡沫稳定剂。例如，β- 酪蛋白的起泡能力非常好，但它的泡沫稳定性却很差。蛋白质的起泡能力和泡沫稳定性由两类不同的分子性质决定。蛋白质的起泡能力取决于蛋白质分子的快速扩散、对界面张力的降低、疏水基团的分布等性质，主要由蛋白质的溶解性、疏水性、肽链的柔软性决定。泡沫稳定性主要由蛋白质溶液的流变学性质决定，如吸附膜中蛋白质的水合、蛋白质的浓度、膜的厚度、蛋白质分子间相互作用。研究表明卵清蛋白是最好的蛋白质起泡剂，其他蛋白质如血清蛋白、明胶、大豆蛋白等也有不错的起泡性质。

影响蛋白质起泡性质的环境因素主要包括盐类、糖类、脂类物质、蛋白质浓度、温度、pH 值等。比如，有研究表明乳清蛋白溶液中加入果胶后能够产生大量的气泡，并具有较好的稳定性，这是由于乳清蛋白有较高的表面黏弹性，在水中具有较强的起泡能力，加入的果胶增加了气泡膜的硬度。

评价蛋白质的起泡性质一般用泡沫密度、泡沫强度、泡沫直径、发泡力、泡沫稳定性等多个指标，但通常后两个指标最常用。

5.5.3　蛋白质与蛋白质的相互作用

5.5.3.1　胶凝作用

蛋白质的胶凝（gelation）与缔合、聚集、聚合、沉淀、絮凝和凝结等均属于蛋白质分子在不同水平

上的聚集变化，但是各概念之间有一定区别。蛋白质的缔合（association）是指在亚基或分子水平上发生的变化，而聚合（polymerization）或聚集（aggregation）一般是指有较大的聚合物生成；沉淀（precipitation）是指由于蛋白质溶解度部分或全部丧失而引起的一切聚集反应；絮凝（flocculation）是指蛋白质没有变性时所发生的无序聚集反应；凝结（coagulation）是指变性蛋白质所产生的无序聚集反应；胶凝是变性蛋白质发生的有序聚集反应。

蛋白质胶凝后形成的产物是具有三维网状结构的凝胶，在其空间内可以容纳其他成分和物质。蛋白质凝胶结构同时具有保水、稳定脂肪、黏结等作用，因此，蛋白质的凝胶化作用在豆腐、酸乳的生产和肉类食品加工以及果冻、香肠、烧煮鸡蛋产品和仿真海产品等食品加工中显示极其重要的作用。

根据凝胶形成的途径，一般将凝胶分为热致凝胶（如卵白蛋白凝胶的形成）和非热致凝胶（如通过调节 pH 值、加入 2 价金属离子或部分水解蛋白质而形成凝胶）两类；也可以根据蛋白质形成凝胶后凝胶对热的稳定性情况，分为热可逆凝胶（如明胶，凝胶主要是通过分子间的氢键形成而保持稳定）和非热可逆凝胶（如卵白蛋白）。凝胶多涉及分子间的二硫键，因为二硫键一旦形成就不容易发生断裂，加热也不会对其产生破坏作用。

蛋白质的胶凝过程如图 5-9 所示。在加热蛋白质溶液后，蛋白质能形成凝结块（不透明）凝胶和透明凝胶。含有大量非极性氨基酸残基的蛋白质在变性时产生大量的疏水性聚集，其聚集和网状结构形成的速度高于变性的速度，随后这些不溶性的聚集体随机缔合而凝结成不可逆的凝胶块类型凝胶，例如肌浆球蛋白在高离子强度下形成的凝胶以及乳清蛋白、β- 乳球蛋白所形成的凝胶。仅含有少量非极性氨基酸残基的蛋白质在变性时形成可溶性复合物，其缔合速度低于变性速度，因此蛋白质溶液在加热冷却后才能凝结成凝胶，冷却时缓慢的缔合速度有助于形成有序的透明凝胶网状结构，例如血清蛋白、溶菌酶、卵白蛋白、大豆球蛋白等的凝胶。

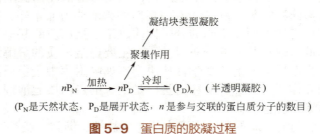

（P_N 是天然状态，P_D 是展开状态，n 是参与交联的蛋白质分子的数目）

图 5-9 蛋白质的胶凝过程

影响蛋白质胶凝作用的重要因素有 pH 值、蛋白质的浓度、温度、Ca^{2+} 及其他 2 价金属离子、共胶凝作用等。

5.5.3.2 织构化

蛋白质是许多食物质地或结构的构成基础，动物肌肉和鱼的肌原纤维是典型例子。但是从植物组织中分离出的植物蛋白或从牛乳中得到的乳蛋白不具备相应的组织结构和咀嚼性能，因此它们在食品加工应用时存在一定的限制。通过蛋白质的织构化（texturization）处理，能使它们形成具咀嚼性能和良好持水性能的薄膜或纤维状产品，并且在以后的水合或加热处理中蛋白质能保持良好的性能。经织构化处理的蛋白质可以作为肉的代用品或替代物，在食品加工中使用广泛。另外织构化加工还可以用于对一些动物蛋白进行重织构化（retexturization）。

常见的蛋白质织构化方式有 3 种。

（1）热凝固（thermal coagulation）和薄膜形成　将大豆蛋白溶液在 95℃保持几小时，或大豆蛋白浓溶液置于平滑的热金属表面，由于溶液表面的水分蒸发和蛋白质热凝结，能在表面形成一层薄的蛋白膜。这些蛋白膜是一类织构化蛋白，它们具有稳定的结构，加热处理不会发生改变，具有正常的咀嚼性能。传统腐竹就是采用上述方法加工而成的。

如果将蛋白质溶液（如玉米醇溶蛋白的乙醇液）均匀涂布在光滑物体的表面，溶剂挥发后，蛋白质分子通过相互作用形成均匀的薄膜。形成的蛋白膜具有一定的机械强度以及对水、氧气等气体的屏障作用，可以作为可食性的食品包装材料。

（2）热塑性挤压（thermoplastic extrusion）　植物蛋白通过热塑性挤压可得到多孔状颗粒或小块产品，它在复水后具有咀嚼性能和良好的质地。热塑性挤压的方法是使含有蛋白质的混合物在旋转螺杆的作用下通过一个圆筒，在高压、高温和高剪切的作用下固体物料转变为黏稠状物，然后快速地挤压通过一个模板进入常压环境，物料的水分迅速蒸发后，就形成了高度膨胀、干燥的多孔结构，即所谓的膨化蛋白。该工艺是目前最常用的蛋白质织构化方法。

（3）纤维形成　借鉴合成纤维的生产原理，可将大豆蛋白和乳蛋白喷丝形成纤维。首先在 pH > 10 的条件下制备高浓度蛋白质溶液，由于静电斥力大大增加，蛋白质分子离解并充分伸展。接着在高压下通过一个有许多小孔的喷头，此时伸展的蛋白质分子沿流出方向定向排列，以平行方式延长并有序排列。当从喷头出来的"长丝"进入酸性 NaCl 溶液时，由于等电点和盐析效应的共同作用，蛋白质发生凝结，通过氢键、离子键和二硫键等相互作用，形成水合蛋白纤维。再通过滚筒转动使蛋白质纤维伸展，增加纤维的机械阻力和咀嚼性，降低纤维的持水力。同时通过滚筒加热除去一部分水，提高纤维的黏着力和韧性。这种纤维进一步经过结合、切割、压缩等工序，可形成人造肉或类似肉的蛋白质加工食品。

5.5.3.3　面团的形成

小麦胚乳中面筋蛋白质在有水存在时，在室温条件下通过混合、揉捏等处理过程，能够形成有强内聚力和黏弹性的面团，再经发酵、烘烤制成面包。商业面筋蛋白质是从面粉中分离出来的水不溶性蛋白质。小麦面筋蛋白质主要由麦谷蛋白（glutenin）和麦醇溶蛋白（gliadin）组成，它们在面粉中占总蛋白质量的 80% 以上。麦谷蛋白通过分子间二硫键相结合，以大而伸展的缔合分子形式存在；麦醇溶蛋白的紧密球状分子结构与它含有的分子内二硫键有关。

面团的特性与它们的性质直接相关。首先，它们的可解离氨基酸含量低，使面筋蛋白质不溶于中性水溶液；其次，它们含有大量的谷氨酰胺和羟基氨基酸，易形成分子间氢键，使面筋具有很强的吸水能力和黏聚性质；另外，面筋中含有许多非极性氨基酸（约 30%），有利于蛋白质分子和脂类的疏水相互作用，使之产生聚集；最后，这些蛋白质含有—SH 基，能形成二硫键，有利于它们在面团中紧密连接在一起，增强韧性。此外，面筋蛋白质中的淀粉粒、戊聚糖、脂类及可溶性蛋白质，所有这些成分都有助于面团网络和面包质地的形成。

5.5.4　蛋白质与风味物质的结合

蛋白质可以作为风味载体，改善食品的风味。但某些蛋白质制品结合具有豆腥味的醛、酮等异味物质，烹饪或咀嚼时能感觉出这些物质的释放，影响其食用品质。例如，大豆蛋白质制品的豆腥味和青草味归因于己醛的存在。在这些羰基化合物中，有的与蛋白质的结合亲和力是如此强，以至于采用溶剂都

不能将它们抽提出来。蛋白质并不是以相同的亲和力与所有的风味物相结合，这就导致一些风味物不平衡和不成比例地保留以及在加工中不期望的损失。有关各种风味物与蛋白质相互作用的机制和亲和性的知识对于生产风味物-蛋白质产品或从蛋白质中除去不良风味是必须的。

在液态或高水分食品中风味物质与蛋白质结合的机理，主要是风味物质的非极性部分与蛋白质表面的疏水区或空隙相互作用，以及风味化合物与蛋白质极性基团（如羟基和羧基）通过氢键和静电相互作用结合。在结合至表面疏水区之后，醛和酮能进一步扩散至蛋白质分子的疏水性内部。干蛋白质粉主要通过范德华相互作用、氢键和静电相互作用与风味物质相结合。

风味物质与蛋白质的相互作用通常是完全可逆的。然而，醛或酮与氨基的结合、胺类与羧基的结合都是不可逆的结合。任何能改变蛋白质构象的因素都会影响它同挥发性化合物的结合，如水活性、pH 值、盐、化学试剂、水解酶、变性及温度等。

 概念检查 5.5

○ 判断题

1. 明胶形成的凝胶为可逆凝胶，而卵清蛋白形成的凝胶为不可逆凝胶，其中主要的原因是卵清蛋白二硫键含量高而明胶中二硫键含量低。

2. 在蛋白质-水胶体分散体系中慢慢加入少量的食盐，则一个结果将是增加蛋白质溶解度。

3. 蛋白质的功能性质是相互独立的。

4. 蛋白质沉淀是由于其发生了变性。

5.6　食品蛋白质在加工和贮藏中的变化

食品的加工和贮藏常涉及加热、冷却、干燥、化学试剂处理、辐照或其他各种处理，在这些处理中不可避免地引起蛋白质的物理性质、化学性质和功能性质及营养价值的变化，对食品的品质、安全性等产生一定影响。因而对此必须有全面的了解，以便在食品加工和贮藏中选择适宜的处理条件，避免蛋白质发生不利的变化，促进蛋白质发生有利的变化。

5.6.1　热处理的变化

在食品加工和贮藏过程中，热处理是最常用的加工方法。热处理涉及的蛋白质的化学反应有变性、分解、氨基酸氧化、氨基酸键之间的交换、氨基酸新键的形成等。

　　加热（适度的热处理）对蛋白质的影响有有利的一面。适度的热处理使蛋白质发生变性伸展，肽键暴露，利于蛋白酶的催化水解，有利于蛋白质的消化吸收；适度的热处理（热烫或蒸煮）可使一些酶如蛋白酶、脂肪氧合酶、淀粉酶、多酚氧化酶失活，防止食品色泽、质地、气味的不利变化；适度的热处理可使豆类和油料种子中的胰蛋白酶抑制剂、胰凝乳蛋白酶抑制剂抗营养因子变性失活，提高植物蛋白质的营养价值；适度的热处理可消除豆科植物性食品中凝集素对蛋白质营养的影响；适度的热处理还会产生一定的风味物质，有利于食品感官质量的提高。

　　但过度热处理会对蛋白质产生不利的影响。对蛋白质或蛋白质食品进行高强度热处理，会引起氨基酸的脱氨、脱硫、脱二氧化碳、脱酰胺和异构化等化学变化，有时甚至产生有毒化合物，从而降低蛋白质的营养价值，这主要取决于热处理条件。例如，在 115℃加热 27h，将有 50%～60% 的半胱氨酸被破坏，并产生硫化氢（下式中 Pr 代表蛋白质分子主体）。

$$2Pr-CH_2-SH \longrightarrow Pr-CH_2-S-CH_2-Pr + H_2S$$
半胱氨酸残基　　　　　　　羊毛硫氨酸残基

$$Pr-CH_2-SH + H_2O \longrightarrow Pr-CH_2-OH + H_2S$$
半胱氨酸残基　　　　　　　丝氨酸残基

　　蛋白质在超过 100℃时加热，会发生脱酰胺反应。例如，来自谷氨酰胺和天冬酰胺的酰胺基会释放出氨，氨会导致蛋白质电荷和功能性质变化。

$$Pr-CH_2-CO-NH_2 \longrightarrow Pr-CH_2-CO-OH + NH_3$$
天冬酰胺残基　　　　　　　天冬酰胺残基

　　在强烈加热（150℃以上）过程中，赖氨酸的 ε-NH$_2$ 容易与天冬氨酸或谷氨酸发生反应，形成新的酰胺键。新的酰胺键本身可能有毒，还会影响赖氨酸和谷氨酸等的吸收利用。

$$Pr-(CH_2)_2-CO-OH + H_2N-(CH_2)_4-Pr \longrightarrow Pr-(CH_2)_2-CO-NH-(CH_2)_4-Pr$$
谷氨酸残基　　　　　赖氨酸残基　　　　　　　　　赖谷氨酸残基

　　经剧烈热处理的蛋白质还可生成环状衍生物，其中有些具有强致突变作用。例如，色氨酸在 200℃以上环化，转变成 α-、β- 和 γ- 咔啉。

α- 咔啉　　　　　　　β- 咔啉　　　　　　　γ- 咔啉

　　蛋白质在超过 200℃的剧烈热处理下会导致氨基酸残基异构化，使 L- 氨基酸转变为 D- 氨基酸。大多数 D- 氨基酸不具有营养价值，还具有毒性。

　　在热处理过程中，蛋白质还容易与食品中的其他成分如糖类、脂类、食品添加剂反应，产生各种有利的和不利的变化。

　　由此可见，食品加工中选择适宜的热处理条件，对保持蛋白质营养价值具有重要意义。

5.6.2　低温处理的变化

　　食品的低温贮藏可延缓或阻止微生物的生长，并抑制酶的活性和化学变化。低温处理主要有冷却和冷冻。食品被冷却时，微生物生长受到抑制，蛋白质较稳定；食品被冷冻时，一般对蛋白质营养价值无影响，对风味有些影响，对蛋白质的品质往往有严重影响。鱼蛋白质很不稳定，经冷冻或冻藏后肌球蛋

白变性，与肌动球蛋白结合，使肌肉变硬，持水性降低，解冻后鱼肉变得干而强韧。肉类食品经冷冻、解冻，组织及细胞膜被破坏，并且蛋白质间产生的不可逆结合代替了蛋白质和水的结合，使蛋白质的质地发生变化，持水性也降低。

蛋白质在冷冻条件下变性程度与冷冻速度有关。一般来说，冷冻速度越快，形成的冰晶越小，挤压作用较小，变性程度就小。食品工业根据此原理常采用快速冷冻法，以避免蛋白质变性，保持食品原有的风味。

5.6.3　脱水处理的变化

蛋白质食品脱水的目的是降低水分活度，增加食品稳定性，以便于保藏。脱水方法有以下几种。

（1）热风干燥脱水法　采用自然的温热空气干燥食品，结果脱水后的肉类蛋白、鱼类蛋白会变得坚硬、萎缩且回复性差，烹饪后感觉坚韧而无其原有风味。

（2）真空干燥脱水法　由于真空时氧气分压低，氧化速度慢，而且温度低，可减小非酶褐变及其他化学反应的发生，较热风干燥对肉类品质影响小。

（3）冷冻干燥脱水法　冷冻干燥脱水法的食品可保持原有形状，具有多孔性，回复性较好。但这种方法仍会使部分蛋白质变性，肉质坚韧，持水性下降。

（4）薄膜干燥脱水法　薄膜干燥脱水法是将食品原料置于蒸汽加热的旋转鼓表面，脱水形成薄膜。这种方法往往不易控制，而使产品略有焦味，同时会使蛋白质的溶解度降低。

（5）喷雾干燥脱水法　液体食品以雾状进入快速移动的热空气中，水分快速蒸发而成为小颗粒，颗粒物的温度快速下降。此法对蛋白质性质影响较小，是常用的脱水方法。

5.6.4　碱处理的变化

对食品进行碱处理，尤其是与热处理同时进行时，对蛋白质的营养价值影响很大。如蛋白质经过碱处理后能发生很多变化，生成各种新的氨基酸。首先半胱氨酸或磷酸丝氨酸残基经 β- 消去反应形成脱氢丙氨酸（DHA），DHA 的反应活性很强，导致它与赖氨酸、鸟氨酸、半胱氨酸残基发生缩合反应，形成赖氨丙氨酸、鸟氨丙氨酸和羊毛硫氨酸。DHA 还能与其他氨基酸残基通过缩合反应生成不常见的衍生物。在碱性热处理下，氨基酸残基也发生异构化，由 L 型变为 D 型，营养价值降低。

$$-NH-CH-CO- \xrightarrow{OH^-} -NH-\overset{-}{C}-CO- \rightleftharpoons -NH-C-CO- + X^-$$
$$\qquad\quad |CH_2 \qquad\qquad\qquad |CH_2 \qquad\qquad\qquad |CH_2$$
$$\qquad\quad X \qquad\qquad\qquad\quad X \qquad\qquad\qquad (DHA)$$

X=SH 或 OPO$_3$H$_2$

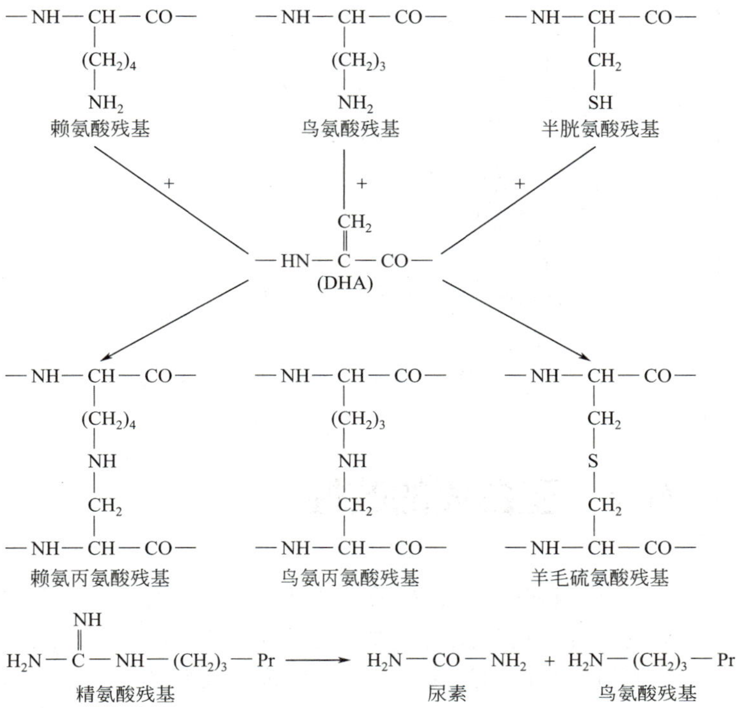

赖氨酸残基　　鸟氨酸残基　　半胱氨酸残基

赖氨丙氨酸残基　　鸟氨丙氨酸残基　　羊毛硫氨酸残基

$$H_2N-C(=NH)-NH-(CH_2)_3-Pr \longrightarrow H_2N-CO-NH_2 + H_2N-(CH_2)_3-Pr$$

精氨酸残基　　尿素　　鸟氨酸残基

5.6.5　氧化处理的变化

有时利用过氧化氢、过氧化乙酸、过氧化苯甲酰等氧化剂处理含有蛋白质的食品，在此过程中可引起蛋白质发生氧化，导致蛋白质营养价值降低，甚至还产生有害物质。对氧化反应最敏感的氨基酸是含硫氨基酸（如蛋氨酸、半胱氨酸、胱氨酸）和芳香族氨基酸（色氨酸）。其氧化反应可用下式表示。

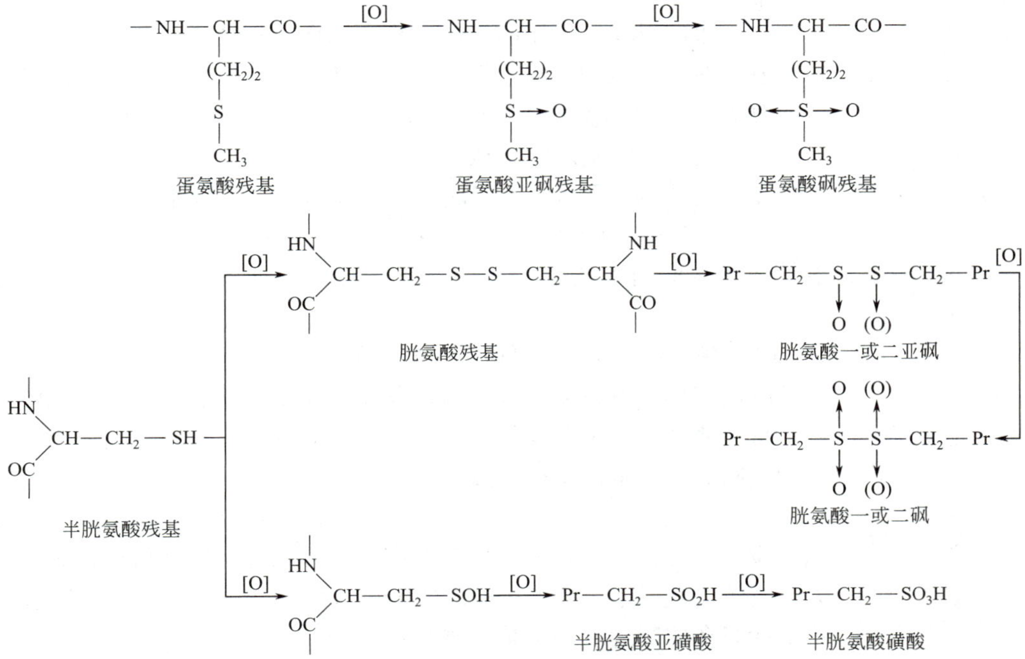

蛋氨酸残基　　蛋氨酸亚砜残基　　蛋氨酸砜残基

胱氨酸残基　　胱氨酸一或二亚砜

半胱氨酸残基

胱氨酸一或二砜

半胱氨酸亚磺酸　　半胱氨酸磺酸

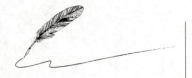

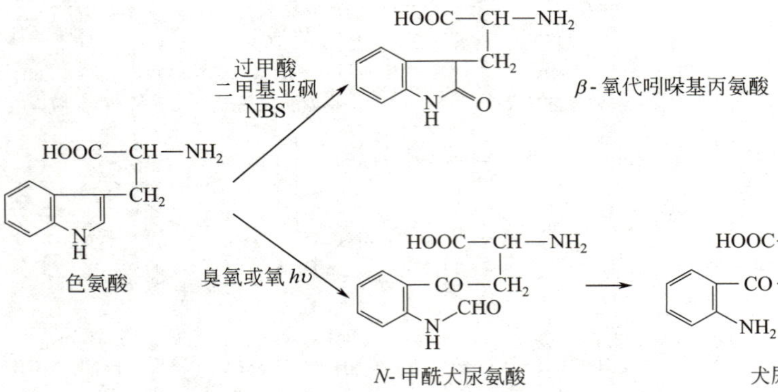

HOOC—CH—NH2
CH2
过甲酸
二甲基亚砜
NBS
β-氧代吲哚基丙氨酸
色氨酸
臭氧或氧 hν
HOOC—CH—NH2
CO—CH2
CHO
N-甲酰犬尿氨酸
犬尿氨酸
NH2

5.7 蛋白质的改性

食品科学家一直在采用物理、化学、酶学、基因方法和复合改性改变蛋白质的物理、化学性质，改进它们的功能性质。蛋白质结构中含有一些可以反应的侧链，可以通过化学或酶法修饰，改变其结构，使之达到需要的营养性或功能性。下面主要介绍蛋白质的化学改性和酶法改性。

5.7.1 化学改性

蛋白质分子侧链上的活性基团可以通过化学反应改变或连接一些基团，这样可以对蛋白质的功能性质产生明显影响。蛋白质分子上导入基团的反应很多，常见的反应包括以下几种。

（1）水解反应　采用酸或碱处理蛋白质，使之部分降解，蛋白质分子侧链基团发生改变。例如，将面筋蛋白用稀酸处理，可使其谷氨酰胺和天冬酰胺残基去酰胺化，增加蛋白质表面的负电荷，导致蛋白质变性和疏水性残基暴露，增强蛋白质表面的疏水性，从而提高其乳化性质。

（2）烷基化　用卤代乙酸盐或卤代烷基酰胺试剂可使蛋白质的氨基、巯基、酚羟基、吲哚基、咪唑基等烷基化。例如，与碘乙酸反应导致赖氨酸残基的正电荷消去，而引入负电荷，造成蛋白质变性展开，并能改变 pH- 溶解度关系曲线。

（3）酰化　在碱性条件下，蛋白质分子中的羟基、氨基、巯基等基团可与乙酸酐或琥珀酸酐作用，发生酰基化反应。蛋白质分子中引入乙酰基或琥珀酰基后蛋白质的净负电荷增加，将导致蛋白质展开，所以蛋白质的溶解度、乳化性和脂肪吸收容量都将得到改善。

（4）磷酸化　蛋白质分子中羟基、氨基、羧基等可与三氯氧磷或三聚磷酸钠反应而磷酸化。引入的磷酸基具有高度亲水性，因此可增加蛋白质的水化能力，改善乳化性和起泡性。磷酸化蛋白质对钙离子诱导的凝结是高度敏感的，这个性质在仿制的干酪中是理想的。

5.7.2　酶法改性

与化学改性相比，蛋白质酶法改性所存在的安全性问题一般可以忽略，主要原因就是酶法改性一般不使氨基酸化学结构产生改变。蛋白质酶法改性反应很多，但只有几个反应具有应用的可能，重要反应为水解反应、胃合蛋白反应和交联反应。

5.7.2.1　蛋白质的限制性酶水解

利用非特异性蛋白酶对蛋白质进行水解处理时，广泛水解产生的是小分子肽类以及游离氨基酸，使不易溶解的蛋白质增溶，但会损害蛋白质的胶凝、乳化和起泡性质。而采用特异性蛋白酶（如胰蛋白酶或胰凝乳蛋白酶）或控制酶水解条件的方法对蛋白质进行限制性酶水解（limited enzymatic hydrolysis），可以改善蛋白质的乳化、起泡性质，但不能改进蛋白质的胶凝性质。并且由于分子内部疏水基团暴露，其溶解性有时下降。例如，通过限制性酶水解将大豆蛋白水解至水解度为 4% 附近时，水解物的起泡、乳化性能得到明显的改善，但是存在稳定性问题，因为此时形成的蛋白质吸附膜不足以维持泡沫或乳化液的稳定性。又如，在生产干酪时，凝乳酶对酪蛋白的水解导致酪蛋白聚集，从而可以分出凝块。

此外，水解对蛋白质品质的影响还表现在感官质量方面，一些疏水氨基酸含量较高的蛋白质在水解时会产生具有苦味的肽分子（苦味肽），苦味强度取决于蛋白质中氨基酸的组成和所使用的蛋白酶。一般来讲，平均疏水性大于 5.85kJ/mol 的蛋白质容易产生苦味，而非特异性蛋白酶较特异性蛋白酶更容易水解产生苦味肽。

5.7.2.2　胃合蛋白反应

胃合蛋白反应（改制蛋白反应，plastein reaction）不是单一的反应，它实际上包括一系列反应。在改制蛋白反应中，首先是蛋白质酶部分水解蛋白质，接着是在蛋白酶（木瓜蛋白酶或胰凝乳蛋白酶）催化下蛋白质的再合成反应。蛋白酶催化所生成的肽链重新结合，形成新的多肽链，此时甚至可以通过加入氨基酸的方式对蛋白质中的某种氨基酸进行强化，改变蛋白质的营养特性。由于最后形成的多肽分子与原来蛋白质分子的氨基酸序列不同、组成也不同，蛋白质的功能性质得到改变。

5.7.2.3　蛋白质交联

在转谷氨酰胺酶（transglutaminase）催化下，赖氨酸残基和谷氨酰胺残基间发生交联反应（cross-linking reaction），形成异肽键共价交联，产生新形式的蛋白质，以满足食品加工的要求。

5.8　食品中的常见蛋白质与食源性生物活性肽

食品中的蛋白质按来源分为动物来源食品中的蛋白质、植物来源食品中的蛋白质及蛋白质新资源。动物来源食品中的蛋白质又分为肉类蛋白质、牛乳蛋白质和禽畜动物蛋白质；植物来源食品中的蛋白质有蔬菜蛋白质、谷类蛋白质、油料种子蛋白质；蛋白质新资源包括单细胞蛋白、微生物蛋白、水产动物蛋白、植物叶蛋白等。

5.8.1　动物来源食品中的蛋白质

5.8.1.1　肌肉蛋白质

肌肉蛋白质是重要的蛋白质来源。肌肉蛋白质一般指牛肉、羊肉、猪肉和鸡肉中的蛋白质，其蛋白质

占湿重的 20% 左右。肌肉蛋白质可分为肌原纤维蛋白质（myofibrillar protein）、肌浆蛋白质（sarcoplasmic protein）和肌基质蛋白质（stroma protein）。这 3 类蛋白质在溶解性质上存在着显著的差异。采用水或低离子强度的缓冲液（0.15mol/L 或更低浓度）能将肌浆蛋白质提取出来，提取肌原纤维蛋白质需要采用更高浓度的盐溶液，而肌基质蛋白质是不溶解的。

主要的肌肉蛋白质的性质可以简单总结如下。

① 肌原纤维蛋白质（亦称肌肉的结构蛋白质）占肌肉蛋白质总量的 51% ～ 53%。肌球蛋白的等电点为 5.4 左右，在温度达到 50 ～ 55℃时发生凝固，具有 ATP 酶的活性。肌动蛋白的等电点为 4.7，可与肌球蛋白结合为肌动球蛋白。肌球蛋白、肌动蛋白间的作用决定肌肉的收缩。

② 肌浆蛋白质中含有大量糖解酶和其他酶，还含有肌红蛋白和血红蛋白。肌红蛋白为产生肉类色泽的主要色素，它的等电点为 6.8，性质不稳定，在外来因素影响下所含的 Fe^{2+} 转化为 Fe^{3+}，可导致肉制品色泽异常。存在于肌原纤维间的清蛋白（肌溶蛋白）性质也不稳定，在温度达到 50℃就可以变性。

③ 肌基质蛋白质形成肌肉的结缔组织骨架，包括胶原蛋白、网硬蛋白和弹性蛋白。胶原蛋白中含有丰富的羟脯氨酸（10%）和脯氨酸，甘氨酸含量更丰富（约 33%），这种特殊的氨基酸组成是胶原蛋白三股螺旋结构形成的重要基础。胶原蛋白经过加热发生部分水解转化为明胶，而明胶的重要特性就是可溶于热水并形成热可逆凝胶。

5.8.1.2　牛乳蛋白质

牛乳中含有大约 33g/L 蛋白质，主要可分为酪蛋白（casein）、乳清蛋白（whey）两大类。其中酪蛋白约占总蛋白质的 80%，包括 α_{S1}- 酪蛋白、α_{S2}- 酪蛋白、β- 酪蛋白、κ- 酪蛋白；乳清蛋白约占总蛋白质的 20%，包括 β- 乳球蛋白、α- 乳清蛋白、免疫球蛋白和血清清蛋白等。

（1）酪蛋白　酪蛋白是一种磷蛋白，含 0.86% 的磷，是一种非均相蛋白质。酪蛋白属于疏水性最强的一类蛋白质，在牛乳中聚集成胶团形式。酪蛋白胶束的直径在 30 ～ 300nm 之间，在 1mL 液体乳中胶束的数量在 10^{14} 左右，只有小部分胶束直径在 600nm 左右，故可以认为牛乳中的蛋白质主要是以纳米形式存在。

酪蛋白可简单地采用酸沉淀分离法（调节 pH 值至 4.6 附近）得到，也可以利用凝乳酶的作用得到，最终产品的性能随处理方法的差异而有所不同。酪蛋白是食品加工中的重要配料，其中以酪蛋白钠盐（干酪素钠，caseinate）的应用最广泛。酪蛋白钠盐在 pH ＞ 6 时稳定性好，在水中有很好的溶解性及热稳定性，是良好的乳化剂、保水剂、增稠剂、搅打发泡剂和胶凝剂。

（2）乳清蛋白　牛乳中的酪蛋白沉淀下来后，保留在上层的清液含有乳清蛋白。乳清蛋白主要成分按含量递减依次为 β- 乳球蛋白、α- 乳清蛋白和血清清蛋白等。

乳清蛋白在宽广的 pH、温度和离子强度范围内具有良好的溶解度，甚至在等电点附近即 pH 值为 4 ～ 5 时仍然保持溶解，这是天然乳清蛋白最重要的物理化学和功能性质。此外，乳清蛋白溶液经热处理后形成稳定的凝胶。乳清

人造奶的绿色
制造

蛋白的表面性质在它们应用于食品时也是很重要的。

5.8.1.3　鸡蛋蛋白质

鸡蛋蛋白质有蛋清蛋白与蛋黄蛋白两种，它的特点是具有较高的生物学价值。

蛋清蛋白中至少含有 8 种不同的蛋白质，其中存在的溶菌酶、抗生物素蛋白、免疫球蛋白和蛋白酶抑制剂等都能有效抑制微生物生长，保护蛋黄。蛋清中的蛋白质主要包括：①卵清蛋白，占蛋清蛋白总量的 54% ～ 69%，属于磷糖蛋白，耐热，如在 pH 值 9 和 62℃下加热 3.5min 仅 3% ～ 5% 的卵清蛋白有显著改变；②伴清蛋白，即卵转铁蛋白，是一种糖蛋白，占蛋清蛋白的 9%，在 57℃加热 10min 后 40% 的伴清蛋白变性，当 pH 值为 9 时在上述条件下加热，伴清蛋白性质未见明显改变；③卵类黏蛋白，占蛋清蛋白总量的 11%，在糖蛋白质酸性和中等碱性的介质中能抵抗热凝结作用，但是在有溶菌酶存在的溶液中加热到 60℃以上时蛋白质便凝结成块；④溶菌酶，占蛋清蛋白总量的 3% ～ 4%，等电点为 10.7，比蛋清中的其他蛋白质的等电点高得多，而其相对分子质量（14600）却最低；⑤卵黏蛋白，是一种糖蛋白，占蛋清蛋白总量的 2.0% ～ 2.9%，有助于浓厚蛋清凝胶结构的形成。

蛋清是食品加工中重要的发泡剂，它的良好起泡能力与蛋清中卵黏蛋白和球蛋白的发泡能力有关。它们都是分子量很大的蛋白质，卵黏蛋白具有高黏度。在焙烤过程中发现，由卵黏蛋白形成的泡沫易破裂，而加入少量溶菌酶后可大大提高泡沫的稳定性。

蛋黄是食品加工中重要的乳化剂。蛋黄中含有丰富的脂类。蛋黄蛋白有卵黄蛋白、卵黄磷蛋白和脂蛋白 3 种。蛋黄的乳化性质很大程度上取决于脂蛋白。蛋黄的发泡能力稍大于蛋清，但是它的泡沫稳定性远不如蛋清蛋白。

蛋清还是食品加工中重要的胶凝剂。

5.8.2　植物来源食品中的蛋白质

5.8.2.1　谷类蛋白质

谷类蛋白质含量在 6% ～ 20% 之间，含量随种类不同而不同。谷类蛋白质主要有小麦蛋白质、玉米胚乳蛋白和稻米蛋白 3 种。

（1）小麦蛋白质　小麦蛋白质可按它们的溶解度分为清蛋白（溶于水）、球蛋白（溶于 10% NaCl 溶液，不溶于水）、麦醇溶蛋白（溶于 70% ～ 90% 乙醇）和麦谷蛋白（不溶于水或乙醇，溶于酸或碱）。

清蛋白和球蛋白共约占小麦胚乳蛋白质的 10% ～ 15%。它们含有游离的巯基（—SH）及较高比例的碱性和其他带电氨基酸。清蛋白的相对分子质量很低，约在 12000 ～ 26000 范围；球蛋白的相对分子质量可高达 100000，但多数低于 40000。

麦醇溶蛋白和麦谷蛋白是面筋蛋白质的主要成分，它们约占面粉蛋白质的 85%。在面粉中麦醇溶蛋白和麦谷蛋白的量大致相等，两者结构都是非常复杂的。这两种蛋白质的氨基酸组成特征是高含量的 Gln 和 Pro、非常低含量的 Lys 和离子化氨基酸，属于最少带电的一类蛋白质。面筋蛋白质中含硫氨基酸的含量低，然而这些含硫基团对于它们的分子结构以及在面包面团中的功能是重要的。

小麦蛋白质的含量、蛋白质的组成对焙烤产品的品质影响很大。例如强力粉是含有较多蛋白质的面粉，在制作面包时具有很好的气体滞留能力，同时使产品具有良好的外观和质地。一般不同蛋白质含量的面粉其用途也不一。

（2）玉米胚乳蛋白　玉米胚乳蛋白是湿法加工玉米时，先脱去胚芽以及玉米皮等组织，然后再部分提取淀粉后获得的产物。玉米胚乳蛋白中富含叶黄素，缺乏赖氨酸和色氨酸两种必需氨基酸。

（3）稻米蛋白　稻米蛋白主要存在于内胚乳的蛋白体中，在碾米过程中几乎全部保存，其中 80% 为

碱溶性蛋白——谷蛋白。稻米是唯一具有高含量谷蛋白和低含量醇溶谷蛋白（5%）的谷类，因此其赖氨酸含量也较高（约占 3.5% ～ 4.0%）。过分追求精白面和精白米，不但损失粮食，而且也损失大量蛋白质。

5.8.2.2   油料种子蛋白质

目前油料蛋白质的利用主要是大豆蛋白质。大豆含有约 42% 蛋白质、20% 油和 35% 碳水化合物（按干基计算）。大豆蛋白质对于物理和化学处理非常敏感，例如加热（在含有水分的条件下）和改变 pH 值能使大豆蛋白质的物理性质产生显著的变化，这些性质包括溶解度、黏度和分子量。

大豆蛋白质可分为两类：清蛋白和球蛋白。球蛋白约占大豆蛋白质的 90%（以粗蛋白计）。大豆球蛋白可溶于水、盐、碱溶液，加酸调节 pH 值至等电点 4.5 或加入饱和硫酸铵溶液则沉淀析出。大豆蛋白质在 pH 值为 3.75 ～ 5.25 时溶解度最低，而在等电点的酸性一侧和碱性一侧具有最高溶解度。在 pH 值为 6.5 时，脱脂大豆粉中的蛋白质约 85% 能被水提取出来，加入碱能再增加提取率 5% ～ 10%。所以工业上一般采取碱溶酸沉的工艺分离制备大豆蛋白质。

根据超离心的沉降系数可将水提取的大豆蛋白质分为 2S、7S、11S、15S 等组分。其中 7S 和 11S 最重要，7S 占总蛋白质的 37%，11S 占总蛋白质的 31%。商业上重要的大豆蛋白质制品是大豆浓缩蛋白和大豆分离蛋白，它们的蛋白质含量分别高于 70% 和 90%。

离心机与离心
沉降系数

5.8.3   食源性生物活性肽

食源性生物活性肽是来源于食物蛋白的对生物机体的生命活动有益或具有多种生理调节功能的肽类化合物。现代医学及营养学公认，食源性生物活性肽特别是小肽（也称寡肽）在消化道中的吸收率高于相应的氨基酸混合物，而且两者具有不同的吸收通道。对食源性生物活性肽提取分离、结构鉴定及其功能研究是当前食品科学界最热门的研究课题之一，越来越引起人们的关注，极具发展前景。

食源性生物活性肽主要有：动物源，如牛乳、蛋类、肉类及水产品等；植物源，包括各种豆类、小麦和大米等。肽类的生物活性主要表现为降血压、抑菌、抗氧化、降血脂、促吸收、提高免疫力和营养护肤等方面。下面分别介绍植物源的大豆肽与动物源的乳肽、乌骨鸡活性肽。

5.8.3.1   大豆肽

大豆肽是指大豆蛋白通过酶水解法、化学法或微生物发酵法处理得到的产物。大豆多肽的分子质量以 1000Da 以内的为主，大部分由 3 ～ 6 个氨基酸组成，还存在少量大分子肽、游离氨基酸、糖类和无机盐等成分。

与大豆蛋白相比，大豆肽的优良特性一是浓度高、黏度低，二是大豆肽溶液不受 pH 变化和加热影响。随着大豆肽诸多的功能被逐步验证，大豆肽粉行业标准（QB/T 2653—2004）于 2005 年 1 月 1 日起正式实施，这是我国第一个大豆肽类配料的全国性行业标准。该标准中规定了 3 项大豆肽粉产品纯度的检验项目，即总蛋白质、大豆肽含量（酸溶蛋白含量、游离氨基酸含量）和分子量及分布。这对于指导大豆肽粉配料生产、推广和应用起到重要作用。

大米蛋白肽的制备

5.8.3.2　乳肽

乳肽是指与乳中某些蛋白质肽链的某些片段相同或相似，在乳中固有或在乳蛋白降解过程中产生的具有生物活性的肽类。研究发现，乳肽具有激素、生长因子和神经递质的作用，发挥着调节机体免疫和胃肠道功能，在膳食补充剂、保健食品及医药等领域显示出良好的发展趋势。

牛乳蛋白通过物理、化学或生物分解作用，乳蛋白可裂解成许多具有生物学功能的小肽。目前已从乳蛋白酶解产物中分离到了具有阿片样活性、免疫调节活性、抗高血压活性、抗氧化性、金属离子（Ca^{2+}，Fe^{2+}，Zn^{2+}）结合活性、抗凝血和舒张血管活性及抗菌活性等多种生物活性肽。

对乳源性生物活性肽构效关系方面的研究，Meise 等在 2004 年报道乳源性抗高血压肽一级结构中的疏水性氨基酸尤其是脯氨酸能够大大提高降血压效果；乳源性抗菌肽肽段上碱性氨基酸残基的存在能够大大提高抗菌效果，N.Zhou 等在 2004 年研究得出抑菌肽的二级结构从 α- 螺旋转化为 β- 折叠可以大大增加对 G⁺ 和 G⁻ 细菌的作用效果。此外，人们逐渐认识到肽链中含有巯基的氨基酸能够提高抗氧化效果。

5.8.3.3　乌骨鸡活性肽

乌骨鸡肌肽是由 β- 丙氨酸和 L- 组氨酸组成的具有抗氧化、抗衰老、抗疲劳、促进细胞能量代谢、改善机体功能等多种活性的天然二肽，已是欧美等国常用的营养补充剂，也是目前已知抗氧化活性最强的肽类物质。研究推测乌骨鸡富含肌肽可能是由乌骨鸡鸡种决定的，并认为乌骨鸡富含肌肽可能是乌骨鸡"滋阴清热""治消渴"等药用和补益作用的重要物质基础之一。

乌骨鸡抗氧化活性肽主要是 8 个肽键以下的小肽，其中分子质量为 1900Da 以上的多肽约占 11%，分子质量在 200 ～ 400Da 的小肽约占 32%。大量实验研究表明，乌骨鸡活性肽具有较强的清除羟基自由基、超氧自由基的能力，是一种清除自由基非常有效的抗氧化肽。乌骨鸡活性肽的生物活性与分子量大小有关，它的强清除自由基能力与其较高的小肽含量有直接联系；同时，肽的抗氧化活性还与其氨基酸组成、氨基酸序列密切相关，肽中抗氧化性氨基酸如组氨酸、酪氨酸、蛋氨酸、半胱氨酸的含量为 4.3%，特别是酪氨酸含量较高，这可能是乌骨鸡活性肽具有强抗氧化活性的一个重要原因。

5.9　本章小结

本章对蛋白质的组成、结构、性质和功能与营养价值进行了介绍。蛋白质与淀粉、脂肪、糖类是食品工业的四大基础原料，广泛应用于各种食品中。它不仅具有提高营养价值的功能，而且具有改善食品品质的功效。随着各种蛋白质结构与功能关系的不断揭示以及对其营养功能的深入了解，在食品加工过程中可以更加有效地改善食品的品质与质构，增强其保健功能。食品工业目前迫切需要解决的问题是合理开发蛋白质资源以及提高食品品质和营养功能，满足人们生活水平不断提高的要求。

蛋白质分子作为功能性生物大分子，在生命活动过程中发挥着不可替代的作用。蛋白质化学的研究方法和手段的不断更新，有力地推动了生命科学的研究。在蛋白质研究领域出现了很多研究热点，如蛋白质结构的预测、蛋白质功能的预测、蛋白质芯片、蛋白质组学等。

 总结

○ 蛋白质

- 蛋白质是由结构和性质各不相同的20种α-氨基酸，以肽键相连接而形成的多达几百个氨基酸残基的大分子化合物。
- 蛋白质按其化学组成可分为简单蛋白质和结合蛋白质。

○ 食品中的氨基酸

- 蛋白质的基本组成单位是α-氨基酸，氨基酸的差别在于含有化学本质不同的侧链R基。
- 根据氨基酸对人体的重要性，可分为必需氨基酸、非必需氨基酸、限制性氨基酸。
- 氨基酸的疏水性是指氨基酸从乙醇转移至水中的自由能变化ΔG，如果一种氨基酸的ΔG是一个很大的正值，那么它的疏水性就很大。
- 氨基酸为两性电解质，既表现出酸性，又表现出碱性。

○ 蛋白质的结构

- 二级结构是指多肽链的某些部分氨基酸残基周期性有规则的空间排列。
- 每条多肽链形成的独立三级结构单元称为亚基或亚单位，亚基单独存在时无生物活性，只有聚合成四级结构才有完整的生物活性。
- 蛋白质分子并非刚性分子；相反，它们是高度柔性分子，蛋白质分子的天然状态属于介稳定状态。

○ 蛋白质的变性

- 蛋白质变性的本质是其空间结构发生异常变化，从而导致生物功能丧失或物理化学性质改变的现象。
- 在动力学方面，蛋白质变性是一级反应。
- 涉及蛋白质变性有物理因素和化学因素。

○ 蛋白质的功能性质

- 蛋白质的功能性质是指在食品加工、贮藏和销售过程中对食品需宜特征做出贡献的那些物理和化学性质。
- 不同于低相对分子质量表面活性剂，蛋白质能在界面形成高黏弹性薄膜，使体系更稳定。
- 蛋白质是天然的两亲物质，它能自发地迁移至油-水界面和气-水界面。
- 一种蛋白质可以是一种好的乳化剂，而未必是一种好的起泡剂。
- 根据凝胶形成的途径，一般将凝胶分为热致凝胶（如卵白蛋白凝胶的形成）和非热致凝胶（如通过调节pH、加入二价金属离子，或者是部分水解蛋白质而形成凝胶）两类。
- 根据凝胶对热的稳定性情况分为热可逆凝胶（如明胶），凝胶主要是通过分子间的氢键形成而保持稳定；非热可逆凝胶（如卵白蛋白），凝胶多涉及分子间的二硫键，因为二硫键一旦形成就不容易发生断裂，加热也不会对其产生破坏作用。

- 蛋白质织构化方式有热凝固和薄膜形成、热塑性挤压、纤维形成三种。
- 任何能改变蛋白质构象的因素都会影响它对挥发性化合物的结合能力。
○ 食品蛋白质在加工和贮藏中的变化
- 适度的热处理对蛋白质的影响有有利的一方面，但过度热处理会对蛋白质产生不利的影响。
- 一般来说冷冻速度越快，形成的冰晶越小，挤压作用较小，变性程度就小。
○ 蛋白质的改性
- 蛋白质改性的方法有物理、化学、酶学、基因方法、复合改性方法。
○ 食品中的常见蛋白质
- 肌肉蛋白质可分为肌原纤维蛋白质、肌浆蛋白质和肌基质蛋白质。
- 牛乳蛋白主要分为酪蛋白和乳清蛋白两大类。
○ 食源性生物活性肽
- 食源性生物活性肽是来源于食物蛋白的对生物机体的生命活动有益或具有多种生理调节功能的肽类化合物。

思考题

1. 名词解释：蛋白质的等电点（pI）；二级结构；蛋白质的变性；蛋白质的沉淀；蛋白质的胶凝作用；蛋白质的功能性质；盐析；盐溶；蛋白质质构化；面团形成；必需氨基酸；疏水作用。
2. 论述热处理对蛋白质功能和营养价值的影响。
3. 论述影响蛋白质水溶性的因素，并举例说明蛋白质的水溶性在食品加工中的重要性。
4. 简述蛋白凝胶形成的过程及其影响因素，并举例论述蛋白质凝胶在食品加工中的作用。
5. 维持蛋白质的空间结构的作用力有哪几种？各级结构的作用力主要有哪几种？
6. 论述面团形成的过程，并讨论如何在面包制作中提高面团形成的质量。
7. 论述蛋白质变性及其对蛋白质的影响，并论述在食品加工中如何利用蛋白质变性提高和保证质量。

参考文献

[1] 冯凤琴, 叶立扬. 食品化学 [M]. 2 版. 北京: 化学工业出版社, 2020.
[2] 阚建全. 食品化学 [M]. 4 版. 北京: 中国农业大学出版社, 2021.
[3] 汪东风, 徐莹. 食品化学 [M]. 4 版. 北京: 化学工业出版社. 2024.
[4] Alrosan M, Tan T C, Easa A M, et al. Molecular forces governing protein-protein interaction: Structure-function relationship of complexes protein in the food industry[J]. Critical Reviews in Food Science and Nutrition, 2022, 62(15): 4036-4052.
[5] 谢明勇, 田颖刚, 涂勇刚. 乌骨鸡活性成分及其功能研究进展 [J]. 现代食品科技, 2009, 25(5): 461-465.
[6] 林霖, 田颖刚, 谢明勇, 等. 乌骨鸡活性肽组成成分及体外抗氧化活性研究 [J]. 食品科学, 2007(10): 41-45.
[7] Zhang G, Zhu C, Walayat N, et al. Recent development in evaluation methods, influencing factors and control measures for freeze denaturation of food protein[J]. Critical Reviews in Food Science and Nutrition, 2023, 63(22): 5874-5889.
[8] 仪淑敏, 吴琪, 李学鹏, 等. 食品中蛋白质力学性质的研究进展 [J]. 食品安全质量检测学报, 2021, 12(7): 2814-2821.

[9]　Poojary M M, Lund M N. Chemical stability of proteins in foods: Oxidation and the Maillard Reaction[J]. Annual Review of Food Science and Technology, 2022, 13: 35-58.

[10]　杨文清, 黄秀芳, 陈耀兵, 等 . 植物源生物活性肽的研究进展 [J]. 食品安全质量检测学报, 2023, 14（1）: 270-278.

[11]　郭超凡, 王云阳 . 蛋白质物理改性的研究进展 [J]. 食品安全质量检测学报, 2017, 8（2）: 428-433.

[12]　严静, 查园园, 钱家美, 等 . 大米蛋白资源开发利用现状 [J]. 中国食品添加剂, 2020, 31（5）: 124-129.

[13]　许文君, 栾庆刚, 张新, 等 . 发酵乳中生物活性肽的研究进展 [J]. 中国食物与营养, 2024, 30（2）: 57-62.

[14]　Fu Q, Zhao J, Rong S, et al. Research advances in plant protein-based products: Protein sources, processing technology, and food applications[J]. Journal of Agricultural and Food Chemistry, 2023, 71（42）: 15429-15444.

[15]　Małecki J, Muszyński S, Sołowiej B G. Proteins in food systems-Bionanomaterials, conventional and unconventional sources, functional properties, and development opportunities[J]. Polymers, 2021, 13（15）: 2506.

[16]　赵思明, 江连洲, 王冬梅, 等 . EGCG 对大豆蛋白结构的调控机理 [J]. 食品科学, 2021, 42（12）: 67-75.

[17]　窦薇, 张鑫, 赵煜, 等 . 海藻酸钠添加对大豆浓缩蛋白植物肉特性的影响 [J]. 食品科学, 2022, 43（12）: 147-152.

[18]　田然, 冯俊然, 隋晓楠, 等 . 高强度超声处理对大豆 7S 和 11S 球蛋白结构和理化性质的影响 [J]. 食品工业科技, 2022, 43（5）: 87-97.

[19]　Zhang T, Dou W, Zhang X, et al. The development history and recent updates on soy protein-based meat alternatives[J]. Trends in Food Science & Technology, 2021, 109: 702-710.

[20]　张芷萌, 倪策, 欧晓晖, 等 . 食源性生物活性肽的免疫功能研究进展 [J]. 食品与机械, 2023, 39（5）: 193-202.

[21]　谢美茹, 初鸿, 张彤, 等 . 乳清蛋白源生物活性肽的研究进展 [J]. 乳品与人类, 2023, （1）: 46-51.

[22]　徐显皓, 刘龙, 陈坚 . 合成生物学与未来食品 [J]. 中国生物工程杂志, 2024, 44（1）: 61-71.

[23]　黄正花 . 早籼米淀粉酶解产物功能特性及大米蛋白（肽）抗炎活性的研究 [D]. 南昌: 南昌大学, 2021.

[24]　王迪, 代蕾, 高彦祥 . 蛋白质酶法改性研究进展 [J]. 食品科学, 2018, 39（15）: 233-239.

[25]　王俊鹏, 贺稚非, 李敏涵, 等 . 冷等离子体技术在蛋白质改性中的应用研究进展 [J]. 食品科学, 2021, 42（21）: 299-307.

[26]　张昂, 徐威, 郭青松 . 酶解食品源蛋白质制备生物活性肽的研究进展 [J]. 食品研究与开发, 2023, 44（24）: 208-215.

[27]　相悦, 孙承锋, 杨贤庆, 等 . 鱼类贮运过程中蛋白质相关品质变化机制的研究

进展 [J]. 中国渔业质量与标准, 2019, 9 (5): 8-16.

[28] 邹灵, 任丽琨, 李笑梅, 等 . 变性蛋白在复性过程中的结构变化研究进展 [J]. 食品安全质量检测学报, 2020, 11 (7): 2037-2043.

[29] 殷春燕, 昝立峰, 邢浩春, 等 . 超声辅助提取对蛋白质的功能性质和结构影响的研究进展 [J]. 食品科技, 2022, 47 (1): 246-253.

[30] 曹卫, 潘宪明 . 蛋白质结构预测进展 [J]. 生物化学与生物物理进展, 2023, 50 (5): 1190-1194.

[31] 李昕晖, 钱育蓉, 岳海涛, 等 . 基于生物信息学的蛋白质功能预测研究综述 [J]. 计算机工程与应用, 2023, 59 (16): 50-62.

5

第 6 章　维生素

维生素是机体的营养成分之一。同一个维生素有几个名称，例如，维生素 A 又称为"抗干眼病维生素"或"视黄醇"，为什么？

维生素 C 又称为抗坏血酸，在它的分子结构中，并没有羧基（—COOH）。那么它的酸性源自哪个基团？

6.1　概述

6.1.1　维生素的定义与特性

维生素（vitamin）也称为维他命，是维持人体生命活动必需的一类小分子有机物，为正常生命现象所必需，也是保持人体健康的重要活性物质。因此，维生素应具有以下特点：不能在人体内合成；不能提供机体以能量；不能大量储存于组织中，特别是水溶性维生素；必须经常从食物中摄取；必须是维持人体生命和健康所必不可少的一类有机化合物。

6.1.2　维生素的主要作用

维生素在人体内含量很少，人体的需要量也不多，但却是不可缺少的物质，它在人体生长、代谢、发育过程中发挥着重要的作用。人体不断地进行着各种生化反应，必须有辅酶参加，已知许多维生素是酶的辅酶或辅酶的组成分子，如硫胺素、叶酸等为辅酶或辅酶的前体。膳食中如缺乏维生素，就会引起人体代谢紊乱，以致发生维生素缺乏症。如缺乏维生素 A 会出现夜盲症、干眼病和皮肤干燥；缺乏维生素 D 可患佝偻病；缺乏维生素 B_1 可得脚气病；缺乏维生素 B_2 可引起唇炎、口角炎、舌炎和阴囊炎；缺乏维生素 B_{12} 可患恶性贫血；缺乏维生素 C 可患坏血病。

动物体内由于或者不能合成维生素，或者合成量不足，必须由外界供给。有些维生素如维生素 B_6、维生素 K 等能由动物肠道内的细菌合成，合成量可满足动物自身的需要。动物细胞虽可将色氨酸转变成烟酸，但生成量不足以满足其机体的需要；维生素 C 则是除灵长类（包括人类）和豚鼠外其他动物都可以自身合成。植物和多数微生物都能自身合成维生素，不必通过体外供给。在生物体内，不同维生素存在着一些生理功能上的差异。

6.1.3　维生素的命名

维生素一词是由波兰化学家卡西米尔·冯克（Kazimierz Funk）最先提出，是由拉丁文的生命（*vita*）和氨（*-amine*）缩写而得，因为他当时认为维生素都属于胺类。但以后陆续发现许多维生素的化学性质、生理功能并不相同；

还发现许多维生素根本不含胺，也不含氮。但初始的命名还是延续使用下来了，只是将最后的字母"e"去掉。

维生素虽然是小分子，但结构较复杂。早期维生素一般按发现顺序及来源用大写拉丁字母和数字命名，出现了维生素 A、维生素 B_1 等名称。也可根据其功能命名为"抗维生素"，如抗干眼病维生素（维生素 A）、抗佝偻病维生素（维生素 D）等。后来，又根据其结构及功能命名，如视黄醇（维生素 A_1）、胆钙化醇（维生素 D_3）等。为了改变命名的混乱状况，国际纯粹与应用化学会（IUPAC）及国际营养科学会（IUNS）在 1967 年及 1970 年先后提出过维生素命名法则的建议，使混乱的命名多少有些改进和明确，但迄今为止通常仍沿用习惯名称。

6.1.4　维生素的分类

维生素通常根据其生理和化学特性分类。按照维生素的溶解性特性，可将其分为水溶性维生素和脂溶性维生素两种。两大类维生素不同的特点见表 6-1。

表 6-1　脂溶性维生素和水溶性维生素的特点

项　目	脂溶性维生素	水溶性维生素
化学组成	含碳、氢、氧	除碳、氢、氧外，有的还含有氮、硫等
溶解性	溶于脂肪及脂溶剂	溶于水
吸收排泄	随脂肪吸收进入淋巴系统	血液吸收
积存性	大部分积存于体内	一般体内无积存
缺乏症出现时间	缓慢	相对较快
毒性	易引起中毒	几乎无毒性
稳定性	大多数稳定性强	大多数稳定性差

到目前为止，发现人体必需的维生素有十几种，其中比较重要的主要有：脂溶性维生素，包括维生素 A、维生素 D、维生素 E 和维生素 K；水溶性维生素，包括维生素 B_1、维生素 B_2、维生素 B_6、维生素 PP、泛酸、维生素 B_{12}、叶酸、维生素 C 和生物素。

在天然食物中，有些物质在化学结构上类似于某种维生素，经过机体简单的代谢反应即可转变成维生素，例如 β- 胡萝卜素能转变为维生素 A，7- 脱氢胆固醇可转变为维生素 D_3。因此，将那些在生物体内经过转化可以成为维生素类物质的化合物称为前维生素或维生素原。但需要注意的是，如果某一化合物需要经许多复杂代谢反应才能成为维生素，则不能称为维生素原。例如色氨酸要经过多个化学转化步骤才能够形成尼克酸，因此色氨酸不能称为维生素原。此外，还有一些化合物，其化学结构与维生素相似，并具有维生素活性，则将其称为同效维生素；而那些化学结构类似维生素，但与维生素有竞争作用、具有对抗维生素作用的物质，则称为抗维生素。

6.2　食品中的脂溶性维生素

6.2.1　维生素 A

维生素 A 是所有具有视黄醇（A_1）生物活性的 β- 紫罗宁衍生物的统称。维生素 A 是一类由 20 个碳构成的具有活性的不饱和碳氢化合物。其羟基可被酯化或转化为醛、酸，也能以游离醇的状态存在。主

要有维生素 A$_1$（视黄醇，retinol）及其衍生物（醛、酸、酯）、维生素 A$_2$（脱氢视黄醇，dehydroretinol）。其中维生素 A$_1$ 熔点 64℃，分子式为 C$_{20}$H$_{30}$O；维生素 A$_2$ 熔点 17～19℃，分子式为 C$_{20}$H$_{28}$O。其结构如图 6-1 所示。

$$-CH=CH-\overset{\overset{\displaystyle CH_3}{|}}{C}=CH-$$

异戊二烯结构单位

维生素 A$_1$（视黄醇）   维生素 A$_2$（脱氢视黄醇）

图 6-1   维生素 A 的化学结构

R=H 或 COCH$_3$（醋酸酯）或 CO（CH$_2$）$_{14}$CH$_3$（棕榈酸酯）

维生素 A$_1$ 结构中存在共轭双键（异戊二烯类），有多种顺、反立体异构体。食物中的维生素 A$_1$ 主要是全反式结构，生物效价最高。维生素 A$_2$ 的生物效价只有维生素 A$_1$ 的 40%，而顺 -1,3- 异构体（新维生素 A）的生物效价是维生素 A$_1$ 的 75%。新维生素 A 在天然维生素 A 中约占 1/3 左右，在人工合成的维生素 A 中很少。维生素 A$_1$ 主要存在于动物的肝脏和血液中，维生素 A$_2$ 主要存在于淡水鱼中。蔬菜中没有维生素 A，但含有胡萝卜素。胡萝卜素进入体内后可转化为维生素 A$_1$，通常称之为维生素 A 原或维生素 A 前体。其中以 β- 胡萝卜素转化效率最高，1 分子 β- 胡萝卜素可转化为 2 分子维生素 A，而其中能被机体吸收的仅为 1/3。β- 胡萝卜素不会在人体内蓄积，对人体不会造成伤害。

食品在加工过程中，维生素 A 前体的破坏随反应条件不同而有所不同。β- 胡萝卜素降解的主要途径如图 6-2 所示。β- 胡萝卜素发生化学氧化作用时，首先生成环氧化物（5,6- 环氧化物），然后异构化为 β- 胡萝卜素氧化物（5,8-

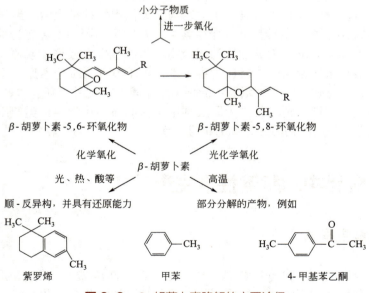

图 6-2 β- 胡萝卜素降解的主要途径

环氧化物）。光化学氧化也可以直接生成 5,8- 环氧化物。这两种环氧化物进一步氧化则可以生成一些小分子挥发性化合物，从而会影响食品原有的风味。高温处理时，β- 胡萝卜素会发生部分分解反应，生成紫罗烯（ionene）、甲苯、4- 甲基苯乙酮等产物。在光、酸或热的环境中，β- 胡萝卜素会发生异构化反应。

维生素 A 的氧化机制与 β- 胡萝卜素相同。维生素 A 的氧化可导致其活性完全丧失。维生素 A 也能够发生光异构化作用，可以通过直接的或间接的光敏化剂作用，生成产物顺式异构体的比例和数量与光异构化的途径有关。胡萝卜素损失的程度取决于温度、时间和胡萝卜素的性质。如果反应是在有氧条件下，胡萝卜素受光、酶和脂质过氧化物的共氧化或间接氧化作用。

维生素 A 是机体必需的一种营养素，它以不同方式几乎影响机体内的一切组织细胞。维生素 A（包括具有维生素 A 生理活性的类胡萝卜素）最主要的生理功能是维持视觉功能。人和动物感受暗光的物质是视紫红质，它的形成和生理功能的发挥与维生素 A 有关。当体内缺乏维生素 A 时，会引起表皮细胞角质化、夜盲症等病症。维生素 A 还具有增强免疫系统等生理功能。

维生素 A 的含量可用国际单位（international unit，IU）表示，也可以使用视黄醇当量（retinol equivalent，RE）表示。两个单位具体换算方式如下：1IU 维生素 A=0.344μg 维生素 A 醋酸酯 =0.549μg 维生素 A 棕榈酸酯 =0.600μg β- 胡萝卜素 =1.2μg 其他类胡萝卜素维生素 A 原。如果采用视黄醇当量表示维生素 A 的含量，则 1 视黄醇当量 =1μg 视黄醇。

6.2.2　维生素 D

维生素 D（calciferol）是类固醇的衍生物。具有维生素 D 活性的化合物约有 10 种，主要有维生素 D_2（麦角钙化醇，ergocalciferol）和 D_3（胆钙化醇，cholecalciferol）。二者化学结构十分相似，维生素 D_2 比维生素 D_3 在侧链上多一个碳 - 碳双键和甲基。维生素 D_2 分子式为 $C_{28}H_{44}O$（相对分子质量 396），维生素 D_3 分子式为 $C_{27}H_{44}O$（相对分子质量 384）。其结构式如图 6-3 所示。

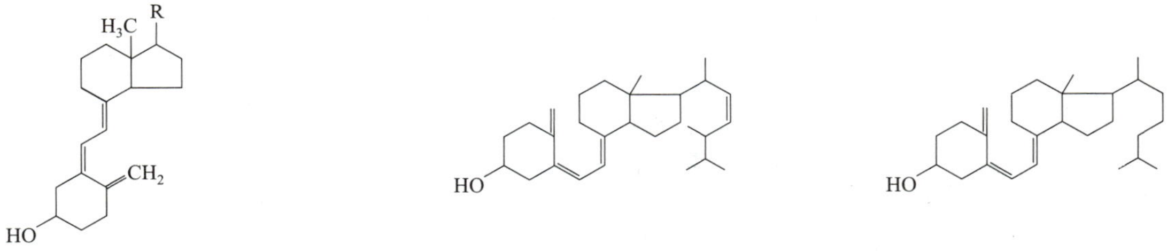

维生素 D 的通式　　　　　　　　维生素 D_2　　　　　　　　维生素 D_3

图 6-3　维生素 D 及维生素 D_2 和 D_3 的化学结构

维生素 D 原和维生素 D 分子中均含有相同的由 19 个碳原子组成的环状结构，3 位碳上带有羟基及特有的共轭三烯结构。关键区别在于 C17 位上的脂肪侧链，C17 位上的脂肪侧链中 C22 ～ C24 的部分结构与维生素 D 活性密切相关，其饱和侧链 C22 ～ C24 上无取代基时活性最高，在 C24 位引入甲基或乙基其生理活性分别降低 1/2 或 1/4，当 C17 位侧链为羟基或在 C24 引入羧基时活性消失。维生素 D 的 3 位羟基应为游离形式，若被转变成在体内不易水解的酯或形成醚类时，其活性消失；3 位羟基如果被巯基取代，活性也会消失。维生素 D 在光照或与某些金属离子接触时，结构可能发生变化而失去原有生理活性。维生素 D 在体内必须被代谢为活性维生素 D 形式，即 1,25- 二羟胆钙化醇［1,25-dihydroxycholecalciferol，缩写为 1,25-（OH)₂D₃］，才显示其生物活性。

植物性食品中不含维生素 D，但维生素 D 原在动植物体内都存在。维生素 D 前体（麦角固醇和 7- 脱

氢胆固醇）经紫外线照射后，可产生维生素 D_2 和 D_3。酵母和真菌中含麦角固醇，而 7- 脱氢胆固醇存在于鱼肝油、人体及其他动物的皮肤中。在日光下，人皮肤内的 7- 脱氢胆固醇可生成维生素 D_3，这是一个复杂的形成过程，它包括脱氢胆固醇的光化学修饰和非酶异构化（图 6-4）。

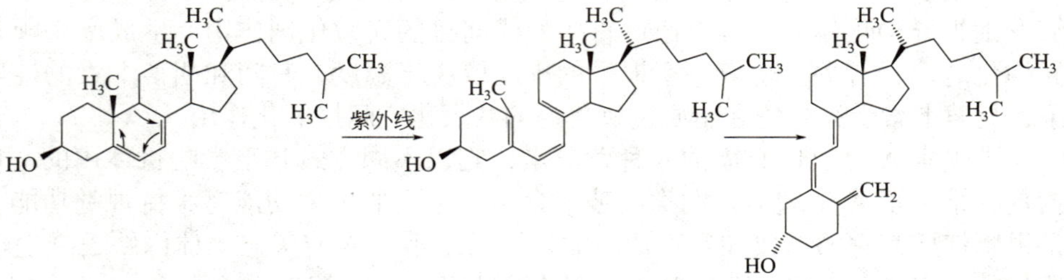

图 6-4　7- 脱氢胆固醇转化为维生素 D_3 的反应过程

食品中的维生素 D 具有较好的稳定性，常规的食品加工对其活性无影响。维生素 D 的损失主要与光照和氧化有关。其光解机制可能是直接光化学反应或由光引发的脂肪自动氧化而间接影响维生素 D 的稳定性。维生素 D 易发生氧化，主要是因为其分子中含有不饱和双键，特别是有空气存在的情况下。实验表明，采用空气包装的鱼油在贮存 4 周后，维生素 D 活性几乎完全丧失（图 6-5）。

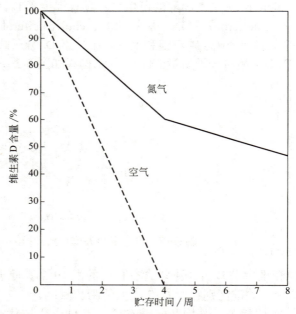

图 6-5　空气和氮气包装鱼油中维生素 D 的损失

维生素 D 主要具有提高机体对钙、磷的吸收，使血浆钙和磷的水平达到饱和程度；促进骨骼和牙齿的生长；通过肠壁增加磷的吸收，并通过肾小管增加磷的再吸收；维持血液中柠檬酸盐的正常水平；防止氨基酸通过肾脏损失等生理功能。维生素 D 也有助于癌症的预防和治疗。美国 H.G.Skinner 等对 12 万人进行了调查，这些人每天服用 400IU 维生素 D，研究发现维生素 D 可以减少调查者患胰腺癌的概率为 43%。

维生素 D 的含量可用国际单位表示，1IU 维生素 D=0.025μg 维生素 D_2 或 D_3。

6.2.3　维生素 E

维生素 E 又名生育酚（tocopherol），为具有苯并二氢吡喃结构的与生育有关的维生素总称，维生素 E 是淡黄色的油状物，按其结构可分为生育酚和生育三烯酚两大类，每类又可分为 α、β、γ、δ 4 种不同的构型，共计 8 种化合物，即 α-、β-、γ-、δ 生育酚和 α-、β-、γ-、δ 生育三烯酚。生育三烯酚与生育酚化学结构上的区别在于其侧链的 3′、7′ 和 11′ 处有双键。生育酚的苯并二氢吡喃环上的氢可被甲基取代，甲基取代物的数目和位置不同，其生物活性也不同。各种生育酚的差异仅在于甲基的数目和位置不同（图 6-6）。α- 生育酚是自然界中分布最广泛、含量最丰富，也是活性最高的维生素 E 形式。天然存在的 α- 生育酚为右旋体，而合成的 α- 生育酚为外消旋体。

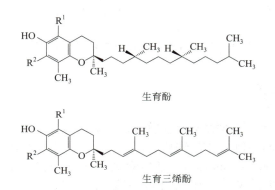

生育酚	R¹	R²
α-	CH_3	CH_3
β-	CH_3	H
γ-	H	CH_3
δ-	H	H

图 6-6　维生素 E 的化学结构

维生素 E 具有抗氧化的作用，对酸、热都很稳定，对碱不稳定。若在铁盐、铅盐或油脂酸败的条件下，会加速其氧化。食品在加工和贮藏过程中会引起维生素 E 大量损失，这种损失可能是由于机械作用或是由于氧化作用。维生素 E 的氧化通常也会伴有脂类的氧化，金属离子如 Fe^{2+} 能促进维生素 E 的氧化。氧化分解产物包括二聚物、三聚物、二羟基化合物以及醌类物质。维生素 E 在无氧条件下对热稳定，即使加热至 200℃ 也不会被破坏。但维生素 E 对氧敏感，发生氧化反应而失去活性，这也是维生素 E 在食品加工中常用作抗氧化剂的原因。

维生素 E 具有很强的清除自由基和抗氧化的功能。机体内的自由基对细胞膜的伤害最大，细胞上的磷脂中的不饱和脂肪酸会形成过氧化自由基，维生素 E 则可与之反应，从而保护细胞不被氧化（其反应机理如图 6-7 所示）。维生素 E 也可通过淬灭单线态氧而保护食品中的其他成分，生育酚的几种异构体与单线态氧反应的活性大小依次为 α＞β＞γ＞δ，而抗氧化能力大小顺序为 δ＞γ＞β＞α。维生素 E 和维生素 D_3 共同作用，可获得牛肉最佳的"色泽 - 嫩度"。

维生素 E 在人体内具有多种生理功能。维生素 E 的结构中含有酚羟基，所以维生素 E 有很强的抗氧化作用，可以保护机体免受自由基损伤，抗动脉粥样硬化；维生素 E 对维持正常的免疫功能，特别是对 T 淋巴细胞的功能很重要；维生素 E 还可促进蛋白质的更新合成。维生素 E 对胚胎发育和生殖重要的作用；维生素 E 还具有保护神经系统、骨骼肌、视网膜免受氧化损伤的作用。

维生素 E 的含量也可用国际单位表示：1mg 天然 *d-α-* 生育酚 =1.49IU；1mg 人工合成 *dl-α-* 生育酚醋酸酯 =1.10IU。

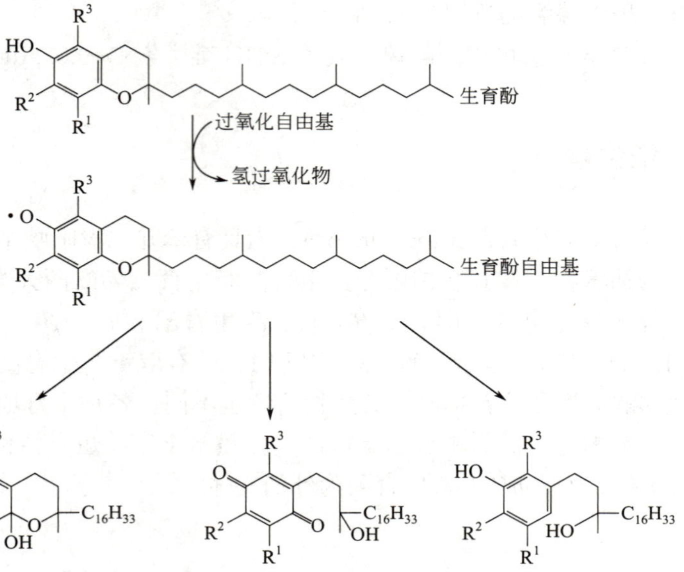

图 6-7 维生素 E 清除自由基的反应机理

6.2.4 维生素 K

维生素 K 是脂溶性萘醌类衍生物，其基本结构为 2- 甲基 -1,4- 萘醌，3 位上连有不同长度的碳链，化学结构如图 6-8 所示。常见的维生素 K 包括维生素 K_1（叶绿醌，phylloquinone）、维生素 K_2（聚异戊烯基 - 甲基 - 萘醌，menaquinone）和维生素 K_3（2- 甲基 -1,4- 萘醌，menadione）。天然的维生素 K 有维生素 K_1 和维生素 K_2 两种形式。维生素 K_1 仅存在于绿色植物中，如菠菜和卷心菜等叶菜中含量较多；维生素 K_2 可由许多微生物和动物肠道中的细菌合成。还有几种人工合成的化合物也具有维生素 K 活性，其中最重要的是维生素 K_3，维生素 K_3 在人体内可转变为维生素 K_2，其生理活性是维生素 K_1 和维生素 K_2 的 2 ～ 3 倍。

如果将维生素 K 结构中萘醌环的醌基氢化，维生素 K 的凝血活性不会发生太大的改变。如果苯环被氢化，维生素 K 的活性将大大降低。若将苯环以其他芳环或杂环如噻吩代替，维生素 K 的生理活性将锐减。如果维生素结构

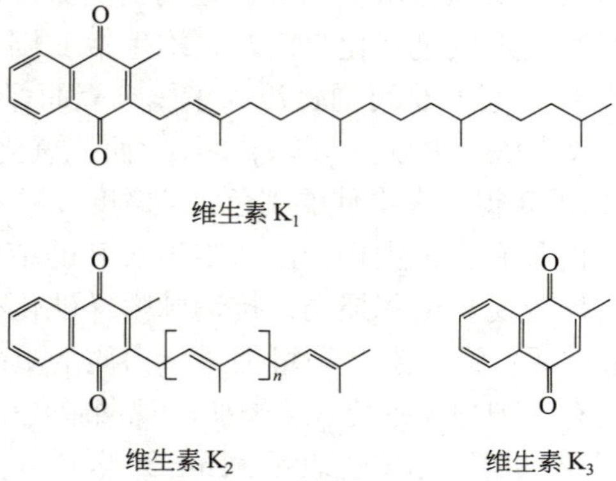

维生素 K_1

维生素 K_2 维生素 K_3

图 6-8 维生素 K 的化学结构

中 C2 位的甲基被乙基、烷氧基、烯丙基或氢原子替代，维生素 K 的活性也将降低。更重要的是，一旦此位的甲基被氯原子取代，则该化合物将成为维生素 K 的拮抗物。当维生素 K 结构中 C3 位无烃基取代基时，维生素 K 的生理活性最高。

天然存在的维生素 K 是黄色油状物；人工合成的是黄色结晶粉末。维生素 K 具有抗热能力，但易受酸、碱、氧化剂和光（特别是紫外线）破坏。天然维生素 K 相对稳定，又不溶于水，在正常的烹调过程中损失很少。

维生素 K 的生理功能主要是有助于某些凝血因子的产生，即参与凝血过程，故又称为凝血因子。维生素 K 是形成凝血酶原不可缺少的物质，对骨钙代谢也有重要作用。维生素 K 存在于绿色蔬菜中，并能由肠道中的细菌合成，所以人体很少缺乏。缺乏症主要表现为轻重程度不一的出血症状。天然形式的维生素 K_1 和维生素 K_2 对人体不具有毒副作用。

6.3　食品中的水溶性维生素

6.3.1　维生素 B_1

维生素 B_1 又称为硫胺素，由一分子嘧啶和一分子噻唑通过一个亚甲基连接而成（图 6-9）。维生素 B_1 分子中有两个碱基氮原子，一个在氨基基团中，另一个在具有强碱性质的四级胺中。因此，维生素 B_1 能与酸类反应形成相应的盐，维生素 B_1 纯品大多以盐酸盐或硫酸盐的形式存在。维生素 B_1 在食品中通常所遇到的 pH 值范围内完全电离，其电离程度取决于 pH 值。

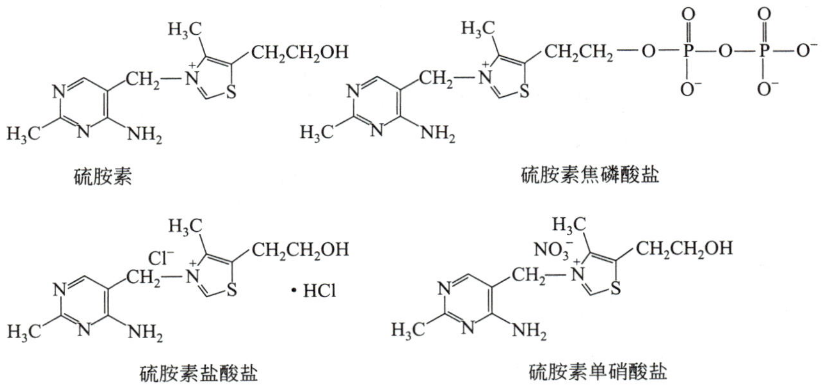

硫胺素　　　　　　　　　　　　　　　　　硫胺素焦磷酸盐

硫胺素盐酸盐　　　　　　　　　　　　硫胺素单硝酸盐

图 6-9　各种形式的维生素 B_1 分子的化学结构

维生素 B_1 是所有维生素中最不稳定者之一，其稳定性取决于温度、pH 值、离子强度、缓冲体系等环境因素。维生素 B_1 的热降解主要是分子中亚甲基桥的断裂。维生素 B_1 降解的速率对 pH 值极为敏感。在酸性 pH 值范围内（pH < 6），维生素 B_1 降解较为缓慢；在 pH 值为 6 ~ 7 时，维生素 B_1 降解加快，噻唑环会被破坏；当 pH 值为 8 时，体系中已不存在噻唑环。维生素 B_1 经分解或重排能够生成具有肉香味的含硫化合物，这是因为维生素 B_1 嘧啶环上的氨基和噻唑环 2 位上的氮原子很容易受到 pH 值的强烈影响，在这两个位置上都有发生降解反应的可能。其中，嘧啶环更易发生降解反应，一般在中等水分活度及中性和碱性 pH 值条件时维生素 B_1 降解速率最快。维生素 B_1 的分解反应条件和产物如图 6-10 所示。

维生素 B_1 广泛分布于植物和动物体中，在 α- 酮酸和糖类化合物的中间代谢中起着十分重要的作用。维生素 B_1 的主要功能形式是焦磷酸维生素 B_1（维生素 B_1 焦硫酸盐），但各种结构式的维生素 B_1 都具有维生素 B_1 活性。食物中的维生素 B_1 有 3 种形式：游离形式、维生素 B_1 焦磷酸盐及蛋白磷酸复合物。维

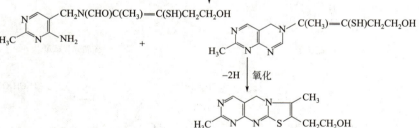

(a) 维生素 B₁的降解途径

(b) 维生素 B₁在酸、碱条件下的分解反应

图 6-10 维生素 B₁ 的分解

生素 B₁ 是辅酶的构成成分，还对神经组织有作用，并可预防脚气病。人体内过量维生素 B₁ 几乎没有副作用。

6.3.2 维生素 B₂

维生素 B₂ 又称为核黄素（riboflavin），其母体化合物是 7,8- 二甲基 -10-（1'- 核糖醇）异咯嗪。维生素 B₂ 的所有衍生物均含有黄素，5′ 位上的核糖醇磷酸化后生成黄素单核苷酸（flavin mononucleotide，FMN），再加上 5′- 腺苷单磷酸则变为黄素腺嘌呤二核苷酸（flavin adenine dinucleotide，FAD）（图 6-11）。

维生素 B_2 属于水溶性维生素，但水中溶解性很低，在 27.5℃时水中溶解度为 12mg/100mL。维生素 B_2 分子结构中异咯嗪环的 1 位和 5 位间存在共轭双键，因而容易发生氧化还原反应。所以维生素 B_2 有氧化型和还原型两种形式，还原型维生素 B_2 称为二氢核黄素。在体内，这种氧化 - 还原过程的相互转换中氢原子被传递。维生素 B_2 能广泛参加体内的氧化还原反应，同时还能促进糖、脂肪和蛋白质的代谢。

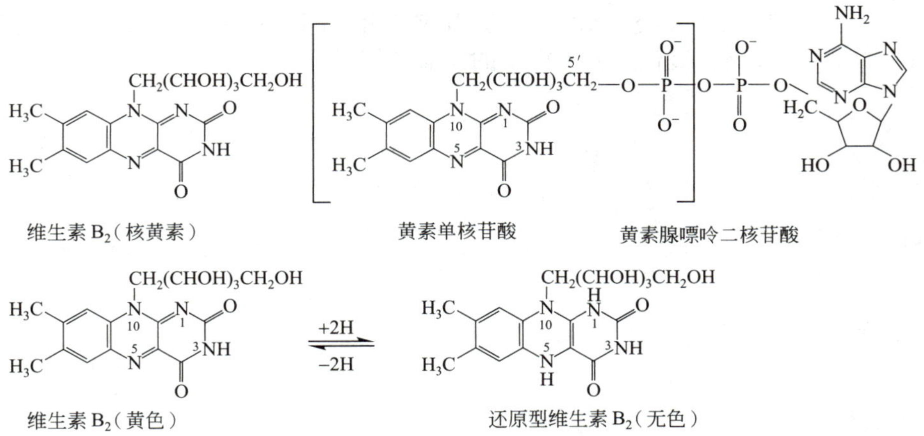

图 6-11　维生素 B_2 及其辅酶

维生素 B_2 在强酸溶液中最稳定，在中性条件下稳定性降低，在碱性介质中不稳定。维生素 B_2 对热比较稳定，在食品热加工、脱水和烹调中损失不大。引起维生素 B_2 降解的主要因素是光。维生素 B_2 的光降解反应分为两个阶段：第一阶段是在光辐照的表面迅速破坏阶段；第二阶段是慢速阶段，为一级反应。光强度是整个反应速率的决定因素。维生素 B_2 酸性条件下光解为光色素，碱性或中性下光解生成光黄素（图 6-12）。光黄素是一种强氧化剂，对其他维生素尤其是抗坏血酸有破坏作用。维生素 B_2 光氧化与食品中多种光敏氧化反应关系密切，例如牛奶在日光下存放 2h 后核黄素损失 50% 以上，放在透明玻璃器皿中也会产生"日光臭味"。而且，游离型维生素 B_2 的光降解作用比结合型更为显著。维生素 B_2 在大多数食品加工条件下都很稳定，而且不受空气中的氧影响。

维生素 B_2 参与机体内许多氧化还原反应，一旦缺乏将影响机体呼吸和代谢，出现溢出性皮脂炎、口角炎和角膜炎等病症。维生素 B_2 溶解度较低，小肠吸收能力有限，不会出现过量或中毒现象。

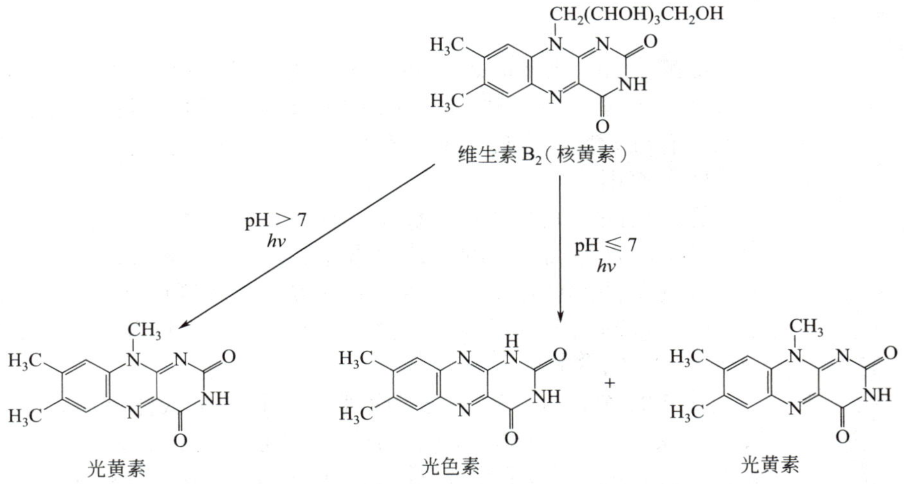

图 6-12　维生素 B_2 在酸性与碱性介质中的光分解反应

6.3.3　烟酸

烟酸（nicotinic acid）又称为维生素 PP、尼克酸、尼克酰胺，化学名称为吡啶 -3- 甲酸，其天然形式均有相同的烟酸活性。烟酸在人体内转化为烟酰胺，烟酰胺是辅酶 I（烟酰胺腺嘌呤二核苷酸，NAD）和辅酶 II（磷酸烟酰胺腺嘌呤二核苷酸，NADP）的组成部分（图 6-13）。烟酸参与体内脂质代谢、组织呼吸的氧化过程和糖类的无氧分解过程。

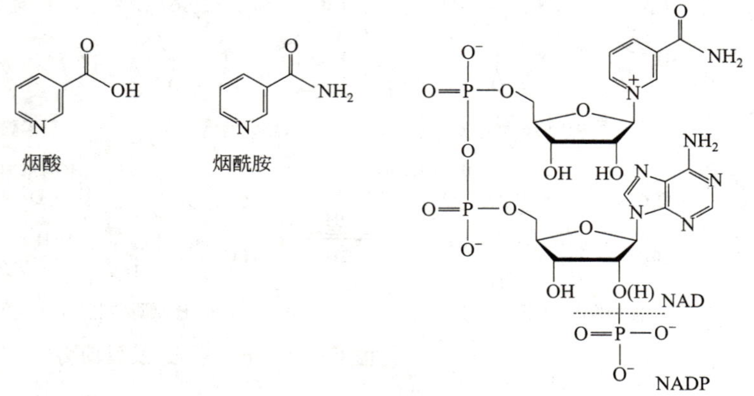

烟酸　　　　烟酰胺

图 6-13　烟酸、烟酰胺、NAD 与 NADP 的化学结构

烟酸是维生素中最稳定性的维生素之一，对光、氧、酸、碱以及热都很稳定，即使在 120℃温度条件下加热 20min 也不被破坏。因此，在食品加工和贮藏时相当稳定。

在机体内，烟酸是葡萄糖耐量因子的组成成分，有增加葡萄糖的利用及促进葡萄糖转化为脂肪的作用；烟酸还有降低胆固醇及甘油三酯、促进血液循环、降低血压等生理功能；烟酸也是性激素合成不可缺少的物质。烟酸缺乏可引起癞皮病。

6.3.4　泛酸

泛酸（pantothenic acid）的分子式为 $C_9H_{17}NO_5$。泛酸的化学结构为 D-（ + ）-N-（2,4- 二羟基 -3,3- 二甲基）丁酰 -β- 丙氨酸，是构成辅酶 A 的维生素（图 6-14）。泛酸具有旋光性，右旋泛酸具有生理活性，而左旋泛酸没有生理活性，不能作为维生素使用。

泛酸对酸、碱及热均不稳定。泛酸在 pH 值 5 ～ 7 内最稳定，在碱性溶液中易分解。食品加工过程中，随温度的升高和溶解于水中而造成不同程度的损失。酸性条件下热降解的原因可能是 β- 丙氨酸和 2,4- 二羟基 -3,3- 二甲基丁酸之间的连接键发生了酸水解。食品贮藏过程中，泛酸通常很稳定，尤其是在水分活度较低的食品中。

泛酸的主要生理功能是构成辅酶 A 和酰基载体蛋白，并通过这些物质在代谢中发挥作用。辅酶 A 在糖、脂类和蛋白质的代谢中具有重要作用。泛酸缺乏可引起机体代谢障碍，常见影响是脂肪合成减少和能量产生不足。很少发生人类因膳食因素引起的泛酸缺乏症。

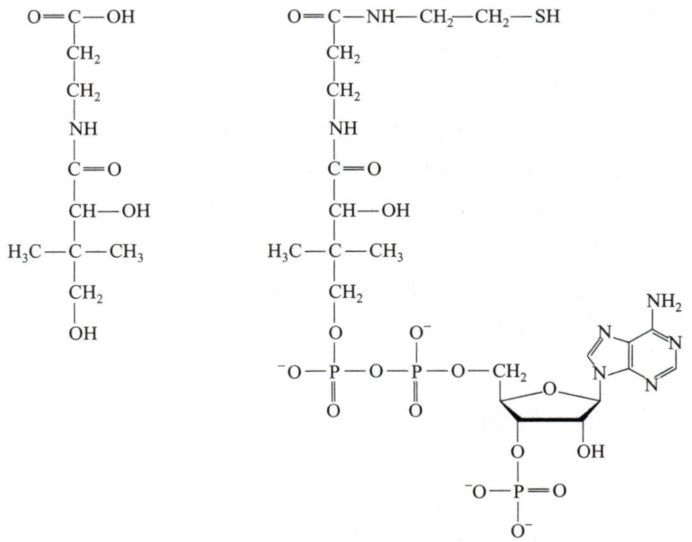

图 6-14　泛酸与辅酶 A 的化学结构

泛酸　　　　　　　　　　　　　　辅酶 A

6.3.5　维生素 B₆

维生素 B₆（pyridoxine）是一组含氮化合物，包括吡哆醛、吡哆醇和吡哆胺（图 6-15）。它们在性质上与维生素 B₆ 紧密相关，具有潜在维生素 B₆ 的活性。三者均可在 5′- 羟甲基位置上发生磷酸化，各种形式在体内可相互转化。其生物活性形式以磷酸吡哆醛为主，也有少量的磷酸吡哆胺，它们作为辅酶参与体内的氨基酸、碳水化合物、脂类和神经递质的代谢。

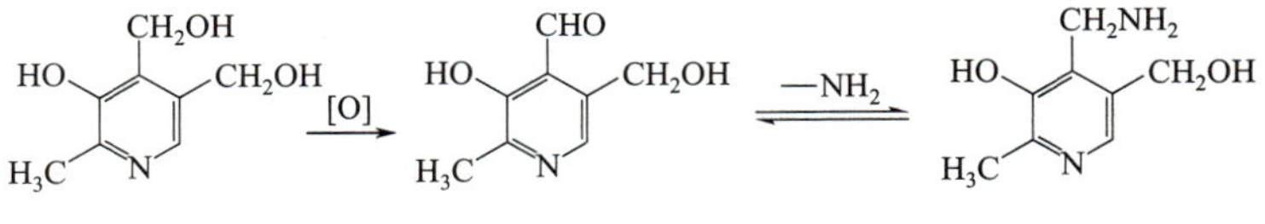

吡哆醇　　　　　　　吡哆醛　　　　　　　吡哆胺

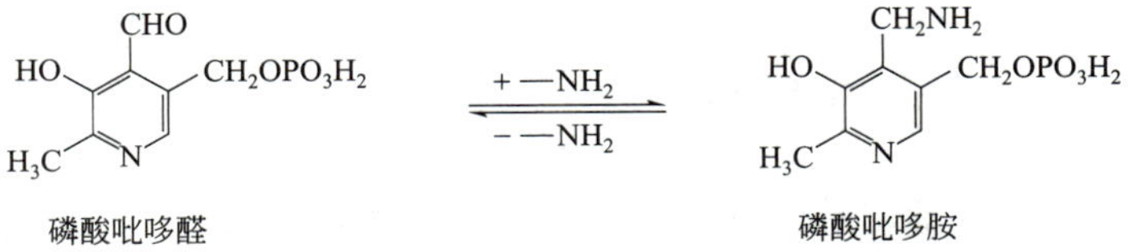

磷酸吡哆醛　　　　　　　　　　磷酸吡哆胺

图 6-15　各种形式的维生素 B₆ 及其相互转化

各种形式的维生素 B₆ 的化合物均对光敏感，光降解最终产物是 4- 吡哆酸或 4- 吡哆酸 -5′- 磷酸。这种降解可能是由自由基介导的光化学氧化反应，但并不需要氧的直接参与，氧化速率与氧的浓度关系不大。维生素 B₆ 的非光化学降解速率与 pH 值、温度和食品其他成分关系密切。在避光和较低 pH 值下，维生素 B₆ 的 3 种形式均有良好的稳定性，吡哆醛在 pH 值为 5 时损失最大，吡哆胺在 pH 值为 7 时损失最大；吡哆醇最稳定而常用作营养强化剂。

在食品加工中，吡哆醛能够与蛋白质中的氨基酸反应生成含硫衍生物，导致维生素 B_6 的损失；吡哆醛与赖氨酸的 ε- 氨基反应生成席夫碱，降低维生素 B_6 的活性。维生素 B_6 也可与自由基反应生成无活性的产物，油脂的氧化常伴有维生素 B_6 的损失。

维生素 B_6 在各种食品中含量丰富，谷物中主要是吡哆醇，动物产品中主要是吡哆醛和吡哆胺，牛奶中主要是吡哆醛。

维生素 B_6 除参与神经递质、糖原、神经鞘磷脂、血红素、类固醇和核酸的代谢外，还参与所有氨基酸的代谢、维生素 B_{12} 及叶酸的代谢；维生素 B_6 还具有干预和降低血浆同型半胱氨酸含量等生理作用。经食物来源摄入过量维生素 B_6 基本不会引起不良反应。

6.3.6　叶酸

1941 年 Mitchell 等从菠菜中发现了它而定名为叶酸（folic acid），也有些文献将其称为维生素 B_{11} 或维生素 B_c。叶酸是由蝶啶、对氨基苯甲酸及谷氨酸结合而成，即蝶酰谷氨酸。在体内叶酸加氢可还原成二氢叶酸，并继续还原成四氢叶酸（图 6-16）。四氢叶酸被认为是叶酸在体内的活性物质，四氢叶酸是体内"一碳单位"转移酶的辅酶，叶酸分子内的 N5、N10 两个氮原子能携带"一碳单位"。这些辅酶的主要作用是把"一碳单位"从一个化合物传递到另一个化合物上，"一碳单位"包括甲基、亚甲基、甲炔基、甲酰基、亚氨甲基、羟甲基等。叶酸的结构上有 2 个羧基，可与体内的 Na^+、K^+ 结合形成叶酸盐。如果去除叶酸结构的谷氨酸部分，叶酸会失去其生理活性。

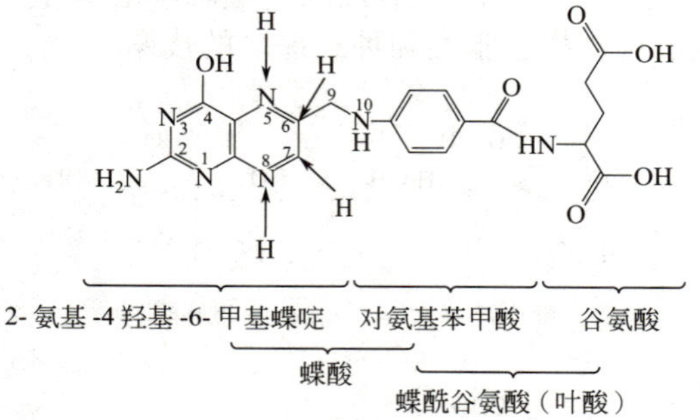

2- 氨基 -4 羟基 -6- 甲基蝶啶　　对氨基苯甲酸　　谷氨酸

蝶酸

蝶酰谷氨酸（叶酸）

图 6-16　叶酸及四氢叶酸（箭头所指为加氢位置）的化学结构

叶酸对热、光、酸性溶液均不稳定，在酸性溶液温度超过 100℃即分解；在碱性和中性溶液中对热稳定。叶酸也可以发生光分解反应，生成 2- 氨基 -4- 羟基蝶啶 -6- 醛或 2- 氨基 -4- 羟基蝶啶 -6- 羧酸，并失去生理活性。叶酸在无氧状态下遇碱是稳定的，在有氧情况下遇碱则水解。在食品加工中，叶酸遇亚硫酸盐或亚硝酸盐会发生分解。

叶酸的重要生理功能是作为"一碳单位"的载体参加代谢；叶酸在核酸与蛋白质的生物合成过程中也具有重要作用。孕早期叶酸缺乏可引起胎儿神经管畸形。叶酸缺乏还会出现高同型半胱氨酸血症。

6.3.7　维生素 B₁₂

维生素 B_{12} 又称为钴胺素（cyanocobalamin），是 B 族维生素中迄今为止发现最晚的一种。维生素 B_{12} 分子中含有氰基和金属钴，故又称作氰钴胺素或钴胺素，是唯一含有金属元素的维生素。其化学式为 $C_{63}H_{88}O_{14}N_{14}PCo$，是一种螯合物（图 6-17）。维生素 B_{12} 具有吸湿性，暴露于空气中能吸收 12% 的水分；化学性质不稳定，在 pH 值 4.5 ~ 5.0 弱酸条件下最稳定，强酸（pH < 2）或碱性溶液中都会发生分解，也可被氧化 - 还原剂、醛类、抗坏血酸、Fe^{2+} 盐、香草醛和阿拉伯树胶等破坏；遇热可有一定程度破坏，但短时间的高温消毒损失小，遇强光或紫外线破坏程度较大，普通食品烹调维生素 B_{12} 损失量约为 30%。

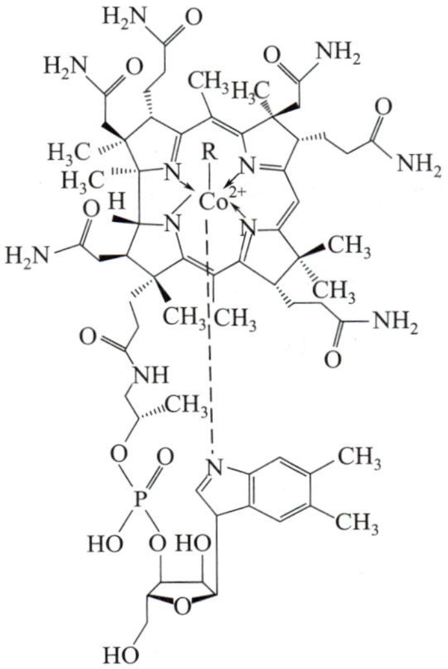

R 基团	名称
— CN	氰钴胺
— OH	羟钴胺
— CH₃	甲钴胺
— 5′- 脱氧腺苷钴胺素	腺苷钴胺

图 6-17　维生素 B₁₂ 及辅酶 B₁₂ 的化学结构

维生素 B_{12} 具有甲基钴胺（甲基 B_{12}）和 5′- 脱氧腺苷钴胺（辅酶 B_{12}）两种辅酶形式，两种辅酶在机体内的代谢作用各不相同。辅酶 B_{12} 及甲基 B_{12} 为人类组织中最主要的辅酶形式。维生素 B_{12} 缺乏会引起恶性细胞贫血、神经系统损害等病症。

6.3.8　维生素 C

维生素 C 又称为抗坏血酸（ascorbic acid），是含有 6 个碳原子的酸性多羟基化合物。其分子中 C2 和 C3 位上的两个烯醇式羟基极易游离而释放出 H^+，故具有有机酸的性质。这种特殊的烯醇结构使其很容易释放氢原子而具有还原性。维生素 C 的还原性很强，极易被氧化剂及热破坏，在中性或碱性溶液中破坏尤为迅速。光、某些重金属及荧光物质（如核黄素）更能促其氧化。维生素 C 既可以氧化型又可以还原型存在，作为受氢体和供氢体，参与体内的许多生物氧化还原反应。

天然存在的维生素 C 有 L- 型和 D- 型 2 种，后者无生理活性。维生素 C 在水溶液中可发生异构化，以烯醇式结构最为稳定。维生素 C 分子中含有 2 个手性碳，故存在 4 种光学异构体，只有 L-（＋）- 抗坏血酸和 L-（－）- 异抗坏血酸有生物活性，但 L-（－）- 异抗坏血酸的活性仅为 L-（＋）- 抗坏血酸的 1/5，抗氧化性二者相同。D- 抗坏血酸（异抗坏血酸）化学性质与 L- 抗坏血酸基本相似，异抗坏血酸比抗坏血酸耐热性差，而抗氧化能力稍强。通常所指维生素 C 系 L- 抗坏血酸。空气中的氧气可使抗坏血酸氧化为脱氢抗坏血酸（图 6-18）。L- 抗坏血酸首先氧化成半脱氢抗坏血酸，半脱氢抗坏血酸再失去一个电子氧化

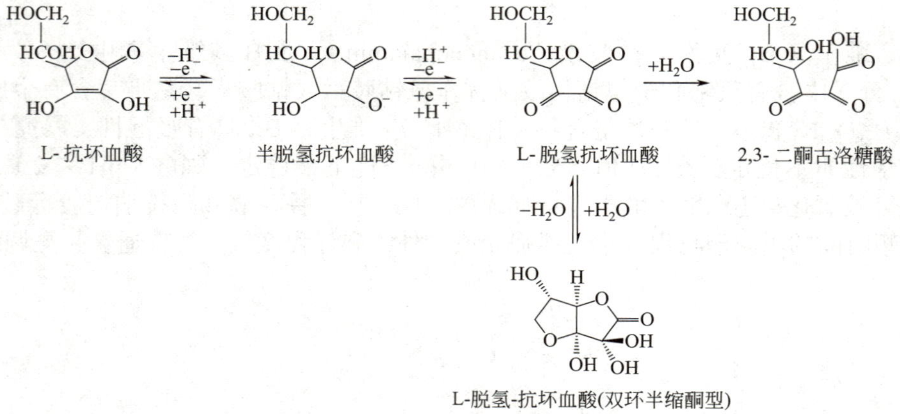

图 6-18   抗坏血酸的氧化反应机制

成 L- 脱氢抗坏血酸；如果有还原剂存在，以上反应为可逆反应。由 L- 脱氢抗坏血酸氧化成 2,3- 二酮古洛糖酸为不可逆反应，而且 2,3- 二酮古洛糖酸不具有抗坏血酸活性。维生素 C 在人体内的氧化、分解与代谢是经过 2,3- 二酮古洛糖酸转变为苏阿糖酸和草酸。

在无氧气的情况下，维生素 C 分子中的内酯环可水解，并进一步脱羧生成糠醛和二氧化碳。糠醛很易氧化，聚合生成有色物质，这是维生素 C 储存中变色的主要原因（图 6-19）。铜、铁、铝等离子可加速维生素 C 的氧化分解。如果没有金属离子，维生素 C 溶液只在 pH 值超过 9 时才会发生不明显的氧化反应。而当有铜离子存在，在 pH 值 6.5 时氧化反应就会快速进行，铜离子浓度 0.2mmol/L，就能使维生素 C 的氧化反应速率增大 10000 倍。维生素 C 溶液最稳定的 pH 值为 5.4 左右。

维生素 C 的氧化降解速率随温度、pH 值不同而有所差异。通常，温度越高，对维生素 C 的破坏越大；维生素 C 在酸性条件下比较稳定，而在碱性时则易分解。氯化钠、丙二醇、甘油、蔗糖、螯合剂对维生素 C 都有稳定作用，因为它们可降低氧在溶液中的溶解度。

维生素 C 可以促进铁元素的吸收，促进四氢叶酸的形成和维持巯基酶的活性；参与羟化反应，促进胶原合成；具有清除体内自由基、防止致癌物质亚硝基胺的形成等生理功能。维生素 C 缺乏早期症状有体重减轻、肌肉关节疼痛等；长期缺乏维生素 C 容易患牙龈炎、坏血病及骨质疏松，儿童成长缓慢、骨骼形成不全等。

6.3.9   生物素

生物素（biotin）又称为维生素 B_7、维生素 H 或辅酶 R，是由一个噻吩环和一分子尿素结合而成，侧链有一个戊酸（图 6-20）。现已知生物素有 8 种异构体，天然存在的均为 D 型异构体，并且有生理活性，L 型生物素没有生理活性。生物素是脱羧反应酶的辅助因子。在生物体内，生物素大都是作为生物素酶的辅基，与蛋白质分子中赖氨酸的 ε- 氨基形成共价键，生成 ε-N- 生物素 -L-

赖氨酸，即生物胞素（biocytin）。生物素对光、氧和热非常稳定，但强酸、强碱会导致其降解。某些氧化剂如过氧化氢可以使生物素分子中的硫原子发生氧化，生成无活性的生物素或生物素硫氧化物。此外，生物素环上的羰基也可与氨基发生反应。食品加工和贮藏中生物素的损失较小，所引起的损失主要是溶解于水溶液中而流失，但也有部分是由于酸碱处理和氧化造成。

生物素的主要功能是在脱羧、羧化反应和脱氢反应中起辅酶作用，可以把 CO_2 由一种化合物转移到另一种化合物上。以氧原子取代生物素分子中的硫原子可以形成氧代生物素，在人体内没有维生素活性，但氧代生物素可被微生物利用。生物素缺乏症主要表现以皮肤症状为主，毛发变细、失去光泽、皮肤干燥等症状。

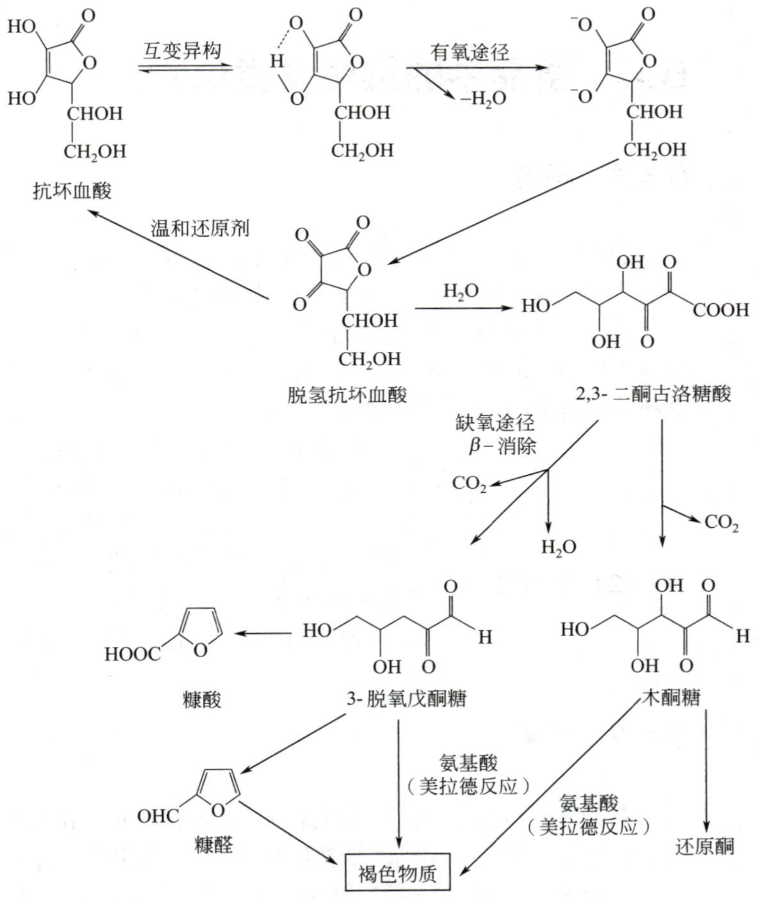

图 6-19 维生素 C 的氧化途径

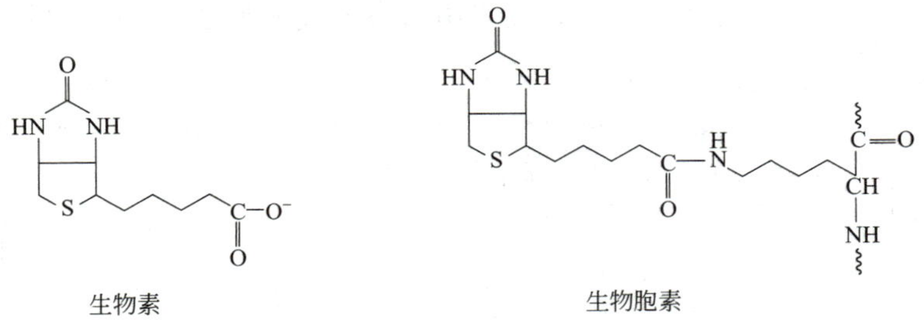

图 6-20 生物素及生物胞素的化学结构

概念检查 6.1

○ 在B族维生素中，水溶性比较弱的维生素是哪种？

○ 异抗坏血酸，也称为异维生素C，常被用作食品添加剂。添加异抗坏血酸的主要目的是什么？在人体内，是否可以用异抗坏血酸替代抗坏血酸发挥生理功能？

6.4 食品中的维生素类似物

6.4.1 胆碱

胆碱（choline）又称为维生素 B_4，是 β- 羟乙基三甲基铵（图 6-21）。胆碱首次由 Streker 在 1894 年从猪胆汁中分离出来，1962 年被正式命名为胆碱，现已成为人类食品中常用的添加剂。美国的《联邦法典》将胆碱列为"一般认为安全"（generally recognized as safe）的产品；欧洲联盟 1991 年颁布的法规允许将胆碱添加于婴儿食品中。

胆碱是生物体组织中乙酰胆碱、卵磷脂和神经磷脂的组成部分，也存在于神经鞘磷脂中。它具有强碱性，在空气中易吸收水和二氧化碳。它是生物体代谢的中间产物，是机体可变甲基的一个来源。胆碱是少数能穿过"血 - 脑屏障"的物质之一，可通过此"屏障"进入脑细胞，合成有助于胎儿记忆的化学物质。

图 6-21　胆碱的化学结构

6.4.2 肉碱

肉碱（carnitine）又称为肉毒碱或维生素 B_t，由俄国科学家 Gulewitsch 和 Krimberg 于 1905 年在肌肉抽提物中发现。早期的研究发现 L- 肉碱是一种类维生素营养素，并将其命名为维生素 B_t。肉碱有 L- 肉碱和 D- 肉碱两种旋光异构体，其中 L 型具有生理活性，而 D 型是竞争性抑制剂。肉碱的化学名称为 β- 羟基 -γ- 三甲铵基丁酸（见图 6-22）。肉碱的化学结构类似于胆碱，与氨基酸相近；另外，一些动物可由自身合成来满足肉碱的需要，因此认为肉碱不是维

肉碱　　　　　　　　　　　　　　　　乙酰肉碱

图 6-22　肉碱的化学结构

生素，但习惯上仍将其称为维生素 B_t。实验表明 L- 肉碱是人体必需的一种营养素，1985 年在芝加哥召开的国际营养学术会议上将左旋肉碱指定为"多功能营养品"。

肉碱具有较好的吸水性和水溶性，耐高温，稳定性较好，在 pH 值 3～6 下贮存 1 年以上几乎无损失。

肉碱与动物体内脂肪酸代谢有关，主要功能是作为载体将长链脂肪酸从线粒体膜外输送到膜内，以促进脂肪酸的 β- 氧化，将脂肪代谢转变为能量，这就是肉碱能够减肥降脂的原理。肉碱还具有保护细胞的功能，可将过量的脂酰辅酶 A 排到体外，防止其损坏细胞；肉碱还可以防止乳酸积累，提高运动耐力。

 概念检查 6.2

○ 什么是维生素类似物？并通过查阅参考文献查看是否还存在其他的维生素类似物。

6.5　食品中维生素损失的常见原因

祖国传统医学神奇治疗维生素缺乏症

由于各种维生素的性质不同，食品中维生素的损失情况也不尽相同。造成维生素损失的主要外界因素包括氧气的氧化、加热的温度和时间、酸碱度（pH 值）、金属与酶的作用、光或电子辐射、水分含量等。常见维生素的稳定性见表 6-2。

表 6-2　常见维生素的稳定性

维生素	光照	氧化剂	还原剂	热	湿度	酸	碱
维生素A	+++	+++	+	++	+	++	+
维生素D	+++	+++	+	++	+	++	++
维生素E	++	++	+	++	+	+	++
维生素K	+++	++	+	+	+	+	+++
维生素C	+	+++	+	++	++	+++	+++
硫胺素（维生素B₁）	++	+	+	+++	++	+	+++
核黄素（维生素B₂）	+++	+	++	+	+	+	+++
烟酸	+	+	++	+	+	+	+
维生素B₆	++	+	+	+	+	++	++
维生素B₁₂	++	+	+++	+	++	+++	+++
泛酸	+	+	+	++	++	+++	+++
叶酸	++	+++	+++	+	+	++	++
生物素	+	+	+	+	+	++	++

注：+ 代表不敏感，++ 代表敏感，+++ 代表非常敏感。

6.5.1 食品中维生素含量的内在变化

各种物理的、化学的、生物的因素非常复杂，对维生素含量的影响也是程度不一、结果各异。但归纳起来，大致有以下几方面的因素。

6.5.1.1 食品加工或强化过程中维生素之间的相互作用

由于维生素的化学结构和理化性质存在很大的差异，食品中的维生素之间也存在相互影响及干扰彼此稳定性的问题，这类问题对于维生素强化食品更应引起关注。目前，了解比较清楚的主要有 5 种维生素之间会影响相互的稳定性，其中包括维生素 C、维生素 B_{12}、维生素 B_1、叶酸及维生素 B_2（见表 6-3）。例如叶酸对光不稳定，会分解成 2- 氨基 -4- 羟基蝶啶 -6- 醛或 2- 氨基 -4- 羟基蝶啶 -6- 羧酸，从而失去生理活性，如存在微量核黄素则会加速叶酸的光分解；维生素 B_{12} 对氧化剂和还原剂敏感，维生素 C、维生素 B_1 和烟酰胺分解产物的存在会加剧其分解反应；维生素 B_2 的荧光特性能够促使维生素 C 因光作用发生氧化。

表 6-3　常见 5 种维生素的相互作用

实施干扰的维生素	被干扰的维生素
维生素C	叶酸
维生素C	维生素B_{12}
维生素B_1	叶酸
维生素B_1	维生素B_{12}
维生素B_2	维生素B_1
维生素B_2	叶酸
维生素B_2	维生素C

6.5.1.2 果蔬食品原料成熟度的影响

水果和蔬菜中维生素随着成熟度的变化而变化，所以选择适当的原料品种和成熟度是果蔬加工中十分重要的问题。例如，番茄在成熟前维生素 C 含量最高（见表 6-4），而辣椒成熟期时维生素 C 含量最高。

表 6-4　番茄不同成熟期维生素 C 的含量

开花期后周数	平均质量/g	色泽	维生素C含量/(mg/100g)
2	33.4	绿	10.7
3	57.2	绿	7.6
4	102	黄-绿	10.9
5	146	红-绿	20.7
6	160	红	14.6
7	168	红	10.1

6.5.1.3 果蔬食品原料不同组织部位及收获的时间等农业生产条件的影响

植物不同组织部位维生素含量有一定的差异。一般而言，维生素含量从高到低依次为叶片＞果实、茎＞根；对于水果则表皮维生素含量最高而核中最低。Monika Leonhardt 及 Caspar Wenk 研究结果表明，对于同一只鸡，每 100g 鸡胸脯肉中所含维生素 E、硫胺素和核黄素分别为 2.6mg、0.5mg 和 0.6mg，而鸡腿肉中分别为 5.3mg、0.6mg 和 1.2mg。

在分析不同收获时间红薯叶中维生素含量的实验中，测定间隔 81 天，其中维生素 C 含量分别为 106mg 和 290mg，胡萝卜素分别为 41.3mg 和 42.1mg，维生素 E 从 18.5mg 提高至 39.9mg，维生素 K 从 5.4mg 降低为 4.1mg。相对而言，在两个不同的收获时间内，维生素 C 和维生素 E 含量增加，胡萝卜素的改变较少，而维生素 K 有所下降。

美国的学者研究发现，施用硼肥的苜蓿草中含有的胡萝卜素高于不施用的对照样。而对于玉米，生长状况良好的植株所含的维生素 E、β-胡萝卜素以及维生素 K 的含量都相对较高。研究发现，日照强度也会影响维生素的含量，西红柿中维生素 C 的含量与成熟期的日照呈显著的正相关。

6.5.2　食品中维生素在预加工过程中的变化

加工前的预处理与维生素的损失程度关系很大。果蔬在清洗、整理以及在切分、水洗过程中水溶性维生素损失较多，这是由于表面积增大后增加了其与空气及水的接触，加速了维生素的氧化与流失。水果和蔬菜的去皮、整理常会造成浓集于表皮或老叶中的维生素的大量流失。据报道，苹果皮中维生素 C 含量比果肉高 3 ～ 10 倍，柑橘皮中维生素 C 含量比汁液中高，莴苣和菠菜外层叶中维生素 C 含量比内层叶中高。水果和蔬菜在清洗时一般维生素损失很少，但要注意避免挤压和碰撞，也尽量避免切后清洗造成水溶性维生素的大量流失。对于化学性质较稳定的水溶性维生素，如泛酸、烟酸、叶酸、核黄素等，溶水流失是最主要的损失途径。

6.5.3　食品中维生素在热烫与热处理过程中的变化

热处理造成营养素的损失研究最多的对象是维生素。食品加工过程中热处理是常用手段，如烫漂、预煮等预处理，熟化、灭菌、干燥等加工过程。不同的热处理方法会造成维生素含量的不同变化，烫漂对维生素 C 的影响如图 6-23 所示。常压湿热往往易引起水溶性、热敏感维生素的较多损失；高温短时处理时，维生素的损失相对较少；油炸熟化时，由于油的沸点高、传热快、加热时间短，热敏感维生素的损失反而较少。

相对而言，脂溶性维生素一般比水溶性维生素对热比较稳定。通常情况下，食品中维生素 C、维生素 B$_1$、维生素 D 和泛酸对热最不稳定。例如果蔬罐头在加工过程中的热处理，维生素损失一般为 13% ～ 16%，其中维生素 B$_1$ 损失 2% ～ 30%，维生素 B$_2$ 损失 5% ～ 40%，胡萝卜素损失较少，仅为 1% 左右。温度不同，维生素的损失率也有很大的区别。实验显示，在 66 ～ 70℃时维生素的保存量约为 89.5%，在 86 ～ 90℃时保存量约为 80.6%，在 106 ～ 110℃时保存量约为 67.8%；温度每升高 20℃，维生素保存量降低约 11%。

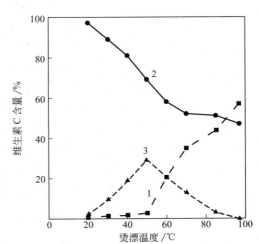

图 6-23　烫漂对豌豆维生素 C 含量的影响
1—豌豆中维生素 C 含量；2—漂烫液中维生素 C 含量；
3—豌豆和烫漂液中脱氢抗坏血酸含量

6.5.4　加工中使用的化学物质和食品中其他组分对维生素的影响

食品加工过程中，有时为了工艺上的需要、产品设计的需求等，会使用一些食品成分之外的一些天然的或化学的物质来帮助实现这些加工设计，如食品添加剂。

6.5.4.1　糖类对维生素的影响

一些糖类，特别是一些还原糖，可以与具有氧化性的维生素发生氧化还原反应，从而影响这些维生素的稳定性，如图6-24所示。在100℃、pH值略偏碱性的条件下，葡萄糖、果糖、核糖、乳糖及麦芽糖都会导致叶酸的损失。这一结果提示在一些含有叶酸和还原糖的食品加工过程中应注意叶酸的保护或强化。如牛奶在热加工时，其中的乳糖可能会引起叶酸分解，而使得叶酸含量减少；含有麦芽糖的谷物在焙烤时，麦芽糖会引起叶酸分解。尤其是富含叶酸的果蔬加工时，应注意还原糖可能导致叶酸热分解。

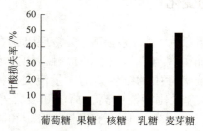

图6-24　叶酸在几种糖溶液中（pH值7.4，100℃）受热8h的损失率

维生素B_1对于还原糖也非常敏感。L.Doyon和T.G.Smyrl等人研究了木糖、葡萄糖和麦芽糖3种还原糖对维生素B_1的影响。研究表明，在95℃、pH值6.0～7.5的实验条件下，维生素B_1的损失与还原糖的性质及其浓度密切相关，影响最大的是木糖，其次是葡萄糖，再次为麦芽糖，而且维生素B_1的分解程度与还原糖的浓度呈正相关。

6.5.4.2　亚硫酸（盐）等氧化剂对维生素的影响

亚硫酸（盐）是一类在世界范围内很早就广泛使用的食品添加剂，可作为食品漂白剂抑制非酶褐变和酶促褐变，在酸性介质中亚硫酸盐还是十分有效的抗菌剂。亚硫酸盐广泛使用于啤酒及其他酒类、虾贝类水产品、脱水果蔬类等食品加工中。硫胺素、维生素B_{12}、维生素A、维生素E以及维生素K等都对亚硫酸盐非常敏感。尤其是硫胺素，与亚硫酸盐发生反应后，便失去了维生素的生理活性。研究表明，如果葡萄酒中残留有400mg/kg SO_2，1周后维生素B_1损失率高达50%。维生素B_1与亚硫酸盐的反应机制如图6-10（a）所示。亚硫酸（或盐）引起吡哆醛失活的原因，可能是与吡哆醛结构上的羰基基团发生了反应。

过氧化苯甲酰多用于面粉的改良，曾经是应用较广的面粉漂白剂。过氧化苯甲酰可以将面粉中的类胡萝卜素类色素物质氧化分解，从而导致维生素A原——β-胡萝卜素的含量大大降低，同时面粉中所有容易被氧化的维生素如维生素C都会不同程度地受到影响。

6.5.4.3　酸、碱性介质对维生素的影响

有些维生素遇酸不稳定，如泛酸、维生素B_{12}、叶酸对酸敏感，在酸性环境中容易失去活性。但酸性环境有助于抗坏血酸的稳定性，弱酸条件下维生素

B$_{12}$ 也具有非常好的稳定性。

维生素 E、维生素 B$_1$、维生素 B$_6$、维生素 B$_{12}$、叶酸等维生素对碱敏感，在碱性介质中容易遭受破坏。维生素 B$_1$ 在碱性条件下的分解如图 6-10（b）所示。

6.5.4.4　亚硝酸盐对维生素的影响

亚硝酸盐是食品添加剂的一种，具有着色、防腐作用，广泛用于熟肉类、灌肠类和罐头等动物性食品。现在世界各国仍允许用它来腌制肉类，但用量有严格的限制。亚硝酸盐可以与维生素 C 发生氧化还原反应，生成的 NO 可与肌红蛋白结合，产生亮红色物质，从而增强发色效果，保持长时间不褪色。其反应机理如图 6-25 所示。

盐腌、渍和熏制食品中含有亚硝酸盐，亚硝酸盐与胺类物质在胃中能够结合，形成致癌物——亚硝胺。在这些食品中添加维生素 C 或异维生素 C 钠（异抗坏血酸钠），能阻断致癌物亚硝胺的形成，其原理也是基于此反应。

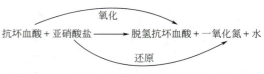

图 6-25　抗坏血酸与亚硝酸盐的作用机理

6.5.4.5　金属离子对维生素的影响

微量元素引起的氧化还原反应对维生素的稳定性有破坏作用。铁、铜、锌、锰和硒等微量元素、游离重金属离子等对维生素的稳定性均具有很强的破坏作用。叶酸在高水分活度下，微量元素可以加速其分解作用。硫胺素对铜等金属离子敏感。维生素 C 对微量金属元素也非常敏感，特别是金属元素铁和铜离子均可以加速其氧化反应的发生。

 概念检查 6.3

○ 判断题

 1. 维生素 B$_2$ 会加速叶酸的光分解进程。

 2. 植物的不同组织部位分布的维生素含量会有差异性。

 3. 与水溶性维生素相比，脂溶性维生素对热加工的稳定性比较差。

 4. 食品添加剂亚硫酸（盐）的使用会防止食品中核黄素的损失。

6.6　本章小结

维生素是人和动物为维持正常的生理功能而必须从食物中获得的一类微量有机物质。维生素这一独特的特点使得有些食物成分具有维生素类似的生理特征，如胆碱。从化学的角度对本章维生素的学习旨在掌握和认识各种维生素的理化性质，从而更好地理解和认识其重要的生理功能。维生素是机体必需的营养素之一，所以也应关注食品中维生素的保护，降低或减少食品中维生素的损失。

 总结

○ 维生素

 • 维生素是人和动物为维持正常的生理功能而必须从食物中获得的一类微量有机物质。

- 根据维生素的溶解性，可分为脂溶性维生素和水溶性维生素二大类。
○ 食品中的维生素
  - 本章共介绍了13种维生素，其中4种为脂溶性维生素，9种为水溶性维生素。
○ 食品中的维生素类似物
  - 具有维生素的某些特性，但因不能观察到特别的缺乏症而不具备必要性，不符合维生素定义的一类化合物。例如，胆碱、肉碱。
○ 造成食品中维生素损失的主要因素
  - 氧气、光与热、金属离子、pH值、酶以及水分含量等的外界因素影响。
  - 食品中维生素之间相互作用的影响。
  - 食品原料成熟度与组织部位差异性的影响。
  - 食品原料收获时间等农业生产条件的影响。
  - 食品原料预处理的影响。
  - 食品原料热加工处理的影响。
  - 食品加工过程中添加和使用的化学物质的影响。

 思考题

1. 维生素的定义和分类。
2. 亚硫酸氢盐能否作为富含维生素 B_1 食品的抗氧剂？阐明原因。
3. 富含维生素 C 的食品在贮存中变色的主要原因是什么？
4. 举例说明食品中的有些组分可能会影响某些维生素的生理活性。
5. 从化学结构上阐述维生素 E 的抗氧化性。
6. 胆碱和 L- 肉碱的化学名称和结构是什么？并说明两者主要的生理功能。
7. 从化学结构上阐明维生素 A、维生素 B_1 和维生素 C 在食品加工中稳定性较差的原因。

 参考文献

[1] 高玲燕，马骁，刘晓 . 体内维生素功能的研究进展 [J]. 中国药学，2016, 25 (5)：329-341.

[2] Buyru N, Tezol A, Yosunkaya Fenerci E, et al.Vitamin D receptor gene polymorphisms in breast cancer[J].Experimental and Molecular Medicine, 2003, 35 (6)：550-555.

[3] Sauberan J B. High-Dose Vitamins [J]. Breastfeeding Medicine, 2019, 14 (5)：287-289.

[4] Engin K N, Engin G, Kucuksahin H, et al.Clinical evaluation of the neuroprotective effect of alpha-tocopherol against glaucomatous damage[J]. European Journal of Ophthalmology, 2007, 17 (4)：528-533.

[5] Gutzeit D, Baleanu G, Winterhalter P, et al.Determination of processing effects and of storage stability on vitamin K_1 (phylloquinone) in sea buckthorn

berries（*Hippophae rhamnoides* L.ssp.rhamnoides）and related products[J].Food Chemistry and Toxicology, 2007, 72（9）: 491-497.

[6]　Monika L, Caspar W.Variability of selected vitamins and trace elements of different meat cuts[J].Journal of Food Compound and Analysis, 1997, 10: 218-224.

[7]　Marc Schneider, Marcus Klotzsche, Christoph Werzinger, et al.Reaction of folic acid with reducing sugars and sugar degradation products[J].J Agric Food Chem, 2002, 50: 1647-1651.

[8]　Doyon L, Smyrl T G.Interaction of thiamine with reducing sugars[J].Food Chemistry, 1983, 12: 127-133.

[9]　Srinivasan Damodaran, Kirk L Parkin. Fennema's Food Chemistry [M]. 5th ed. New York: Taylor and Francis, 2017.

[10]　阚建全 . 食品化学 [M]. 4 版 . 北京: 中国农业大学出版社, 2021.

[11]　黄泽元, 迟玉杰 . 食品化学 [M]. 北京: 中国轻工业出版社, 2017.

第7章　矿物质

　　饮食健康是提升全民营养健康水平的首选策略，人民身体健康是全面建成小康社会的重要内涵，是人民对美好生活向往的基础保障。矿物质是食品的重要组成部分，是人体健康的基础保障，必须保证矿物质元素的合理摄入才能维持人体正常的生命活动。人体需要哪些矿物质元素？食品中的矿物质对我们人体有什么作用？人们所需要的矿物质元素来源是什么？

7.1　概述

7.1.1　食品中矿物质元素的定义与分类

矿物质也常称为灰分或无机盐，传统上是指动植物体经过灰化之后剩余的成分。食品中的矿物质通常指食品中除去以有机化合物形式出现的 C、H、O、N 之外的无机元素成分。各种矿物质在食物中的含量与水分、蛋白质、脂类和碳水化合物相比很低，但与维生素相比较高，在天然食物中通常可达干物质的 1%。

这些矿物质元素根据在人体内的含量水平和人体需要量的不同，习惯上分为两大类：一类是常量元素或宏量元素，每天需要量在 100mg 以上，在人体内含量较多的有钙、镁、钠、硫、磷、氯、钾 7 种元素，占人体总灰分的 60% ~ 80%，体内含量大于 0.01%；另一类是微量元素，有铁、碘、铜、锌、硒、钼、钴、铬、锰、氟、镍、硅、锡、钒 14 种，含量通常低于 50mg/kg。微量元素根据其在人体中发挥的作用不同又可分成 3 种类型：①是生命体正常代谢所需的营养成分，具有重要的营养作用，如铁、锌、钠等，在膳食中的不足将导致缺乏症的产生，但如果过量摄入也能产生毒性作用；②通常存在于生物体中，但是否属于生命必需元素目前证据不足或有争议，如镍、硅、铝、硼等；③在很低的含量时便表现出对人体的毒害作用，称为有害元素，如汞、铅、砷、镉、锑等，它们在食品安全性方面是值得注意的。

7.1.2　食品中矿物质元素的营养性

矿物质元素对食品的营养有重要作用，这是基于人体所需要的矿物质元素必须通过饮食获取，如果饮食不能满足人体对矿物质元素的需要，就会表现出某种症状，甚至死亡。

食品中矿物质对人体营养性表现在以下几个方面。

① 机体的重要组成部分。机体中的矿物质主要存在于骨骼中，用于维持骨骼的刚性，如 99% 的钙元素和大量的磷、镁元素就存在于骨骼、牙齿中；此外，磷、硫还是蛋白质的组成元素，细胞中则普遍含有钾、钠元素。

② 维持细胞的渗透压及机体的酸碱平衡。矿物质和蛋白质一起维持细胞内外的渗透压平衡，对体液的潴留与移动起重要作用；此外，还有碳酸盐、磷酸盐等组成的缓冲体系，与蛋白质一起构成机体的酸碱缓冲体系，以维持机体的酸碱平衡。

③ 保持神经、肌肉的兴奋性。钾、钙、钠、镁等离子以一定比例存在时，对维持神经和肌肉组织的兴奋性、细胞膜的通透性具有重要作用。

④ 对机体具有特殊的生理作用。矿物质元素是机体内许多酶的组成成分或激活剂。如铜是多酚氧化酶的组成成分，镁、锌等的存在为多种水解酶活性所必需。人体内某些成分只有在矿物质元素存在时才有其功能性，如维生素 B_{12} 只有在钴存在下才有其功能性，血红素、甲状腺素的功能分别与铁和碘的存在有密切关系。

7.1.3　食品中矿物质元素的有害性

生命体为有效利用环境中藏量丰富的矿物质元素，其体内对那些最普通的矿物质元素都形成了适宜的代谢或平衡机制，这是生物进化的结果，目的是保证生命体在正常情况下不会遭受缺乏的危险，并在一定量的范围内也有其平衡或防御机能，以适合其体内需要。由此可见，对于人类在进化历程中不常见的元素，特别是金属元素或化合物，由于生命体没有防御机制，这些金属元素对生命体表现出有害性。

从分子水平看，有害金属元素对生物体的毒性可以归纳如下。

① 有害矿物质元素取代生物体中某些活性大分子中的必需元素。如生物体中一些蛋白激酶需以镁为辅助因子，由于钡与某些蛋白激酶的结合强度比镁大，钡可以取代蛋白激酶中原有的镁，从而抑制酶的活性。

② 有害矿物质元素影响并改变生物大分子活性部位所具有的特定空间构象，使生物大分子失去原有的生物学活性。

③ 有害矿物质元素能影响生物大分子的重要功能基团，从而影响其生理功能。如摄入体内的镉、汞等重金属能与生物体内某些酶蛋白分子中半胱氨酸残基中的—SH 基结合，从而抑制酶蛋白的催化活性。

大量的研究表明，任何一种元素都有正、反两方面的效应，尤其是微量元素大多存在量效关系。必需元素虽是人体所必需的，但摄入过多也会产生有害性。

铁与人体健康

 概念检查 7.1

○ 判断题

除了C、H、O以外，其它元素都称为矿物质，也称无机质或灰分。

○ 选择题

根据必需元素在人体内的含量可分为常量元素和微量元素，其中必需微量元素所占含量不超过体重的（　　）%。

A. 0.05　　　　　　B. 99.95　　　　　　C. 0.01　　　　　　D. 10

7.2   食品中矿物质元素的理化性质

为了充分合理地利用矿物质元素，首先必须了解矿物质元素的性质、存在状态、在食品加工及储藏过程中的变化。下面就其相关的物理化学性质做一介绍。

7.2.1   在水溶液中的溶解性

所有的生物系统都含有水，几乎所有的营养元素也都是溶解在水中并在水中进行代谢，所以矿物质的生物利用率和活性在很大程度上取决于它们在水中的溶解性。

各种矿物质元素在食品中的存在形式很大程度上取决于元素本身的性质。元素周期表中的ⅠA族和ⅦA族元素在食品中主要以游离的离子形式（如 Na^+，K^+，Cl^- 和 F^-）存在。这些离子在水中的溶解度很高，并且与大多数配位体的作用力很弱，因此在水溶液中主要以游离的离子形式存在，而其他大多数元素则以配合物、螯合物或含氧阴离子的形式存在。除此以外，矿物质元素的溶解性还受食品的 pH 值及食品的构成等因素影响。一般来说，食品的 pH 值越低，矿物质元素的溶解性越高。食品中的蛋白质、氨基酸、有机酸、核酸、核苷酸、肽和糖等可与矿物质元素形成不同类型的配合物，从而有利于矿物质元素的溶解。如草酸钙是难溶于水的，但氨基酸钙配合物的溶解性就高得多。在生产中为防止无机微量元素形成不溶性无机盐形式，常用微量元素与氨基酸形成配合物的方法来提高其水溶性，便于机体对微量元素的充分吸收和利用。同样，也可利用一些配体与有害金属元素形成难溶性配合物来消除其有害性。如在铅中毒过程中，利用柠檬酸可与铅形成难溶性化合物的原理，常常用柠檬酸钠治疗铅中毒。

7.2.2   酸碱性

酸和碱可通过改变食品的 pH 值来影响食品中组分的功能性质和稳定性，因此，酸碱化学对食品研究者来说非常重要。酸碱的较早定义为：酸是任何可以提供质子的物质，碱是任何可以接受质子的物质。这一理论能较好地解释无机化学中简单的酸碱化学反应，但无法解释缺少质子情况下复杂的生理作用，如各种金属离子参与的生化反应。后来发展建立的 Lewis 酸碱理论认为所有的阳离子和类阳离子都具有明显的 Lewis 酸性，即具有接受电子对的空轨道，电子对的给予体则称为 Lewis 碱，酸碱结合生成新的分子轨道，成键分子轨道的能级越低，由酸碱结合形成的复合物就越稳定。Lewis 理论可以很好地解释不同价态的同一种微量元素可以形成多种复合物，参与不同的生化过程，具有不同的营养价值。

7.2.3   氧化还原性

食品中的矿物质元素常常具有不同的价态，表现出不同的氧化还原性质，并在一定条件下可以相互转化，同时伴随着电子、质子或氧的转移，存在化学平衡关系。这些价态的变化和相互转换的平衡反应不仅可以影响食品的物理和感官性质，也会影响组织和器官中的环境特性，如 pH 值、配位体组成、电效应等，从而影响其生理功能，表现出营养性或有害性。

例如，Fe^{2+} 是生物有效价态，而 Fe^{3+} 积累较多时会产生有害性。同样是铬元素，Cr^{3+} 是必需的营养元素，而 Cr^{6+} 是致癌物质。口服重铬酸钾，致死量约为 6～8g；铬酸钠灼伤经创伤面吸收可引起严重急性中毒；高铬盐被人体吸收后进入血液，结合血液中的氧，形成氧化铬，夺取血中部分氧，使血红蛋白变为高铁血红蛋白，致使红细胞携带氧的机能发生障碍，血中含氧量减少，最终导致死亡。

7.2.4　微量元素的浓度

研究表明，微量元素的浓度和存在状态会影响各种生化反应，许多原因不明的疾病（如癌症和地方病）都与微量元素及其浓度有关。另外，矿物质元素对生命体的作用也与浓度有更密切的关系。但实际上确定矿物质元素对生命活动的作用并非一件易事，除与浓度有关外，还与矿物质元素的价态、存在形态、膳食结构等有关，因此，目前仅用食品中矿物质元素含量或浓度来判断某种矿物质元素作用是有其局限性的。

7.2.5　金属离子间的相互作用

机体对金属离子元素的吸收有时会发生拮抗作用，这可能与它们竞争载体有关，如过多的铁可以抑制锌、锰等元素的吸收。

7.2.6　螯合效应

食品中许多金属离子也可与食品的有机分子呈配位结合，形成配位化合物或螯合物。螯合物就是由一种多齿配位体以多个配位键与一个金属离子相结合，在空间上能够形成以金属离子为中心的环状结构。螯合物的稳定性高于一般的配位化合物，五元环和六元环的螯合物最稳定。

食品中金属元素所处的配合物状态对其营养与功能有重要影响。如 Fe 以血红素的形式存在才具有携带氧的功能；Mg 以叶绿素形式存在才具有光合作用；Mo^{2+}、Mn^{2+}、Cu^{2+}、Ca^{2+} 等可与氨基酸侧链基团结合，形成一些复杂的金属酶；在食品中加入柠檬酸等作为螯合剂螯合铁、铜，可防止由它们引起的氧化作用。同样，一些必需的微量元素以某种配合物形式加入食品中可有效提高其生物利用率，如为了在食品中补充铁，常用 EDTA（乙二胺四乙酸）铁钠进行营养强化。

牛奶与钙

 概念检查 7.2

○ 选择题

下列食品哪项属于酸性食品？（　　　）

A. 大豆　　　　　B. 萝卜　　　　　C. 梨　　　　　D. 猪肉

○ 判断题

大部分肉类、主食（包括稻米、面条）属碱性食品。

7.3 食品中矿物质元素的存在状态及其生物利用率

7.3.1 矿物质元素在食品中的存在状态

食品的种类较多，资源丰富，所含成分复杂，矿物质元素的存在状态也不尽相同。矿物质元素在食品中的存在状态根据其层次不同可以分为以下几种：溶解态和非溶解态、胶态和非胶态、有机态和无机态、离子态和非离子态、配位态和非配位态以及价态。也可依照分离或测定手段划分存在状态，如用螯合树脂分离时分为稳定态和不稳定态，阳极溶出伏安法测定中分为活性态和非活性态等。

存在状态分析可分为 3 个层次：初级状态分析，旨在考察该成分的溶解情况，相当于区分溶解态和非溶解态、部分有机态和无机态；次级状态分析，进一步区分有机态和无机态、离子态和非离子态、配位态和非配位态；高级状态分析，是对各种状态在分子水平上的研究，确定溶液中的配合物组成、离子的电荷、元素的价态及各种成分的优势分布等。

食品中矿物质元素的存在状态不同，其营养性及安全性都不同。如在膳食中血红素铁虽然比非血红素铁所占的比例少，但其吸收率却比非血红素铁高 2 ~ 3 倍，而且很少受其他膳食因素包括铁吸收抑制因子影响。许多因素可促进或抑制非血红素铁的吸收，最明确的促进剂是维生素 C。肉类中存在的一些因子也可促进非血红素铁的吸收，而全谷类和豆类组成的膳食中铁的吸收较差。

矿物质元素的不同化合态可能直接影响其生理作用。如适量的 Cr^{3+} 是人体所必需的微量元素，而 Cr^{6+} 有毒，$Cr_2O_7^{2-}$ 是强致癌物质；As^{3+} 比 As^{5+} 更容易与蛋白质中的巯基结合，所以其毒性最大，一甲基胂酸和二甲基胂酸只有中等毒性，而植物中的砷甜菜碱和砷胆碱几乎无毒性。

由此可见，评价某矿物质元素的营养性及毒性必须考虑它们在食品中的存在状态。一般来说，矿物质元素在生物体内呈游离态是很少见的，它们往往以螯合物形式存在。根据配位化学及 Lewis 酸碱理论，重金属都是 Lewis 酸，提供空轨道；而小分子的糖、氨基酸、核酸、叶绿素、血红素等结构上富含 N、S、O 等原子，它们都有孤对电子，是 Lewis 碱。因此，金属元素能与上述小分子形成金属配合物。

7.3.2 食品中矿物质元素的生物利用率

评判食品中矿物质元素的生物利用率是一个复杂的过程。用常规的原子吸收光谱等方法测定特定食品或膳食中一种矿物质元素的总量，仅能提供有限的营养价值。一般测定矿物质元素的生物利用率的方法主要有化学平衡法、生物测定法、体外试验法和同位素示踪法。其中同位素示踪法是一种理想的方法。同位素示踪法是指用标记的矿物质元素喂养受试动物，通过仪器测定，可追踪标记矿物质元素的吸收、代谢等情况。该方法灵敏度高、样品制备简单、测定方便，能区分被追踪的矿物质元素是体系中的还是新饲喂的。

矿物质元素的生物利用率与很多因素有关。主要有以下几方面。

① 矿物质元素在水中的溶解性和存在状态。矿物质的水溶性越好，越有利于机体的吸收利用，因为绝大多数生物化学反应是在水溶性体系中进行的，而消化吸收也需要水为介质。如钙离子如果是与蛋白质结合形成蛋白钙，其钙的利用率大大提高；如果是与草酸结合，由于草酸钙溶解度小，钙的利用率大大下降。另外，矿物质的存在形式也同样影响元素的利用率，例如 2 价铁盐比 3 价铁盐易于利用。

② 矿物质元素之间的相互作用。机体对矿物质的吸收有时会发生拮抗作用，这可能与它们竞争载体有关。如果食品中一种金属元素含量过高，往往会使其他金属元素的吸收受到抑制。例如过多铁的吸收会抑制锌、锰等矿物元素的吸收。

③ 螯合效应。金属离子可以与不同的配体作用，形成相应的配合物或螯合物。食品体系中的螯合物不仅可以提高或降低矿物质的生物利用率，还可以发挥其他作用，如防止铁、铜离子的助氧化作用。矿物质形成螯合物的能力与其本身的特性有关。

④ 其他营养素摄入量的影响。蛋白质、维生素、脂肪等的摄入会影响机体对矿物质的吸收利用。例如维生素 C 的摄入水平与铁的吸收有关；维生素 D 对钙的吸收的影响更加明显；蛋白质摄入量不足会造成钙的吸收水平下降；脂肪过度摄入会影响钙质的吸收。食物中含有过多的植酸盐、草酸盐、磷酸盐等也会降低人体对矿物质的生物利用率。

⑤ 人体的生理状态。人体对矿物质的吸收具有调节能力，以达到维持机体环境的相对稳定。例如，在食品中缺乏某种矿物质时，它的吸收率会提高；在食品中供应充足时，吸收率会下降。此外，机体的状态，如疾病、年龄、个体差异等，均会造成机体对矿物质利用率的变化。例如，在缺铁者或缺铁性贫血病人群中，对铁的吸收率提高；女性对铁的吸收率比男性高；儿童随着年龄的增大，铁的吸收率减少。

⑥ 食物的营养组成。食物的营养组成也会影响人体对矿物质的吸收。例如肉类食品中矿物质的吸收率就较高，而谷物中矿物质的吸收率与之相比就低一些。

你会选择食用盐吗？

 概念检查 7.3

○ 判断题

食品中的金属元素存在相互作用，例如过多铁的吸收会促进锌、锰等矿物质元素的吸收。

矿物质的水溶性越好，越有利于机体的吸收利用。

7.4　食品中矿物质元素的含量及影响因素

食品种类不同，其所含的矿物质元素含量也不同。除原料不同对食品中矿物质元素含量有影响外，即使是用同一种原料加工的食品，由于原料的生长环境、食品加工及贮藏方式等因素的不同，其所含的矿物质元素含量也会有所不同。此外，矿物质元素在加工过程中有可能作为直接或间接添加剂进入食品，这是一种十分易变的因素。归纳起来，影响食品中矿物质元素含量主要有两方面：其一是影响原料中矿物质元素含量，进而影响食品中矿物质元素含量；其二是加工及贮藏方式的影响。

　　表 7-1 列出了部分食品中的矿物质元素含量，表中的值是一个平均值，各种食品具体的数据与表中值可能有一定的差异。

表 7-1 部分食品中的矿物质元素含量

食　品	供给量/g	矿物质 Ca/mg	Mg/mg	P/mg	Na/mg	K/mg	Fe/mg	Zn/mg	Cu/mg	Se/μg
炒鸡蛋	100	57	13	269	290	138	2.1	2.0	0.06	8
白面包	28	35	6	30	144	31	0.8	0.2	0.04	8
全麦面包	28	20	26	74	180	50	1.5	1.0	0.10	16
无盐通心粉	70	5	13	38	1	22	1.0	0.4	0.07	19.0
米饭	98	10	42	81	5	42	0.4	0.6	0.01	13.0
速食米饭	88	10	42	81	5	42	0.4	0.6	0.01	13.0
熟黑豆	86	24	61	120	1	305	2.0	1.0	0.18	6.9
红腰果	89	25	40	126	2	356	3.0	0.9	0.21	1.9
全脂乳	244	291	33	228	120	370	0.1	0.9	0.05	3.0
脱脂乳/无脂乳	245	302	28	247	126	406	0.1	0.9	0.05	6.6
美国乳酪	43	261	10	316	608	69	0.2	1.3	0.01	3.8
赛达乳酪	43	305	12	219	264	42	0.3	1.3	0.01	6.0
农家乳酪	105	63	6	139	425	89	0.1	0.4	0.03	6.3
低脂酸乳	227	415	10	326	150	531	0.2	2.0	0.10	5.5
香草冰淇淋	67	88	9	67	58	128	0.1	0.7	0.01	4.7
带皮烤马铃薯	202	20	55	115	16	844	2.8	0.7	0.62	1.8
去皮煮马铃薯	135	10	26	54	7	443	0.4	0.4	0.23	1.2
椰菜生的茎	453	216	114	297	123	1470	4.0	2.0	0.40	0.9
椰菜熟的新茎	540	249	130	318	141	1575	4.5	2.1	0.23	1.1
生碎胡萝卜	55	15	8	24	19	178	0.3	0.1	0.03	0.8
熟的冻胡萝卜	73	21	7	19	43	115	0.4	0.2	0.05	0.9
鲜整只番茄	123	6	14	30	11	273	0.6	0.1	0.09	0.6
罐装番茄汁	183	17	20	35	661	403	1.0	0.3	0.18	0.4
橘汁（解冻）	187	17	18	30	2	356	0.2	0.1	0.08	0.4
橘汁	131	52	13	18	0	237	0.1	0.1	0.06	1.2
带皮苹果	138	10	6	10	1	159	0.3	0.1	0.06	0.6
香蕉（去皮）	114	7	32	22	1	451	0.4	0.2	0.12	1.1
烤牛肉（圆听）	85	5	21	176	50	305	1.6	3.7	0.08	—
烤小牛肉（圆听）	85	6	28	234	68	389	0.9	3.0	0.13	—
烤鸡脯	85	13	25	194	62	218	0.9	0.8	0.04	—
烤鸡腿	85	10	20	156	77	206	1.1	2.4	0.07	—
煮熟鲑鱼	85	6	26	234	56	319	0.5	0.4	0.06	—
罐装带骨鲑鱼	85	203	25	277	458	231	0.9	0.9	0.07	—

7.4.1　食品原料生产对食品中矿物质元素含量的影响

植物源食品中矿物质元素的含量在很大程度上受环境因素影响，如周围土壤中矿物质元素的含量、地区、季节、水源、施用的肥料、杀虫剂、农药和杀菌剂等都会影响食品中矿物质元素的含量。同一品种植物中矿物质元素含量的变化程度可以以小麦来说明：生长在澳大利亚、北美、英国的小麦中锌的含量为 $4.5 \sim 37.2 mg/kg$ 不等，铁的含量为 $23.6 \sim 74.7 mg/kg$ 不等。这说明产地对食品中矿物质元素的含量有很大影响。又如生长在同一猕猴园中的猕猴桃，由于品种不同，品种间各种矿物质元素含量均有不同程度的差别，其中钙、磷、铜和锰含量差别最大。

与植物源食品相比，动物源食品中矿物质元素含量总体变化较小。但不同种类动物之间矿物质元素含量不同，如牛肉中铁的含量较鸡肉中多，海产贝类中硒和碘的含量较高。在同一种动物中，不同品种的矿物质元素含量也有所不同，如乌鸡的微量元素含量普遍高于肉鸡。不同部位的含量也会有很大的差异，如动物的肝脏富含各种微量元素，鸡腿部的红色肌肉中铁的含量比胸部的白色肌肉中高。除品种不同对动物源食品中矿物质元素含量有影响外，环境、饲料等因素对动物源食品中矿物质元素含量也有影响，如宁夏产的牛乳粉中钾、钠、镁、钙、铁、锰、锌、铜等元素的含量与黑龙江和北京产的牛乳粉中上述元素的含量有显著差异。即使是同一产地、同一物种，如果饲料中矿物质元素含量不同，其产品中矿物质元素含量也会有很大的不同。

7.4.2　加工对食品中矿物质元素含量的影响

矿物质元素与维生素不同，在加工过程中不会因光、热、氧等因素分解，其变化主要是矿物质的流失或与其他物质形成不适宜人体吸收利用的化学形态，或是加工过程中矿物质元素作为直接或间接的添加剂加入食品中。

7.4.2.1　加工预处理对食品中矿物质元素含量的影响

食品加工中原料最初的淋洗及整理、除去下脚料的过程是食品中矿物质元素损失的主要途径。例如，水果和蔬菜在加工前通常要进行去皮处理，芹菜、莴笋等蔬菜要进行去叶处理，大白菜等蔬菜要去除外层老叶等。由于靠近皮的部分、外层叶和绿叶通常是植物性食品中矿物质元素含量最高的部分，这些处理都可能会引起矿物质元素的损失。同样，在烹调或热烫过程中矿物质元素也有大量损失，这主要是缘于矿物质元素在水中的溶解。有些元素在食品中呈游离态，如钾、钠，它们在漂、烫过程中是极易损失的；而有些元素以不溶性的复合物形式存在，如钙，在漂、烫过程中则不易洗去。

7.4.2.2　食品加工工艺对食品中矿物质元素含量的影响

谷物中的矿物质成分主要分布于糊粉层和胚组织中，因而谷物磨碎时会损失大量的矿物质元素，损失量随碾磨精细程度的提高而增加，所以磨得越细矿物质元素损失就越大。但各种矿物质元素的损失程度有所不同。精碾大米时，锌和铬有大量损失，锰、铜等也会有影响。小麦碾磨后，铁损失最大，铜、锰等也有大量损失。但是在大豆加工中却有所不同，大豆加工主要是脱脂、分离、浓缩等过程，大豆经过此过程后蛋白质含量有所提高，而很多矿物质元素会与蛋白质组分结合在一起，因此，大豆经过加工过程后其中的矿物质元素含量基本没有什么变化（除硅外）。

7.4.2.3　食品加工方法对矿物质元素含量的影响

对土豆采取不同的加工处理，其中所含的铜元素会发生一定的变化，油炸土豆和去皮土豆中铜含量有所增加，结果见表 7-2。

表 7-2   加工方式对土豆中铜含量的影响

加工方式	Cu /(mg/100g新鲜质量)	增、减/%	加工方式	Cu /(mg/100g新鲜质量)	增、减/%
原料	0.21	0.00	土豆泥	0.10	−52.38
水煮	0.10	−52.38	法式炸土豆片	0.27	+28.57
焙烤	0.18	−14.29	快餐土豆	0.17	−19.05
油炸土豆片	0.29	+36.20	去皮土豆	0.34	+61.90

此外，食品的不当烹调也可能带来矿物质生物利用率的降低。如含较多草酸的食品如果不经过焯水处理，与含钙丰富的食品同烹，可能使其中部分钙无法被人体吸收利用；制作饺子时，挤去菜汁会带来多种矿物质的损失；牛乳加热中所产生的"乳石"中含有大量钙、镁等矿物质，长时间煮沸牛乳会造成矿物质的严重损失。

7.4.2.4   添加矿物质营养强化剂对矿物质元素含量的影响

对食品进行矿物质营养强化是提高其营养价值的重要途径，所以在食品中添加矿物质营养强化剂也是食品中矿物质元素含量变化的一个重要渠道。在食品中经常被强化的矿物质包括钙、铁、锌和碘。北美、欧洲的一些国家法律规定必须在某些谷物制品中强化铁，有很多产品强化了钙和锌；在食盐中强化碘已经成为包括我国在内的众多国家的实践；某些产品还进行了矿物质元素含量的调整，如为高血压、冠心病等慢性病人准备的低钠盐中含有 30% 的钾盐和10% 的镁盐。

除了以上因素外，加工用水、加工设备、加工辅料及添加剂等也会影响食品中矿物质元素的含量。例如，牛乳中镍的含量很少，但用不锈钢设备处理后镍的含量明显上升；在水果、蔬菜加工过程中，使用钙盐可以增加组织的硬度，使食品中钙的含量提高；用含钙的卤水或石膏点卤生产豆腐，可使豆制品中含有丰富的钙元素；肉的腌制会提高钠的含量，添加磷酸盐类品质改良剂会增加磷的含量；化学膨发可能提高食品中钠、磷、铝等元素的含量；用亚硫酸盐或二氧化硫进行护色处理可能带来硫含量的上升等。

7.4.3   贮藏方式对食品中矿物质元素含量的影响

食品中矿物质元素的含量还能够通过与包装材料的接触而改变。在罐头食品中，由于金属与食品中的含硫氨基酸反应生成硫化黑斑，会造成含硫氨基酸的损失，降低食品中硫元素的含量；而在马口铁罐头食品中，铁和锡离子的含量明显上升。表 7-3 列举了罐装食品中液态和固态部分的一些矿物质元素的含量变化。由表可知，固态食品由于与包装材料反复碰撞，其中的矿物质元素铝、锡、铁含量都有所提高。

表 7-3　蔬菜罐头中矿物质元素的分布

蔬　菜	罐头种类	组　分	含量/(g/kg)		
			Al	Sn	Fe
绿豆	涂漆罐头	液体	0.10	5	2.8
		固体	0.70	10	4.8
菜豆	涂漆罐头	液体	0.07	5	9.8
		固体	0.15	10	26
小粒青豌豆	涂漆罐头	液体	0.04	10	10
		固体	0.55	20	12
旱芹菜心	涂漆罐头	液体	0.13	10	4.0
		固体	1.50	20	3.4
甜玉米	涂漆罐头	液体	0.04	10	1.0
		固体	0.30	20	6.4
蘑菇	素铁罐头	液体	0.01	15	5.1
		固体	0.04	55	16

  概念检查 7.4

○ 选择题

1. 下列描述不正确的是（　　　）。

　A. 肉中矿物质的含量一般为0.8%~1.2%。矿物质元素是畜禽不可缺少的营养元素，对畜禽肉质有着重要的影响

　B. 锌是血红蛋白和肌红蛋白的重要组成成分，对肉色的形成有决定性作用

　C. 镁可减轻应激对猪的影响，降低PSE肉的发生率

　D. 在动物肌肉中注射钙，可加速肌肉的嫩化过程，提高肌肉的嫩度

2. 下列描述正确的是（　　　）。

　A. 加工精度愈高，大米中的微量元素损失愈多

　B. 大豆在加工过程中某些微量元素如铁、锌、硒等不能得到浓缩

　C. 微量元素会因酸碱处理，接触空气、氧气或光线等情况而损失，加工方法会影响食物矿物质的含量和可利用性

　D. 小麦磨成粉工艺不会导致矿物质的损失

7.5　本章小结

富硒

　　食品中存在着含量不等的矿物质元素，其中有许多是人类营养必不可少的。这些矿物质元素以无机态或有机盐类的形式存在，或者与有机物质结合而存在。食品中矿物质元素的生理活性不仅

与其含量有关，而且与其存在形式有密切联系。食品中矿物质元素的含量主要受到食品原料和食品加工贮藏方式两方面的影响。

食品中矿物质元素的主要作用是以一种平衡和生物可利用的形式为人体提供可靠的必需营养素。如果矿物质元素供给量不足，就会出现营养缺乏的症状或某些疾病，摄入过多也会产生中毒。当食品中必需矿物质元素的浓度、生物利用率偏低时，可采取强化的方法来确保有足够的摄入量。如在美国和其他工业化国家，通过铁和碘的强化使铁和碘缺乏病大为减少。

总结

- ○ 食品中矿物质
  - 食品中矿物质指食品中除去以有机化合物形式出现的C、H、O、N之外的无机元素成分。
  - 根据在人体内的含量水平和人体的需要量分为常量元素和微量元素。
- ○ 食品中矿物质元素的理化性质
  - 在水溶液中的溶解性，酸碱性，氧化还原性，微量元素的浓度，金属离子间的相互作用，螯合效应。
- ○ 影响食品中矿物质元素的生物利用率的因素
  - 矿物质元素在水中的溶解性和存在状态，矿物质元素之间的相互作用，螯合效应，其他营养素摄入量的影响，人体的生理状态，食物的营养组成。
- ○ 食品中矿物质元素的含量及影响因素
  - 食品中矿物质元素的含量主要受到食品原料和加工贮藏方式的影响。

思考题

1. 什么是矿物质？食品中矿物质元素是如何分类的？
2. 阐述矿物质的基本理化性质。
3. 食品中矿物质元素的营养性和有害性表现在哪些方面？
4. 阐述矿物质元素的生物利用率的影响因素。
5. 阐述影响食品中矿物质元素含量的因素。

参考文献

[1] 汪东风, 徐莹 . 食品化学 [M]. 4 版 . 北京: 化学工业出版社, 2024.
[2] 冯凤琴, 叶立扬 . 食品化学 [M]. 2 版 . 北京: 化学工业出版社, 2020.
[3] Srinivasan Damodaran, Kirk L Parkin. 食品化学 [M]. 江波, 等译 . 5 版 . 北京: 中国轻工业出版社, 2020.
[4] 阚建全 . 食品化学 [M]. 4 版 . 北京: 中国农业大学出版社, 2021.
[5] 陈敏 . 食品化学 [M]. 北京: 中国林业出版社, 2008.
[6] 马永昆, 刘晓庚 . 食品化学 [M]. 南京: 东南大学出版社, 2007.
[7] 谢笔钧 . 食品化学 [M]. 4 版 . 北京: 科学出版社, 2023 .

[8]　李红, 张华 . 食品化学 [M]. 2 版 . 北京: 中国纺织出版社, 2022.

[9]　李晓丽, 庄玉伟 . 食品化学 [M]. 成都: 四川大学出版社, 2022.

[10]　Roos H Y . Physical Chemistry of Foods [M]. CRC Press, 2019 .

[11]　Owusu-Apenten R . Introduction to Food Chemistry[M]. Second Edition. Taylor and Francis, 2015 .

[12]　胡红林, 国政 . 不同地区饲料大麦矿物质元素含量的比较分析 [J]. 中国饲料, 2023, (18): 16-19.

[13]　黄明晋 . 食品中金属元素形态分析技术及应用探讨 [J]. 中国食品工业, 2021, (17): 55-56, 59.

[14]　刘皓, 韦淑毅, 吕春晖 . 富硒酵母添加剂中硒元素形态分析的研究进展 [J]. 饲料研究, 2020, 43 (01): 114-117.

[15]　王媛, 刘德晔 . 人体尿液和血浆中碘元素形态分析方法学的研究 [J]. 江苏预防医学, 2018, 29 (01): 1-3, 60.

[16]　程音 . 功能性食品发展现状与趋势 [J]. 食品安全导刊, 2023 (13): 108-110.

[17]　付亚楠, 唐彩琰, Ranjan Kumar Mohanta, 等 . 有机微量矿物质 : 维持家畜的免疫、健康、生产和繁殖（综述）[J]. 国外畜牧学: 猪与禽, 2018, 38 (11): 71-74.

[18]　Kubachka M K, Hanley T, Mantha M, et al . Evaluation of selenium in dietary supplements using elemental speciation [J]. Food Chemistry, 2017, 218: 313-320.

[19]　Rasic Misic I D, Tosic S B, Pavlovic A N, et al . Trace element content in commercial complementary food formulated for infants and toddlers: Health risk assessment [J]. Food Chemistry, 2022, 378: 132113.

[20]　Priscila V, Edson G M, Vera A M.Estimation of daily dietary intake of essential minerals and trace elements in commercial complementary foods marketed in Brazil [J]. Food Chemistry Advances,2022,1: 100039.

[21]　Bakhshalinejad R, Torrey S, Kiarie G E . Comparative efficacy of hydroxychloride and organic sources of zinc, copper, and manganese on egg production and concentration of trace minerals in eggs, plasma, and excreta in female broiler breeders from 42 to 63 weeks of age [J]. Poultry Science, 2024, 103（4）: 103522.

[22]　Guimaraes O, Loh Y H, Thorndyke P M, et al . The influence of trace minerals source on copper, manganese, and zinc binding strength to rumen digesta in cattle fed a corn silage-based diet [J]. Journal of Animal Science, 2020, 98 (Suppl 4): 442-443.

[23]　Wedekind J K, Provin A, Foran C, et al . Effects of dietary MINTREX trace minerals and validation of serum biomarkers in measuring lameness in pigs [J]. Journal of Animal Science, 2020, 98 (Suppl 3): 110-111.

[24]　Jiang J, Fei J, Gang L, et al . Modulation of muscle antioxidant enzymes and fresh meat quality through feeding peptide-chelated trace minerals in swine production [J]. Food Bioscience, 2021, 42: 101191.

[25]　Margaret K H, Fernandes R C, Silva D R M . Supplementing Trace Minerals to Beef Cows during Gestation to Enhance Productive and Health Responses of the Offspring [J]. Animals, 2021, 11 (4): 1159.

[26]　Silva D B P, David A S, Ismael D C, et al . Different levels of organic trace minerals in diets for Nile tilapia juveniles alter gut characteristics and body composition, but not growth [J]. Aquaculture Nutrition, 2020, 27（1）: 176-186.

[27]　许方涛,崔向华,盛晨,等 . 芝麻不同组织中矿物质元素分布特征及相关性分析 [J]. 中国油料作物学报,2023,45(5): 1028-1033.

第8章 酶

为什么在面包的制作过程中加入酵母可使面包酥松多孔？苹果和土豆等果蔬切开迅速变色，和谁有关？

8.1　概述

　　酶（enzyme）是生物体内活细胞产生的一类生物催化剂，存在于大自然的每一个生物体内并参与新陈代谢有关的化学反应。生物体内每时每刻都进行着大量错综复杂的生化反应，酶在机体中温和的条件下能高效地催化各种化学反应；食品原料基本都是生物材料，在食品原料的生长、加工及储藏过程中同样需要有酶的参与，人们可利用酶更有效地生产食品；食品成分分析中，利用酶的专一性和敏感性测定其组分变化，可达到控制食品质量的目的。

8.1.1　酶的基本性质

8.1.1.1　酶的化学本质

　　人类对酶的认识起源于生产实践，酶的应用可追溯到几千年以前。几千年以前中国先民已掌握酿酒和制酱的技术，只是还不理解其中酶的催化作用。1833 年，Payen 和 Persoz 用乙醇沉淀麦芽水提取物，发现沉淀物能将淀粉转化为糖，其沉淀物具有热不稳定性，他们将沉淀物命名为 "diastase"，这实际上就是现在所说的淀粉酶。1926 年，Sumner 首次从刀豆种子中提取出脲酶的结晶，并通过化学实验证实脲酶是一种蛋白质，提出酶的本质是蛋白质的观点。1979 年，Dixon 和 Webb 将酶定义为：酶是具有催化作用的蛋白质，而此种催化作用的性质来源于其特有的激活能力。

　　20 世纪 80 年代，酶学领域有了很大的突破。1982 年，Cech 和 Altman 等人分别发现了具有催化功能的核糖酶（ribozyme），近年来又发现很多 RNA 具有催化活性，开辟了酶学研究的新领域。至此对酶的本质又有了新的认识，酶有了一个更加科学的定义：酶是由生命机体产生的具有催化活性的生物大分子。需要指出的是，对于食品科学与工程来讲，广泛使用的酶均为蛋白质。

8.1.1.2　酶的催化特性

　　酶作为生物催化剂有一般化学催化剂所没有的特征，即催化效率极高、专一性强、作用条件温和、酶活性可调控和酶活性易丧失等特点。

　　（1）高效性　一般而言，酶的催化活性比其他化学催化剂活性高很多。以分子比表示，酶催化反应的速率比其他催化反应的速率高 $10^7 \sim 10^{13}$，而比非催化反应的速率高 $10^8 \sim 10^{20}$。例如，在催化 H_2O_2 的实验中，过氧化氢酶比铁离子的催化效率高 10^{11}。

（2）高度专一性　酶的高度专一性是指一种酶只能作用于某一类或某一种特定的反应。酶的高度专一性是酶与非生物催化剂最大的区别，保证了生物体内的新陈代谢活动能够有条不紊地进行，从而维持生物体的正常生命活动。根据酶对底物专一性的程度，可以将酶的专一性分成绝对专一性、相对专一性和立体化学专一性 3 种类型。

① 绝对专一性（absolute specificity）　绝对专一性是指酶对底物要求非常严格，要求底物分子与之完全吻合，底物只要发生很微小的变化就会使其与酶的结合成为不可能，这种绝对专一性也叫做"结构专一性"。这样的酶只能作用于一种底物的反应，而不能用于任何其他物质。例如，麦芽糖酶只作用于麦芽糖，而不作用于其他双糖；脲酶只能催化尿素水解，不能催化尿素的衍生物。

② 相对专一性（relative specificity）　相对专一性是指酶与结构相似的一类化合物或化学键发生某种催化反应，其对底物的专一化程度要求较低。

相对专一性可分成化学键专一性（bond specificity）和基团专一性（group specificity）。

化学键专一性的酶不能辨别底物，只对化学键表现出特异性。只要底物分子上有合适的化学键就可起到催化作用，对键两端的基团结构要求并不严格。例如，一些糖苷酶只要求底物具有糖苷键，而对构成糖苷键的糖的种类没有严格要求。

基团专一性的酶比化学键专一性的酶对底物的要求严格一些。酶作用于底物时，其不仅要求底物有特定的化学键，而且对该化学键相邻的基团也有一定的要求。例如胰蛋白酶仅对精氨酸或赖氨酸的羧基形成的肽键起作用。

③ 立体化学专一性（stereochemical specificity）　酶的立体化学专一性是指酶只能对某种特殊的旋光或立体异构体起催化作用，而对其对映体完全不起作用。在生物体中，具有立体化学专一性的酶相对普遍。例如，L- 精氨酸酶只能催化 L- 精氨酸发生水解反应生成尿素和 L- 鸟氨酸，而不能催化 D- 精氨酸水解；L- 乳酸脱氢酶只能催化 L- 乳酸脱氢生成丙酮酸，而对其旋光异构体 D- 乳酸不产生作用。

（3）反应条件温和　酶的作用条件一般比较温和，如中性 pH 值、温和的温度和常压。

（4）酶活性可调控　食品中酶活性的调控方式有调节底物浓度、产物浓度以及反应条件等。

（5）酶活性易丧失　由于大多数酶都是蛋白质，凡是能使蛋白质变性的物理或化学因素都可能使酶结构破坏，从而部分甚至完全丧失活性。

8.1.1.3　酶催化专一性的学说

（1）锁钥学说（lock and key theory）　1894 年，德国化学家 Emil Fischer 在研究糖苷酶作用时，提出了"锁钥学说"。该学说认为：底物分子或底物分子的一部分如同钥匙，而酶如同锁，两种形状都是刚性和固定的，只有正确的钥匙插入锁中，即只有当底物的结构和酶的活性部位的结构完全吻合时，才能紧密结合，形成中间产物。如图 8-1（a）所示。

"锁钥学说"难于解释底物与酶结合时酶分子上某些基团的显著变化以及酶催化正逆两个相反方向的反应等现象。

1913 年，德国化学家 Michaelis 和 Menten 提出了"酶的中间产物学说"（过渡态理论）。该学说认为：酶降低反应活化能（activation energy）的原因是酶参加了反应，即酶分子与底物先结合，形成了不稳定的酶 - 底物复合物（中间产物），这个中间产物不仅容易生成（中间产物的生成比原反应需要的活化能少），而且也容易分解出产物，释放出原来的酶，因此把原来活化能较高的一步反应变成了活化能较低的两步反应。由于活化能的降低，被活化的分子大大增加，因此反应的速度迅速提高。以 E 表示酶，S 表示底物，ES 表示中间产物，P 表示反应的终产物，其反应的过程可用下面的式子表示：

$$S+E \Longleftrightarrow ES \longrightarrow E+P$$

该学说的关键是认为酶参与了与底物的反应，并生成了不稳定的中间产物，从而使反应能够沿着活

化能较低的途径迅速进行。

（2）诱导契合学说（induced-fit hypothesis） 1958 年，E.Koshland 提出了"诱导契合学说"，该学说认为：酶的活性部位具有一定的柔性，不是僵硬的结构，当底物与酶相遇时，酶蛋白的几何形状会受到底物的诱导而发生极大的改变，使得活性部位上有关的各个基团达到正确的排列和定向，从而使酶与底物契合，形成中间产物，并催化底物发生反应。如图 8-1（b）所示。

"诱导契合学说"无法解释在一些酶中所发现的底物结合前后酶的构象有较大变化这一现象。

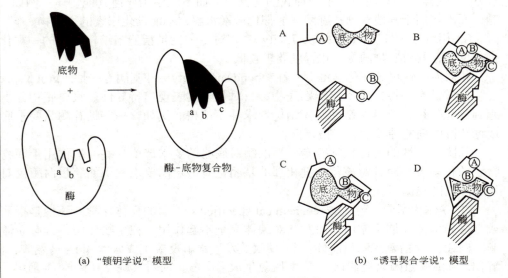

(a) "锁钥学说" 模型   (b) "诱导契合学说" 模型

图 8-1 底物与酶结合

（3）群体移动模式（population shift） "群体移动模式"基于的假设是：酶在溶液中同时存在不同构象，一种构象（构象 A）为适合底物结合的构象，而另一种构象（构象 B）则不适合，这两种构象之间保持着动态平衡。在没有底物存在的情况下，构象 B 占主导地位；当加入底物后，随着底物不断与构象 A 结合，溶液中构象 A 含量下降，两种构象之间的平衡被打破，导致构象 B 不断转化为构象 A。

8.1.2 酶分子结构与活性分析

8.1.2.1 酶的分子结构

酶是蛋白质，其结构包括一级结构和高级结构，与酶的活性有密切关系，结构的改变会引起酶活性的变化，从而引起酶催化作用的改变或丧失。

酶的一级结构是酶的基本化学结构，是催化功能的基础。酶的一级结构是指构成酶蛋白的 20 种基本氨基酸的种类、数目和排列顺序。一级结构的改变会使酶的催化功能发生相应的改变。例如，许多酶都存在二硫键（—S—S—），一般二硫键的断裂将使酶变性而丧失其催化功能。但在某些情况下，二硫键的断开，如酶的空间构象不受破坏时，酶的活性并不完全丧失，而当二硫键复原，酶又重新恢复其原有的生理活性。

　　酶的二级、三级结构是酶的空间结构，而酶的空间结构是维持酶的活性部位所必需的构象。酶分子的肽链以 β- 折叠结构为主，折叠结构间以 α- 螺旋与折叠肽链段相连。β- 折叠沿主肽链方向右手扭曲，形成圆筒形或马鞍形的结构骨架，α- 螺旋围绕 β- 折叠骨架结构的周围或两侧形成紧密折叠的球状三级结构，这就是酶的三级结构。当酶的二级和三级结构发生改变时，酶的催化活性也会发生相应的变化。

　　酶的四级结构是亚基间的空间排布。亚基间主要依靠疏水作用缔合，范德华力、离子键和氢键等也发挥一定的作用。按其功能可将具有四级结构的酶分为两类，一类与催化作用有关，另一类与代谢调节有关。

8.1.2.2　酶的活性部位

　　酶的活性中心由结合部位和催化部位组成。前者与底物相结合，决定酶的专一性；后者决定酶的催化反应。不同的酶构成活性部位（active site）的基团和构象各不相同。对单纯酶来说，活性部位是酶分子在三维结构中相互比较靠近的少数几个氨基酸残基或这些残基上的侧链基团，它们在一级结构上可能相距甚远，甚至位于不同的肽链上，但通过肽链的折叠卷曲后在空间构象上相互靠近。而结合酶的活性部位除了含有组成活性部位的氨基酸残基外，还含有辅酶或辅基的某些化学结构。如图 8-2 所示。

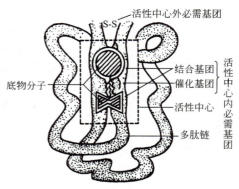

图 8-2　酶的活性中心示意图

8.1.2.3　酶活性及其测定

　　酶活性也称为酶活力，是指酶催化一定化学反应的能力。酶活性的测定是在一定条件下测定酶所催化的反应速率，如果外界条件相同，反应速率越大，酶活性越高。

　　没有严格的标准确定酶活力单位，因此不同的酶的催化能力不能用活力单位数进行比较。1961 年国际生物化学与分子生物学联合会（IUBMB）规定：在特定条件下（温度可采用 25℃ 或其他选用的温度，其他条件如 pH 值及底物浓度等均采用最适条件），每 1min 催化 1μmol 底物转化为产物所需要的酶量定义为 1 个酶活性单位（U），称国际单位（IU）。酶活性单位只能用于相对比较，并不直接表示酶活力的绝对量，因此常测定酶的比活性（specific activity），即每毫克酶蛋白所具有酶的活性单位数。比活性是酶纯度的一个指标，比活性越高，表示酶越纯。

　　酶活性的测定是测定一定时间内产物生成量或测定完成一定量反应所需时间。方法主要有：①动态连续测定法，在反应体系中加入酶，用仪器连续监测整个酶促反应过程中底物的消耗或产物的生成；②快速反应追踪法，近年来追踪极短时间（10^{-3}s 以下）内反应过程的方法和装置已经应用，其代表有停流法（stopped-flow）和温度跃变法（temperature jump）。测定手段主要有：①光谱分析法，酶将产物转变为（直接或间接）一个可用分光光度法或荧光光度法测出的化合物；②化学法，利用化学反应使产物变成一个可用某种物理方法测出的化合物，然后再反过来算出酶的活性；③放射性化学法，用同位素标记的底物经酶作用后生成含放射性的产物，在一定时间内生成的放射性产物量与酶活性成正比。

8.1.3　酶催化反应的影响因素

8.1.3.1　温度

　　在一定的条件下，低温范围内，随着温度的升高酶的活性增加，但超过一定的温度范围之后酶的活性会随温度的升高而下降，甚至失去活性，在一个特定的温度下表现出最大的活性称为酶的最适温度

（图 8-3）。一般而言，低温只抑制酶的活性，一旦温度适合，酶还可以恢复活性，但在高温条件下，酶会永久失活。

酶的最适温度不是酶的特征物理常数，不是一个固定值，与酶和底物浓度、pH 值、辅助因子和酶的作用时间等有关。温度对酶的催化反应速率的影响是双重效应：随温度的升高，酶反应速率增加，对大多数酶来说，当温度从 22℃升到 32℃时，反应速率可提高 2 倍；然而，当超过最适温度后，随着温度的升高，酶逐渐变性，酶的催化反应速率从而降低。

8.1.3.2 pH 值

pH 值对大多数酶的活性都有显著的影响，对酶的反应速率影响较大。经过对大多数酶类反应速率的测定，以反应速率对 pH 值变化作曲线，得到的都是一个单峰曲线，即钟形曲线。处于曲线最高点处的 pH 值称为该酶的最适 pH 值（图 8-4），在最适 pH 值处酶的活性最大。任何酶都有最适 pH 值，这是酶的一个重要特征，但不是酶的特征常数。

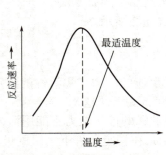

图 8-3 温度对酶活力的影响

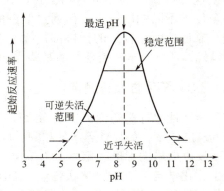

图 8-4 pH 值对酶活力的影响

酶不是在所有的 pH 值下都处于稳定状态，而是有一个稳定的 pH 值范围。酶的最适 pH 值和酶的最稳定 pH 值不一定相同。酶的稳定 pH 值范围同样非常重要，酶应在其稳定 pH 值范围内保存。

由于酶与底物的结合和催化作用常取决于底物和酶分子的电荷分布，酶活性受 pH 值的影响很显著。蛋白质的电荷分布是由氨基酸序列中可解离的侧链状态决定，而这又与 pH 值有关。

8.1.3.3 底物浓度

所有酶的催化反应，如果其他条件保持恒定，酶的浓度也保持不变，则反应速率取决于底物浓度。当底物浓度较低时，反应速率会随着底物浓度的增加而加快，两者成正比关系，表现为一级反应（图 8-5 中阶段 1）。但随着底物浓度增加酶的反应速率并不是直线增加，

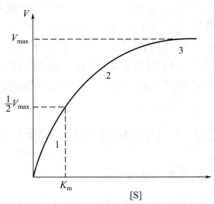

图 8-5 底物浓度对酶催化反应速率的影响

反应速率增加的幅度不断下降（图 8-5 中阶段 2）。如继续加大底物浓度反应速率也不会再增加，这时表现为零级反应，此时达到极限速率（图 8-5 中阶段 3）。这说明酶已经被饱和。所有的酶都有饱和现象，但是酶达到饱和状态时所需要的底物浓度各不相同。

底物浓度对酶催化反应的影响可用 Michaelis 和 Menten 提出的酶的中间产物学说解释。根据对酶促反应动力学的研究推导出表示整个反应中底物浓度和反应速率关系的著名公式，称为米氏方程（Michaelis-Menten equation）：

$$V = \frac{V_{max}[S]}{K_m + [S]}$$

式中，V_{max} 为酶促反应的最大速率；K_m 为米氏常数，指酶催化反应的速率达到最大速率一半时的底物浓度；[S] 为底物浓度；V 为反应速率。

K_m 是酶的特征常数，与酶的底物种类和酶作用时的 pH 值、温度有关，而与酶浓度无关。酶的种类不同，K_m 值不同；同一种酶与不同的底物作用时，K_m 值也不同。K_m 值表示酶与底物之间的亲和程度：K_m 值大表示亲和程度小，酶的催化活性低；K_m 值小表示亲和程度大，酶的催化活性高。

测定 K_m 值有许多方法，常用的是 Lineweaver-Burk 的双倒数作图法和 Eadic-Hofstee 法。Lineweaver-Burk 法将米氏方程两边取倒数，转化为下列形式：

$$\frac{1}{V} = \frac{K_m}{V_{max}[S]} + \frac{1}{V_{max}}$$

然后以 $\frac{1}{V}$ 对 $\frac{1}{[S]}$ 作图，得到一条直线，外推至与 x 轴相交，直线与 x 轴和 y 轴的截距分别是 $\frac{1}{K_m}$ 和 $\frac{1}{V_{max}}$（图 8-6）。

Eadic-Hofstee 法又称为 V-V/[S] 法，将米氏方程改写为

$$V = -K_m \frac{V}{[S]} + V_{max}$$

以 V 对 $V/[S]$ 作图，得到一条直线，y 轴的截距为 V_{max}，x 轴的截距为 V_{max}/K_m，斜率为 $-K_m$（图 8-7）。

K_m 在实际应用中具有重要的意义：①鉴定酶；②判断酶的最适底物；③计算一定速率下底物浓度；④了解酶的底物在体内具有的浓度水平；⑤判断反应方向或趋势；⑥判断抑制类型。

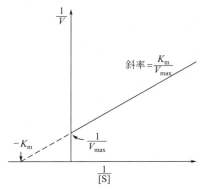

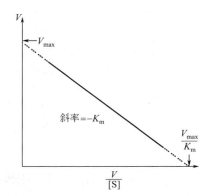

图 8-6 双倒数作图法   **图 8-7** Eadic-Hofstee 作图法

8.1.3.4 酶浓度

对大多数酶促反应来说，当底物足够过量且其他适宜条件不变，并且反应系统中不含有抑制酶活性的物质及其他不利于酶发挥作用的因素时，反应速率与酶的浓度成正比。如果反应继续进行，速率将会降低，这主要归结为底物浓度下降及终产物对酶的抑制作用。

8.1.3.5　激活剂

在许多酶促反应中须加入一些物质，酶才能够表现出催化活力或加强其催化活力，这种作用为酶的激活作用。凡是能够促使酶促反应速率加快，使酶由无活性到有活性或者使酶活性增强的物质，称为激活剂。

激活剂的种类有很多。有无机阳离子，如 Na^+、K^+、Mg^{2+}、Ca^{2+}、Zn^{2+}、Mn^{2+}、Fe^{2+}、Co^{2+}、Ni^{2+} 等；无机阴离子，如 Cl^-、Br^-、I^-、CN^-、NO_3^-、SO_3^{2-} 等；有机分子，如维生素 C、维生素 B_1、维生素 B_2、还原型谷胱甘肽等化合物以及一些酶类。

激活剂的作用包括两种情况：一种是由于激活剂的存在使一些本来有活性的酶活性能够进一步提高，这一类激活剂主要是离子或简单有机化合物；另一种激活剂是激活酶原，使原来无活性的酶转变成有活性的酶，这一类激活剂可能是离子或蛋白质。

8.1.3.6　抑制剂

可降低酶活力但并不引起酶变性的作用称为抑制作用。引起酶活性降低的物质称为酶的抑制剂。

酶的抑制剂有许多种，如重金属离子、一氧化碳、硫化氢、氢氰酸、氟化物、有机阳离子、对氯汞苯甲酸以及表面活性剂等。食品组成中也常存有酶的抑制剂，如豆科种子中存在的胰蛋白酶抑制剂、胰凝乳蛋白酶抑制剂、淀粉酶抑制剂。此外，食品中因环境污染带来的重金属、杀虫剂和其他化学物质都可能是酶的抑制剂。

从抑制剂对酶活性抑制的动力学角度来看，可将酶的抑制作用分成两类，即可逆抑制和不可逆抑制。

可逆抑制是指抑制剂与酶蛋白的结合是可逆的，可通过透析或超滤的方法除去抑制剂，从而恢复酶的活性。这种抑制剂是可逆抑制剂。可逆抑制又可分成竞争性抑制、非竞争性抑制和反竞争性抑制 3 种类型：①竞争性抑制是抑制剂与游离酶的活性位点结合，从而阻止底物与酶的结合，所以底物与抑制剂之间存在竞争；②非竞争性抑制是抑制剂既能与酶结合也能与酶 - 底物复合物结合；③反竞争性抑制是指抑制剂不能直接与游离酶结合，仅能与酶 - 底物复合物反应，形成一个或多个中间复合物。

不可逆抑制是指抑制剂一旦与酶结合就不能用透析或超滤等方法将其除去，酶的催化作用受到抑制后再也不能恢复。这种抑制剂称为不可逆抑制剂。

8.1.3.7　物理因素

高压、超声波、电场、磁场等物理作用形式也会影响酶的活性。其中静高压技术用于酶的活性影响一直处于热点报道中。近年来关于动态高压技术对酶的活性影响也开始陆续报道，刘伟等人采用动态高压微射流对梨汁多酚氧化酶、香菇多酚氧化酶和胰蛋白酶处理后引起活性或反应稳定性不同程度升高，同时发现其酶学性质的变化与动态高压诱导的去折叠态（unfolding）构象有关。

8.1.4　酶学对食品科学的重要性

酶学是食品科学的重要基础。实际上，任何一个生物体的生长和成熟过程中每时每刻都有酶的参与，可以说没有酶就没有生命，也就没有食品。农产品在收获之后有些酶依然具有活性，仍然参与各类酶催化反应，影响农产品储藏、加工时的品质。食品原料中的内源酶可以分为两类，其中一类酶对食品加工有益，另外一类酶要进行有目的的控制才能保证产品质量。在食品加工和储藏过程中，除了要用到内源酶之外，有时还要使用不同的外源酶来提高产品的质量。

8.1.4.1　酶与食品加工和储藏

酶所参与的分解代谢活动有的是期望的，有的是不期望的。如动物屠宰后，水解酶类开始发生作用，使肉嫩化，改善了肉的风味和质构；水果成熟后所特有的颜色、香气和味道是由内源酶的综合作用引起的，但要适度控制内源酶的作用，否则水果会变得过熟和酥软，甚至失去食用价值。由此可见，在食品加工和储藏中酶起着非常重要的作用，可以通过控制食品原料中酶的活性来改善食品的风味和质构。

除了利用食品原料中存在的内源酶的作用之外，还可以在食品加工及储藏过程中使用不同的外源酶，以提高产品的品质。例如，由于牛乳中含有乳糖，乳糖缺乏症的人群不能直接饮用牛乳，但可以在牛乳中加入乳糖酶，使乳糖转化成葡萄糖和半乳糖。酶在食品中不会残留任何有害物质，而且酶催化的反应具有专一性和高效性的特点，其反应条件温和，对食品的营养损失小，用量少且操作简单，因此，在食品加工与储藏的应用中，酶较其他物理化学手段有着无法比拟的优越性。

8.1.4.2　酶与食品营养

一般来说，在食品加工过程中营养成分的损失大多是由非酶作用引起的，但也不能忽视食品原料中一些酶的破坏作用。食品加工中一些维生素的降解与食品原料中的酶有着密切关系。例如，在蔬菜的加工过程中，脂肪氧合酶催化胡萝卜素降解而损失维生素 A 原；在一些发酵方法加工的鱼制品中，由于鱼与细菌中的硫胺素酶作用而使制品中缺乏维生素 B_1；而果蔬中的维生素 C 是最不稳定的一种维生素，常被抗坏血酸氧化酶及其他氧化酶类直接或间接地氧化。

为提高食品营养价值，使其营养素更有利于人体的吸收利用，也常利用酶的作用除去食品中的抗营养素。例如，豆类和谷类中的植酸以钙、镁和钾盐形式存在，易与膳食中的铁、锌等其他金属离子络合，形成难溶的复合物，而人的胃中无植酸酶存在，因此人体吸收这些元素变得很困难，并且植酸还能与蛋白质形成稳定的复合物，降低豆类蛋白质的营养和生理价值。通过加入植酸酶可以促进植酸的分解，从而有利于人体对营养素的吸收。

8.1.4.3　酶与食品安全

酶与其他混入酶制剂的蛋白质一起作为外源蛋白质随食品进入人体后，有可能引起过敏反应。目前还极少见这样的例子，但新的酶制剂作为食品添加剂加入食品中就应考虑到卫生和安全问题，因为酶的作用会使食品品质特性发生改变，甚至产生毒素及其他不利于健康的有害物质。特别是用微生物生产酶制剂时，应选择那些不产生毒素的菌种，以防来源于微生物的酶制剂携带毒素。此外，酶与底物作用也受环境条件影响，有时本身无毒的底物会在酶催化降解下生成有毒物质。

相反，也可以利用酶的作用去除食品中的毒素。有研究发现，黄曲霉毒素 B_1 经黄曲霉毒素脱毒酶处理后，其毒性和致畸性可极大降低。酶法解毒是一种安全、高效的解毒方法，对食品无污染，而且不影响食品的营养价值。

8.1.4.4　酶与食品分析

酶分析法准确、快速、灵敏性强、特异性强、不需进行复杂的预处理，在食品分析中的应用主要有

两个方面：①以酶为分析对象，对食品加工过程中所使用的酶和食品样品所含的酶进行种类、含量或酶活力测定；②以酶作为分析工具或分析试剂，利用酶的特性用于测定食品样品中用一般化学方法难于检测的物质。这些酶分析法包括酶联免疫测定、PCR（聚合酶链式反应）、生物传感器、酶抑制率法等。

 概念检查 8.1

○ 酶的催化特性是什么？
○ 影响酶催化反应的因素是什么？

8.2　食品中的重要酶类

酶在食品工业中起着重要的作用，在食品加工、食品保鲜和提高食品风味等方面得到广泛应用，如传统酿酒及现代酸奶等发酵产品的生产过程中都有酶的参与。目前已有几十种酶成功应用于食品行业，如乳制品、肉制品、焙烤产品、饮料、果汁、糖、油脂等工业及食品品质和风味的改善等方面。

国际生物化学协会酶学委员会将酶按催化反应的性质分为六大类：①氧化还原酶类（oxidoreductase），促进底物的氧化或还原；②转移酶类（transferase），促进不同物质分子间某种化学基团的交换或转移；③水解酶类（hydrolase），促进水解反应；④裂合酶类（lyase），催化从底物分子双键上加基团或脱基团反应，即促进一种化合物分裂为两种化合物，或由两种化合物合成一种化合物；⑤异构酶类（isomerase），促进同分异构体互相转化，即催化底物分子内部的重排反应；⑥合成酶类（连接酶，ligase），促进两分子化合物互相结合，同时 ATP 分子（或其他三磷酸核苷）中的高能磷酸键断裂，即催化分子间缔合反应。

食品工业中最常用的酶是水解酶，其中主要是糖类水解酶，其次是蛋白质水解酶和脂肪酶类，如 α- 淀粉酶、β- 淀粉酶、葡萄糖淀粉酶、果胶酶、纤维素酶、转化酶、蛋白酶、脂肪酶等。一些氧化还原酶在食品加工中也有应用，如葡萄糖氧化酶、过氧化氢酶、多酚氧化酶、脂氧合酶等。以下主要介绍食品工业中最为常见的水解酶和氧化酶。

8.2.1　水解酶

水解酶是食品工业应用最广泛的酶类，主要用于水解基本营养素，如碳水化合物水解酶、蛋白质水解酶、脂肪酶等，使营养成分能够被机体吸收或更易被吸收。食品工业中一般使用的是两类酶，一类是内源酶，另一类是外源酶。前者是细胞内本身存在的酶、原材料本身所含有的酶类；后者是由细胞外导入细胞内发挥作用的酶，是食品加工中为达到某一目的而添加的酶类。利用食品原料本身的水解酶及添加外源水解酶是提高食品质量常用的有效方法。食品行业中常用的水解酶主要有糖酶、蛋白酶和脂肪酶。

8.2.1.1　糖酶

糖酶是用于水解各种碳水化合物的酶，按其作用点可分为两类：一类是聚糖水解酶类，如 α- 淀粉酶、β- 淀粉酶、葡萄糖淀粉酶、异淀粉酶、果胶酶、纤维素酶等；一类是糖苷水解酶类，如转化酶、乳糖酶、橙皮苷酶、鼠李糖苷酶等。糖酶在催化反应时作用于糖类物质的糖苷键，将多糖分解，或催化糖单位结构重排，形成新的糖类。糖酶根据作用底物不同有淀粉酶、果胶酶和纤维素酶等。

（1）淀粉酶　淀粉酶广泛分布于自然界，作用于淀粉，能够水解直链淀粉和支链淀粉中葡萄糖单元之间的糖苷键。淀粉酶不仅能水解淀粉分子，还能进一步降解淀粉的水解产物如糊精、低聚糖等。按照作用方式不同可以将淀粉酶分为 α- 淀粉酶、β- 淀粉酶、葡萄糖淀粉酶等。

① α- 淀粉酶　α- 淀粉酶（EC 3.2.1.1）能够随机水解直链淀粉、支链淀粉及其他多糖（糖原、环糊精）内的 α-（1→4）糖苷键，广泛分布于动植物和微生物中。高纯度 α- 淀粉酶可从大麦芽、猪胰脏和枯草杆菌、米曲霉、黑曲霉等微生物中分离纯化获得。

α- 淀粉酶的相对分子质量约为 50000，每一个酶分子中含有一个结合非常牢固的 Ca^{2+}，Ca^{2+} 虽没有直接参与形成酶 - 底物络合物，但能维持酶的最适宜构象，并使酶拥有最高的活力和稳定性。α- 淀粉酶的最适反应温度依不同来源而异，一般为 55～70℃，一些细菌 α- 淀粉酶的最适温度可以达到 70℃以上。加入 Ca^{2+} 能适度增加 α- 淀粉酶在催化反应时的最适温度和操作温度，这一点在工业化生产中很常用。α- 淀粉酶的最适 pH 值一般在 4.5～7.0 之间，但不同来源的 α- 淀粉酶的最适 pH 值稍有差别。

α- 淀粉酶是一种内切酶，水解 α-（1→4）糖苷键而产物的构型保持不变，不能水解 α-（1→6）糖苷键，但能越过此键继续水解 α-（1→4）糖苷键。因此作用于直链淀粉时能显著降低溶液的黏度，并使碘的呈色能力迅速下降或消失，产物以麦芽糖为主，带有少量的葡萄糖和糊精。水解支链淀粉产生麦芽糖、葡萄糖和具有 α-（1→6）糖苷键的 α- 极限糊精混合物。在工业上常利用 α- 淀粉酶水解淀粉的产物（如糊精和还原糖）作为面团酵母发酵的底物，使面团发酵更丰满，改善馒头的口感和面包的色泽、口味及货架期等。

② β- 淀粉酶　β- 淀粉酶（EC 3.2.1.2）主要存在于高等植物如大麦、小麦、白薯和大豆等中，近年来少数微生物（细菌、霉菌等）中也发现了 β- 淀粉酶。β- 淀粉酶的分子量一般高于 α- 淀粉酶，热稳定性与其来源有关。在 Ca^{2+} 存在的条件下，β- 淀粉酶的热稳定性低于 α- 淀粉酶，在 70℃加热这两种酶的混合物可使 β- 淀粉酶失活。β- 淀粉酶催化反应的最适 pH 值为 5.0～6.0，在 20℃和 pH 值 4.0 至 pH 值 8.0～9.0 之间可稳定 24h。在 β- 淀粉酶的结构中，巯基通过二硫键与酶蛋白连接，以保持其活力，因而可加入含有巯基的化合物（如半胱氨酸）增加酶活性，也可通过减少巯基含量来抑制酶活性。

β- 淀粉酶是一种外切酶，水解淀粉分子非还原性末端的 α-（1→4）糖苷键，依次将淀粉链上的一个个麦芽糖单位裂解下来，其糖单位构型由 α 型转变为 β 型。β- 淀粉酶不能水解 α-（1→6）糖苷键，也不能越过此键继续水解 α-（1→4）糖苷键。因此，β- 淀粉酶水解直链淀粉产生麦芽糖和少量葡萄糖，而作用于支链淀粉会因 α-（1→6）糖苷键而停止产生较大的极限糊精。β- 淀粉酶不能水解淀粉内部的 α-（1→4）糖苷键，因而反应时不能使淀粉黏度迅速下降。

③ 葡萄糖淀粉酶　葡萄糖淀粉酶（EC 3.2.1.3）也称为糖化酶，主要来源于霉菌中的黑曲霉、红曲霉和根霉等。葡萄糖淀粉酶催化反应的最适温度为 50～60℃，最适 pH 值为 4.0～5.0，但酶活性的最适温度和 pH 值会受酶反应时间影响。

葡萄糖淀粉酶是一种外切酶，水解淀粉分子非还原性末端的 α-（1→4）糖苷键，将淀粉链上的一个个葡萄糖单元水解下来，并使裂解后的糖单元构型由 α 型转变为 β 型，这一点与 β- 淀粉酶有相似之处。葡萄糖淀粉酶特异性相对较低，除主要水解 α-（1→4）糖苷键外，还能水解 α-（1→3）糖苷键和 α-（1→6）糖苷键，但对这 3 种糖苷键的催化速率并不相同，其相对速率分别为 100、6.6、3.6。葡萄糖淀粉酶水解直链淀粉和支链淀粉的最终产物都是葡萄糖，只是在水解支链淀粉的 α-（1→6）糖苷键时速率非常慢，

而当加入 α- 淀粉酶时催化速率明显加快。

除 α- 淀粉酶、β- 淀粉酶和葡萄糖淀粉酶外，还有脱支酶，水解支链淀粉、糖原和相关大分子化合物的 α-（1 → 6）糖苷键。脱支酶分为直接脱支酶和间接脱支酶，直接脱支酶又分为支链淀粉酶和异淀粉酶。这几种淀粉酶的催化方式如图 8-8 所示。

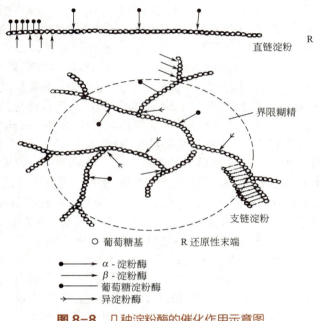

直链淀粉 R

界限糊精

支链淀粉

○ 葡萄糖基　　　R 还原性末端

●——→ α - 淀粉酶
——→ β - 淀粉酶
●—— 葡萄糖淀粉酶
—— 异淀粉酶

图 8-8 几种淀粉酶的催化作用示意图

（2）果胶酶　　果胶是含杂多糖的化合物，其主要成分是半乳糖醛酸，在自然界中有原果胶、果胶酸和果胶酯酸 3 种类型，果胶酶就是水解这些物质的酶类。果胶酶广泛分布于各类高等植物和微生物中，工业上主要用于果汁的澄清，是果汁加工过程中应用较普遍的酶类。果胶酶一般分为 3 类：催化果胶解聚的聚半乳糖醛酸酶、果胶酸裂解酶以及催化果胶分子中酯水解的果胶酯酶。

① 聚半乳糖醛酸酶　　聚半乳糖醛酸酶用于果胶酸的水解。根据对底物催化方式不同分为两类：一是内切聚半乳糖醛酸酶（EC 3.2.1.15），广泛分布于高等植物、霉菌、细菌和一些酵母中，不同来源的内切聚半乳糖醛酸酶具有相似的分子量，能作用于果胶酸分子内部的 α-（1 → 4）糖苷键，使底物的黏度显著下降，多数酶的最适 pH 值在 4.0 ～ 5.0 之间；二是外切聚半乳糖醛酸酶（EC 3.2.1.67），分布于高等植物和霉菌中，在一些细菌和昆虫的肠道中也存在，能水解非还原性末端的 α-（1 → 4）糖苷键，将果胶酸链上的半乳糖醛酸单元逐个水解下来，最适 pH 值约为 5.0，一些离子如 Ca^{2+} 对外切聚半乳糖醛酸酶具有激活作用。在食品工业中，通过聚半乳糖醛酸酶水解水果中的果胶酸，从而改变水果的质构，以便进一步加工。反应过程中，往往加入 NaCl 等作为辅助因子，使酶达到较大的活性。

② 果胶酯酶　　果胶酯酶（EC 3.1.1.11）也称为果胶甲酯酶、果胶酶、果胶甲氧基酶和果胶脱甲氧基酶，能够水解果胶分子中的甲酯基，生成果胶酸和甲醇。主要存在于一些微生物和植物中，尤其在柑橘和番茄中含量较高，常与聚半乳糖醛酸酶组成催化体系。植物果胶酯酶比霉菌果胶酯酶热稳定性高。柑橘

和番茄中果胶酯酶的最适 pH 值约为 7.5；霉菌果胶酯酶的最适 pH 值常在酸性范围内，热稳定性较低；细菌果胶酯酶的最适 pH 值则在碱性范围内。

③ 果胶酸裂解酶　果胶酸裂解酶（EC 4.2.2.2）主要存在于黑曲霉中，在高等植物中尚未发现。果胶酸裂解酶能催化果胶酸上半乳糖醛酸残基的 C4 和 C5 位，通过氢的消除作用（β- 消除反应）使糖苷键断裂，催化反应需要有 Ca^{2+} 参与，最适 pH 值为 8.0 ～ 9.5。

上述 3 种果胶酶的催化作用如图 8-9 所示。

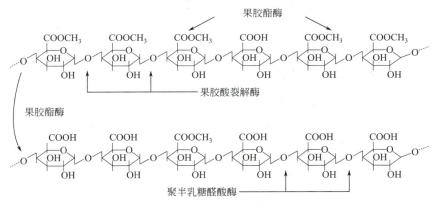

图 8-9　3 种果胶酶的催化作用

（3）纤维素酶　纤维素酶催化纤维素水解。目前主要从微生物中提取，尤其是真菌纤维素酶产量高、活性大，应用较广泛。纤维素酶具有较高的热稳定性，最适 pH 值在 4.5 ～ 6.5 范围内。根据作用于纤维素和降解的中间产物不同可分为 4 类：内切纤维素酶（EC 3.2.1.4）、纤维二糖水解酶（EC 3.2.1.91）、外切葡萄糖水解酶（EC 3.2.1.74）和 β- 葡萄糖苷酶（EC 3.2.1.21）。在食品工业中，应用纤维素酶水解纤维素，有利于消化吸收和改良食品风味。

（4）转化酶　转化酶（EC 3.2.1.26）广泛分布于动植物和微生物中，能催化蔗糖水解为葡萄糖和果糖，使溶液的比旋光度从 +66.5° 转变到 -19.75°。在食品工业中主要用于将蔗糖水解成较甜的糖浆，并改变溶液的一些物理性质，如提高沸点、渗透压、溶解度及降低凝固点等。

此外，一般用到的糖酶还有乳糖酶，该酶水解 β-D- 半乳糖苷键，将乳糖降解成 α-D- 葡萄糖和 β-D- 半乳糖。

8.2.1.2　蛋白酶

蛋白酶广泛存在于各种生物体系中，是食品工业中应用最普遍的酶类之一。蛋白酶主要催化水解连接蛋白质氨基酸单元的肽键，将蛋白质水解成较小分子的肽类和氨基酸，从而方便机体吸收利用，或改变含蛋白质食品的某些特性，以便进一步加工。

蛋白酶的种类比较复杂，分类方式有很多种。根据来源不同，可分为植物蛋白酶、动物蛋白酶、微生物蛋白酶；根据作用方式不同，可分为内切酶（从肽链内部随机水解肽键）和外切酶（从肽链末端水解肽键），外切酶根据水解肽链末端的肽键基团不同又可分为氨肽酶（从肽链的氨基末端开始水解肽键）和羧肽酶（从肽链的羧基末端开始水解肽键）；根据最适 pH 值不同，可分为酸性蛋白酶、碱性蛋白酶和中性蛋白酶；根据酶活性部位的化学性质不同，可分为丝氨酸蛋白酶、巯基蛋白酶、酸性蛋白酶和金属蛋白酶。

丝氨酸蛋白酶的活性中心含有丝氨酸残基，属于肽链内切酶，包括胰蛋白酶、胰凝乳蛋白酶、弹性蛋白酶和枯草杆菌蛋白酶等。丝氨酸蛋白酶可以软化和嫩化肉的结缔组织，使肌肉变得柔软多汁，改善口味。

巯基蛋白酶的活性中心含有巯基，包括植物蛋白酶中的木瓜蛋白酶、无花果蛋白酶、菠萝蛋白酶和微生物蛋白酶中的链球菌蛋白酶等。木瓜蛋白酶是巯基蛋白酶中应用最多的一种酶，在 pH 值 5.0 时具有良好的稳定性。在食品工业中巯基蛋白酶可用于食物催熟、肉的嫩化及啤酒澄清等。

酸性蛋白酶的活性中心含有羧基，包括胃蛋白酶、凝乳酶和真菌蛋白酶等。凝乳酶用于生产干酪，主要催化酪蛋白沉淀，并有助于风味物质的形成，是食品工业中应用最广的一种酸性蛋白酶。

金属蛋白酶的活性中心含有金属离子（多数是 2 价金属离子），大部分是肽链外切酶，在食品工业中应用相对较少。

8.2.1.3　脂肪酶

脂肪酶广泛存在于动植物和微生物（如霉菌、细菌等）中，能水解不溶解或多相体系中处在油 / 水界面的甘油三酯的酯键，将甘油三酯最终水解为脂肪酸和甘油。大多数脂肪酶的最适 pH 值在 8.0 ～ 9.0 之间，底物、盐和乳化剂会影响酶的最适 pH 值。脂肪酶催化反应也受到一些盐类和离子影响，如猪胰脂酶作用时加入 NaCl、Ca^{2+} 能提高其稳定性，而重金属盐类及其离子则会抑制其活性。

在食品工业中，可利用脂肪酶改善含脂类食品的风味，或将油脂水解和酯交换而得到新的产品。在大豆、牛乳等含脂肪的食物中，脂肪酶催化脂肪产生游离脂肪酸，导致食品酸败变质，因此在乳制品生产过程中需要抑制脂肪酶的活性，防止乳制品产生不良风味。而在干酪生产中，微生物脂肪酶却能使干酪产生良好的风味。

8.2.2　氧化酶

氧化酶存在于动植物和微生物中，应用最多的是植物中的氧化酶类，对食品的品质和风味有重要影响。在食品工业中通常涉及的氧化酶类有多酚氧化酶、葡萄糖氧化酶、抗坏血酸氧化酶和脂肪氧合酶等。

8.2.2.1　多酚氧化酶

多酚氧化酶（polyphenoloxidase，PPO）是自然界分布极广的一种氧化还原酶，普遍存在于植物、真菌、昆虫中，在植物细胞组织中 PPO 存在的位置因原料的种类、品种及成熟度的不同而有差异。多酚氧化酶（邻苯二酚氧化还原酶，EC 1.10.3.1）可分为单酚氧化酶［酪氨酸酶（tyrosinase），EC 1.14.18.1］、双酚氧化酶［儿茶酚氧化酶（catechol oxidase），EC 1.10.3.2］、漆酶（laccase，EC 1.10.3.1）。多酚氧化酶一般是儿茶酚氧化酶和漆酶的统称。组织的褐变现象主要是多酚氧化酶作用于天然底物酚类物质所致，多酚氧化酶有氧条件下催化各种酚类（单宁、儿茶酸、黄酮、一元酚等）氧化成醌，再进一步氧化成黑色素。当植物组织遭受损伤如破损、剪切、成熟或衰老的过程中，前体 PPO 释放到胞质溶胶中，同时被激活，PPO 与氧结合可发生两个不同的氧化反应：将酪氨酸羟基化为邻二酚；或将二酚氧化成邻醌，邻醌自动与氨基酸和蛋白质发生聚合作用，使组织变色，形成褐色素或黑色素，也就是酶促褐变，同时造成水果和蔬菜失去感官品质和营养成分。

多酚氧化酶最主要的特性就是酶促褐变，引起果蔬的品质劣变。但在食品工业中多酚氧化酶也有很多优点，如促进茶、咖啡、可可在发酵过程中褐色的形成，通过低温诱导等方式提高多酚氧化酶的活性以缩短生产时间来提高红茶品质，在啤酒生产过程中多酚氧化酶与啤酒风味陈化紧密相关。

8.2.2.2　葡萄糖氧化酶

葡萄糖氧化酶（EC 1.1.3.4）在有氧存在下催化葡萄糖水解，产物有葡萄糖酸内酯、双氧水和葡萄糖酸等。葡萄糖氧化酶相对分子质量约为 150000，易溶于水，不溶于有机溶剂，最适 pH 值在 3.5 ～ 6.5 之间。葡萄糖氧化酶具有良好的热稳定性，在 30 ～ 60℃ 的温度范围对葡萄糖氧化酶活性并无显著影响，因为温度的变化同时影响其反应物和氧含量的变化，酶活力受这二者的综合影响。

葡萄糖氧化酶对 β-D- 葡萄糖有强烈的特异性反应，而且催化烃基处在 β 位的葡萄糖分子比处在 α 位时的酶活力高 160 倍左右。葡萄糖氧化酶由于其特异性反应，在食品工业上有很多方面的应用。例如葡萄糖氧化酶可在蛋制品加工中除去葡萄糖，防止美拉德反应；在干制品加工及包装中除氧，延长食品保质期；除去啤酒生产中的溶解氧和瓶颈氧，延长货架期；催化反应产生的双氧水可以杀菌消毒，也可用于生产葡萄糖酸。

8.2.2.3　过氧化物酶

过氧化物酶在氢供体参与下催化过氧化氢或过氧化物，广泛分布于自然界中。大多数果蔬中的过氧化物酶的相对分子质量在 30000 ～ 45000 之间。其最适 pH 值范围较宽。过氧化物酶一般含有多种同工酶，而不同的同工酶的最适 pH 值各不相同，因此导致其最适 pH 值范围较宽。过氧化物酶的最适温度也随不同来源而有较宽的波动范围。多数过氧化物酶在热失活后可以部分再生，这是该酶的一个重要特征。在果蔬加工中，采用导致不良风味形成的主要酶作为判断果蔬热处理是否充分的指标，由于过氧化物酶非常耐热，常利用过氧化物酶作为选择热处理条件的指标。

8.2.2.4　脂肪氧合酶

脂肪氧合酶（EC 1.13.11.12）广泛分布于各种植物种子中，尤其以大豆中含量最高。脂肪氧合酶活力在 pH 值 7.0 ～ 8.0 之间最高。其热稳定性较差，控制温度是防止脂肪氧合酶失活的有效方法。

脂肪氧合酶的催化底物必须含有顺，顺 -1,4- 戊二烯单元，必需脂肪酸中的亚油酸、亚麻酸和花生四烯酸是较常见的底物，其中亚油酸还是测定脂肪氧合酶活力的最佳底物。脂肪氧合酶催化过程很复杂，产物中有多种自由基及氢过氧化物，会使产品出现不良风味，造成降低蛋白质的营养价值等不良影响。

8.3　酶对食品质量的影响与应用

8.3.1　酶对食品质量的影响

酶参与生物体的发育、成熟、生长和繁殖的任何一种过程，当缺少任何一种酶或酶活性下降时，都会对生物体的生长发育产生影响。动植物来源的食物生长、成熟过程都依赖于机体内源酶的作用，外界环境（如温度、pH 值、营养成分和空气质量等）极大影响酶的组成和活性，从而引起食物组成成分和品质的改变。酶的催化反应有些是有利的，有些是不利的，因此，在采收、储藏和加工等过程中合理控制食品原料中酶的活性和外来酶的添加量，对食品质量具有非常重要的意义。

8.3.1.1　对食品色泽的影响

颜色是人们对食品品质最直观的判定方式，适宜的色泽能增加消费者的接受程度。食品在加工和储藏过程中的色泽改变主要来自酶的催化反应，常见的酶有多酚氧化酶、脂肪氧合酶和叶绿素酶。

酶促褐变是酚酶催化酚类底物形成醌及其聚合物的过程。多酚氧化酶主要是引起食品加工中的酶促褐变，果蔬等新鲜食物中尤其常见。多酚氧化酶能催化羟基化和氧化反应，羟基化反应产生不稳定的邻苯醌类化合物，产生深色产物，造成食品变色。多数情况下，酶促褐变是不利的，如香蕉、苹果、梨、马铃薯等在破皮或切开之后褐变，应尽量避免；而在红茶、可可豆、咖啡和葡萄干等加工中，适当的褐变能形成良好的风味和色泽。酶促褐变的发生需要 3 个条件：合适的酚类底物、酚类氧化酶和氧的参与。抑制酶促褐变主要途径有：①钝化酶的活性（如热处理法），虽然来源不同的酚酶对热的敏感程度不同，但在 70 ～ 95℃加热约 7s 可使大部分多酚氧化酶失活；②改变酶的作用条件（如酸处理法），多数酚酶的最适 pH 值在 6 ～ 7 的范围内，采用柠檬酸、苹果酸、磷酸等调节 pH 值在 3 以下时，酚酶几乎完全失活；③驱除或隔绝氧气，真空和充氮包装等措施可以有效减缓或防止多酚氧化酶引起的酶促褐变；④使用抗氧化剂（如抗坏血酸、二氧化硫和亚硫酸盐等），加入还原性化合物能将邻苯醌还原成底物，从而阻止黑色素的形成；⑤加入螯合剂，因为多酚氧化酶活性中心含有铜离子，柠檬酸、亚硫酸钠和巯基化合物能去除活性中心的铜离子，从而导致多酚氧化酶失活。

小麦粉和大豆粉通过脂肪氧合酶氧化或分解色素起到漂白作用，同时脂肪氧合酶催化不饱和脂肪酸产生的自由基中间物和氢过氧化物能够降解色素，氧化破坏叶绿素和类胡萝卜素。存在于植物和含叶绿素的微生物中的叶绿素酶能水解叶绿素，产生植醇和脱植基叶绿素，由于脱植基叶绿素呈绿色，将果蔬制品中的绿色损失归因于叶绿素的氧化作用还有待进一步的研究。

8.3.1.2　对食品质构的影响

食品的质构对食品的质量有重要影响，大部分植物类食物的质构主要取决于所含的一些碳水化合物，如淀粉、果胶物质、纤维素、半纤维素和非碳水化合物木质素等，而动物类或高蛋白植物类食物的质构主要取决于所含的蛋白质。食品质构的变化主要取决于能够水解维持食物构形化合物的酶类，如淀粉酶、果胶酶、纤维素酶、半纤维素酶和蛋白酶等。

淀粉主要维持食品的黏度和质构，淀粉酶通过水解淀粉破坏淀粉结构影响食品的质构和黏度。α- 淀粉酶主要是降低食品的黏度，同时还对其稳定性产生影响，如布丁、奶油沙司；β- 淀粉酶不能完全水解支链淀粉，对食品质构的影响比 α- 淀粉酶小一些。面粉中的淀粉酶影响面团、面包的品质，活性较高时淀粉被过度降解，降低面包气孔膜的稳定性，导致面包品质恶化；活性过低时面团发酵时间延长，面包的色泽和口感较差。另外，制作面团过程中脂肪氧合酶可氧化面筋蛋白，形成二硫键，从而改善面团质量。

蛋白质是维持动物性食品原料质构的重要因素，在肉制品和乳制品中常利用蛋白酶改善食品的风味和质构。组织蛋白酶存在于动物的组织细胞中，在酸性条件下分解肌原纤维和结缔组织，有效地促进肉的嫩化和成熟。牛乳中的碱性乳蛋白酶能够水解 β- 酪蛋白，产生疏水性更强的 γ- 酪蛋白，从而影响牛乳的稳定性，乳蛋白酶对于奶酪的成熟和乳的胶凝也有重要作用。面粉中适量的蛋白酶可以促进面筋的软化，增加面团的延伸性，减少揉和时间，改善面团的发酵效果；但过多时会造成蛋白质过度水解，反而降低面筋强度。

在果蔬制品储藏加工过程中，果胶酶对果胶物质的水解可显著改变果品的质构。当反应溶液中含有 2 价金属离子 Ca^{2+} 时，果胶酯酶水解产生的果胶酸通过 Ca^{2+} 将果胶酸分子间的羧基交联，形成盐桥，从而改善其质构强度，可用于脆化果蔬制品；而聚半乳糖醛酸酶水解果胶酸，影响果胶的分子量，从而可显著影响食品的质构。另外，纤维素酶通过酶解纤维素，对果蔬制品的质构也有一定影响。

8.3.1.3　对食品风味的影响

食品风味受许多化学物质影响。在食品的储藏和加工中，食品内源酶或外源酶都会对食品的风味产生至关重要的作用。酶对食品风味的影响是一个极其复杂、相互关联和影响的体系，产生不良气味的酶主要是一些氧化酶类，如脂肪氧合酶、过氧化物酶等。脂肪氧合酶通过氧化脂肪生成羰基化合物和氧化破坏食品中的必需脂肪酸，产生青草味或豆腥味等不良风味；过氧化物酶会促进不饱和脂肪酸的过氧化物降解，产生挥发性的氧化风味化合物和破坏食品组分的自由基。在食品加工中，当热烫不彻底或冷冻时，过氧化物酶和脂肪氧合酶等的作用会导致很多蔬菜产生异味，尤其是过氧化物酶具有良好的热稳定性和再生性，对食品加工储藏过程中不良气味的形成有重要作用。

外源添加酶用于改善食品风味也广泛应用在食品行业中。如脂肪酶是乳制品中一种重要的增香物质，蛋白酶和肽酶可增加干酪的风味；利用柚皮苷酶可破坏葡萄柚汁产生的苦味物质柚皮苷，从而改善其风味。

8.3.1.4　对食品营养价值的影响

前面提到的脂肪氧合酶能够氧化亚油酸、亚麻酸和花生四烯酸，降低亚油酸、亚麻酸和花生四烯酸等必需脂肪酸的含量，并且产生的自由基还能降低类胡萝卜素、维生素 C、维生素 E 和叶酸的含量，破坏蛋白质分子中的半胱氨酸、酪氨酸、色氨酸和组氨酸残基，或导致蛋白质交联；另外如抗坏血酸酶能破坏一些蔬菜中的抗坏血酸，硫胺素酶能破坏硫胺素，核黄素水解酶能降解一些微生物中的核黄素，多酚氧化酶会降低蛋白质中的赖氨酸，这些都对食品的营养价值造成重要影响。而一些水解酶类能通过水解作用促进机体对营养物质的消化吸收，如蛋白酶、脂肪酶等将大分子的蛋白质和脂肪水解成更易被机体吸收的小分子，提高食品的营养价值；超氧化物歧化酶本身还能作为食品营养的强化剂。

8.3.2　酶在食品加工中的应用

8.3.2.1　酶在制糖工业中的应用

在制糖工业中，常使用的酶有 α- 淀粉酶、β- 淀粉酶、葡萄糖淀粉酶、葡萄糖异构酶和异淀粉酶等。淀粉在这些酶的作用下水解，生成葡萄糖、麦芽糖、低聚糖、糊精、果葡糖浆和环状糊精等产物。

（1）葡萄糖的制备　制备葡萄糖时，先由 α- 淀粉酶将淀粉液化成糊精，再利用葡萄糖淀粉酶将糊精催化成葡萄糖。淀粉先加水配成淀粉浆，含量一般为 30%～40%，pH 值约为 6.0～6.5，再加入适量的 α- 淀粉酶，在 85～90℃下保温 45min 左右，使淀粉液化成糊精。一般在淀粉溶液中加入适量的氯化钙和氯化钠，以保持淀粉酶的稳定性。淀粉液化程度控制在淀粉溶液的 DE 值（dextrose equivalent，也称为葡萄糖值，是以葡萄糖占糖浆干物质的百分比）为 15～20 之间为宜。当使用耐高温淀粉酶时，液化温度范围为 90～95℃，在喷射液化工艺中瞬间温度达 105～110℃仍能有效水解淀粉，极大提高了液化效率。液化后将溶液冷却至 55～60℃，pH 值调为 4.5～5.0，加入适量的葡萄糖淀粉酶恒温糖化 48h 左右，最

终得到水解后的葡萄糖。

（2）果葡糖浆的制备　果葡糖浆是由葡萄糖异构酶催化葡萄糖异构化生成部分果糖得到的葡萄糖和果糖的混合物。所用的葡萄糖液化后经分离纯化得到 DE 值大于 96 的葡萄糖溶液，由于溶液中的 Ca^{2+} 会抑制葡萄糖异构酶的活性，一般采用层析等方法除去溶液中的 Ca^{2+}。制备时将葡萄糖溶液的 pH 值调节为 6.5 ～ 7.0，加入 0.01mol/L 硫酸镁，在 60 ～ 70℃下反应，异构化率一般在 42% ～ 45% 之间。该催化反应为吸热反应，升温有利于反应的进行，温度越高产生的果糖越多。但当温度高于 70℃时酶容易失活，故一般控制在 60 ～ 70℃下反应。葡萄糖异构化后，混合糖液经脱色、精制、浓缩至固形物含量达到 71% 左右，即果葡糖浆，其中含 52% 左右的葡萄糖、41% 左右的果糖和 6% 左右的低聚糖。

（3）饴糖、麦芽糖的制备　以大米或糯米的粉浆为原料，加入一定量的 α- 淀粉酶，在 85 ～ 90℃下反应，直到遇碘反应颜色正好消失为止。冷却至 62℃，再加入一定量的 β- 淀粉酶，恒温反应一段时间，生成含麦芽糖和糊精的饴糖。用 α- 淀粉酶将淀粉溶液轻度液化，再使 α- 淀粉酶失活，然后加入 β- 淀粉酶、脱支酶将淀粉完全水解，即可分离纯化，得到高浓度的麦芽糖。

（4）麦芽糊精、环状糊精的制备　淀粉经 α- 淀粉酶低程度水解可制备糊精，其 DE 值在 10 ～ 20 之间即为麦芽糊精。麦芽糊精吸湿性低、黏度高、分散性好，可防止蔗糖的析晶和吸湿，并可用作增稠剂、填充剂和吸收剂。

环状糊精是由环状糊精葡萄糖苷转移酶（EC 2.4.1.19）作用于液化淀粉产生的一类由 6 ～ 12 个葡萄糖单位组成的环状低聚糖。制备时先在 100℃下糊化淀粉，冷却后调节温度为 50 ～ 55℃、pH 值为 6.0，加入环状糊精葡萄糖苷转移酶转化 16 ～ 20h，转化后升温至 100℃使酶失活。环状糊精能选择性地吸附各种小分子物质，起到稳定、乳化、澄清等作用。

8.3.2.2　酶在蛋白质类食品加工中的应用

利用蛋白酶对蛋白质进行加工在食品行业非常普遍，主要有凝乳酶、乳糖酶、胰蛋白酶、木瓜蛋白酶、菠萝蛋白酶等，如在制作奶酪、水解乳糖、肉的嫩化等过程中蛋白酶都有至关重要的影响。

（1）乳制品加工　乳品中常用的酶主要有凝乳酶、乳糖酶等。凝乳酶主要用于生产干酪。牛乳中含有 3 种酪蛋白（α- 酪蛋白、β- 酪蛋白、κ- 酪蛋白），κ- 酪蛋白使蛋白质胶体不凝固。将凝乳酶加入牛乳中，能够使牛乳中的 κ- 酪蛋白水解生成副 κ- 酪蛋白，副 κ- 酪蛋白在酸性条件下可以与 Ca^{2+} 凝固，α- 酪蛋白、β- 酪蛋白也随之凝固，从而形成奶酪。乳糖没有甜味，溶解度低，不能直接被吸收。乳糖酶将乳糖水解为葡萄糖和半乳糖，即可被机体消化吸收。有些人（特别是婴儿）先天缺少乳糖酶，不能够吸收乳糖，出现腹泻、腹胀等状况，在牛乳中加入乳糖酶分解乳糖从而降低乳糖含量可有效解决这一问题。

（2）肉制品加工　酶对肉制品起着嫩化和改善组织的作用。用于嫩化肉类的酶有木瓜蛋白酶、菠萝蛋白酶、黑曲霉蛋白酶和米曲霉蛋白酶等。动物的某些组织中由于胶原蛋白的交联作用形成坚硬的结缔组织，影响肉的品质。酶的作用就是分解结缔组织中的胶原蛋白，使肌肉软化。人工嫩化肉有两种方法：一种是注射法，在动物宰杀前将一定浓度的酶液注射到动物体内；另一种是浸涂法，将肉切开，浸入一定浓度的蛋白酶溶液中，或用酶液涂抹在肌肉上，此方法更常用，但需注意浸涂时间。

8.3.2.3　酶在果蔬制品加工中的应用

果蔬制品主要包括果汁、果酒、果酱和罐头等，酶在这些食品的加工中通常起着澄清、除味、脱色等作用。用于果蔬加工的酶主要有果胶酶、纤维素酶、半纤维素酶、柚苷酶、橙皮苷酶等。

果胶酶是比较重要的一种酶。水果组织中存在着大量的果胶，果胶能形成凝胶，这给生产果酒和果汁的压榨过程带来了很大的麻烦。果胶酶能水解果胶物质，有利于压榨和沉淀分离，提高出汁率，并保证果汁在加工和储藏过程中良好的稳定性。果胶酶已在苹果汁、葡萄汁和橘子汁的生产中得到了普遍应用。

柑橘制品中柑橘果实所含的柚苷具有苦味，对产品的品质具有重要影响。柚苷酶能够水解柚苷，生成无苦味的鼠李糖和普鲁宁，极大地改善果品口感。柚苷酶可由黑曲霉、米曲霉、青霉等微生物制取。柑橘罐头中含有橙皮苷，其能产生白色沉淀而影响品质，利用黑曲霉橙皮苷酶可以将橙皮苷分解成溶解度较大的产物，防止罐头产生沉淀，使柑橘汁澄清。

8.3.2.4　酶在焙烤行业中的应用

焙烤行业的重点是面包、饼干等糕点的制作，所涉及的酶主要有淀粉酶、蛋白酶、脂肪酶、脂肪氧合酶和葡萄糖氧化酶等。

制作面包等糕点时，添加 α- 淀粉酶可增加麦芽糖含量，以满足面团中酵母的繁殖和发酵，从而使面团气孔细而均匀，体积增大，色泽变佳，弹性变好；添加蛋白酶可促进面筋软化，增强延伸性，减少揉面时间和动力，改善发酵效果；有时还添加脂肪氧化酶，使面粉中不饱和脂肪氧化，同胡萝卜素等发生共轭氧化作用而将面粉漂白，同时氧化面粉中的不饱和酸，产生芳香的羰基化合物，从而增加面包风味，改善面团质构。

制作面包时，半纤维素酶能够破坏小麦戊聚糖酶的束水能力，释放出水分子，使面团软化；研究显示戊聚糖酶可能会抵消面粉中的不溶戊聚糖的副作用；适量的脂肪酶还能增进面包的风味。

8.3.2.5　酶在酿酒行业中的应用

酶在啤酒、白酒、葡萄酒等酒类酿造中有重要影响。

啤酒生产一般包括制浆和发酵两方面。在制作麦芽浆过程中，大麦中的淀粉被原料内部的淀粉酶水解成葡萄糖、麦芽糖和麦芽三糖等，可作为酵母的营养物质，使酵母正常地繁殖和发酵。有时因为内部酶的不足，酵母发酵受到抑制，影响啤酒的风味和产量，因此在工业生产中会添加一些微生物的淀粉酶以弥补原料中酶的不足。如啤酒发酵前加入真菌或细菌葡聚糖酶，可防止葡聚糖引起啤酒浑浊；啤酒灭菌前加入木瓜蛋白酶，可防止蛋白质沉淀，使啤酒澄清，延长货架期。

在葡萄酒酿造过程中，葡萄汁发酵前加入果胶酶，能使葡萄酒在发酵后更易澄清；在白酒和酒精生产中，利用糖化酶代替部分麸曲，可提高出酒率。

8.3.2.6　酶在保鲜方面的应用

食品在加工、运输和贮藏过程中，内部和外部环境都极大地影响食品的质量。酶法保鲜是利用酶的催化作用防止或消除外界因素对食品的不良影响，从而保持食品原有品质和特性。通常在保鲜过程中使用的酶有葡萄糖氧化酶和溶菌酶。

葡萄糖氧化酶是有效的除氧剂，可有效地除去密封容器中的氧气，防止食品氧化，维持食品原品质。葡萄糖氧化酶还能直接加入罐装饮料和酒品中，防止罐装食品的氧化变质。在蛋类制品中，少量葡萄糖的存在会影响其色泽和溶解性，加入适量的葡萄糖氧化酶，再通入适量的氧气，即可除去葡萄糖，保持

食品的色泽和溶解性。

微生物是引起食品变质的主要因素，溶菌酶（EC 3.2.1.17）能催化细菌细胞壁中的肽多糖水解，专一性很强，从而破坏细菌的细胞壁，使细菌溶解死亡，防止细菌对食品的腐蚀。溶菌酶可由鸡蛋清或微生物发酵而来，一般使用鸡蛋清溶菌酶对食品进行保鲜。

8.4 固定化酶

作为一种生物催化剂，酶具有专一性强、催化效率高、反应条件温和等优点，在食品工业中发挥着重要的作用。然而，酶的稳定性较差，在强酸、强碱、热及有机溶剂等作用下容易变性，从而使酶活性降低，甚至失活；其次，酶作用于底物后难以回收利用，在工业上难以实现连续化、自动化，并且造成反应产物分离纯化困难。为解决这些难题，酶的固定化技术应运而生。20 世纪 50 年代，基于生物体内的酶固定在细胞壁和膜上的现象提出酶的固定化。1971 年第一届国际酶工程会议正式采用了"固定化酶"（immobilized enzyme）的名称，并将其归类为修饰酶。

固定化酶是指通过各种方法将酶固定在载体上，制备得到在一定的空间范围内呈闭锁状态存在的酶，能连续进行反应，并且反应后的酶可回收后重复利用。制备固定化酶的方法、材料多种多样，需根据不同的应用条件选择合适的方法。固定化酶的制备一般遵循以下几个基本原则。

① 维持酶的催化活性和专一性。酶的固定化过程中要注意不改变酶蛋白的空间构象和活性中心的氨基酸残基，同时要尽量采用温和的条件，保护维持酶蛋白高级结构的氢键、离子键、疏水相互作用，保护酶蛋白的活性基团。

② 固定化的载体必须有一定的机械强度，保证其在制备过程中不受破坏，酶与载体须结合牢固，不会在加工过程中破碎或脱落，从而使固定化酶能回收利用，尽可能降低生产成本。

③ 固定化酶应有最小的空间位阻，有利于酶与底物的接近，提高产品的质量和增加反应性。

④ 所选载体应具有最大的稳定性，在应用过程中不与废物、产物或反应液发生化学反应。

8.4.1 酶固定化的方法

制备固定化酶的方法很多。依据酶的性质及用途不同，可分为吸附法、结合法、交联法、包埋法 4 种（图 8-10）。

8.4.1.1 吸附法

吸附法是最简单、最经济的方法，可分为物理吸附法和离子交换吸附法，常用载体有无机载体（如活性炭、氧化铝、硅藻土、多孔玻璃、磷酸钙、金属氧化物等）、有机载体以及淀粉、白蛋白等天然高分子载体。吸附过程可达到纯化和固定化的目的，而且酶失活后可重新活化再生。

8.4.1.2　结合法

根据酶与载体结合的化学键不同，可分为离子结合法和共价结合法。离子结合法是通过离子键结合于具有离子交换基团的水不溶性载体的固定化方法。常用的阴离子交换剂载体有 DEAE- 纤维素，DEAE- 葡聚糖凝胶，Amerlite IRA-193、IRA-410、IRA-900；阳离子交换剂载体有 CM- 纤维素，Amerlite CG-50、IRC-50、IR-120，Dowex-50 等。共价结合法是利用酶蛋白中含有的反应基团与载体上的反应基团形成共价键而使酶固定化的方法。偶联的基团主要是芳香氨基、羟基、羧基、羧甲基、氨基等非必需功能基团，常用的载体有纤维素、甲壳素、琼脂糖凝胶、葡聚糖凝胶、氨基酸共聚物、甲基丙烯酸共聚物等。

8.4.1.3　交联法

利用双功能或多功能试剂使酶分子之间或酶蛋白与其他惰性蛋白之间发生交联，凝聚成网状结构对酶进行固定的方法称为交联法。常用的双功能或多功能试剂有戊二醛、己二胺、顺丁烯二酸酐、双偶氮苯、异氰酸酯、双重氮联苯胺等。

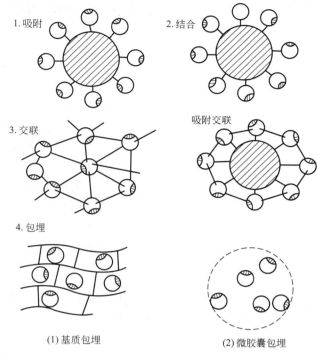

图 8-10　固定化方法

8.4.1.4　包埋法

包埋法是将酶包埋在多聚物内的一种方法。分为凝胶包埋法和微胶囊法。前者是将酶包埋在高分子凝胶细微网络中，常用的载体有明胶、琼脂、琼脂糖、聚丙烯酰胺、光交联树脂、海藻酸钠等；后者是将酶包埋在直径只有几微米至几百微米的高分子半透膜中，方法有界面沉淀法、界面聚合法、二级乳化法以及脂质体包埋法。

这些固定化酶的方法中，吸附法中无机吸附剂在固定化之后常引起吸附变性，活力回收率低；包埋法中高分子凝胶或半透膜的分子尺寸选择性不利于大分子底物与产物的扩散；交联法与共价结合法使酶活力损失较大等。其各自优缺点见表 8-1。不同的酶应根据具体情况选择适当的固定化方法。

表 8-1　不同固定化方法优缺点比较

特　性	吸附法	结合法		交联法	包埋法
	物理吸附法	离子结合法	共价结合法		
制备	易	易	难	难	易
结合力	中	弱	强	强	强
酶活力	高	高	中	中	高
底物专一性	无变化	无变化	有变化	有变化	无变化
固定化费用	低	低	中	中	中
再生	可能	可能	不可能	不可能	不可能
适用性	酶源多	广泛	较广泛	较广泛	小分子底物和药用酶

8.4.2　固定化酶的性质

酶经固定化后，催化作用由均相反应转变为非均相反应，同时酶的结构在一定程度上发生改变，酶、底物、载体之间的静电相互作用带来的扩散效应、空间位阻、电荷效应、载体性质造成的分配效应等必然会对酶的性质产生影响。评价固定化酶的参数主要有固定化酶的活力、偶联率及相对活力、半衰期。

（1）活性和稳定性的变化　固定化酶的活力在大多数情况下比天然酶小，其专一性也可能发生变化。然而热稳定性，pH稳定性，贮存稳定性，对各种有机试剂、酶抑制剂及蛋白酶的稳定性提高，目前尚无规律可循，原因主要有：①固定化酶与载体多点连接，可防止酶分子的伸展变形；②酶活力释放缓慢；③酶经固定化后，酶分子间相互作用机会丧失，抑制了酶的自降解。

（2）最适温度和最适pH值　大多数固定化酶热稳定性提高，最适反应温度也随之提高。酶经固定化后，由于微环境表面电荷的影响，最适pH值发生改变。通常，带负电荷的载体由于自身的聚阴离子效应，使固定化酶扩散层的H^+浓度比周围外部溶液高，最适pH值向碱性偏移；带正电荷的载体的最适pH值向酸性偏移；载体不带电荷时，其最适pH值一般不变化。催化反应的产物为酸性时，固定化酶的最适pH值向碱性偏移；产物为碱性时，最适pH值向酸性偏移；产物为中性时，最适pH值一般不发生变化。

（3）反应动力学　酶经固定化后，结构的变化、微环境的变化、位阻效应、分配效应、扩散限制效应等都会影响其动力学性质。固定化酶由于载体基质空间位阻阻挡了底物特别是大分子底物向酶的活性中心靠拢，致使底物在活性中心的浓度降低，酶对底物的亲和力减小，从而导致固定化酶米氏常数高于游离酶。此外，固定化酶表观米氏常数受载体带电性能影响。当载体为中性时，由于扩散限制效应而使表观米氏常数上升；对于带电载体，载体和底物之间的静电相互作用引起底物分子在扩散层和整个溶液之间不均匀分布，产生电荷梯度效应，造成与载体电荷相反的底物在固定化酶微环境中的浓度高于整体溶液，因此固定化酶即使在溶液中底物浓度较低时也可以达到最大反应速率，即固定化酶的表观米氏常数低于溶液的米氏常数；当载体和底物电荷相同时，根据Hornby等人提出的固定化酶催化反应扩散动力学方程，固定化酶的表观米氏常数显著增加。总之，载体引起的电荷效应对表观米氏常数的影响主要是由于酶蛋白分子的高级结构发生变化和载体的静电相互作用影响了酶与底物的亲和力所导致。

8.4.3　固定化酶在食品中的应用

固定化酶具有重复利用率高、成本低、连续操作性强等优点，在食品生产和食品分析中显示了广泛的应用前景。在乳制品加工中，采用琼脂糖、聚丙烯酰胺等固定化的β-半乳糖苷酶水解牛奶中的乳糖，生产低乳糖牛奶；在茶饮料生产中，固定化酶可去除异味、提高适口性和营养价值；在果汁生产中，固定化酶可用于压榨后果汁的澄清，极大地节约生产成本；在食品分析与检测中，固定化酶生物传感器可用于食品成分、气味、风味、成熟度以及农药残留等的分析与检测。

8.5　酶的化学修饰

酶的化学修饰是指利用化学手段将某些化学物质或基团结合到酶分子上，或者将酶分子的某部分删除或置换，改变酶的理化性质，从而达到改变酶的催化活性或稳定性的目的。从广义上说，凡涉及共价部分或部分共价键的形成或破坏的转变都可以看作是酶的化学修饰。从狭义上说，酶的化学修饰是指通过可控方式使一种蛋白质同某些化学试剂起特异反应，从而引起单个氨基酸残基或其功能基团发生共价的化学改变。自 1988 年 Kaiser 等成功地将核黄素共价结合在木瓜蛋白酶上，从而将蛋白酶转变成氧化还原酶后，改善酶性质的化学修饰成为国际上的研究热点。

8.5.1　酶化学修饰的原理

化学修饰的意义在于提高酶的活力或使酶产生新的催化能力，增强酶的稳定性，降低或消除酶的抗原性，研究酶分子中主链、侧链、组成单位、金属离子和各种物理因素对酶分子空间构象的影响。

原理可以从以下几个方面阐述：①修饰剂分子中的多个反应基团与酶形成多点交联，使酶的天然构象产生"刚性"结构，从而增强酶的稳定性；②大分子修饰剂与酶结合后，产生的空间障碍或静电斥力阻挡抑制剂，"遮盖"酶的活性部位，从而保护酶的活性部位，减小抑制剂的作用；③大分子修饰剂产生空间障碍，阻挡蛋白水解酶接近酶分子，"遮盖"酶分子上的敏感键免遭破坏，而且酶分子上许多敏感基团与修饰剂交联后减少了酶受蛋白水解酶破坏的可能性，使修饰酶抗蛋白酶水解能力提高；④修饰剂与酶分子中的抗原决定簇形成共价键，破坏抗原决定簇，从而降低酶的抗原性；⑤大分子修饰剂是一种多聚电荷体，能在酶分子表面形成"缓冲外壳"，抵御外界环境的极性变化，维持酶活性部位微环境相对稳定。

8.5.2　化学修饰的基本要求

8.5.2.1　酶的要求

对被修饰酶的特性，包括活性部位的情况、稳定条件及最佳反应条件、酶分子侧链基团的化学性质及反应活泼性等，要有全面了解。

8.5.2.2　修饰剂的选择

根据修饰目的和专一性的要求选择适宜的修饰剂。主要考虑以下几个方面：①修饰剂的分子量以及链的长度，一般要求有较大的分子量、良好的生物相容性和水溶性；②修饰剂上反应基团的数目及位置，一般要求修饰剂分子表面有较多的反应活性基团；③修饰剂上反应基团的活化方法和条件。

8.5.2.3　反应条件的选择

化学修饰总是尽可能在保持酶稳定的前提下进行，尽量少破坏酶催化活性的必需基团，保持酶与修饰剂的高结合率以及高酶活回收率。选择反应条件时要注意：①酶与修饰剂的分子比例；②反应体系的溶剂性质、盐浓度及 pH 值条件；③反应温度和时间。选择适当的试剂和控制反应条件可以得到修饰部位和程度不一的化学修饰酶。

8.5.3　修饰结果分析

测定修饰酶的修饰基团和修饰程度的方法有直接法和间接法两种：直接法即光谱法，适用于修饰

后的衍生物具有独特的光谱或其光谱与修饰剂不同的条件；间接法主要是通过降解修饰酶和氨基酸分析鉴定修饰部位。此外，通过分析化学修饰时间进程数据可以了解修饰残基的性质和数目、修饰残基与蛋白质生物活性的关系。利用邹氏作图法，可以确定不同修饰条件酶分子中必需基团的数目和性质。

8.5.4　酶化学修饰方法

8.5.4.1　小分子修饰

小分子修饰即酶蛋白分子侧链基团的修饰。酶结构表面的一半基团由非极性氨基酸组成，非极性表面原子簇与水接触不利于酶的稳定，许多游离官能团（如氨基、羟基、酚羟基、疏基、羧基、咪唑基、胍基、甲硫基等）可和一些小分子化合物（如醛、酮、羧酸等）发生烷基化、酰化、醚化、氧化还原、芳香环取代等反应，因此可利用小分子化合物对酶的活性部位或活性部位之外的侧链基团进行化学修饰，对酶的表面进行改造，以改善酶的分散性、表面活性和相容性，使蛋白表面亲水化，以提高酶的稳定性。

8.5.4.2　大分子结合修饰

一些大分子聚合物如聚乙二醇（PEG）既能溶于水也可溶于大多数有机溶剂，属于两性分子，具有与蛋白质相容的特性，通过共价键连接于酶分子表面形成覆盖层，与酶结合成具有特异功能的单体或聚合体，可降低酶的免疫性和抗原性，使稳定酶分子构象的次级键得到保护，从而抵抗热、酸、碱对酶的破坏，提高稳定性。

大分子修饰是目前应用最广泛的酶分子修饰方法。常用的修饰剂有 PEG、右旋糖酐、蔗糖聚合物、葡聚糖、环糊精、甲基纤维素等，通常根据酶的结构和修饰剂的特性选择适宜的大分子修饰剂。其中 PEG 因具有良好的溶解性和生物相容性而广泛应用。

修饰剂在使用之前需要经过活化才能与酶分子的基团进行反应结合。常用的 MPEG（聚乙二醇单甲醚）可以用多种不同的试剂进行活化，制成可以在不同条件下对酶分子上的不同基团进行修饰的 PEG 衍生物。常用的主要有聚乙二醇均三嗪衍生物、聚乙二醇马来酸酐衍生物、聚乙二醇胺类衍生物等。右旋糖酐常用高碘酸进行活化。

修饰过程中要控制反应的温度、pH 值、时间等条件，使酶与修饰剂的活化基团共价结合。不同的酶与修饰剂分子的结合程度不同，因此需要采用凝胶色谱等方法将不同修饰度的酶分离，从而获得具有较好修饰效果的修饰酶。

8.5.4.3　交联修饰

利用双功能或多功能交联剂对酶进行分子间和分子内交联，从目的和手段上看属于酶的固定化，但从化学过程上看是化学修饰的范围。通过交联剂将酶蛋白分子之间、亚基之间或分子内不同肽链部分进行共价交联，可使分子活性结构加固，并可提高其稳定性，扩大酶在非水溶剂中的使用范围。

　　常用的双功能试剂有戊二醛、己二胺、葡聚糖二醛等，根据功能基团的特点分为同型双功能基团化合物和异型双功能基团化合物。交联剂种类繁多，不同的交联剂具有不同的分子长度、交联基团、交联速率和交联效果，需通过实验找出适宜的交联剂。

8.5.4.4　酶分子内部修饰

　　酶分子内部修饰可分为肽链有限水解修饰、氨基酸置换修饰和引入辅因子 3 种。

　　肽链有限水解修饰是指采用专一性较强的蛋白酶或肽酶在肽链的限定位点进行水解，使酶的空间结构发生某些精细的变化，从而改变酶的特性和功能。例如，生物体内不具备催化活性的胰蛋白酶原经胰蛋白酶或肠激酶水解修饰后，从 N 端脱去一个六肽（Val-Asp-Asp-Asp-Asp-Lys），转化成具有催化功能的胰蛋白酶（图 8-11）。

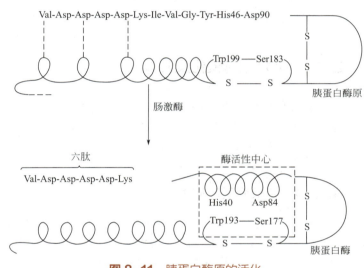

图 8-11　胰蛋白酶原的活化

　　氨基酸置换修饰是指通过化学修饰或蛋白质工程将肽链上某一个氨基酸换成另一个氨基酸，使酶分子的空间构象改变，从而改变酶的某些性质和功能。通过氨基酸置换修饰可以提高酶活力，增强酶的稳定性，或改变酶的催化专一性。

　　辅因子引入是指在已知蛋白质或酶的特定位点引入一个辅因子或新的功能基团，或将修饰后的辅因子取代天然酶的原有辅因子。辅因子分为有机辅助因子和无机辅助因子两大类。无机辅助因子主要是各种金属离子，将酶分子中的金属离子换成另一种金属离子而使酶的特性和功能改变的修饰方法即为金属离子置换修饰，只适用于酶分子中原本含有金属离子的酶。酶分子的金属离子往往位于酶的活性中心，除去后酶通常丧失催化活性；重新加入原有的金属离子，酶的催化活性会部分或全部恢复；如果换成另一种金属离子，则可能降低或丧失酶活性，也可能提高酶活性或增强酶稳定性。用于酶分子修饰的金属离子通常为 2 价离子，如 Ca^{2+}、Mg^{2+}、Mn^{2+}、Zn^{2+}、Cu^{2+}、Fe^{2+} 等。

概念检查 8.2

○ 酶固定化的方法有哪些？
○ 请列举酶化学修饰的方法。

8.6　非水相酶催化作用

非水介质中酶的催化反应具有许多常规水溶液中所没有的优势：①绝大多数有机化合物在非水系统内溶解度很高，因此极大地拓宽了在非水介质中酶作用底物的范围；②非水介质的参与可改变反应的平衡点，使酶在水溶液中不能或很难发生的催化反应向期望方向得以顺利进行；③能抑制依赖于水的某些不利反应和副产物；④极大地提高一些酶的热稳定性和储藏稳定性；⑤由于酶在有机溶剂中"刚性"的增加，提高了对底物的专一性；⑥在非水系统中酶较容易回收和重复利用；⑦可避免长期反应中微生物的污染；⑧从有机溶剂中分离纯化产物比从水中容易，从低沸点的溶剂中更容易分离纯化产物；⑨可控制底物的特异性、区域选择性和立体选择性；⑩有机溶剂的凝固点一般远低于水，使一些对温度非常敏感的酶可在适宜的温度下进行催化反应。

8.6.1　非水相酶催化反应体系

酶催化反应的介质有水介质和非水介质。其中水是酶促反应最常用的反应介质，由于水对酶的催化是必需的，在非水反应体系中也要有一定量的水存在。非水介质催化体系主要包括有机介质反应体系、气相介质反应体系、超临界流体反应体系和离子液介质反应体系。

8.6.1.1　有机介质反应体系

有机介质反应体系是指酶在含有一定量水的有机溶剂中进行催化反应的体系。这种体系适用于底物、产物两者或其中之一为疏水性物质的酶催化反应。在有机介质中酶能基本保持其结构的完整性和活性中心的空间构象，所以酶能够发挥其催化功能。常见的有机介质反应体系主要包括微水有机介质体系、水互溶有机溶剂单相体系、与水不溶性有机溶剂组成的两相或多相反应体系、胶束体系和反胶束体系。

8.6.1.2　气相介质反应体系

气相介质中的酶催化是指酶在气相介质中进行的催化反应，其反应适用于底物是气体或者能转化为气体的物质的酶催化反应。气体介质的特点是密度低、容易扩散，所以酶在气相中的催化作用与在水溶液中的催化作用有明显的不同特点，但目前对此研究不多。

8.6.1.3　超临界流体反应体系

超临界流体反应体系是指酶在超临界流体中进行催化反应的体系。用于酶催化反应的超临界流体应具有的性质包括：不破坏酶的结构；具有良好的化学稳定性，对设备没有腐蚀性；温度不能过高或过低，最好在室温或者在酶的最适温度附近；超临界压力不能太高；超临界流体要容易获得，价格要便宜等。

利用超临界流体作为酶催化反应的介质，底物向酶的传质速率加快，因此提高了反应速率，对酶促反应起着很重要的作用，能够改变酶的底物专一性、区域选择性和对映体选择性，并增强酶的稳定性。

8.6.1.4　离子液介质反应体系

离子液介质中的酶催化是指酶在离子液介质体系中进行的催化反应。离子液是由有机阳离子与无机（有机）阴离子构成的在室温条件下呈现液态的低熔点盐类，其特点是低挥发性和好的稳定性。离子液对热稳定、不可燃、不挥发、不氧化、低毒性，对很多无机物、有机物和多聚物都有很好的溶解性，并可通过调节阳离子或阴离子获得不同的溶剂特性。在离子液介质反应体系中酶具有良好的稳定性和区域选择性、立体选择性、化学键选择性等显著特点。

8.6.2　非水介质中酶的结构与性质

8.6.2.1　非水介质中酶的结构

只有当酶分子的空间结构保持完整的状态时酶才具有催化功能。维持酶分子完整空间构象所必需的最低水量称为必需水。水是维持酶分子中氢键、盐键等所必需的，而氢键、盐键又是酶空间构象的主要稳定因素。在无水的条件下，酶的空间结构受到破坏，酶将变性失活。酶分子不能直接溶于有机溶剂，其在有机溶剂中的存在有多种形式，主要有固态酶和可溶解酶两大类：固态酶包括冻干的酶粉、固定化酶、结晶酶，以固态形式存在于有机溶剂中；可溶解酶主要包括水溶性大分子共价修饰酶和非共价修饰的高分子 - 酶复合物、表面活性剂 - 酶复合物以及微乳液中的酶等。

酶在水溶液和有机介质中的区别是：在水溶液中，酶处于紧密而又有柔性的状态，紧密状态主要取决于蛋白质分子内的氢键，而溶液中的水分子和蛋白质分子之间所形成的氢键使蛋白质分子内的氢键受到一定程度的破坏，蛋白质结构变得松散，呈现一种开启状态，此时酶分子的紧密和开启两种状态处于一种动态平衡之中，表现出一定的柔性；而在有机溶剂中，酶的刚性增加，活动的自由度变小，Zaks 认为这是由于酶悬浮于含微量水（小于 1%）的有机溶剂中，与蛋白质分子形成分子间氢键的水分子极少，此时蛋白质分子内的氢键起主导作用，导致蛋白质结构刚性增加，这种动力学刚性限制了疏水环境下蛋白质构象向热力学稳定状态转化，因此能维持酶在水溶液中同样的结构和构象。

但并不是所有的酶悬浮于任何有机溶剂中都能维持其天然构象，保持酶的活性。有机溶剂也可能对酶的表面结构和活性中心产生一定的影响。这是因为酶在有机介质中与有机溶剂接触时酶分子的表面结构将有所变化，一部分溶剂能渗入到酶分子的活性中心，与底物竞争活性中心的结合位点，从而影响酶的催化活性。

8.6.2.2　非水介质中酶的性质

一般来说，有机溶剂中酶的活性比水溶液中低很多，这是有机介质催化体系的一个普遍现象。造成酶活性下降的原因主要是：①传质障碍造成酶活性下降；②有机溶剂增加了酶促反应的活化能；③酶分子在有机介质中活性中心刚性增加。虽然在非水介质中酶的活性一般会降低，但同时酶的特性发生了很多变化。

（1）酶稳定性的变化　有机溶剂中酶的热稳定性、储藏稳定性和对变性剂的稳定性都高于水溶液中的酶。

有机溶剂中酶的热稳定性提高是由于酶的热稳定性与溶剂的含水量有关，一般随含水量增加热稳定性降低。有机溶剂中缺少使酶热失活的水分子，因而不会引起酶分子中天冬酰胺和谷氨酰胺的脱氨基作用以及 Asp 肽键的水解、Cys 的氧化和二硫键的破坏等，因此能显著提高酶的热稳定性。

有机溶剂中酶的储藏稳定性明显提高。如果有机溶剂不同，同一种酶的储藏稳定性也会有差异。

有机溶剂体系中，酶对变性剂的耐受性增加，并且在不同的含水量条件下耐受程度有所不同，一般是随有机溶剂体系中含水量的降低而增加。

（2）pH 记忆　在水溶液中，pH 值决定酶分子活性中心基团的解离状态和底物分子的解离状态，影响酶与底物的结合和催化。在有机溶剂中不存在质子获得或丢失的条件，但非水溶剂可通过 pH 记忆来达到其合适的 pH 值条件。pH 记忆（pH 印记）是指在非水介质反应中酶所处的 pH 环境与酶在冻干或吸附到载体上之前所适用的缓冲液 pH 值相同。

pH 记忆是非水介质中酶的重要特征之一。一般情况下，酶在有机介质中催化反应的最适 pH 值与酶在水溶液中的接近或者相同，因此在制备非水介质反应体系酶制剂时，为获得最大的酶活性，可利用 pH 记忆特性将缓冲液中的 pH 值调至水溶液反应的最适 pH 值。但如果采用有机相缓冲液，酶的 pH 记忆特性就不再起作用，催化活性主要受有机缓冲液影响。有研究发现，有些酶在有机溶剂中的最适 pH 值与水中的有较大差别，因此需要在实际应用时加以调整。

（3）底物专一性的变化　酶在水溶液中具有高度的底物专一性，但在有机介质中，由于有机溶剂中酶分子的活性结合部位与底物之间的结合状态发生了某些变化，导致酶的底物专一性发生改变。在水溶液中，底物与酶分子活性中心的结合主要依靠疏水作用，疏水性较强的底物容易与活性中心部位结合，催化的速率较高；而在有机介质中，有机溶剂与底物之间的疏水作用比底物与酶之间的疏水作用更强，疏水性较强的底物更容易受到有机溶剂作用，从而影响其与酶分子活性中心的结合，使其底物专一性发生变化。一般在极性较强的溶剂中，疏水性较强的底物容易发生反应；而在极性较弱的有机溶剂中，疏水性较弱的底物容易发生反应。

（4）对映体选择性　酶的对映体选择性由两种对映体的非对映结构体的自由能差别造成。与水溶液中酶的催化相比，酶在有机介质中的催化由于介质的特性发生改变，引起酶的对映体选择性也发生改变。立体选择系数与酶对映体选择性的强弱有关，立体选择系数越大，表明酶催化的对映体选择性越强。许多实验表明，疏水性强的有机溶剂中酶的立体选择性差，而酶在水溶液中立体选择性较强。

（5）区域选择性和化学键选择性　有机溶剂中酶的区域选择性是酶在有机介质中进行催化反应时的特性之一，指酶能够选择底物分子中某一区域的基团优先进行反应。化学键选择性是指在酶催化反应中，同一个底物分子中如果有 2 种以上的化学键都可以与酶反应时，酶对其中一种化学键优先进行反应。化学键选择性与酶的来源和有机介质的种类有关。

8.6.3　有机介质中酶催化作用在食品中的应用

目前在非水介质中获得应用的酶包括氧化还原酶类、转移酶类、水解酶类及异构酶类。其中的脂肪酶是工业常用酶之一，应用最为广泛。脂肪酶可以将甘油三酯水解生成甘油单酯，这是一种广泛应用的食品乳化剂。此外，在有机介质中利用脂肪酶的转酯反应将甘油三酯转化为具有特殊风味的可可脂等，用酯酶催化小分子醇和有机酸合成具有各种香型的酯类等。

8.7　本章小结

　　酶是活细胞产生的具有高效催化作用的蛋白质，具有高效性、专一性以及酶活可调控的特点。本章介绍了酶的基本性质、分子结构与活性的分析、酶催化反应的影响因素（温度、pH 值、底物浓度等），以及酶学对于食品加工和储藏、营养、安全、分析等方面的重要性；对食品中的重要酶类如水解酶和氧化酶进行简述，讨论了酶对食品质量如色泽、质构、风味、营养价值等方面的影响，以及酶在制糖工业、蛋白质类食品加工、果蔬制品加工、焙烤行业、酿酒行业、保鲜方面的应用；介绍了固定化酶的方法和性质、酶的化学修饰的原理和修饰方法以及非水相酶催化作用。

　　酶分子构象与酶学性质之间关系的研究是酶学领域未知领域研究的基础。对各种能量形式影响酶构象机理的深入了解有助于通过高压、超声波、微波、电场、磁场等物理手段提高（或钝化）酶的活性或者改善酶的稳定性。对天然酶结构和催化机理的关系，结构与立体专一性、稳定性的关系以及高效催化机制的清晰认识可为采用基因工程和蛋白质工程构建工程酶奠定良好的理论基础。采用定点突变、定向进化以及定点突变和化学修饰相结合的方法对酶进行改造，改变其催化性质、底物特异性和热稳定性的技术备受瞩目，并取得了一定的研究成果。

 ## 总结

- 酶
  - 酶是活细胞产生的具有高效催化作用的蛋白质，具有高效性、专一性及酶活可调控的特点。
- 酶催化反应的影响因素
  - 温度：在特定条件下酶表现出最大活性的温度为酶的最适温度。
  - pH值：pH值对大多数酶活性有显著影响。
  - 底物浓度：催化反应中，若其他条件恒定，反应速率取决于底物浓度。
  - 酶浓度、激活剂、抑制剂及物理因素。
- 食品中的重要酶类
  - 水解酶：用于水解基本营养素，使营养成分能够被机体吸收。主要包括糖酶、蛋白酶、脂肪酶等。
  - 氧化酶：对食品的品质和风味有重要影响。主要包括多酚氧化酶、葡萄糖氧化酶、过氧化物酶、脂肪氧合酶等。
- 酶对食品质量的影响
  - 颜色：食品在加工贮藏过程中的色泽改变主要来自酶的催化反应。
  - 质构：食品质构的变化主要取决于能够水解维持食物质构的化合物的酶类。
  - 风味：在食品贮藏与加工中，食品内源酶或外源酶都会对食品风味产生重要的作用。
  - 营养价值：酶可通过水解作用提高或破坏食品的营养价值。
- 酶在食品加工中的应用
  - 制糖工业：淀粉在淀粉酶等的作用下生成葡萄糖、麦芽糖、低聚糖和环状糊精等产物。
  - 蛋白质类食品加工：凝乳酶、乳糖酶和木瓜蛋白酶等在制作奶酪、水解乳糖和肉的嫩化中起重要作用。
  - 果蔬制品加工：果胶酶和半纤维素酶等在果汁和果酒等加工中起澄清等作用。
  - 酿酒行业：酶在啤酒、白酒、葡萄酒等酒类酿造中有重要影响。
  - 保鲜方面：酶法保鲜是利用酶的催化作用防止或消除外界因素对食品的不良影响，从而保持食品原有品质和特性。
- 固定化酶
  - 固定化酶是指通过各种方法将酶固定在载体上，制备得到在一定空间范围内呈闭锁状态存在的酶，能

连续进行反应，并且反应后的酶可回收后重复利用。
- 固定化方法：吸附法、结合法、交联法和包埋法。
- 固定化酶的性质：活性和稳定性的变化，最适温度和最适pH值的变化，以及反应动力学变化。
- 食品中应用：固定化酶在食品生产和食品分析中显示了广泛的应用前景。
○ 酶的化学修饰
  - 意义：提高酶的活力或使酶产生新的催化能力，增强酶的稳定性，降低或消除酶的抗原性，研究酶分子中的主链、侧链、组成单位、金属离子和各种物理因素对酶分子空间构象的影响。
  - 酶化学修饰方法：小分子修饰，大分子结合修饰，交联修饰，以及酶分子内部修饰。
○ 非水相酶催化作用
  - 反应体系：有机介质反应体系，气相介质反应体系，超临界流体反应体系，以及离子液介质反应体系。
  - 非水介质中酶的性质：酶稳定性变化，pH记忆，底物专一性的变化，对映体选择性，以及区域选择性和化学键选择性。

 思考题

1. 酶的定义及其基本性质。
2. 酶催化专一性的类型有几类？分别阐述。
3. 关于解释酶催化专一性的机理经历了怎样的发展阶段？
4. 影响食品中酶活力的因素有哪些？
5. 说明酶促褐变机理及其控制措施。
6. 酶对食品质量会产生哪些影响？
7. 食品加工中应用的酶有哪些？举例说明。
8. 举例说明固定化酶在食品中的应用及其优缺点。
9. 酶化学修饰的方法可以分为几类？阐述其原理。
10. 与水溶液中的酶相比，非水介质中酶的特性发生了哪些变化？

参考文献

[1] 汪东风, 徐莹 . 食品化学 [M]. 4 版 . 北京: 化学工业出版社, 2024.
[2] 阚建全 . 食品化学 [M]. 4 版 . 北京: 中国农业大学出版社, 2021.
[3] 陈敏 . 食品化学 [M]. 北京: 中国林业出版社, 2008.
[4] 马永昆, 刘晓庚 . 食品化学 [M]. 南京: 东南大学出版社, 2007.
[5] 薛长湖, 汪东风 . 高级食品化学 [M]. 2 版 . 北京: 化学工业出版社, 2021.
[6] 刘树兴, 吴少雄 . 食品化学 [M]. 北京: 中国计量出版社, 2008.
[7] 谢笔钧 . 食品化学 [M]. 4 版 . 北京: 科学出版社, 2023.
[8] 冯凤琴, 叶立扬 . 食品化学 [M]. 2 版 . 北京: 化学工业出版社, 2020.
[9] 赵新淮 . 食品化学 [M]. 北京: 化学工业出版社, 2006.
[10] 邹承鲁, 周筠梅, 周海梦 . 酶活性部位的柔性 [M]. 济南: 山东科学技术出版社, 2004.

[11]　王璋 . 食品酶学 [M]. 北京: 中国轻工业出版社, 1991.

[12]　袁勤生, 赵健 . 酶与酶工程 [M]. 2 版 . 上海: 华东理工大学出版社, 2012.

[13]　彭志英 . 食品酶学导论 [M]. 北京: 中国轻工业出版社, 2009.

[14]　塔科 G A, 伍兹 L F J. 酶在食品加工中的应用 [M]. 李雁群, 肖功年, 译 . 2 版 . 北京: 中国轻工业出版社, 2002.

[15]　陈守文 . 酶工程 [M]. 2 版 . 北京: 科学出版社, 2015.

[16]　郭勇, 韩双艳 . 酶工程 [M]. 5 版 . 北京: 科学出版社, 2024.

[17]　周晓云 . 酶学原理与酶工程 [M]. 北京: 中国轻工业出版社, 2004.

[18]　Kumar S, Ma B, Tsai C J, et al. Folding and binding cascades: dynamic landscapes and population shifts [J]. Protein Science, 2000, 9 (1): 10-19.

[19]　刘建忠, 宋海燕, 翁丽萍, 等 . 化学修饰改进酶的催化特性研究进展 [J]. 分子催化, 2002, 16 (12): 475-480.

[20]　冯旭东, 吕波, 李春 . 酶分子稳定性改造研究进展 [J]. 化工学报, 2016, 67 (01): 277-284.

[21]　刘茹, 焦成瑾, 杨玲娟, 等 . 酶固定化研究进展 [J]. 食品安全质量检测学报, 2021, 12 (05): 1861-1869.

[22]　Srinivasan Damodaran, Kirk L Parkin. 食品化学 [M]. 江波, 杨瑞金, 钟芳, 等译 . 5 版 . 北京: 中国轻工业出版社, 2020.

[23]　迟玉杰 . 食品化学 [M]. 北京: 化学工业出版社, 2012.

[24]　Yu K B, Zhou L, et al. Anti-browning effect of Rosa roxburghii on apple juice and identification of polyphenol oxidase inhibitors [J]. Food Chemistry, 2021, 359: 129855.

[25]　Jiang H W, Zhou L, et al. Polyphenol oxidase inhibited by 4-hydroxycinnamic acid and naringenin: Multi-spectroscopic analyses and molecular docking simulation at different pH [J]. Food Chemistry, 2022, 396: 133662.

[26]　Zhou L, Liao T, et al. Unfolding and inhibition of polyphenoloxidase induced by acidic pH and mild thermal treatment [J]. Food and Bioprocess Technology, 2019, 12: 1907-1916.

[27]　Zhou L, Liao T, et al. Inhibitory effects of organic acids on polyphenol oxidase: From model systems to food systems [J]. Critical reviews in food science and nutrition, 2020, 60 (21): 3594-3621.

第 9 章　褐变反应

　　为什么有些果蔬切开后会变色，而有些不会？买来的蜂蜜柠檬果茶放了几个月后失去了诱人的金黄色，这是什么原因？你吃过皮蛋吗，皮蛋蛋白为什么是棕褐色的？在煎牛排、烤饼干、炒花生时，它们的产香产色现象有哪些共同之处？为什么相比水煮花生，烤花生更香？

学习目标

○ 了解褐变反应的定义。
○ 掌握褐变反应的分类。
○ 掌握酶促褐变反应的概念、三个必要条件及控制措施。
○ 掌握美拉德反应的概念、主要反应历程及控制措施。
○ 掌握焦糖化反应的概念、反应历程。
○ 了解抗坏血酸褐变的反应历程。
○ 了解褐变对食品的影响。

9.1　概述

食品的色泽变化除了天然色素成分的颜色变化或消退外，也可能在生长、采摘、加工或烹调、贮藏过程中因非食品色素成分发生化学变化导致食品色泽的转褐变深，这种现象称为食品的褐变，这些反应通称为食品的褐变反应（browning reaction）。

食品的褐变反应按有无酶的参与可分为酶促氧化褐变反应（简称酶促褐变）和非酶褐变反应两种。前者在有酶、氧气存在的情况下发生，主要是酚类物质的酶促氧化褐变；后者无需酶的参与，在有氧或无氧条件下均会进行，包括美拉德反应、焦糖化反应和抗坏血酸褐变。

9.2　酶促褐变

酚类物质广泛存在于自然界的植物资源中，因此酶促褐变（enzymatic browning）主要发生于植物源食品生产加工过程中，多发生在苹果、土豆等颜色较浅的果蔬中，当它们的组织被碰伤、切开、削皮，就很易发生褐变，这是因为它们的组织暴露在空气中，在酚酶的催化下酚类物质被氧化为邻醌，邻醌再进一步氧化聚合而形成褐色色素（类黑精），引起褐变。植物源食品的色泽来源于其天然色泽，需控制此类褐变的发生，以免影响其色泽。但对红茶来说，适当的褐变则是形成良好的风味与色泽所必需的。

9.2.1　反应基础

酶促氧化褐变的 3 个要素是酚类物质、氧化酶和氧气，缺一不可。

作为氧化酶底物的酚类物质主要是由植物体内碳水化合物代谢衍生出来的产物，分布广，种类多，含量丰富。该物质可以是单酚，大多数时候是多酚。一般来说，酚酶对邻二酚的作用快于一元酚，对二酚也可被利用。间二酚、邻二酚衍生物（例如愈创木酚、阿魏酸）则不能作为底物，它们甚至对酚酶有抑制作用。

酚酶（polyphenol oxidase，EC 1.10.3.1，简称 PPO）又被称为酪氨酸酶、甲酚酶、儿茶酚酶、多酚氧化酶等，是以铜离子为辅基的氧化还原酶。有人认为酚酶兼能作用于一元酚及二元酚，也有人认为是两种酚酶的复合体。

含酚类和酚酶的果蔬原料，在正常形态下，酚类、酚酶和氧气存在于果蔬组织的不同位置，三者不相互接触，不会发生褐变。去皮、切开、破碎等操作使果蔬组织形态遭到破坏后，细胞内的底物和氧化酶暴露在氧气面前，三者接触，迅速反应，破坏了酚类物质在果蔬生命活动中的氧化还原平衡，使其氧化产物大量积累，导致酶促氧化褐变的发生。

9.2.2　反应机理

马铃薯中最丰富的酚类化合物是酪氨酸，发生酶促氧化的反应机理如下。

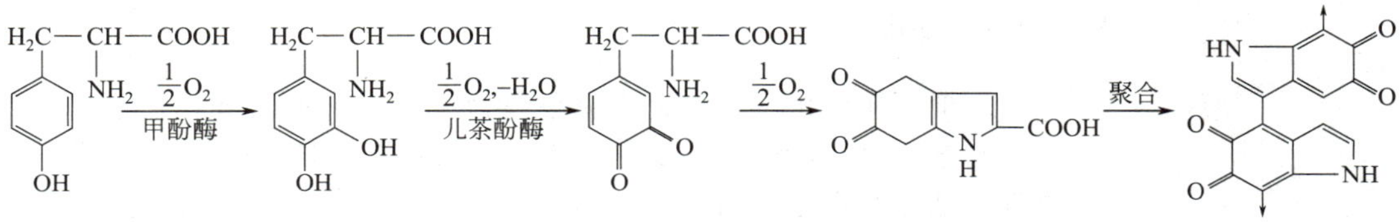

在水果中，儿茶酚是分布非常广泛的酚，在儿茶酚酶作用下较容易氧化成醌。

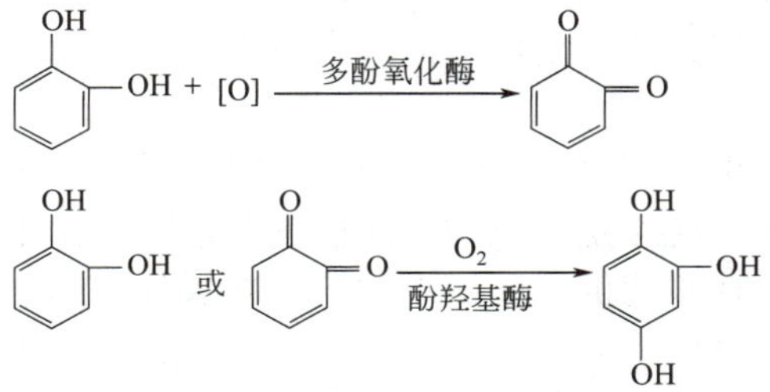

醌的形成是需要氧气和酶催化的，但醌一旦形成以后，进一步形成羟醌的反应则是非酶促的自动反应，羟醌聚合，依聚合程度增大而由红变褐，最后生成褐黑色的物质。

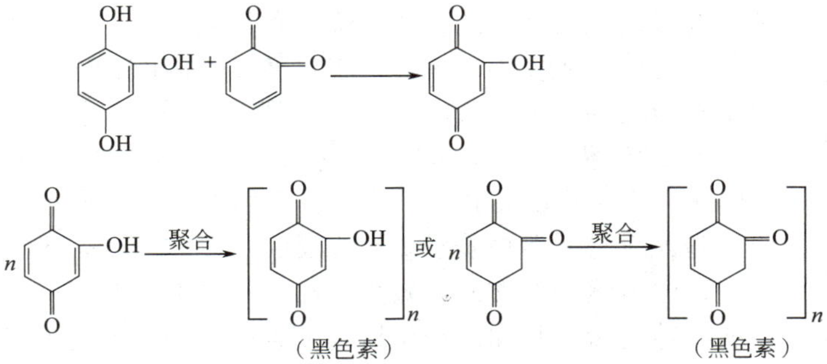

9.2.3　酶促褐变的控制

抑制酶促氧化褐变，可针对 3 个要素入手，即降低或消除酚酶的催化活性、阻隔氧的接触、消除或改性底物。具体如下。

9.2.3.1　热处理

适当加热可使酚酶及其他所有的酶类失去活性，是最彻底的抑制酶促褐变的方法，已广泛使用。热处理方法包括热水处理、热蒸汽处理、热空气处理等。来源不同的多酚氧化酶对热的敏感性不同，70～90℃加热约 7s 可使大部分多酚氧化酶失活，在 80℃时 10～20min 或沸水中 2min 可使多酚氧化酶完全失活。果汁生产中常采用原料烫漂和高温短时间加热迅速灭酶。

但加热处理也有缺点。加热处理必须严格控制时间，要求在最短的时间达到既能控制酶活性又不影响食品原有风味的效果，否则易因加热过度而影响产品的质量，使产品产生蒸煮味和不饱满现象，同时热烫会导致水溶性无机盐类和维生素的损失。相反，如果热处理不彻底，破坏了细胞的结构但未钝化酶类，反而会增加酶与底物的接触机会而促进酶褐变。采用微波加热法能达到较好的效果。

9.2.3.2　调节 pH 值

已有很多实验证明，在诸多褐变抑制因子中，调节 pH 值具有重要的作用。PPO 的最适 pH 值在 6～7 之间。pH 值在 3.0 以下，PPO 几乎完全失去活性。加酸处理控制酶促褐变是广泛使用的方法，常用的有柠檬酸、抗坏血酸、苹果酸等。

柠檬酸对酶促褐变具有双重抑制作用，既可降低 pH 值，又可螯合 PPO 的铜辅基。但作为褐变抑制剂来说单独使用的效果不大，通常与抗坏血酸或亚硫酸盐联用，效果更好。但也有发现柠檬酸与谷胱甘肽、六偏磷酸盐配合使用的例子。

苹果酸在果汁中对酚酶的抑制作用比柠檬酸强，但其价格昂贵。

抗坏血酸是有效的酚酶抑制剂，在果汁中同时亦可作为抗坏血酸氧化酶的底物，在酶的催化作用下把溶解在果汁中的氧消耗掉。此外，抗坏血酸在一定浓度时可以将邻醌还原为酚类，延缓颜色的变化。

9.2.3.3　用化学药品抑制酶的活性

二氧化硫及亚硫酸钠、亚硫酸氢钠和偏亚硫酸钠等亚硫酸盐是食品工业中预防酶促褐变最常用的物质，经实践证实效果明显。工厂操作时，既可制备二氧化硫气体直接作用于果蔬，也可使用亚硫酸盐配置成水溶液作为果蔬的浸渍液或直接喷洒在果蔬表面，均可达到防止褐变的目的。抑制原因主要为：二氧化硫和亚硫酸盐为酚酶的强抑制剂，可抑制酚酶的活性，在微偏酸性（pH 值 6 左右）条件下效果最好；此外，它们的还原性质可将褐变反应中产生的醌还原为酚，或与醌类物质发生加成反应，以减少或阻止醌的积累和聚合。

该法虽然操作方便、效果可靠，但会使食品带有一定的二氧化硫或亚硫酸盐的特殊气味，其漂白作用还易使食品脱色，而且亚硫酸盐在食品中的残留导致食品安全性下降，因此，使用受到限制。

9.2.3.4　减少和金属离子的接触

金属（如铁、铜、锡、铝等）离子是酚酶的激活剂，也是非酶褐变中花青素变色的催化剂。在果蔬加工中，对使用的工具和设备要求减少或避免金属离子的催化，抑制果蔬褐变的发生。

9.2.3.5　驱氧

组织中含较多氧的果蔬，可浸入水中或糖浆中，然后进行真空脱气处理，使水或糖浆渗入水果组织，占据原来氧所占的空间。由于与氧隔离，褐变就能被抑制。苹果、梨等果肉组织间隙中气体较多的水果最适宜用此方法，一般在93kPa真空度下保持5～15min，突然解除真空，即可使汤汁强行渗入组织内部，从而去除细胞间隙的气体，达到控制酶促褐变的目的。

此外，还可利用抗氧化剂阻止氧对酚类的氧化。如用抗坏血酸溶液浸涂果蔬表面，使生成氧化态抗坏血酸隔离层，可有效减少氧的侵入。

9.2.3.6　改变底物的化学结构

这种方法是从改变底物的结构入手，综合效果最好。如底物甲基化法，抑制机制是使果蔬组织内的酚类甲基化，生成难于接受酚酶催化作用的新型结构物质，而对食品的色泽、风味、组织状态几乎无影响。

根据甲基化法得到的启示，选用硼酸、铝化物、锌化物与酚类物质络合，可控制果蔬的酶促褐变。因为 Zn^{2+} 等的 d 层电子呈全充满结构，不含易被可见光激发的自旋平行的 d 电子，能避免与多酚类物质络合时产生有色物质，因此，当 Zn^{2+} 与果蔬中的多酚类底物发生络合反应时生成难被酚酶催化的新型结构物质，从而抑制酶促褐变的发生。

9.2.3.7　其他方法

美拉德反应产物（Maillard reaction product，MRP）也是一种很好的酶促褐变抑制剂。一般认为，抑制作用与 MRP 的性质及结构有关，最主要的是美拉德反应的中间体阿玛多里重排产物（Amadori rearrangement product，ARP），这类氨基还原酮物质具有还原和消除氧的特性，能将酶促反应中生成的醌还原成多巴，还可以螯合铁、锌和铜，具有很好的抗氧化特性，以抑制酶促褐变。但来源不同表现不同。精氨酸、半胱氨酸、组氨酸、赖氨酸与糖的 MRP 具有很强的抑制 PPO 作用；另一方面，适当增加反应时间和反应温度，可增强 MRP 对 PPO 的抑制作用；而谷氨酸与糖反应的 MRP 却能加剧 PPO 的作用。MRP 对 PPO 的抑制作用还可能是其中具有还原酮和类吡咯结构的类黑精的作用。类黑精结构中除了可以将 PPO 中的 2 价铜离子还原成 1 价而抑制该酶活性的还原酮部分，还有类吡咯结构，具有很强的消除氧作用，可有效抑制酶促褐变。

另有研究发现，一些蛋白酶如木瓜蛋白酶、菠萝蛋白酶表现出对酚酶的抑制作用，与蛋白酶对多酚氧化酶的水解作用有关。高压处理、高强度脉冲电场处理亦能抑制酚酶活性，可用来抑制酶促褐变。

 概念检查 9.1

○ 什么是酶促褐变？

9.3　非酶褐变

9.3.1　美拉德反应

美拉德反应（美拉德褐变，Maillard browning）又称为羰氨反应，指食品体系中含有氨基的化合物与

含有羰基的化合物之间发生反应而使食品颜色加深的反应。此反应最初由法国化学家 L.C.Maillard 于 1912 年在将甘氨酸与葡萄糖混合共热时发现，故以此科学家的名字命名。由于产物是棕色的，也称为褐变反应。反应物中的羰基化合物包括还原糖、醛和酮（来源广泛，包括油脂氧化酸败产物、焦糖化中间产物、维生素 C 氧化降解产物等），氨基化合物包括胺、氨基酸、蛋白质、肽。美拉德反应不仅影响产品色泽，而且也影响食品的香味，这是因为在反应中生成了众多的呈香成分。

霍奇（Hodge）等最先讨论了羰氨反应，并总结于图 9-1。

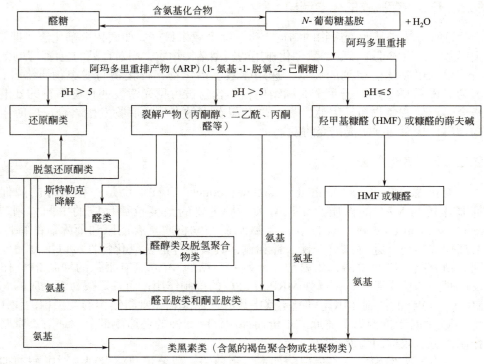

图 9-1　美拉德反应历程示意图

9.3.1.1　反应历程

对于美拉德反应机理，长期以来研究得还很不彻底。食品化学家霍奇在早年做出了初步的解释，认为美拉德反应可以分成 3 个反应阶段。目前对于美拉德反应初级、中级阶段的机理已经基本明确，但是终级阶段机理还不是很明确。

（1）初级阶段　还原糖与氨基化合物反应，经历羰氨缩合和分子重排过程（图 9-2）。首先体系中的游离氨基与游离羰基发生缩合，生成不稳定的亚胺衍生物——席夫碱（Schiff base），它不稳定，随即环化为 N- 葡萄糖基胺，N- 葡萄糖基胺在酸的催化下经过阿玛多里（Amadori）分子重排生成果糖基胺（1- 氨基 -1- 脱氧 -2- 己酮糖）（图 9-3）。初级反应产物不会引起食品色泽和香味的变化，但其产物是不挥发性香味物质的前体成分。

如果反应物是酮糖，则生成酮糖胺，进行海因斯（Heyenes）分子重排（图 9-4），产生海因斯化合物（2- 氨基 -2- 脱氧葡萄糖）。

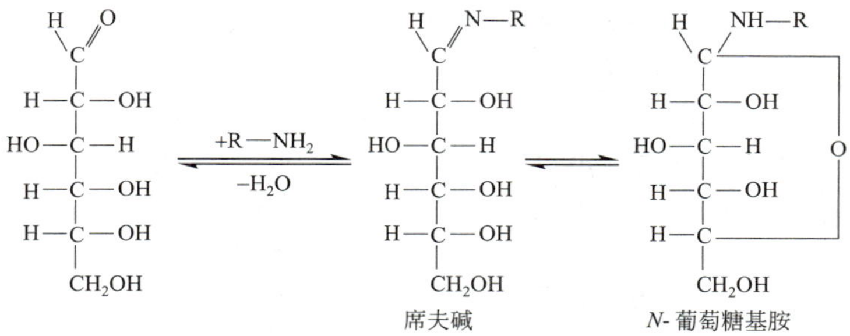

图 9-2　羰氨缩合

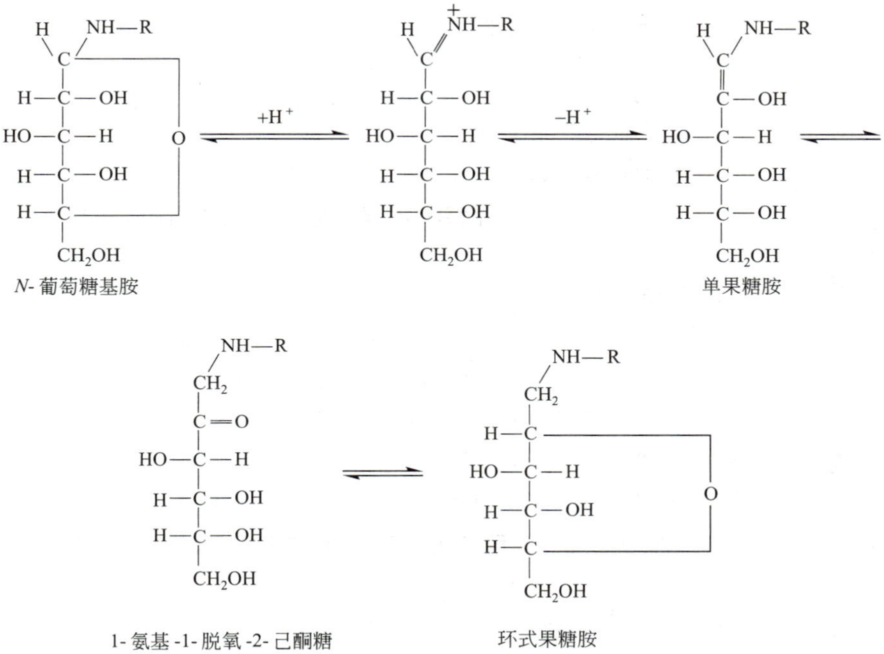

图 9-3　阿玛多里分子重排

（2）中级阶段　此阶段反应可以通过 3 条途径进行。

第一条途径：在酸性条件下，果糖基胺进行 1,2- 烯醇化反应，再经过脱水、脱氨，最后生成羟甲基糠醛（图 9-5）。羟甲基糠醛的积累与褐变速率密切相关，羟甲基糠醛积累后不久就可发生褐变反应，因此可以用分光光度计测定羟甲基糠醛积累情况作为预测褐变速率的指标。

第二条途径：在碱性条件下，果糖基胺进行 2,3- 烯醇化反应，经过脱氨后生成还原酮类和二羰基化合物（图 9-6）。还原酮类化学性质活泼，可进一步脱水，再与胺类缩合；或者本身发生裂解，形成较小分子，如二乙酰、乙酸、丙酮醛等。

第三条途径：美拉德反应风味物质产生于此途径。在二羰基化合物存在下，氨基酸发生脱羧、脱氨作用，成为少一个碳的醛，氨基转移到二羰基化合物上，这一反应为斯特勒克（Strecker）降解反应（图 9-7）。这一反应生成的羰氨类化合物经过缩合生成吡嗪类物质。

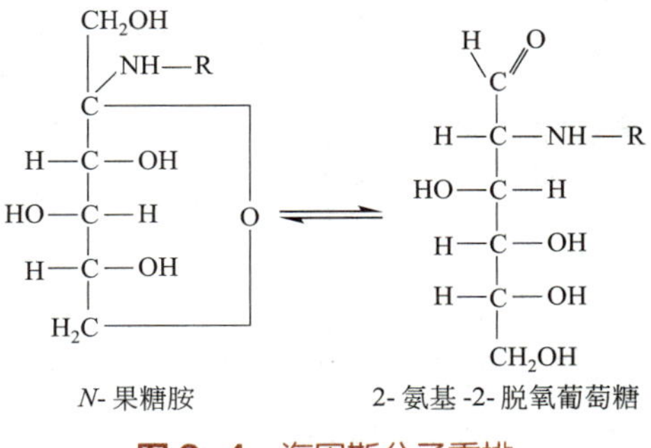

图 9-4　海因斯分子重排

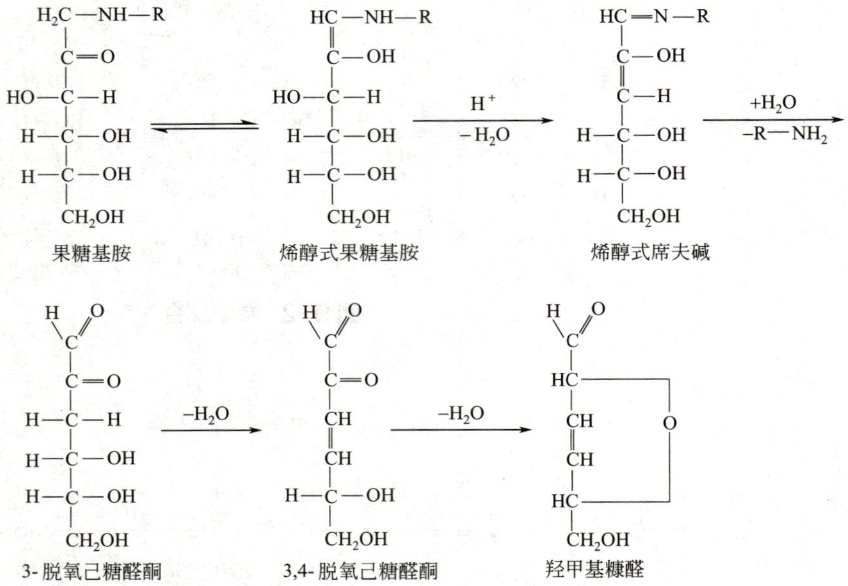

图9-5 果糖基胺脱水生成羟甲基糠醛

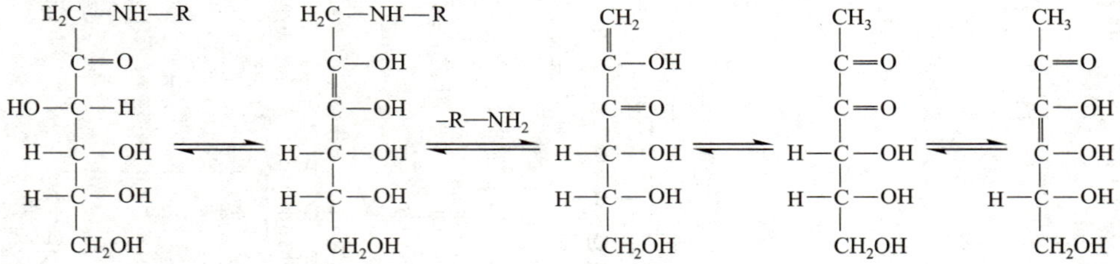

图9-6 果糖基胺脱去氨基重排生成还原酮

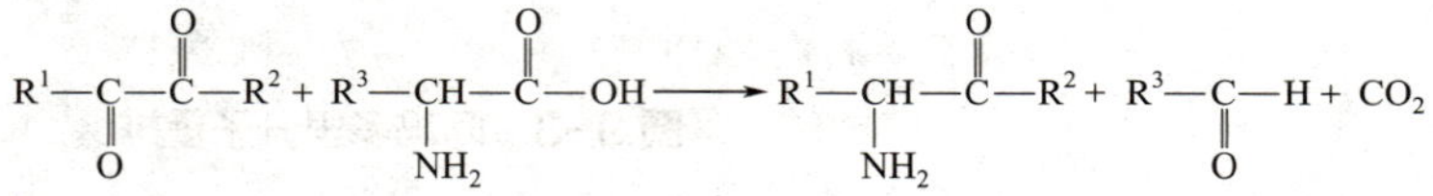

图9-7 斯特勒克降解反应

（3）终级阶段 此阶段包括两类反应：一即醇醛缩合反应，是两分子醛自相缩合，进一步脱水，生成更高级不饱和醛（图9-8）；二是生成类黑精的聚合反应，中级阶段生成产物如葡萄糖醛酮（己糖醛酮）、二羰基化合物、糠醛及其衍生物、还原酮类及不饱和亚胺类等经过进一步缩合、聚合，形成复杂的高分子色素类黑精。

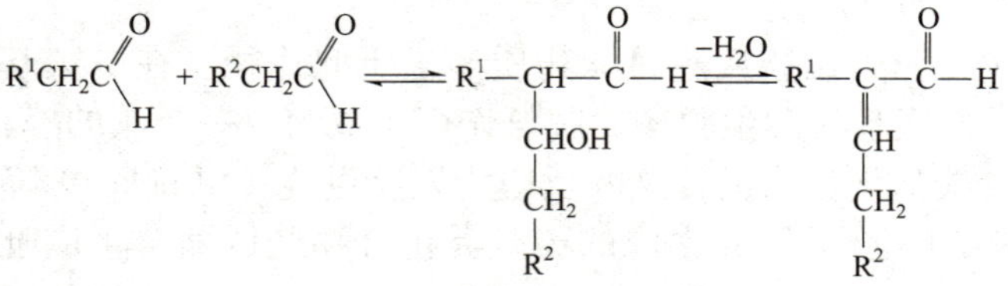

图9-8 醇醛缩合反应

9.3.1.2　美拉德反应产物的抗氧化作用

美拉德反应产物（MRP）的抗氧化活性是由 Franzke 和 Iwainsky 于 1954 年首次发现的，他们对加入甘氨酸 - 葡萄糖反应产物的人造奶油氧化稳定性进行了相关报道。但直到 20 世纪 80 年代，美拉德反应产物抗氧化活性研究才开始不断增多，并成为食品化学和食品营养学领域热门课题之一。美拉德反应产物中含有类黑精（melanoidin）、还原酮（reductone）及一系列含氮、硫的杂环化合物。越来越多的研究表明这类物质具有一定的抗氧化性能，其中某些物质的抗氧化强度可以和食品中常用的抗氧化剂相媲美。美拉德反应产物是食品加工和贮藏过程中自身产生的一类物质，可以认为是天然的，这给寻找和应用天然抗氧化剂提供了新的思路。

（1）类黑精　类黑精被认为是 MRP 中主要抗氧化成分。它是一类结构复杂、聚合度不等的高分子聚合物的混合体，又称为蛋白黑素。类黑精的组成因起始原料、反应条件的不同而不同。现在类黑精的抗氧化作用已经得到了肯定，认为可能是其结构中的还原酮、烯胺或杂环类部分起作用。颜国钦等人在对木糖 - 赖氨酸体系 MRP 的抗氧化研究中发现，随着反应时间增加，产物的抗氧化能力显著增强；产物经脱色处理，MRP 的抗氧化能力显著下降。这说明色素物质类黑精对 MRP 的抗氧化能力有非常大的影响。R.C.Borrelli 等人检测美拉德反应产物的抗氧化能力时，发现得到的可溶性类黑精具有很强的抗氧化性，大分子量的类黑精能够抑制还原型辅酶Ⅱ和谷胱甘肽 -S- 转移酶的活性，小分子量的可抑制还原型辅酶Ⅱ的活性。在谷物油中添加类黑精也能明显降低谷物油的过氧化值，可能有两个原因：一是类黑精作为自由基清除剂抑制了过氧化物的形成，二是它或许与谷物油中残留的生育酚起了协同作用。

（2）挥发性杂环化合物　美拉德反应中会生成多种能赋予食品香味的挥发性杂环化合物，这类物质主要为呋喃、吡咯、噻吩、噻唑和吡嗪等含硫、氮化合物。据研究，这些化合物具有抗氧化活性，特别是在碱性条件下表现出很强的抗氧化能力。

硫醇类杂环化合物，如 2- 甲基 -3- 呋喃硫醇、2- 噻吩硫醇，是烹饪肉类制品芳香风味的重要来源，并能增加各种烹饪食品的氧化稳定性。Hesham A.Eissa 等通过模拟半胱氨酸分别与葡萄糖和核糖发生美拉德反应，研究了这两个体系生成的硫醇化合物对分别在 4℃、25℃和 35℃下放置 24h 的苹果多酚氧化酶褐变的抑制作用。结果发现，生成的硫醇化合物的抑制效果比维生素 C 好很多，与 4- 己基间苯二酚相当。Billaud 也曾推断葡萄糖与巯基氨基化合物发生美拉德反应生成的产物是一种很有发展潜力的天然抑制剂。它的作用机理可能是亲核的硫醇基团作为一个一电子还原剂消除过氧化物自由基和烷氧自由基；还可以通过二电子还原作用分解氢过氧化物而形成硫化物。

（3）还原酮　美拉德反应产物中的还原酮具有还原和螯合作用，这对美拉德反应产物的抗氧化能力有一定的贡献。还原酮物质的抗氧化能力是通过提供电子破坏自由基链式反应，它还可以与一些过氧化物的前驱物反应阻止过氧化物的生成，从而达到抗氧化的目的。但随着加热时间的增加还原能力下降，这主要是加热使一些还原性物质分解所造成的。研究表明，美拉德反应产物的抗氧化能力随着反应时间的增加而提高，还原能力则相反。这些也说明 MRP 的抗氧化能力不仅取决于其还原能力，还与很多因素如 MRP 的量、聚合度、供氢能力、螯合金属离子、钝化自由基或消除活性氧等有关。

9.3.1.3　美拉德反应的控制

（1）选择不易褐变的原料　食品原料中的还原糖和氨基酸是参加美拉德反应的主要成分，种类不同，发生褐变的速率不同，可选择含有糖类和氨基酸成分的褐变慢或难褐变的原料进行生产。

① 还原糖　对于美拉德反应的速率而言：还原糖＞非还原糖；五碳糖＞六碳糖＞二糖。醛糖比酮糖活性强，归因于醛糖羰基的强亲电性和酮糖羰基的空间位阻。在 Hayashi 的研究中葡萄糖褐变的程度比果糖深，因为酮糖更容易形成海因斯重排产物，而醛糖较易形成阿马多里重排产物，海因斯重排产物的褐变速率比阿马多里重排产物慢。二糖也参与美拉德反应产生褐变，其中蔗糖是一种非还原糖，只有被水

解为葡萄糖和果糖后才参与褐变反应。一般来说，二糖反应速率比单糖低。

褐变程度按以下顺序减少：五碳糖中，核糖＞阿拉伯糖＞木糖；六碳糖中，半乳糖＞甘露糖＞葡萄糖＞果糖；二糖中，乳糖＞蔗糖＞麦芽糖＞海藻糖。

② 氨基化合物　氨基基团在美拉德反应中起着亲核试剂的作用，能够加速糖的分解，继而形成褐变色素，氨基化合物的性质影响美拉德反应的褐变速率。普遍来说，在胺类化合物中：胺＞氨基酸＞多肽＞蛋白质。氨基酸中，碱性氨基酸具有高褐变活性，包括赖氨酸、精氨酸和组氨酸；低褐变活性的氨基酸包括天冬氨酸、谷氨酸和半胱氨酸。赖氨酸因具有两个氨基，被认为是最具有褐变反应活性的氨基酸。氨基酸能促进 5- 羟甲基糠醛生成，加快焦糖化反应和美拉德反应，若将氨基酸除去，会明显地降低非酶褐变反应速率。

（2）调节影响美拉德反应速率的因素　美拉德反应是十分复杂的反应，影响因素众多，主要有温度、pH 值、水分活度、氧气、金属离子等。

① 降低温度　美拉德反应的速率受温度影响较大，温度越高褐变速率越快。温度每提高 10℃，反应速率大约提高 3～5 倍。所以容易褐变的食品应在低温下贮存。褐变低于 20℃比较缓慢，故容易褐变的饮料产品应该置于 10℃以下贮藏较为妥当。如美拉德反应一般在 30℃以上发生较快，而在 10℃以下存放则能防止褐变。随着贮存温度不断降低，美拉德反应速率不断下降，但随着贮藏温度的不断降低生产成本也在不断增加。

② 降低 pH 值　pH 值是影响美拉德反应速率的重要因素。羰氨缩合是一个可逆的过程，在稀酸条件下羰氨缩合产物很容易水解。羰氨缩合过程中封闭了游离的氨基，反应体系 pH 值就下降，所以碱性条件有利于羰氨反应。pH 值在 3 以上时，褐变速率随 pH 值的增加而加快。因此降低 pH 值可以抑制美拉德反应。

③ 调节水分活度　水分活度与美拉德反应速率有较大关系。一般情况下，褐变反应速率与基质浓度成正比。完全无水的情况下，美拉德反应几乎不发生，这是因为氨基化合物和羰基化合物的分子无法运动的缘故；10%～15% 的含水量最容易发生褐变；水分含量很高的情况下，反应基质浓度很低，美拉德反应也难以发生。

④ 使用褐变抑制剂　食品生产工艺流程长，不可避免地接触高温、酸碱环境，温度、pH 值、水分活度的调节空间有限。因此，最有效的抑制美拉德反应的方法是使用褐变抑制剂。根据有机化学和近代波谱理论，有机物的颜色是由含共轭双键系统的生色团、发色团引起的，使用还原剂可与共轭双键形成加成物，使用氧化剂可有效破坏共轭双键体系。因此，可用下列抑制剂抑制美拉德反应，降低色值。

（a）还原剂　亚硫酸盐是广泛使用且有效的美拉德反应抑制剂。通常使用的亚硫酸盐有亚硫酸钠（Na_2SO_3）、亚硫酸氢钠（$NaHSO_3$）、焦亚硫酸钠（$Na_2S_2O_3$）、保险粉（$Na_2S_2O_4$）等。

亚硫酸盐抑制美拉德反应的机理如下。

加成反应：反应物的羰基可以和亚硫酸根结合形成加成化合物，其加成物能与氨基化合物缩合，但缩合产物不能再进一步生成席夫碱和 N- 葡萄糖基胺，从而阻止美拉德反应的进一步发生。反应方程式如下：

$$\underset{\begin{array}{c}\text{H—C—OH}\\\text{HO—C—H}\\\text{H—C—OH}\\\text{H—C—OH}\\\text{CH}_2\text{OH}\end{array}}{\overset{\text{H}\diagdown\text{C}\diagup^{O}}{}} \xrightarrow{\text{HSO}_3^-} \underset{\begin{array}{c}\text{H—C—SO}_3^-\\\text{HO—C—H}\\\text{H—C—OH}\\\text{H—C—OH}\\\text{CH}_2\text{OH}\end{array}}{\overset{\text{OH}}{}} \xrightarrow[-\text{H}_2\text{O}]{\text{R—NH}_2} \underset{\begin{array}{c}\text{H—C—SO}_3^-\\\text{HO—C—H}\\\text{H—C—OH}\\\text{H—C—OH}\\\text{CH}_2\text{OH}\end{array}}{\overset{\text{NH—R}}{}}$$

　　此外，亚硫酸根还能与中间产物的羰基结合形成加成产物，这些加成产物的褐变活性远低于氨基化合物和还原糖所形成的中间产物，使得后面生成类黑精的反应难以发生。反应方程式如下：

$$\underset{\text{R}'}{\overset{\text{R}}{}}\text{C}{=}\text{O}+\text{HSO}_3^- \longrightarrow \text{HO—}\underset{\text{R}'}{\overset{\text{R}}{\text{C}}}\text{—SO}_3^-$$

　　加成的结果是有机物失去双键或双键减少，因而颜色失去或变浅。亚硫酸盐抑制美拉德反应的主要原因是亚硫酸盐捕获了强褐变活性的中间体，生成褐变活性很低的中间产物，从而抑制美拉德反应。

　　还原反应：亚硫酸盐是还原剂，能产生还原作用，阻止或减缓某些中间反应，从而避免或减少色素的生成。

　　亚硫酸盐能消耗氧和降低 pH 值，这些都可以间接地阻止美拉德反应的发生。但单独使用还原剂抑制效果不稳定，一些实际应用表明在有氧或氧化剂存在的条件下已被还原的双键易恢复，氧化作用还减少了体系中的还原剂含量，从而出现了回色现象。因此，在使用还原剂脱色时必须减少与氧的接触，或使用抗氧稳定剂。

　　（b）氧化剂　美拉德反应产生含有共轭双键结构的有色物，强氧化剂可以有效破坏羰基化合物及中间产物的双键结构，使共轭双键氧化发生断裂，含有共轭双键的有色物分子破坏成为分子量低、双键含量少的物质；使强褐变活性的中间产物难以生成，改变生色团的结构，减少生色团和发色团的数量，达到抑制褐变的目的。一些抑制效果较好的强氧化剂有次氯酸钠（NaClO）、过氧化氢（H_2O_2）、臭氧（O_3）。在生产实践中，氧化剂使用不当会造成原料的破坏，如在制糖工业中使用过量 O_3 会造成蔗糖的分解。

　　（c）酶制剂　一些酶可以抑制美拉德反应。用果胶酶处理蒸煮过的山楂浆，可提高出汁率，降低果汁褐变程度。对生薯条采用热烫和耐热天冬酰胺酶联合处理，可以降低油炸薯条中约 80% 的丙烯酰胺含量，并产生良好的护色效果。葡萄糖氧化酶可显著降低热加工食品的美拉德反应中呋喃生成量。

　　（d）其他　使用抑制剂可阻止美拉德反应的发生。当褐变发生时，可用其他方法进行后处理，以消除非酶褐变的影响。吸附剂由于具有巨大的比表面积，表面自由能较高，能吸附色素和杂质，从而达到消除褐变影响的目的。通常使用的吸附剂有活性炭和骨炭。活性炭具有芳香环式结构，能有效吸附脱除芳香族有色物，但不善于吸附无机离子。通常吸附脱除率在低 pH 值下较高，在高 pH 值下较低。

　　⑤ 金属离子　金属离子 Li^+、Fe^{3+}、Cu^{2+} 等能促进美拉德反应，尤其是 Fe^{2+} 和 Cu^{2+}。因此应尽量避免加工中与金属器具接触，以降低美拉德反应的发生，但可以用不锈钢器具代替铜铁等金属器具。

　　美拉德反应的抑制是一个复杂的系统过程，必须在加工和贮存过程中对褐变的发生进行系统的控制，掌握好原料、pH 值、温度、时间、抑制剂等多方面因素，有目的地控制或促进美拉德反应的进行和色素的生成，以符合产品对风味和色泽的要求。

9.3.2　焦糖化反应

　　将不含氨基化合物的糖类物质加热到熔点以上温度，会发焦变黑，生成黑褐色物质（焦糖），此即为

焦糖化作用（caramelization），又称为卡拉蜜尔作用。该反应在酸性或碱性条件下均可进行。在高温作用下糖类形成两类物质：一类是糖的脱水产物焦糖或酱色（caramel）；另一类是糖的裂解产物，如一些挥发性醛、酮、酚类物质，这些裂解产物会进行复杂的缩合、聚合反应，形成深色物质。因此，是这两类物质共同形成了焦糖这一复杂产物。不同种类的单糖或二糖生成的焦糖在成分上相似。

9.3.2.1　焦糖的形成

无氨类化合物相伴的糖类在无水条件下加热，或在高浓度时用稀酸处理，可发生焦糖化反应。焦糖化作用是以连续的受热脱水、聚合作用为主要过程，所产生的焦糖是一类结构不明的大分子物质。

焦糖形成的过程可分为 3 个阶段。

第一阶段：从蔗糖熔融开始，有一段时间的起泡，蔗糖脱去 1 分子水，形成无甜味、有温和苦味的异蔗糖酐（isosaccharosan），约 35min 后起泡暂时停止。

$$C_{12}H_{22}O_{11} \longrightarrow C_{12}H_{20}O_{10}+H_2O$$
异蔗糖酐

第二阶段：继续加热，第二次起泡，持续时间更长，约 55min，失水量约为 9%，异蔗糖酐脱去 1 分子水后缩合，即 2 个蔗糖分子缩合，脱去 4 个水分子，形成浅褐色的焦糖酐（caramelan）。焦糖酐平均分子式为 $C_{24}H_{36}O_{18}$，熔点为 138℃，可溶于水和乙醇，味苦。

$$2C_{12}H_{22}O_{11} \longrightarrow C_{24}H_{36}O_{18}+4H_2O$$
焦糖酐

第三阶段：焦糖酐进一步脱水生成焦糖烯（caramelen）。焦糖烯熔点 154℃，可溶于水，具苦味。

$$3C_{12}H_{22}O_{11} \longrightarrow C_{36}H_{50}O_{25}+8H_2O$$
焦糖烯

若继续加热，焦糖烯失水，形成难溶性的高分子量深褐色物质焦糖素（caramelin）。焦糖素结构复杂，尚不清楚，但具有羰基、羧基、羟基和酚羟基等基团，等电点处于 pH 值 3.0 ～ 6.9 之间，pH 值甚至可低于 3.0，随着制造方法的不同而异。焦糖的等电点在食品制造中有重要意义，如将等电点为 pH 值 4.6 的焦糖色用于 pH 值 4 ～ 5 的饮料中，就会出现絮凝、浑浊以至沉淀的现象，影响感官品质。

9.3.2.2　热降解产物的生成

糖在强热下裂解脱水，形成一些性质活泼的醛类物质。

单糖（包括醛糖和酮糖）在酸性条件下会脱水生成糖醛或其衍生物。例如葡萄糖在酸性条件下加热，先烯醇化为 1,2- 烯醇式己糖，然后脱水，经分子重排成 3- 脱氧葡萄糖醛酮，再脱除 2 分子水后环化生成羟甲基糠醛。

而单糖在碱性条件下先互变异构化，然后断裂生成甲醛、五碳糖、乙醇醛、四碳糖、甘油醛、丙酮醛等。例如果糖在碱性条件下先烯醇化为 1,2- 烯醇式己糖，后受热裂解成烯醇丙糖和甘油醛，产物进一步反应得到水合丙酮醛。

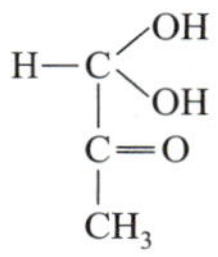

$$H-\overset{OH}{\underset{OH}{C}}\\ \underset{CH_3}{C=O}$$

水合丙酮醛

这些醛类形成后可进行复杂的缩合、聚合，生成黑褐色物质，反应历程目前不完全清楚。焦糖化产生的糖的裂解产物具有特殊的焦甜香风味，焦糖溶于水呈棕红色，是我国传统的食品着色剂，因此焦糖化反应常用来制造焦糖色素和风味物。常用原料为蔗糖、葡萄糖、麦芽糖和糖蜜。高温和弱碱性条件可提高焦糖化反应速率。磷酸盐、无机酸、柠檬酸、延胡索酸、酒石酸、氨水或硫酸铵等可作为催化剂加速反应的发生。铁的存在能强化焦糖色泽。

商品化焦糖色素有 4 种：第一种是由普通法生产的红棕色含略带负电荷的胶体粒子、水溶液 pH 值为 3 ～ 4 的焦糖色（INS 150a）；第二种是加亚硫酸盐生产的含带负电荷的胶体粒子、水溶液 pH 值为 2 ～ 5 的焦糖色（INS 150b）；第三种是糖与氨化合物混合加热反应产生的红棕色含带正电荷胶体粒子的焦糖色（INS 150c），水溶液 pH 值为 4.2 ～ 4.8；第四种是同时加入亚硫酸盐和氨化合物生产的焦糖色（INS 150d），在酸中稳定。除第二种焦糖色仅可用于白兰地、威士忌、朗姆酒和配制酒外，其他三种焦糖色被广泛用于食品，包括炼乳、巧克力制品、调味料、饮料、糕点、糖果等（GB 2760—2024）。加氨化合物生产的焦糖色素色泽好、收率高且加工方便，但高温下形成 4- 甲基咪唑，我国规定第三种和第四种焦糖色中的 4- 甲基咪唑含量不得高于 200mg/kg。欧洲食品安全局（EFSA）将焦糖色（不分类）组 ADI 值定为 300mg/kg 体重，其中 150c 的单独 ADI 值不得超过 100 mg/kg 体重。

9.3.3　抗坏血酸褐变

抗坏血酸是食品中的主要营养成分之一，因其兼具酸性及还原性，极易氧化分解。抗坏血酸对氧化高度敏感，在受金属离子如 Cu^{2+} 和 Fe^{3+} 催化时尤其如此；热和光同样能加速该反应过程，而 pH 值、氧浓度和水分活度等因素对反应速率影响强烈。在低水分模拟谷类早餐食品体系中已发现抗坏血酸的氧化速率在水分活度约 0.10 ～ 0.65 范围内呈进行性增加，这同许多其他水溶性物质一样。抗坏血酸的总降解反应历程如图 9-9 所示。

对大多数果蔬来说，抗坏血酸的无氧降解不能显著损失维生素 C。尽管在无氧的罐装果蔬食品中抗坏血酸无氧降解途径变得非常显著，但维生素 C 的损失速率还是极其缓慢的。已经证明微量金属可催化此无氧降解，而且反应速率的增加与铜浓度成正比。在 pH 值为 3 ～ 4 时，无氧降解的速率达到最高。某些糖（酮糖）可促进无氧降解。无氧降解机制复杂，尚未完全清楚。大多数情况下，无氧降解的速率常数比氧化反应小 2 ～ 3 个数量级。

有氧共存时，抗坏血酸引起的褐变可分为两个阶段。

第一阶段：需氧，抗坏血酸先氧化形成单阴离子，再通过单电子氧化转变为自由基负离子，而后迅速生成脱氢抗坏血酸，生成的脱氢抗坏血酸亦可被温和的还原剂还原成抗坏血酸。脱氢抗坏血酸水合形成 2,3- 二酮古洛糖酸，反应不可逆。

若体系中存在金属离子，抗坏血酸单阴离子可与金属离子、氧气形成一个具有双自由基共振结构的三元复合物，此三元复合物的形成是限速步骤，而后该复合物能迅速分解为抗坏血酸自由基负离子及原来的金属离子和过氧化羟基自由基 $HO_2^{\cdot}$，而抗坏血酸自由基负离子又迅速与氧气反应生成脱氢抗坏血酸。脱氢抗坏血酸的生成速率和抗坏血酸单阴离子、金属离子、氧气的浓度近似呈正比。金属离子催化抗坏血酸氧化为脱氢抗坏血酸的能力与金属种类、金属离子状态有关。当金属离子为 2 价铜离子或 3 价铁离子时，反应速率常数比无金属存在时大几个数量级。3 价铁离子的催化活性约为 2 价铜离子的 1/80，而与乙二胺四乙酸（EDTA）络合形成螯合物后催化活性比络合前的游离形式提高了 4 倍；铜离子的表现恰好

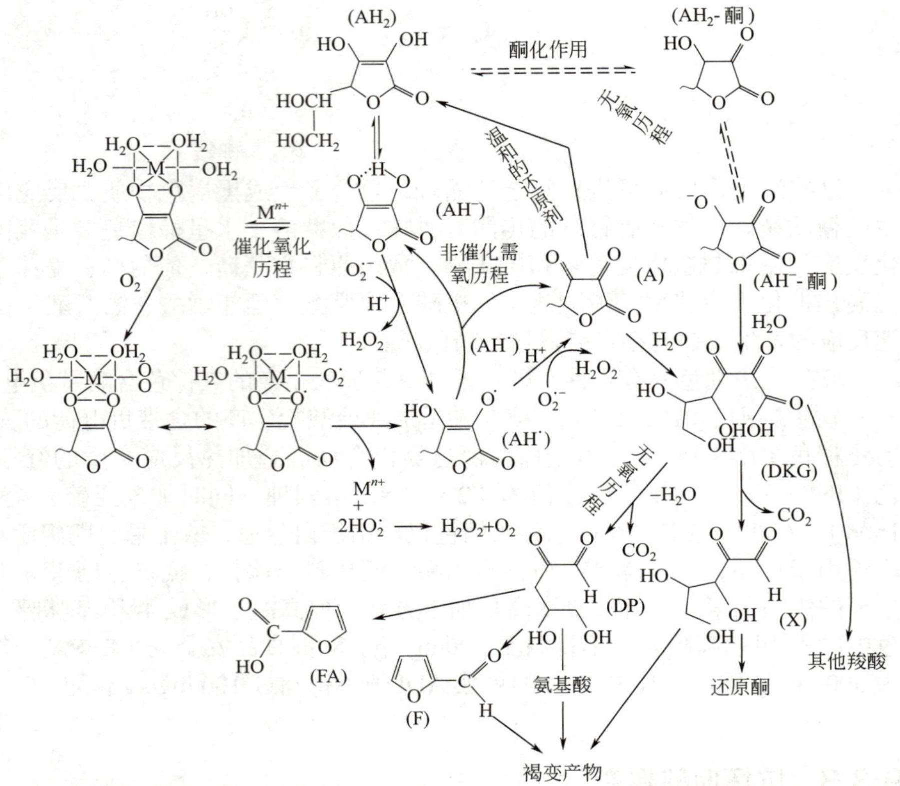

图9-9 抗坏血酸氧化和无氧降解反应历程概况（AH₂，AH⁻，A结构具有维生素C活性）

AH_2—完全质子化的抗坏血酸；AH^-—抗坏血酸单价阴离子；$AH^·$—半脱氢抗坏血酸自由基；

A—脱氢抗坏血酸；FA—2-糠酸；F—2-糠醛；DKG—二酮古洛糖酸；DP—3-脱氧戊糖酸；

X—木酮糖；M^{n+}—金属催化剂；$HO_2^·$—过氧化羟基自由基

相反，与乙二胺四乙酸络合形成螯合物后催化活性下降。氧浓度对金属催化速率的影响视情况而定。当氧分压介于 0.1～0.04MPa 之间时金属催化抗坏血酸氧化的反应速率与溶解氧的分压成正比，而当氧分压小于 0.02MPa 时反应速率与氧浓度无关。相反，由金属螯合物催化的抗坏血酸氧化则不受氧浓度影响。

第二阶段：不需氧，2,3-二酮古洛糖酸降解，经脱水、脱羧后形成糠醛等产物，再经复杂反应或和氨基酸等胺类物质反应形成褐色素。已分离鉴定了 50 多种抗坏血酸氧化降解的低分子产物，主要是 3 种：聚合中间体、5～6 个碳链长度的不饱和羧酸和碳原子数小于等于 5 的裂解产物。在酸性、中性条件下，抗坏血酸降解产物主要包括 L-木酮糖、草酸、L-苏氨酸、酒石酸、2-糠醛（糠醛）、糠酸以及一系列羰基和不饱和化合物，而在碱性条件下抗坏血酸裂解程度加剧。如果体系中伴存胺类物质，具羰基的产物可与之反应，例如二羰基化合物可与氨基酸一起参与美拉德反应中的斯特勒克降解，结果产生褐变。如果没有胺类物质存在，抗坏血酸氧化降解产物也会进一步变化，聚合成类似焦糖化的色素。因此，抗坏血酸氧化降解总伴随着变色现象的发生。

体系 pH 值对反应速率有较大影响。25℃时抗坏血酸的 pK_1 值为 4.04，因此抗坏血酸氧化降解速率在 pH 值 4 时最大，在 pH 值 2 时降到最低，然后随 pH 值减小速率增加，当 pH 值处于中性时，抗坏血酸氧化降解速率常数为

$6 \times 10^{-7} \text{s}^{-1}$，小到可忽略不计。但 25℃时抗坏血酸的 pK$_2$ 值为 11.4，故 pH 值超过 8 后，随 pH 值增加速率增加。

减缓或防止抗坏血酸褐变的主要方法：一是调节体系 pH 值，抗坏血酸的氧化褐变受体系酸碱度影响，当体系的 pH 值为 2.0 时抗坏血酸氧化褐变反应缓慢而不明显，抗坏血酸在 pH 值 4.0 时降解速率最快，碱性时亦不稳定，易褐变；二是除去体系中的氧，并避免与空气接触；三是防止食品与金属器具接触；四是加工中因生产需要人为添加的抗坏血酸量不可过高，以免加深食品色泽。

 概念检查 9.2

○ 选择题

下列物质中，（　　）能作为直接反应物参与美拉德反应。

A. 乳糖　　　　B. 蔗糖　　　　C. 支链淀粉　　　　D. 蛋白糖

○ 判断题

加入越多量的抗坏血酸，果蔬制品发生褐变的程度越低。

○ 简答题

食品原料中的还原糖和氨基酸是参加美拉德反应的主要成分，反应物种类不同，褐变速度会不同吗？糖和氨基酸对美拉德产物风味的影响哪个更大？

9.4　褐变对食品的影响

褐变特别是非酶褐变反应在食品加工中具有重要意义，它引起食品色泽变褐，是面包、肉类等加工食品的色泽（如焙烤类食品的色泽）和浓郁芳香的各种风味的主要来源，并且反应的中间产物具有抗氧化作用，这在食品生产上具有特殊的意义，是人们期望看到的结果。另一方面，美拉德反应亦会使贮藏中的食品成品发生褐变，影响其感官品质。对于果蔬来说，凡能影响其自然色泽和风味的褐变是不期望发生的，不论是酶促褐变还是非酶褐变。再者，从营养学角度考虑，由于反应使食品中的有效成分如氨基酸、蛋白质、糖、维生素 C 等有所损失，食品的营养价值部分降低，食品成分发生变化，因此也会降低食品的适口性和可消化性。

9.4.1　食品色泽

酶促褐变一般发生于富含酚类物质的果蔬制品中，形成的深褐色物质使果蔬制品失去本身天然的鲜艳色泽，降低制品的商品价值，并在一定程度上影响口感。

美拉德反应赋予食品一定的深颜色，如面包、咖啡、红茶、啤酒、糕点、酱油，这些食品颜色的产生是人们期望得到的。但有时美拉德反应的发生又是人们不期望的，如乳品加工过程中，如果杀菌温度控制得不好，乳中的乳糖和酪蛋白发生美拉德反应，会使乳呈现褐色，影响乳品的品质。

美拉德反应产生的颜色对于食品而言，深浅一定要控制好。如酱油的生产过程中应控制好加工温度，防止颜色过深；面包表皮的金黄色的控制，在和面过程中要控制好还原糖和氨基酸的添加量及焙烤温度和时间，防止最后反应过度，生成焦黑色。

9.4.2　食品风味

焦糖化过程中产生的挥发性产物有 40 多种，主要有呋喃衍生物、醛、酮（包括二酮）等，使食品风味改变。如产物麦芽酚（3- 羟基 -2- 甲基吡喃 -4- 酮）和异麦芽酚（3- 羟基 -2- 乙酰呋喃），不仅具有面包风味，还是风味增强剂。

据研究，焙烤或焙烤食品的呈香物质包括吡嗪类、吡咯类、呋喃类、噻唑类、噻吩类、吡啶类等物质。产生这些香气的前体物质非常广泛，包括蛋白质、氨基酸、糖、脂类、绿原酸、阿魏酸、葫芦巴碱、高级醇、木质素等，主要通过美拉德反应途径得到。例如，焙烤可可豆时产生的大部分杂环化合物和含硫化合物等，主要是由可可豆中的氨基酸和糖类物质相互作用及热降解产生。

大量研究表明美拉德反应是产生肉类风味的重要途径之一。在肉类风味形成过程中，首先是糖、肽和氨基酸、脂肪和脂肪酸、核苷酸、维生素等在加热作用下发生美拉德反应及基本和非基本成分的热降解，现已证实带巯基的呋喃和噻吩衍生物都是参与肉香形成的组分。但当肉类的加热方法不同时，生成的香气成分虽有类似之处，但也会显示出各自的特征。煮肉香气的特征成分以硫化物、呋喃类化合物和苯环型化合物为主体；烤肉香气的特征成分则主要是吡嗪类、吡咯类、吡啶类化合物等碱性组分和异戊醛等羰化物，以吡嗪为主；炒肉香气的特征成分介于煮肉和烤肉之间。

美拉德反应是生产肉味香精的主要反应，其反应基质主要是氨基酸和还原糖，其中损失最多的是半胱氨酸和核糖。不是所有的美拉德反应产物都可以产生香味，在中性或碱性条件下 2,3- 烯醇化有利于阿玛多里重排产物形成 1- 脱氧邻酮醛糖（1-deoxyosone），它是许多香味的前体物质。

9.4.3　食品营养

褐变反应尤其是非酶褐变以食品营养成分为反应起始物，因此对食品营养有一定的影响。

9.4.3.1　食品原有成分

美拉德反应对食品营养的影响包括降低蛋白质的营养质量、蛋白质改性以及抑制胰蛋白酶活性等。

对于粮食制品，美拉德反应无疑会使其蛋白质的生物价更低。有人报道，在 200℃烘烤 15min 的糕点，其蛋白质功效比值（PER）由烘烤前的 3.6 降至 2.4，若继续在 130℃烘烤 1h 则会进一步降至 0.8，这是由于赖氨酸减少引起的。加热还影响胱氨酸、色氨酸、精氨酸的利用率。

奶与奶制品中的氨基酸因形成色素复合物和在斯特勒克降解反应中被破坏而造成损失。色素复合物以及与糖结合的酪蛋白不易被酶分解，因而降低了氮的利用率。组成蛋白质的所有氨基酸中赖氨酸的损失最大，因为它的游离氨基最易和羰基相结合。由于赖氨酸是许多蛋白质中的限制性氨基酸，它的损失较大地影响了蛋白质的营养质量。

焦糖化反应使食品可利用糖的含量下降，中间产物还能与胺类物质发生美拉德反应，使制品中不仅糖含量下降，胺类物质如氨基酸的含量也会下降。而抗坏血酸氧化褐变的发生主要导致食品中维生素 C 活性的下降和含量的直接损失。

9.4.3.2　新成分的产生

无论是酶促褐变还是非酶褐变，反应的结果均是食品原有成分的减少，伴随着一些新物质的出现，包括小分子挥发性物质和小分子不挥发物质以及褐色聚合物等，如酶促褐变产生的醌，非酶反应产生的吡嗪、呋喃、糠醛、类黑精，这些物质基本属于非营养成分。但经研究发现，这些新物质却能赋予食品一些新的功能性质。

应用美拉德反应，不添加任何化学试剂，在控制的条件下使蛋白质、糖类发生羰氨缩合作用，可生成蛋白质 - 糖类共价化合物。该化合物与原来的蛋白质相比，其功能性质得到极大的改善，无毒，黏性、热稳定性增加，而且具有较强的乳化活力和较大的抵抗外界环境变化的能力，扩大了蛋白质在食品和医药方面的用途。Kitabatake 等人以葡萄糖酸或 6-O-α- 半乳糖 -D- 葡萄糖酸作为糖基供体，在键合试剂存在的条件下对乳球蛋白的氨基进行了糖基化，合成的糖基化蛋白质在较低的离子强度或天然乳球蛋白的等电点 pH 值仍表现出较高的溶解性，同时糖基化也提高了蛋白质的热稳定性，并且随着糖基化程度的提高糖基化蛋白质的功能特性也随之提高。另外，美拉德反应生成的类黑精、小分子杂环产物等具有较强的抗氧化作用。类黑精还被发现有抗癌、抗菌作用，此外具有很强的抑制胰蛋白酶的作用，在胰蛋白酶溶液里加入类黑精，发现在类黑精浓度为 1mg/mL 时也具有阻碍作用。现已知道胰蛋白酶在胰脏产生，若此酶被抑制，就会引起胰脏功能的亢进，促进胰岛素的分泌。含有类黑精的豆酱可作为促进胰岛素分泌的食品，有待用于糖尿病的预防和改善。

 概念检查 9.3

○ 非酶褐变会对食品质量产生哪些影响？

9

9.5　本章小结

食品非色素成分在发生化学变化时有时会使食品颜色变为褐色，此现象称为食品的褐变。引起褐变的化学反应可分为两类：酶促褐变反应和非酶褐变反应。

某些果蔬若含有丰富的酚类物质和酚氧化酶，在组织破碎接触到空气中的氧气后，三者可相互作用，发生酶促褐变，果蔬表面颜色变褐，但风味和营养价值不会明显改变。此类褐变一般影响果蔬的正常色泽，使商品价值下降，故在生产加工中不受欢迎。

凡是不涉及酶的褐变反应均归为非酶褐变反应。其中，美拉德反应又称为羰氨反应，为具羰基化合物和具氨基化合物在一定条件下发生的复杂反应，是最普遍、最重要的一种非酶褐变反应；焦糖化反应是由无氨基化合物存在时高含量糖类物质在高温下发生脱水、裂解、聚合，产生有色高分子焦糖物质的反应；抗坏血酸褐变为抗坏血酸自身在有氧或无氧环境下进行氧化降解等一系列反应，导致食品褐变的现象。非酶褐变反应不仅使食品色泽变深，而且参与反应的糖、蛋白质、氨基酸、抗坏血酸等物质随反应的进行在食品中的含量下降，而产物一般无营养价值，因此使食品营养价值下降。另外，部分小分子易挥发产物具有特殊的嗅感，可改变食品风味，焙烤食品、炒制食品和肉类食品令人喜爱的香味即由此而来。

　　食品非色素成分发生的褐变反应，在食品生产加工中有时令人期待，有时却令人厌恶。当不期望食品发生褐变反应时，可采取一些手段进行控制。控制酶促褐变发生的措施有：杀灭或降低酚氧化酶活性；阻止果蔬组织与氧气接触；改变酚类结构，使酚酶失去可作用的底物；以及尽可能减少果蔬组织与褐变反应催化剂铁、铜等金属离子接触的机会等。亦可通过控制食品体系的温度、pH 值、水分活度、接触氧气量和金属离子浓度等因素抑制或促进非酶褐变反应的进行。

　　褐变反应产物使食品的化学组成发生变化，从而影响食品的性质。譬如美拉德反应产物可赋予食品一些本不具有的加工性质，或功能活性如抗氧化性等。

　　目前褐变反应特别是美拉德反应的具体反应机理、反应产物的种类和性质仍是食品化学领域的研究热点。

总结

○ 褐变反应
- 食品可能在生长、采摘、加工或烹调、贮藏过程中，因非食品色素成分发生化学变化，伴随着食品色泽的转褐变深。能导致食品发生褐变的反应通称为食品的褐变反应。

○ 褐变反应分类
- 褐变反应按有无酶的参与分为酶促褐变反应和非酶褐变反应两种。

○ 酶促褐变反应
- 在有酶、氧气存在的情况下发生的，主要是酚类物质的酶促氧化褐变。
- 3个条件：适宜的酚类底物、酚酶和氧气。
- 控制措施：降低或消除酚酶的催化活性、阻隔氧的接触、消除或改性底物。如热处理、调节pH值、用化学药品抑制酶的活性、减少和金属离子的接触、驱氧、改变底物化学结构、其他方法。

○ 美拉德反应
- 又称羰氨反应。食品体系中含有氨基的化合物与含有羰基的化合物之间发生反应而使食品颜色加深。
- 反应历程：
  （1）初级阶段：羰氨缩合和分子重排过程。
  （2）中级阶段：3条途径。
  （3）终级阶段：2类反应。
- 控制措施：选择不易褐变的原料，调节影响反应速率的因素（如降低温度、降低pH值、调节水分活度、使用褐变抑制剂和金属离子等）。

○ 焦糖化反应
- 将不含氨基化合物的糖类物质加热到熔点以上温度，会发焦变黑生成黑褐色物质（焦糖），此即为焦糖化作用，又称卡拉蜜尔作用。
- 焦糖的形成：3个阶段。

- 焦糖化反应常被用来制造焦糖色素和风味物。
- 抗坏血酸褐变
  - 抗坏血酸兼具酸性及还原性，极易氧化分解。
  - 有氧共存时，抗坏血酸引起的褐变可分为2个阶段：第一阶段需氧，抗坏血酸先氧化生成脱氢抗坏血酸，再水合形成2,3-二酮古洛糖酸；第二阶段不需氧，2,3-二酮古洛糖酸降解，经脱水、脱羧后形成糠醛等产物。再经复杂反应或与氨基酸等胺类物质反应形成褐色素。
- 褐变对食品的影响
  - 褐变反应在食品加工中具有重要意义。
  - 是面包、肉类等加工食品的色泽（如焙烤类食品的色泽）和浓郁芳香的各种风味的主要来源。
  - 食品非色素成分在加工中发生的褐变反应有时会影响产品的感官和品质。
  - 由于反应使食品中的有效成分如氨基酸、蛋白质、糖、维生素C等有所损失，使食品的营养价值部分降低，并伴随着一些新物质产生。

思考题

1. 试述食品褐变对食品质量有何影响。
2. 简述美拉德反应的利与弊，以及如何在食品加工过程中控制。
3. 非酶褐变反应在食品加工中十分常见，针对含蛋白质或氨基酸食品而言，具体说明非酶褐变反应的类型、条件、产物、特点及其影响因素。
4. 举例说明糖类物质在食品加工中发生的化学变化及其在食品加工中的应用。

参考文献

[1] Srinivasan Damodaran, Kirk L Parkin. 食品化学 [M]. 江波, 杨瑞金, 钟芳, 等译 .5 版 . 北京: 中国轻工业出版社, 2020.

[2] 夏延斌, 王燕 . 食品化学 [M]. 北京: 中国农业出版社, 2015.

[3] 王璋, 许时婴, 汤坚 . 食品化学 [M]. 北京: 中国轻工业出版社, 2011.

[4] Franzke C, Iwainsky H. Antioxidant capacity of melanoidin[J]. Dtsch Lebensm-Rundsch, 1954, 50: 251-254.

[5] Hesham A Eissa, Fadel H H M, Ibrahim G E. Thiol containing compounds as controlling agents of enzymatic browning in some apple products[J]. Food Research International, 2006, 39（8）: 855-863.

[6] 阚建全, 谢笔钧 . 食品化学 [M]. 4 版 . 北京: 中国农业大学出版社, 2021.

[7] Borrelli R C, Mennella C, Barba F, et al. Characterization of coloured compounds obtained by enzymatic extraction of backery products[J]. Food Chemical Toxicology, 2003, 41（10）: 1367-1374.

[8] Billaud C, Brun-merimee S, Loic L, et al. Effect of glutathione and Maillard reaction products prepared from glucose of fructose with glutathione on polyphenoloxidase from apple- I: Enzymatic browning and enzyme activity inhibition[J]. Food Chemistry, 2004, 84（2）: 223-233.

[9] Shen Y T, Chen G J, Li Y H. Bread characteristics and antioxidant activities of Maillard reaction products of white pan bread containing various sugars[J]. LWT-Food Science and Technology, 2018, 95: 308-315.

[10] Shakoor A, Zhang C P, Xie J C, et al. Maillard reaction chemistry in formation of critical intermediates and

9

flavour compounds and their antioxidant properties[J]. Food Chemistry, 2022, 393: 133416.

[11] Nooshkam M, Varidi M, Bashash M. The Maillard reaction products as food-born antioxidant and antibrowning agents in model and real food systems[J]. Food Chemistry, 2018, 275: 644-660.

[12] Tan J E, Liu T T, Yao Y, et al. Changes in physicochemical and antioxidant properties of egg white during the Maillard reaction induced by alkali[J]. LWT-Food Science and Technology, 2021, 143: 111151.

[13] Cerit İ, Pfaff A, Ercal N, et al. Postharvest application of thiol compounds affects surface browning and antioxidant activity of fresh-cut potatoes[J]. Journal of food biochemistry, 2020, 44 (10): e13378.

[14] Alves G, Xavier P, Limoeiro R, et al. Contribution of melanoidins from heat-processed foods to the phenolic compound intake and antioxidant capacity of the Brazilian diet[J]. Journal of Food Science and Technology, 2020, 57 (8): 3119-3131.

[15] Dai K X, Wang J P, Luo Y T, et al. Characteristics and Functional Properties of Maillard Reaction Products from α-Lactalbumin and Polydextrose[J]. Foods (Basel, Switzerland), 2023, 12 (15): 2866.

[16] Feng J L, Berton-Carabin C C, Fogliano V, et al. Maillard reaction products as functional components in oil-in-water emulsions: A review highlighting interfacial and antioxidant properties[J]. Trends in Food Science & Technology, 2022, 121: 129-141.

[17] Pham H T T, Kityo P, Carolien Buvé, et al. Influence of pH and Composition on Nonenzymatic Browning of Shelf-Stable Orange Juice during Storage[J]. Journal of Agricultural and Food Chemistry, 2020, 68 (19): 5402-5411.

[18] Mondaca-Navarro B A, Ávila-Villa L A, González-Córdova A F, et al. Antioxidant and chelating capacity of Maillard reaction products in amino acid-sugar model systems: applications for food processing[J]. Journal of the science of food and agriculture, 2017, 97 (11): 3522-3529.

[19] Chen K N, Yang X X, Huang Z, et al. Modification of gelatin hydrolysates from grass carp (Ctenopharyngodon idellus) scales by Maillard reaction: Antioxidant activity and volatile compounds[J]. Food Chemistry, 2019, 295 (10): 569-578.

[20] 王培培, 曹庸, 符姜燕, 等. 美拉德反应对传统发酵酱油香气影响的研究进展 [J]. 中国食品添加剂, 2023, 34 (06): 337-345.

[21] 孔保华, 李菁, 刘骞. 美拉德反应产物抗氧化机理及影响因素的研究进展 [J]. 东北农业大学学报, 2011, 42 (11): 9-13.

[22] 毕可海, 张伶俐, 张玉莹, 等. 葡萄糖氧化酶对模拟热加工食品中呋喃生成量的抑制作用研究 [J]. 食品科技, 2020, 45 (1): 307-315.

[23] Keel K, Harte F M, Berbejillo J, López-Pedemonte T. Functionality of glycomacropeptide glycated with lactose and maltodextrin[J]. Journal of Dairy Science, 2022, 105 (11): 8664-8676.

[24]　Chen X M, Liang N, Kitts D D. Chemical properties and reactive oxygen and nitrogen species quenching activities of dry sugar—amino acid maillard reaction mixtures exposed to baking temperatures[J]. Food Research International, 2015, 76（3）: 618-625.

[25]　Yi J, Ding Y. Dual effects of whey protein isolates on theinhibition of enzymatic browning and clarification of apple juice[J]. Czech Journal of Food Sciences, 2014, 32（6）: 601-609.

[26]　陈心雨, 刘念, 王超凯, 等 . 高温大曲中美拉德反应的研究进展 [J]. 食品与发酵科技, 2023, 59（06）: 109-112.

[27]　Makino R, Sugahara M, Kita K. Nutritional Evaluation of Glycated Valine and Tryptophan as a Precursor for Protein Synthesis in Chicken Embryo Myoblasts[J]. Journal of Poultry Science, 2015, 52（4）: 253-259.

[28]　左少华 . 耐热 L- 天冬酰胺酶的性质鉴定及酶法控制食品中丙烯酰胺含量的研究 [D]. 无锡: 江南大学, 2015.

9

第10章　食品风味化学

"日啖荔枝三百颗，不辞长作岭南人。"鲜美的食物和家乡的风味总是让人着迷，那么，食物的风味是如何产生的呢？风味的形成受到哪些因素的影响？风味物质的结构特征与风味类群存在着哪些构效关系？风味物质与风味物质之间是否会互相影响？除了感官品评和仪器分析外，我们能通过人工智能技术对风味再现和表达吗？

你是怎样认识
苹果的？

> ### 学习目标
>
> ○ 掌握食品风味分类。
> ○ 了解食品风味化学的研究内容。
> ○ 指出不同化学味感的生物学含义。
> ○ 熟悉阈值的分类。
> ○ 理解影响味感的因素。
> ○ 了解嗅感物质的化学结构与气味存在的关系。

10.1 概述

10.1.1 食品风味的概念

食品的风味是指食物在进入口腔前后，咀嚼、吞咽等过程刺激各感觉器官，在大脑中产生的综合感觉，主要是生理和心理的感觉。人们对食品风味的感知是一个基于复杂的感受系统的生理过程，获得的感觉表达则是一个多因素的、在一定程度上可受心理因素影响的综合感觉。

一般把风味的概念区分为广义的与狭义的风味。广义的风味是指由味觉、嗅觉、触觉、听觉、视觉、温感甚至痛觉所形成的各种与该食品相关的化学、物理、心理的综合印象。味觉和嗅觉的综合感觉属于狭义风味的范畴。这些风味感觉的基础包括食品风味的化学物质、感受风味的感觉器官及与其相连的神经传感与味觉中枢、与风味相关的具有个人喜好特征的心理活动。

10.1.2 食品风味的分类

食品风味的分类一般可划分为化学感觉、物理感觉和心理感觉 3 类。

食品的化学感觉是指各种化学物质在感受器上产生的感官效果，主要指味觉和嗅觉，是食品风味化学研究的主要领域，感受的是酸、甜、咸、苦、鲜、香、臭等的感觉。食品的物理感觉主要是指食品的质构及温度等，感受的是软硬、黏弹性、松脆性、颗粒大小、温度等；涩味也被认为实际上是一种物理感觉，是引起涩味的酚类物质与口腔中的唾液或黏膜表面的蛋白质产生化学反应，口腔黏膜收缩、牵扯所产生的感觉；其他如不同含水量食物在咀嚼过程中引起唾液分泌的感觉也属于物理感觉的一种。心理感觉主要指食品的色泽、形状、品种，以及地区、饮食文化、既往历史（包括个人受教育的程度、饮食经历与习惯）等。

各种感觉并不存在严格的区分。比如，食物在咀嚼过程中被压碎时产生的听觉是物理感觉和心理感觉的综合，而通常所说的辣味则是风味物质刺激神经末梢产生的痛感和黏膜内血液流动增加产生的热感的综合效果。

10.1.3　食品风味化学的研究内容和意义

食品风味化学（food flavor chemistry）是专门研究食品风味、风味组成、分析方法、生成途径、变化机理和调控的科学。其研究内容具体有以下几方面：食品的天然风味成分和它们的形成机理，防止食品中产生不良风味，保持食品的天然风味，通过加入合成风味物质改善食品风味，通过使用特色风味物质增加食品的花色品种，通过加速产生良好风味的化学反应改善食品风味。这些内容从科学和技术两个层面丰富了食品风味化学的学科内涵。

对风味的感知是人类在自然界进化过程中为选择摄食、躲避危害而形成的一种本能，通过感觉器官的感知可以判别食物的好坏与优劣。比如味觉方面，不同的味感有着不同的生理含义，甜味代表着能量，鲜味代表着营养，酸味代表着腐败（变质），咸味代表着矿物质，而苦味则更多地意味着有毒有害。在此基础上逐渐培养成一种与环境相关的嗜好，"南淡、北咸、东甜、西酸"的口味偏好实际上与环境有着密不可分的关系。人类对风味的需要已经超越了只为进食的目的，成为一种生活品位的追求。如何适应经济发展带来的变化，为食品风味化学研究提出了新的课题。

10.2　味觉与味感物质

食品的风味是受味觉和嗅觉两方面的刺激后引起的综合感觉。世界各国对味觉的分类目前还没有一个统一的认识，由于地域和人群的不同，对味觉的描述主要有以下几种基本味觉：酸、甜、苦、咸、鲜味及金属味、不正常味、太阳味、涩味、辣味 10 种。还有的国家和地区把清凉味和碱味作为基本味觉看待。目前公认的化学味觉包括酸、甜、苦、咸 4 种基本味觉（也称为 4 种基本味群），东方各国还习惯地将鲜味也列入基本味群，而西方国家研究人员认为鲜味是多种基本味觉共同形成的复合味觉。

你为什么会偏爱有甜味的食物？

辣味和涩味有一定的独特性，它们并不是严格意义上的化学味觉类群。通常所说的辣味是口腔黏膜、鼻腔黏膜、皮肤和三叉神经被刺激而引起的一种痛觉；涩味则是口腔蛋白质因凝固而产生的一种收敛的感觉，与触觉神经末梢有关。这两种味感的感受机理与前述的 5 种基本化学味觉不同，但对食品本身的风味而言却有着重要的意义，表现出独特而独立的味感，具有鲜明的消费者嗜好倾向。这些非化学味觉类群虽然不是直接刺激味蕾细胞产生的，但是在食品实践中同样具有重要地位。

10.2.1　味觉生理

食物及饮料入口后，呈味物质（tastant）与舌上的味蕾、味细胞及味受体相互作用，遂产生特定的味原初感觉，随后由感觉神经传导到大脑，经神经系统综合及整理，最后得到所谓的味知觉，像鲜美、醇甜等，这就是从味觉发生到传导的基本过程。食物的滋味多种多样，各呈味化学物质都必须具备一定的水溶性，或者在水中的溶解度大于阈值；非水溶性或溶解度小于阈值的化学物质提供的感觉更多地倾向于诸如颗粒、黏稠、质构等的物理味觉。

定味基与助味基理论

如果用棉花球吸去受试者舌面上的唾液并撒上蔗糖，短时间内无法感受到甜味，直到唾液重新分泌并溶解蔗糖为止。这些呈味物质随食物分散到唾液中，被带给味觉感受器（taste receptor），再通过一个收集和传递信息的味神经感觉系统传导到大脑的味觉中枢，最后由大脑的综合神经中枢系统进行分析，从而产生味感（gustation）或味觉。

味觉的感受主要在口腔部位，由颊、齿、舌、咽分工协调完成。感受味觉的味受体分布在味细胞端部靠近味孔的微绒毛上。从口腔到味受体，其解剖结构具有如下顺序：口腔—舌—味乳头—味蕾—味细

呈味物质必须
溶于水吗？

胞—微绒毛—味受体。舌面不同部位上的味蕾对不同味觉类群的敏感程度是不一样的，舌尖、舌两侧、舌后端和舌尖两侧分别对甜味、酸味、苦味、咸味最敏感，但各部位在感受各自敏感味觉类群的同时，还能感受到其它味觉类群的刺激，该现象可以定义为味蕾的交互敏感和相对选择性。

味觉传感时间：试验表明，人的味觉从刺激味蕾到感受到味仅需 1.5 ～ 4.0ms，比人的视觉（13 ～ 15ms）、听觉（1.27 ～ 21.5ms）或触觉（2.4 ～ 8.9ms）都快得多。这是因为味觉通过神经传递，几乎达到了神经传递的极限速度，而视觉、听觉则是通过声波或一系列次级化学反应传递，因而较慢。苦味的感觉最慢，所以一般来说苦味总是在最后才有感觉。但是人们对苦味物质的感觉往往比对甜味物质敏锐。

10.2.2　味感物质与风味强度

10.2.2.1　感觉定理

感官或感受体并不是对所有变化都会产生反应，只有当引起感受体发生变化的外部刺激处于适当范围内时才能产生正常的感觉。刺激量过大或过小，都会造成感受体无反应而不产生感觉，或反应过于强烈而失去感觉。

感觉阈值是指从刚能引起感觉至刚好不能引起感觉刺激强度的一个范围。依照测量技术和目的的不同，可以将各种感觉的感觉阈分为两种。

①绝对阈。指刚刚能引起感觉的最小刺激量和刚刚导致感觉消失的最大刺激量，称为绝对感觉的两个阈限。低于该下限值的刺激称为阈下刺激，高于该上限值的刺激称为阈上刺激，刚刚能引起感觉的刺激称为刺激阈或察觉阈。阈下刺激或阈上刺激都不能产生相应的感觉。

②差别阈。指感官所能感受到的刺激的最小变化量，或者是最小可觉察差别水平。差别阈不是一个恒定值，它会随一些因素的变化而变化。

10.2.2.2　味觉阈值

人们所感受到的风味强度具有时间 - 强度的含义。对味的感受有两个重要的考察指标：其一是味物质可被感受的浓度，其二是味觉类群可被感知的速度。味觉阈值即是指能感受到的某味物质的最低浓度或最低浓度变化。对酸、甜、苦、咸 4 种基本味群，以咸味感觉最快，对苦味反应最慢；但从人们对味的敏感性来看，苦味却往往比其他味感更大，更易被觉察到。

对于味感强度的测量和表达目前一般采用品尝统计法，即由一定数量的味觉专家在相同条件下进行品尝评定，得出其统计值，并采用阈值作为衡量标准。一种物质的阈值越小，表示其敏感性越强。表 10-1 列出了几种呈味物质的阈值（CT）。

阈值根据其与刺激浓度之间的相互关系，又可分为察觉阈值、识别阈值、差别阈值和极限阈值。察觉阈值是指察觉到异样但尚不能感受出某一具体感觉的最低浓度，识别阈值是一种风味刺激能够被正确识别的最小浓度刺激量。通常情况下，识别阈值大于或等于觉察阈值。差别阈值是指将某一给定刺激量变更到显著刺激时所需的最小量，最终阈值是指某味感物达到一定量后即不再增加刺激强度的溶液浓度（图 10-1）。各"阈值"通常是配制出某味感物质的一系列差别极小的递增浓度水溶液来供品尝小组评定。从含意上看，察觉阈值最"小"，极限阈值最"大"。它们都可按需要用来表达味感物的敏感性。

表 10-1　几种呈味物质的阈值

名　称	味　感	阈值/%	
		25℃	0℃
蔗糖	甜	0.1	0.4
食盐	咸	0.05	0.25
柠檬酸	酸	2.5×10^{-3}	3.0×10^{-3}
硫酸奎宁	苦	1.0×10^{-4}	3.0×10^{-4}

应当指出，对呈味物质的感受和反应不但依动物种类而不同，人与人之间也存在差异。由于种族、习惯等原因，一般西欧人比东方人味盲多一些。所以由人来比较味的强度不够全面和准确，这也是引起各文献中阈值差异的原因之一。目前有学者通过电生理学如膜片钳的方法记录鼓索神经的电反应来确定味的强度，以期在仪器检测方面对味觉进行研究而有所突破。

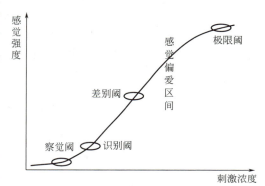

图 10-1　刺激浓度与感觉强度

10.2.2.3　影响味感的因素

影响味感的因素主要有两个方面，即生理因素和非生理因素。这包括随性别、年龄等变化的味觉感受系统对味物质感受的生理过程及灵敏程度，也包括味物质之间的相互关系、味物质的溶解性质（溶解度、溶解速度、溶解热等）、温度等各个因素。

10.2.3　味群与味物质

食物的味觉可以分为酸、甜、咸、苦和鲜 5 类基本味群，同味群的味质具有相同的定味基使得其相似，但又由于各味质分子的助味基的不同而使得味觉特征丰富多彩。此外，对不同味觉的识别还与其官能团及空间结构有密不可分的关系，一般认为酸、咸分别是由氢离子和钠离子产生的，R.S.Shallenberger 认为甜味和苦味与味觉分子的 AH-B 空间构型及疏水性相关，鲜味由分子两端带负电功能团的二羧酸（氨基酸）及具亲水核糖磷酸的核苷酸产生，在结构上具有空间专一性要求。

由于味蕾存在着交互敏感和相对选择性，但一个味细胞或味蕾最终的信号簇表达数量是有限的，因此，味觉类群之间会存在着相互干扰。当两个刺激同时或连续作用于同一个感受器官时，由于一个刺激的存在造成另一个刺激增强的现象称为对比增强现象。与对比增强现象相反，若一种刺激的存在减弱了另一种刺激，称为对比减弱现象。当两个刺激先后施加时，一个刺激造成另一个刺激的感觉发生本质变化的现象，称为变调现象。当两种或两种以上的刺激同时施加时，感觉水平超出每种刺激单独作用效果叠加的现象，称为相乘作用。由于某种刺激的存在导致另一种刺激的减弱或消失，称为阻碍作用或拮抗作用。

10.2.3.1　甜味与甜味分子

人们最喜好的基本味感就是甜味（sweet taste）。甜味在生物学上意指一类与能量相关的物质，甜味物

质可用于改进食品的可口性和某些食用性。呈甜味的物质很多，由于组成和构成的不同，产生的甜味也有很大的不同。除了糖及其衍生物外，还有许多非糖的天然化合物、天然化合物的衍生物和合成化合物也都具有甜味，有些已成为正在使用的或潜在的甜味剂。

近十几年来，甜味剂构性关系的研究取得了重大进展。Tinti 和 Nofre 等人确定了甜味剂的许多识别位点。他们认为各种类型的甜味剂都能被一个简单的甜味受体识别，提出了甜味分子的八识别位点受体模型，并开发了超强甜味剂。他们提出一个超强甜味剂应该具有这样一些基团：AH，提供氢键的基团，如>NH或—OH；B，阴离子基团，如—COO$^-$、—SO$_3^-$；G，疏水性基团，如烷基、环烷基、芳基；D，氢受体配位基，如—CN、—NO$_2$、—Br 和—Cl，但也包含疏水效应和（或）立体效应；Y，氢键受体配位基，如>CO、>SO、—CN或卤原子；XH，提供氢键的基团，如>NH或—OH；E$_1$、E$_2$：起协同作用的两个位点，是氢键受体配位基，如>CO、>SO、形成分子内氢键的—OH 或卤原子。其中 AH、B、G 和 D 属于高亲合力的结合位点，Y、XH、E$_1$ 和 E$_2$ 属于次级结合位点。前述的甜味生物识别机理为味觉的仿生识别提供了理论上的借鉴。

10.2.3.2　苦味与苦味分子

苦味（bitter taste）是食品中很普遍的味感，许多无机物和有机物都具有苦味。单纯的苦味并不令人愉快，但当它与甜、酸或其他味感调配得当时，能形成一种特殊的风味。例如，苦瓜、白果、茶和咖啡等都具有一定的苦味，但均被视为美味食品。苦味物质大多具有药理作用，可调节生理机能，如一些消化活动障碍、味觉出现减弱或衰退的人常需要强烈刺激感受器来恢复正常，由于苦味阈值最小，也最易达到这方面的目的。

（1）呈苦机理　诱导适应学说对解释有关苦味的复杂现象做出了很大贡献。例如以下几方面。

① 它更广泛地概括了各类型的苦味物质，为进一步研究结构与味感的关系提供了方便。

② 在受体上有过渡金属离子存在的观点，对硫醇、青霉胺、酸性氨基酸、低聚肽等能抑制苦味及某些金属离子会影响苦味提供了解释。

③ 对甜味盲不能感受任何甜味剂而苦味盲仅是难于觉察少数有共轭结构的苦味剂的现象做了可能的解释：苦味盲是先天性遗传的，当 Cu^{2+}、Zn^{2+}、Ni^{2+} 与患者受体上的蛋白质产生很强的络合，在受体表层作监护离子时，一些苦味物质便难以打开盖子进入穴位。

④ 苦味受体主要由磷脂膜组成的观点也为苦味强度提供了说明：因为苦味剂对脂膜有凝聚作用，增加了脂膜的表面张力，故两者有对应关系；苦味剂产生的表面张力越大，其苦味强度越大。

⑤ 解释了苦味强度随温度下降而增加，与温度对甜味、辣味的影响刚好相反的现象：因为苦味剂使脂膜凝聚的过程是放热效应，与甜味、辣味物质使膜膨胀过程是吸热效应相反。

⑥ 还说明了麻醉剂对各种味感受体的作用为何以苦味消失最快、恢复最慢的现象：这是由于多烯磷脂对麻醉剂有较大的溶解度，受体为其膨胀后失去

了改变构象的规律，变得杂乱无章，不再具有引发苦味信息的能力等。

（2）常见的苦味剂及其应用　存在于食品和药物中的苦味剂，来源于植物的主要有生物碱、萜类、糖苷类和苦味肽类 4 类，来源于动物的主要有苦味酸、甲酰苯胺、甲酰胺、苯基脲和尿素等。

① 咖啡碱及可可碱　咖啡碱及可可碱都是嘌呤类衍生物，是食品中主要的生物碱类苦味物质。咖啡碱存在于咖啡、茶叶和可拉坚果（Kola nut）中，在水中浓度为 150～200mg/kg 时显中等苦味。可可碱（3，7- 二甲基黄嘌呤）类似咖啡因，在可可中含量最高，是可可产生苦味的原因。咖啡碱和可可碱都具有兴奋中枢神经的作用。

② 苦杏仁苷　苦杏仁苷是由氰苯甲醇与龙胆二糖形成的苷，存在于许多蔷薇科植物如桃、李、杏、樱桃、苦扁桃、苹果等的果核、种仁及叶子中，尤以苦扁桃中最多，种仁中同时含有分解它的酶。苦杏仁苷本身无毒，具镇咳作用。生食杏仁、桃仁过多引起中毒的原因是摄入的苦杏仁苷在同时摄入体内的苦杏仁酶的作用下分解为葡萄糖、苯甲醛及氢氰酸。苦杏仁酶实际上是扁桃酶及洋李酶的复合物。

③ 柚皮苷及新橙皮苷　柚皮苷、新橙皮苷是柑橘类果皮中的主要苦味物质。柚皮苷纯品的苦味比奎宁还要强，检出阈值可低达 0.002%。黄酮苷类分子中糖苷基的种类与其是否具有苦味有决定性的关系。芸香糖与新橙皮糖都是鼠李糖葡萄糖苷，但前者是鼠李糖（1 → 6）葡萄糖，后者是鼠李糖（1 → 2）葡萄糖。与芸香糖成苷的黄酮类都没有苦味，而以新橙皮糖为糖苷基的都有苦味。新橙皮糖苷基水解后苦味消失。根据这一发现，可利用酶制剂来分解柚皮苷与新橙皮苷，以脱去橙汁的苦味。

④ 胆汁　胆汁是动物肝脏分泌并储存于胆囊中的一种液体，味极苦。初分泌的胆汁是清澈而略具黏性的金黄色液体，pH 值为 7.8～8.5，在胆囊中由于脱水、氧化等原因色泽变绿，pH 值下降至 5.50。胆汁中的主要成分是胆酸、鹅胆酸及脱氧胆酸。

⑤ 奎宁　奎宁是一种广泛作为苦味感研究的标准物质，盐酸奎宁的苦味阈值大约是 10mg/kg。一般来说，苦味物质比其他呈味物质的味觉阈值低，比其他味觉物质难溶于水。食品卫生法允许奎宁作为饮料添加剂，如在有酸甜味特性的软饮料中苦味能同其他味感调和，使这类饮料具有清凉兴奋作用。

⑥ 苦味酒花　酒花大量用于啤酒工业，使啤酒具有特征风味。酒花的苦味物质是葎草酮或蛇麻酮的衍生物。啤酒中葎草酮最丰富，在麦芽汁煮沸时，它通过异构化反应转变为异葎草酮。异葎草酮是啤酒在光照射下产生的臭鼬鼠臭味和日晒味化合物的前体，当有酵母发酵产生的硫化氢存在时，异己烯链上的酮基邻位碳原子发生光催化反应，生成一种带臭鼬鼠味的 3- 甲基 -2- 丁烯 -1- 硫醇（异戊二烯硫醇）化合物。在预异构化的酒花提取物中，酮的选择性还原可以阻止这种反应发生，并且采用清洁的棕色玻璃瓶包装啤酒也不会产生臭鼬味或日晒味。挥发性酒花香味化合物是否在麦芽煮沸过程中残存，这是多年来一直争论的问题。现在已完全证明，影响啤酒风味的化合物确实在麦芽汁充分煮沸过程中残存，它们连同苦味酒花物质所形成的其他化合物一起使啤酒具有香味。

⑦ 蛋白质水解物和干酪　蛋白质水解物和干酪有明显的令人厌恶的苦味，这是肽类氨基酸侧链的总疏水性引起的。所有肽类都含有相当数量的 AH 型极性基团，能满足极性感受器位置的要求，但各个肽链的大小和它们的疏水基团的性质极不相同，因此这些疏水基团与苦味感觉器主要疏水位置相互作用的能力大小也不相同。已证明肽类的苦味可以通过计算其疏水值预测。

⑧ 羟基化脂肪酸　羟基化脂肪酸常常带有苦味。可以用分子中的碳原子数与羟基数的比值或 R 值表示这些物质的苦味。甜味化合物的 R 值是 1.00～1.99，苦味化合物为 2.00～6.99，大于 7.00 则无苦味。

⑨ 盐类的苦味　盐类的苦味与盐类阴离子和阳离子的离子直径的和有关。离子直径的和小于 0.65nm 的盐显示纯咸味（LiCl 为 0.498nm，NaCl 为 0.556nm，KCl 为 0.628nm），因此 KCl 稍有苦味。随着离子直径的和的增大（CsCl 为 0.696nm，CsI 为 0.774nm），其盐的苦味逐渐增强。氯化镁为 0.850nm，是相当苦的盐。

10.2.3.3　酸味、咸味及呈味物质

（1）酸味及呈味物质　酸味（sour taste）是由于舌黏膜受到氢离子刺激而引起的一种化学味感，因此凡是在溶液中能电离出 H^+ 的化合物都具有酸味。许多动物对酸味剂刺激都很敏感，如食醋已被作为区别

食品味道的代表物和基准物之一。人类早已适应酸性食物，故适当的酸味能给人以爽快的感觉，并促进食欲。酸味强度（sour taste intensity）可采用一定的评价方法，如品尝法或测定唾液分泌的流速进行评价。品尝法常用主观等价值（P.S.E）表示，指感受到相同酸味时酸味剂的浓度；测定唾液分泌的流速是以测定每一腮腺在 10min 内流出唾液的毫升数表示。

不同的酸具有不同的味感，苹果的酸、橘子的酸、猕猴桃的酸都不同，酸的浓度与酸味之间并不是一种简单的相互关系。酸的味感与酸性基团的特性、pH 值、滴定酸度、缓冲效应及其他化合物尤其是糖的存在与否有关。

影响酸味的主要因素如下。

① 氢离子浓度。所有酸味剂都能解离出氢离子，可见酸味与氢离子的浓度有关。当溶液中的氢离子浓度过低时（pH > 5.0 ~ 6.5），难以感到酸味；当溶液中的氢离子浓度过高时（pH < 3.0），酸味的强度过大，使人难以忍受。但氢离子浓度和酸味之间并没有函数关系。

② 总酸度和缓冲作用。通常在 pH 值相同时总酸度和缓冲作用较大的酸味剂酸味更强。如丁二酸比丙二酸酸味强，因为丁二酸的总酸度在相同 pH 值时强于丙二酸。

③ 酸味剂阴离子的性质。酸味剂的阴离子对酸味强度和酸感品质都有很大影响。在 pH 值相同时，有机酸比无机酸的酸味强度大；在阴离子的结构上增加疏水性不饱和键，酸味比相同碳数的羧酸强；在阴离子的结构上增加亲水的羟基，酸性比相应的羧酸弱。

④ 其他因素。在酸味剂溶液中加入糖、食盐、乙醇时，酸味会降低。酸味和甜味的适当混合是构成水果和饮料风味的重要因素；咸酸适宜是食醋的风味特征；在酸中加入适量苦味物也能形成食品的特殊风味。

（2）咸味及呈味物质　咸味（salt taste）在食品调味中颇为重要。咸味是中性盐显示的味，只有氯化钠才产生纯粹的咸味，用其他物质模拟这种咸味是不容易的。如溴化钾、碘化铵，除具咸味外还带有苦味，属于非单纯的咸味，粗盐中即有这种味道。0.1mol/L 浓度的各种盐溶液的味感特点见表 10-2。

表 10-2　盐的味感特点

味　感	盐的种类
咸味	NaCl，KCl，NH$_4$Cl，NaBr，NaI，NaNO$_3$，KNO$_3$
咸苦味	KBr，NH$_4$I
苦味	MgCl$_2$，MgSO$_4$，KI，CsBr
不愉快味兼苦味	CaCl$_2$，Ca（NO$_3$）$_2$

（3）食用酸味料和咸味物质及其应用

① 食醋　食醋是我国最常用的酸味料，主要的呈味物质为 3% ~ 5% 醋酸，也有的食醋产品醋酸含量达到 9% 以上，此外还含有少量其他有机酸、氨基酸、糖、醇、酯等。它酸味温和，在烹调中除用作调味外，还有防腐败、去腥臭等作用。醋酸挥发性高，酸味强。由工业生产的醋酸为无色刺激性液体，能与水任意混合，可用于调配人工合成醋，但缺乏食醋风味。浓度在 98% 以上的醋酸能冻结成冰状固体，称为冰醋酸。我国允许醋酸在食品中使用，可根据生产需要量添加。

② 柠檬酸　柠檬酸是在果蔬中分布最广的一种有机酸，为斜方晶系三棱晶体，难溶于乙醚，在 20℃可完全溶解于水及乙醇，在冷水中比热水中易溶。柠檬酸可形成 3 种形式的盐，但除碱金属盐外的其他柠檬酸盐大多不溶或难溶于水。其酸味圆润、滋美、爽快可口，入口即达最高酸感。后味延续时间短。广泛用于清凉饮料、水果罐头、糖果等的调配，通常用量为 0.1%～1.0%，为获得良好的口感常与其钠盐协同使用。它还可用于配制果汁粉，作为抗氧化剂的增效剂。柠檬酸具有良好的防衰老性能和抗氧化增效功能，安全性高，我国允许按生产正常需要量添加。

③ 苹果酸　苹果酸多与柠檬酸共存，为无色或白色结晶，易溶于水和乙醇，20℃时可溶解 55.5%。其酸味较柠檬酸强，为其 1.2 倍。爽口，略带刺激性，稍有苦涩感，呈味时间长。与柠檬酸酸合用时有强化酸味的效果。常用于调配饮料等，尤其适用于果冻。苹果酸钠盐有咸味，可供肾脏病人作咸味剂。苹果酸安全性高，我国允许按生产正常需要量添加，通常使用量为 0.05%～0.5%。

④ 酒石酸　酒石酸广泛存在于许多水果中，为无色晶体，易溶于水及乙醇，20℃时在水中溶解 120%。酒石酸酸味更强，约为柠檬酸的 1.3 倍，但稍有涩感。其用途与柠檬酸同，多与其他酸合用。酒石酸安全性高，我国允许按生产正常需要量添加，一般使用量为 0.1%～0.2%，但它不适合配制起泡的饮料或用作食品膨胀剂。

⑤ 乳酸　乳酸在水果蔬菜中很少存在，现多为人工合成品，溶于水及乙醇。有防腐作用。酸味稍强于柠檬酸，可用作 pH 值调节剂。可用于清凉饮料、合成酒、合成醋和辣酱油等。用其制泡菜或酸菜，不仅调味，还可防止杂菌繁殖。

⑥ 抗坏血酸　抗坏血酸为白色结晶，易溶于水，有爽快的酸味，但易被氧化。在食品中可作为酸味剂和维生素 C 添加剂，还有防氧化和褐变的作用，可作为辅助酸味剂使用。

⑦ 葡萄糖酸　葡萄糖酸为无色或淡黄色液体，呈弱酸性，易溶于水，微溶于乙醇。因不易结晶，其产品多为 50% 的液体。在水溶液中转化为 γ- 葡萄糖酸内酯和 δ- 葡萄糖酸内酯的平衡混合物。干燥时易脱水生成 γ- 葡萄糖酸内酯或 δ- 葡萄糖酸内酯，而且此反应可逆，利用这一特性可将其用于某些最初不能有酸性而在水中受热后又需要酸性的食品。例如将葡萄糖酸内酯加入豆浆中，遇热即会生成葡萄糖酸而使大豆蛋白凝固，得到内酯豆腐。此外，将葡萄糖酸内酯加入饼干中，烘烤时即成为膨胀剂。葡萄糖酸也可直接用于调配清凉饮料、食醋等，可作方便面的防腐调味剂，或在营养食品中代替乳酸。

⑧ 磷酸　磷酸的酸味爽快温和，但略带涩味。酸味为柠檬酸的 2.3～2.5 倍，收敛性强。可用于清凉饮料，但用量过多时会影响人体对钙的吸收。

⑨ 琥珀酸及延胡索酸　在未成熟的水果中存在较多的琥珀酸及延胡索酸，也可用作酸味剂，但不普遍。延胡索酸的酸味为柠檬酸的 1.5 倍。它们有特殊的酸味，一般不单独使用，多与柠檬酸、酒石酸等混用而生成水果似的酸味。琥珀酸部分符合鲜味分子的结构通式，因此琥珀酸钠盐具有独特的海鲜贝类滋味。

虽然不少中性盐都显示出咸味，但其味感均不如氯化钠纯正，多数兼具有苦味或其他味道。氯化钠是主要的食品咸味剂，但食盐的过量摄入会对身体造成不良影响，这便引起人们对食盐替代物产生兴趣。近年来，食盐替代物的品种已较多，如葡萄糖酸钠、苹果酸钠等几种有机酸钠盐亦有食盐一样的咸味，可用作无盐酱油和供肾脏病等患者作限制摄取食盐的咸味料。此外，氨基酸的盐也带有咸味，如用 86% 的 $H_2NCOCH_2N^+H_3Cl^-$ 加入 15% 的 5′- 核苷酸钠，其咸味与食盐无区别，这有可能成为未来的食品咸味剂。氯化钾也是一种较为纯正的咸味物，可在运动员饮料和低钠食品中部分代替 NaCl，以提供咸味和补充体内的钾。然而，使用食盐替代物的食品味感与使用 NaCl 的食品味感仍有较大的差别，这将限制食盐替代物的使用。

10.2.3.4　其他味感物质及呈味物质

（1）清凉味　清凉味（cooling sensation）是由一些化合物对鼻腔和口腔中的特殊味觉感受器刺激而产生。典型的清凉味为薄荷风味，包括留兰香和冬青油的风味。以薄荷醇和 D- 樟脑为代表物（图 10-2），它们既有清凉嗅感，又有清凉味感。其中薄荷醇是食品加工中常用的清凉风味剂，在糖果、清凉饮料中

图 10-2 薄荷样清凉风味物结构举例

L-(-)-薄荷醇　D-樟脑

使用较广泛。这类风味物产生清凉感的机制尚不清楚。薄荷醇可用薄荷的茎、叶进行水蒸气蒸馏得到，它有 8 个旋光体，自然界存在的为 L-(-)-薄荷醇。一些糖的结晶入口后也产生清凉感，但这是因为它们在唾液中溶解时要吸收大量的热量所致。例如，蔗糖、葡萄糖、木糖醇、山梨醇结晶的溶解热分别为 18.1J/g、94.4J/g、153.0J/g、110.0J/g，后 3 种甜味剂明显具有这种清凉风味。

（2）涩味　当口腔黏膜蛋白质被凝固时，就会引起收敛，此时感到的滋味便是涩味（astringency）。因此，涩味不是由于作用味蕾产生的，而是由于刺激触觉神经末梢产生的，表现为口腔的收敛感觉和干燥感觉。

引起食品涩味的主要化学成分是多酚类化合物，其次是铁金属、明矾、醛类和酚类等物质。有些水果和蔬菜中由于存在草酸、香豆素和奎宁酸等，也会引起涩味。多酚的呈涩作用与其可同蛋白质发生疏水性结合的性质直接相关。如单宁分子具有很大的横截面，易于同蛋白质分子发生疏水作用，同时它还有许多能转变为醌式结构的苯酚基团，也能与蛋白质发生交联反应。一般缩合度适中的单宁都有这种作用，但缩合度过大时因溶解度降低而不再呈涩味。

未成熟柿子的涩味是典型的涩味。其涩味成分是以无色花青素为基本结构的配糖体，属于多酚类化合物，易溶于水。当涩柿及未成熟柿子的细胞膜破裂时，多酚类化合物逐渐溶于水而呈涩味。在柿子成熟过程中，分子间呼吸或氧化使多酚类化合物氧化、聚合而形成水不溶性物质，涩味随即消失。

茶叶中亦含有较多的多酚类物质。由于加工方法不同，制成的各种茶类所含的多酚类各不相同，因而它们的涩味程度也不相同：一般绿茶中多酚类含量多，而红茶经过发酵后多酚类被氧化，其含量减少，涩味也就不及绿茶浓烈。

涩味在一些食品中是必需的风味，如茶、红葡萄酒。在一些食品中却对食品的质量存在影响，如在有蛋白质存在时二者之间会产生沉淀。

（3）金属味　由于与食品接触的金属与食品之间可能存在着离子交换关系，存放时间长的罐头食品中常有一种令人不快的金属味（metals taste），有些食品也会因原料引入金属而带有异味。

10.3　嗅觉

食品风味除了食物成分在口腔中产生的味感，还包括在鼻腔引起的嗅感，两者结合使食品具有诱人的滋味。芳香的食品会增加人们的愉快感和引起人们的食欲，因此食品嗅感作为食品风味的重要组成部分得到了人们的重视。嗅感是由一些挥发性物质进入人的鼻腔刺激嗅觉神经而引起的一种感觉。凡是能引起嗅感的化学物质就被称为嗅感物质。

10.3.1　嗅觉生理

嗅觉（olfactory sense）的产生机制简单来说，是气味分子经鼻通道到达嗅

与善人居，如入芝兰之室，久而不闻其香

嗅觉感受机制的诺贝尔生理学奖

区后，鼻黏膜内的可溶性气味结合蛋白与之黏合以增加气味分子溶解度，并将气味分子运输至接近嗅觉受体，使嗅觉受体细胞周围的气味分子浓度比外围空气中的浓度提高数千倍，气味物质通过刺激位于鼻腔后上部嗅觉上皮内含有嗅觉受体的嗅觉受体细胞产生神经冲动，经嗅神经多级传导，最后到达位于大脑梨形区域的主要嗅觉皮层而形成嗅觉。

嗅觉受体细胞也称为嗅细胞，为双极神经元（图 10-3），周围突伸向黏膜表面，末端形成带纤毛（10 ~ 30 根）的小球。鼻腔内大约有 6×10^5 个嗅觉受体细胞。

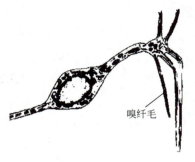

嗅纤毛

图 10-3　嗅觉细胞示意图

10.3.2　嗅觉特点及影响因素

（1）敏锐　人的嗅觉相当敏锐，一些气味化合物即使在很低的浓度下也会被感知，据说个别训练有素的专家能辨别 4000 种不同的气味。

（2）易疲劳、易适应、习惯性　嗅觉细胞较长时间接触某特定气味时，易对其产生疲劳而处于不敏感状态，但对其他气味并不疲劳。嗅觉中枢神经由于一些气味的长期刺激感觉会受到抑制而产生适应性。另外，长时间受到某种气味刺激便对该气味形成习惯。疲劳、适应和习惯这 3 种现象会共同发挥作用，很难区别。

（3）个体差异大　不同的人嗅觉差别很大，即使嗅觉敏锐的人也会因气味而异。对气味不敏感的极端情况便形成嗅盲，这也是由遗传产生的。

（4）阈值会随人的身体状况变动　当人身体疲劳或营养不良时会引起嗅觉功能降低，人在生病时会感到食物平淡不香，女性在月经期、妊娠期或更年期可能会发生嗅觉减退或过敏现象，等等。这都说明人的生理状况对嗅觉也有明显影响。

10.3.3　嗅觉理论

嗅感物质种类众多，所引起的气味感觉也千差万别，十分复杂。至于嗅觉物质如何使机体产生嗅觉的理论，目前提出了不下数十种，大多尚处于解释、探讨嗅感过程第一阶段的程度。总的看来这些嗅感学说可归纳为以下 3 类。

10.3.3.1　化学学说

主张嗅感是气味分子以微粒的形式扩散进入鼻腔，与嗅细胞之间发生了某种化学反应或物化（如吸附或解吸）而形成的。这类学说是当前比较受支持的。其中有两个学说比较有名。一是立体结构学说，在 1949 年由 Moncrieff 首先提出，1962 年 Amoore 进一步补充发展而成，内容是外形相同的嗅感分子气味也相似，而且嗅感随着分子几何形状的改变而改变，因此知道一个分子的外形就可以推测它的气味。二是外形 - 功能团学说，是由 Beets 在 1957 年提出的，经陆续补充发展而成，他认为分子到达嗅黏膜时只有在形成定向、有序状态时才能和嗅细胞作用，作用效率取决于气味分子的两种属性——分子的形状和体积、分子功能团的本质和位置，当气味分子与受体结合部位之间存在能彼此适应的极性基团或能相互结合的基团且无空间障碍，就能使分子在受体表面产生强烈的定向，作用效率最大，产生强烈的嗅感。

10.3.3.2　振动学说

该学说认为嗅觉类似于视觉和听觉，气味的传播像光波或声波那样通过振动产生嗅感。气味与嗅觉

分子的振动特性有关。其中一种观点认为，当嗅感分子的振动频率和鼻腔受体膜分子的振动频率相一致时，便能使受体感觉到气味信息。另一种观点则认为，嗅感分子通过价电子振动，将电磁波传达到人的嗅觉器官而产生嗅觉。

10.3.3.3　膜刺激学说

这是由少数人提出的，认为气味分子被吸附在受体柱状神经的脂膜界面上，刺激神经产生信号。David 推导了气味分子功能基团横切面与吸附自由能的热力学关系，从而可以确定分子大小、形状、功能基团位置与吸附自由能之间的关系。

10.3.4　嗅感物质

食品的气味是人们选择、接受食品的重要依据之一，所以食品中的嗅感成分是食品的感官质量的重要方面。

食品中的嗅感物质的一般特征为：①具有挥发性，沸点较低；②既具有水溶性（能透过嗅觉感受器的黏膜层），又具有脂溶性（能通过感受细胞的脂膜）；③相对分子质量在 26 ～ 300 之间。无机物主要为 NO_2、NH_3、SO_2、H_2S 等气体，有强烈气味，而挥发性有机物大多具有气味。

任何一种食品的香气都并非由一种呈香物质单独产生，而是多种呈香物质的综合反映。迄今已有 8000 余种化合物从食品的挥发成分中被鉴定出来，但其中仅有有限数目的挥发物对食品的香味有贡献。

各嗅感物质的嗅感强度可用阈值表示。食品的某种香气阈值会受到其他呈香物质影响，当它们相互配合恰当时便能发出诱人的香气，如果配合不当则会令人感觉不协调，甚至出现异味。

一种食品的嗅感风味与各嗅感物质的含量及阈值均有关系。判断一种呈香物质在食品香气中起作用的数值称为香气值，香气值是呈香物质在食品中的浓度与其阈值之比，即

$$香气值 (FU)= 香气物质浓度 / 阈值$$

如果某物质组分 FU 值小于 1.0，说明该物质没有引起人们的嗅感；FU 大于 1.0，说明它是该体系的特征嗅感物质。

10.3.5　嗅感物质的结构与气味的关系

气味物质的官能团与气味间存在一定的相关性，有时可从物质的官能团推测其气味。但至今仍未达到确立化合物的化学结构与其气味之间基本规律的地步。

10.3.5.1　官能团与气味的关系

（1）含硫化合物　食品中的典型含硫化合物包括硫醇、硫醚、脂肪族多硫醚和异硫氰酸酯。

挥发性含硫化合物大多很臭，仅在一些食品中微量存在。尽管这样，由于它们嗅感很强，依然是一些食品气味的主要贡献者。表10-3列出了一些典型化合物。

表 10-3　作为气味主要贡献成分的一些含硫化合物

名　称	结构式	对食品气味的贡献举例
甲硫醇	CH_3SH	萝卜气味物之一
甲基丙基二硫醚	$CH_3SSC_3H_7$	卷心菜、洋葱气味物之一
二丙烯基二硫醚	$CH_3CH=CHSSCH=CHCH_3$	洋葱气味物之一
二烯丙基二硫醚	$CH_2=CHCH_2SSCH_2CH=CH_2$	大蒜气味物之一
甲基丙基三硫醚	$CH_3S_3C_3H_7$	辛香气味
甲硫醚	CH_3SCH_3	海藻气味物之一
β-甲硫基丙醛	$CH_3SCH_2CH_2CHO$	甘蓝气味物之一
异硫氰酸烯丙酯	$CH_2=CHCH_2NCS$	大蒜催泪物之一
异硫氰酸γ-甲硫基丙酯	$CH_3S(CH_2)_3NCS$	萝卜辛辣风味物之一

（2）含氧官能团化合物　对其从化学结构上的研究与分类结果见如下几点。

① 脂肪族醇类　$C_1 \sim C_3$ 的醇有愉快的香气，$C_4 \sim C_6$ 的醇有近似麻醉的气味，$C_7 \sim C_{10}$ 的醇呈芳香味，C_{10} 以上气味逐步减弱以至无嗅感。脂肪族醇类物质中 $C_7 \sim C_{10}$ 醇具有芳香，含支链的挥发醇则常为气味良好的风味成分。挥发性较高的不饱和醇许多具有特别的芳香，往往比饱和醇的嗅感更强烈。多元醇一般没有气味。

② 脂肪族醛、酮　低级脂肪醛有强烈的刺鼻气味。随分子量增大，刺激性减小，并逐渐出现愉快的香气。$C_8 \sim C_{12}$ 的饱和醛在很稀浓度下有良好的香气，如壬醛具有愉快的玫瑰和杏仁香，癸醛、辛醛和十二醛具有花香。C_{12} 以上嗅感减弱。挥发性不饱和醛具有强烈和特别的嗅感，也有报道说有些不饱和醛尤其是 α，β- 不饱和醛具有脂肪氧化气味或强烈的臭气，见表 10-4。

表 10-4　具有香气的不饱和脂肪醛

名　称	结构式	嗅　感
叶醛	$CH_3(CH_2)_2CH=CHCHO$	青叶气味
甜瓜醛	$(CH_3)_2C=CH(CH_2)_2CH(CH_3)CHO$	甜瓜香气
黄瓜醛	$CH_3CH_2CH=CHCH_2CH=CHCHO$	黄瓜气味
香茅醛	$(CH_3)_2C=CH(CH_2)_2CH(CH_3)CH_2CHO$	柠檬、鲜花香气
香叶醛(反-2-柠檬醛)	$(CH_3)_2C=CH(CH_2)_2C(CH_3)=CHCHO$	柠檬
橙花醛(顺-2-柠檬醛)	$(CH_3)_2C=CH(CH_2)_2C(CH_3)=CHCHO$	柠檬

脂肪酮通常具有较强的特殊嗅感。低分子量酮、二酮有特殊香气。如丙酮有类似薄荷的香气；低浓度的丁二酮有奶油香气，但浓度稍大就有酸臭味。$C_7 \sim C_{12}$ 酮在食品香料中占有一席之地，也是某些天然物质中的香气成分。如 2- 庚酮有类似梨的香气，而且是丁香、肉桂等天然香料中的成分。C_{15} 以上的甲基酮有油脂酸败的哈味。

③ 酯及内酯　由低级的饱和单羧酸或多不饱和单羧酸与低级的饱和醇或不饱和醇形成的酯类具有各种愉快的水果香气，如 $HCOO(CH_2)_2CH(CH_3)_2$ 有梅、李子香气，$HCOO(CH_2)_2CH=CHC_2H_5$ 有蔬菜香气，$CH_3COO(CH_2)_2CH_3$ 有梨、草莓香气，$CH_3COO(CH_2)_2CH=CHC_2H_5$ 有香蕉香气。

内酯与酯一样具有特殊的水果香气，尤其是 γ- 内酯和 δ- 内酯，大量存在于各种水果中，如 $C_6 \sim C_{12}$ 的内酯具有明显的椰子和桃子的特征芳香。

④ 酸　低级饱和脂肪酸一般有刺鼻的气味，如甲酸有强烈的刺激性气味，丁酸有酸败气味。碳数更多的饱和脂肪酸带有脂肪气味，到 C_{16} 以上时则无明显嗅感。不饱和脂肪酸有愉快的香气，如 2- 己烯酸

呈香物质的
香气值

具愉快的油脂香，香茅酸具青草气味。

⑤ 芳香族含氧化合物　此类化合物多有芳香气味，如苯甲醛（杏仁香气）、桂皮醛（肉桂香气）、香草醛（香草香气）、苯甲酸异丁酯（似玫瑰和香叶香气）。

当苯环侧链上取代基的碳数逐步增多时，其气味也像脂肪烃那样由果香向青香再向脂肪臭方向转变，最后嗅感完全消失。

当苯环上直接连接极性官能团时，产生的嗅感有些是官能团仍起主要作用，而有些是分子整体起主要作用，并常因基团位置不同而改变嗅感。

（3）萜类化合物　萜类化合物是重要的食品风味物质，在水果、蔬菜、调料及合成香料中多呈现出特殊的清香。如柠檬酸、橙花醛是柠檬的特征香气成分，β- 甜橙醛是甜橙的特征香气分子，诺卡酮是柚子的重要香气物质等。

（4）杂环化合物　杂环类化合物均以微量存在于食品中，香气种类复杂多样、气味强烈。肉制品及焙烤食品中的典型香气成分与杂环化合物有关。

① 呋喃类　常具有肉香、焦糖香、坚果香、果香或谷香。如异麦芽酚具焦糖气味，2,5- 二甲基 -3- 呋喃酮具烤面包气味，2,5- 二甲基 -3- 羟基 - 呋喃酮具焙炒杏仁气味，甲基 -3- 巯基呋喃具烤肉香气味，2,5- 二甲基 -4- 羟基呋喃酮具焦香和菠萝香气味。

呈香物质在
不同基质中
可能存在不同
的嗅感阈值

② 噻吩类　多具有焦香、肉香、坚果香或葱、蒜气味。如 2- 乙酰噻吩具坚果、蜂蜜气味，2- 乙酰吡咯啉具爆竹气味，2- 乙酰噻唑啉和 2- 乙酰吡嗪具爆玉米花气味。

③ 噻唑类　多具有鲜菜、米糠、糯米、烤肉或坚果香气。如 2- 甲基噻唑具青菜气味，2,4- 二甲基噻唑具可可、肉香，2- 乙酰噻唑具爆玉米花香。

④ 吡嗪类　多具有咖啡、巧克力、坚果或焙烤香气。如 2- 乙酰基吡嗪具爆玉米花气味，2,5- 二甲基吡嗪具类似炸马铃薯气味，2- 巯基吡嗪具烤肉香气味。

⑤ 吡咯类　微量存在于一些通过烤、炒、炖、炸工艺加工的食品中，例如坚果和面包中，香气特征多样。如 N- 烯丙基吡咯具萝卜、芥末气味，2- 乙酰吡咯具焙烤香气，N- 辛基吡咯具果香、鸡肉香。

⑥ 吡啶类　吡啶类阈值低，香气多样，以清香和烘烤香较常见。如 3- 甲基吡啶具清香，2- 丙基吡啶具甜清香，2- 乙酰四氢吡啶可作为玉米、面包、饼干气味增强剂。

10.3.5.2　立体异构现象与气味的关系

除官能团之外，立体异构现象对气味也有一定影响。化合物的旋光异构体之间有的并无气味差别，有的却有明显差别。Beets 认为，只有含有两个极性基团或虽含有一个极性基团但同时含有一个可被极化的非极性基团的气味物质的旋光异构体间才具有气味差别，如薄荷醇和它的旋光异构体之间存在较明显的气味差异。

分子的几何异构和不饱和度对气味存在着较强的影响。实验表明，从植物中分离出来的天然链状醇、醛等化合物，其顺式异构体大多呈现清爽的清香气味，而其反式异构体则往往带有浓重的脂肪臭气味，表现出两者在嗅感性质上的强烈差别，见表 10-5。

表 10-5 某些链状不饱和醇、醛的几何异构体的嗅感

化合物	天然物构型	天然物嗅感	反式结构	反式结构嗅感
6-壬烯醇	6-c	甜瓜清香	6-t	花样香气
2,6-壬二烯醇	2-t,6-c	黄瓜、海参样清香	2-t,6-t	脂肪臭
3-己烯醛	3-c	大豆清香	3-t	不爽快的气味
2,6-壬二烯-1-醛	2-t,6-c	黄瓜、花样清香	2-t,6-t	脂肪臭

10.4 食品嗅感物质形成途径

食品中的嗅感物质种类繁多，其形成的途径也十分复杂，大体可分为两类。

一是在酶的直接和间接催化下进行生物合成，主要包括生物合成、直接酶作用、氧化作用和微生物作用 4 种类型。许多食物在自然生长、成熟和储藏过程中产生的气味物质大多通过这条基本途径生成。可参与生物合成嗅感物质的前体成分有氨基酸（如亮氨酸、苯丙氨酸、酪氨酸、半胱氨酸、甲硫氨酸）、脂肪酸（如亚油酸和亚麻酸）、羟基酸（如甲瓦龙酸，一种 C_6 羟基酸）、单糖、糖苷（硫代葡萄糖苷）和色素（如番茄红素、类胡萝卜素）等。

二是非酶化学反应，包括高温分解作用、外加赋香等，主要是指在加工过程中食品在各种物理、化学因素作用下产生香气成分，如肉、鱼烹调，花生、咖啡等烘炒、烘烤，产生的香气成分都是通过这条途径生成的。这类反应与酶促反应往往彼此交织、相互影响。

10.5 食品风味的评价技术

食品的风味是食品的重要属性之一，是评价食品品质的重要因素，也是消费者选择购买的依据。然而评价食品的风味是一项很复杂的工作，不仅需要评价风味本身，还需要看消费者对这种风味的接受程度。风味评价需要从感觉、化学或物理等多方面进行分析。就评价技术而言，不但要借助现代科学技术，也需要经验的积累，还需要生理学、心理学和数理统计学等方面的知识，才能保证评价结果的科学性和可靠性。

风味物质的成分可以用气相色谱法和气味分析法测量得到。但是，风味的本身又不只是通过分析风味物质就能诠释清楚的。比如，就某一种风味物质而言，其在不同浓度或有其他类群甚至是相同类群的风味物质共存情况下，风味的感受就会发生变化；再比如，对某一食品的风味物质进行谱学分析后，再按分析结果进行同质、量的混合，却不一定能对原型风味进行很好的再现。因此，可以认为仪器分析只能是风味分析过程中的一个环节，它与食品风味的感官分析以及在前两者基础上发展起来的人工智能感官分析是 3 个相互之间可以支持、印证的评价技术。

10.5.1 化学分析

研究食品的风味，首先就要了解风味物质的成分和组成，即要对风味物质进行成分分析。随着科技的迅速发展，尤其是精密分析仪器的出现，使食品风味的研究方法不断得到改进和完善，目前已基本上建立了一套比较完整的研究程序和分析鉴定方法。对于难度较大的嗅感风味成分，通常的步骤是：先从

食品样品中提取（离析）出风味成分，经过初步的分级分离后，再对风味物进一步提纯出逐个组分，然后对各组分进行鉴定。亦即是一个"提取—分离—提纯—鉴定"的技术过程。在上述过程完成后，有的还要进行化学或生物合成，并混合为该食品的风味，以确证分析鉴定的准确性。目前还没有任何一种仪器能准确测定各种食品的风味类型和质量，因此任何风味物质的鉴定还必须同时伴随感官评定。

目前还没有通用的分离方法用于挥发性风味物质的全色谱分析。但已经建立了一些分离技术，包括液体 - 液体分离、液体 - 固体分离、固相提取、快速溶剂提取、顶空分析、空气抽取、吸附捕集、热解吸、直接热解吸法等。常见的鉴定方式有气相色谱 - 质谱联用仪（GC-MS）法、气相色谱（GC）保留体积法、红外线辐射（IR）法、核磁共振（NMR）法等，其中以气相色谱 - 质谱联用仪的采用最为普遍。结合感官分析方法，采用 GC-O（气相色谱 - 嗅味计）进行分析，获得风味解析基础数据库。该部分内容可以参考有关书籍。值得一提的是，不同的物质可能具有相同的风味特点，而同一种物质在不同条件下可能呈现不同的风味特点。

10.5.2　感官分析

感官分析（又称感官评价）始于 20 世纪 40 年代的美国，其目的是保证有营养的军需食品好吃，能被军人接受。在以后的数十年中，随着食品工业以及各种学科的发展，感官分析技术不断地吸纳新学科、新技术成果，融合统计学、生理学、心理学、计算机科学及现代仪器分析等学科，其应用范围从食品行业扩展到环保、医学、纺织等多个行业。

10.5.3　人工智能味觉系统的结构及基本原理

味觉是味觉感受器受到溶解性化学物质刺激后，细胞层面的兴奋信号传导到脑区味觉中枢，经过复杂的知觉整合引起的一类感觉。目前生物味觉感觉、感受的分子细胞生物学原理还没有被完全揭示，但模拟生物的味觉感知基本原理，利用味觉传感器感受和采集呈味溶液的复杂响应信号，使用计算机进行数据处理和模式识别等智能算法辨识及表达味感在实践中正逐渐应用。由于学科背景和技术出发点不同，有时将此类研究称为味觉传感器，有时称为人工味觉，有时称为人工智能味觉系统（artificial intelligent taste system，AITS），也有的就简单地称为电子舌。两名词经常互用，虽然存在着一定的差异，但均以各类味觉传感器阵列为基础。

人工智能味觉系统是一类对被测试溶液味感具有定性定量识别能力的技术体系，尽管实现该技术体系的方式有多种多样，但其核心的 3 个技术要素是交互感应电极及阵列、自学习专家数据库和智能模式识别，其结构模式如图 10-4 所示。

电子舌是一种模拟人类味觉鉴别味道的仪器，由味觉传感器、信号采集器和模式识别工具 3 部分组成，本质上是一种基于化学传感技术的仿生感觉。其中，味觉传感器由数种可感知味觉成分的金属丝组成（多传感器阵列），这些金属丝能将味觉信号转换成电信号；信号采集器将样本收集并存储在计算机内存中；模式识别工具是模拟人脑将采集的电信号加以分析、识别。它是具有识别单一和复杂味道能力的装置。电子舌的输出信号表明，它可以对不同的味道质量，也就是不同的化学物质成分进行模式识别。

国外对电子舌的研究较多，已有商业化的产品，国外商用的设备主要有法国 Alpha MOS 公司生产的 ASTREE 型电子舌；在国内，对该项技术的研究正在向商业化转变，"智舌"产品的研发者利用传感器阵列、模式识别和人机界面提出了"看到味觉"的理念。随着传感器数据融合技术这一传感器技术、模式识别、人工智能、模糊理论、概率统计等新兴交叉学科的发展，电子舌的功能也将进一步增强，具有更高级的智能，并以其独特的功能拥有更加广阔的应用前景。电子舌技术主要应用于液体食物的味觉检测和识别，对于其他领域的应用处于研究和探索阶段。

电子舌可以对 5 种基本味感（酸、甜、苦、辣、咸）进行有效的识别。日本的 Toko 应用多通道类脂膜味觉传感器对氨基酸进行研究。结果显示，可以把不同的氨基酸分成与人的味觉评价相吻合的 5 个组，并能对氨基酸的混合味道做出正确的评价。同时，通过对 L- 蛋氨酸这种苦味氨基酸进行研究，得出可能生物膜上的脂质（疏水）部分是苦味感受体的结论。

人工智能味觉系统本质上以味觉生理为基础，是仿生学的具体应用，通过传感器响应信号和计算机逻辑运算模式识别来实现。因此，其发展进程仍然需要对味觉生理进行深入研究，借助并构建感官评价与智能感官之间模拟实现的桥梁。现已知味觉稳定表达细胞系包括 T1R2/T1R3、T1R1/T1R3、T2R39 等，它们对甜味和鲜味具有识别的电生理响应。在感官评价前沿领域方面，基于感官属性描述剖析，通过对风味的层次分析确立感官属性权重，突出了感官评价标准方法与动态感官评价的融合，使"味道"变得可视化，进而更加直观地理解。

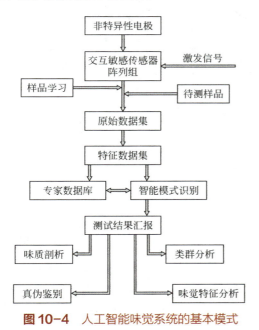

图 10-4　人工智能味觉系统的基本模式

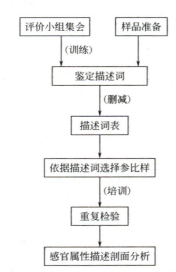

图 10-5　基于层次分析法（AHP）感官属性权重分析工作流程图

如田师一课题组以 20 ～ 35 岁男女各半组建评审组对人工甜味剂采用图 10-5 流程进行评价。

通过对甜味味觉类群的感官属性进行特征属性归纳、分析与描述，如归纳为甜味、甜后味、苦味、苦后味、蚀牙感、纸香味等 11 个特征属性项并得到图 10-6 的评价结果，使各种甜味剂在同类项之间进行比较，通过属性描述剖面分析为不同甜味剂的应用提供便利的可视依据。

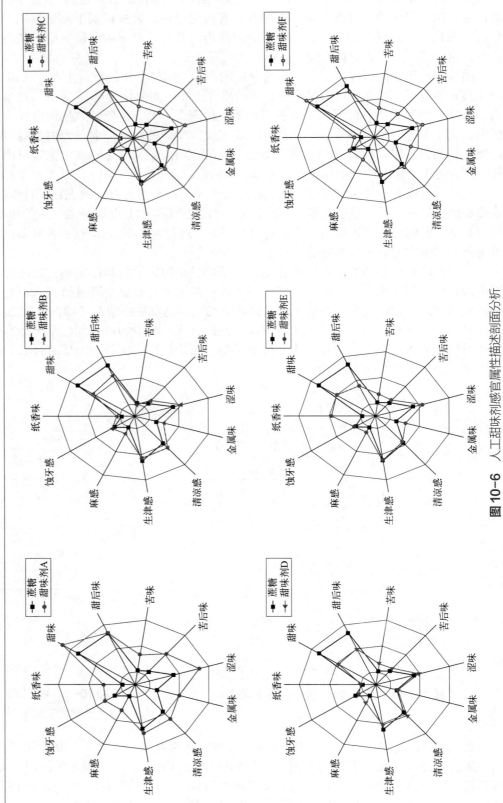

图10-6 人工甜味剂感官属性描述剖面分析

　　电子舌是一种由低选择性、非特异性的交互敏感传感器阵列，配以合适的模式识别方式 / 多元统计方法的定性定量分析的现代化分析检测设备。感知是电子舌的特征，其通过能量转换将风味特征类群及其强度转变为计算机可识读的电化学信号。基于此，开发了电位型和伏安型电子舌，应用于食品货架时间电子舌预测、产品间差别检验、产品品质控制与评价、同类产品的品质分级区分等。

　　例如，电子舌基于差别度的食品货架期预测就是将感官评品和仿生感官分析结合，对参比样品和待测样品的一维质量指标进行比对，通过计算差别度值预测食品货架期寿命（图 10-7）。

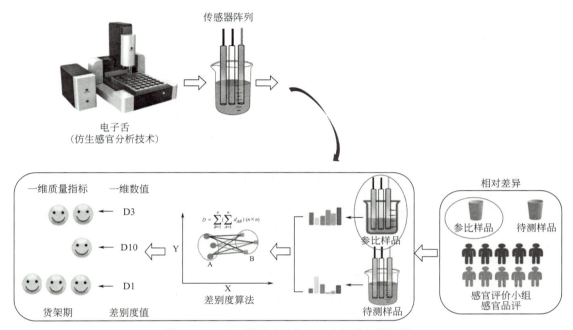

图 10-7　基于差别度的电子舌食品货架期预测

　　风味指对口中食物所尝到、嗅知及触知的多感觉的综合表达，包括食物本身的物质属性、感受风味的生理基础、与食用者有关的品尝历史及在此基础上构建的风味数据信息库等方面的内容；风味概念主要指味觉和嗅觉这两种化学感觉，分别对应具有水溶性的化学物质和具有挥发性的化学物质，一般可划分为化学感觉、物理感觉和心理感觉 3 类。人所感受到的风味强度具有时间 - 强度的含义。对味的感受有两个重要的考察指标：一是味物质可被感受的浓度，二是味觉类群可被感知的速度。正因为风味表达特征的复杂性，人工味觉尚无法全面展示风味特征的各个属性，该领域还需要大量系统、深入而细致的工作。

10.6　本章小结

　　风味一词含义丰富，涵盖了一定的历史、文化和地域特色。风味是食品除营养和安全之外另一个极为重要的根本属性，良好的风味不但可以吸引消费者，而且还能增进食欲、促进消化等功能。风味是客体（食物）、主体（感觉器官）、信息分析 - 回忆 - 信息表达（神经系统）三者综合感知的集合。本章以味觉和嗅觉两类感觉为基本主线，主要讲述食品风味化学的生理基础、风味物质化学基础及食品风味化学在食品工业中的应用。

　　食物的 5 类基本味群中各味物质之间存在相互影响；同味群的味质具有相同的定味基使得其相似，

但又由于各味质分子助味基的不同而使得味觉特征丰富多彩；对不同味觉的识别还与其官能团及空间结构有密不可分的关系。气味物质的官能团与气味间存在一定的相关性，有时可从物质的官能团推测其气味，但至今仍未明确化合物的化学结构与其气味之间的基本规律。

总结

○ 风味概念
- 一般把风味概念区分为广义的与狭义的风味。
- 广义的风味是指由味觉、嗅觉、触觉、听觉、视觉、温感甚至痛觉所形成的各种与该食品相关的化学、物理、心理的综合印象。

○ 化学味觉
- 对味觉的生理分类是以直接刺激味蕾为标准的，目前公认的化学味觉包括酸、甜、咸、苦四种基本味觉（也称之为四种基本味群），东方各国还习惯地将鲜味也列入化学味觉的基本味群，西方国家研究人员认为鲜味是多种基本味觉共同形成的复合味觉。

○ 阈值与刺激浓度
- 阈值根据其与刺激浓度之间的相互关系，可分为察觉阈值、识别阈值、差别阈值和极限阈值。

○ 嗅感与嗅感物质
- 嗅感是由一些挥发性物质进入人的鼻腔刺激嗅觉神经而引起的一种感觉。凡是能引起嗅感的化学物质被称为嗅感物质。

○ 嗅感物质形成途径
- 食品中的嗅感物质种类繁多，其形成的途径也十分复杂，大体可分为两类：一是在酶的直接和间接催化下进行生物合成，主要包括生物合成、直接酶作用、氧化作用和微生物作用四种类型；二是非酶化学反应，包括高温分解作用、外加赋香等，主要是指在加工过程中食品在各种物理、化学因素的作用下产生的香气成分。

○ 味感受考察指标
- 对味的感受，有两个重要的考察指标，其一是味物质可被感受的浓度，其二是味觉类群可被感知的速度。

○ 嗅觉
- 嗅感是鼻腔嗅觉神经受刺激引起的一种感觉。
- 嗅觉敏锐，但易疲劳、易适应，具有习惯性，个体嗅觉差异大，且随人身体状况变动。
- 嗅觉理论总体可归纳为化学学说、振动学说、膜刺激学说3类。
- 嗅感物质的一般特征为：有挥发性，沸点较低；既可溶于水又可溶于脂；相对分子质量在26～300之间。
- 香气值可用以判断呈香物质在食品香气中起的作用大小。
- 气味物质的官能团与气味存在一定的相关性。

思考题

1. 味觉感觉的生理基础是什么？
2. 简述味觉各阈值的含义。
3. 简述各味物质之间的相互影响。
4. 简述各甜味学说。
5. 写出并解释具有鲜味的通用结构式。
6. 针对不同的味觉类群，分别列举 3 ~ 5 种不同的代表物质。
7. 食品风味物质有哪些？有什么特点？
8. 嗅感与化学结构的关系如何？
9. 各类食品的风味物质形成途径是什么？
10. 食品加工、储存过程中哪些操作或因素会影响其风味？
11. 食品组分在风味物质形成中各有什么作用？
12. 简述食品风味评价技术的种类及各自特点。

参考文献

[1] 王永华, 戚穗坚. 食品风味化学 [M]. 2 版. 北京: 中国轻工业出版社, 2022.
[2] Srinivasan Damodaran, Kirk L Parkin. 食品化学 [M]. 江波, 杨瑞金, 钟芳, 等译. 5 版. 北京: 中国轻工业出版社, 2020.
[3] 徐树来. 食品感官分析与实验 [M]. 3 版. 北京: 化学工业出版社, 2020.
[4] Acree T E, Shallenberger R S, Ebeling S. Thirty years of the AH-B theory[J]. Developments in Food Science, 1998, 40: 1-13.
[5] Nofre C, Tinti J M. Sweetness reception in man: the multipoint attachment theory[J]. Food chemistry, 1996, 56(3): 263-274.
[6] 黄赣辉, 邓少平. 人工智能味觉系统: 概念、结构与方法 [J]. 化学进展, 2006, 18（4）: 494-500.
[7] 左齐乐, 张文瑶, 田师一, 等. 糖醇类甜味剂的甜味与副味影响因素研究 [J]. 食品与生物技术学报, 2023, 42（3）: 20-29.
[8] Mao Y, Cheng S, Qin Y, et al. Grade identification of rice eating quality via a novel flow-injection voltammetric electronic tongue combined with SFFS-BO-SVM[J]. Sensors and Actuators B: Chemical, 2024: 135700.
[9] Mao Y, Tian S, Qin Y, et al. Sensory sweetness and sourness interactive response of sucrose-citric acid mixture based on synergy and antagonism[J]. Npj Science of Food, 2022, 6(1): 33.
[10] Chen J, Gu J, Zhang R, et al. Freshness evaluation of three kinds of meats based on the electronic nose[J]. Sensors, 2019, 19(3): 605.
[11] Plotto A, Margaría C A, Goodner K L, et al. Odour and flavour thresholds for key aroma components in an orange juice matrix: terpenes and aldehydes[J]. Flavour and fragrance journal, 2004, 19(6): 491-498.
[12] Plotto A, Margaría C A, Goodner K L, et al. Odour and flavour thresholds for key aroma components in an orange juice matrix: esters and miscellaneous compounds[J]. Flavour and fragrance journal, 2008, 23(6): 398-406.
[13] Senthil A, Bhat K K. Best estimated taste detection threshold for cardamom [Elettaria cardamomum (L.) Maton] aroma in different media[J]. Journal of Sensory Studies, 2011, 26(1): 48-53.
[14] 陆佳玲. 乙醇浓度对白酒香气释放和感知的影响规律研究 [D]. 无锡: 江南大学, 2023.

第 11 章　次生代谢产物

五彩斑斓的食品背后都隐藏着一个个小小的彩色魔法师！它们不仅为食物披上了华丽的外衣，更在暗中操控着食品的风味、口感和营养价值。紫甘蓝汁的色素是什么物质，它在不同的 pH 值下会怎样变化？为何发芽的土豆不能成为我们的盘中餐？如何合理利用次生代谢产物来提升食品的品质和安全性？

11.1　概述

11.1.1　次生代谢的概念

初生代谢（primary metabolism）是指在植物、昆虫或微生物体内的生物细胞通过光合作用、碳水化合物代谢和柠檬酸代谢，生成生物体生存繁殖所必需的化合物，如糖类、氨基酸、脂肪酸、核酸及其聚合衍生物（多糖类、蛋白质、酯类、RNA、DNA）、乙酰辅酶 A 等的代谢过程。所生成的物质称为初生代谢产物（primary metabolite）。

次生代谢（secondary metabolism）的概念是在 1891 年由 Kossei 首先明确提出的。次生代谢是以某些初生代谢产物作为起始原料，通过一系列特殊生物化学反应生成表面上看来似乎对生物体本身无用的化合物，如萜类、甾体、生物碱、多酚类等，它们被称为次生代谢产物（secondary metabolite）。

事实上，初生代谢和次生代谢之间的分界线相当模糊。一些被视作次生代谢的重要途径如萜类代谢和苯丙烷类代谢在高等植物中普遍存在，不仅这些途径中产生的次生代谢产物作用重大，而且代谢中同样也产生一些初生代谢产物。这两种类型的代谢作用彼此紧密相连，初生代谢是次生代谢的基础。次生代谢必须从初生代谢获取原料才能进行，次生代谢是初生代谢的补充和扩展，次生代谢反应进行与否及反应速度反过来又影响初生代谢。

11.1.2　次生代谢产物的分类和命名

次生代谢产物种类相当丰富，分子结构大多比较复杂。次生代谢产物就元素组成来说，一般是碳氢化合物，有一些还含有氮、氧、硫等其他元素。

次生代谢产物的分类多种多样，可按其来源、用途及化学结构等进行分类。按照传统的分类方法，这类物质可以分为苯丙素类、醌类、黄酮类、单宁类、类萜、甾体及其苷、生物碱七大类。还有人根据次生产物的生源途径分为酚类化合物、类萜类化合物、含氮化合物（生物碱）三大类。

国际纯粹与应用化学联合会（IUPAC）对这类化合物的分类和命名是采用基本结构加衍生物结构，这样进行的分类和命名是最为标准和规范的，但名称很长，不便于科学交流。目前通用的做法是按化学性质和化学结构对其进行分类和命名，用英文名称进行交流，中文名称一般采用英文名称的音译名称。

11.1.3　生物合成途径

次生代谢是初生代谢的继续，二者是互相联系的。初生代谢产生的乙酸、甲戊二羟酸、莽草酸是次生代谢的原料，称为次生代谢产物的前体，通常它们又是某些初生代谢的前体。

次生代谢的主要途径根据起始原料不同可以分为 5 类。

① 桂皮酸途径（cinnamic acid pathway）及莽草酸途径（shikimic acid pathway）。桂皮酸途径产生苯丙素类化合物；莽草酸途径生成芳香化合物，如氨基酸、肉桂酸和某些多酚化合物。

② 甲戊二羟酸途径（mevalonic acid pathway）。甲戊二羟酸途径是生物次生代谢产生萜类、甾类化合物的必经途径。这类化合物在生物中分布相当广泛。

③ 醋酸 - 丙二酸途径（acetate-malonate pathway）。是生物次生代谢产生脂肪酸类、酚类、蒽酮类等物质的途径。

④ 氨基酸途径（amino acid pathway）。主要生成生物碱（alkaloid）、青霉素（penicilline）、头孢菌素（cephalosporin）。

⑤ 混合途径。如由氨基酸和甲戊二羟酸生成吲哚生物碱（indole alkaloid），由 β- 多酮和莽草酸生成黄酮类化合物。

11.1.4　食品中的次生代谢产物的重要性

食品中的次生代谢产物主要来源于植物和食用菌等。次生代谢产物从化学结构上讲，种类众多；从数量上讲，与初生代谢产物相比又微乎其微。早在 20 世纪 50 年代，Winter 等人就提出植物次生代谢物对人类有药理学作用，然而直到近年来营养科学工作者才开始系统地研究植物中这些生物活性物质对机体健康的促进作用。

过去认为并一直强调在植物性食品中它们是天然毒物，并对人体健康有害（如马铃薯和西红柿中存在的配糖碱、树薯中存在的氰化苷等），或因限制营养素的利用而被认为是"抗营养"物质。但是，在正常摄食条件下，几乎所有天然成分对机体都是无害的（除少数例外，如马铃薯中的龙葵素）。而且许多过去认为对健康不利的植物次生代谢产物也可能存在各种促进健康的作用，如过去一直认为各种卷心菜中存在的蛋白酶抑制剂和芥子油苷是有害的，然而现在却发现它们具有明显的抗氧化和抑制肿瘤的作用。可见，植物次生代谢产物对健康具有有益和有害的双重作用。

流行病学研究结果表明，大量食用蔬菜和水果可以预防人类多种癌症。通常摄入蔬菜和水果量大的人群较摄入量低的人群癌症发生率大约低 50%。新鲜（生）蔬菜和水果可明显降低癌症发生的危险性，对降低胃肠道、肺和口腔喉的上皮肿瘤证据最为充分；对激素相关肿瘤保护作用的证据较少；但乳腺癌和前列腺癌的低发病率似乎与食用大量蔬菜有关。

以目前现有的知识很难区分食品中的每一种成分（如必需营养素、膳食纤维、植物化学物）降低疾病危险性的作用。但根据次生代谢产物作用的现有知识，可认为植物性食物中的非营养性膳食成分具有有益健康的作用，次生代谢产物与维生素、矿物质、微量元素和膳食纤维一样都是食品中发挥生理活性的重要成分。

11

儿茶素

只要人们的饮食习惯不发生改变，次生代谢产物的潜在毒性就可以忽略，目前对素食者的观察未发现植物化学物的毒副作用。但特别值得注意的是，某些人工培育或基因工程生产的植物化学物，即使按正常饮食习惯食用也可能会产生毒性作用。

 概念检查 11.1

○ 食品中次级代谢产物的重要性。

11.2 黄酮类化合物

黄酮类化合物（flavonoid）广泛存在于自然界中，是一类重要的次生代谢产物。自 1814 年发现第一个黄酮类化合物白杨素（chrysin）以来，新发现的黄酮类化合物数量每年都以较快速度增长。这类含有氧杂环的化合物多存在于高等植物及羊齿类植物中。苔类中含有的黄酮类化合物为数不多，而藻类、细菌中没有发现黄酮类化合物。黄酮类化合物的存在形式既有与糖结合成苷的，也有游离体的。

11.2.1 黄酮类化合物的结构与分类

黄酮类化合物原是指基本母核为 2- 苯基色原酮的一系列化合物。由于其大多数化合物呈黄色或淡黄色，因此称为黄酮。

色原酮　　　　　2- 苯基色原酮

目前黄酮类化合物泛指两个苯环（A 环和 B 环）通过中央三碳相互连接而成的一系列化合物，是以 C_6-C_3-C_6 结构为基本母核的天然产物，即 A 环和 B 环通过 3 个碳原子结合而成。其中 C_3 部分可以是脂链，或与 C_6 部分形成六元或五元氧杂环。

黄酮类化合物在植物体内大部分与糖成苷，一部分以苷元形式存在。基本骨架为：

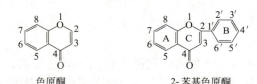

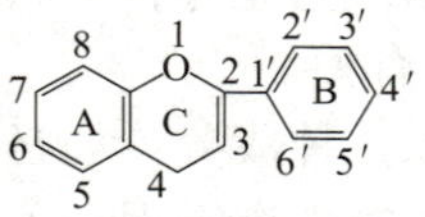

或

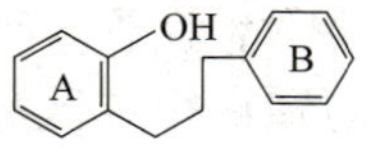

根据中央三碳的氧化程度、是否成环、B 环的连接位点等特点，可将该类化合物分为多种结构类型，其基本母核结构见表 11-1。

表 11-1 黄酮类化合物苷元的主要结构类型

类 型	基本结构	类 型	基本结构
黄酮类（flavone）	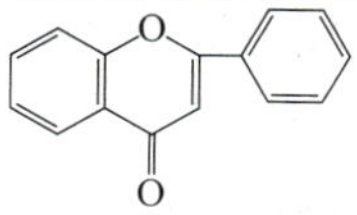	二氢查耳酮类（dihydrochalcone）	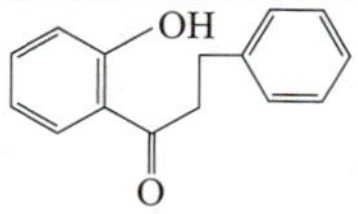
黄酮醇类（flavonol）	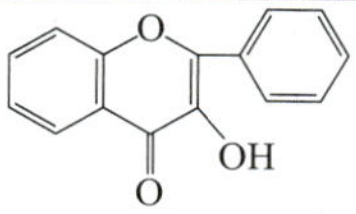	花色素类（anthocyanidin）	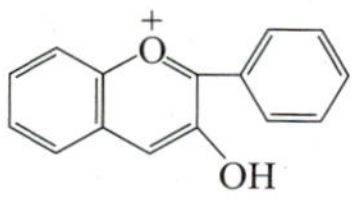
二氢黄酮类（flavonone）	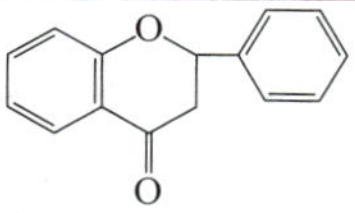	黄烷-3-醇类（flavan-3-ol）	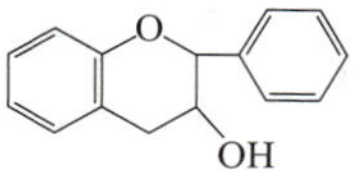
二氢黄酮醇类（flavanonol）	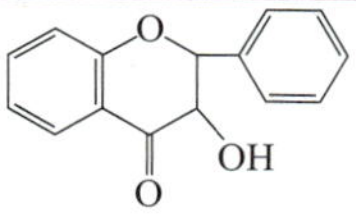	黄烷-3,4-二醇类（flavan-3,4-diol）	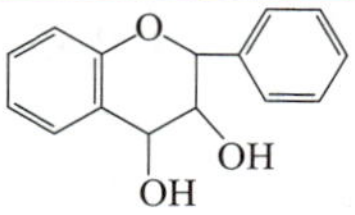
异黄酮类（isoflavone）	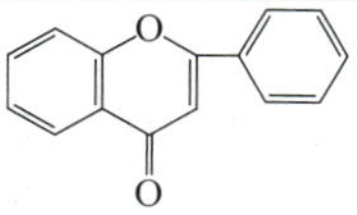	双苯吡酮类（xanthone）	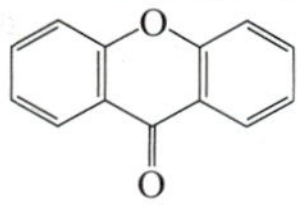
二氢异黄酮类（isoflavanone）	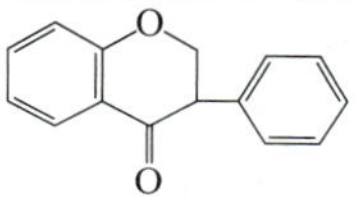	橙酮类（aurone）	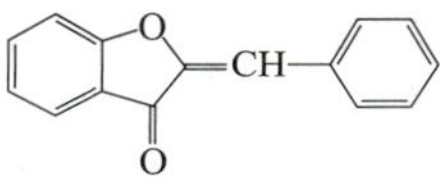
查耳酮类（chalcone）	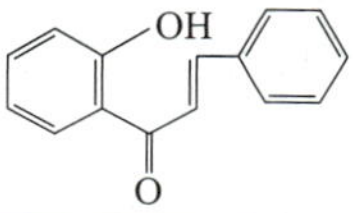		

　　黄酮类化合物在植物体内大部分与糖结合成糖苷，小部分以游离态（苷元）的形式存在。由于糖的种类、数量、连接位置及连接方式不同，可以组成各种各样的黄酮苷类。黄酮苷的种类很多，连接方式主要有 O- 糖苷和 N- 糖苷两种。

　　在 O- 黄酮苷中糖的连接位置与苷元结构类型有关。如黄酮、二氢黄酮和异黄酮苷类多在 7-OH 上连有糖；黄酮醇和二氢黄酮醇苷类多在 3-OH 或 3,7-OH 上连有糖。

　　黄酮类化合物除 O- 糖苷外，天然黄酮还发现有 C- 糖苷，如牡荆素（vitexin）、葛根素（puerarin）等。

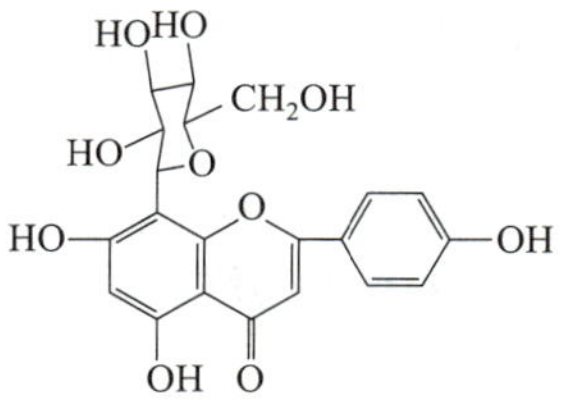

牡荆素 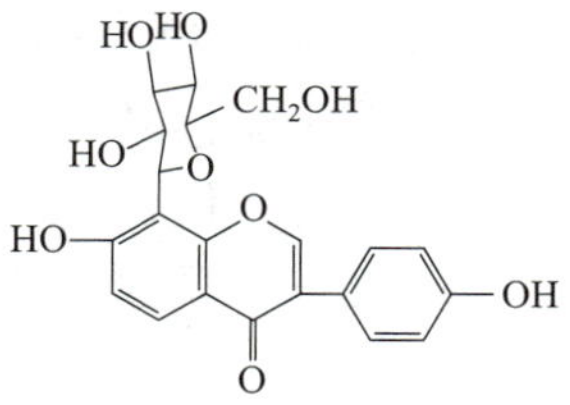　　　　　　葛根素

11.2.2　黄酮类化合物的性质

11.2.2.1　性状

　　黄酮类化合物多为结晶性固体，少数（如黄酮苷类）为无定形粉末。游离的各种苷元母核中，除二

氢黄酮、二氢黄酮醇、黄烷及黄烷醇有旋光性外，其余无光学活性。

黄酮类化合物的颜色与分子中是否存在交叉共轭体系及助色团（—OH，—OCH$_3$ 等）的种类、数目以及取代位置有关。一般情况下，黄酮、黄酮醇及其苷类多显灰黄～黄色，查耳酮为黄～橙黄色，而二氢黄酮、二氢黄酮醇、异黄酮类因不具有交叉共轭体系或共轭短链而不显色（二氢黄酮及二氢黄酮醇）或显微黄色（异黄酮）。所显的颜色随 pH 值不同而改变，一般 pH < 7 显红色，pH=8.5 显紫色，pH > 8.5 显蓝色。

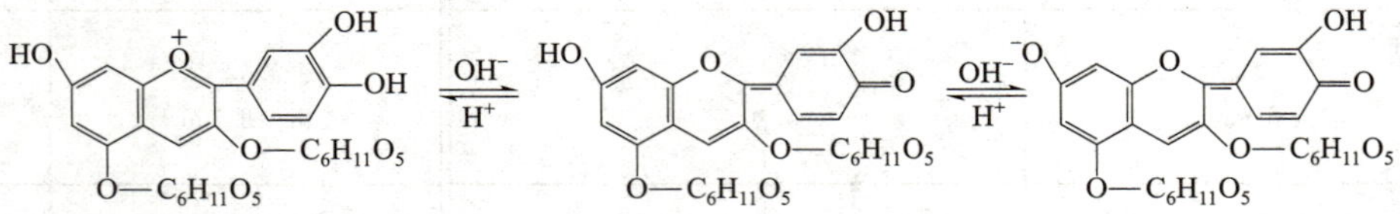

<figure>
红色　　　　　紫色　　　　　蓝色
</figure>

11.2.2.2　溶解性

黄酮类化合物的溶解度因结构及存在状态不同而有很大差异。一般游离苷元难溶或不溶于水，易溶于甲醇、乙醇、乙酸乙酯等有机溶剂及稀碱水溶液。其中黄酮、黄酮醇、查耳酮等平面性强的分子，因分子与分子间排列紧密，分子间引力较大，更难溶于水；而二氢黄酮及二氢黄酮醇等因系非平面性分子，分子与分子间排列不紧密，分子间引力降低，有利于水分子进入，溶解度稍大。花色苷元（花青素）类虽也为平面性结构，但因以离子形式存在，具有盐的通性，亲水性较强，水中溶解度较大。

黄酮类苷元分子中引入羟基，将增加在水中的溶解度；羟基经甲基化后，在有机溶剂中的溶解度增加。黄酮类化合物的羟基糖苷化后，水中溶解度相应加大，而在有机溶剂中的溶解度相应减小。黄酮苷一般易溶于水、甲醇、乙醇等强极性溶剂，难溶或不溶于苯、氯仿等有机溶剂。

11.2.2.3　酸碱性

黄酮类化合物分子中多具有酚羟基，故显酸性，可溶于碱性水溶液、吡啶、甲酰胺及二甲基甲酰胺。因酚羟基数目及位置不同，酸性强弱也不同。以黄酮为例，其酚羟基酸性强弱顺序依次为：7,4'- 二羟基＞ 7 或 4'- 羟基＞一般酚羟基＞ 5- 羟基。

黄酮类化合物中 γ- 吡喃环上的 1 位氧原子因有未共用的电子对，可与 H$_2$SO$_4$、HCl 等强酸生成锌盐，表现出弱的碱性。

11.2.3　黄酮类化合物的分离、纯化、结构鉴定和分析方法

11.2.3.1　黄酮类化合物的提取分离

黄酮类化合物在花、叶、果等组织中多以苷的形式存在，在坚硬组织中多以游离苷元形式存在。

黄酮苷类以及极性稍大的苷元（如羟基黄酮、二黄酮、橙酮、查耳酮等），

一般可用丙酮、乙酸乙酯、乙醇、水或某些极性较大的混合溶剂提取，其中用得最多的是甲醇 - 水（1∶1）或甲醇。一些多糖苷类可以用沸水提取。在提取花青素类化合物时，可加入少量酸（如 0.1% 盐酸）。但提取一般黄酮苷类成分时，则应当慎用，以免发生水解反应。为了避免在提取过程中黄酮苷类发生水解，常按一般提取苷的方法事先破坏酶的活性。大多数黄酮苷元宜用极性较小的溶剂（如氯仿、乙醚、乙酸乙酯等）提取，多甲氧基黄酮的游离苷元可用苯提取。

11.2.3.2　黄酮类化合物的纯化

现将较常用的分离纯化方法介绍如下。

（1）柱色谱法　分离黄酮类化合物常用的吸附剂或载体有硅胶、聚酰胺及纤维素等。此外也有用氧化铝、氧化镁及硅藻土等的。

硅胶柱色谱：应用范围最广，主要适于分离异黄酮、二氢黄酮、二氢黄酮醇及甲基化（或乙醇化）的黄酮及黄酮醇类。少数情况下，在加水去活化后也可用于分离极性较大的化合物，如多羟基黄酮醇及其苷类等。硅胶中混存的微量金属离子应预先用浓盐酸处理除去，以免干扰分离效果。

聚酰胺柱色谱：对分离黄酮类化合物来说，聚酰胺是较为理想的吸附剂。其吸附强度主要取决于黄酮类化合物分子中羟基的数目与位置及溶剂与黄酮类化合物或与聚酰胺之间形成氢键缔合能力的大小。聚酰胺柱色谱可用于分离各种类型的黄酮类化合物，包括苷及苷元、查耳酮与二氢黄酮等。

葡聚糖凝胶柱色谱：对于黄酮类化合物的分离，主要有两种型号的凝胶——Sephadex-G 型及 Sephadex-LH 型。凝胶对黄酮类化合物的吸附程度取决于游离酚羟基的数目，但分离黄酮苷时分子筛的性质起主导作用。在洗脱时，黄酮苷类大体上是按分子量由大到小的顺序流出柱体。

（2）铅盐法　此法过去曾用于研究，目前已很少采用。一般是在乙醇或甲醇溶液中依次加入适量中性醋酸铅、碱式醋酸铅，分别使具有邻二酚羟基成分（包括黄酮）及含羟基成分分离，再分别将铅盐沉淀悬浮于醇中，脱铅后得到各成分。

（3）硼酸络合法　有邻二酚羟基的黄酮类化合物可与硼酸络合，生成物易溶于水，借此可与无邻二酚羟基的黄酮类化合物相互分离。

（4）pH 梯度萃取法　pH 梯度萃取法适合于酸性强弱不同的游离黄酮类化合物的分离。方法是将混合物溶于有机溶剂（如乙醚），依次用 5% $NaHCO_3$ 溶液（萃取出 7,4′- 二羟基黄酮）、5% Na_2CO_3 溶液（萃取出 7- 或 4′- 羟基黄酮）、0.2% NaOH 溶液（萃取出一般酚羟基黄酮）、4% NaOH 溶液（萃取出 5- 羟基黄酮）萃取而使之分离。

11.2.3.3　黄酮类化合物的结构鉴定和分析方法

（1）紫外光谱法　大多数黄酮类化合物在甲醇中的紫外吸收光谱由两个主要吸收带组成，出现在 300 ~ 400nm 之间的吸收带称为带 Ⅰ，出现在 240 ~ 280nm 之间的吸收带称为带 Ⅱ。不同类型的黄酮化合物的带 Ⅰ 或带 Ⅱ 的峰位、峰形和吸收强度不同，因此从紫外吸收光谱可以推测黄酮类化合物的结构类型（表 11-2）。

带Ⅱ：苯甲酰基　带Ⅰ：桂皮酰基

向黄酮类化合物的甲醇（或乙醇）溶液中分别加入甲醇钠（NaOMe）、乙酸钠（NaOAc）、乙酸钠 - 硼酸（$NaOAc\text{-}H_3BO_3$）、三氯化铝或三氯化铝 - 盐酸（$AlCl_3/HCl$）试剂，能使黄酮的酚羟基离解或形成络合物等，导致光谱发生变化，据此变化可以判断各类化合物的结构。这些试剂对结构具有诊断意义，称为诊断试剂。

表 11-2　黄酮类化合物紫外吸收光谱的主要特征（甲醇）

结构类型	峰位/nm		组内区别（峰位）	组间区别（峰强）
	带 I	带 II		
黄酮 黄酮醇	310～350 350～385	250～280 250～280	带 I 不同	带 I、带 II 皆强
异黄酮 二氢黄酮（醇）	310～330（肩峰） 300～330（肩峰）	245～275 275～295	带 II 不同	带 I 弱，带 II 强
查耳酮 橙酮	340～390 380～430	230～270（低强度） 230～270（低强度）	带 I 不同	带 I 强，带 II 弱

（2）色谱法　主要有以下几种。

纸色谱（PPC）：适用于分离各种天然黄酮类化合物及其苷类的混合物。混合物的鉴定常采用双向色谱法。以黄酮苷类来说，一般第一向展开采用某种醇性溶剂，如 n-BuOH-HOAc-H$_2$O（4：1：5 上层，BAW 系统）、t-BuOH-HOAc-H$_2$O（3：1：1，TBA 系统）或水饱和的 n-BuOH 等，这些主要是根据分配作用原理进行分离。第二向展开溶剂用水或下列水溶液，如 2%～6% HOAc、3% NaCl 溶液及 HOAc-浓 HCl 溶液-H$_2$O（30：3：10）等，它们主要是根据吸附作用原理进行分离。

黄酮类化合物苷元一般宜用醇性溶剂，或用 C$_6$H$_6$-HOAc-H$_2$O（125：72：3）、CHCl$_3$-HOAc-H$_2$O（13：6：1）或 HOAc-浓 HCl 溶液-H$_2$O（30：3：3）进行分离。花色苷及花色苷苷元可用含 HCl 或 HOAc 的溶液作为展开剂。多数黄酮类化合物在纸色谱上用紫外线灯检查时可以看到有色斑点，以氨蒸气处理后常产生明显的颜色变化。

硅胶薄层色谱：用于分离与鉴定弱极性黄酮类化合物较好。分离黄酮苷元常用的展开剂是甲苯-甲酸甲酯-甲酸（5：4：1），并可以根据待分离成分极性的大小适当调整甲苯与甲酸的比例。

聚酰胺薄层色谱：适用范围较广，特别适合于分离含游离酚羟基的黄酮及其苷类。由于聚酰胺对黄酮类化合物吸附能力较强，需要可以破坏其氢键缔合的溶剂为展开剂。常用的展开剂有乙醇-水（3：2）、水-乙醇-乙酰丙酮（4：2：1）、水-乙醇-甲酸-乙酰丙酮（5：1.5：1：0.5）、丙酮-水（1：1）、丙酮-95% 乙醇-水（2：1：2）等。

（3）核磁共振法等　黄酮类化合物的鉴别与结构测定现在多依赖于谱学的综合解析，化学方法和色谱方法已降至辅助地位。质子核磁共振（^{1}H NMR）可定量测定 H 的个数，根据质子的化学位移和芳香氢核之间的自旋偶合所提供的信息（裂分数目及偶合常数大小）可确定黄酮母核上的取代模式。近来由于仪器分辨率不断改进，加上同核去偶、溶剂位移以及核磁共振技术的使用，^{1}H NMR 谱的测定对分析天然黄酮类化合物的结构已经成为一种非常重要的手段。但是在黄酮类化合物的 ^{1}H NMR 谱上有时要想确切指认每个信号并不是一件容易的事情，例如当黄酮类母核的 A 环上只有一个芳香氢核时，要想与 H-3 信号区别，就是十分困难的问题。解决这种问题，^{13}C 核磁共振（^{13}C NMR）技术有很大的优势，加上各种取代基位移及苷化位移效应的发现，图谱的解析工作大大简化，因此 ^{13}C NMR 技术在黄酮类化合物的结构鉴定中发挥着越来越重要的作用。此外，质谱（MS）技术，尤其场解吸质谱（FD-MS）与快速原子轰击质谱（FAB-MS）及串联质谱（MS-MS）的出现与应用，使其成为黄酮类化合物结构鉴定的重要手段之一。实际工作中常常根据需要灵活、综合运用上述方法和手段，并辅以必要的化学方法，以求获得满意的结果。

11.2.4　食品中常见的黄酮类化合物

11.2.4.1　黄酮和黄酮醇类

R=H　黄酮
R=OH　黄酮醇

代表性的黄酮类化合物有芹菜素和木犀草素。

芹菜素（apigenin）又称为芹黄素，化学结构为 4′,5,7- 三羟基黄酮，是芹菜中的主要生物活性成分，广泛存在于多种水果、蔬菜、豆类和茶叶中。芹菜素是一种很强的金属离子螯合剂，它可以通过螯合作用降低金属离子参与的自由基反应，从而减少氧自由基的生成。

木犀草素（luteolin）在自然界中分布广泛，因最初从木犀草的叶、茎、枝中分离出而得名，可从多种天然药材、蔬菜果实中分离得到。目前发现主要存在于金银花、菊花等天然药材以及洋白菜、菜花、甜菜、椰菜、胡萝卜、芹菜、甜椒、辣椒等蔬菜的果实中。

芹菜素

木犀草素

代表性的黄酮醇类化合物有槲皮素、杨梅素、芦丁、山奈酚。

槲皮素广泛存在于植物的花、叶、果实当中，也是人类饮食中最主要的生物类黄酮。芒果、苹果、葡萄、樱桃、梨、茶叶、洋葱、胡萝卜以及红酒中均富含这一物质。研究表明槲皮素具有抗病毒、抗氧化、抗肿瘤、降血压、保护心血管等多种生理保健功效，此外还具有较好的祛痰、止咳作用，并有一定的平喘作用。

杨梅素（myricetin，MYR）化学名称为 3,5,7,3′,4′,5′- 六羟基黄酮，存在于壳斗科、豆科、报春花科、葡萄科、菊科等植物中。杨梅素为黄色针状晶体，熔点为 324.0 ～ 325.5℃，溶于甲醇、乙醇、丙酮、乙酸乙酯，微溶于水，难溶于氯仿、石油醚，置于空气中易氧化变绿。研究发现杨梅素具有降血糖、抗氧化、保肝护肝、抗肿瘤和降低神经性损伤等作用。

槲皮素

杨梅素

芦丁（rutin）广泛存在于植物界中，现已发现含芦丁的植物至少在 70 种以上，尤以槐花米和荞麦中含量最高。芦丁是由槲皮素 3 位上的羟基与芸香糖（为葡萄糖与鼠李糖组成的双糖）脱水合成的苷。芦丁为浅黄色粉末或极细的针状结晶，含有 3 分子结晶水，熔点为 174 ～ 178℃，无水物熔点为 188 ～ 190℃。微溶于丙酮、乙酸乙酯，不溶于苯、乙醚、氯仿、石油醚，溶于碱而呈黄色。芦丁具有维生素 P 样作用，

有助于保持及恢复毛细血管的正常弹性，主要用作防治高血压病的辅助治疗剂，亦可用于防治因缺乏芦丁所致的其他出血症。

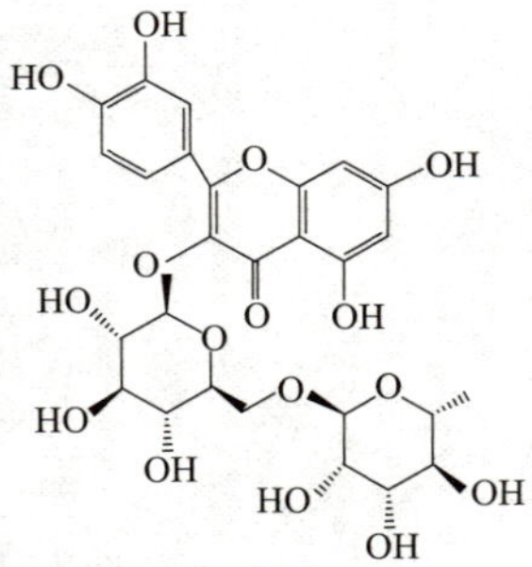

芦丁 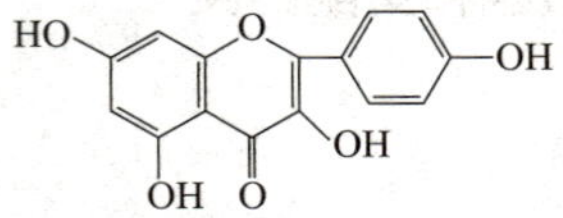　　　　　　　　　　　　　山奈酚

11.2.4.2　二氢黄酮和二氢黄酮醇类

R=H　　二氢黄酮
R=OH　　二氢黄酮醇

二氢黄酮和二氢黄酮醇类与黄酮和黄酮醇类相比，其结构中 C 环的 C2-C3 位双键被饱和。在植物体内常与相应的黄酮和黄酮醇共存。代表性的二氢黄酮类化合物有橙皮苷和甘草素。

橙皮苷（hesperidin）又称为橘皮苷，主要存在于柑橘属果实中，尤其在果皮中含量较多。其化学结构具有二氢黄酮氧苷结构，呈弱酸性。提取得到的粗产物为淡黄色粉末。纯品为白色针状晶体，略带苦味，难溶于水，几乎不溶于丙酮、苯、氯仿，微溶于甲醇、热冰醋酸，可溶于甲酰胺、二甲酰胺及70℃以上热水，易溶于稀碱溶液，熔点范围为 257 ~ 260℃，相对分子质量为610.55。

近年来的研究表明，橙皮苷具有维持渗透压、增强毛细血管韧性、降低胆固醇、提高人体免疫力、抗病毒等作用。

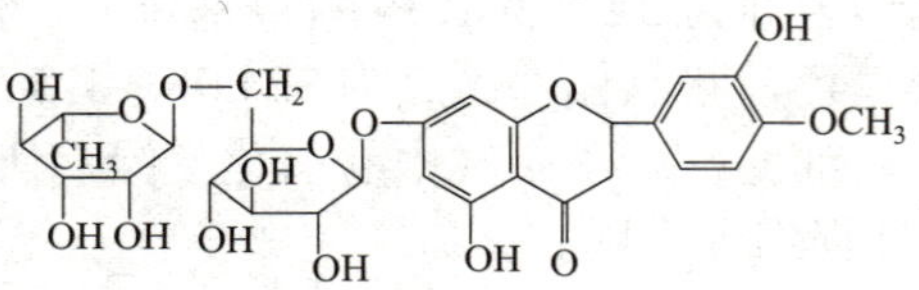

橙皮苷 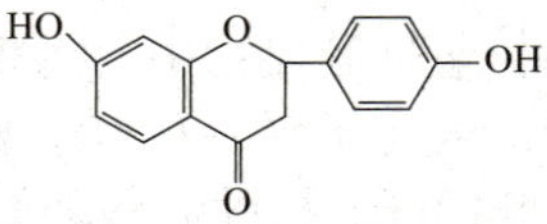　　　　　　　　　　　　　甘草素

代表性的二氢黄酮醇类化合物有二氢杨梅素、二氢槲皮素和二氢桑色素。

二氢杨梅素为 3,5,7,3′,4′,5′- 六羟基 -2,3- 二氢黄酮醇（dihydromyricetin，DMY），又名蛇葡萄素（ampelopsin），存在于葡萄科、杨梅科、杜鹃科、藤黄科、大戟科及柳科等植物中。二氢杨梅素25℃水中溶解度为4%，易溶于乙醇、丙酮，极微溶于乙酸乙酯。

研究表明，二氢杨梅素具有清除自由基、抗氧化、抗血栓、镇痛、降压、降脂、抗肿瘤、消炎等多种生物活性，此外还具有解除醇中毒、预防酒精肝及脂肪肝、抑制肝细胞恶化、降低肝癌的发病率等作用。

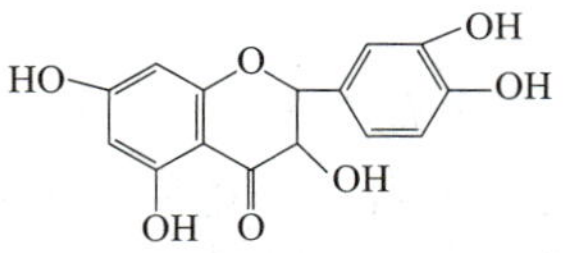

二氢槲皮素

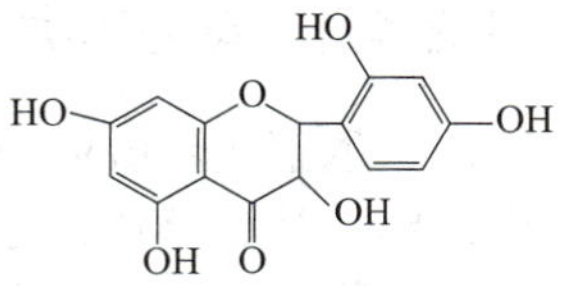

二氢桑色素

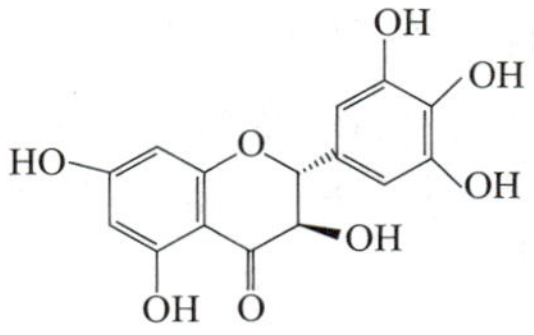

二氢杨梅素

11.2.4.3　异黄酮和二氢异黄酮类

异黄酮类为具有 3- 苯基色原酮基本骨架的化合物，与黄酮相比其 B 环位置连接不同，如葛根中的葛根素、大豆苷及大豆素均为异黄酮。异黄酮类主要存在于豆科植物中，其中大豆中的含量最高，故特别称为大豆异黄酮。

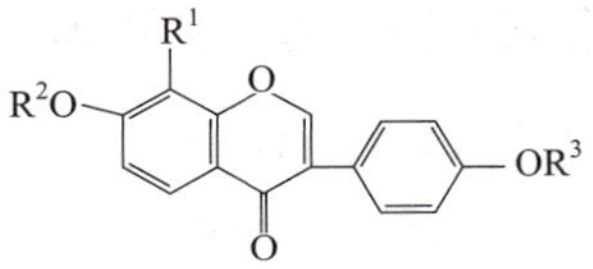

R¹=R²=R³=H　　大豆素
R¹=R³=H，R²=glc　大豆苷
R²=R³=H，R¹=glc　葛根素

大豆异黄酮（soybean isoflavone，SI）是大豆生长过程中形成的一类次生代谢产物，是一种安全有效的天然植物雌激素。目前发现的大豆中天然存在的大豆异黄酮共有 12 种。其中游离型的苷元约占 2%～3%，包括染料木素（genistein）、大豆黄素（daidzein）和黄豆黄素（glycitein）；结合型的糖苷约 97%～98%。异黄酮在大豆中主要是以丙二酰基配糖体形式存在，乙酰配糖体和配基形式很少。

大豆异黄酮在通常情况下为固体，大部分熔点在 100℃以上，常温下性质稳定，呈白色粉末状，无毒、无味，易于贮存。在醇和酮类溶剂中有一定的溶解度，不溶于冷水，难溶于石油醚、正己烷，极易溶于二甲基亚砜。

研究发现，大豆异黄酮是一种优良的天然抗氧化剂，在类雌激素、抗肿瘤、预防骨质疏松、降胆固醇、保护心脏及治疗心血管疾病等方面具有确切作用，还可以预防多种疾病，包括骨质疏松症、阿尔茨海默病、动脉硬化以及乳腺癌、前列腺癌、结肠癌等肿瘤疾病。西方医学专家认为，亚洲妇女中乳腺癌和心血管病患者明显低于欧洲妇女，这与她们平时常吃豆腐和其他豆制食品有关。

葛根异黄酮是从野生葛根中提取得到的一种类异黄酮类化合物，主要成分为大豆素、大豆苷（daidzin）、葛根素、葛根素 -7- 木糖苷（puerarin-7-xyloside）等。研究表明，葛根异黄酮具有能改善微循环、扩张冠状动脉、增加脑和冠状动脉血流量、减慢心率等作用，可用于治疗酒精中毒、动静脉阻塞、突发性耳聋、心肌梗死、冠心病、心绞痛、高血压、高血脂等病症。

二氢异黄酮类可看作是异黄酮类 C2-C3 双键被还原成单键的一类化合物，如中药广豆根中的紫檀素就属于二氢异黄酮的衍生物。

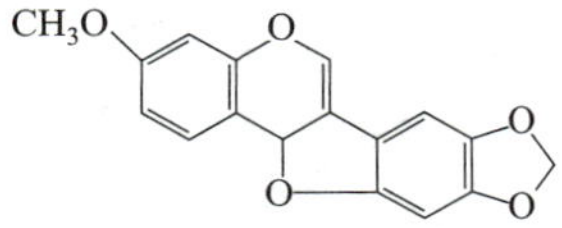

紫檀素

11.2.4.4　花色素类

花色素（anthocyanidin）又称为花青素，是自然界中一类广泛存在于植物花、果、叶、茎中的水溶性天然色素，是花色苷（anthocyanin）水解而得的有颜色的苷元。水果、蔬菜、花卉中的主要呈色物质大部分与之有关。在植物细胞液泡不同的 pH 值条件下，花青素使花瓣呈现五彩缤纷的颜色。花色素和花色苷类大多溶于水、乙醇等亲水性溶剂，不溶于乙醚、苯、氯仿等。花色素是形成植物蓝、红、紫色的色素，主要包含飞燕草素（delphinidin）、矢车菊素（cyanidin）、天竺葵素（pelargonidin）等。

$$
\begin{array}{ll}
R^1=R^2=OH & \text{飞燕草素} \\
R^1=OH,\ R^2=H & \text{矢车菊素} \\
R^1=R^2=H & \text{天竺葵素}
\end{array}
$$

花色素作为一种天然食用色素，安全、无毒、资源丰富，具有抗氧化、抑制血压上升、改善视觉、抑制糖尿病等多种生理作用。

11.2.4.5　黄烷 -3- 醇和黄烷 -3,4- 二醇类

儿茶素（catechin）为黄烷 -3- 醇的衍生物，在植物体中主要存在（+）- 儿茶素（catechin）和（-）- 表儿茶素（epicatechin）两种异构体。儿茶素的结构中 C2 和 C3 是两个不对称碳原子，因而具有旋光特性，具有 4 个（2n）旋光异构体。

儿茶素无色，溶于水，是茶叶的重要成分。具有抗氧化、防治心血管疾病、预防癌症、抗病毒等多种功能。

（+）-儿茶素　　　　　　　　　（-）-表儿茶素

可可色素（cocao pigment）属于 3,4- 二醇类，溶于水、乙醇、丙二醇，为一种天然食用色素。呈巧克力色粉末，无臭，味微苦，易吸潮。巧克力色随 pH 值升高而加深，pH 值小于 4 时会发生沉淀。其主要呈色组分为聚黄酮糖苷。可广泛用作汽水、配制酒、糖果、豆奶饮料、冰淇淋、饼干等各种食品着巧克力色或焦糖色的着色剂。

11.2.4.6　查耳酮和二氢查耳酮类

2'- 羟基查耳酮与二氢查耳酮互为异构体，两者可以相互转化。在酸性条件下为无色的二氢黄酮，碱化后转化为深黄色的 2'- 羟基查耳酮。此类化合物具有许多生理和药理活性。还有一些二氢查耳酮化合物本身具有甜味，可以用作食品添加剂。

二氢查耳酮　　　　　　　　　2'-羟基查耳酮

中药红花中的红花苷为查耳酮类。红花在开花初期，花中主要成分为无色的新红花苷（二氢黄酮类）及微量红花苷，故花冠是淡黄色；开花中期，花中主要成分为黄色的红花苷，故花冠为深黄色；开花后期，变成红色的醌式红花苷，故花冠为红色。

新红花苷（无色）　　　　　　　红花苷（黄色）　　　　　　醌式红花苷（红色）

新橙皮苷二氢查耳酮（neohesperidin dihydrochalcone）分子式为 $C_{28}H_{20}O_{25}$，呈白色针状结晶体，熔点 $152 \sim 154℃$，碘值120，饱和水溶液的pH值6.25，溶于水（25℃，1g/L）、稀碱，在乙醚、无机酸中不溶。较稳定，无吸湿性，属低热量甜味剂。

甜茶中的二氢查耳酮具有无热值和甜味持久性的特征，是理想的无营养甜味剂，其甜度为蔗糖的 300 倍，可直接用于食品，特别适用于低 pH 值的食品。新橙皮苷二氢查耳酮是具有苦味抑制和风味改良的功能性高倍甜味剂，其甜度相当于蔗糖的 1500 ～ 1800 倍，目前作为高倍甜味剂和风味改良剂广泛应用于食品领域中。新橙皮苷二氢查尔酮在欧洲早已广泛用于食品、饮料和牙膏等盥洗用品中作为甜味剂以取代糖精钠。它对人体十分安全，至今未见有任何关于它的毒副作用的报道。已载入欧洲药典和获得美国 FDA 的批准用于风味改良。

概念检查 11.2

○ 判断题

1. 黄酮、黄酮醇及其苷类多显示橙黄~黄色。

2. 黄酮中的平面性结构分子难溶于水，易溶于有机溶剂。

3. 黄酮类化合物中 γ-吡喃环上的1位氧原子因有未共用的电子对，可与H_2SO_4、HCl 等强酸生成烊盐，表现出强碱性。

○ 简述题

1. 黄酮类化合物的定义。

2. 简述根据黄酮类化合物的性质，分离提纯可采取的方法。

柑橘黄酮：天然宝藏，未来之星

11.3　萜类化合物

萜类化合物（terpenoid）是指具有 $(C_5H_8)_n$ 通式以及其含氧和不同饱和程度的衍生物，可以看成是由异戊二烯或异戊烷以各种方式连接而成的一类天然化合物。萜类化合物多数具有不饱和键，其烯烃类常称为萜烯。萜类化合物在自然界中分布广泛、种类繁多、骨架庞杂，迄今为止已发现的萜类化合物有将近 3 万种之多。萜类化合物除以萜烃类形式存在外，多数以各种含氧衍生物如醇、醛、酮、羧酸及酯等形式存在于自然界，也有少数以含氮和硫的衍生物形式存在。

11.3.1　萜类化合物的结构与分类

从化学结构来看，萜类化合物多是异戊二烯的聚合体及其衍生物，其骨架一般以 5 个碳为基本单位，

少数也有例外。研究证明，甲戊二羟酸（mevalonic acid，MVA）是萜类化合物生物合成途径中关键的前体物。凡由甲戊二羟酸衍生且分子式符合$(C_5H_8)_n$通式的衍生物均称为萜类化合物。萜类化合物结构复杂多样，既有简单的开链碳氢化合物，又有复杂的多元环状化合物。

萜类化合物习惯上按照经验的异戊二烯规律，即分子的碳架有几个C_5H_8及碳环数目进行分类。将含有 1 个C_5H_8单元的萜类称为半萜；含有 2 个C_5H_8单元的称为单萜；含有 3 个C_5H_8单元的称为倍半萜；含有 4 个C_5H_8单元的称为二萜；含有 5 个C_5H_8单元的称为二倍半萜；……以此类推，见表 11-3。同时根据各萜类化合物分子中的碳环的有无和数目多少，进一步分为开链萜（或无环萜）、单环萜、双环萜、三环萜等。

表 11-3　萜类化合物的分类及分布

分　类	碳原子数	通式（C_5H_8）$_n$	分　布
半萜	5	$n=1$	植物叶
单萜	10	$n=2$	挥发油
倍半萜	15	$n=3$	挥发油
二萜	20	$n=4$	树脂、苦味素、植物醇
二倍半萜	25	$n=5$	海绵、植物病菌、昆虫代谢物
三萜	30	$n=6$	皂苷、树脂、植物乳汁
四萜	40	$n=8$	植物胡萝卜素
多聚萜	$7.5 \times 10^3 \sim 3 \times 10^5$	$n>8$	橡胶类、多萜醇

11.3.2　萜类化合物的性质

低分子的单萜和倍半萜类多为具有特殊香气的油状液体，在常温下可以挥发，或为低熔点的固体。单萜的沸点比倍半萜低，并且单萜和倍半萜随分子量和双键的增加、功能基的增多，化合物的挥发性降低，熔点和沸点相应增高。二萜、二倍半萜和三萜多为结晶性固体。

萜类化合物多具有苦味，有的味极苦，所以萜类化合物又称为苦味素。但有的萜类化合物具有强的甜味。大多数萜类含有不对称碳原子，因而具有光学活性。

萜类化合物亲脂性强，难溶于水。随着含氧功能团的增加，水溶性增加。具有内酯结构的萜类化合物能溶于碱水，酸化后又自水中析出。三萜化合物成苷后不再具有结晶性，大多为白色无定形粉末，亲水性增强，几乎不溶于或难溶于极性小的有机溶剂。其他萜类的苷化合物含糖的数量均不多，但具有一定的亲水性，能溶于热水，易溶于甲醇、乙醇溶液，不溶于亲脂性的有机溶剂。

萜类化合物对热、光和酸碱较为敏感，或氧化或重排，引起结构的改变。另外，三萜皂苷还具有一定的吸湿性。

萜类化合物含有双键或羰基，可与某些试剂发生加成反应，其产物往往具有结晶性。萜类成分还可被不同的氧化剂在不同的条件下氧化，生成不同的氧化产物。另外，萜类还可以发生脱氢反应和分子重排反应等。三萜类化合物及其皂苷在无水条件下与强酸（硫酸、磷酸、高氯酸）、中等强酸（三氯乙酸）或 Lewis 酸（氯化锌、三氯化铝、三氯化锑）作用，会产生颜色变化或荧光。此外，三萜皂苷还具有表面活性和遇金属盐沉淀的性质。

11.3.3　萜类化合物的分离、纯化、结构鉴定和分析方法

萜类化合物种类繁多、骨架庞杂、结构复杂，因此萜类化合物的提取分离方法也就因其结构类型的不同而呈现多样化。

萜类化合物的提取常采用溶剂提取法。非苷形式的萜类化合物多具有较强的亲脂性，易溶于氯仿、乙醚、乙酸乙酯、苯等有机溶剂；成苷的萜类化合物极性增强，可以采用纯水或醇提取。此外可利用内酯化合物在热碱液中开环成盐而溶于水中，酸化后又闭环析出原内酯化合物的特性，来提取倍半萜类内酯化合物。有些萜类化合物遇酸、碱易发生结构变化，因此，在提取之前应尽量避免酸、碱处理，而且宜选用新鲜原料。另外，提取萜类皂苷之前须破坏原料中酶的活性，提取时避免接触酸，以防目的物质发生水解。溶剂提取时还可用超声波、微波等作为辅助手段，以提高效率。近些年发展起来的超临界 CO_2 流体萃取法用来提取萜类化合物也收到了不错的效果。

萜类化合物的分离和纯化常采用硅胶或氧化铝吸附色谱法、反相柱色谱法和凝胶色谱法。吸附柱色谱常用的、应用最多的吸附剂是硅胶。萜类化合物的柱色谱分离一般选用非极性有机溶剂作洗脱剂。实际工作中常选用混合溶剂，而且要根据被分离物质的极性大小来考虑。用色谱法分离萜类化合物通常采用多种色谱法相结合的方法，即一般先通过硅胶柱色谱进行分离后，再结合低压或中压柱色谱、反相柱色谱、薄层制备色谱、高效液相色谱或凝胶色谱等方法进行进一步的分离。近些年发展起来的高效液液分离的方法也常用来分离萜类化合物。高速逆流色谱（high-speed countercurrent chromatography，HSCC）已成功应用于萜类化合物的分离和纯化。

萜类化合物是目前研究的热点之一，其结构的研究离不开现代波谱分析技术。具有共轭双键的萜类化合物在紫外光区具有吸收峰，因此紫外光谱在萜类化合物结构鉴定中具有一定的意义。链状萜类的共轭双键体系在 λ_{max} 217～228nm 处有最大吸收；共轭双键体系在环内时，最大吸收波长出现在 λ_{max} 256～265nm 处；共轭双键有一个在环内时，最大吸收波长出现在 λ_{max} 230～240nm 处。红外光谱主要用来检测化学结构中的官能团。萜类化合物中多存在双键、共轭双键、甲基、偕二甲基、环外亚甲基或含氧官能团等，一般能很容易分辨出来。红外光谱在确定萜类内酯的存在及内酯环的种类上也具有实际意义。在萜类化合物的结构分析中质谱的作用实际上只是提供一个分子量而已，因为在电子轰击下能够裂解的化学键较多，重排常有发生，裂解方式复杂，常常很难判断离子的来源和结构。核磁共振谱（NMR）对于萜类化合物的结构鉴定来讲是最为有力的工具，特别是近十年来发展起来的具有高分辨能力的超导核磁分析技术和 ^2D NMR 相关技术的开发和应用，不但提高了谱图的质量，而且提供了更多的结构信息。对于结构复杂的萜类化合物，仅靠单纯的氢谱或碳谱分析鉴定出的结构往往不准确，必须依赖 ^2D NMR 技术的应用。

次生代谢产物与诺贝尔奖

11.3.4　食品中常见的萜类化合物

11.3.4.1　单萜类化合物

单萜类化合物（monoterpenoid）由两个异戊二烯单元构成。根据两个异戊二烯单元的连接方式不同，单萜又可以分为链状单萜、单环单萜和双环单萜。

（1）链状单萜化合物　链状单萜类化合物具有如下的碳架结构：

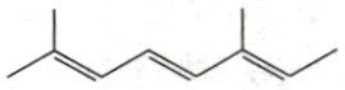

这是两个异戊二烯头尾相连而成。

很多香精的主要成分都是链状单萜，如月桂油中的月桂烯、玫瑰油中的香叶醇、橙花油中的橙花醇、柠檬油中的柠檬醛（α-柠檬醛和β-柠檬醛）、玫瑰油及香茅油中的香茅醇等。它们很多是含有多个双键或氧原子的化合物，其结构如下。

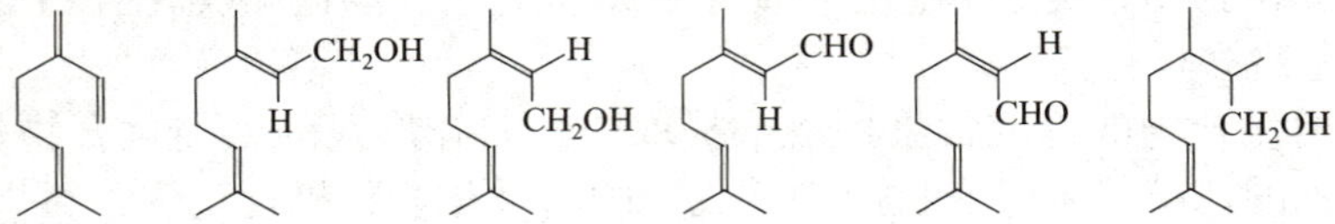

月桂烯　　香叶醇　　　橙花醇　　　α-柠檬醛　　β-柠檬醛　　香茅醇

这些链状单萜都可以用来制备香料，其中柠檬醛还是合成维生素 A 的重要原料。

（2）单环单萜类化合物　单环单萜的基本骨架是两个异戊二烯之间形成一个六元环状结构，其饱和烷烃称为萜烷（terpane），其主要衍生物是 3-萜醇（薄荷醇）和苧烯（limonene）。

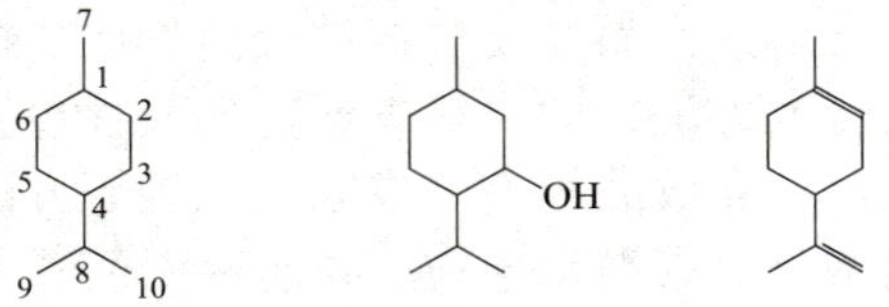

萜烷(1-甲基-4-异丙基环己烷)　　3-萜醇　　苧烯(1,8-萜二烯)

3-萜醇俗名为薄荷醇（menthol），是薄荷油的主要成分。

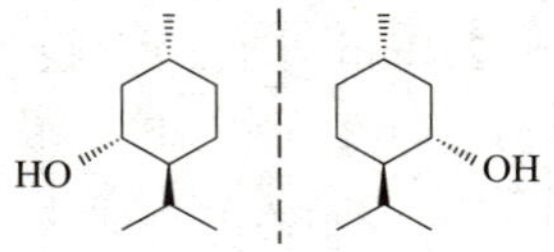

(−)-薄荷醇　　　(+)-薄荷醇

（−）-薄荷醇又称为薄荷脑，是低熔点的固体，具有穿透性的芳香、清凉气味，有杀菌、防腐作用和局部止痛、止痒的效力。广泛应用于医疗、化妆品及食品工业中。

🔖 概念检查 11.3

○ 萜类化合物的分类方法。

11.3.4.2　其他萜类化合物

（1）倍半萜和二萜

① 倍半萜（sesquiterpene）　倍半萜类是含有 3 个异戊二烯单元的萜类化合物，具有链状和环状结构，基本碳架在 48 种以上。倍半萜类多数为液体，存

在于挥发油中。它们的含氧衍生物（醇、酮、内酯）也广泛存在于挥发油中。

没药烯（bisabolene）：是植物界分布广泛的倍半萜烃。在没药油、各种柠檬油、松叶油、檀香油、八角油等多种挥发油中均含有没药烯。

金合欢烯（farnesene）：最初由金合欢醇制备，在姜、杨芽、依兰及洋甘菊花的挥发油中均含有，有α、β 式，在啤酒花挥发油中为 β- 金合欢烯。

姜烯（zingiberene）：存在于生姜、莪术、姜黄、百里香等挥发油中。其药效是祛风散寒、温味解表，既可以增进食欲，又有镇呕止吐的作用。

芹子烯（selinene）：在芹菜种子挥发油中含有。

β- 丁香烯（β-caryophyllene）：在丁香油、薄荷油中含有。

葎草烯（humulene，α-caryophyllene）：在啤酒花挥发油中含有，为 β- 丁香烯十一碳大环异构物。

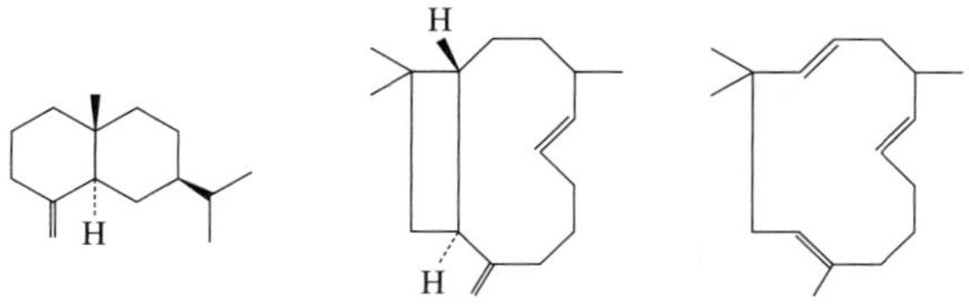

β- 芹子烯　　　　β- 丁香烯　　　　葎草烯

② 二萜（diterpene）　二萜是由 4 个异戊二烯单元聚合成的衍生物，具有多种类型的结构。多数已知的二萜类都是二环和三环的衍生物。二萜类由于分子较大，多数不能随水蒸气挥发，是构成树脂类的主要成分。

叶绿素水解产物植物醇（phytol）是一个链状二萜。

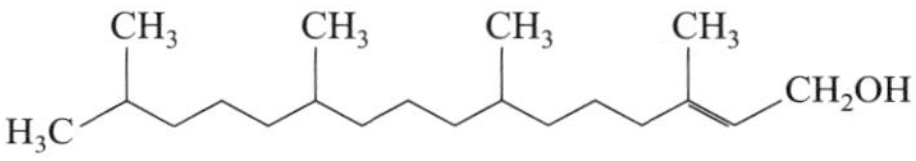

植物醇

维生素 A（vitamin A），为单环二萜醇，包括 A_1 和 A_2 两种。维生素 A_2 比维生素 A_1 多一个双键，它的生物活性只有维生素 A_1 的一半。通常所说的维生素 A 是指维生素 A_1。

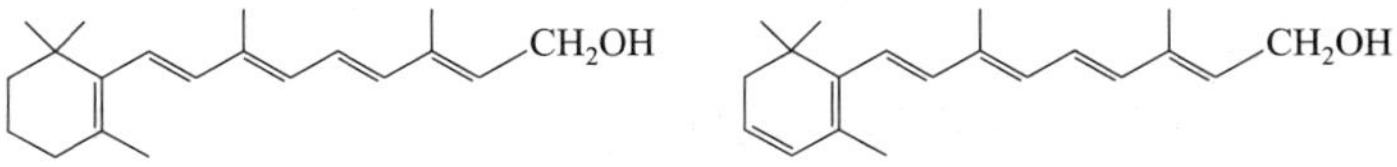

维生素 A_1　　　　　　　　维生素 A_2

甜叶菊糖苷（甜菊苷，stevioside）是甜叶菊叶片中含有的甜味物质。甜菊苷是二萜的三糖苷，为白色晶体，相对分子质量 803，熔点 196℃。可溶于水，其分子式为 $C_{38}H_{60}O_{18}$。甜菊苷的甜度约为蔗糖的 300 倍，是一种无毒、天然的有机甜味剂。甜菊苷在人体内不参与代谢，不提供热量，并有一定的药理作用，因而日益引起人们的关注和重视。

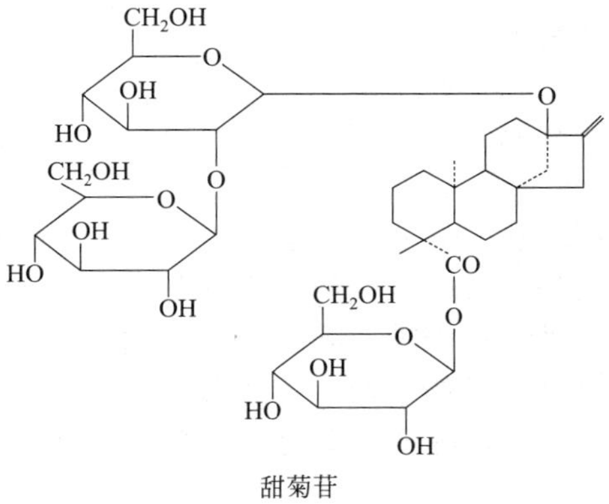

甜菊苷

（2）三萜和四萜

① 三萜（triterpene） 三萜类化合物是由 6 个异戊二烯单元组成的物质。广泛存在于动植物体内，以游离状态或成酯或苷的形式存在。

角鲨烯（squalene）是存在于鲨鱼的鱼肝油、油茶籽油、橄榄油、菜籽油中的一个链状三萜，它是由一对 3 个异戊二烯单元头尾连接后的片段互相对称连接而成，具有降低血脂和软化血管等作用，被誉为"血管清道夫"。

甘草中的甘草酸（glycyrrhizic acid），因其味甜又称为甘草甜素。在酸性条件下水解得到的苷元称为甘草次酸（glycyrrhetinic acid），可溶于乙醇和氯仿，是一个五环三萜化合物。

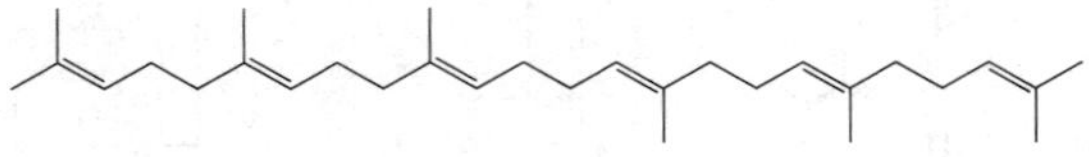

角鲨烯

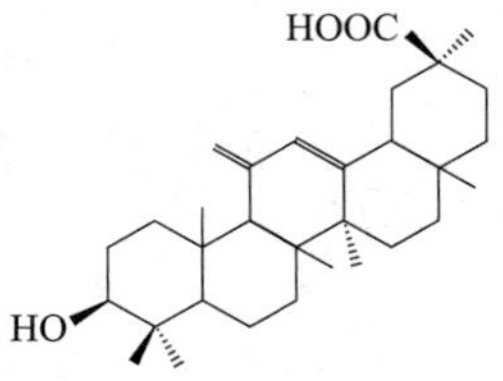

甘草次酸

山楂酸（maslinic acid）属于三萜酸类物质，为齐墩果酸衍生物。研究表明，山楂酸具有抗氧化、控制调节血糖水平和抑制艾滋病病毒等作用。

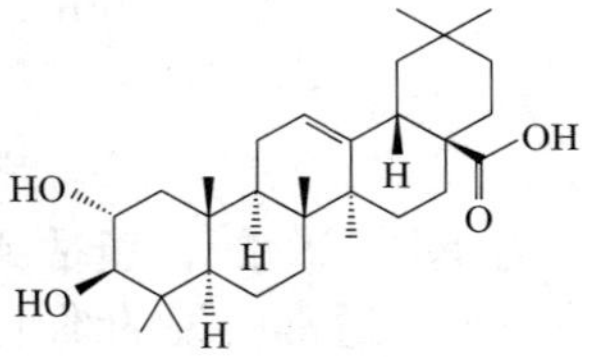

山楂酸

人参总皂苷是十几种皂苷的混合物。根据苷元的不同，可将人参皂苷（ginsenoside）分成 A、B、C 3 种类型。A、B 型都属于达玛烷型三萜，C 型是齐墩果酸型三萜。

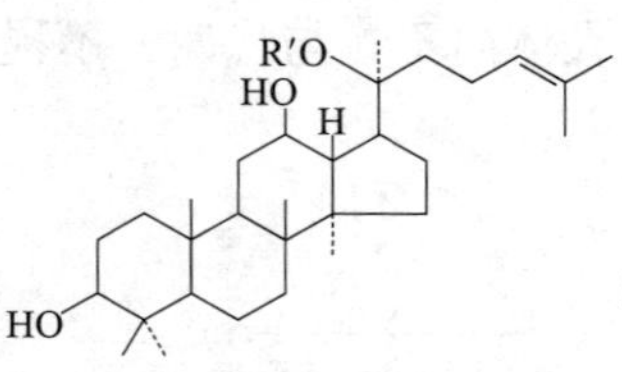

人参皂苷二醇(A型) 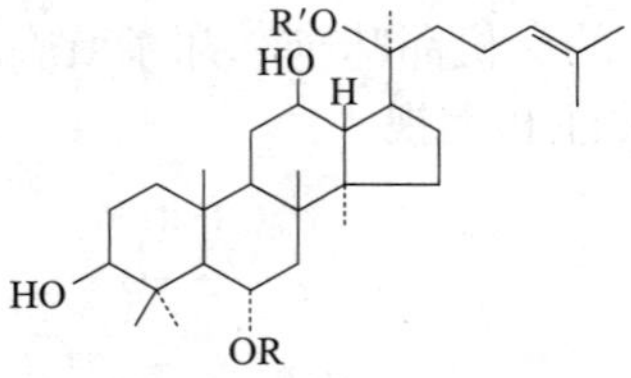   人参皂苷二醇（B型） 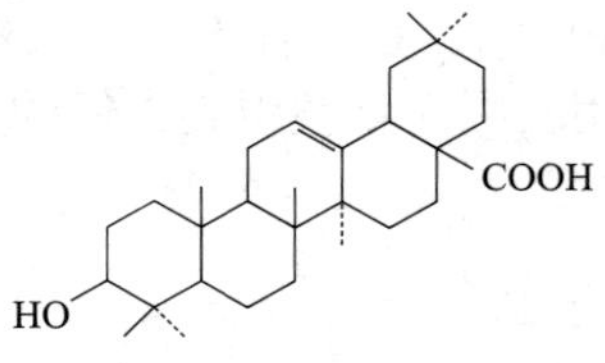   齐墩果酸（C型）

大豆皂苷（soyasaponin，SS）是从大豆中提取出来的化学物质，其分子由低聚糖与齐墩果酸型三萜连接而成；其水溶性组分主要为糖类，如葡萄糖、半乳糖、木糖、鼠李糖、阿拉伯糖和葡萄糖醛酸等。纯的皂苷是一种白色粉末，味苦而辛辣，其粉末对人体各部位的黏膜均有刺激性。皂苷可溶于水和稀醇，难溶于乙醚、苯等极性小的有机溶剂。

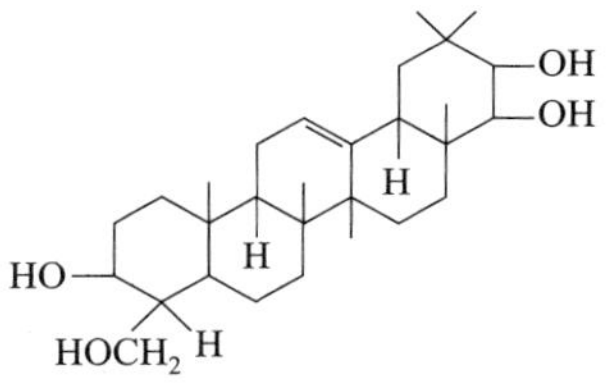

大豆皂苷元 A 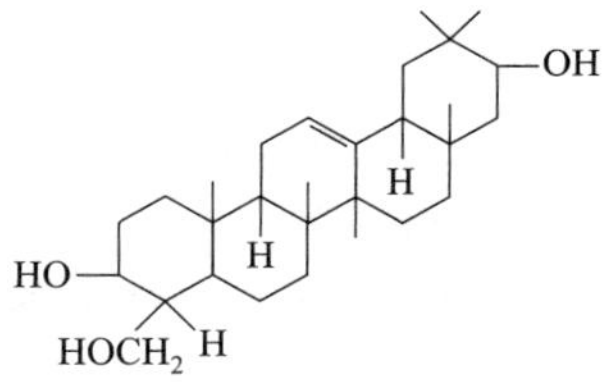　　　　　　　　大豆皂苷元 B 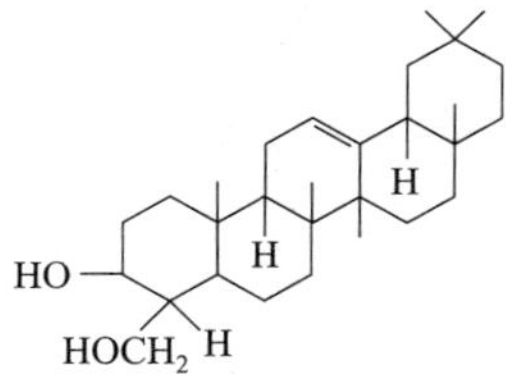　　　　　　　　大豆皂苷元 C

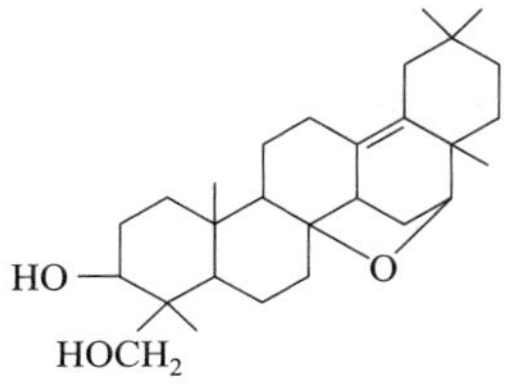

大豆皂苷元 D 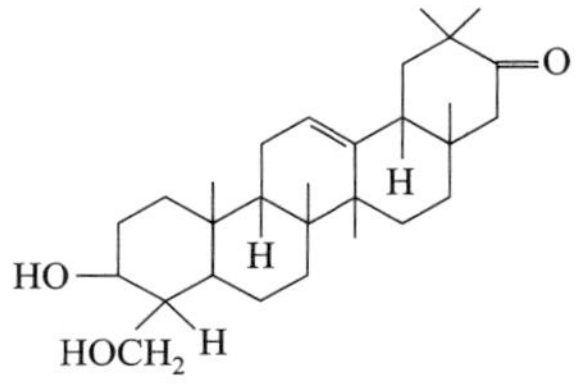　　　　　　　　　大豆皂苷元 E

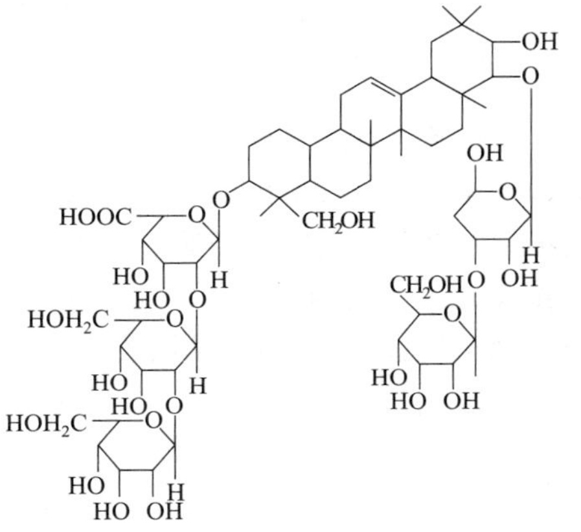

大豆皂苷 A₁　　　　　　　　　　大豆皂苷 A₂

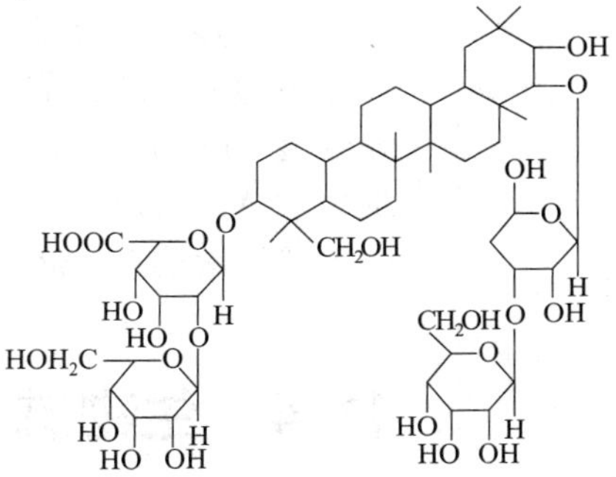

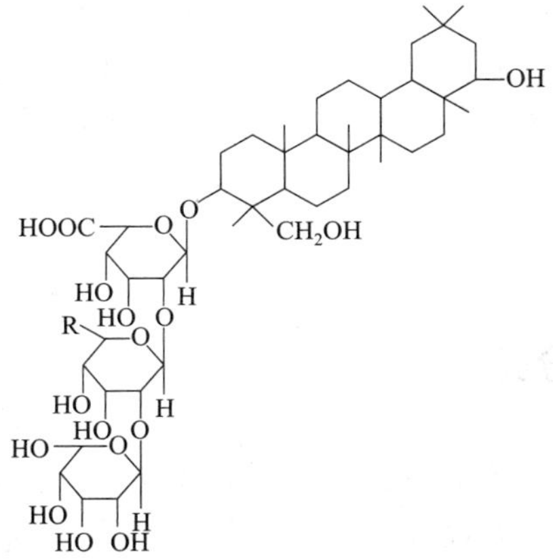

R=CH₂OH：大豆皂苷 B Ⅰ　　R=H：大豆皂苷 B Ⅱ　　　　　大豆皂苷 B Ⅲ

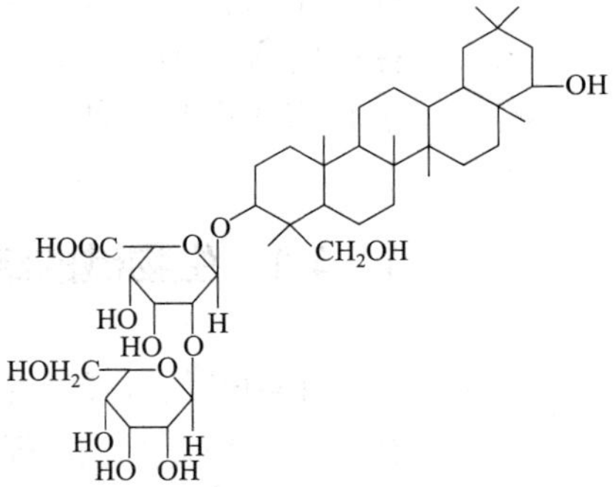

②　四萜（tetraterpene）　四萜类化合物及其衍生物在植物中分布很广，大多数结构复杂。在植物色素中，四萜色素是含 40 个碳的共轭烯烃或其含氧衍生物，分子中含有 8 个异戊二烯单元。如胡萝卜素（carotene）、番茄红素（lycopene）及叶黄素（lutein）。

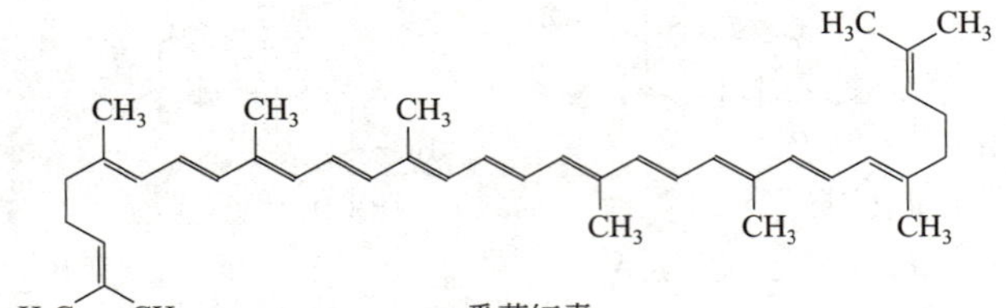

番茄红素

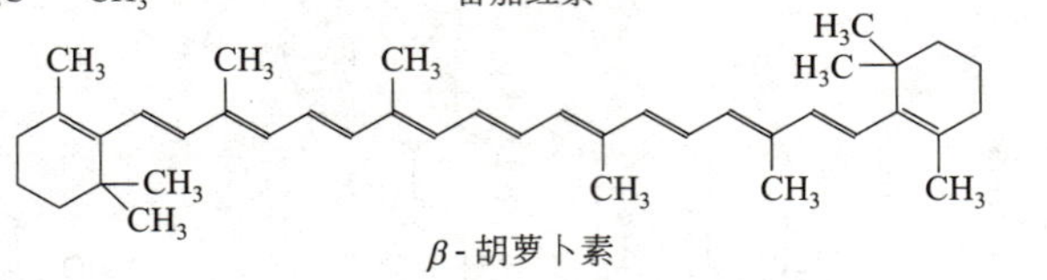

β-胡萝卜素

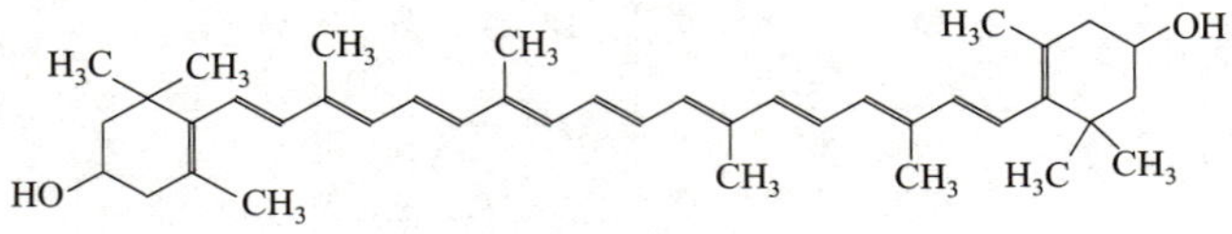

叶黄素

共轭多烯系统是分子中的发色团，所以又称为多烯色素。广泛存在于胡萝卜等植物体内的 β-胡萝卜素熔点184℃，是黄色素，可作食品色素用。位于多烯碳链中间的烯键很容易断裂，在动物和人体内经酶催化可氧化裂解成两分子维生素 A，所以称之为维生素 A 元（原）。存在于番茄、西瓜、柿子等水果中的番茄红素熔点168～169℃，是红色素，可用作食用色素。

11.4　生物碱

在生物体内具有含氮碱基的有机化合物，能与有机酸反应生成盐类，将此类化合物称为生物碱（alkaloid）。生物碱的分子构造多数属于仲胺、叔胺或季铵类，少数为伯胺类。它们的构造中常含有杂环，并且氮原子在环内。生物碱存在于植物体的叶、树皮、花朵、茎、种子和果实中，分布不一。一种植物往往同时含几种甚至几十种生物碱。至今已分离出来的生物碱有数千种，其中用于临床的有几百种。

11.4.1　生物碱的结构与分类

生物碱的分类方法有多种，较常用的分类方法是根据生物碱的化学构造进行分类。根据它们的基本结构，大致可分为以下主要类型：①有机胺类；②吡咯衍生物类；③吡啶衍生物类；④莨菪烷衍生物类；⑤喹啉衍生物类；⑥异喹啉衍生物类；⑦吲哚衍生物类；⑧嘌呤衍生物类；⑨甾体衍生物类；⑩吖啶酮衍生物类；⑪咪唑衍生物类；⑫喹唑啉生物碱类；⑬萜生物碱类；⑭大环生物碱类。

常见氮杂环类生物碱基本母核类型如图 11-1 所示。

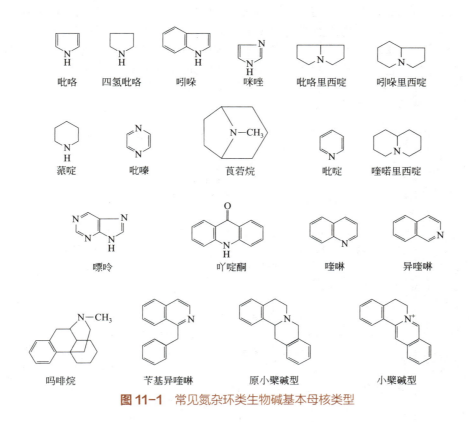

图 11-1 常见氮杂环类生物碱基本母核类型

11.4.2 生物碱的理化性质

生物碱大多为无色结晶性化合物（少数为液体），味苦，易溶于有机溶剂，一般不溶于水。除酰胺生物碱外均为碱性，大多能与无机酸或有机酸生成盐而溶于水。但生物碱与某些特殊无机酸（如硅钨酸和磷钨酸）及一些有机酸（如苦味酸等）成盐后不溶于水。

 概念检查 11.4

○ 咖啡因和茶碱是属于什么类型的生物碱？

11.4.3 生物碱的分离、纯化、结构鉴定和分析方法

生物碱在植物体内常与有机酸结合成盐，所以提取时可直接用乙醇、稀乙醇（60%～80%）、水或酸水（一般用 0.5%～1% 硫酸或盐酸）浸提。提取液蒸馏除去水或乙醇后，将所得胶质用 2% 稀酸水提取生物碱。也可将稀醇提取液通过大孔树脂柱吸附，而后用水洗净柱体，再用稀酸洗脱，浓缩可得总碱。如用不同浓度的醇洗脱，分别浓缩，则可初步分离总碱。也可将酸水液与阳离子交换树脂（多采用

磺酸型）进行交换，与非生物碱成分分离，交换后的树脂用碱液或 10% 氨水碱化，再用有机溶剂（如乙醚、氯仿、甲醇等）洗脱，回收有机溶剂得总生物碱。季铵生物碱因易溶于碱水中，除用离子交换树脂外，往往难以用一般溶剂法将其提取出来，此时常采用沉淀法进行提取。图 11-2 为生物碱的一般分离流程。

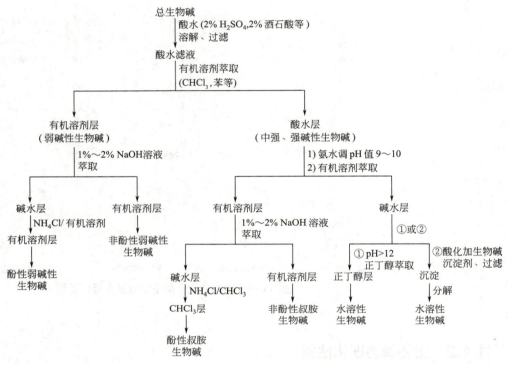

图 11-2　生物碱的一般分离流程

　　生物碱的分离方法很多，既有经典的分离方法如溶剂萃取法、蒸馏法、沉淀法、盐析法、结晶法、膜渗透升华法等，也有较为现代、先进的分离方法如色谱分离法。硅胶柱色谱分离法主要利用二氧化硅作为填料，既能用于非极性生物碱也能用于极性生物碱，而且成本低，操作方便，是常见的生物碱的分离方法。离子交换树脂主要是通过静电引力和范德华力达到分离纯化化合物的目的。高速逆流色谱分离法（HSCCC）是一种新的分离技术，它对生物碱的分离和制备具有很大的优势，特别是对进样量较大的样品具有独特的优点，其应用前景越来越引人注目。

　　生物碱的结构鉴定与测定方法包括化学法与波谱法。20 世纪 60 年代以前以化学法为主，经脱氢、氧化降解、官能团分析、全合成等步骤测其结构。后来波谱法不断发展，迄今已取代经典化学方法而居首位。最常用的波谱法有 UV、IR、MS 和 NMR（^{1}H、^{13}C 和 ^{2}D）谱。生物碱的光谱特征规律性较差，在此不做赘述，有兴趣的读者可参考相关书籍。

　　生物碱还可用颜色反应来鉴别：使生物碱溶于 5% 盐酸中，加入碘化汞钾试剂，有白色沉淀生成；或将试样溶液滴在滤纸上，滴加碘化铋钾试剂或碘 - 碘化钾试剂，显棕色或橙色斑点为阳性反应。

11.4.4　食品中常见的生物碱

茶叶中的咖啡因（caffeine）和茶碱（theophylline）为嘌呤类生物碱，均为无色针状晶体，味苦。咖啡因具有兴奋中枢神经、扩张冠状血管及末梢血管的作用。茶碱具有松弛平滑肌和横纹肌、抑制肾小管吸收、增加胃肠分泌的作用。可可豆中的可可碱（theobromine）与茶碱是同分异构体，为白色粉末状结晶，味苦。

香菇、黑木耳和灵芝等真菌含有腺嘌呤（adenine）及腺嘌呤核苷（adenosine），是重要的抗血小板凝固因子，因而具有降低血清胆固醇、降低血压以及增加血管通透性的作用。

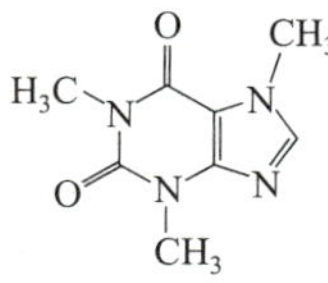

咖啡因 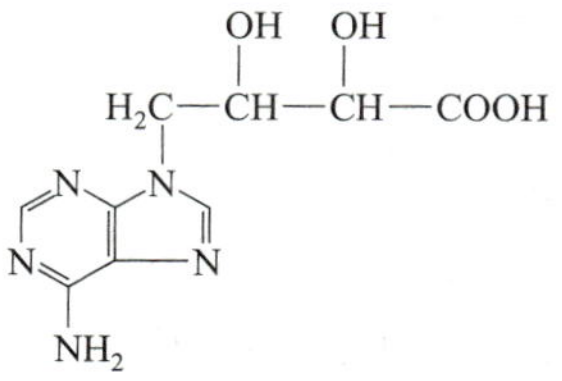　　　　香菇嘌呤 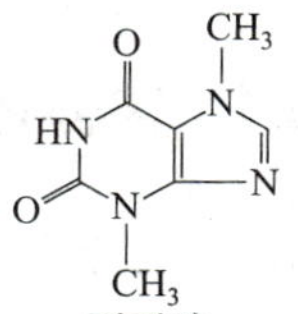　　　　可可碱 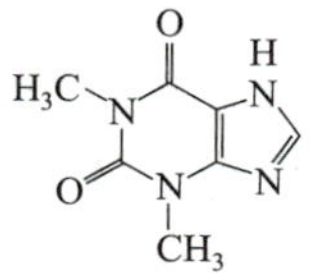　　　　茶碱

茄中的葫芦巴碱（trigonelline）、腺嘌呤和茄碱（solanine，又名龙葵碱），百合中的秋水仙碱（colchicine），甜菜中的甜菜碱（betaine）都具有抗肿瘤活性。

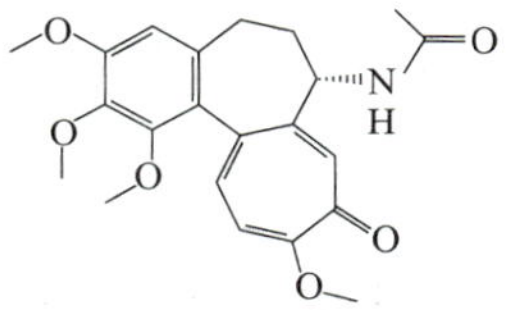

秋水仙碱 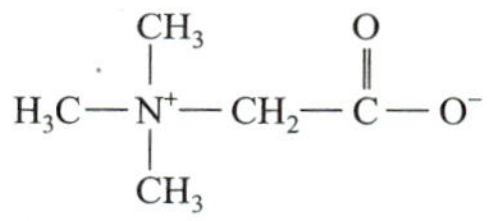　　　　　　甜菜碱 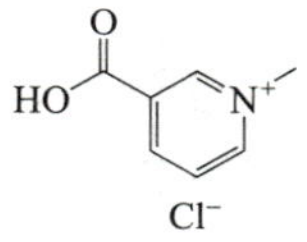　　　　　　葫芦巴碱

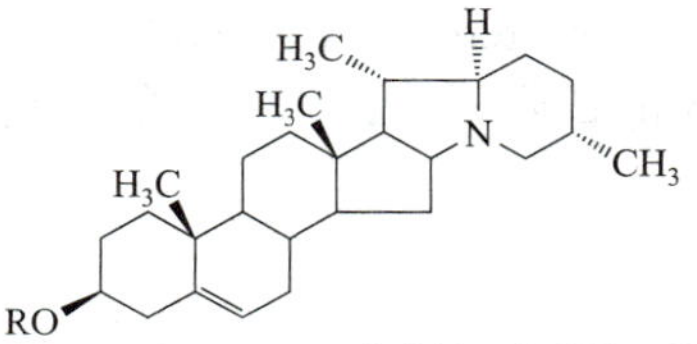

R=H:（茄啶：solanidine）　　R= 半乳糖 – 葡萄糖 – 鼠李糖苷：龙葵碱

L- 肉毒碱（L-carnitine）是动物肌肉中的季铵盐类生物碱，在生物体内能将脂肪酰基转运通过线粒体膜，有利于脂肪酸的氧化供能，是脂肪氧化分解的促进剂，因而具有减肥作用，并能在体育运动中提高体力和消除疲劳。L- 肉毒碱多存在于肉类食品中，每 100g 牛肉含 130.7mg，而蔬菜、水果中几乎没有。

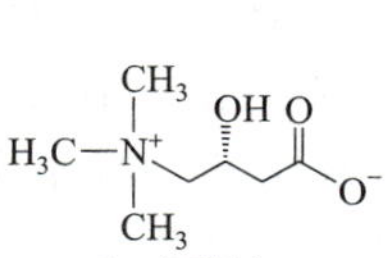

L- 肉毒碱

胡椒碱（piperine）存在于胡椒科植物胡椒（*Piper nigrum* L.）的干燥近成熟或成熟果实中。为白色晶体粉末，熔点 130 ～ 133℃。溶于乙酸、苯、乙醇和氯仿，微溶于乙醚。

辣椒碱（capsaicine）是辣椒中含有的一种极其辛辣的香草酰胺类生物碱，是以优质干红辣椒为原料，采用改性溶剂法，通过粉碎、萃取、分离、浓缩、精制、纯化而得到的片状或针状晶体。由于在医药保健、军事防卫等较多方面的用途，辣椒碱在市场上素有"软黄金"之称。辣椒碱纯品为白色片状或针状晶体，易溶于甲醇、乙醇、丙酮、乙醚等有机溶剂，也溶于碱性溶剂；易在乙醚中结晶析出，熔点在 64℃左右。在高温下会产生刺激性气味。

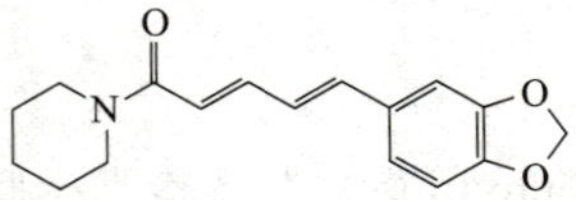

胡椒碱 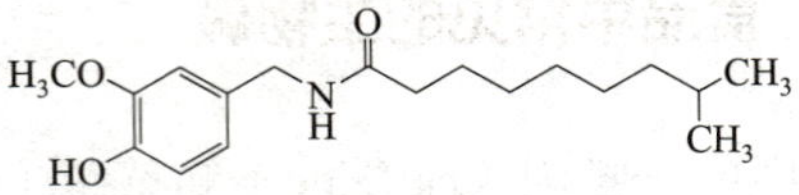   辣椒碱

11.5   其他次生代谢产物

食品中除上述常见次生代谢产物外，还有其他一些次生代谢产物。如甾体化合物、含硫化合物、醌类和蒽类衍生物、香豆素类等。

11.5.1   甾体化合物

甾体化合物是广泛存在于自然界中的一类天然化学成分，包括植物甾醇、胆汁酸、昆虫变态激素、强心苷、甾体皂苷、甾体生物碱、蟾毒配基等。尽管种类繁多，但它们的结构中都具有环戊烷并多氢菲的甾体母核。

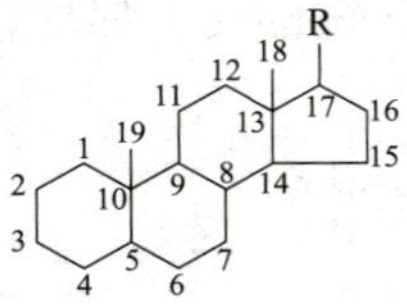

甾体母核结构

甾体化合物在动物、植物及微生物组织中均有分布。如动物体内的某些激素、胆固醇、植物固醇及某些真菌中存在的甾体皂苷等。

胆固醇（cholesterol）在人和动物体内主要以脂肪酸酯的形式存在，是真核生物细胞膜的重要成分，生物膜的流动性与其密切相关。

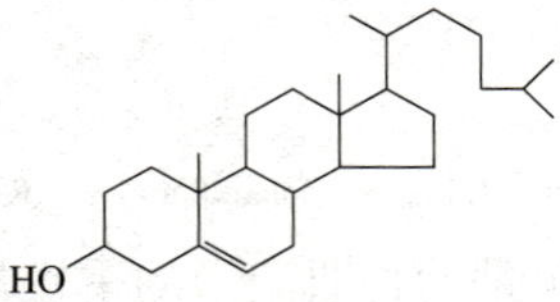

胆固醇

维生素 D（vitamin D）为固醇类衍生物，具抗佝偻病作用。维生素 D 均为不同的维生素 D 原经紫外线照射后生成的衍生物。植物不含维生素 D，但维生素 D 原在动、植物体内都存在。维生素 D 是一种脂溶性维生素，有 5 种化合物，对健康关系较密切的是维生素 D_2 和维生素 D_3。它们有以下特性：①存在于部分天然食物中；②受紫外线照射后，人体内的胆固醇能转化为维生素 D。

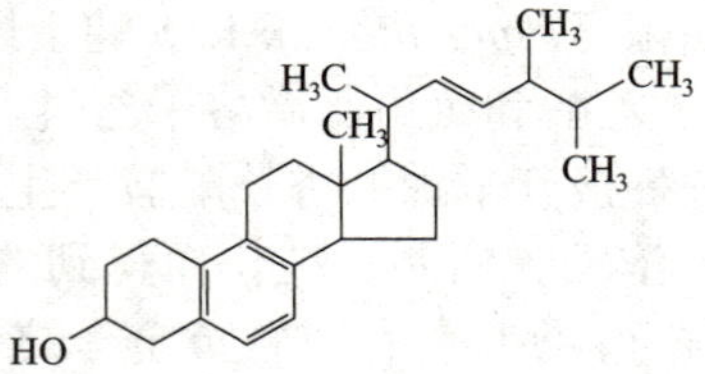

维生素 D_2 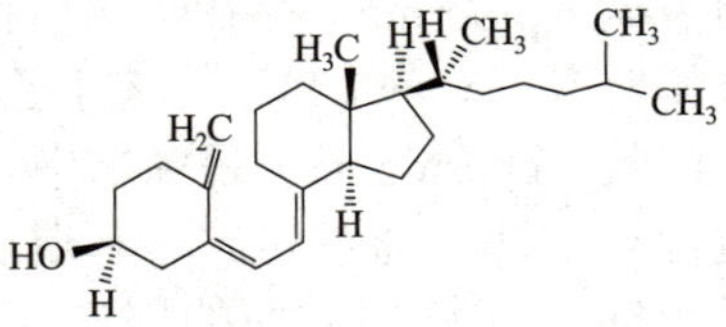   维生素 D_3

　　植物甾醇是指由含有氢化程度不同的 1,2- 环戊并菲甾核作为分子骨架，在甾核上一般还含有 3 个侧链的一大类化合物。通式中 R^1、R^2 表示甲基或氢原子，R^3 为 8 ～ 10 个碳原子构成的烃链，C3 位的羟基位于上方为 β 型，位于下方为 α 型。当 R^1 和 R^2 均为 H 原子时，称为 4- 去甲基甾醇，即狭义上的甾醇，是当今主要开发的植物甾醇。已鉴别出来的这类 R^3 不同的天然甾醇有 160 多种，如 β- 谷甾醇、菜籽甾醇、菜油甾醇、豆甾醇、麦角甾醇等。由于甾醇在结构上极其相似，混合植物甾醇难以分离，故商品植物甾醇一般是甾醇混合物，多是豆甾醇、菜籽甾醇、谷甾醇等的去甲基甾醇混合物。植物甾醇的主要来源是植物油脂。植物毛油中甾醇的含量一般为 0.1% ～ 0.8%。

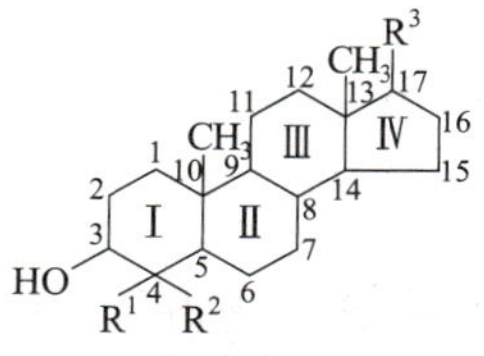

甾醇结构通式　　　　　β- 谷甾烷醇　　　　　β- 谷甾醇

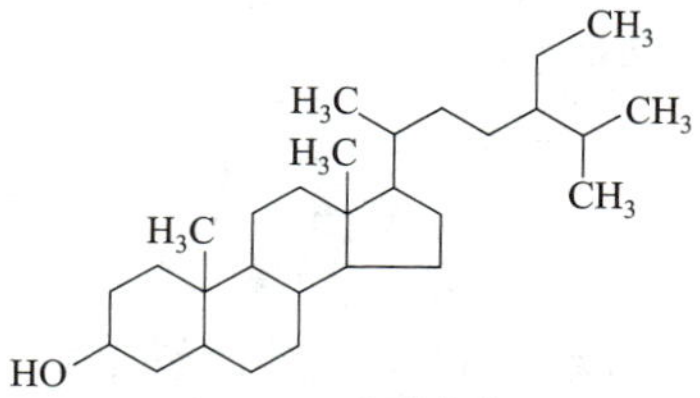

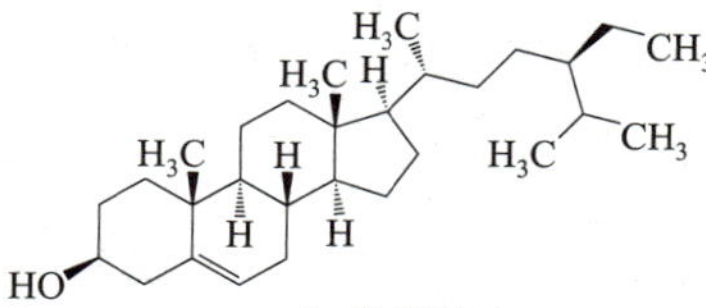

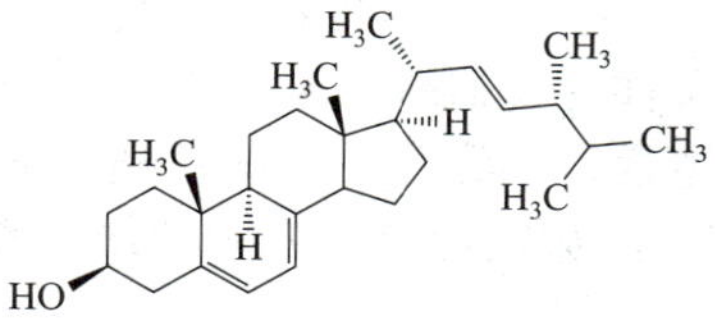

麦角甾醇 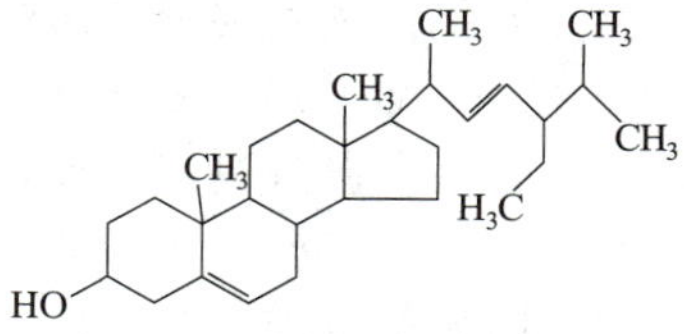　　　　　豆甾醇

11.5.2　有机硫化合物

　　有机硫化合物指分子结构中含有元素硫的一类植物化学物，它们以不同的化学形式存在于蔬菜或水果中。其一是异硫氰酸酯（isothiocyanate，ITC），以葡萄糖异硫氰酸酯（GITC）缀合物形式存在于十字花科蔬菜中，如西兰花、卷心菜、菜花、荠菜和小萝卜；成熟的木瓜果肉中含有异硫氰酸苯甲酯（4 mg/kg），种子中含量比果肉中多 500 倍，高达 2910 mg/kg。其二是葱、蒜中的有机硫化合物，如大蒜是二烯丙基硫醚的主要来源；大蒜精油含有一系列含硫化合物，如烯丙基硫代亚磺酸烯丙酯（大蒜辣素，allicin）、二烯丙基三硫醚、二烯丙基二硫醚等。

烯丙基硫代亚磺酸烯丙酯

二烯丙基三硫醚

二烯丙基二硫醚

　　有机硫化合物的生理作用主要是抑癌和杀菌，如异硫氰酸酯能阻止实验动物肺、乳腺、食管、肝、小肠、结肠和膀胱等组织癌症的发生。

11.5.3　酚和醌类化合物

　　酚及其衍生物种类很多，它们大多具有显著的生理活性。姜酚（gingerol）和姜烯酚（shogaol）是姜的

辣味成分，也是姜的主要活性成分之一。姜黄素（curcumin）是姜黄根茎中的一种黄色素，在郁金香根茎中也有存在，有降血糖和降低血清胆固醇的作用。

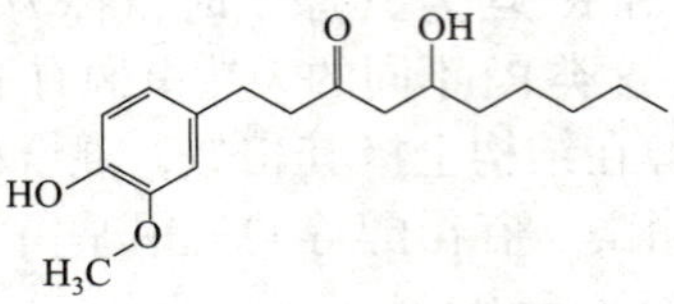

姜酚

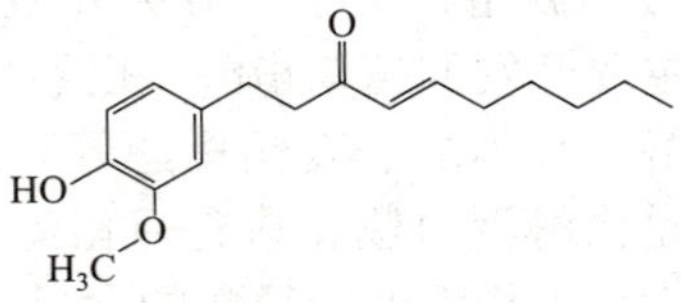

姜烯酚

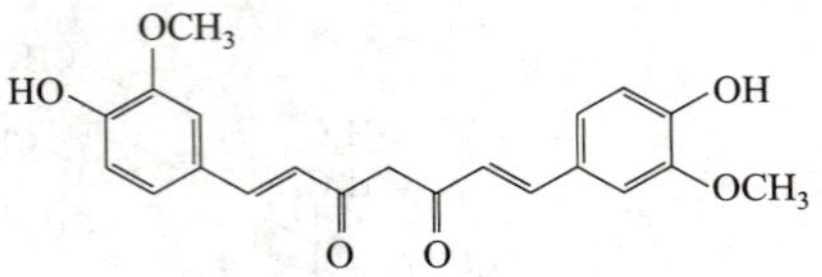

姜黄素

醌类化合物是天然产物中一类比较重要的活性成分，是指分子内具有不饱和环二酮结构（醌式结构）或容易转变成这样结构的天然有机化合物。天然醌类化合物主要分为苯醌、萘醌、菲醌和蒽醌 4 种类型。

维生素 K（vitamin K）又称为凝血维生素，是一种由萘醌类化合物组成的能促进血液凝固的脂溶性维生素，广泛存在于绿色植物如苜蓿、菠菜和动物性食品如猪肝、蛋黄中。1929 年戴姆发现自然界中的维生素 K 有 K_1 和 K_2 两种，均为萘醌类化合物。

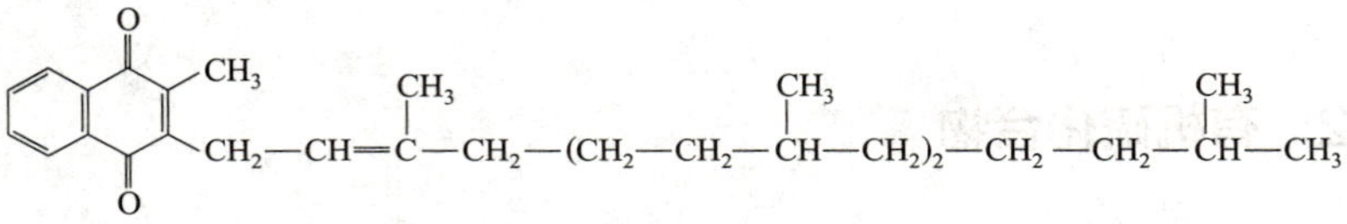

维生素 K_1

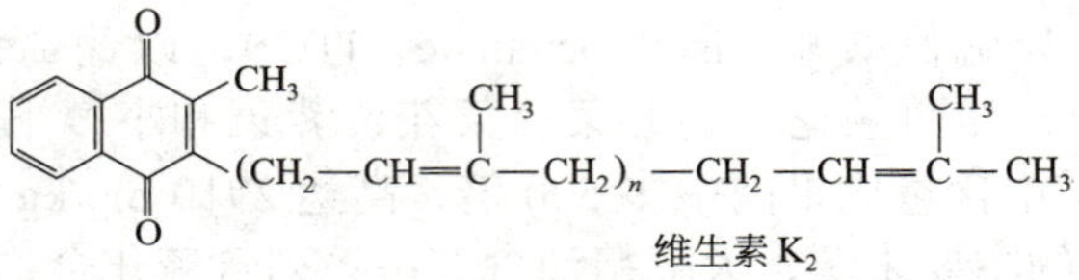

维生素 K_2

胡桃醌（juglone）主要来源于胡桃的叶及未成熟果实，在同属植物山核桃中也存在。胡桃醌有抗出血活性，对细菌和真菌有较强的抑制作用。

芦荟苷（aloin）为蒽醌的还原产物，是芦荟的主要有效成分，含量高达 25%。

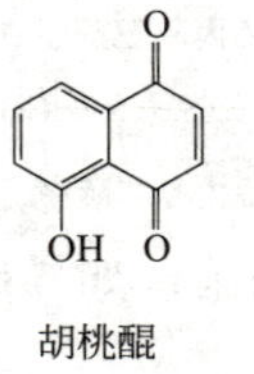

胡桃醌

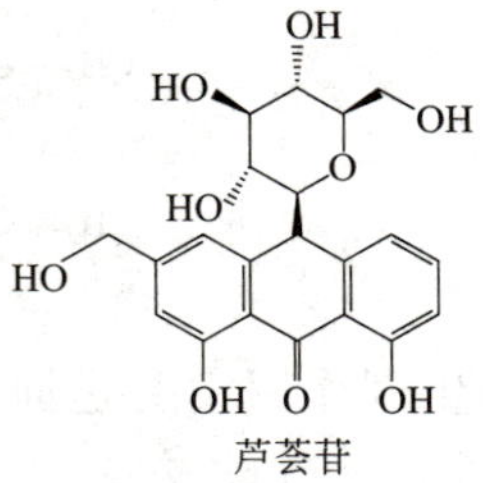

芦荟苷

11.5.4　香豆素和木脂素类

香豆素（coumarin）类化合物是邻羟基桂皮酸内酯类成分的总称。香豆素广泛分布于高等植物的根、茎、叶、花、果实、皮和种子等各部位。7- 羟基香豆素（umbelliferone，伞形花内酯）被认为是香豆素类化合物的母体。伞形科蔬菜如胡萝卜、西芹、芫荽、小茴香等含有香豆素类化合物，柑橘类果实中也含有香豆素类化合物。

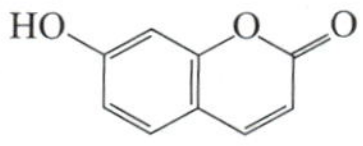

伞形花内酯

木脂素（lignan）是一类由两分子苯丙素衍生物（即 C$_6$-C$_3$ 单体）聚合而成的天然化合物，多数呈游离状态，少数与糖结合成苷而存在于植物的木部和树脂中，故而得名。通常指其二聚体，少数可见三聚体、四聚体。组成木脂素的单体有桂皮酸、桂皮醇、丙烯苯、烯丙苯等。它们可脱氢形成不同的自由基，各自由基相互缩合，即形成各种不同类型的木脂素，结合位置多在 β 位。

亚麻油、芝麻油等食用油中含有不同的木脂素成分。如亚麻木酚素（flax lignan）、芝麻素（sesamin）等。

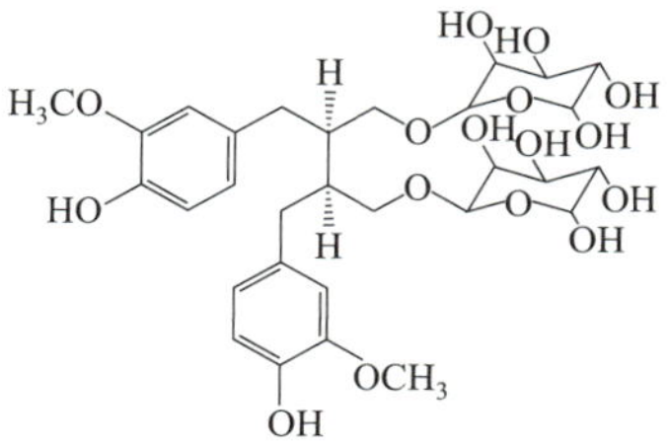

亚麻木酚素 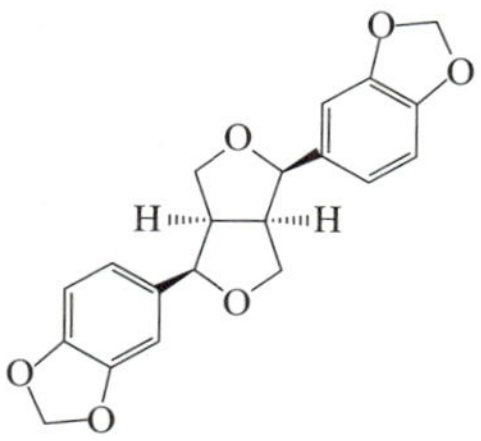　　　　　　　　芝麻素

11.6　本章小结

次生代谢产物，特别是食用植物中的次生代谢产物，是近些年来食品化学与营养学领域的研究热点。

我国有悠久的"药食同源"文化，历来我国劳动人民都把食物作为最好的药物。现代营养学的研究和发展使人们认识到了食物中的六大营养素的功能与性质，但对食物中的次生代谢产物的研究，特别是对它们的功能及作用机理的研究，还不深入、不全面。因此，食物中的次生代谢产物还将是食品化学领域的研究热点。

 总结

○ 次生代谢
· 次生代谢产物是以某些初生代谢产物作为起始原料，通过一系列特殊生物化学反应生成表面上看来似乎对生物体本身无用的化合物。
· 传统分类：苯丙素类、醌类、黄酮类、单宁类、类萜、甾体及其苷、生物碱。
· 根据生源途径：酚类化合物、类萜类化合物、含氮化合物（生物碱）。
· 次生代谢主要途径：桂皮酸途径、莽草酸途径、甲戊二羟酸途径、醋酸−丙二酸途径、氨基酸途径、混合途径。
○ 黄酮类化合物
· 泛指两个苯环（A 与 B 环）通过中央三碳相互连接而成的一类化合物。
○ 黄酮类化合物的性质
· 性状：多为结晶性固体，少数（如黄酮苷类）为无定形粉末。

- 旋光性：二氢黄酮、二氢黄酮醇、黄烷及黄烷醇有旋光性。苷类由于在结构中引入糖的分子，故均有旋光性，且多为左旋。
- 颜色：黄酮类化合物的颜色与分子中是否存在交叉共轭体系及助色团（—OH、—OCH₃）等的类型、数目以及取代位置有关。

○ 黄酮类化合物的分离、纯化、结构鉴定和分析方法
- 根据化合物的极性、酸性、解离性有溶剂萃取、碱提酸沉、离子交换三种提取方法。
- 紫外光谱法（UV），纸色谱（PC）法，薄层色谱（TLC）法，核磁共振（NMR）法。

○ 食品中常见的黄酮类化合物
- 黄酮类：芹菜素、木犀草素。
- 黄酮醇类：槲皮素、杨梅素、芦丁、山柰酚。
- 二氢黄酮类：橙皮苷、甘草素。
- 二氢黄酮醇类：二氢杨梅素、二氢槲皮素、二氢桑色素。
- 异黄酮：大豆异黄酮、葛根异黄酮。
- 二氢异黄酮衍生物：紫檀素。
- 花色素（花青素）：飞燕草素、矢车菊素、天竺葵素。
- 儿茶素、可可色素等。

○ 萜类化合物
- 具有$(C_5H_8)_n$通式以及其含氧和不同饱和程度的衍生物，可以看成是由异戊二烯或异戊烷以各种方式连接而成的一类天然化合物。
- 萜类化合物亲脂性强，难溶于水。
- 萜类化合物对热、光和酸碱较为敏感，或氧化或重排引起结构的改变。

○ 生物碱
- 生物碱是生物体内具有含氮碱基的有机化合物，结构类型多，结构复杂。
- 易溶于有机溶剂，一般不溶于水。多数能与酸反应成盐后溶于水。可用有机溶剂或稀酸提取生物碱。

📝 思考题

1. 什么叫次生代谢？什么叫次生代谢产物？举例说明。
2. 什么是黄酮类化合物？主要有哪些类型？试列举出 5 种以上的黄酮类化合物的结构类型。
3. 萜类化合物如何分类？萜类化合物有哪些理化性质？举例说明食品中的萜类化合物。
4. 什么是生物碱？生物碱有哪些性质？食品中常见生物碱有哪些？
5. 食品中有哪些常见甾体类化合物？食品中存在哪些醌类化合物、香豆素类和木脂素类化合物？
6. 简述食品中常见的次生代谢产物对人体健康的影响。

参考文献

[1]   汪东风, 徐莹 . 食品化学 [M]. 4 版 . 北京 : 化学工业出版社, 2024.
[2]   吴立军 . 天然药物化学 [M]. 6 版 . 北京 : 人民卫生出版社, 2014.
[3]   阚建全 . 食品化学 [M]. 4 版 . 北京 : 中国农业大学出版社, 2021.
[4]   夏延斌, 王燕 . 食品化学 [M]. 2 版 . 北京 : 中国农业出版社, 2015.
[5]   刘湘, 汪秋安 . 天然产物化学 [M]. 3 版 . 北京 : 化学工业出版社, 2022.
[6]   单杨, 刘娟, 王振, 等 . 生物合成柑橘类黄酮研究进展 [J]. 中国食品学报, 2019, 19(11): 1-13.
[7]   Zhao C, Wang F, Lian Y, et al. Biosynthesis of citrus flavonoids and their health effects [J]. Critical Reviews in Food Science and Nutrition, 2020, 60(4): 566-583.
[8]   中国营养学会 . 中国居民膳食营养素参考摄入量（2023 版）[M]. 北京 : 人民卫生出版社, 2023.
[9]   周景文, 陈坚, 吴俊俊 . 黄酮类化合物的合成生物学制造 [M]. 北京 : 化学工业出版社, 2022.
[10]   Kumorkiewicz-Jamro A, Świergosz T, Sutor K, et al. Multi-colored shades of betalains: recent advances in betacyanin chemistry [J]. Natural Product Reports, 2021, 38(12): 2315-2346.
[11]   Rodríguez-Mena A, Ochoa-Martínez L A, González-Herrera S M, et al. Natural pigments of plant origin: Classification, extraction and application in foods [J]. Food Chemistry, 2023, 398: 133908.
[12]   Jurić S, Jurić M, Król-Kilińska Ż, et al. Sources, stability, encapsulation and application of natural pigments in foods [J]. Food Reviews International, 2022, 38(8): 1735-1790.
[13]   Shen N, Ren J, Liu Y, et al. Natural edible pigments: A comprehensive review of resource, chemical classification, biosynthesis pathway, separated methods and application [J]. Food Chemistry, 2023, 403: 134422.
[14]   梁鸣早,刘立新,那中元,等 . 植物次生代谢理论与技术在现代生态农业中的创新应用 [J]. 中国科技成果,2020(13): 7.
[15]   谢明勇 . 高等食品化学 [M]. 北京: 化学工业出版社, 2014.
[16]   马国需 . 天然有机化合物结构解析 : 方法与实例 [M]. 北京: 化学工业出版社, 2021.
[17]   徐静 . 天然产物化学 [M]. 北京: 化学工业出版社, 2021.
[18]   赵鹏 . 植物活性物质关键技术研究 [M]. 北京: 北京理工大学出版社, 2018.
[19]   马立保 . 植物提取物基础理论与应用 [M]. 北京: 化学工业出版社, 2021.
[20]   林标声 . 天然生物活性物质 [M]. 北京: 化学工业出版社, 2023.
[21]   李常风 . 典型天然药物的化学成分及其研究开发新探 [M]. 长春: 吉林大学出版社, 2019.
[22]   赵磊 . 甜叶菊资源综合开发与高值化利用 [M]. 北京: 化学工业出版社, 2021.
[23]   梅晓宏 . 天然产物化学与功能 [M]. 北京: 中国林业出版社, 2020.
[24]   罗婧文, 张玉, 黄威, 等 . 食品中萜类化合物来源及功能研究进展 [J]. 食品与发酵工业, 2019, 45(8): 267-272.

第 12 章　食品添加剂

当你享用美味的冰淇淋时，是否赞叹过冰淇淋的丝滑？你知道是哪种食品添加剂在起作用？请说出冰淇淋中其它食品添加剂以及它们的作用。

无糖饮料是真的没有甜味吗？请列举一些无糖饮料中的食品添加剂。

你会上网搜索食品添加剂的用途吗？你了解食品安全国家标准 GB 2760 吗？

12.1 概述

食品添加剂（food additive）作为食品工业中不可或缺的重要组成部分，被提出的时间不长，但人们实际使用食品添加剂的历史已很久远。譬如做豆腐所用的凝固剂卤水或石膏在 1800 多年前的东汉时期就已经使用；发馒头所用的碱面等。食品添加剂大大促进了食品工业的发展，它是现代食品工业中最有活力、最富有创造力的因子，也是使现代食品工业获取更大经济效益的"秘密武器"，并被誉为现代食品工业的灵魂。

12.1.1 食品添加剂的定义与作用

以前由于各国的饮食习惯不同，食品添加剂的确切定义、使用范围和种类都有一定的差异，给食品的国际贸易造成了很大的障碍。为了解决这个问题，联合国粮农组织（FAO）和世界卫生组织（WHO）对食品添加剂做了如下的定义："食品添加剂通常不作为食品的主要原料，不以食用为目的，并且不一定有营养价值，而在食品生产、制造、处理、加工、充填、包装、运输、保藏时为了对食品的性质产生某种作用或是达到所期望的某种目的有意识地一般以少量添加到食品中去的某些物质。凡是添加物体本身或其产物直接或间接地成为食品的一部分，均为食品添加剂。但是不包括污染物质或为了保持或改善食品营养价值的物质。"

日本食品卫生法规定：食品添加剂是为了食品的加工、保存而在食品中加入、混入或渗入的物质。但如下物质不属于食品添加剂：①干燥剂——把干燥剂放入纸袋里，使不直接接触食品而又起到防潮的目的；②在人类长期的饮食习惯中一直被作为食品的物质，如盐、糖等；③某些无意识混进食品的化学物质，如某些农药；④被指定用于治疗或预防疾病的物质，如药物。

美国的定义为：由于生产、加工、贮存或包装而存在于食品中的物质或物质混合物，而不是基本的食品成分。

我国国家标准 GB 2760—2024（2025 年 2 月 28 日实施）对食品添加剂规定为："为改善食品品质和色、香、味，以及为防腐、保鲜和加工工艺的需要而加入食品中的人工合成或者天然物质。食品用香料、胶基糖果中基础剂物质、食品工业用加工助剂、营养强化剂也包括在内。"GB 14880—2012 对食品营养强化剂规定为："为了增加食品的营养成分（价值）而加入食品中的天然或人工合成的营养素和其他营养成分。"

食品添加剂被誉为现代食品工业的灵魂，这主要是因为它给食品工业带来了许多好处。其主要作用大致如下。

① 有利于食品的保藏，防止食品败坏变质。如防腐剂可以防止由微生物引起的食物腐败变质及食物中毒，抗氧化剂可用来防止水果、蔬菜的酶促褐变与非酶褐变等，延长食品的保存期。

② 改善食品的感官性状。食品加工后有时会褪色、变色，风味和质地等也有所改变。适当使用着色剂、护色剂、漂白剂、食用香料以及乳化剂、增稠剂等食品添加剂，可明显提高食品的感官质量，如颜色、风味、质地。

③ 保持或提高食品的营养价值。如营养强化剂。

④ 增加食品的品种和方便性。

⑤ 有利食品加工操作，适应生产的机械化和自动化。如使用消泡剂、助滤剂、稳定剂等。

⑥ 满足其他特殊需要。如可用无营养甜味剂或低热能甜味剂糖精或天门冬酰苯丙氨酸甲酯等制成无糖食品供应糖尿病人。

 概念检查 12.1

○ 国外允许使用的食品添加剂也可以直接在中国使用，你觉得这种说法对吗？

12.1.2　食品添加剂的安全性管理

我国食品安全性毒理学评价程序（GB 15193.1—2014）中食品添加剂安全性毒理评价试验的内容有：急性经口毒性试验、遗传毒性试验、28 天经口毒性试验、90 天经口毒性试验、致畸试验、生殖毒性试验和生殖发育毒性试验、毒物动力学试验、慢性毒性试验、致癌试验、慢性毒性和致癌合并试验。

此外，在进行食品添加剂安全性综合评价时，应全面考虑受试物的理化性质、结构、毒性大小、代谢特点、蓄积性、接触的人群范围、食品中的使用量与使用范围、人的推荐（可能）摄入量等因素，在受试物可能对人体健康造成的危害以及其可能的有益作用之间进行权衡，以食用安全为前提，安全性评价的依据不仅仅是安全性毒理学试验的结果，而且与当时的科学水平、技术条件以及社会经济、文化因素有关。因此，随着时间的推移，社会经济的发展、科学技术的进步，有必要对已通过评价的受试物进行重新评价。

12.1.3　食品添加剂的分类

食品添加剂的分类各国不太一致，多数是按照技术作用（或功能）分类，但每个添加剂在食品中常常具有一种或多种技术作用，不能截然分开。按来源可分为天然物质和化学物质两大类，化学物质又可分为人工合成天然等同物质和一般化学合成品。

根据我国国家标准 GB 2760—2024《食品添加剂使用标准》中的规定，按各添加剂的常用技术作用把食品添加剂分为 23 类，包括：酸度调节剂、抗结剂、消泡剂、抗氧化剂、漂白剂、膨松剂、胶基糖果中

基础剂物质、着色剂、护色剂、乳化剂、酶制剂、增味剂、面粉处理剂、被膜剂、水分保持剂、营养强化剂、防腐剂、稳定剂、甜味剂、增稠剂、食品用香料、食品工业用加工助剂和其他。

按食品添加剂的安全评价，食品添加剂又可分为 A、B、C 3 类，每一类再细分为两类。A 类是 JECFA 已经制定人体每日允许摄入量（ADI）和暂定 ADI 值者。其中 A（1）类是经 JECFA 评价认为毒理学资料清楚，已制定出 ADI 值，或者认为毒性有限无需规定 ADI 值者；A（2）类是 JECFA 已制定暂定 ADI 值，但毒理学资料不够完善，暂时许可用于食品者。B 类是 JECFA 曾经进行过安全性评价，但未建立 ADI 值，或者未进行过安全评价者。其中 B（1）类是 JECFA 曾进行过评价，因毒理学资料不足未制定 ADI 值者；B（2）类是 JECFA 未进行安全性评价者。C 类是 JECFA 认为在食品中使用不安全或应该严格限制作为某些食品的特殊用途者。其中 C（1）类是 JECFA 根据毒理学资料认为在食品中使用不安全者；C（2）类是 JECFA 认为应严格限制在某些食品中作特殊应用者。

值得注意的是，由于毒理学及分析技术等的深入发展，某些原已被 JECFA 评价过的品种经再评价时，其安全性评价分类可能有变化。

12.1.4　我国食品添加剂的现状与发展趋势

我国食品添加剂经过近 50 年的发展，生产规模越来越大，品种和产量有很大的增长，满足了食品工业的需求，2022 年全年食品添加剂主要品种总产量达到 1545 万吨。国家标准 GB 2760—2024 批准使用的食品添加剂有 23 大类、2000 多种，上规模上档次的品种日益增多，小苏打、柠檬酸、味精、明矾、酶制剂、糖精、山梨糖醇、甜蜜素、发酵粉（泡打粉）、苯甲酸钠、食用色素、香料等品种已达万吨以上的规模，调味剂、甜味剂、增稠剂、乳化剂市场份额也在不断增加。食品添加剂行业生产、应用情况活跃，绝大多数产品产销两旺，有些品种还在国际上占有一定的市场，如柠檬酸、木糖醇、苯甲酸钠等。

近年来，我国在食品添加剂的生产方面积极倡导"天然、营养、多功能"的方针，与国际上"回归大自然、天然、营养、低热量、低脂肪"的趋向一致。

目前各国都在致力于开发新型食品添加剂和研究新的食品添加剂合成工艺，主要表现在以下几个方面。

① 研究开发天然食品添加剂和研究改性天然食品添加剂。

② 大力研究生物性食品添加剂。不仅可以大幅提高生产能力，还可以生产一些新型的食品添加剂。

③ 研究新型高效节能的食品添加剂的合成工艺。

④ 研究食品添加剂的复配。不仅可以降低食品添加剂的用量，还可以进一步改善食品的品质，提高食品的食用安全性。

⑤ 研究专用的食品添加剂。最大限度地发挥其潜力，极大地方便使用，提高有关产品的质量，降低产品的成本。

⑥ 研究高分子型食品添加剂。使食用安全性大大提高；降低热值；效用耐久化。

食品添加剂的
复配

概念检查 12.2

○ 中国生产的食品添加剂出口吗？是否产品标准内外有别？

12.2　香精香料

12.2.1　概述

香精香料是以改善、增加和模仿食品的香气和香味为主要目的的食品添加剂。食品的香味是食品的灵魂，食品香料香精是制造食品香味的主要来源之一。

香精（perfume compound；flavouring），亦称为调和香料，是由人工调配出来的各种香料的混合体。

香料（perfume；flavour material），也称为香原料，是能被嗅觉闻出气味或被味觉尝出香味的用来配制香精或直接给产品加香的物质。

人类使用香料的历史可以追溯到 5000 年以前，最早使用的是天然香料，中国、印度、埃及、希腊等文明古国是最早使用香料的国家。早期使用的香料都是未加工过的动植物发香部分。大约在 8 ～ 10 世纪，人们已经知道用蒸馏法分离香料。在 13 世纪，人们第一次从精油中分离出萜烯类化合物。到 19 世纪，随着有机化学的发展，出现了合成香料。

目前世界上的香料品种约 6000 种，其中美国食品香料与萃取物制造者协会（Flavor and Extract Manufactures Association of the United States, FEMA）公布的一般认为安全的物质（Generally Recognized as Safe, GRAS）到 2022 年已有 2980 种。据统计，2022 年全球香精香料市场规模达到 1964 亿元，我国香精香料的市场规模达到 560 亿元，占全球的 28.5%，产值占全世界产值近 1/3。截至 2022 年，我国有香料香精相关企业 22.4 万余家，每年生产的香精香料产品约有 1/3 出口，其中香料产品约占 2/3，香兰素、芳樟醇、麦芽酚出口量均占全球供应量的 50% 左右。我国幅员辽阔，天然资源丰富，为发展天然香料提供了有利的条件，对合成香料和香精的发展也起着推动作用。用源于植物资源的产品为原料合成各种香料，如玉米芯，松树松节油、桂树桂油等，适应了人类消费心理的变化，降低了人们对合成香料的反感情绪，已成为香料合成中的一种"时尚"。相关科研人员也致力"中国香味"的研究，并提出了"味料同源"的中国特色肉味食品香精制造新理念。

在我国，食品香精生产不允许使用国家标准 GB 2760—2024 中食品用香料名单之外的食品香料。国际食品香料香精工业组织（International Organization of the Flavor Industry，IOFI）也在积极推动"全球食品香料安全工程"（Worldwide Flavor Safety Program）。食品香精的使用对食品是必要的和有益的，食品香料和食品香精本身并不会对食品的安全性带来危害，也不会对人体带来危害。食品香精的应用已经遍及各类加工食品，其发展的潮流是不可阻挡的。

12.2.2　香精香料基本原理与分类

12.2.2.1　基本原理

单纯的碳氢化合物极少具怡人香味，发香物质分子中必须有一定种类的发香基团，如含氧、含氮、

含芳香基团以及含硫、磷、砷等原子的化合物及杂环化合物；碳链结构如不饱和度、支链、碳原子数，取代基相对位置，分子中原子的空间排布，杂原子等均对香味产生影响。

香精由头香香料（20%～30%）、体香香料（35%～45%）和基香香料（25%～35%）3部分组成。香精调配步骤一般包括：明确所配香精的香型、香韵、用途和档次；考虑香精组成，即哪些香料可以作主香剂、协调剂、变调剂和定香剂；根据香料的挥发度确定香精组成的比例；提出配方方案，调配。除调配外，香精工业中已逐步引入高新技术，如美拉德反应的应用、香精缓释与多重乳状液技术、微胶囊香精技术等，使香精香味体现更逼真、留香更持久、剂型更丰富。香料给人的直接感觉不一定是"香"的。相当多的香料纯品具有令人厌恶的气味，只有稀释到一定浓度时才呈现出令人喜爱的香气。如吲哚，高浓度时具有很强烈的粪便臭气，浓度低于0.1%时呈现出愉快的茉莉花香；又如甲基2-甲基-3-呋喃基二硫醚，纯品具有不愉快的硫化物气味，浓度低于10^{-9}时产生肉香香气。

12.2.2.2　分类

香精：按香味物质来源分为调和型、反应型、发酵型、酶解型、脂肪氧化型食品香精。按剂型分为液体（水溶性、油溶性和乳化）、膏状、粉末食品香精。按香型可分为甜味香精（水果香型、坚果香型、酒香型、花香型、乳香型）、咸味香精（肉香型、辛香型、蔬菜型）等。按用途可分为焙烤食品香精、肉制品香精、奶制品香精、糖果香精、软饮料香精、酒用香精等。

香料：国家标准 GB 2760—2024 中把食品用香料分为天然香料（388个）和合成香料（1504个）2类（下文按此分类介绍）。另外按香料组成可分为单体香料、调和香料。按香料香型有柑橘型香料、果香型香料、薄荷型香料、豆香型香料、奶香型香料、肉香型香料、坚果型香料等。因形态不同有精油、浸膏、压榨油、香脂、净油、单离香料、酊剂、香膏、粉剂等。

概念检查 12.3

○ 香精的调配步骤是什么？

12.2.3　食品中常用香料

12.2.3.1　天然香料

国家标准 GB 29938—2020 对食品用天然香料的定义是指通过物理方法或酶法或微生物法工艺，从动植物来源材料中获得的具有香味物质的制剂或化学结构明确的具有香味特性的物质，包括食品用天然香味复合物和食品用天然单体香料。

（1）柠檬油（lemon oil）

概述　柠檬为芸香科柑橘属，常绿小乔木。主产于美国、意大利、西班牙、我国华南和华东地区等。可采用冷磨整果和蒸馏果皮制得柠檬油。冷磨法得油率为 0.2% ～ 0.5%，柠檬油为绿黄色或黄色澄清液体，相对密度 d_{25}^{25} 0.849 ～ 0.858，折射率 n_D^{20} 1.474 ～ 1.477；蒸馏法得油率为 0.6%，柠檬油为无色至苍黄色液体，相对密度 d_{25}^{25} 0.842 ～ 0.856，折射率 n_D^{20} 1.470 ～ 1.475。

　　主要成分　柠檬烯、柠檬醛、香茅醛、乙酸、辛酸、癸酸、月桂酸、松油醇、芳樟醇、香叶醇、香茅醇、橙花醇、水芹烯、蒎烯等。

　　感官特征　具有轻快、新鲜的清甜果香，有成熟柠檬果皮的香气。

　　应用建议　用于调配柠檬、可乐、香蕉、菠萝、樱桃、甜瓜等食用香精。

　　建议用量　在最终加香食品中浓度约为 15~100mg/kg。

（2）八角茴香油（anise star oil）

　　概述　八角茴香亦称大茴香、大料，为木兰科八角属，常绿乔木。主产于我国广西、广东、贵州、云南等省和越南。水蒸气蒸馏，成熟干果实得油率为 8% ～ 12%，鲜果实得油率为 2% ～ 3%。八角茴香油为无色至淡黄色液体，相对密度 d_{20}^{20} 0.979 ～ 0.987，折射率 n_D^{20} 1.552 ～ 1.556。

　　主要成分　茴香脑、黄樟油素、桉叶油素、茴香醛、茴香酮、苯甲酸、棕榈酸、松油醇、金合欢醇、蒎烯、水芹烯、柠檬烯、石竹烯、红没药烯、金合欢烯等。

　　感官特征　具有茴香、甘草、大茴香脑香气，味甜。

　　应用建议　主要用于单离茴香脑，用来合成大茴香醛、茴香醇、大茴香酸及其酯类；也用来调配酒用、烟用、食用香精。

　　建议用量　在最终加香食品中浓度约为 1 ～ 230mg/kg。

（3）桂花浸膏（osmanthus concrete）

　　概述　桂花属木犀科木犀属，常绿灌木或小乔木。主产于亚洲地区，我国广西、安徽、湖南、贵州、福建、江苏、浙江均有栽培。用石油醚浸提桂花制取浸膏，得膏率为 0.15% ～ 0.2%，为黄色或棕黄色膏状物，熔点 40 ～ 50℃，酸值 66，酯值 60。

　　主要成分　紫罗兰酮、突厥酮、芳樟醇、橙花醇、香叶醇、金合欢醇、松油醇、丁香酚、水芹烯等。

　　感官特征　具有天然桂花香气。

　　应用建议　用于调配桂花、蜜糖、桃子、覆盆子、草莓、茶叶及酒用香精。

　　建议用量　在最终加香食品中浓度约为 0.01~10mg/kg。

12.2.3.2　合成香料

　　国家标准 GB 29938—2020 对食品用合成香料的定义是指通过化学合成方式形成的化学结构明确的具有香味特性的物质。按官能团可分为烃类、醇类、酚类、醚类、醛类、酮类、缩羰基类、酸类、酯类、内酯类、硫醇类和硫醚类等，按香味类型可分为花香型、果香型、奶香型、辛香型、清香型、草香型、凉香型、烤香型、葱蒜香型、烟熏香型、肉香型、药香型等。

（1）香兰素（vanillin）

香兰素

　　理化性质　分子式为 $C_8H_8O_3$，相对分子质量 152.14。白色至浅黄色针状晶体，微溶于水和甘油，溶于乙醇、丙二醇和油。熔点 81℃，沸点 284 ～ 285℃，相对密度 d_4^{20} 1.060。

天然存在   天然存在于秘鲁香脂、丁子香芽油、香子兰、咖啡、葡萄、白兰地、威士忌中。

感官特征   具有甜香、香荚兰、奶油香，并有十分甜的味道。

应用建议   是重要的香料之一，作粉底香料，几乎用于所有香型，如紫罗兰、兰草、葵花、玫瑰、茉莉等。但因易导致变色，在白色加香产品中使用时应注意。在食品、烟酒中应用也很广泛，在香子兰、巧克力、太妃香型中是必不可少的香料。

建议用量   较大婴儿和幼儿配方食品中香兰素的最大使用量为 5mg/100mL，婴幼儿谷类辅助食品中香兰素的最大使用量为 7mg/100g，除此之外，对于其它可以使用香兰素的食品种类和使用量没有特别限制，按生产需要适量使用。

（2）麦芽酚（maltol）

麦芽酚

理化性质   学名 2- 甲基 -3- 羟基 -4- 吡喃酮，亦称为麦芽醇。分子式为 $C_6H_6O_3$，相对分子质量 126.11。白色晶体，微溶于水、丙二醇、甘油，溶于乙醇。熔点 161 ~ 163℃，沸点 105℃（670Pa）。

天然存在   天然存在于咖啡、草莓、牛肉、面包、榛子、花生、落叶松树皮、松针、木焦油和木精油以及焙烧的麦芽中。

感官特征   具有甜香、果香、焦糖香气。

应用建议   主要用于草莓、凤梨、巧克力、糖果、糕点等食用香精和烟酒香精中，起香味增效剂和甜味剂作用。

建议用量   按生产需要适量使用。

（3）乙酸苄酯（benzyl acetate）

乙酸苄酯

理化性质   亦称为醋酸苄酯、乙酸苯甲酯。分子式为 $C_9H_{10}O_2$，相对分子质量 158.18。无色液体，不溶于水和甘油，微溶于丙二醇，溶于乙醇。熔点 –51℃、沸点 216℃，相对密度 d_4^{20} 1.0400，折射率 n_D^{20} 1.5010 ~ 1.5030。

天然存在   存在于依兰依兰、苦橙花油、茉莉、风信子、晚香玉、橙花、苹果、覆盆子、红茶、红酒、丁香、威士忌、樱桃中。

感官特征   具有茉莉、铃兰花香、粉香及水果香气。稀释到 40mg/kg，具有甜的水果味道。

应用建议   在茉莉、栀子、白兰、风信子香精中起主香剂作用；作为协调剂应用在玫瑰、橙花、铃兰、依兰、紫丁香、金合欢、香石竹、晚香玉等香精中；也可应用于香蕉、杏仁、樱桃、苹果、菠萝蜜、草莓、葡萄、覆盆子、桃子、梅子、奶油等食用香精中。

建议用量   按生产需要适量使用。

（4）香叶醇（geraniol）

香叶醇

理化性质　学名反 -3,7- 二甲基 -2,6- 辛二烯醇，与橙花醇为顺反异构体。分子式为 $C_{10}H_{18}O$，相对分子质量 154.24。无色液体，几乎不溶于水，溶于乙醇等有机溶剂。沸点 230℃，相对密度 d_{25}^{25} 0.870 ～ 0.885，折射率 n_D^{20} 1.469 ～ 1.478。

天然存在　天然存在于红茶和玫瑰草油、玫瑰油、香叶油、茉莉油、柠檬油等 160 多种植物精油中。

感官特征　具有甜的花香、木香、青香、柑橘香、柠檬香。

应用建议　可用于调配樱桃、柠檬、浆果、菠萝、柑橘、草莓、苹果、桃子等食用香精。

建议用量　按生产需要适量使用。

（5）乙基香兰素（ethyl vanillin）

乙基香兰素

理化性质　分子式为 $C_9H_{10}O_3$，相对分子质量 166.17。白色晶体粉末，微溶于水，溶于乙醇等有机溶剂。有致变色因素，在使用时应注意。熔点 77 ～ 78℃，沸点 285℃。

感官特征　具备香子兰、乳脂及清甜的气味，香气强度为香兰素的 3 ～ 4 倍。

应用建议　应用范围基本与香兰素相同。作粉香增香剂和香精定香剂。在香子兰、奶油、巧克力、焦糖等食用香精中也常使用。

建议用量　较大婴儿和幼儿配方食品中乙基香兰素的最大使用量为 5 mg/100 mL，除此之外，对于其它可以使用乙基香兰素的食品种类和使用量没有特别限制，按生产需要适量使用。

（6）β- 萘乙醚（β-naphthyl ethyl ether）

β- 萘乙醚

理化性质　亦称为橙花素 - Ⅱ。分子式为 $C_{12}H_{12}O$，相对分子质量 172.23。白色片状结晶固体，不溶于水，溶于乙醇等有机溶剂。熔点 37℃，沸点 282℃，相对密度 d_4^{36} 1.064，折射率 n_D^{36} 1.597。

感官特征　具有粉香、花香、柑橘香，以及葡萄、浆果的味道。

应用建议　用于调配葡萄、香荚兰、欧黑莓、樱桃、热带水果等食用香精。

建议用量　按生产需要适量使用。

（7）苯乙酸对甲酚酯（p-cresyl phenylacetate）

苯乙酸对甲酚酯

理化性质　分子式为 $C_{15}H_{14}O_2$，相对分子质量 226.28。白色不透明结晶，不溶于水、丙二醇和甘油，

溶于乙醇等有机溶剂。熔点 74 ~ 75℃，沸点 310℃。

感官特征 具有咸浊的汗味，香气强烈浓郁，极淡时有水仙、铃兰、风信子香气。

应用建议 用于调配香荚兰、蜜、丁香、奶油、坚果、焦糖等食用香精。

建议用量 按生产需要适量使用。

（8）α- 甲基紫罗兰酮（methyl-α-ionone）

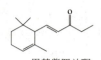

α- 甲基紫罗兰酮

理化性质 学名 5-（2,6,6′- 三甲基 -2- 环己烯）基 -4- 戊烯 -3- 酮，亦称为 α- 次环柠檬基丁酮。分子式为 $C_{14}H_{22}O$，相对分子质量 206.30。浅黄色油状液体，溶于乙醇等有机溶剂。沸点 238℃、97℃（346Pa），相对密度 d_4^{25} 0.921，折射率 n_D^{25} 1.493。

感官特征 具有甜香、果香、木香、粉香、紫罗兰酮香味。

应用建议 可用于调配浆果、葡萄、覆盆子、茶等食用香精。

建议用量 按生产需要适量使用。

 概念检查 12.4

○ 列举几种天然香料，并说明它们的应用。

12.3 防腐剂

12.3.1 概述

引起食品腐败的原因很多，主要有物理、化学、酶及微生物 4 个方面的因素。其中微生物作用最为严重。为了延长食品的保质期，保持食品品质，控制导致食源性疾病的污染，人们采用了许多不同的手段来杀死或者抑制微生物，添加防腐剂是其中最方便而有效的一种方法，因而广泛使用。

防腐剂是具有杀死微生物或抑制其增殖作用的物质，更确切地可将此类物质称为抗微生物剂或抗菌剂。若从抗微生物作用来衡量，具有杀菌作用的物质称为杀菌剂，仅具有抑菌作用的物质则称为防腐剂（狭义范围的防腐剂，或称为保藏剂），但杀菌作用和抑菌作用并不严格划分。防腐剂应具有显著的杀菌或抑菌作用，并尽可能具有破坏病原性微生物的作用，但不应阻碍肠道酶类作用，也不能影响肠道有益正常菌群的活动。

防腐剂的分类方法有多种。按其结构及作用特点，可分为有机酸性防腐剂，如苯甲酸、山梨酸、丙酸、脱氢乙酸及其钠盐；酯型防腐剂，如尼泊金酯和中链脂肪酸甘油酯；无机盐防腐剂，如二氧化硫及亚硫酸盐（我国亦将其列为漂白剂）以及硝酸盐和亚硝酸盐（我国亦将其作为护色剂）；生物防腐剂，如乳酸链球菌素、纳他霉素。按其来源，可分为人工合成防腐剂，如苯甲酸及其钠盐、山梨酸及其钾盐、丙酸及其盐类、对羟基苯甲酸酯类等；天然防腐剂，如茶多酚、纳他霉素、乳酸链球菌素等。

12.3.2　食品防腐剂的作用机理

一般来说，防腐剂的选择首先是基于其抗菌谱或抗菌范围。人们都希望采用具有广谱抗菌能力的防腐剂，但是事实上只有少数一些防腐剂具有同时抑制几类微生物的功能，绝大多数防腐剂只能针对霉菌、细菌和酵母中的一类或两类有效，或者对其中的一些比较有效而对其他的效果比较弱，或者只是在一定 pH 值条件如酸性条件下才起作用。

防腐剂的防腐原理大致有以下 3 种：

① 干扰微生物的酶系，破坏其正常的新陈代谢，抑制酶的活性；

② 破坏微生物的遗传物质，干扰其生存和繁殖；

③ 与细胞膜作用，使细胞通透性上升，导致细胞内物质溢出而失活。

了解防腐剂的作用模式和对微生物抑制作用的机制将有助于提高防腐剂的抗菌作用效果和有效性。一般与细胞膜作用的抗菌剂具有广谱抗菌效果。但是一些微生物如革兰阴性菌具有很强的细胞修复能力，可以通过细胞膜上的磷脂层作用而屏蔽防腐剂对膜的作用。了解这些背景，就可以理解为什么添加了防腐剂的食品在长期存放后会失效，也可以理解微生物持续暴露在这些化学品中会产生耐药性的原因。

12.3.3　食品中常用防腐剂

12.3.3.1　苯甲酸及其钠盐

苯甲酸又称为安息香酸，天然存在于蔓越橘、洋李和丁香等植物中。纯品为白色有丝光的鳞片或针状晶体，质轻，无臭或微带安息香气味。相对密度 1.2659，沸点 249.2℃，熔点 121 ～ 123℃，100℃开始升华，在酸性条件下容易随同水蒸气挥发。微溶于水，易溶于乙醇。

苯甲酸使用广泛，对酵母和细菌很有效，对霉菌作用稍差。最适 pH 值范围是 2.5 ～ 4.0，pH 值 3.0 时抑菌作用最强，pH 值 5.5 以上时对很多霉菌和酵母菌没有什么效果，因此它最适合使用于碳酸饮料、果汁、果酒、腌菜和酸泡菜等食品中。分子态苯甲酸的抑菌活性较离子态高，但由于苯甲酸钠的水溶性比苯甲酸好，高达 38%，在实际使用时常采用在苯甲酸中加适量碳酸钠或碳酸氢钠，用 90℃以上的热水溶解，使其转化为苯甲酸钠后，再添加到食品中。若必须使用苯甲酸，可先用适量乙醇溶解后，再添加到食品中。

苯甲酸及其钠盐是比较安全的防腐剂。国家标准 GB 2760—2024 列举了允许使用苯甲酸及其钠盐的22 种食品的名称。允许的最大使用量（以苯甲酸计）各不相同：胶基糖果，1.5g/kg；乳脂糖果、凝胶糖果等，0.8g/kg；酱油、醋、果蔬汁饮料、果酱（罐头除外）、腌渍的蔬菜等，1.0g/kg；蜜饯，0.5g/kg；碳酸饮料，0.2g/kg；配制酒，0.4g/kg。

12.3.3.2　山梨酸及其钾盐

山梨酸又名花楸酸，化学名称为 2,4- 己二烯酸。

山梨酸为无色针状结晶，无嗅或稍带刺激性气味，耐光，耐热，在空气中长期放置易被氧化变色而降低防腐效果。熔点 133 ～ 135℃，沸点 228℃（分解）。微溶于冷水，易溶于乙醇和冰醋酸，其钾盐易溶于水。

山梨酸对霉菌、酵母菌和好气性细菌均有抑制作用，但对嫌气性芽孢形成菌与嗜酸杆菌几乎无效。山梨酸能与微生物酶系统中的巯基结合，从而破坏许多重要的酶系，达到抑制微生物增殖及防腐的目的。分子态的山梨酸抑菌活性大于离子态的山梨酸。但与苯甲酸类似，由于山梨酸在水中的溶解度很低，一般使用山梨酸的钾盐。山梨酸属于酸型防腐剂，其防腐效果随 pH 值升高而降低。一般而言，当溶液 pH 值低于 4 时，山梨酸的抑菌活性高；pH 值高于 6 时，抑菌活性低。不过，当 pH 值高至 6.5 时山梨酸仍然有效，这个 pH 值远高于丙酸和苯甲酸的有效 pH 值范围。然而一些霉菌在山梨酸浓度高达 5300mg/kg 时仍能生长，并可将山梨酸降解产生 1,3- 戊二烯，使食品带有烃的气味。

山梨酸是一种不饱和脂肪酸，在机体内正常地参加代谢作用，氧化生成二氧化碳和水，所以几乎无毒。FAO/WHO 专家委员会已确定山梨酸的每日允许摄入量（ADI）为 25mg/kg。山梨酸钾的抑菌效果比苯甲酸钠高 5 ～ 10 倍，毒性仅为苯甲酸钠的 1/5，而且不会破坏食品原有的色、香、味和营养成分，是一种优良的化学防腐剂。

12.3.3.3 对羟基苯甲酸酯

对羟基苯甲酸酯（尼泊金酯）可以是对羟基苯甲酸甲（乙、丙、丁）酯。它们的纯品为无色细小结晶或结晶状粉末。易溶于热水和醇、醚、丙酮，微溶于冷水、苯，不溶于二硫化碳。

尼泊金酯类的作用机理是破坏微生物的细胞膜，使细胞内的蛋白质变性，并抑制细胞的呼吸酶系和电子传递酶系的活动。它几乎不影响食品的香味，是霉菌和酵母菌的有效抑制剂，但对细菌特别是革兰阴性菌无作用。尼泊金酯的抗菌活性主要是分子态起作用，由于其分子内的羧基已被酯化，不再电离，而对位酚羟基的电离常数很小，尼泊金酯（钠）在较宽的 pH 值范围内均有良好的抑菌效果。尼泊金酯的杀菌作用随烷基碳原子数的增加而增加，在水中的溶解度随烷基碳原子数的增加而降低，毒性则随烷基碳原子数的增加而减轻。通常的方法是通过复配来提高溶解度，并通过增效作用来提高防腐能力，如将不同的酯类混合使用，也可与苯甲酸等混合使用。也可先将其溶于氢氧化钠溶液、乙酸或乙醇中再使用，以改善其水溶性较低的问题。

大多数国家允许对羟基苯甲酸甲（乙、丙、丁）酯用作食品防腐剂。国家标准 GB 2760—2024 中规定对羟基苯甲酸甲酯钠、对羟基苯甲酸乙酯及其钠盐可用于食品防腐剂。它对人体的毒性很小，经酯水解和随后的代谢作用使它们可以经尿排泄到体外，故这类添加剂可以安全使用。

12.3.3.4 乳酸链球菌素

1944 年从乳酸链球菌分离得到抗生素乳酸链球菌素（nisin）。A.T.R.Mattick 和 A.Hirsh 证明了它的抑菌性。20 世纪 50 年代初，Aplin.Barett 公司生产出该物质，商品名为 Nisin（尼生素）。1969 年，FAO/WHO 食品添加剂联合专家委员会对乳酸链球菌素作为食品添加剂进行了评价。到目前为止已被 50 多个国家使用。

尼生素是一种有 34 个氨基酸的多肽，相对分子质量 3500，至少有 4 种结构。尼生素不溶于非极性溶剂；溶解度随 pH 值的上升而下降，中性、碱性时几乎不溶解。允许使用量范围内的乳酸链球菌素可与水或其他加工液体很好地互溶，其实际使用浓度一般不超过 0.025%，所以溶解度不会成为它在各种食品中使用的障碍。

乳酸链球菌素的抑菌范围为革兰阳性菌和芽孢菌、乳杆菌、金黄色葡萄球菌、肉毒梭菌、芽孢杆菌等，对革兰阴性菌、酵母和霉菌均无作用；抑菌 pH 值为 6.5～6.8。乳酸链球菌素的杀菌谱较窄，所以它多与其他防腐手段联合使用。研究证明乳酸链球菌素与热处理可相互促进，一方面是使用少量（0.25～10mg/kg）的乳酸链球菌素即可提高腐败微生物的热敏感性，另一方面是热处理也提高了细菌对乳酸链球菌素的敏感性。所以，在加入乳酸链球菌素后再进行加热处理，既可提高乳酸链球菌素的作用，从而降低使用浓度，又可大大提高热处理的效果和降低热处理的温度。

乳酸链球菌素能在肠道中降解，不与医用抗生素产生交叉耐药性，对人体基本无毒性。常应用于干酪、奶油制品。依据《食品安全国家标准 食品添加剂使用标准》（GB 2760—2024）使用。

12.3.3.5　纳他霉素

纳他霉素（natamycin）是一种多烯大环内酯类抗真菌剂（抗生素类药），也称为游链霉素（pimaricin）。它由 5 个多聚乙酰合成酶基因编码的多酶体系合成。纳他霉素是一类两性物质，分子中有一个碱性基团和一个酸性基团，等电点为 pH 值 6.5，相对分子质量 665.75，分子式 $C_{33}H_{47}NO_{13}$。

纳他霉素

纳他霉素在水中和极性有机溶剂中溶解度很低，不溶于非极性溶剂，室温下在水中的溶解度为 30～50mg/L，易溶于碱性和酸性的水溶液。在 pH 值 4.5～9.0 范围内，纳他霉素非常稳定。高温、紫外线、氧化剂及重金属等会影响纳他霉素的稳定性，但瞬时高温（温度可达 100℃）可以不影响其活性。

纳他霉素能够专性地抑制酵母菌和霉菌，广泛应用于食品防腐和真菌引起的疾病的治疗。纳他霉素分子的疏水部分即大环内酯的双键部分以范德华力和真菌细胞质膜上的甾醇分子结合，形成抗生素 - 甾醇复合物，破坏细胞质膜的渗透性；分子的亲水部分即大环内酯的多醇部分则在膜上形成水孔，损伤膜的通透性，从而引起菌内氨基酸、电解质等重要物质渗出而死亡。但有些微生物如细菌的细胞壁及细胞质膜中不存在这些类甾醇化合物，所以纳他霉素对细菌没有作用。

纳他霉素的安全性较高。一般认为纳他霉素很难被消化吸收，因为纳他霉素难溶于水和油脂，大部分摄入的纳他霉素会随粪便排出。国家标准 GB 2760—2024 规定了纳他霉素的使用范围和用量：干酪制品、糕点、肉制品、西式火腿、肉灌肠类等食品，最大使用量为 0.3g/kg，且应表面使用，混悬液喷雾或浸泡，残留量应小于 10mg/kg；用于蛋黄酱、沙拉酱，最大使用量为 0.02g/kg；用于发酵酒（葡萄酒除外）中，最大使用量为 0.01g/L。

 概念检查 12.5

○ 请简述尼泊金酯与其他食品防腐剂相比有哪些优势。

12.4 抗氧化剂

12.4.1 概述

除微生物作用外，氧化也是导致食品品质变劣的重要因素之一，氧化不仅会使油脂或含油脂食品氧化酸败，还会引起食品褪色、褐变、风味变劣及维生素破坏等，甚至产生有害物质，危及人体健康。因此，防止食品氧化变质就显得十分重要。防止食品氧化的方法有物理法和化学法等，物理法是指对食品原料、加工环节及成品采用低温、避光、隔氧或充氮包装等方法，化学法是指在食品中添加抗氧化剂。

抗氧化剂（antioxidant）是指能防止或延缓油脂或食品成分氧化分解、变质，提高食品稳定性的物质。

12.4.2 食品抗氧化剂的作用机理

抗氧化剂种类较多，抗氧化的作用机理也不尽相同，比较复杂，存在多种可能性。归纳起来，主要有以下几种：一是通过抗氧化剂的还原作用降低食品体系中的氧含量；二是中断氧化过程中的链式反应，阻止氧化过程进一步进行；三是将能催化引起氧化反应的物质封闭，如络合能催化氧化反应的金属离子等。

食品抗氧化剂的具体作用机理在脂质及褐变反应两章已有详细介绍，在此不再赘述。

12.4.3 食品中常用抗氧化剂

我国允许使用的抗氧化剂有茶多酚、甘草抗氧化物、迷迭香提取物、没食子酸丙酯（PG）、抗坏血酸、丁基羟基茴香醚（BHA）、二丁基羟基甲苯（BHT）、磷脂等 29 种。按来源可分为天然的和人工合成的，按溶解性可分为油溶性的和水溶性的。根据作用机理可将抗氧化剂分为自由基清除剂、单线态氧淬灭剂、氢过氧物分解剂、酶抑制剂、抗氧化剂增效剂。也有人将自由基清除剂称为第一类抗氧化剂，又称为主抗氧化剂，主要包括一些酚型化合物；除酶抑制剂以外的其他抗氧化剂为第二类抗氧化剂，又称为次抗氧化剂。

12.4.3.1 人工合成抗氧化剂

人工合成抗氧化剂由于其良好的抗氧化性能以及价格优势，目前仍然广泛使用。几种常用人工合成抗氧化剂介绍如下。

（1）丁基羟基茴香醚（butylated hydroxyanisole，BHA） 为白色或微黄色蜡样结晶性粉末，分子式 $C_{11}H_{16}O_2$，带有特殊的酚类的臭气及刺激性气味，是 2-BHA 和 3-BHA 两种异构体的混合物。不溶于水，溶于油脂及有机溶剂。对热相对稳定，在弱碱性条件下不容易被破坏，故可用在焙烤食品中。BHA 在动物脂中的抗氧化效果优于用在植物油中，与其他抗氧化剂复配使用可明显提高其抗氧化效果。BHA 与金属离子作用不着色，同时还有抗微生物的效果。动物实验表明 BHA 有一定的毒性，而且价格较贵，目前在我国消耗量很小，已逐渐被新型抗氧化剂替代。

丁基羟基茴香醚(BHA)

（2）二丁基羟基甲苯（butylated hydroxytoluene，BHT，2,6- 二叔丁基 -4- 甲基苯酚）　为白色结晶或结晶性粉末，分子式 $C_{15}H_{24}O$，无味，无臭。不溶于水、甘油和丙二醇，溶于油脂及有机溶剂。与金属离子作用不着色。具有单酚型特征的升华性，加热时能与水蒸气一起挥发。BHT 的抗氧化作用是通过自身自动氧化向油脂的过氧自由基供氢以中止油脂氧化的连锁反应而实现，其抗氧化作用较强，耐热性较好，普通烹调温度对其影响不大。可用于长期保存油脂和维生素添加剂与焙烤食品中，与 BHA、维生素 C、柠檬酸、植酸等有机酸具有显著增效作用。价格低廉，为我国主要使用的合成抗氧化剂品种。有报道称 BHT 代谢产物 BHT- 醌甲基化物可能是引起不同组织 BHT 毒性物质，日本等国不用。

二丁基羟基甲苯(BHT)

（3）没食子酸丙酯（propyl gallate，PG）　为白色至淡褐色结晶性粉末或乳白色针状结晶，分子式 $C_{10}H_{12}O_5$，无臭，稍有苦味，有吸湿性，光照可促进其分解。对油脂抗氧化性能优于 BHT 和 BHA，但对含油脂面制品抗氧化能力不如 BHA 和 BHT。难溶于水，易溶于乙醇、甘油，微溶于油脂，在油脂中溶解度随烷基链长度增加而增大。能阻止脂肪氧化酶酶促氧化，在动物性油脂中抗氧化能力较强。易与铜、铁等离子反应显紫色或暗绿色，易使食品着色，故一般不单独使用，常与柠檬酸合用，因柠檬酸可螯合金属离子，既可作增效剂又可避免遇金属离子着色的问题。耐热性较差，在食品焙烤或油炸过程中迅速挥发。可用于油脂、油炸食品、罐头、方便面、干鱼制品中。安全性方面，长期研究证明 PG 不是致癌物，也不会引起前胃肿瘤。在允许使用剂量范围内，作为食品抗氧化剂，不会引起对人体健康的损害。

没食子酸丙酯(PG)

（4）特丁基对苯二酚（tertiary butylhydroquinone，TBHQ）　为白色或微红色结晶性粉末，有极淡的特殊香味，分子式 $C_{10}H_{14}O_2$。美国 FDA 于 1972 年批准、我国卫生部于 1992 年批准，允许其作为食品抗氧化剂使用。熔点 126 ～ 128℃。几乎不溶于水，溶于乙醇、乙醚、乙酸等有机溶剂及植物油、猪油等。对大多数油脂均有防止腐败作用，尤其是植物油。在高度不饱和油脂的抗氧化上比其他普通抗氧化剂有更好的性能。由于 TBHQ 苯环上酚羟基数目多于 BHT、BHA，其抗氧化效果比 BHT、BHA 强 2 ～ 5 倍。能够防止胡萝卜素分解和稳定植物油中的生育酚。在铁、铜离子存在时不会产生不良颜色，但如有碱存在可转为粉红色。此外还具有抑菌作用。

特丁基对苯二酚(TBHQ)

（5）硫代二丙酸类抗氧化剂　硫醚类物质硫代二丙酸（3,8-thiodipropionic acid，TDPA），分子式 $C_6H_{10}O_4S$，为白色粒状粉末，无毒，可燃，溶于水。硫代二丙酸二月桂酯（dilauryl thiodipropionate，DLTP）分子式 $C_{30}H_{58}O_4S$，为白色片状结晶或粉末，有特色甜味、似酯类臭，不溶于水，溶于多数有机溶剂。它们作为抗氧化剂可应用于食用油、富脂食品中。已证明这些硫醚类物质是一种新型、高效、低毒抗氧化剂，能有效分解油脂自动氧化链反应中的氢过氧化物，从而中断自由基链反应进行，提高油脂保存期。TDPA 对花生油有很好的抗氧化作用，其作用优于常用抗氧化剂 BHA、BHT，而与 TBHQ 的抗氧化效果相接近；TDPA 与 BHA、BHT、TBHQ 等酚型抗氧化剂有协同作用；TDPA 与 DLTP 之间也有协同作用，利用其复配，既可提高抗氧化效能，又可提高油溶性。

12.4.3.2　天然抗氧化剂

许多天然动植物材料中存在一些具有抗氧化作用的成分。据有关资料证实，在人们长期食用的食品中，天然成分抗氧化剂的毒性远远低于人工合成抗氧化剂的毒性。因此，近年来从自然界寻求天然抗氧化剂的研究已引起各国科学家的高度重视。在天然抗氧化剂中，酚类仍是最重要的一类，如自然界中分布很广的生育酚、茶叶中的茶多酚、芝麻中的芝麻酚、愈创木树脂（酚酸）等均是优良的抗氧化剂。黄酮类及某些氨基酸和肽类也具有抗氧化活性。许多香辛料中也存在一些抗氧化成分，如鼠尾草酚酸、迷迭香酸、生姜中的姜酮和姜脑。有些天然的酶类如谷胱甘肽过氧化物酶、超氧化物歧化酶（SOD）也具有良好的抗氧化性能。此外抗坏血酸、类胡萝卜素等天然抗氧化剂已得到广泛的应用。

（1）L-抗坏血酸棕榈酸酯　分子式 $C_{22}H_{38}O_7$，为白色或黄色粉末，略有柑橘气味。难溶于水，溶于植物油，易溶于乙醇。它是由 L-抗坏血酸与棕榈酸酯化而成的一类新型营养性抗氧化剂，不仅保留了 L-抗坏血酸的抗氧化特性，而且在动植物油中具有相当的溶解度，广泛应用于粮油、食品、医疗卫生、化妆品等领域。L-抗坏血酸棕榈酸酯是最强的脂溶性抗氧化剂之一，对热和重金属稳定，具有安全、无毒、高效、耐热等特点，可有效防止各类过氧化物形成，延缓动植物油、牛奶、类胡萝卜素等氧化变质，同时还具有乳化性质和抗菌活性。L-抗坏血酸棕榈酸酯作为抗氧化剂，与 L-抗坏血酸功能一样，都是作为氧的驱散剂、吸收剂，特别是在密闭系统中具有更好的效果，它可驱散、吸收容器上方和溶液上方的氧气，从而起到抗氧化作用。另外，它可阻止自由基形成，防止油脂氧化酸败，延长油脂和含油食品货架期。在特定食品中可作为还原剂、多价金属离子螯合剂。

（2）植酸（phytic acid）　亦称为肌醇六磷酸，分子式 $C_6H_{18}O_{24}P_6$，为浅黄色或褐色黏稠状液体，广泛分布于高等植物体内。易溶于水、95% 乙醇、丙二醇和甘油，微溶于无水乙醇、苯、乙烷和氯仿。对热较稳定。有较强的金属螯合作用。除具有抗氧化作用外，还有调节 pH 值及缓冲作用和除去金属的作用。植酸作为一种新型的天然抗氧化剂可以明显防止植物油的酸败；另外应用在水产品中有防止磷酸铵镁生成、防止鱼贝类罐头变黑（去除硫化氢）、防止蟹肉罐头出现蓝斑、防止鲜虾变黑（去除二氧化硫）的功效。

（3）茶多酚（pyrocatechin）　亦称为维多酚，为茶叶中的多酚类化合物，为淡黄色或浅绿色粉末，有茶叶味。易溶于水、乙醇、醋酸乙酯。在酸性和中性条件下稳定，最适 pH 值 4～8。其成分主要包括儿茶素、黄酮、花青素、酚酸 4 类化合物，其中儿茶素数量最多，占总量的 60%～80%。茶多酚抗氧化作用的主要成分是儿茶素，包括表没食子酸酯（EGCG）、表没食子儿茶素（EGC）、表儿茶素没食子酸酯（ECG）、表儿茶素（EC），等物质的量浓度计抗氧化能力顺序为 EGCG ＞ EGC ＞ ECG ＞ EC，与酚羟基数目多少密切相关。茶多酚可用在油炸油、奶酪、猪肉、土豆片等食品中，并与柠檬酸、苹果酸、酒石酸、抗坏血酸、生育酚等有良好的协同效应。茶多酚不仅具有抗氧化能力，还可防止食品褪色，并能杀菌消炎，强心降压，增强人体血管抗压能力，促进人体维生素 C 积累，对尼古丁、吗啡等有害生物碱有解毒作用。

（4）迷迭香提取物　迷迭香的花和叶用 CO_2 或乙醇或热的含水乙醇提取，可获得迷迭香提取物，其中主要抗氧化物有迷迭香酚、异迷迭香酚、迷迭香酸、迷迭香二酚等。这类物质都是有邻酚结构的酚类物质，有比 BHA（0.02%）更强的抗氧化能力。迷迭香酚对单重氧的淬灭能力约为 BHT 的 5 倍，抑制光敏氧化反应的能力也远大于 BHT。迷迭香提取物耐热性好，205℃时仍稳定不变，故除适用于动植物油脂外，也适用于油炸食品、加工肉禽以及水产品、汤料和色拉等，对紫外线耐受性也好。

（5）竹叶抗氧化物　竹叶抗氧化物是从特定的刚竹属（*Phyllostachys*）品种的嫩叶中提取的以总黄酮糖苷为代表的酚型化合物，2004 年 4 月被批准作为天然食品抗氧化剂使用，最大使用量 0.05%，是一种我国首创、具有本土资源特色和自主知识产权的天然营养多功能的新型食品添加剂。其抗氧活性成分包括黄酮、内酯和酚酸等，是一组具有协同增效作用的混合物。竹叶抗氧化物具有平和的风味及口感，无药味、苦味和刺激性气味，水溶性好，品质稳定，能有效抵御酸解、热解和酶解，适用于多种不同的食品体系。

 概念检查 12.6

○ 抗氧化剂的作用机理。

12.5　乳化剂

12.5.1　概述

食品乳化剂是指具有表面活性、能促使两种或两种以上互不相溶的液体（如油和水）均匀地分散成乳状液的食品添加剂。食品乳化剂在食品生产和加工过程中占有重要的地位，广泛用于饮料、乳品、糖果、糕点、面包、方便面等食品行业中。如乳化剂可防止淀粉制品的老化、回生、沉凝，使制成的面包、糕点等淀粉类制品具有柔软性，起到保鲜作用；可控制固体脂肪结晶的形成、析出；可防止糖果返砂、巧克力起霜；可与面筋蛋白相互作用强化面团特性；可用于豆腐、味精、蔗糖生产中的消泡作用等。食品乳化剂在食品工业领域发挥着巨大的作用，为开发丰富多彩的食品新品种提供了前提条件。

食品乳化剂有多种分类方法：①按来源，分为天然乳化剂和合成乳化剂；②按亲油亲水性，分为亲油性乳化剂和亲水性乳化剂；③按分子质量，分为小分子乳化剂和高分子乳化剂；④按其离子性，分为离子型乳化剂和非离子型乳化剂。

目前，全世界用于食品生产的乳化剂有 65 种之多，我国允许使用的乳化剂达到 40 种，主要以脂肪酸多元醇酯及其衍生物和天然乳化剂大豆磷脂为主。用量最大的是脂肪酸甘油酯，其他还有司盘、吐温、丙二醇酯、木糖醇酯、甘露醇酯、硬脂酰乳酸钠（钙）、大豆磷脂等 30 多个品种。

12.5.2　食品乳化剂的作用机理

食品乳化剂的结构特点是具有两亲性，分子由一个亲水基团（极性的、疏油的）和一个亲油基团（非极性的、疏水的）两个不同的部分组成，而且这两部分分别处于分子的两端，形成不对称的结构。绝大多数食品乳化剂都能用通式 RX 表示，R 是含有 10～20 个碳原子的烷烃链的尾基，X 是极性的或离子型的头基，如最常用的单硬脂酸甘油酯。

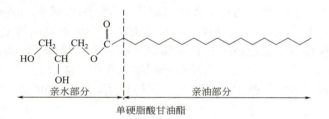

单硬脂酸甘油酯

食品乳化剂的两类基团在加入食品体系后能分别吸附在油和水两相相互排斥的界面上，形成许多吸附层和界面膜，降低表面张力，防止油和水的相互排斥，形成稳定的乳化液。

食品乳化剂的应用主要取决于其不同的乳化能力，亦即与其分子中亲水及亲油基团的多少有关。衡量乳化能力最常用的指标是亲水亲油平衡值（HLB 值），表示乳化剂对于油和水的相对亲和程度。规定亲油性为 100% 的乳化剂的 HLB 值为 0（以石蜡为代表），亲水性 100% 者为 20（以油酸钾为代表），其间分成 20 等分，以此表示其亲水亲油性的强弱和应用特性。因而由 HLB 值可预知乳化剂形成的乳化体系。HLB 值低、亲油性强的乳化剂易形成油包水型（W/O）体系，适用于油包水（W/O）型乳浊液；HLB 值高、亲水性强的乳化剂易形成水包油型（O/W）体系，适用于水包油（O/W）型乳浊液。在食品行业中 HLB 值一般取 0～20，属非离子表面活性剂。

12.5.3　食品中常用乳化剂

12.5.3.1　单硬脂酸甘油酯

单硬脂酸甘油酯（glycerin monostearate）又称为甘油单硬脂酸，简称单甘酯，分子式 $C_{12}H_{42}O_{47}$，相对分子质量 358.5，结构式见前文。

目前工业产品分为甘油单酯含量为 40%～55% 的单双混合酯以及经分子蒸馏的甘油单酯含量高于或等于 90% 的蒸馏单甘酯。单甘酯是食品中使用最广泛的一种乳化剂，其用量约占食品乳化剂的70%。

单甘酯为微黄色蜡状薄片或珠粒固体，无味、无臭。不溶于水，与热水强烈振荡混合时可分散在其中，可溶于乙醇和热脂肪，在油中达 20% 以上时出现混浊。单甘酯具有良好的亲油性，为油包水型乳化剂，但由于本身的乳化性很强，它在分散相中也能起水包油型乳化剂的作用，其 HLB 值为 2.8～3.5。单甘酯亲水性较差，常可与其他有机酸反应产生衍生物，如双乙酰酒石酸单（双）甘油酯、聚甘油单油酸酯、聚甘油单硬脂酸酯，以改善单甘酯的亲水性，提高乳化性能和与淀粉的复合功能，在食品加工中有独特的用途。

单甘酯在食品中具有乳化、分散、稳定、发泡、消泡、抗淀粉老化等性能，通常应用于制造人造奶油、冰淇淋及其他冷冻甜食等。单甘酯经人体摄入后，在肠内可完全水解形成正常代谢物，对人体无毒害，因而对 ADI 不做限制性规定。

12.5.3.2　蔗糖脂肪酸酯

蔗糖脂肪酸酯（surose fatty acid ester）又称为脂肪酸蔗糖酯，简称蔗糖酯（SE）。

蔗糖脂肪酸酯

蔗糖酯的生产方法很多，除化学合成法外，还有微生物合成法。在工业上目前仍以酯交换法（包括丙二醇溶剂法、非丙二醇溶剂法和非溶剂法）为主，主要由蔗糖和脂肪酸酯化而成，主要产品为单酯、双酯和三酯的混合物。蔗糖单酯的 HLB 值为 10～16，二酯为 7～10，三酯为 3～7。市售品一般为三者的混合物，其 HLB 值因单酯率不同而异（表 12-1）。正是由于酯化值可调，HLB 值宽广，既可以形成W/O 型乳化剂，又可以形成 O/W 型乳化剂，蔗糖酯是当今世界上引人注目的乳化剂。

表 12-1　蔗糖脂肪酸酯的单酯率与 HLB 值

单酯率	20%	30%	40%	50%	55%	60%	70%	75%
HLB	3	5	7	9	11	13	15	16

蔗糖酯由于酯化所用的脂肪酸的种类和酯化度不同，有白色至微黄色粉末、蜡状或块状物，也有呈无色至浅黄色稠状液体或凝胶。无臭或有微臭，无味。易溶于乙醇、丙酮。单酯可溶于热水，但二酯和三酯难溶于水。溶于水时有一定黏度，有润湿性，对油和水有良好的乳化作用。耐热性较差，酸、碱、酶都会导致其水解，但 20℃ 时水解作用不大。

蔗糖酯具有良好的乳化、分散、增溶、润滑、渗透、起泡、黏度调节、防止老化、抗菌等性能，应用范围广泛，有良好的作用效果。蔗糖酯在体内可分解成脂肪酸和蔗糖，是一种十分安全的乳化剂。但在不同国家限量标准不同。

12.5.3.3　山梨糖醇酐脂肪酸酯

山梨糖醇酐脂肪酸酯（sorbitan fatty acid ester）的商品名为 Span，中译为司盘。产品是由山梨醇与脂

肪酸在 180～280℃下加热数小时酯化而得。制备时由于所用的脂肪酸不同，可制得一系列不同的脂肪酸酯，其性质见表 12-2。

表 12-2　不同山梨糖醇酐脂肪酸酯性质

名　称	HLB值	性　状	作　用
山梨糖醇酐单月桂酸酯（Span 20）	8.6	淡褐色油状	乳化剂、分散剂
山梨糖醇酐单软脂酸酯（Span 40）	6.7	淡褐色蜡状	乳化剂、混浊剂
山梨糖醇酐单硬脂酸酯（Span 60）	4.7	淡黄色蜡状	稳定剂、消泡剂
山梨糖醇酐三硬脂酸酯（Span 65）	2.1	淡黄色蜡状	乳化剂
山梨糖醇酐单油酸酯（Span 80）	4.3	黄褐色油状	乳化剂
山梨糖醇酐三油酸酯（Span 85）	1.8	淡黄色蜡状	乳化剂

司盘不溶于水，但可分散在热水中；溶于热乙醇、甲苯等有机溶剂，一般在油中可溶解或分散。司盘为亲油性，属 W/O 型非离子表面活性剂，有很好的热稳定性和水解稳定性。司盘具有乳化、稳定、分散、帮助发泡及稳定油脂晶体结构等作用。但司盘类乳化剂风味差，一般与其他乳化剂合并使用。

12.5.3.4　聚氧乙烯山梨糖醇酐脂肪酸酯类

聚氧乙烯山梨糖醇酐脂肪酸酯（polyoxyethylen sorbitan fatty acid ester）简称为聚山梨糖醇酯，商品名为 Tween，中译为吐温。产品是由司盘在碱性催化剂存在下和环氧乙烷加成精制而成。由于其脂肪酸种类不同，有吐温 20、吐温 40、吐温 60、吐温 65、吐温 80、吐温 85 共 6 种产品。吐温亲水性强，HLB 值为 16～18，属 O/W 型非离子表面活性剂，有很好的热稳定性和水解稳定性。吐温可作为乳化剂、稳定剂和分散剂等用于面包、蛋糕、冰淇淋、起酥油等。另外值得注意的是，聚氧乙烯越多，乳化剂的毒性就越大，故吐温 20 和吐温 40 很少作为食品添加剂使用。

概念检查 12.7

○ 常用于食品中的乳化剂有哪些？请简要说明它们的应用。

12.6　着色剂

12.6.1　概述

着色剂又称为食用色素，指使食品赋予色泽和改善食品色泽的物质。特别值得注意的是，常见的着色剂一般不是人体必需的营养素，所以它的使用涉及食品安全性问题，在世界各国都必须获得官方机构的批准认可。

着色剂成分复杂，根据来源不同可分为天然着色剂和人工合成着色剂两大类。天然着色剂又可进一步分类：①根据来源不同，可分为植物色素、动物色素和微生物色素；②根据其化学结构不同，可分为卟啉类衍生物色素、异戊二烯衍生物色素、多酚类色素、醌类衍生物色素、酮类衍生物色素和其他类色素；③根据色调不同，可分为黄橙色系列、红紫色系列和黄绿色系列。

食品中应用的人工合成着色剂根据其分子结构中是否含有—N═N—结构可分为偶氮类色素和非偶氮类色素。此外，根据溶解性质的不同，可将着色剂分为水溶性着色剂和脂溶性着色剂。人工合成着色剂大都是水溶性着色剂，天然着色剂多数是脂溶性的。

12.6.2　食品着色剂的发色机理

着色剂一般为有机化合物，其化学结构中都具有发色团（chromophore）和（或）助色团（auxochrome）。凡是在紫外及可见光区域内具有吸收峰的基团都称为发色团或生色团。发色团在化学结构上大多具有双键及类似结构，常见的有—C═C—、＞C═O、—CHO、—COOH、＞C═S、—N═N—、—N═O 等。着色剂分子中仅含有一个上述发色基团，由于其吸收波长在 200 ～ 400nm 之间，该物质仍呈无色。如果分子中含有两个或两个以上的发色基团共轭，激发共轭双键中价电子所需的能量降低，分子的吸收波长由短波长向长波长移动，若吸收光的波长移至可见光区域内，该物质便显色。着色剂分子的共轭体系越大，越容易被激发，分子吸收波长就越长，即生色作用越强。

在着色剂的分子结构中还有另一类基团，主要是含氧、氮、硫等原子的基团，如—OH、—OR、—NH$_2$、＞NR、—SR、—Cl、—Br 等。它们本身在紫外及可见光区内不产生吸收峰，但当这些基团与共轭体系或发色基团连接时，可使整个分子的吸收波长向长波方向移动，这类基团就称为助色团。由于助色团中氧、氮、硫等原子都有未共用的电子对，当这类基团与发色团相连后，能与发色基团形成共轭，促进物质发色。在许多着色剂分子中，助色团的个数或取代位置不同，使得着色剂的颜色也不同。可见，不同着色剂之间的颜色差异主要是由发色团和助色团的差异和变化引起的。

12.6.3　食用天然色素

食用天然色素主要是指从动、植物和微生物中提取的色素，其中以植物性色素占多数，一些品种还具有维生素活性（如 β- 胡萝卜素），有的还具有一定的生物活性功能（如栀子黄、红花黄等）。一般来说，食用天然色素的安全性较高，资源丰富，因而近年来备受世界各国关注，发展很快。目前，国际上已开发的食用天然色素在 100 种以上，大力发展食用天然色素已成为食品着色剂的发展方向。我国植物资源丰富，为我国食用天然色素的开发提供了原料保障。我国规定允许使用的天然色素已有 40 多种，是目前世界上批准使用天然色素最多的国家之一。下面介绍我国常用的一些食用天然色素品种。

12.6.3.1　红曲色素

红曲色素（monascin）商品名为红曲红，是一组红曲霉菌分泌产生的微生物色素。这种色素早在我国古代就已用于食品着色，安全性高，现在许多亚洲国家均有应用。红曲色素是通过糯米、粳米经红曲霉菌发酵而成，用乙醇提取得到红曲色素溶液，进一步精制结晶可得到红曲色素。目前已证实红曲色素为多种成分的混合色素，其中 6 种组分的化学结构已经确定，这 6 种组分分别为紫色的红斑红曲胺和红曲玉红胺、橙色的红斑红曲素和红曲玉红素、黄色的红曲素和红曲黄素，均属于酮类衍生物。

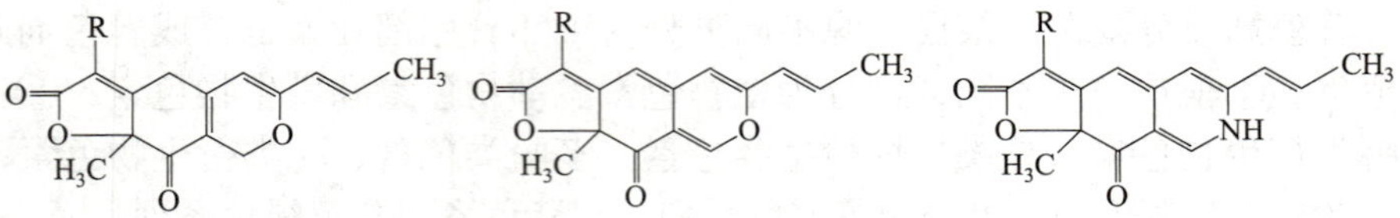

黄色
R=—COC₅H₁₁
红曲素
R=—COC₇H₁₅
红曲黄素

橙色
R=—COC₅H₁₁
红斑红曲素
R=—COC₇H₁₅
红曲玉红素

紫色
R=—COC₅H₁₁
红斑红曲胺
R=—COC₇H₁₅
红曲玉红胺

红曲色素

红曲色素为红色或暗红色液体或粉末，略带异臭。溶于乙醇水溶液、乙醚、冰醋酸等溶剂，不溶于水；但若在培养红曲菌时，若把培养基中的氨基酸、蛋白质和肽的含量比例增大，便可以得到水溶液的红曲色素。具有较强的耐热性、耐光性，但在太阳光直射下色值会降低；对 pH 值稳定，几乎不受 Ca^{2+}、Mg^{2+}、Fe^{2+}、Cu^{2+} 等金属离子影响，对还原剂、氧化剂的耐受性也很强。如再添加 0.25% 亚硫酸钠或 100mg/kg 的抗坏血酸、过氧化氢到红曲色素溶液中，放置 48h 后仍然不会变色。对含蛋白质高的食品着色性很好，一旦着色经水洗也不会褪色。

由于红曲色素安全性高、性质稳定、工艺性能好，已广泛用于酒类、水产品、畜产品、豆制品、酿制食品和各种糕点中。

12.6.3.2 姜黄色素

姜黄色素（curcumin）是以多年生草本植物姜黄的根、茎为原料，经由乙醇等有机溶剂抽提、精制而得的一组黄色色素。含量为 1% ～ 3%，是一组具有二酮结构的色素，主要组分为姜黄色素、脱甲氧基姜黄色素、双脱甲氧基姜黄色素 3 种。

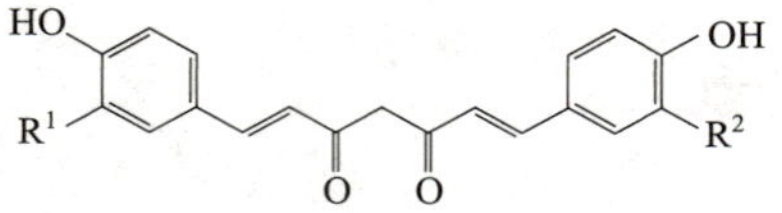

姜黄色素

姜黄色素为橙黄色结晶性粉末，具有姜黄特有的香辛气味，稍带苦味。几乎不溶于水，溶于甲醇、乙醇、丙二醇，易溶于冰醋酸和碱性溶液。在中性和酸性条件下呈黄色，在碱性时呈红褐色，而且其碱性溶液经酸中和后仍可恢复原有的黄色。姜黄色素的耐光、耐热、耐氧化性较差，易与过渡金属元素配合产生沉淀，与铁离子结合而变色，但耐还原性很好。

姜黄色素安全性高、着色性强，特别是对蛋白质的着色力较好，多用于调味品如咖喱粉的着色和增香。此外还常用于肉制品、水产品、蔬菜加工产品和化妆品等的着色。我国规定姜黄色素的使用量按生产需要适量使用，最大使用量依据国家标准 GB 2760—2024 执行。

12.6.3.3 虫胶色素

虫胶色素（lac dye）是一种动物色素，是以紫胶虫分泌的紫胶原胶为原料，用水浸提，经钙盐沉淀而得。紫胶虫是豆科黄檀属、梧桐科芒木属等属树上的昆虫，其分泌物紫胶可供药用，在我国四川、云南、贵州以及东南亚地方均有产出。

虫胶色素有溶于水和不溶于水两大类，均属于蒽醌衍生物。溶于水的虫胶色素称为虫胶红酸，根据其蒽醌结构中苯酚环上羟基的对位取代不同，分别称为虫胶红酸 A、B、C、D、E。

虫胶红酸 A,B,C,E
A: R= — CH₂CH₂NHCOCH₃
B: R= — CH₂CH₂OH
C: R= — CH₂CH(NH₂)COCH
E: R= — CH₂CH₂NH₂

虫胶红酸 D

虫胶色素

虫胶红酸为鲜红色粉末，微溶于水，溶于乙醇、丙二醇及碱性溶液，不溶于棉籽油。纯度越高，在水中的溶解度越低。虫胶红酸在不同 pH 值时显示不同颜色，pH < 4 时为橙黄色，pH=4.5 ~ 5.5 时呈橙红色，pH > 5.5 时为紫红色。一般在酸性条件下对光和热稳定，在强碱条件下容易褪色，对金属离子不稳定。虫胶红酸的安全性较高，稳定性好，可用于果蔬汁饮料类、碳酸饮料、配制酒、糖果、果酱、调味酱等食品中，最大使用量为 0.5g/kg。

12.6.3.4 焦糖色素

焦糖色素（caramel pigment）又名酱色，属糖类化合物，是我国传统使用的色素之一。焦糖色素是以饴糖、蔗糖、转化糖、乳糖、麦芽糖浆、淀粉等的水解物及各水解组分为原料，在高温下加热使其焦糖化，再用碱中和而形成的复杂红褐色或黑褐色混合物。

国际食品法典委员会（Codex Alimentarius Commission，CAC）按焦糖色素在生成过程中所使用的催化剂及功用不同，将其分为以下 4 类：①普通法焦糖色（Ⅰ类），是 DE 值 70 以上的葡萄糖浆以氢氧化钠为催化剂在高温下加热制得，其色率较低，氮硫含量均较低，主要用于蒸馏酒着色；②苛性硫酸盐法焦糖色（Ⅱ类），其制造方法与普通法焦糖色的制法相似，在我国仅允许在白兰地、威士忌、朗姆酒、配制酒中使用，最大使用量为 6.0g/kg；③氨法焦糖色（Ⅲ类），主要是以蔗糖、糖蜜、结晶葡萄糖母液、碎米等为原料，氨水作催化剂制得，是目前我国生产量最大的一类焦糖，主要用于酱油、啤酒着色；④亚硫酸铵法焦糖色（Ⅳ类），是以葡萄糖和蔗糖为原料，亚硫酸（氢）铵作催化剂，在酸性条件下催化而成，这类色素的使用量最大，主要用于饮料着色。

焦糖色素为深褐至黑色的液体或固体物质，有特殊的甜香气和愉快的焦苦味，但在通常使用量时很少表现出来。可溶于水和稀醇溶液，其水溶液呈黄褐色；不溶于通常的有机试剂及油脂。焦糖色素的耐光、耐色性较好，在不同 pH 值下呈色稳定；具有胶体特性，有等电点，pH 值在 6.0 以上易发霉。焦糖色素在食品和饮料中的应用已有 150 多年的历史，不同类别的焦糖色素其应用领域也不同，如苛性硫酸盐法焦糖色（Ⅱ类）仅允许在部分酒类中使用。

12.6.4 食用合成色素

除天然色素之外，合成色素也大量应用在食品加工中。与天然色素相比，合成色素具有色彩鲜艳、着色力强、化学性质稳定、结合牢固等优点，但多数合成色素具有毒性，安全性较差。我国目前允许使用的人工合成色素有 10 种：苋菜红，胭脂红，赤藓红，新红，日落黄，柠檬黄，靛蓝，亮蓝，诱惑红，酸性红。

12.6.4.1 胭脂红

胭脂红（ponceau 4R），又称为丽春红 4R，即食用红色 1 号，是苋菜红的异构体。化学名称为 1-（4′- 磺基 -1′- 萘偶氮）-2- 萘酚 -6,8- 二磺酸三钠盐，分子式为 $C_{20}H_{11}N_2Na_3O_{10}S_3$。

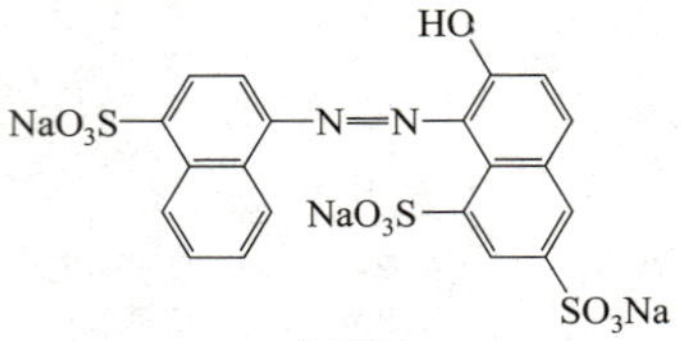

$$
\text{胭脂红}
$$

胭脂红为红色至深红色颗粒或粉末状，属水溶性偶氮类着色剂，水溶液呈红色。难溶于乙醇，不溶于油脂。具有较强的耐酸性、耐盐性和耐热性，但对还原剂的耐受性很差，能被细菌分解，遇碱变褐色。

12.6.4.2 赤藓红

赤藓红（erythrosine）又称为樱桃红或新酸性品红，即食用赤色 3 号（日本）。化学名称为 2,4,5,7- 四碘荧光素，分子式为 $C_{20}H_6I_4Na_2O_5 \cdot H_2O$。

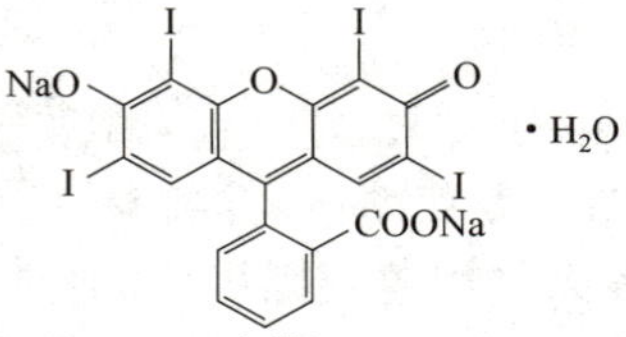

$$
\text{赤藓红} \quad \cdot H_2O
$$

赤藓红为红色至红褐色颗粒或粉末，属水溶性非偶氮类着色剂，水溶液呈微蓝的红色。溶于乙醇、甘油及丙二醇，不溶于油脂。具有较好的耐热性、耐还原性、耐碱性，但耐酸性、耐光性较差。在 pH < 4.5 条件下形成不溶性黄棕色沉淀，碱性时产生红色沉淀。赤藓红着色力强，安全性较高。赤藓红可用于高温烘焙食品、中性食品和碱性食品中，例如饮料、配制酒和糖果等。

12.6.4.3 日落黄

日落黄（sunset yellow）又称为晚霞黄、橘黄。化学名称为 1-（4′- 磺基 -1′- 苯偶氮）-2- 萘酚 -6- 磺酸二钠盐，分子式为 $C_{16}H_{10}N_2Na_2O_7S_2$。

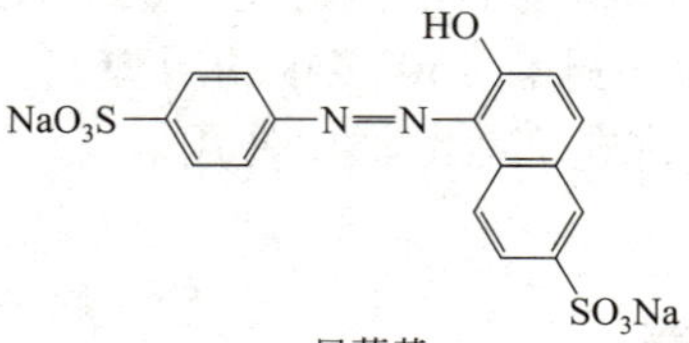

$$
\text{日落黄}
$$

日落黄为橙黄色颗粒或粉末，属水溶性偶氮类着色剂，水溶液呈橙黄色。易溶于甘油、丙二醇，难溶于乙醇，不溶于油脂。耐酸、耐光、耐热，在酒石酸和柠檬酸中稳定，遇碱变红褐色，还原时褪色。日落黄着色力强，安全性高。也可用于饮料、配制酒、糖果和糕点等食品。

12.6.4.4　靛蓝

靛蓝（indigotine）又称为酸性靛蓝、磺化靛蓝、食品蓝，即食用青色 2 号（日本）。化学名称为 3,3′-二氧 -2,2′- 联吲哚基 -5,5′- 二磺酸二钠盐，分子式为 $C_{16}H_8O_8N_2S_2Na_2$。

靛蓝

靛蓝为蓝色粉末，属水溶性非偶氮类着色剂，水溶液为深蓝色，但在水中的溶解度较其他合成着色剂低。溶于甘油、丙二醇，稍溶于乙醇，不溶于油脂。对光、热、酸、碱、氧化作用均较敏感，耐盐性也较差，易为细菌分解，还原后褪色。靛蓝着色力好，安全性高，常与其他色素配合使用以调色，在食品中广泛使用。国家标准 GB 2760—2024 规定，靛蓝应用于蜜饯类、凉果类、可可制品、巧克力和巧克力制品（包括类巧克力和代巧克力）以及糖果、糕点上彩妆、焙烤食品馅料（仅限饼干夹心）、碳酸饮料、果蔬汁（肉）饮料、配制酒中的最大使用量为 0.1g/kg。

12.7　甜味剂

糖精

12.7.1　概述

甜味剂不仅可以改进食品的可口性，而且有的还能起到一定的预防及治疗疾病作用，已经成为人们日常生活所必需的调味品之一。目前世界上广泛使用的甜味剂有 20 余种，我国已批准使用的有 20 种。

根据来源，甜味剂可分为两类：第一类为天然甜味剂，如葡萄糖、蔗糖、果糖及木糖醇等；第二类为化学合成甜味剂，糖精即是最早食用的化学合成甜味剂，此外甜蜜素、天冬甜素等亦属此类。天然甜味剂系天然提取物，通常安全可靠，但也有缺点，如热值高，易引起肥胖症、糖尿病、高血压等，而且甜度低、成本高、其生产常受自然条件的限制等。因此，合成甜味剂在甜味剂中所占比重日益增大。

此外，甜味剂分为非营养性的高倍甜味剂和营养性的低倍甜味剂两类。天然的高倍甜味剂有甜菊糖、罗汉果甜、索马甜、甘草甜，其中甘草甜（包括甘草酸铵和甘草酸钾）已确认具有医疗功能。营养性甜味剂中的糖醇，包括山梨糖醇、麦芽糖醇、甘露醇、乳糖醇，普遍具有防龋齿和不影响血糖值的功能，可作为糖尿病患者的食糖替代品。

根据其相对甜度及功能，综合上述两方面因素，甜味剂大体可分为糖类甜配料、强力甜味剂、功能性甜味剂 3 大类。糖类甜配料包括蔗糖、葡萄糖、果糖、麦芽糖、乳糖、木糖等，能提供人体所需的热量，参与人体新陈代谢，属于营养型甜味剂。强力甜味剂一般相对甜度均为蔗糖的 50 倍以上，其优点是甜度高、能量低，因而不会引起人体血糖波动；其主要缺点是甜味不纯正，有其他异味。功能性甜味剂指不仅能赋予食品甜味，还具有某些特殊生理功能的甜味剂，主要为各种低聚糖和多元糖醇。

12.7.2　食品中常用甜味剂

12.7.2.1　果葡糖浆

果葡糖浆也称为高果糖浆（high fructose syrup）或异构糖浆，它是以酶法糖化淀粉所得的糖化液经葡萄糖异构酶的异构作用将其中一部分葡萄糖异构成果糖，由葡萄糖和果糖组成的一种混合糖糖浆。

果葡糖浆无色无臭，常温下流动性好，使用方便，在饮料生产和食品加工中可以部分甚至全部取代蔗糖，而且其主要成分和性质接近天然果汁，具有水果清香，味觉甜度比蔗糖浓且有清凉感，应用于饮料中可以保持果汁饮料的原果香味。果葡糖浆的优点主要来自其成分组成中的果糖，并随果糖含量的增加更为明显。果糖的甜度与温度有很大关系，40℃以下时温度越低果糖甜度越高；溶解度为糖类中最高；难于结晶，应用在某些食品中可以表现出抗结晶性；吸湿性大，具有良好的保水分能力和耐干燥能力，这一特性可使糕点保持新鲜松软。

果糖服用后，在人体小肠内吸收速度缓慢，而在肝脏中代谢快，代谢中对胰岛素依赖小，故不会引起血糖升高，这对糖尿病患者有利。果葡糖浆还能抑制体内蛋白质消耗，利于运动员和体力劳动者做营养补给。

12.7.2.2　低聚糖及糖醇类

（1）低聚糖类　低聚糖产品目前多以淀粉、蔗糖等为原料，经酶法转化获得。产品主要有低聚异麦芽糖（甜度是蔗糖的 40% ～ 50%，下同）、低聚果糖（甜度 60%）、低聚半乳糖（甜度 40%）、乳果糖（甜度 70%）、低聚木糖（甜度 40%）、乳酮糖（甜度 50% ～ 60%）、棉籽糖、水苏糖等。低聚糖的主要功能：热量低，可改善肝功能，预防高血脂、糖尿病、肥胖症及相关疾病，并具有增殖双歧杆菌、优化人体内微生态平衡的功能。

（2）多元糖醇类　糖醇是由相应的糖经镍催化加氢制得。主要产品有赤藓糖醇（甜度 70% ～ 80%）、木糖醇（甜度 10%）、山梨糖醇（甜度 60% ～ 70%）、麦芽糖醇（甜度 75% ～ 95%）、甘露糖醇（甜度 50%）、乳糖醇等。其共同特点是甜度低、热量低、黏度低，吸湿性较大。优点是：其代谢途径与胰岛素无关，人体摄入不会引起血糖及胰岛素水平波动，是糖尿病人理想的甜味剂；长期摄入不会引起龋齿；部分糖醇具有膳食纤维功能，可预防便秘、结肠癌等。其缺点是摄取过量会引起腹泻或肠胃不适。

12.7.2.3　阿斯巴甜

阿斯巴甜（aspartame），又名天冬甜素、甜味素、蛋白糖，是 α-L- 天门冬氨酰 -L- 苯丙氨酸甲酯（α-APM）的商品名。α-APM 是一种人工合成甜味剂，分子式为 $C_{14}H_{18}N_2O_5$，分子量 294.31，外观呈白色无嗅的结晶粉末，味质极佳，无其他合成甜味剂的后苦味，甜味呈蔗糖型，比蔗糖甜 100 ～ 200 倍。

阿斯巴甜在干燥状态很稳定，可广泛应用于曲奇、糖果、巧克力制品、奶粉等各种干燥食品以及药物、化妆品中。阿斯巴甜在水溶液中的稳定性受溶液的 pH 值影响很大，在 pH 值 3.0 ～ 5.0 范围内较稳定，所以可应用于 pH 值在该范围内的碳酸饮料及酸奶，或作为餐桌即食甜味剂临时加入咖啡、牛奶等饮品中。

阿斯巴甜

12.7.2.4　三氯蔗糖

三氯蔗糖是一种新型高甜度非营养型甜味剂，其化学名称为 4,1',6'- 三氯 -4,1',6'- 三脱氧半乳蔗糖。1976年由英国 Tate & Lyte 公司合成成功，1988 年投入市场，由于其优异的性能特点，被认为是迄今为止人类已开发的最完美、最具竞争力的高甜度甜味剂，已被包括我国在内的 30 多个国家批准作为甜味剂使用。

三氯蔗糖为细颗粒的白色结晶状粉末，无气味，极易溶于水，溶解时不产生气泡和粒球。三氯蔗糖在高温食品加工和长期储存时都具有非常高的稳定性。其甜度约为蔗糖的 600 倍，甜感的呈现速度、最大甜味的感受强度、甜味持续时间及后味等方面都非常接近蔗糖。三氯蔗糖 pH 值的适应性广，在 pH 值为 5 ~ 6 范围内最稳定。三氯蔗糖在人体内不参与代谢，不被人体吸收，热量为 0，是糖尿病人理想的甜味代用品。另外，三氯蔗糖不被龋齿病菌利用，不会引起龋齿，是一种适合消费者健康要求的甜味剂。三氯蔗糖对酸味和咸味有淡化效果，对涩味、苦味、酒味等味道有掩盖效果，对辛辣、奶香等有增效作用，可广泛应用于食品。

三氯蔗糖

12.7.2.5　乙酰磺胺酸钾

乙酰磺胺酸钾又名安赛蜜、AK 糖，是 K.Clauss 和 H.Jensen 于 1967 年发明的。化学名称为 6- 甲基 -3,4- 二氢 -1,2,3- 噻嗪 -4- 酮 -2,2- 二氧化物钾盐，分子式为 $C_4H_4NO_4SK$，分子量 201.24。其纯品为白色结晶性粉末，无臭，具有强烈的甜味，其甜度为蔗糖（3% 溶液）的 200 倍，呈味性质与糖精相似，后苦味极淡，与糖醇有很好的混合，无热量，在人体内不代谢、不吸收，没有明显的熔点，缓慢升温至 225℃时分解，如快速升温则要在更高温度下才会分解。极易溶于水，20℃时溶解度为 27g/L，温度升高溶解度增大。微溶于乙醇等有机溶剂。在空气中不吸潮，对光、热、酸稳定，即使在 40℃和 pH 值 3 条件下甜味仍保持。

乙酰磺胺酸钾是继糖精、甜蜜素和甜味素之后发展起来的新一代甜味剂，是目前世界上一种健康、新型、高甜度甜味剂。联合国世界卫生组织、美国食品药物管理局、欧共体（欧盟前身）等权威机构得出的结论是："乙酰磺胺酸钾对人体和动物安全、无害。"并称之为"甜味剂中的黄金"。近年来，随着我国食品饮料和医药行业越来越深入地使用，乙酰磺胺酸钾作为甜味剂市场极富活力的重要的新型健康产品正在得到人们的喜爱。

乙酰磺胺酸钾

概念检查 12.8

○ 三氯蔗糖是一种强力甜味剂，请简述其特性及安全性。

12.8　增稠剂

12.8.1　概述

增稠剂是一类能溶于水，能够稳定乳状液、悬浮液和泡沫，提高食品黏度或形成凝胶的食品添加剂。食品增稠剂在食品加工中起到提供稠性、黏度、黏附力、凝胶形成能力、硬度、脆性、紧密度和稳定乳化悬浊液等作用。由于增稠剂具有多种功能，它们常被称为食品胶、亲水胶、稳定剂、悬浮剂、胶凝剂、持水剂、黏着剂、润滑剂、填充剂等。使用增稠剂后食品可获得所需的各种形状和硬、软、脆、黏、稠等各种口感。因此，增稠剂在保持食品的色、香、味、结构和食品的相对稳定性等方面具有相当重要的作用，是食品工业中有广泛用途的一类重要的食品添加剂。

在食品中需要添加的食品增稠剂用量甚微，通常为千分之几，但却能有效又经济地改善食品体系的外观、口感和稳定性。但由于增稠剂品种多，产地不同，黏度系数不等，在具体应用时，如果选择不当，不仅造成使用量加大、生产成本上升，而且也达不到预期的效果。目前，国内外的发展趋势是为不同用户提供有针对性产品及工艺条件需求的复合胶。J.M.哈利斯研制出的包含缔合性增稠剂就属于一种增稠剂混合组合物。

12.8.2　增稠剂的特性与分类

增稠剂是一类高分子亲水胶体物质，其分子中含有许多亲水基团，如羟基、羧基、氨基和羧酸根等，能与水分子发生水化作用，形成高黏度的单相均匀分散体系。在食品加工中通常利用其亲水胶体的某些性质来改善或稳定食品的质构、抑制食品中糖和冰的结晶、稳定乳状液和泡沫，以及作为风味物质胶囊化材料。但值得注意的是，增稠剂绝大多数不具有表面活性，不能单独用来制备乳状液，仅仅用来稳定已经形成的乳状液，其稳定作用主要通过黏度的改变或在含水的分散介质中的胶凝作用而赋予食品胶体长期的稳定性。

迄今为止世界上通用的增稠剂约有40余种。

增稠剂根据其化学结构组成，可分为多肽和多糖两大类物质：①多糖类增稠剂，大多数增稠剂属于此类，如淀粉类、纤维素类、果胶和海藻酸等，广泛分布于自然界；②多肽类增稠剂，主要有明胶、酪蛋白酸钠和干酪素，由于其来源有限，价格偏高，应用较少。

增稠剂按其来源可分为：①天然增稠剂，又可分为动物性增稠剂（明胶、酪蛋白酸钠等）、植物性增稠剂（瓜尔豆胶、阿拉伯胶、果胶、琼脂、卡拉胶等）、微生物增稠剂（黄原胶、结冷胶等）及酶处理生成胶（酶水解瓜尔豆胶、酶处理淀粉等）四大类；②合成增稠剂，如改性淀粉、改性纤维素、丙二醇海藻酸酯和黄原胶等。

增稠剂按其离子性质也可分为两大类：①离子增稠剂，如海藻酸、羧甲基纤维素钠和淀粉等；②非离子增稠剂，如淀粉、丙二醇海藻酸酯和羟丙基淀粉等。

此外，增稠剂还可以按其流变性质分为牛顿性增稠剂和非牛顿性增稠剂、凝胶性增稠剂和非凝胶性增稠剂等。

12.8.3　食品中常用增稠剂

12.8.3.1　明胶

明胶（gelatin）又称为食用明胶。自然界中不存在明胶，明胶是由动物的皮、骨、软骨、韧带、肌膜等所含的胶原蛋白经部分水解后得到的高分子多肽高聚物，相对分子质量为 10000～70000。工业上明胶的生产方法有碱法、酸法、盐碱法和酶法，目前国内外普遍采用碱法。明胶的化学组成中蛋白质占 82%以上，除用作增稠剂外，还可用以补充人体的胶原蛋白，不含脂肪和胆固醇，是良好的营养品。

明胶为白色或淡黄色、半透明、微带光泽的薄片或细粒；色泽与其中所含的某些金属离子有关，含量增大，色泽变深；有特殊的臭味；潮湿后易为细菌分解。明胶不溶于冷水，但遇水后会缓缓地吸水膨胀软化，可吸收本身质量 5～10 倍的水；溶于热水，溶液冷却后即凝结成胶块；不溶于乙醇、乙醚、氯仿及其他多数非极性有机溶剂，但溶于醋酸、甘油。

明胶的凝固力较弱，浓度在 5%以下时不凝固，通常以 10%～15%的溶液形成凝胶。其溶解温度与凝固温度相差很小，30℃以下凝胶而 40℃以上呈溶胶。其凝胶比琼脂柔软，富有弹性，口感柔软。明胶黏度因分子量分布情况而异，分子量越大，分子越长，杂质越少，凝胶强度越高，溶胶黏度也越高。等电点时（pH 值 4.7～5.0）黏度最小，略高于凝固点放置黏度最大。明胶溶液长时间煮沸，或在强酸、强碱条件下加热，水解速度加快、加深，导致胶凝强度下降，甚至不能形成凝胶。在明胶溶液中加入大量无机盐，可使明胶从溶液中析出。凝结后的凝胶不能恢复原来的性质，为不可逆凝胶。

明胶是亲水性胶体，具有保护胶体的性质，可作为疏水胶体的稳定剂、乳化剂。明胶属两性电解质，故在水溶液中可将带电微粒凝聚成块，用作酒类、酒精的澄清剂。明胶还有稳定泡沫的作用，本身也有起泡性，尤其在凝固温度附近时起泡性更强。另外，明胶还广泛应用于各种乳制品，具有抗乳清析出、乳化稳定、乳泡沫稳定三大功能。

12.8.3.2　瓜尔豆胶

瓜尔豆胶（guar gum）又叫瓜尔胶，是从豆科植物瓜尔豆中提取分离出来的一种可食用的多糖化合物，是一种来源稳定、价格便宜、黏度高、用途广的食品增稠剂。瓜尔豆胶属半乳甘露聚糖，主链由 β-D- 吡喃甘露糖通过（1→4）糖苷键连接而成，平均每隔两个甘露糖连接一个半乳糖。目前瓜尔豆胶的主要生产国是巴基斯坦、印度和孟加拉国，广泛应用于化妆品工业、纺织工业、保健品工业和造纸工业。

瓜尔豆胶是一种白色或稍带黄褐色的粉末，无臭或稍有气味；属中性糖，在热水或冷水中都能分散形成黏稠液，使用方便，是天然胶中黏度最大者。瓜尔豆胶具有良好的无机盐兼溶性能，能耐受 1 价金属盐，但高价金属离子的存在可以使溶解度下降。瓜尔豆胶水溶液呈中性，有较好的耐碱性和耐酸性，在高温下加热一段时间会发生不可逆降解；另外，当水溶液中存在如蔗糖等其他强亲水剂时，也会导致瓜尔豆胶的黏度急速丧失。瓜尔豆胶还能与某些线性多糖如黄原胶、琼脂、卡拉胶等发生较强的吸附作用，形成复合体，使黏度大大提高。

在食品生产中只允许使用天然瓜尔豆胶，主要起到增稠剂、持水剂、悬浮剂、分散剂、黏结剂等作用，还能防止脱水收缩，增强质地和口感。通常单独或与其他食用胶复配使用。如瓜尔豆胶加上槐豆胶或卡拉胶和乳化剂能阻止砂粒感较大的乳糖结晶和冰结晶的生成；在冰淇淋生产过程中混合加入瓜尔豆胶和黄原胶，可使冰淇淋结构更致密，细腻度和膨胀率都得到提高。另外还用于肉制品中作黏合剂，面

制品中增进口感，面包和糕点中起持水作用，无糖或低糖饮料中起增稠作用；在方便食品中使用起抗老化、降低含油量等作用。

12.8.3.3　黄原胶

黄原胶（xanthan gum）又称为汉生胶、黄杆菌胶，是由甘蓝黑腐病黄单胞杆菌发酵产生的细胞外酸性杂多糖，是目前国际上性能最优越的生物胶。它具有独特的理化性质和全面功能，集增稠、悬浮以及乳化稳定等功能性质于一身，可广泛应用于食品、石油、医药等 20 多个行业，是目前世界上生产规模最大且用途极为广泛的微生物多糖。

黄原胶分子是由 β-（1→4）糖苷键连接的 D- 葡萄糖基构成主链与三糖单位所组成的侧链聚合而成，其中三糖单位包括两个甘露糖和一个葡萄糖醛酸，相对分子质量在 100 万以上。黄原胶拥有巨大的分子链，这使分子自身可以交联、缠绕成各种线圈状，分子间靠氢键又可以形成双螺旋状，螺旋状结构还可以形成螺旋聚合体，这些网络结构是控制水的流动性、增稠性的主要原因。另外黄原胶分子侧链含有丙酮酸，其含量对性能也有很大影响，一般在不同溶氧条件下发酵所得到的黄原胶丙酮酸含量会有明显差异。

黄原胶为白色或浅黄至棕色粉末，溶于水，不溶于大多数有机溶剂。水溶液呈中性，其黏度几乎不受温度、酸碱度、盐类及酶影响，多价金属离子引起胶凝作用或在高 pH 值下与黄原胶共同作用产生沉淀。有很强的乳化稳定性和高悬浮能力，尤其是它具有触变性与假塑性，大大增加了其在食品工业中的应用，并赋予食品良好的感官性能。黄原胶的另一独特性能是与半乳甘露糖如瓜尔胶和刺槐豆胶相互作用，产生协同增黏效应；与海藻酸钠、淀粉等增稠剂能很好地互溶，能进行复配；与卡拉胶、刺槐豆胶复配，可提高弹性。

黄原胶现已作为重要的稳定剂、悬浮剂、乳化剂、增稠剂、黏合剂广泛应用于饮料、糕点、果冻、罐头食品、海产品、肉制品加工等领域。

12.9　其他食品添加剂

12.9.1　概述

食品添加剂中还包括重点提高食品色、味、结构等的发色剂、膨松剂、增味剂、酸剂、碱剂等，还有起助滤、澄清、吸附、润滑、脱模、脱色、脱皮、提取、酶解、发酵用营养物质等作用的添加剂。

后述多种食品添加剂又可称为食品加工助剂，是为使食品加工能顺利进行的各种辅助物质，与食品本身无关。一般应在制成最后成品之前除去，有的应规定食品的残留量。其本身亦应为食品类商品。在国家标准 GB 2760—2024 中，附录 C 列出了食品工业用加工助剂 183 种，其中酶制剂 66 种。国际上，食品法典委员会（CAC）也以参考性文件的形式列出了食品加工助剂清单，详述了用作食品加工助剂物质的信息，并且确定食品加工助剂安全性应经 FAO 和 WHO 食品添加剂联合专家委员会评估。

12.9.2　膨松剂

膨松剂又称为疏松剂，是使食品在加工中形成膨松多孔的结构，制成柔软、酥脆产品的食品添加剂。在焙烤食品、发酵食品、含气饮料、调味品中起着十分重要的作用。一般分为化学膨松剂和生物膨松剂两种类型。

化学膨松剂主要是碳酸盐或酸式碳酸盐，而且多是含有几种成分的复合膨松剂，在使用中发生中和或复分解反应，产生气体。复合膨松剂一般由 3 部分组成：①碳酸盐，常用的是碳酸氢钠，其用量约占 30%～50%，作用是产生气体；②酸性盐或有机酸，用量约占 30%～40%，作用是与碳酸盐反应，控制反应速度，充分提高膨松剂的效力，调整食品酸碱度；③助剂，有淀粉、脂肪酸等，含量一般为 10%～30%，作用是改善膨松剂保存性，防止吸潮结块、失效，调节气体产生速度或使气泡均匀产生。

生物膨松剂主要是以各种形态存在的品质优良的酵母，学名是啤酒酵母。酵母作为疏松剂，它的机理是由于酵母含有丰富的酶，有很强的发酵能力，在发酵过程中产生大量二氧化碳和乙醇，使制品疏松多孔、体积增大。包括鲜酵母、活性干酵母和即发干酵母。目前生产上主要用即发高活性干酵母，其他类型的酵母已经很少使用。实际使用中，常将活性酵母与小苏打、臭粉、发酵粉混合使用，两者可互相取长补短，缩短制作时间。

12.9.3　增味剂

有些食物不具任何特殊风味，但某些化合物可用来增强或改善它的风味，称为增味剂。近年来，随着国内外快餐食品、方便食品的迅猛发展，增味剂特别是营养性天然鲜味剂的产销量也快速增长。常用的增味剂包括 L-谷氨酸一钠盐、蛋白质水解物（水解蛋白）、呈味核苷酸、酵母抽提物等。

L-谷氨酸一钠盐（MSG）即人们最熟悉的味精。MSG 早期生产是利用蛋白质水解法制取粗谷氨酸，再用碱中和成为钠盐，并用活性炭脱去色素等杂质，再浓缩结晶即可得纯度在 99% 以上的 MSG。目前可由微生物发酵淀粉原料制成。MSG 是无色至白色的结晶或结晶性粉末，易溶于水，微溶于乙醇，不溶于乙醚。210℃时发生吡咯烷酮化生成焦谷氨酸，270℃左右分解。当 pH 值为 6～7 时，MSG 鲜味最强。

关于 MSG 的安全性，一直存在争议。直到 1996 年，美国 FDA 宣布中国菜中常用的味精对人体无害，可以安全食用。该机构只要求食品中较多使用时应有所说明，以防少数人对味精有不良反应。

日本学者于 20 世纪初发现氨基酸、核苷酸是海带、蟹肉、鲜肉等食品中鲜味的关键成分。呈味核苷酸主要是指 5'-肌苷酸（5'-IMP）、5'-鸟苷酸（5'-GMP）。5'-IMP 有特殊的鲜鱼味，易溶于水，稍有吸湿性；对酸、碱、盐和热均稳定，可被动植物组织中的磷酸酯酶分解而失去鲜味。5'-GMP 则有特殊的类似香菇的鲜味，易溶于水，吸湿性较强；在通常的食品加工条件下，对酸、碱、盐和热均稳定。5'-GMP 的鲜味程度为 5'-IMP 的 3 倍以上，两者通常混合使用，各占 50% 的混合物简称 I+G，是呈现动植物鲜味融合一体所形成的一种较为完全的鲜味剂。在食品加工中多用于配置强力味精、特鲜酱油和汤料等。

水解蛋白是一类新型功能性增味剂，有水解动物蛋白（HAP）和水解植物蛋白（HVP）之分。HAP 主要以畜、禽的肉、骨及水产品等为原料，通过酸解法和酶解法制备。HAP 除保留原料的营养成分外，由于原料中的蛋白质被水解为小肽及游离的 L 型氨基酸，易溶于水，有利于人体消化吸收，原有风味更为突出。HVP 是以大豆蛋白、小麦蛋白、玉米蛋白等为原料，同样通过酸法水解或酶法水解而得。其产物不仅具有适营养保健成分，而且可用作食品调味料和增味剂。HVP 作为一种高级调味品，是近年来迅速发展起来的新型调味品，发展前景十分广阔。

12

12.9.4　脱皮助剂

水果加工成罐头或果脯时，大多数品种必须去皮。去皮方式可以分为物理去皮法和化学去皮法。物理去皮法如砂烫去皮或使用去皮机等；化学去皮法即采用一些化学试剂帮助去皮。目前化学去皮法常用的脱皮助剂为热碱液，将桃、杏、李等水果与氢氧化钠的热溶液（约3%，60～82℃）接触，随后稍加摩擦即可达到去皮的目的。强碱引起细胞和组织成分不同程度的增溶作用（溶解薄层间的果胶质）是腐蚀性去皮工艺的理论依据。

12.9.5　被膜剂

涂布于食品表面形成具有某种阻隔特性的薄膜，减少水分蒸发，调节呼吸作用，防止微生物侵袭，起保质、保鲜、上光、脱模等作用的物质称为被膜剂。按来源可分为天然类和人工合成类。我国允许使用的被膜剂有以下几种：巴西棕榈蜡、白油（又名液体石蜡）、单，双甘油脂肪酸酯、蜂蜡、聚二甲基硅氧烷、聚乙二醇、聚乙烯醇、可溶性大豆多糖、吗啉脂肪酸盐果蜡、普鲁兰多糖、松香季戊四醇酯、壳聚糖、硬脂酸、紫胶（又名虫胶）等。近来，还有在被膜剂中加入某些防腐剂、抗氧化剂等进一步制成复合保鲜剂。

被膜剂在食品保鲜和加工中具有许多用途。在糖果如巧克力等产品中使用被膜剂，不仅使产品光洁美观，而且还可以防止粘连，保持质量稳定。液体石蜡是理想的脱模、润滑剂。它不仅在加热时产生的气泡少、烟雾少，而且对机械、烤盘等设备无腐蚀性，对食品的色、香、味亦无任何不良影响。

12.9.6　助滤剂和吸附剂

助滤剂是指在食品加工过程中以帮助过滤为目的的食品添加剂，主要有活性炭、硅藻土（图 12-1）、高岭土、凹凸棒黏土等产品。

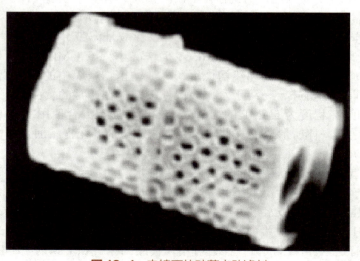

图 12-1　电镜下的硅藻土助滤剂

　　活性炭是由竹、木、果壳等原料，经碳化、活化、精制等工序制备而成的。活性炭为黑色微细粉末，无臭、无味，有多孔结构，对气体、蒸气或胶态固体有强大的吸附能力，不溶于任何有机溶剂。这种物质有较强的吸附作用，故又可作吸附剂，如用于蔗糖、葡萄糖、饴糖、油脂的脱色。

　　硅藻土是由硅藻类的遗骸堆积海底而成的一种沉积岩，其主要成分分为二氧化硅的水合物。该物质为黄色或浅灰色粉末，密度小，多孔，有强吸水性，能吸收自身质量 1.5 ～ 4.0 倍的水。

　　高岭土又称为白陶土、瓷土，主要成分为含水硅酸铝。纯净的高岭土为白色粉末，一般含有杂质，呈灰色或浅黄色，质软，易分散于水或其他液体中，有滑腻感，并有土味。不溶于水、乙醇、稀酸和稀碱。高岭土既有助滤、脱色作用，又可作为抗结剂、沉降剂等，如用于葡萄糖的澄清。

12.10　本章小结

　　本章介绍了有关食品添加剂的定义、分类、作用和安全管理等方面的知识。分别介绍了几种主要的食品添加剂，如香精香料、防腐剂、抗氧化剂、乳化剂、着色剂、甜味剂、增稠剂、增味剂和食品加工助剂等，包括它们的作用机理、一般来源、理化性质、常见用途和使用限量等。

　　随着我国经济社会的快速发展，人们生活水平不断提高，越来越多的消费者更加注重食品的质量安全。食品添加剂是现代食品工业不可缺少的一种原料，在食品工业中起着重要作用，对我国食品工业的发展有着重要影响。

　　我国的食品工业要获得长足的发展，必须把提高食品安全性放在重要位置。因此，人们对食品添加剂也提出了更高的要求：更安全、操作更简单、功能更全面、成本更低廉。主要的实现方式有以下几种。首先，从丰富的动植物中开发温和、安全、有效、低价的天然食品添加剂。这方面，我国地域辽阔，资源丰富，更有优势。例如，从虾壳、蟹壳中提取得到的壳聚糖（chitosan）具有较强的抗菌作用，而且其具有可降解性、生物相容性和无毒性等特点，属于新型天然、环保和安全型食品防腐剂；ε- 聚赖氨酸（ε-polylysine）、溶菌酶（lysozyme）、蜂胶（propolis）、一些中草药提取物等均是天然防腐剂的研究热点。再者，通过复配等方式制作高效、低价、功能更广的新型食品添加剂。例如，一种新型甜味剂——双甜（twinsweet），由阿斯巴甜和安赛蜜（AK 糖）在溶液中共结晶生成，甜度是单独使用时的 1.5 倍，而且稳定性大大提高。另外，利用生物技术也是未来食用天然添加剂发展的重点工作之一，其中植物细胞及组织培养、微生物发酵及基因转殖都是重要的手段。

 总结

○ 食品添加剂
- · 为改善食品品质和色、香、味，以及为防腐、保鲜和加工工艺的需要而加入食品中的人工合成或者天然物质。
- · 食品添加剂包括了食品用香料、胶基糖果中基础剂物质、食品工业用加工助剂、食品营养强化剂。

○ 食品营养强化剂
- · 为了增加食品的营养成分（价值）而加入食品中的天然或人工合成的营养素和其他营养成分。

○ 食品添加剂的作用
- · 有利于食品的保藏，防止食品败坏变质。
- · 改善食品的感官性状。
- · 保持或提高食品的营养价值，如营养强化剂。
- · 增加食品的品种和方便性。

12

- 有利于食品加工操作。
- 满足其他特殊需要，例如，开发适合糖尿病患者食用的食品。

○ 食品添加剂的分类
- 根据我国国家标准GB 2760—2024《食品安全国家标准　食品添加剂使用标准》中的规定，把食品添加剂分为23类，包括：酸度调节剂、抗结剂、消泡剂、抗氧化剂、漂白剂、膨松剂、胶基糖果中基础剂物质、着色剂、护色剂、乳化剂、酶制剂、增味剂、面粉处理剂、被膜剂、水分保持剂、营养强化剂、防腐剂、稳定剂、甜味剂、增稠剂、食品用香料、食品工业用加工助剂和其他。

○ 香精香料
- 香精：亦称为调和香料，是由人工调配出来的各种香料的混合体。
- 香料：也称为香原料，是能被嗅觉闻出气味或被味觉尝出香味的用来配制香精或直接给产品加香的物质。

○ 防腐剂
- 防腐剂是具有杀死微生物或抑制其增殖作用的物质，更确切地可将此类物质称为抗微生物剂或抗菌剂。

○ 食品抗氧化剂
- 抗氧化剂是指能防止或延缓油脂或食品成分氧化分解、变质，提高食品稳定性的物质。

○ 乳化剂
- 食品乳化剂是指具有表面活性，能促使两种或两种以上互不相溶的液体（如油和水）均匀地分散成乳状液的食品添加剂。

○ 着色剂
- 着色剂又称食用色素，是指使食品着色和改善食品色泽的食品添加剂。一般可以分为食用天然色素和食用合成色素两类。
- 食用天然色素：主要是指从天然原料中提取的色素，其中以植物性色素占多数。一般来说，食用天然色素的安全性较高，资源丰富。
- 食用合成色素：与天然色素相比，合成色素虽然具有色彩鲜艳、着色力强、化学性质稳定、结合牢固等优点，但多数合成色素具有毒性，安全性较差。

○ 甜味剂
- 甜味剂不仅可以改进食品的可口性，而且有的还能起到一定的预防及治疗疾病的作用，已经成为人们日常生活所必需的调味品之一。

○ 增稠剂
- 增稠剂是一类能溶于水，能够稳定乳状液、悬浮液和泡沫，提高食品黏度或形成凝胶的食品添加剂。

○ 其他食品添加剂
- 膨松剂：膨松剂又称疏松剂，是使食品在加工中形成膨松多孔的结构，制成柔软、酥脆的产品的食品添加剂。
- 增味剂：有些食物不具任何特殊风味，但某些化合物可用来增强或改善它的风味，被称为增味剂。
- 消泡剂：泡沫是由液体薄膜或固体薄膜隔离开的气泡聚集体。在食品加工过程中，有时泡沫会使物料随泡沫溢出，造成浪费，同时也使车间和设备的卫生条件下降。此时应当使用消泡剂。

- 抗结剂：用于防止粉末状或结晶状食品聚集、板结以保持其流质状态的食品添加剂。
- 脱皮助剂：保证食品脱皮过程能顺利进行的食品添加剂，与食品本身无关。
- 被膜剂与脱膜剂：涂布于食品表面形成具有某种阻隔特性的薄膜，减少水分蒸发，调节呼吸作用，防止微生物侵袭，起保质、保鲜、上光等作用的物质称为被膜剂。按来源可分为天然类和人工合成类。
- 助滤剂和吸附剂：助滤剂是指在食品加工过程中，以帮助过滤为目的的食品添加剂；在食品生产中淀粉糖浆的脱色和提纯及葡萄酒的澄清等生产过程中起吸附作用的物质即称为吸附剂。

思考题

1. 何谓天然香料、天然等同香料、人造香料？
2. 香料一定是天然的或是纯净物吗？香精与香料二者是什么关系？
3. 常用的几种防腐剂的毒性如何？比较适宜酸度范围。
4. 怎样使苯甲酸、山梨酸分散均匀？
5. 添加防腐剂的食品可以久放吗？
6. 怎样提高食品防腐效率？
7. 食品抗氧化剂定义是什么？可分为几类？
8. 食品抗氧化剂的作用是什么？
9. 食品抗氧化剂的发展趋势如何？
10. 何为 HLB 值？它在乳化剂的应用过程中起什么作用？
11. 简述乳化剂促进乳浊液生成的原理。
12. 简述乳化剂的应用范围与类型。
13. 简述着色剂的来源。
14. 我国允许使用的合成色素有哪些？观察生活中使用色素的食品。
15. 着色剂的使用应注意哪几方面的事项？
16. 食品甜味剂的功效是什么？
17. 我国允许使用的甜味剂有哪些种类？
18. 举例说明一种甜味剂在食品中的应用。
19. 什么是食品增稠剂？它们有哪些特点？
20. 简述食品增稠剂的主要用途。
21. 增稠剂与乳化剂有什么异同？
22. 简述食品加工助剂的概念，它与一般的食品添加剂有什么区别？
23. 在食品加工过程中为什么需要使用被膜剂？
24. 举例说明助滤剂在食品加工过程中的应用。
25. 我国常用的增味剂有哪些？

参考文献

[1]　GB 2760—2024 食品安全国家标准　食品添加剂使用标准 [S].
[2]　GB 14880—2012 食品安全国家标准　食品营养强化剂使用标准 [S].

[3]　GB 29938—2020 食品安全国家标准　食品用香料通则 [S].

[4]　GB 15193.1—2014 食品安全国家标准　食品安全性毒理学评价程序 [S].

[5]　孙宝国 . 食品添加剂 [M]. 3 版 . 北京 : 化学工业出版社, 2021.

[6]　冯凤琴, 叶立扬 . 食品化学 [M]. 2 版 . 北京: 化学工业出版社, 2020.

[7]　阚建全 . 食品化学 [M]. 4 版 . 北京: 中国农业大学出版社, 2021.

[8]　汪东风, 徐莹 . 食品化学 [M]. 4 版 . 北京: 化学工业出版社, 2024.

[9]　夏文水 . 食品工艺学 [M]. 3 版 . 北京: 中国轻工业出版社, 2017.

[10]　孙平, 吕晓玲, 张民, 等 . 食品添加剂 [M]. 北京: 中国轻工业出版社, 2020.

[11]　韩琳 . 中国香精香料产业: 已经 "做大", 尚待 "做强" [J]. 绿色中国, 2024(04): 32-35.

[12]　周付科, 张爱欣 . 基于专利分析研究香料香精行业的发展现状 [J]. 中国食品添加剂, 2019, 30(06): 157-165.

[13]　秦林莉, 刘郅骞, 张静, 等 . 蔗糖酯在食品工业中的应用研究进展 [J]. 中国调味品, 2022, 47(04): 207-211, 220.

[14]　周路, 洪梅, 顾怡, 等 . 单硬脂酸甘油酯的应用研究及其生产工艺现状 [J]. 化工时刊, 2013, 27(05): 44-49.

[15]　苏东晓, 张瑞芬, 张名位, 等 . 红曲色素生物活性研究进展 [J]. 河南工业大学学报: 自然科学版, 2017, 38(02): 129-135.

[16]　焦锡涛, 胡云, 张二豪, 等 . 基于《中华人民共和国食品安全法》的食品添加剂现状研究 [J]. 食品工业, 2023, 44(11): 334-337.

[17]　李巧玲, 田晶 . 食用合成色素的安全性评价及对策 [J]. 食品工业, 2017, 38(11): 268-271.

[18]　周莉 . 复合乳化稳定剂在冰淇淋中的应用研究 [D]. 南京: 南京农业大学 , 2007.

[19]　陈魏勇 . 冰棒、冰淇淋添加剂复配研究与应用 [D]. 长沙: 湖南农业大学 , 2009.

[20]　孙梦雅 , 刘珊, 顾文娟, 等 . 不同类型稳定剂和乳化剂对冰淇淋品质特性的影响 [J]. 食品工业科技 , 2021, 42(08): 75-80.

[21]　Wu L, Zhang C, Long Y, et al. Food additives: From functions to analytical methods[J]. Critical Reviews in Food Science and Nutrition, 2021, 62(30): 8497-8517.

[22]　Novais C, Molina A K, Abreu R M, et al. Natural Food Colorants and preservatives: A review, a demand, and a challenge[J]. Journal of Agricultural and Food Chemistry, 2022, 70(9): 2789-2805.

[23]　Thomas A Vollmuth. Caramel color safety—An update[J]. Food and Chemical Toxicology, 2018, 111: 578-596.

[24]　Wei Chen, Duoxia Xu. Phytic acid and its interactions in food components, health benefits, and applications: A comprehensive review[J]. Trends in Food Science & Technology, 2023, 141: 104201.

[25]　Cohen S M, Eisenbrand G, Fukushima S, et al. GRAS 30 Flavoring Substances[J]. Food Technology, 2022,76: 58-70.

[26]　孙宝国, 田红玉, 郑福平, 等 . 可持续利用植物资源在香料合成中的应用 [J]. 日用化学品科学, 2005, 28（6）: 1-3.

[27]　Ai-Nong Yu, Bao-Guo Sun, Da-Ting Tian, et al.Analysis of volatile compounds in traditional smoke-cured bacon（CSCB）with different fiber coatings using SPME[J].Food Chemistry, 2008, 110（1）: 233-238.

[28]　Hong Yu Tian, Jie Zhang, Bao Guo Sun, et al.Preparation of natural isovaleraldehyde by the Maillard reaction[J].Chinese Chemical Letters, 2007, 18（9）: 1049-1052.

[29]　刘玉平, 尹德才, 黄明泉, 等. 食用香料 3- 庚醇的合成与应用 [J]. 食品科学, 2010, 31（02）: 284-286.

[30]　蔡培钿, 白卫东, 钱敏. 我国食用香精香料工业的发展现状及对策 [J]. 中国调味品, 2010, 35（2）: 35-39.

[31]　上海市标准化研究院. 中国欧盟食品添加剂法规标准实用指南 [M]. 北京: 中国计量出版社, 2006: 6-7.

[32]　彭珊珊, 钟瑞敏, 李琳. 食品添加剂 [M]. 北京: 中国轻工业出版社, 2004: 343-349.

[33]　杨宝进, 张一鸣. 现代食品加工学: 下册 [M]. 北京: 中国农业大学出版社, 2006: 734-738.

[34]　刘学军, 张凤清. 食品添加剂 [M]. 吉林: 吉林科学技术出版社, 2004: 237-248.

[35]　沈学友. 食品防腐剂发展呈五大趋势 [N]. 中国食品质量报, 2009-05-08（5）.

[36]　石立三, 吴清平, 吴慧清. 我国食品防腐剂应用状况及未来发展趋势 [J]. 食品研究与开发, 2008, 29（3）: 157-161.

[37]　肖素荣, 李京东. 天然食品防腐剂及其发展前景 [J]. 中国食物与营养, 2007, （6）: 30-33.

[38]　田影, 金莉莉, 王秋雨. 动物性天然食品防腐剂的研究进展 [J]. 中国食品添加剂, 2009, 5: 141-145.

[39]　周建新. 植物源天然食品防腐剂的研究现状、存在问题及前景 [J]. 食品科学, 2006, 27（1）: 263-268.

[40]　吴京平. 新型植物源天然食品防腐剂及其抑菌性能 [J]. 中国食品添加剂, 2009, （3）: 61-64.

[41]　张艳, 阚健全. 中草药提取物在果蔬保鲜中的研究进展 [J]. 中国食品添加剂, 2007, （6）: 106-109.

[42]　刘钟栋. 食品添加剂 [M]. 南京: 东南大学出版社, 2006.

[43]　郝利平. 食品添加剂 [M]. 北京: 中国农业出版社, 2004.

[44]　周家华. 食品添加剂 [M]. 北京: 化学工业出版社, 2001.

[45]　阮春梅. 食品添加剂应用技术 [M]. 北京: 中国农业出版社, 2008.

[46]　凌关庭. 食品抗氧化剂及其进展: 七 [J]. 粮食与油脂, 2001, （4）: 40-42.

[47]　杨洋, 韦小英, 阮征. 国内外天然食品抗氧化剂的研究进展 [J]. 食品科学, 2002, 23（10）: 137-140.

[48]　Gheldof N, Wang X H, Engeseth N J. Identification and quantification of antioxidant components of honeys from various floral sources[J]. Journal of Agricultural and Food Chemistry, 2002, 50: 5870-5877.

[49]　Silva J F M, Souza M C, Matta S R, Andrade M R, Vidal F V N. Correlation analysis between phenolic levels of Brazilian propolis extracts and their antimicrobial and antioxidant activities[J]. Food Chemistry, 2006, 99（3）: 431-435.

[50]　Negro C, Tommasi L, Miceli A. Phenolic compounds and antioxidant activity from red grape marc extracts[J]. Biore-sour Technol, 2003, 87（1）: 41-44.

[51]　侯如燕, 宛晓春, 文汉. 茶皂苷的化学结构及生物活性研究进展（综述）[J]. 安徽农业大学学报, 2005, 32（3）: 369-372.

[52]　陈会良, 顾有方, 王月雷. 中草药化学成分与抗氧化活性的研究进展 [J]. 中国中医药科技, 2006, 13（1）: 63-64.

[53]　杜庆. 天然抗氧化剂肌肽的研究进展 [J]. 肉类研究, 2008, （8）: 7-11.

[54]　马正智, 王飞, 杨琴, 等. 一种新型高倍甜味剂——双甜 [J]. 中国食品添加剂, 2009, （1）: 38-41.

[55]　殷露琴, 徐宝才, 杨明. 胶体在斩拌型高温火腿肠中的应用 [J]. 肉类研究, 2007, （1）: 15-17.

[56]　谭彩菊, 陆海勤, 丘泰球. 硅藻土助滤剂在精糖生产中的应用 [J]. 广西轻工业, 2009, （3）: 20-46.

[57]　Aider M. Chitosan application for active bio-based films production and potential in the food industry: Review LWT-Food Science and Technology, 2010, 43(6):837-842.

[58]　Enzo A Tosi, Edmundo Re, Marta E Ortega, et al. Food preservative based on propolis: Bacteriostatic activity of propolis polyphenols and flavonoids upon Escherichia coli[J]. Food Chemistry, 2007, 104: 1025-1029.

[59]　Erika Mascheroni, Valerie Guillard, Federico Nalin, et al. Diffusivity of propolis compounds in polylactic acid polymer for the development of anti-microbial packaging films[J]. Journal of Food Engineering, 2010, 98: 294-301.

[60]　Nadine Schneider, Cord-Michael Becker, Monika Pischetsrieder. Analysis of lysozyme in cheese by immunocapture mass spectrometry[J]. Journal of Chromatography B, 2010, 878: 201-206.

[61]　Jun Hiraki, Takafumi Ichikawa, Shinichi Ninomiya, et al. Use of ADME studies to confirm the safety of ε-polylysine as a preservative in food[J]. Regulatory Toxicology and Pharmacology, 2003, 37: 328-340.

第13章 食品污染物

为什么要了解食品污染物？食品污染物对人体健康有哪些影响？农药作为一类食品污染物，在稻谷种植过程中为什么要喷洒农药？又为什么要建立大米中农药残留检测方法？

　　食品污染，是指食品及其原料在生产、加工、贮藏、运输、销售到食用前等过程中某些有毒有害物质进入食品，使食品的营养价值和品质降低而对人体产生不同程度的危害。如因农药、废水、污水、非法食品添加剂、病虫害和家畜疫病等引起的污染，以及霉菌毒素引起的食品霉变；运输、包装材料中有毒有害物质对食品造成的污染。本章将这些物质统称为食品污染物，只是有时对某类有害物质，如来自于微生物繁殖产生的有害物质以及一些植物组织所含的代谢产物，仍习惯称之为毒素。随着科学技术的进步、各种化学物质的不断产生和应用，有毒有害物质的种类和来源也进一步繁杂。

13.1　食品污染物

13.1.1　食品污染物来源

　　目前，食品科学亟须解决的一大问题就是食品安全性问题。从广义上看，食品安全性就是指消费者所摄入的食品没有受到任何有害的化学物质、微生物、放射性物质的污染。安全性是食品的第一要素，因此从食品安全性方面来了解、研究这些物质是非常重要的。这些有害的化学物质包括不同种类的无机化合物和有机化合物，从金属元素、简单的无机盐到复杂的大分子物质。这些物质在人类长期的进化和生存过程中有的已被充分认识，还有一些则是随着科技的发展近年来才被人们所认识。

　　食品污染物主要来自4个方面：一是食品中存在的天然有害物；二是环境污染物，如随着农业产品使用量的增加，一些有害的化学物质残留在农产品中；三是食品生产、加工过程中一些化学添加剂、色素的不适当使用，使食品中有害物质增加；四是食品加工、贮藏、运输及烹饪过程中产生的物质以及工具、用具中带来的污染物。从这些有害物质的具体来源上来看，这些物质可分为植物源的、动物源的、微生物源的以及因环境污染所带入的4类；也可以将其分为外源性有害物质、内源性有害物质、诱发性有害物质3类；还可以根据食品污染物产生的特征将有害物质的来源分为固有的和污染的两大类，其具体产生途径见表 13-1。

　　就危害性大小来讲，微生物污染产生的有害物质（或致病菌）危害最大，来自环境污染的危害次之。农药、兽药、食品添加剂等滥用都会造成不同程度的危害，另外也应注意一些天然食品成分的毒性。食品的安全性高低不能只通过判断是否为天然成分而确定，类似于"纯天然的""无任何添加物"的食品广告宣传语言不仅是误导消费者，更没有任何科学道理。至于"不存在任何化学物质"之类的表述，完全是一种错误的说法。

表 13-1　食品污染物的来源

来　源	途　径
固有有害物质	在正常条件下生物体通过代谢或生物合成产生有毒化合物 在应激条件下生物体通过代谢或生物合成产生有毒化合物
污染有害物质	有毒化合物直接污染食品 有毒化合物被食品从其生长环境中吸收 由食品将环境中吸收的化合物转化为有毒化合物 食品加工中产生有毒化合物

13.1.2　食品污染的种类

　　根据食品受污染的途径可将其分为物理性污染、化学性污染、生物性污染及其他污染。在污染物中，生物性污染和化学性污染又是当前乃至今后相当长一段时间内人们面临的主要问题。

13.1.2.1　物理性污染

　　食品物理性污染通常指食品生产加工过程中杂质超过规定的含量，或食品吸附、吸收外来的放射性元素所引起的食品质量安全问题。

　　食品物理性污染主要有杂质和放射性污染两方面。如小麦粉生产过程中混入磁性金属物，就属于杂质污染。食品放射性污染主要是食品吸收或吸附了外来放射性元素，来源于放射性物质的开采、冶炼、生产和生活中的应用与排放以及核意外泄漏或核试验等。食品中放射性物质有来自地壳中的放射性物质，称为天然本底；也有来自核武器试验或和平利用放射能所产生的放射性物质，即人为的放射性污染。放射性物质污染主要是通过水及土壤污染农作物、水产品、饲料等，经过生物圈进入食品，并且通过食物链转移。某些鱼类能富集金属同位素，如 ^{137}Cs 和 ^{90}Sr 等；后者半衰期较长，多富集于骨组织中，而且不容易排出，对机体的造血器官有一定影响。某些海产动物如软体动物能富集 ^{90}Sr，牡蛎能富集大量 ^{65}Zn，某些鱼类能富集 ^{55}Fe。

13.1.2.2　化学性污染

　　食品化学性污染是指外来化学物质对食品的污染，这些污染物包括环境污染物、无意添加和有意添加的污染物以及在食品生产过程中产生的有毒有害物质。主要指农用化学物质、食品添加剂、食品包装容器和工业废弃物的污染，如汞（Hg）、镉（Cd）、铅（Pb）、砷（As）、氰化物、有机磷、有机氯、亚硝酸盐和亚硝胺及其他有机或无机化合物等所造成的污染。目前危害最严重的是化学农药、有害金属、多环芳烃类如苯并[a]芘、N-亚硝基化合物等化学污染物。

13.1.2.3　生物性污染

　　生物性污染主要是由有害微生物及其毒素、病毒、寄生虫及其虫卵和昆虫等引起的。肉、鱼、蛋和奶等动物性食品易被致病菌及其毒素污染，导致食用者发生细菌性食物中毒和人畜共患的传染病。致病

13

菌主要来自病人、带菌者、病畜、病禽等。致病菌及其毒素可通过空气、土壤、水、食具、患者的手或排泄物污染食品。被致病菌及其毒素污染的食品，特别是动物性食品，如使用前未经必要的加热处理，会引起沙门菌或金黄葡萄球菌毒素等细菌性食物中毒。食用被污染的食品还可引起结核和布氏杆菌病等传染病。

13.1.2.4　其他危害来源

（1）营养不平衡　营养失控或营养不平衡就其涉及人群之多和范围之普遍而言，在当代食品安全问题中已居于首位。食品供应充足不等于食品安全性改善。现代营养学认为，碳水化合物、脂肪、蛋白质、维生素、矿物质、水和氧是人体必需的营养物质。除氧以外，其他几种均为膳食中的营养素。虽然各种营养素对人体极为必需，但也不是摄入越多越好，如果摄入过多会造成肌体中毒，如有些矿物质和维生素用量过多（例如硒、维生素 A 等）就可能引起慢性中毒。

（2）食品加工、贮存和包装过程　食品生产加工本身的各个环节，从粮食种植开始，种子肥料、化肥的使用，粮食收获之后又可变成饲料喂动物，动物的喂养过程，屠宰加工过程，贮藏、运输、销售等这些过程里面，每一个环节控制不当，都能成为影响食品安全的一个因素。

（3）新型食品和强化食品　随着现代社会及科学快速发展，转基因食品这个概念已经逐渐为人们所熟悉。现在市场上已出现许多转基因食物，如转基因大豆、玉米、番茄、马铃薯、鱼、牛肉等。目前人们所关注的转基因技术的卫生问题主要涉及 3 个方面：一是对实施转基因技术操作人员的安全；二是对环境生态的安全；三是食用安全。如转基因活生物体及其产品作为食品进入人体，可能产生某些毒理作用和过敏反应。由于人体内生物化学变化的复杂性，转基因食品对人体健康的影响可能要经过较长时间才能表现和监测出来。

随着强化食品的不断出现，人们希望通过食用某种强化食品增强人体功能。但强化并非多多益善，过度强化会适得其反，如过量摄入硒可引起中毒，而且目前尚无特效的解毒剂。营养学家认为，补充微量元素和维生素的最佳途径是天然食品的多样化，提倡膳食平衡。只有在机体微量元素和维生素缺乏或因某种原因摄入不足时，才宜在医生指导下选用相应的制剂。

13.1.3　食品污染物对人体健康的影响

食物从生产、加工、运输、销售、烹调等每个环节都可能受到各种有毒有害物质污染，以致降低食品营养价值和卫生质量，给人体健康带来不同程度的危害。

食品污染物对人体的健康影响一般划分为 3 种不同的危害作用。

急性中毒：污染物随食物进入人体后，在短时间内造成机体的损害，出现临床症状，如腹泻、呕吐、疼痛等。引起急性中毒的污染物主要有细菌及其毒素、霉菌及其毒素和化学毒物。

慢性中毒：食物被有害化学物质污染，由于污染物的含量较低，不能导致急性中毒，但长时间食用会在体内蓄积，经几年、十几年或者是更长的时间后引起机体损害，表现出各种慢性中毒的临床症状。如慢性的苯中毒、铅中毒、镉中毒等。

致畸、致癌作用：一些有害物质可以通过孕妇作用于胚胎，造成胎儿发育期细胞分化或器官形成不能够正常进行，出现畸形甚至死胎。农药DDT、黄曲霉毒素B_1等物质可在体内诱发肿瘤生长，形成癌变。

化学物质和其他物理因素或生物因素在机体内可引起肿瘤生长。目前怀疑具有致癌作用的物质有数百种，其中90%以上是化学因素，如亚硝胺、苯并[a]芘、多环芳烃、黄曲霉毒素，以及砷（As）、镉（Cd）、镍（Ni）、铅（Pb）等因素。与饮食有关的占35%。

应该指出的是，毒性的大小是一个相对的概念，所以绝对的安全在科学上并不存在。任何物质在低于某一水平时是安全的，只有超出一定剂量时才能表现出相应的毒性和毒性结果。所以 FDA 引入"相对毒性"的概念来制定相应的标准，这样可以更科学地评价食品的安全性问题。

 概念检查 13.1

○ 简述食品污染物的种类及来源。

13.2 食品中重金属元素

重金属是指密度在 5g/cm³ 以上的金属，如金（Au）、银（Ag）、汞（Hg）、铜（Cu）、铅（Pb）、镉（Cd）、铬（Cr）等。有些重金属通过食物进入人体，干扰人体正常生理功能，危害人体健康，称为有毒重金属。这类金属元素主要有汞（Hg）、镉（Cd）、铬（Cr）、铅（Pb）、砷（As）、锌（Zn）、锡（Sn）等。其中砷本属于非金属元素，但根据其化学性质，又鉴于其毒性，一般将其列在有毒重金属元素中。根据这些重金属元素对人类的危害不同，又将它们区分为中等毒性元素（Cu，Sn，Zn 等）和强毒性元素（Hg，As，Cd，Pb，Cr 等）。

食品中的有毒重金属元素一部分来自农作物对重金属元素的富集，另一部分来自食品生产加工、贮藏、运输过程中出现的污染。重金属元素可通过食物链经生物浓缩，浓度提高千万倍，最后进入人体，造成危害。进入人体的重金属要经过一段时间的积累才显示出毒性，往往不易被人们察觉，具有很大的潜在危害性。

有毒重金属元素在食品中存在的危害性具有以下 3 个特点：①强蓄积性，它们进入机体后排出的速度缓慢，生物半衰期较长；②生物富集作用，通过富集作用而在生物链末端生物体内高度富集，最后其浓度高达环境浓度的数百或数千倍；③危害以慢性中毒、长期效应为主，食品中存在的污染水平不会导致急性中毒，加上食品的经常性消费，导致发生慢性中毒或远期毒性的作用，如致癌、致畸、致突变。

13.2.1 金属元素含量与毒性

一般来说，金属元素在含量较多时均表现出有害性或有毒性；含量较少时，人体必需的金属元素缺乏就会出现生长迟缓、繁殖衰退，直至死亡。在缺乏初期，若能补充相应的金属元素，生长和繁殖等功能就会恢复。

无机状态的砷主要以 3 价 [As（Ⅲ）] 和 5 价 [As（Ⅴ）] 形态存在，As（Ⅲ）比 As（Ⅴ）毒性强。在有氧条件下，As（Ⅴ）更为稳定，是砷的主要存在形式。而在无氧条件下，As（Ⅲ）是主要存在形式。

在不同条件下，土壤、水和空气中的砷不断累积，并且可以被微生物、植物和动物摄取。植物吸收的可溶性砷通过食物链迅速累积，已经发现许多鱼类砷的含量极高，并且具有毒性。长期接触砷，会引起细胞中毒，有时会诱发恶性肿瘤。我国《食品中污染物限量》国家标准规定砷最高含量：大米为 0.2mg/kg，糙米为 0.35mg/kg，新鲜蔬菜为 0.5mg/kg，包装饮用水为 0.01mg/kg。

汞对人体的神经系统、肾脏、肝脏等可产生不可逆的损害。汞在我国蔬菜中的检出率较高，应引起足够重视。我国《食品中污染物限量》国家标准规定蔬菜中汞的最高残留限量为 0.01mg/kg，《生活饮用水水质卫生规范》规定汞不超过 0.001mg/L。

镉进入体内可损害血管，导致组织缺血，引起多系统损伤。我国《食品中污染物限量》国家标准规定镉的限量：水果、鲜蛋为 0.05mg/kg。

人体内的铅主要来自食物。铅在生物体内的半衰期约 4 年，在骨骼中沉积的铅半衰期为 10 年，故铅在机体内较易蓄积，达到一定量时即可呈毒性反应，损害神经系统、造血器官和肾脏，人对铅的耐受量为 3.5mg/周。

金属元素的毒性不但与其含量、价态有关，还与其他金属的存在有一定关系。如铜可增加汞的毒性，但也会降低钼的毒性；钼的存在会降低铜的吸收；镉可干扰铜、钴、锌等微量元素的代谢，阻碍肠道铁的吸收，并能抑制血红蛋白的合成。非必需元素的缺乏对生命体表现不出缺乏症，一旦有少量积累就会表现出中毒症状，如汞、铅、锑、铍等金属元素。汞中毒常常是由于通过食物摄入有机汞化合物而致，如双甲基汞（CH_3HgCH_3）、甲基汞盐（CH_3HgX，X 代表氯化物或磷酸盐）、苯基汞盐（C_5H_6HgX，X 代表氯化物或醋酸盐），这些高毒的汞化合物是脂溶性的，易被吸收，可以在中枢神经系统和红细胞中富集。四乙基铅 [$(C_2H_5)_4Pb$] 作为一种提高汽油辛烷值的抗爆添加剂，经燃烧后可产生 PbO、$PbCl_2$ 和其他无机铅化合物，给环境带来大量铅污染。

13.2.2　金属元素中毒机制

金属元素的中毒机制比较复杂，除与金属元素在人体内的含量有关外，还与金属元素的侵入途径、溶解性、存在状态、金属元素本身的理化性质、参与代谢的特点及人体状态等有关。

一般来说，金属元素中毒的可能机理有以下几种情况。

① 金属元素破坏了生物分子活性基团中的功能基。如 Hg（Ⅱ）、Ag（Ⅰ）等金属元素与酶中半胱氨酸残基的巯基结合，从而阻断由巯基参与的酶促反应，引起中毒；无机砷与巯基结合使酶变性，增加活性氧（ROS）引起细胞损伤，以及引起基因调控紊乱。

② 置换了生物分子中必需的金属元素。金属酶的活性与金属元素有密切的关系，由于不同的金属元素与同一大分子配体的稳定性不同，稳定性常数大的金属元素往往会取代稳定性常数小的金属元素，从而破坏金属酶的活性。

③ 改变了生物大分子构象或高级结构。生物大分子的功能与它的构象或高级结构有密切关系。金属元素不同，与它结合的生物分子如蛋白质、核酸和生物膜等构象或高级结构也会不同，从而影响相应的生物活性。例如，多核苷酸是遗传信息保存及传递的单位，一旦它的结构被改变，可引起严重后果，

这也是金属元素常常会致癌致畸的原因之一。在生物分子中，蛋白质、磷脂、某些糖类和核酸都具有许多能与金属离子结合的配体原子。如咪唑（组氨酸）、—NH_2（赖氨酸等）、嘌呤和嘧啶碱基（DNA 及 RNA）中的氮原子，羟基（丝氨酸、酪氨酸等）、—COO^-（谷氨酸、天冬氨酸等）和 PO_4^{3-}（磷脂、核苷酸等）中的氧原子，巯基（半胱氨酸）和—SR（蛋氨酸、CoA 等）中的硫原子等，它们都是金属元素的配基。

上述 3 种中毒机理，其实都是以金属元素与生物分子中的配基结合能力大小为基础的。

在金属激活酶中，必需的金属元素往往结合得不太牢，因此非必需的金属元素的置换作用容易破坏它的生理功能。在金属酶中，如果原酶中的金属离子结合得较牢固，其他金属离子的转换则不易发生；但酶合成过程中必需的金属元素也易被非必需的金属元素转换。

细胞壁、细胞膜及其他细胞器膜是金属元素进入生物体内或细胞器的主要屏障。一般来说，金属离子所带电荷越小，亲脂性越大，它就越容易透过生物膜。CH_3Hg^+ 离子的通透性大于 Hg^{2+}，而（CH_3）$_2Hg$ 的通透性又大于 CH_3Hg^+。由此可判定 ML^+（有机的 L^-）会比 $[M(H_2O)_n]^{2+}$ 更容易进入细胞内。

金属元素还能引起膜通透性的改变，膜通透性的改变将随金属离子对膜上配体的化学亲和性大小变化。某些金属离子可能像电离辐射或自由基诱导物一样，能促进膜中的脂类氧化，引起膜的通透性变化。细胞膜及亚细胞器膜结构脂类过氧化降解对生命系统将是致命性的，如红细胞脂类的氧化降解与红细胞通透性增高及溶血有关。总之，脂类氧化作用是细胞损害的一种特殊形式，发生于膜脂类的多不饱和脂肪酸侧链。在正常情况下，少量的金属离子的这种侵害可由活细胞体系内一些成分进行损伤修补，如维生素 E、含硒的谷胱甘肽过氧化物酶等。

 概念检查 13.2

○ 判断题

　重金属是通过产地环境富集在农产品内，再经食物链进入人体中，对人体健康造成直接或潜在危害的。

○ 选择题

　甲基汞中毒的主要表现是（　　）系统受到损害。

　A.胃肠　　　B.骨骼　　　C.神经　　　D.消化

○ 简述题

　简述金属元素中毒机制。

13.3　来源于微生物的有毒物质

食品中常见的微生物毒素（microbial toxin）主要包括细菌毒素和真菌毒素。对于微生物毒素的研究是从感染麦角菌引起的麦角病，到后来的黄曲霉毒素，再到最近对伏马菌素等的相关研究。现在对于微生物毒素的研究已成为最受关注的食品安全问题之一。

13.3.1　细菌毒素

某些细菌的生长能产生具有生物活性的物质。细菌毒素（bacterial toxin）中毒一般是急性中毒。细菌

毒素的产生需要较高的湿度条件，以利于细菌繁殖。常见的细菌毒素中毒有肉毒中毒，金黄色葡萄球菌产生的肠毒素、沙门菌与副溶血性弧菌和病原大肠菌等造成的感染型食物中毒等。

13.3.1.1　肉毒中毒

肉毒中毒是细菌毒素中毒中最著名的一种，是由肉毒梭状芽孢杆菌生长引起的，其毒性特别强，造成的死亡率很高。已知有 7 种血清型的产毒肉毒杆菌——A、B、C（C_α、C_β）、D、E、F 型，其中只有肉毒杆菌 A、B、E 与人类肉毒杆菌中毒有关。肉毒杆菌产生的毒素是相对分子质量约 1.5×10^5 的蛋白质，由亚基通过二硫键连接在一起。肉毒毒素是一种神经毒素，它作用周围神经系统的突触，中毒时由于横隔和其他呼吸器官的麻痹造成人窒息死亡。

$1\mu g$ 纯的毒素相当于家鼠最小致死量的 2×10^5 倍，对于人类的致死量可能不会超过 $1\mu g$。肉毒杆菌 A 对热最稳定，在 100℃加热 60min 灭活，在 120℃加热 4min 才灭活，所以平常人们所食用的罐藏食品必须高温处理就与肉毒杆菌 A 的热稳定性较高有关。肉毒杆菌 E 对热最不稳定，在 100℃加热 5min 灭活，所以食品加热过程中或在通常的烹饪条件下均能使其毒素失活。此外，肉毒毒素对胃酸、胃蛋白酶等有一定的抵抗力，但对碱不稳定，在 pH 值 7 以上条件下分解。

13.3.1.2　金黄色葡萄球菌产生的肠毒素

金黄色葡萄球菌产生的肠毒素引起的中毒虽然严重性较低，但是日常生活中发生率高。金黄色葡萄球菌是一种常见于人类和动物皮肤的细菌，其传染源为动物或人。金黄色葡萄球菌中只有少数亚型能产生肠毒素，其产毒能力难以判定。已知至少有 6 种不同的免疫学特性肠毒素，命名为 A、B、C（C_1、C_2）、D、E 型。

根据血清学测定的结果，肠毒素 A 比较多见，依次顺序为 D、B、C。肠毒素具有相当的稳定性，如它们能够抗拒蛋白酶的水解，pH < 2.5 时胃蛋白酶能够水解肠毒素，pH > 2.5 时胃蛋白酶对它无作用，这就是肠毒素在摄入后仍然具有毒性的原因。此外，肠毒素还具有相当的热稳定性，所以通过一般的加热处理来使肠毒素灭活不能提供食品安全性保证。

发生葡萄球菌食物中毒必须满足 3 个条件：①有足够产生肠毒素的细菌，至少有 1×10^6cfu（菌落形式单位）以上才能产生足够的毒素；②食品支持病原菌的生长和毒素的产生；③必须在适当的温度下，有足够的时间以利于毒素的产生（在室温下 4h 或更长）。所以加热食品的后污染是产生金黄色葡萄球菌中毒的原因。

13.3.1.3　副溶血性弧菌

副溶血性弧菌是嗜盐菌，属于革兰阴性菌，适合生长的环境是海洋（pH 值 7.7，温度 37℃左右），在海水、贝类等中存在。未经加热杀菌的海产品极易引起中毒，中毒的临床表现是腹泻、血便、阵发性腹部绞痛，多数人出现恶心、呕吐等症状，少数人出现休克和神经症状，发病原因是食品加热不彻底。

13.3.1.4　沙门菌属

沙门菌种类很多，其中能引起食物中毒的沙门菌一般为猪霍乱沙门菌、鼠伤寒沙门菌和肠炎沙门菌。造成中毒的原因是生、熟食的混放。污染的食品一般为肉类，少数还有鱼类、虾类、禽类等及其制品。中毒症状初期是头痛、恶心、食欲不振、全身无力，后期会发生腹泻、呕吐、发烧等，大便有黏液和脓血。一般将食物加热到 80℃时，12min 即可将病原菌杀死。

沙门菌中毒与肉毒中毒和肠毒中毒不同，需要完整的沙门细菌细胞才产生中毒，并需要摄入一定量的食物或水，不属于毒素中毒。沙门菌、副溶血性弧菌、病原大肠菌等造成的感染型食物中毒是通过它们在体内的繁殖导致摄食者产生不良反应，与严格意义上的毒素型中毒有明显的区别。

13.3.1.5　其他细菌性中毒

产气荚膜梭菌（韦氏梭菌）产生的毒素有 12 种，其中有 3 种对人致病，1g 食品中活菌数量在 1×10^5cfu 就能够致病，致病症状一般为头痛、腹泻、呕吐等。

蜡状芽孢杆菌是一个食品传染致病菌，产生两种不同的肠毒素，一种可以导致腹泻，另一种导致呕吐。蜡状芽孢杆菌污染的食品主要是谷物类，也能污染其他食品。一般 1g 食品中活菌数量在 $(1.3 \sim 3.6) \times 10^7$cfu 才能够致病。

13.3.2　真菌毒素

真菌毒素是真菌在食品或饲料里生长产生的代谢产物，对人类和动物都有害。这类毒素中最主要的就是霉菌毒素。霉菌毒素（mycotoxin）是霉菌的次级代谢产物，人或动物接触到这些代谢产物就会发生中毒反应。霉菌毒素为一些小分子有机化合物，相对分子质量小于 500。目前已发现有 50 个属的霉菌能产生毒素，但只有 3 个属的霉菌会产生对人和动物有致病作用的毒素，分别是曲霉属、镰刀霉属、青霉属。一些研究结果显示，玉米、花生、大豆、谷物等是有毒霉菌污染的主要农作物，毒性最强的毒素包括黄曲霉毒素、黄绿青霉素、杂色曲霉素、红色青霉素等。

这些霉菌进入食品和饲料的途径主要包括原料的生产、加工、运输和储藏。底物和环境条件如湿度、温度、pH 值等是产生毒素的最重要的条件。

13.3.2.1　黄曲霉毒素

黄曲霉毒素（aflatoxin）是由黄曲霉（*Aspergillus flavus*）或寄生曲霉（*Aspergillus parasiticus*）中少数几个菌株产生的，它们的孢子分布广泛，特别是在土壤中。已鉴定出有 17 种在化学结构上相关的毒素或衍生物，其中之一是黄曲霉毒素 B_1，它是食品中最为常见、污染最普遍的黄曲霉毒素，常作为食品受污染情况的衡量指标。黄曲霉毒素耐热性强，在近 300℃的温度下黄曲霉毒素 B_1 才分解明显。但其在碱性条件下不稳定，如在 NaOH 溶液中发生水解并转化为相应的钠盐。所以油脂的碱精炼处理可基本除去其中的黄曲霉毒素，提高油脂的食用安全性。

黄曲霉毒素 B_1 是黄曲霉毒素中毒性最强的（LD_{50} 为 0.5 ～ 18mg/kg 体重），比无机物 KCN 的毒性高 10 倍，是砒霜的 70 倍。黄曲霉毒素 B_1 是最强的化学致癌物之一，它的致癌作用比二甲基亚硝胺强 75 倍。不同黄曲霉毒素的致癌活性动物实验表明，饲料中含低于 1μg/kg 黄曲霉毒素即可产生癌肿块，大鼠饲料中黄曲霉毒素 B_1 含量高于 15μg/kg 可引起高的肝癌发病率。目前，全球对黄曲霉毒素在食品中的含量均有严格要求。FAO/WHO 规定总量不得超过 15μg/kg，牛奶中的黄曲霉毒素 B_1 含量不超过 0.5μg/kg，我国国家标准规定不同食品中不同黄曲霉毒素的限量指标。

13.3.2.2　其他重要的霉菌毒素

单端孢霉烯族化合物（trichothecene）是一组由镰刀菌的一些菌株产生的生物活性或化学结构类似的有毒物质。主要代表物是 T-2 毒素，它是食物中毒性白细胞缺乏症（ATA）的病原物质，能够导致机体系统器官损伤，尤其是骨髓、胸腺等淋巴组织。动物实验表明，T-2 毒素还可诱发实验大鼠肿瘤，具有致癌、促癌的作用。FAO/WHO 将 T-2 毒素每周的耐受摄入量确定为 0.4ng/kg 体重。毒素中的脱氧雪腐镰刀菌烯醇（致呕毒素，DON），猪的经口最小呕吐剂量为 0.1～0.2mg/kg 体重，具有致癌、致畸、致突变作用，FAO/WHO 将它的每周耐受摄入量确定为 7ng/kg 体重。

展青霉素（patulin）是由多种曲霉代谢产生的有害物质，主要有扩展青霉、荨麻青霉、棒曲霉等，它们不仅污染粮食、饲料，还能够污染苹果及其制品。毒素对小鼠的经口 LD_{50} 为 17～48mg/kg 体重，可抑制动植物细胞的有丝分裂，对免疫系统有不同程度的影响。我国对其在食品中的限量控制在 50ng/kg。

伏马菌素（fumonisn）是由串珠镰刀素产生的毒素，由多个化合物组成，其中以 B_1、B_2 为主，B_1 最敏感的毒性作用是神经毒性，此外它还是致癌物。FAO/WHO 将伏马菌素的每周耐受摄入量确定为 2ng/kg 体重（单一的或混合的）。主要存在于玉米和各种玉米粗粉制品中，小麦和大麦中天然存在的伏马菌素比较罕见。

概念检查 13.3

○ 判断题

1. 黄曲霉毒素污染的品种以花生、花生油、玉米最为严重。

2. 导致粮食原料发霉的主要微生物是细菌。

○ 选择题

200t花生油被黄曲霉毒素污染，急需去毒，首选措施为（　　）。

A.兑入其他油　　B.紫外线照射　　C.加碱去毒　　D.加酸

13.4　农药残留

13.4.1　农药的种类

农药是指用于预防、消灭或者控制危害农业、林业的病、虫、草和其他有害生物以及有目的地调节植物、昆虫生长的化学合成或来源于生物、其他天然物质的一种物质或者几种物质的混合物及其制剂。

农药按其用途可分为杀（昆）虫剂、杀（真）菌剂、除草剂、杀线虫剂、杀螨剂、杀鼠剂、落叶剂和植物生长调节剂等类型。其中最多的是杀虫剂、杀菌剂和除草剂三大类。按其化学组成及结构可将农药分为有机磷、氨基甲酸酯、拟除虫菊酯、有机氯、有机砷、有机汞等类型。

13.4.2　食品中农药残留毒性与限量

食品中农药残留是指施用农药以后在食品内部或表面残存的农药，包括农

"好看不好惹"的金黄色葡萄球菌

药本身、农药的代谢物和降解物以及有毒物质等。人吃了有残留农药的食品后引起的毒性作用叫做农药残留毒性。

农药最高残留限量是指按照国家颁布的良好农业规范或安全合理使用农药规范，适应本国各种病虫害的防治需要，在严密的技术监督下，在有效防治病虫害的前提下，在取得一系列残留数据中有代表性的较高数值，定为最高残留限量。如果最终收获的食品中农药残留量超过国家规定的最高残留限量，该食品属于不合格产品，应不准其出售或出口。所以制定农药最高残留限量有利于提高本国的食品质量和促进食品国际贸易，也可以以技术壁垒的方式保护国内食品和农药产品生产。

一直以来食品中农药污染是各国都关注的问题，各国均将农药残留标准的制定列为重要的工作。并且食品进口国对农药残留要求严格，出口国要求较松，加之各国人民膳食结构不同，因此各国对不同种类的食品中的农药残留都有不同的严格限量要求。

13.4.3　有机氯农药

根据我国目前常用的有机氯农药的化学结构，有机氯农药可分为：滴滴涕（DDT）及其同系物、六六六（HCH）类、环戊二烯类及有关化合物、毒杀芬及有关化合物。各类化合物的化学结构及药理作用有些相似，但毒性却有较大差别。其中滴滴涕及其同系物和六六六类农药不仅毒性较大，而且在环境中降解很慢，目前多数品种已禁用。

食品中有机氯农药残留的总体情况是：动物性食品高于植物性食品；含脂肪多的食品高于含脂肪少的食品；猪肉高于牛肉、羊肉；水产品中淡水产品高于海洋产品，池塘产品高于河湖产品；植物性食品中的污染程度按植物油、粮食、蔬菜和水果的顺序递减。

有机氯农药中毒主要是引起神经系统的疾患。另外，还可能引起肝脏脂肪病变，肝、肾器官肿大等。

13.4.4　有机磷农药

有机磷农药是人类最早合成且仍在广泛使用的一类杀虫剂。早期发展的大部分是高效、高毒品种，如对硫磷、甲胺磷、毒死蜱和甲拌磷等；以后逐步发展了许多高效、低毒、低残留品种，如乐果、敌百虫、马拉硫磷、二嗪磷和杀螟松等。有机磷农药具有降解快和残留低等特点，目前已成为我国主要取代有机氯的杀虫剂。

有机磷农药是一类有相似结构的化合物，它们的通式为：

$$R^1 \diagdown \atop R^2 \diagup P \diagdown \mkern-2mu \overset{\textstyle O}{\|} \mkern-2mu {-}X$$

R^1、R^2 为简单的烷基或芳基，二者可直接与磷相连；或 R^1、R^2 通过—O—或—S—相连；或 R^1 直接与 P 相连，R^2 通过—O—或—S—相连。在氨基磷酸酯中，C 通过—NH—基与 P 相连。X 基可通过—S—或—O—将脂基、芳基或杂环接在 P 上。根据有机磷的结构，目前商品化合物主要有 3 类：磷酸酯类（不含硫原子），如敌敌畏、敌百虫；单硫代磷酸酯类（含一个硫原子），如杀螟硫磷、丙硫磷；双硫代磷酸酯类（含两个硫原子），如乐果。

有机磷农药大多为酯类。因此，有机磷农药的生物活性及生化行为在很大程度上取决于酯的特征。有机磷农药性质不稳定，尤其在碱性条件、紫外线、氧化及热的作用下极易降解。除此之外，磷酸酯酶对有机磷农药也有很好的降解作用。有机磷农药在酶的作用下可被完全降解，如酸性磷酸酶、微生物分泌的有机磷水解酶等。有机磷农药对食品的污染量较少，一般来说，除内吸性很强的有机磷农药外，食

DDT 与诺贝尔
医学奖

品中的农药残留量在经洗净、整理、烹调和加工后都有不同程度的减少。

有机磷农药是神经毒素，主要是竞争性抑制乙酰胆碱酯酶的活性，使神经突触和中枢的神经递质乙酰胆碱累积，从而导致中枢神经系统过度兴奋而出现中毒症状。

13.4.5　氨基甲酸酯农药

氨基甲酸酯农药是针对有机氯和有机磷农药的缺点开发的新一类杀虫剂，具有选择性强、高效、广谱、对人畜低毒、易分解和残留少等特点，在农林牧等方面都得到了广泛应用。主要品种有速灭威、西维因、涕灭威、克百威、叶蝉散和抗蚜威等。

氨基甲酸酯农药在酸性条件下稳定，遇碱及暴露在空气和阳光下易分解，在土壤中的半衰期为数天至数周。其优点是药效快、选择性强，对混血动物、鱼类和人的毒性较低，易被土壤微生物降解，而且不易在生物体内蓄积。

氨基甲酸酯农药的毒性机理和有机磷农药类似，也是胆碱酯酶抑制剂，但其抑制作用有较大的可逆性，水解后酶的活性可不同程度地恢复。其中毒症状是特征性的胆碱性流泪、流涎、瞳孔缩小、惊厥和死亡。

13.4.6　拟除虫菊酯类农药

拟除虫菊酯类农药可用作杀虫剂和杀螨剂，属于高效低残留农药，自20世纪80年代以来开发的产品有溴氰菊酯（敌杀死、凯素灵）、丙炔菊酯、苯氰菊酯、三氟氯氰菊酯（功夫菊酯）等。它们在环境中的降解以光解（异构、酯键断裂、脱卤等）为主，其次是水解和氧化作用。拟除虫菊酯类农药的最大缺点是高抗性，即昆虫在较短时间内对其产生耐药性而使其杀虫活性降低甚至完全丧失。多种农药复配使用可使其抗性降低。

拟除虫菊酯类农药按其化学结构和作用机制可分为两种类型：Ⅰ型，不含氰基，如丙烯菊酯（毕那命）、联苯菊酯（天王星）、胺菊酯、醚菊酯、氯菊酯等，其作用机制是引起复位放电，即动作电位后的去极化电位升高，超过阈值便引起一连串动作电位；Ⅱ型，含氰基，如氰戊菊酯（速灭杀丁）、氯氰菊酯（灭百可、安绿宝）、溴氰菊酯、氟氯氰菊酯（百树得、百树菊酯）、三氟氯氰菊酯等，其作用机制是引起传导阻滞，使去极化期延长，膜逐渐去极化而不发生动作电位，阻断神经传导。去极化电位升高或去极化期延长的发生可能是此类化合物与生物膜结合后改变其三维结构和通透性，影响钠泵和钙泵功能，膜上纳粒子通道持续开发（或关闭受阻），使纳粒子持续内流的结果。另外，拟除虫菊酯类农药还具有改变膜流动性（Ⅰ型使膜流动性增加，Ⅱ型使膜流动性降低），增加谷氨酸、天冬氨酸等神经介质和cGMP（环鸟苷酸）的释放，干扰细胞色素c和电子传导系统的正常功能等作用。此类农药常有多种顺反异构和光学异构体，不同的异构体的药效和毒性有很大差异，其中顺式和右旋者活性通常较大。

拟除虫菊酯类农药在光和土壤微生物作用下易转化为极性化合物，不易造成污染，在农作物中的残留期为 7 ～ 30 天。在生物体内基本上不产生蓄积效应，对哺乳动物的毒性不强，主要为中枢神经毒害。

 概念检查 13.4　　　　　　　　　　　　　　　　　

○ 判断题

　　1. 有虫眼的蔬菜没有农药残留，因此食用很安全。

　　2. 食用水果之前用臭氧水浸泡处理后再食用，可以很好地分解破坏水果中残留农药和其他有害成分。

　　3. 农药在环境中都能逐渐分解成无毒的化合物，对农产品不会造成危害。

　　4. 农药都是有毒的，我们吃的食品都不能用农药。

　　5. 新开发的农药毒性较低，合理正确使用不会造成食品安全问题。

○ 选择题

　　我国禁止使用有机氯农药的原因是其（　　　　）。

　　A. 半衰期长　　　B. 蓄积性强　　　C. 稳定性强　　　D. 脂溶性强　　　E. 致癌作用

○ 简答题

　　什么是食品中的农药残留？食品中常见的农药残留有哪些？

13.5　兽药残留

13.5.1　兽药残留对人体的危害

　　所谓兽药残留是指动物性产品的任何可食部分所含兽药的母体化合物和 / 或其代谢物，及与兽药有关杂质的残留。兽药残留通常是通过在预防和治疗动物疾病用药、饲料添加剂及在食品保鲜中引入药物而带来对食品的污染。

　　兽药残留对人体主要有如下危害。

　　第一，致癌、致畸、致突变。如苯并咪唑类抗蠕虫药，通过抑制细胞活性可杀灭蠕虫以及虫卵，同时其抑制细胞活性的作用使其具有潜在的致突变性和致畸性，当人们长期食用含"三致"作用的药物残留的动物性食品时，这些残留物便会对人体产生有害作用，或在人体内蓄积，最终产生致癌、致畸、致突变作用。

　　第二，具有毒性作用。人长期摄入含兽药的动物性食品后，积累到一定程度，会对人体产生危害。如敌百虫在弱碱条件下可形成敌敌畏，使毒性增强；硫酸铜过量，可造成体内铜的积累和中毒等症状。

　　第三，易引起潜在的过敏反应。一些残留兽药，如青霉素、四环素、磺胺类等，可使某些过敏体质人群发生过敏反应。过敏反应症状多种多样，轻者表现为皮疹、发热、喉头水肿、关节肿痛等，严重时可出现过敏性休克，甚至危及生命。

　　第四，会引起细菌耐药性增加、疑难杂症的产生及抗菌药物的失效。饲料中添加抗菌药物，实际上等于持续低剂量用药。抗菌药物残留于动物性食品中，通过食物链在人体内积累后，同样造成人与药物长期接触，导致人体内耐药菌增加。自 1999 年开始，欧盟禁止使用磷酸泰乐菌素、弗吉尼亚菌素、杆菌

肽锌和螺旋霉素 4 种抗生素作为饲料添加剂。

13.5.2　抗生素类兽药

抗生素本身具有杀灭病原微生物、抗菌、促进动物生长的作用。然而长期食用抗生素会引起诸多方面的问题，主要有耐药菌的产生、二次感染、扰乱机体微生态、对机体造成各种不良反应（如毒性反应和变态反应）等。2002 年的"牛乳抗生素残留风波"中牛乳药物残留对人类健康的实际影响众说纷纭，但无论从理论上还是实践上均证明抗生素及其他兽药的广泛、大量、频繁使用对人类健康和生命是有害的，对家畜的正常生理、健康、动物性食品安全质量和食品生产工艺也具有不良影响。

13.5.3　激素类兽药

激素类兽药残留会影响人和动物体正常的激素水平和功能，并有一定的致癌性，对人类可表现为儿童早熟、肥胖儿、儿童异性化倾向、肿瘤等。β- 肾上腺素受体激动剂可引发急性中毒，出现头痛、心动过速、狂躁不安和血压下降等。例如，食品动物的肝、肾和某些部位常有大量外源同化激素残留，人食用后可产生一系列激素样作用，如潜在致癌性、发育毒性（儿童早熟）及性别异性化现象。

13.5.4　渔药

水产品是渔药残留的载体，在用药浴、内服、涂抹和注射等途径给水产品用渔药时，水产品经体表或肠道吸收进入体内。人一旦食用承载有残留渔药的水产品，当浓度蓄积到一定量时，即可对人体产生各种危害。淤泥也是渔药残留的载体，如果含渔药残留的养殖水体和淤泥流入其他地方，这些地方的水域和生态环境也都将受到污染和破坏。近几年先后出现的氯霉素、恩诺沙星、孔雀石绿等涉及渔药使用安全的事件是不科学使用渔药所引起的。

 概念检查 13.5

○ 判断题

1. 盐酸克伦特罗俗称"瘦肉精"，是一种动物生长激素，能够促进动物生长，提高日增重，提高饲料转化率，改善胴体品质。

2. 兽药只包括畜禽用药，不包括蚕药、鱼药和蜂药等。

○ 简答题

何谓兽药残留？兽药残留对人体的危害有哪些？

13.6　二噁英及其类似物

在环境中难以降解的有毒、有害物质通常称为持久性有机污染物（persistent organic pollutant，POP），它们具有一些共同特征，如在环境中降解缓慢、生物富集和具有毒性。二噁英和多氯联苯是已经确定的有机氯农药以外的环境持久性有机污染物。二噁英和多氯联苯的理化性质相似，都是亲脂性的持久性有机污染物，化学性质极为稳定，难以生物降解，能够通过生物链富集，在环境中广泛存在，且通常同时出现在生物样品和环境样品中，称为二噁英及其类似物（dioxin-like compound）。基于生物化学和毒理学效应的相似性，二噁英及其类似物还包括其他一些卤代芳烃化合物，如氯代二苯醚、氯代萘、溴代二苯并对二噁英/呋喃（PBDD/F）、多溴联苯（PBB）及其他混合卤代芳烃化合物。

13.6.1　二噁英

二噁英（dioxin）又称为二氧杂䓬，通常指具有相似结构和理化特性的一组多氯取代的平面芳烃类化合物。二噁英类化合物无色、无味、无嗅，沸点与熔点较高，具有较高的疏水性及溶于有机溶剂等物理化学特性。它包括 75 种多氯二苯并二噁英（polychlorinated dibenzo-*p*-dioxin，PCDD）和 135 种多氯二苯并呋喃（polychlorinated dibenzofuran，PCDF）。前者是由 2 个氧原子联结 2 个被氯原子取代的苯环，后者是由 1 个氧原子联结 2 个被氯原子取代的苯环。每个苯环上都可以取代 1～4 个氯原子，从而形成了众多的异构体。其中 2,3,7,8-四氯二苯并对二噁英（2,3,7,8-TCDD）是目前所有已知化合物中毒性最强的二噁英单体，具有包括极强的致癌性和极低剂量的环境内分泌干扰作用在内的多种毒性作用，2,3,7,8-TCDD 对豚鼠的经口 LD_{50} 按体重计仅为 1μg/kg。

与一般急性毒物不同的是，动物染毒二噁英后死亡时间长达数周。中毒特征表现为染毒几天内体重急剧下降，并伴随肌肉和脂肪组织的急剧减少等"消瘦综合征"症状。低于致死剂量染毒液可引发体重减少，而且呈剂量-效应关系。在二噁英非致死剂量时，可引起实验动物的胸腺萎缩，主要以胸腺皮质中淋巴细胞减少为主。二噁英毒性的一个特征性标志是氯痤疮，它使皮肤发生增生或角化过度、色素沉着。

二噁英还有肝毒性，在剂量较大时可使受试动物的肝脏肿大，进而变性坏死。另外，二噁英还有生殖毒性和致癌性。据报道二噁英能促进雌二醇羟基化，使血中雌二醇浓度降低。二噁英还可以引起睾丸形状改变，影响精子的形成。另外，2,3,7,8-TCDD 对动物有较强的致癌性，对啮齿动物进行 2,3,7,8-TCDD 染毒实验表明，致小鼠肝癌的最低剂量为 10pg/g 生物重。

二噁英实际是一些工业生产的副产物。如在造纸生产时，由于漂白而使用氯及其衍生物，发生副反应，形成少量的二噁英化合物，最终随废水排放至环境。二噁英化合物的另外来源是日常生活中垃圾的焚烧、石油的燃烧、废旧金属的回收等。这些过程产生的二噁英化合物通过废水、废气、尘埃等各种途径进入食物链，通过生物富集作用影响食品安全性。

13.6.2　多氯联苯

多氯联苯（polychlorinated biphenyl，PCB）有 209 种同系物异构体单体，大多数为非平面的化合物。然而，有些 PCB 同系物异构体单体为平面的"二噁英样"（dioxin-like）化学结构，而且在生化和毒理学特征上与 2,3,7,8-TCDD 极其相似。PCB 的纯化合物为晶体，混合物为油状液体。一般的工业品为混合物，含有共平面（coplanar）和非共平面（nonplanar）的同系物异构体单体。

PCB 的理化性质包括高度稳定，耐酸、耐碱、耐腐蚀和抗氧化，对金属无腐蚀，耐热和绝缘性能好，阻燃性好。PCB 广泛用于工业和商业等方面已有 40 多年的历史，曾经被开放使用（如油漆、油墨、复写

纸、胶黏剂、封闭剂、润滑油等）和封闭使用（如作为特殊传热介质用于变压器、电容等的绝缘流体，在热传导系统和水力系统中的介质等）多年。尽管在20世纪70年代大多数国家已经禁止 PCB 的生产和使用，但由于曾经使用的PCB 还有进入环境的可能，PCB 在食品中残留的可能隐患还是存在的。

 概念检查 13.6

○ 简述二噁英的物理化学性质及其来源。

13.7　多环芳香烃

　　多环芳香烃又名稠环芳烃（polycyclic aromatic hydrocarbon，PAH），是指分子结构中有 3 个以上的苯环稠合在一起的有机化合物。此类化合物在室温下一般为固体，水中溶解度低，易溶于有机溶剂，具有亲脂性。多环芳香烃是煤、石油、木材、烟草、有机高分子化合物等不完全燃烧时产生的挥发性碳氢化合物，是重要的环境和食品污染物。食品中的脂肪、固醇等成分在烹调加工时经高温热解或热聚形成多环芳香烃，这是食品中多环芳香烃的主要来源。多环芳香烃是一类强致癌、致突变的化学物质，能透过皮层及脂肪随血液循环分散到身体的各部分。环境中的多环芳香烃主要引发皮肤癌及肺癌，食物中的多环芳香烃主要引发胃癌。

　　烧烤及油炸食品是目前人们食用最多的食品之一。但由于高温的作用，食物中一些成分尤其是脂类极易经氧化及热聚合等作用产生有毒有害成分。某些食品经烟熏处理后，不但耐贮，而且还带有特殊的香味，所以不少国家、地区都有用烟熏储藏食品和食用烟熏食品的习惯。我国利用烟熏的方法加工动物性食品历史悠久，如烟熏鳗鱼、熏红肠、火腿等。特别是近年来，烧烤肉制品备受人们的青睐。然而，人们在享受美味的同时往往忽视了烟熏与烧烤食品所存在的卫生问题对健康造成的危害。据报道，冰岛人的胃癌发病率居世界首位，经分析原因是常年食用过多的熏肉、熏鱼，特别是用木材烟火熏制。

　　多环芳香烃类化合物的致癌作用与其本身化学结构有关，三环以下不具有致癌作用，四环者开始出现致癌作用，一般致癌物多在四、五、六、七环范围内，超过七环未见有致癌作用。人群调查及流行病学调查资料证明，苯并芘等多环芳香烃化合物通过呼吸道、消化道、皮肤等均可被人体吸收，严重危害人体健康。为防止和减少食品中多环芳香烃的污染，应注意改进食品烹调和加工的方式方法，以减少食品成分的热解、热聚，如不要直接用火焰烧烤食物；加强种养殖业所用水域及环境的管理和监测，积极采取去毒措施，如油脂可用活性炭吸附去毒等。

 概念检查 13.7

○简述多环芳香烃的概念、物理化学性质及其来源。

13.8　硝酸盐、亚硝酸盐和亚硝胺

硝酸盐和亚硝酸盐广泛存在于自然界，由于在工业上和食品加工方面的应用而与人们的生活密切相关，成为引起食物中毒的常见物质。N- 亚硝基化合物是高毒性物质，虽然生产和应用不多，但前体物亚硝酸和二级胺及酰胺广泛存在于环境中，可在生物体外或体内形成 N- 亚硝基化合物。

13.8.1　食品中硝酸盐及亚硝酸盐的来源

一是施肥过度，由土壤转移到植物源食物中。硝酸盐几乎存在于所有的植物性食品中，农业生产时使用过多的硝酸盐化肥，或者某些植物营养成分不足或气候干旱时，农产品中硝酸盐的含量偏高。由于农作物对土壤中硝酸根吸收速度和植物体硝酸盐还原酶活性的差异，蔬菜中硝酸盐含量明显高于粮谷类，叶菜类蔬菜的含量更高，人类膳食中 80% 以上的硝酸盐来自蔬菜。

二是用作食品加工发色剂。亚硝酸盐或硝酸盐还原为亚硝酸盐后与肌肉中的乳酸（肝糖分解）生成游离的亚硝酸，亚硝酸在加热时分解为 NO，NO 与还原型肌红蛋白结合，形成稳定的亚硝基肌红蛋白，使肉制品在加热后保持鲜红色。另外，亚硝酸盐可以延缓储藏期间肉制品"哈喇味"的形成。由于加入亚硝酸盐可提高其商业价值，目前亚硝酸盐作为发色剂仍广泛应用于肉制品加工等工艺。

三是用作食品加工防腐剂。亚硝酸盐可以抑制梭状芽孢杆菌及形成的肉毒杆菌，过去常作为食品防腐剂用于香肠、火腿等的加工，目前将亚硝酸盐作为防腐剂使用已不常见。

13.8.2　硝酸盐、亚硝酸盐及亚硝胺的性质

硝酸盐大量存在于自然界中，主要是由固氮菌通过固氮作用形成，或在闪电的高温下空气中的氮气与氧气直接化合生成氮氧化物，溶于雨水形成硝酸，再与地面的矿物反应生成硝酸盐。

硝酸盐在高温时是强氧化剂，但水溶液几乎没有氧化作用。常见的有硝酸钠、硝酸钙和硝酸铵等。硝酸盐在哺乳动物体内可以转化为亚硝酸盐，亚硝酸盐可与胺类、氨基化合物及氨基酸等形成 N- 亚硝基化合物。硝酸盐一般是低毒的，但亚硝酸盐及 N- 亚硝基化合物对哺乳动物有一定的毒性，因此在对硝酸盐安全评估时必须考虑到硝酸盐的上述转化。

亚硝酸盐俗称"硝盐"，主要指亚硝酸钠和亚硝酸钾，是一种化工产品，形状极似食盐。亚硝酸盐较为稳定，易溶于水。在亚硝酸盐分子中氮的氧化数为 +3，是中间氧化态，因此亚硝酸盐既有还原性又有氧化性，以氧化性为主。

亚硝酸盐在氧化剂存在时可被氧化为硝酸盐，减少亚硝酸盐的积累和转化，从而可以提高食品的安全性。因此，在腌制过程中加入亚硝酸盐的同时加入维生素 C 或维生素 E，这样不仅可以减少亚硝酸盐的用量，也能够提高食品的质量与安全。

N- 亚硝胺类化合物的基本结构如下：

$$\begin{matrix}R^1\\R^2\end{matrix}\!\!\!>N-N=O$$

R¹ 和 R² 为相同基团时，称为对称性亚硝胺；R¹ 和 R² 为不同基团时，称为非对称性亚硝胺。低分子量的亚硝胺（如 N- 亚硝基二甲胺）在常温下为黄色液体，高分子量的亚硝胺多为固体。除了某些 N- 亚硝胺（如 N- 亚硝基二甲胺、N- 亚硝基二乙胺、N- 亚硝基二乙醇胺以及某些 N- 亚硝基氨基酸等）可溶于水及有机溶剂外，大多数亚硝胺不溶于水，仅溶于有机溶剂。亚硝胺在紫外光照射下可发生光解反应，

在通常条件下不易水解、氧化和转为亚甲基等，化学性质相对稳定，所以一般食品的加工或处理过程不会导致亚硝胺分解。亚硝胺在机体发生代谢时具有致癌能力。

13.8.3 硝酸盐、亚硝酸盐及亚硝胺的毒性

硝酸盐的急性毒性表现出不同受试动物的生物半致死剂量不同。按每千克体重计算，硝酸钠小白鼠的半致死剂量为 2480 ~ 6250mg，大白鼠为 4860 ~ 9000mg，兔为 2680mg；硝酸钾大白鼠的半致死剂量为 3750mg，兔为 1900mg；硝酸铵大白鼠半致死剂量为 2450 ~ 4820mg。

硝酸盐的慢性毒性作用表现为致甲状腺肿，硝酸盐浓度较高时干扰正常的碘代谢，导致甲状腺代偿性增大。硝酸盐本身毒性低，但由于植物、霉菌、人的口腔和肠道细菌有将硝酸盐转化为亚硝酸盐的能力，硝酸盐往往表现为亚硝酸盐的毒性。

亚硝酸盐的急性毒性表现出不同受试动物的生物半致死剂量不同。按每千克体重计算，亚硝酸钠小白鼠的半致死剂量为 214mg，大白鼠和兔为 180mg；人中毒量为 0.3 ~ 0.5g，致死量为 0.18 ~ 2.5g。

亚硝酸盐的慢性毒性作用主要表现为两方面：一是致维生素 A 不足，长期摄入过量亚硝酸盐会导致维生素 A 的氧化破坏，并阻碍胡萝卜素转化为维生素 A；二是与仲胺或叔胺结合成亚硝基化合物，而亚硝基化合物大多有强烈的致癌作用。

亚硝胺是一种很强的致癌物质，在已检测的 300 种亚硝胺类化合物中已证实有 90% 至少可诱导一种动物致癌，其中乙基亚硝胺、二乙基亚硝胺和二甲基亚硝胺至少对 20 种动物具有致癌活性。N- 亚硝基化合物的致癌性存在着器官特异性，并与其化学结构有关。如二甲基亚硝胺是一种肝活性致癌物，同时对肾脏也表现有一定的致癌活性；二乙基亚硝胺对肝脏和鼻腔有一定的致癌活性。

 概念检查 13.8

○ 选择题

1. 需经过体内的代谢活化后才具有致癌作用的物质是（   ）。

　A. 亚硝胺　　　B. 金属毒物　　　C. 亚硝酰胺

2. 以下引起亚硝酸盐中毒的情况不包括哪项？（   ）

　A. 正常烹调的新鲜蔬菜　　　　B. 蔬菜腐烂变质

　C. 蒸锅水连续使用，不断浓缩或煮菜熬粥

3. N-亚硝基化合物的前体物质是（   ）。

　A. 仲胺　　　B. 硝酸盐　　　C. 亚硝酸盐　　　D. 钼盐　　　E. 维生素C

○ 简答题

硝酸盐和亚硝酸盐的来源是什么？

13.9　清洁剂和消毒剂

13.9.1　清洁剂

　　清洁剂主要由表面活性剂和助洗剂构成，涂抹在清洗物体表面时与污垢结合或融解，但它需要流水清洗掉其残留物。清洁剂的基本类型有 3 种：酸性清洁剂、中性清洁剂和碱性清洁剂。

　　酸性清洁剂因酸性具有一定的杀菌除臭功能，而且能中和尿碱、水泥等顽固斑垢，所以酸性清洁剂主要用于卫生间的清洁。酸性清洁剂通常为液体，也有少数为粉状。因酸有腐蚀性，在用量、使用方法上都需特别留意。

　　化学上把 pH 值为 7 的物质称为中性物质，而在商业上则把 $6 \leqslant pH < 8$ 的清洁剂皆称为中性清洁剂，其配方温和，可起到清洗和保护被清洁物品的作用，因此在日常清洁卫生中得到广泛运用。中性清洁剂有液体、粉状和膏状，其缺点是无法或很难除去积聚严重的污垢。现在饭店广泛使用的多功能清洁剂即属此类。

　　碱性清洁剂对于清除油脂类脏垢和酸性污垢有较好的效果，但在使用前应稀释，用后应用清水漂清，否则时间长了会损坏被清洁物品的表面。碱性清洁剂既有液体、乳状，又有粉状、膏状。

　　碱性和中性清洁剂并非只是含纯碱，为增强除污效果，提高清洁功效，在清洁剂中常含有大量其他化合物，其中最常用的即为表面活性剂。表面活性剂是一种能有效减少溶剂表面张力，使得污垢与被清洁物结合力降低的一种物质。它的含量多少和质量高低形成了各种去污效果不同的清洁剂。除表面活性剂外，清洁剂中还含有其他化合物，如漂白剂、泡沫稳定剂、香精等。

13.9.2　消毒剂

　　消毒剂是指用于杀灭传播媒介上的病原微生物，使其达到无害化要求的制剂。消毒剂不同于抗生素，在防病中的主要作用是将病原微生物消灭于人体之外，切断传染病的传播途径，达到控制传染病的目的。人们也常称消毒剂为"化学消毒剂"。

　　常用的消毒剂产品以成分分类，主要有 9 种：含氯消毒剂、过氧化物类消毒剂、醛类消毒剂、醇类消毒剂、含碘消毒剂、酚类消毒剂、环氧乙烷、双胍类消毒剂、季铵盐类消毒剂。

　　含氯消毒剂是指溶于水产生具有杀灭微生物活性的次氯酸的消毒剂，其杀灭微生物有效成分常以有效氯表示。含氯消毒剂可杀灭各种微生物，包括细菌繁殖体、病毒、真菌、结核杆菌和抗力最强的细菌芽孢。

　　过氧化物类消毒剂具有强氧化能力，各种微生物对其十分敏感，可将所有微生物杀灭。这类消毒剂包括过氧化氢、过氧乙酸、二氧化氯和臭氧等。它们的优点是消毒后在物品上不残留毒性。

　　醛类消毒剂包括甲醛和戊二醛等，作为一种活泼的烷化剂作用于微生物蛋白质中的氨基、羧基、羟基和巯基，从而破坏蛋白质分子，使微生物死亡。甲醛和戊二醛均可杀灭各种微生物，但它们对人体皮肤、黏膜有刺激和固化作用，并可使人致敏，因此不可用于空气、食具等消毒，一般仅用于医院中医疗器械的消毒或灭菌，而且经消毒或灭菌的物品必须用灭菌水将残留的消毒液冲洗干净后才可使用。

　　醇类消毒剂中最常用的是乙醇和异丙醇，可凝固蛋白质，导致微生物死亡，属于中效消毒剂，可杀灭细菌繁殖体，破坏多数亲脂性病毒，如单纯疱疹病毒、乙型肝炎病毒、人类免疫缺陷病毒等。

　　含碘消毒剂包括碘酊和碘伏，可杀灭细菌繁殖体、真菌和部分病毒，可用于皮肤、黏膜消毒，医院常用于外科洗手消毒。

　　酚类消毒剂包括苯酚、甲酚、卤代苯酚及酚的衍生物，常用的煤酚皂又名来苏尔，其主要成分为甲

13

基苯酚。卤代苯酚可增强苯酚的杀菌作用，如三氯羟基二苯醚作为防腐剂已广泛用于临床消毒、防腐。

环氧乙烷又名氧化乙烯，属于高效消毒剂，可杀灭所有微生物。由于它的穿透力强，常用于皮革、塑料、医疗器械、医疗用品包装后进行消毒或灭菌，而且对大多数物品无损害，可用于精密仪器、贵重物品的消毒，尤其对纸张色彩无影响，常将其用于书籍、文字档案材料的消毒。

双胍类和季铵盐类消毒剂属于阳离子表面活性剂，具有杀菌和去污作用，医院里一般用于非关键物品的清洁消毒，也可用于手消毒，将其溶于乙醇可增强其杀菌效果作为皮肤消毒剂。由于这类化合物可改变细菌细胞膜的通透性，常将它们与其他消毒剂复配，以提高其杀菌效果和杀菌速度。

13.10 本章小结

食品污染物主要包括重金属、细菌毒素、真菌毒素、农药残留、兽药残留、多环芳香烃等。本章阐述了这些污染物的性质、来源及危害性。通常情况下，当食品中这些污染物含量达到一定值时，食品的品质就会受到一定的影响，也会对人体健康构成一定的威胁。为了充分保障食品安全，必须加强食品生产、加工、储存、运输及销售等各环节污染物的监测。

目前我国食品中污染物的检测技术主要存在的问题为：①样品前处理过程较为复杂，分析周期长；②多种污染物残留分析技术较少；③快速检测技术相对缺乏，而且方法的灵敏度较低，准确度不高。因此，应采用各种现代提取、分析技术，如微波辅助提取、固相微萃取、超临界流体萃取、色谱-质谱联用、分子印迹和生物传感技术等，研究建立食品中污染物快速、有效分析新方法，加强食品的监测，以确保食品的安全性。

 总结

○ 食品污染物
  · 食品污染物主要包括重金属、细菌毒素、真菌毒素、农药残留、兽药残留、多环芳香烃等。
  · 在生产、加工、贮藏、运输、销售到食用前等过程中某些有毒有害物质进入食品，使食品的营养价值和品质降低。
  · 对人体产生不同程度的危害，如急性中毒，慢性中毒，致畸、致癌作用。
○ 重金属
  · 主要包括：汞（Hg）、镉（Cd）、铬（Cr）、铅（Pb）、砷（As）、锌（Zn）、锡（Sn）等。
  · 不同形态、不同价态重金属其毒性不同。
  · 中毒机制可能是：①金属元素破坏了生物分子活性基团中的功能基团；②金属元素置换了生物分子中必需的金属元素；③金属元素改变了生物大分子构象或高级结构。

○ 细菌毒素
  · 细菌毒素中毒一般是急性中毒。
  · 常见的细菌毒素中毒有肉毒毒素中毒、金黄色葡萄球菌产生的肠毒素、沙门氏菌与副溶血性弧菌和病原大肠菌等造成的感染型食物中毒等。
○ 真菌毒素
  · 真菌毒素是真菌在食品或饲料里生长所产生的代谢产物，对人类和动物都有害。
  · 真菌毒素中最主要的是霉菌毒素，霉菌毒素是霉菌的次级代谢产物。
  · 目前曲霉属、镰刀霉属、青霉属3个属的霉菌会对人和动物产生致病作用。
○ 农药残留
  · 农药按用途可分为杀（昆）虫剂、杀（真）菌剂、除草剂、杀线虫剂、杀螨剂、杀鼠剂、落叶剂和植物生长调节剂等类型。其中最多的是杀虫剂、杀菌剂和除草剂三大类。
  · 农药按化学组成及结构分为有机磷、氨基甲酸酯、拟除虫菊酯、有机氯、有机砷、有机汞等类型。
  · 食品中农药残留是指施用农药以后在食品内部或表面残存的农药，包括农药本身、农药的代谢物和降解物以及有毒物质等。
  · 不同类型农药的特点、毒性、作用机制不同。
○ 兽药残留
  · 通常是通过在预防和治疗动物疾病用药、饲料添加剂及在食品保鲜中引入药物而带来对食品的污染。
  · 对人体主要有如下危害：第一，致癌、致畸、致突变。第二，具有毒性作用。第三，易引起潜在的过敏反应。第四，会引起细菌耐药性增加、疑难杂症的产生及抗菌药物的失效。
  · 不同类型兽药的特点、毒性、作用机制不同。
○ 二噁英及其类似物
  · 持久性有机污染物具有一些共同特征，如在环境中降解缓慢、生物富集和具有毒性。
  · 二噁英和多氯联苯是已经确定的有机氯农药以外的环境持久性有机污染物。基于生物化学和毒理学效应的相似性，被称为二噁英及其类似物。
  · 二噁英及多氯联苯类污染物的特点、毒性不同。
○ 多环芳香烃
  · 在室温下一般为固体，在水中溶解度低，易溶于有机溶剂，具有亲脂性。
  · 多环芳香烃是一类强致癌、致突变的化学物质，能透过皮层及脂肪随血液循环分散到身体的各部位。
  · 多环芳香烃类化合物的致癌作用与其本身化学结构有关。
○ 硝酸盐、亚硝酸盐和亚硝胺
  · 硝酸盐、亚硝酸盐和亚硝胺来源主要是施肥过度由土壤转移到植物源食物中，用作食品加工发色剂以及用作食品加工防腐剂。
  · 硝酸盐、亚硝酸盐急性毒性表现出不同的受试动物其生物半致死剂量不同。
  · 亚硝胺是一种很强的致癌物质，在已检测的300种亚硝胺类化合物中，已证实有90%至少可诱导一种动物致癌。
○ 清洁剂和消毒剂
  · 清洁剂主要由表面活性剂和助洗剂构成。
  · 清洁剂的主要类型有酸性清洁剂、中性清洁剂和碱性清洁剂。
  · 消毒剂是指用于杀灭传播媒介上病原微生物，使其达到无害化要求的制剂。
  · 常用的消毒剂产品以成分分类主要有9种：含氯消毒剂、过氧化物类消毒剂、醛类消毒剂、醇类消毒剂、含碘消毒剂、酚类消毒剂、环氧乙烷、双胍类消毒剂、季铵盐类消毒剂。

13

 思考题

1. 简述食品污染物的种类及来源。
2. 食品污染对人体健康的危害有哪些？
3. 简述重金属元素的定义和特点。
4. 简述金属元素中毒机理及重金属元素对人体的危害。
5. 常见的细菌毒素和真菌毒素包括哪几种？
6. 发生葡萄球菌食物中毒必须满足的 3 个条件是什么？
7. 产生真菌毒素的几个重要条件是什么？
8. 农药的定义及其种类是如何划分的？
9. 农药最高残留限量是怎么制定出来的？
10. 简述有机磷农药的性质及毒性机理。
11. 何谓兽药残留以及兽药残留的污染途径有哪些？
12. 抗生素类兽药和激素类兽药的危害有哪些？
13. 二噁英和多氯联苯的物理化学性质有哪些？
14. 简述二噁英的来源及其毒性。
15. 简述多环芳香烃的性质及来源。
16. 如何防止和减少食品中的多环芳香烃的污染？
17. 硝酸盐及亚硝酸盐的来源是什么？
18. 清洁剂的基本类型有哪些？各类清洁剂的优缺点是什么？
19. 常用的消毒剂分类有哪几种？

参考文献

[1] 阚建全 . 食品化学 [M]. 4 版 . 北京: 中国农业大学出版社, 2021.

[2] 谢明勇, 陈绍军 . 食品安全导论 [M]. 3 版 . 北京: 中国农业大学出版社, 2021.

[3] 谢明勇 . 食品安全与卫生实用手册 [M]. 江西: 江西科学技术出版社, 2006.

[4] 张隽娴, 郑程, 郑丹, 等 . 注射泵辅助微固相萃取 – 气相色谱 – 串联质谱法检测大米中有机磷类农药残留 [J]. 分析科学学报, 2022, 38 (5): 561–567.

[5] Hassan H R. A review on different arsenic removal techniques used for decontamination of drinking water [J]. Environmental Pollutants and Bioavailability, 2023, 35 (1): 2165964.

[6] Kumar N, Gupta S K, Bhushan S, et al. Impacts of acute toxicity of arsenic (Ⅲ) alone and with high temperature on stress biomarkers, immunological status and cellular metabolism in fish [J]. Aquatic Toxicology, 2019, 214: 105233.

[7] Singh R, Singh P K, Madheshiyt P, et al. Heavy metal contamination in the wastewater irrigated soil and bioaccumulation in cultivated vegetables: Assessment of human health risk [J]. Journal of Food Composition and Analysis, 2024, 128: 106054.

[8] Belitz H D, Grosch W, Schieberle P. 食品化学 [M]. 石阶平, 霍军生, 译 . 北京: 中国农业大学出版社, 2008.

[9]　汪东风, 徐莹 . 食品化学 [M]. 4 版 . 北京: 化学工业出版社, 2024.

[10]　黄昆仑, 车会莲 . 现代食品安全学 [M]. 北京: 科学出版社, 2018.

[11]　马丽艳 . 食品化学综合实验 [M]. 北京: 中国农业大学出版社, 2021.

[12]　姚卫蓉, 于航, 钱和 . 食品卫生学 [M]. 3 版 . 北京: 化学工业出版社, 2022.

[13]　黄玉坤, 陈祥贵 . 食品安全与检测 [M]. 2 版 . 北京: 中国轻工业出版社, 2022.

[14]　冯凤琴, 叶立扬 . 食品化学 [M]. 2 版 . 北京: 化学工业出版社, 2020.

[15]　赵彦琴 . 蔬菜中农药残留检测标准及检测技术分析 [J]. 现代食品, 2022, 28(16): 117-124.

[16]　贺亚如, 侯磊磊, 米林锋, 等 . 食用农产品中兽药残留的危害及控制 [J]. 现代食品, 2023, 29(11): 113-115.

[17]　Wu H T, Zhao J F, Wan J Q. A review of veterinary drug residue detection: Recent advancements, challenges, and future directions [J]. Sustainability, 2023, 15(13): 10413.

[18]　赵晨晨 . 动物性食品安全浅析 [J]. 热带农业工程, 2022, 46(6): 127-129.

[19]　顶晓雯, 柳春红 . 食品安全学 [M]. 北京: 中国农业大学出版社, 2021.

[20]　王永华, 戚穗坚 . 食品分析 [M]. 3 版 . 北京: 中国轻工业出版社, 2017.

[21]　Grout L, Chambers T, Hales S, et al. The potential human health hazard of nitrates in drinking water: a media discourse analysis in a high-income country [J]. Environmental Health, 2023, 22(1): 9.

[22]　Deveci G, Tek N A. N-Nitrosamines: a potential hazard in processed meat products [J]. Journal of The Science of Food and Agriculture, 2024, 104(5): 2551-2560.

[23]　刘雨萱, 黄晓红, 徐晔, 等 . 肉制品中 N- 亚硝胺的危害、形成机制及乳酸菌对其控制效果的研究进展 [J]. 食品与发酵工业, 2020, 46(16): 283-289.

[24]　赵喜华, 崔瑞霞, 栗焕, 等 . 不同食品在不同放置时间周期后亚硝酸盐含量的变化 [J]. 现代食品, 2022, 28(5): 164-167.

[25]　姜允申 . 家用清洁剂的正确使用 [J]. 家庭医学, 2015, 11: 37.

[26]　卢毅 . 日常使用消毒剂时怎样防止中毒 [J]. 家庭生活指南, 2024, 40(1): 28-29.

13

第 14 章　食品货架寿命预测及应用

你去购买食品会关注食品的保质期吗？商场对于临期食品往往会有降价优惠。你知道食品保质期或食品货架寿命是什么吗？它与食品化学有什么关系？它受哪些因素影响？又是怎么预测得到的？

14.1　概述

食品货架寿命（shelf life）是指当食品被贮藏在推荐的条件下，能够保持安全，确保理想的感官、理化和微生物特性，保留标签声明的任何营养值的一段时间。食品货架寿命也称为货架期、保质期、有效期等，是食品质量安全的一个重要指标。随着社会经济发展和生活水平的提高，消费者希望食品质量除满足必需的安全外还要求食品在货架期内应保留营养价值和感官变化最小。食品生产企业为了提高市场竞争力、满足消费者需求、增加效益，会尽可能地采取新工艺、新配方、新包装等来延长食品的货架寿命。因此，科学预测食品货架寿命对保证食品质量安全极为重要。

食品货架寿命受产品内部因素（微生物数量、酶类和生化反应等）、外部环境因素（温度、相对湿度、pH值、压力和辐射等）以及包装材料与包装形式等多方面影响，内容涉及食品化学、食品微生物学、分析化学、物理化学、食品工程、聚合物科学和食品法规等多学科领域。本章着重从食品化学领域阐述食品货架寿命的预测和应用。

14.2　影响食品品质的因素

食品作为复杂体系，其中物理、化学、微生物、生物的变化反应都会发生。这些反应既可导致食品品质的提高，也可导致食品品质的下降，甚至产生有害成分，引起食品安全问题。

影响食品品质的因素主要涉及以下方面。

14.2.1　食品的组成结构

食品的组成结构是决定食品品质的最关键内在因素，如食品中某些维生素对热不稳定（维生素C、维生素B_1、维生素B_6、叶酸等），或易被氧化（维生素C、维生素D、维生素E、维生素A等），或受光降解（核黄素）等。蛋白质、碳水化合物和脂类在一定的外界条件和存在一定的其他成分时所发生的一系列反应也会导致食品营养价值下降和产生不希望的副产物，有时甚至还会产生不容忽视的有害成分，如在热的作用下碳水化合物产生丙烯酰胺，因此在设计食品组成和生产工艺时应重视预防和避免有害成分的产生。

14.2.2　加工条件

食品的加工条件是影响和改变食品品质的重要因素。适宜的加工可使食品色泽、风味和质构等感官性质改善，如脂质氧化、美拉德反应、斯特勒克降解、焦糖化反应和酶催化等反应能引起食品感官性质的改变。氢键、疏水聚集和通过多价离子交联引起的多聚物的化学变化对食品的质构也有深远的影响。适宜的加工还可改善食品的消化性能和营养性能，如加热可以使大豆中所含的能抑制动物对大豆营养物质的消化、吸收和利用的胰蛋白酶抑制剂、外源凝聚素等抗营养因子大部分失去作用。通过物理、化学和生物酶对淀粉、纤维素、蛋白质等进行改进，可以改善其溶解度、黏度、成膜性、乳化性、起泡性和胶凝性质等。通过热变性、调节 pH 值、添加化学抑制剂、去除氧气等底物或采用改性和掩饰辅助因子等措施，可控制食品原料中的内源酶活性，甚至使酶失活，如果蔬加工的热烫和豆奶生产采用的热磨浆等措施都能起到很好的控制食品原料中内源酶的作用，将食品内源酶对食品品质的影响控制在可接受的程度。

但在加工过程中，前述化学变化也会导致一些食品色泽、风味、质构和营养价值下降，食品配料的功能性质降低，甚至产生有害物质等人们不希望的变化。如加热使蛋白质的持水能力、乳化能力或起泡能力下降，超高温奶的蒸煮味，罐装或脱水蔬菜的叶绿素降解和质构损失，以及冷冻鱼和海产食品肌肉发硬、鱼糜劣化等。

上述有利和不利的反应在加工后仍然会继续发生，食品内在的性质、包装的类型和贮藏及运输的条件是决定其反应速率的主要因素。在贮藏期间大部分食品会经历不同程度的变质。温度、湿度、氧气、光、食品中水溶性成分和脂溶性成分是引起食品变质的主要因素，它们分别会引起食品的氧化、酶促褐变和非酶促褐变、食品吸湿或脱湿、变色、褪色、风味变化、营养成分损失等。

14.2.3　包装和贮藏条件

为确保包装食品的安全和货架期，食品包装材料必须要有高阻隔性。油脂食品用的包装材料要求具有高阻氧性和阻油性，现在国际上较先进并普遍采用的含油食品包装材料是偏二氯乙烯 - 氯乙烯共聚树脂薄膜，这种薄膜不仅具有良好的透明性、耐热性，而且它最大的特点是对水蒸气、氧气等气体的阻隔性十分优异。干燥食品要求具有高阻湿性，目前比较常用的有聚丙烯薄膜、聚酯薄膜等，它们都具有良好的防潮抗水性。芳香食品要求具有高保香性，美国生产的聚苯胺系可塑性塑料、日本生产的聚乙烯醇系双向延伸薄膜等都是保香性极佳的包装材料。

果品蔬菜类生鲜食品要求包装具有氧气、二氧化碳和水蒸气的高透气性，水果蔬菜保鲜的塑料薄膜通常采用透气性好、低密度的聚乙烯、聚丙烯、聚苯乙烯、聚醋酸乙烯酯、聚环氧乙烷等。在选择这些包装材料时，还需考虑水果蔬菜的种类、流通时间、温湿度等流通条件。

此外，食品包装材料还要有高的拉伸强度、撕裂强度、冲击强度和优良的化学稳定性，不与内装食品发生任何化学反应，确保食品安全。另外还要有较高的耐温性，满足食品的高温消毒和低温贮藏等要求。

材料不同，其性能就不同，要根据产品的特性选择合适的包装材料，才能发挥其有效的阻隔作用。

14.2.4　温度

温度主要是通过影响食品中酶的活性、微生物的活动、植物性食品的呼吸作用等影响食品的品质。

14

一般情况下可以通过高温灭酶、可以适当延长食品的货架期，但也会对食品品质产生负面影响，如有些氨基酸会与肉中的葡萄糖和（或）核糖相互作用（美拉德反应），这些反应的发生会破坏氨基酸的营养价值。所以食品的保藏方式主要是常温保藏、冷藏、冷冻。

新鲜的食品在常温下（例如 20℃左右）不能保藏太久，放置一定时间后，食品原有的色、香、味和营养价值逐渐发生变化，导致食品质量下降，甚至不能食用。

冷藏是目前采用较为广泛的食品保藏方法。低温冷藏能抑制酶及微生物的活力，减缓化学反应速率，降低呼吸作用，从而延长食品的货架期。如肌肉温度从 40℃（接近活哺乳动物或鸟类的体温）降到 0℃能够使大多数酶催化反应速率降低；某些维生素在低温下稳定存在的时间比在常温下长，如茶叶贮存于保鲜库 5 个月、10 个月、15 个月后，维生素 C 保留量分别为 67.5%、46.5%、25.8%，分别高出常温条件下的 41.9%、41.0%、21.1%；叶绿素含量的变化也出现相同的趋势，即存放环境温度越低变化越小。冷藏技术将食品的货架期在一定程度上延长了，但还是没法长期保存食品，尤其是肉制食品。

有些微生物在非常低的温度下仍能存活，但一般而言在推荐的冷冻温度下微生物不会繁殖，所以冷冻对延长肉制品的货架期有一定的效果。但也会出现诸如海产品冷冻时氧化三甲胺会被内源酶分解成二甲胺和甲醛等问题。

14.2.5 微生物

食品含有丰富的蛋白质、脂肪、碳水化合物、维生素和无机盐等营养成分，在适宜的水分和温度下微生物很容易迅速生长。食品中主要成分不同，微生物对食品造成的腐败程度也不同，当食品的营养成分与微生物内的酶所需底物相一致时，微生物对食品造成的腐败最迅速。

食品因微生物而腐败变质不仅对食品造成损失浪费，同时也严重影响人们的身体健康。所以微生物引起的食品腐败变质可直接将食品的货架寿命缩减为零。

14.2.6 水分活度

水分活度（a_w）是指食品中水分存在的状态，即水分与食品结合程度（游离程度）。水分活度和水分含量是影响冻结温度以上时食品品质劣变反应的重要因素。水分活度是控制食品腐败诸因素中最重要的因素。各类微生物生长需要的水分活度不一，一般细菌为 $a_w \geqslant 0.9$，酵母为 $a_w \geqslant 0.87$，霉菌为 $a_w \geqslant 0.8$，一些耐渗透压微生物除外。同时水分活度还与酶促反应、脂质氧化反应有密切关系。

14.2.7 pH 值

pH 值对酶和微生物的活性有很大的影响，每一种酶或微生物都有一个活性最高的 pH 值范围，pH 值低于或高于这个范围都会导致它们失活。当 pH ≤ 4.6 时，可抑制致病菌生长和产生毒素。pH 值也会影响蛋白质的功能和溶解性，一般在等电点附近时蛋白质溶解度最小，因此 pH 值会直接影响蛋白质在食品反应中的作用。

在单因素影响食品品质的同时，各因素之间也会相互作用，其中最重要的是 pH 值和温度之间的相互影响，如果忽视了它们之间的相互影响，往往难以正确预测食品的货架寿命。

14.2.8　气体组成

气体组成是另外一个影响食品品质的重要因素。新鲜肉、鱼、水果和蔬菜的变质主要是由于它们的呼吸、蒸发、微生物生长、食品成分的氧化或褐变等作用，而这些作用与食品贮藏的环境气体有密切的关系，如氧气、二氧化碳、氮气、水分和温度等。

氧气的存在和浓度，无论不足还是过量，对氧化反应来说都非常重要，对反应速率和反应级数均有影响，真空包装和充氮气包装就是要通过消除氧气的存在来减缓不希望发生的反应的速度。

CO_2 的存在和含量也对微生物反应有很大的影响。有关 CO_2 影响的模式目前还未完全清楚，但可以肯定这种影响部分与表面酸化有关。

不同产品的最长货架寿命均有其最适 O_2-CO_2-N_2 组成，氧浓度过低或二氧化碳浓度过高都可能会引起食品的异常代谢，从而使组织受到伤害。

其他重要的气体还有乙烯和一氧化碳。

14.3　食品品质函数——反应级数

尽管食品变质反应非常复杂，但通过对食品劣变机制的系统研究还是可以找到确定食品货架寿命的方法。食品品质改变一般指生产过程中化学的、物理的和微生物的变化，其中以化学反应动力学为基本理论的模型可较好地反映这些变化。

大多数食品的质量损失可以用两个定量的指标变化表示。A：期望的品质指标（如营养素或特征风味）的损失；B：不期望的品质指标（如异味或色泽变化）的形成。A 的损失速度和 B 的形成速度可以用下列方程式表示：

$$-\frac{d[A]}{dt}=k[A]^n \tag{14-1}$$

$$-\frac{d[B]}{dt}=k'[B]^{n'} \tag{14-2}$$

式中，k 和 k' 是反应速率常数；n 和 n' 是反应级数。

方程式（14-1）和式（14-2）都可以写成以下形式：

$$F(A)=kt \tag{14-3}$$

经过适当转换，A 或 B 可以用时间 t 的线性函数 $F(A)$ 表示，$F(A)$ 称为食品的品质函数。反应级数不同，对应的函数表达式也不同（表 14-1）。在食品加工和贮藏过程中，大多数与食品质量有关的品质变化都遵循零级或一级反应动力学规律，如多种不同包装的鲜核桃、榛子在贮藏过程中酸价和过氧化值变化符合一级反应动力学规律；猕猴桃货架期内硬度变化符合零级反应动力学，维生素 C 含量变化符合一级反应动力学。

14

表14-1　不同反应级数的食品品质函数的形式

反应级数	0	1	n
品质函数$F(A)$	A_0-A	$\ln(A_0/A)$	$\dfrac{1}{n-1}(A^{1-n}-A_0^{1-n})$

在确定合适的表观反应级数和品质参数时应非常小心。当反应进行的程度不够高时（如低于50%），零级和一级反应动力学在拟合性上无明显差异。特别是货架寿命终端出现在反应程度未达到20%时，两种反应模式都适用，而且这种情况很常见。如果食品的某种品质的变化是由某种化学反应或微生物生长引起的，则该品质变化表示的货架寿命数据大多遵循零级（如冷冻食品的整体品质，美拉德褐变）或一级（如维生素损失、氧化引起的褐变、微生物生长和失活）。对于零级反应模式，采用线性坐标系可得到一条直线；对于一级反应模式，需采用半对数坐标系才能得到一条直线；对于二级反应模式，$1/A$或$1/B$对时间作图得到一条直线。这样，根据少数的几个测定值和现行拟合的方法就可求得上述级数，并求得方程中各参数的值，然后通过外推求得货架寿命终端时的品质，也可计算出品质达到任一特定值的贮藏时间，同样也可求得任一贮藏时间的品质。

要获得一个可靠的速率常数，必须使被监测的品质值有足够大的改变，或者有良好的测量精度。食品品质的劣变反应通常具有多变性，许多反应，例如非酶促褐变，测量误差大于±10%。在这种情况下，特别是需将数据外推至更长时间时，所得食品的货架寿命的预测值往往不够准确。由于通常对与食品品质损失有关的反应的检测时间太短（变化程度不够），经常得不到反应速率常数和级数的精确值，故已经取得的有关食品品质变坏的数据大多数对食品货架寿命的准确预测作用有限。

14.4　食品货架寿命预测方法

食品货架寿命的预测通常可以通过以下方法进行。一种方法是把食品置于某种特别恶劣的条件下贮藏，每隔一定时间进行品质检验，一般采用感官评定的方法进行，共进行多次，然后将实验结果外推，得到所需贮藏条件下的货架寿命。另一种方法是按照化学反应动力学原理进行试验设计，通过试验确定食品品质指标与温度的关系。动力学方法开始时的成本较高，但是它有可能得到更为精确的结果。

14.4.1　阿伦尼乌斯方法

研究食品货架寿命的动力学方程会随研究对象的种类和所处环境条件的变化而改变。在食品生产、包装、运输、仓储、零售、消费的全过程中，温度是首要的质量损失影响因素，而且是唯一不受食品包装类型影响的因素。

表达食品腐败变质速率的阿伦尼乌斯（Arrhenius）关系式如下：

认识阿伦尼乌斯

$$k=k_0\exp\left(-\frac{E_a}{RT}\right) \qquad (14\text{-}4)$$

式中，k 为反应速率常数；k_0 为频率因子；E_a 为活化能（品质因子 A 或 B 变坏或形成所需要克服的能垒）；R 为气体常数，8.3144J/（mol·K）；T 为热力学温度。

k_0 和 E_a 都是与反应系统物质本性有关的经验常数。取对数，得

$$\ln k=\ln k_0-\frac{E_a}{RT} \qquad (14\text{-}5)$$

在求得不同温度下的反应速率常数后，用 $\ln k$ 对热力学温度的倒数 $1/T$ 作图，可得到一条斜率为 $-E_a/R$ 的直线。

应用回归分析方法计算阿伦尼乌斯常数值时，可用统计分析方法求得置信度达到 95% 的阿伦尼乌斯参数值。若要获得置信度更高的 E_a 和 k_0，必须求得更多温度下的 k 值。建议选取 5 或 6 个实验温度，这样可获得最大的精确度与工作量之比。

阿伦尼乌斯关系式的主要价值在于：可以在高温（低 $1/T$）下收集数据，然后用外推法求得在较低温度下的货架寿命。

阿伦尼乌斯理论引起偏差的主要原因如下。

温度导致的物质物理状态的变化。如无定形态的碳水化合物结晶析出后，降低了非酶促褐变等反应所需的糖量，增加了较多的游离水，预测贮藏期时，误差将随碳水化合物和水的比例而变化；液态油变成固态脂肪时，有机反应物质在固态脂肪中反应速率降低，故用较高温度下的反应速率预计在较低贮藏温度下的贮藏期往往会估计过短；由于冷冻原因，反应物质被浓缩到尚未冻结的液体中，导致反应速率较高，而 k 值测量时未考虑该因素，则在较高贮藏温度下测得的值往往会使冷藏温度下的贮藏期被高估。

水分或水分活度的变化。如食品吸水将导致水分活度提高，进而将引起反应速率上升，而且干燥食品对水的吸收随温度而变化。

关键的反应随温度而改变。在较高温度下，假设具有不同 E_a 值的两个反应都能引起食品质量损失，则较高 E_a 值的反应将处于主导地位，但第二个反应就可能会导致外推不合理或干扰第一个反应。此外，连续反应或平行反应也会受到影响，因为每一步都有其自己的 k 和 E_a，其中的限速步骤将占主导地位，各步反应会导致各种不同风味物质的产生。

温度升高导致气体溶解度减小，气体溶解度的变化也会对反应速率造成影响。如水中的氧，温度每上升 1℃ 其溶解度大约降低 25%，若氧是某个氧化反应（如维生素 A，维生素 C 或亚油酸的损失）的主要限定因素，则反应速率会降低。

过去的温度所遗留下来的影响，即较高温度时发生的变化会在随后的冷却过程中不可逆地影响品质变化的速率。如在较高温度时固态脂肪变成液态，其中的有机反应物质的流动性也随之变大，因此用较高温度下的反应速率预测低贮藏温度下的贮藏期时，贮藏期较正常情况偏短。

pH 随温度的变化。如非酶促褐变与 pH 值有关，而 pH 值又与温度有关。

14.4.2　简单的货架寿命作图法

根据品质函数方程式（14-3），变质程度规律为：在 t_s（货架寿命）内，达到一定品质损失程度所需的时间与速率常数成反比。因此，如图 14-1（a）所示，$\ln t_s$ 对 $1/T$ 作图可得到一条直线。如只考虑一个小的温度范围，大多数食品的 $\ln t_s$-T 图也是一条直线，如图 14-1（b）所示。

描述这种货架寿命的方程为

$$t_s=t_{s_0}\exp(-bt) \qquad (14\text{-}6)$$

式中，t_s 是贮藏温度 T 下的货架寿命；t_{s_0} 是 Y 轴截距处的货架寿命；b 是货架寿命曲线的斜率。

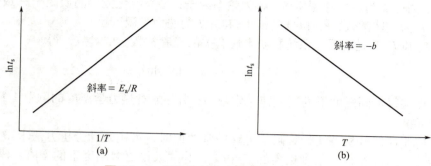

图14-1 货架寿命随贮藏温度变化的曲线

使用摄氏（或华氏）温度时，式（14-6）也同样适用，但应注意选择合适的各参数值，并且应据具体情况做适当的转换。当温度单位采用℃时，斜率 b 与式（14-6）中的相同，t_{s_0} 为 0℃时的 t_s 值。当温度单位采用℉时，斜率为 $b/1.8$，t_{s_0} 为 0 ℉ 时的 t_s 值。

Q_{10} 为温度相差 10℃时的两个货架寿命的比值，或者是当食品的温度增加 10℃时货架寿命 t_s 的改变量，表示温度对反应速率的影响程度。Q_{10} 与式（14-6）的货架寿命曲线法是等同的。上述各动力学参数间的关系可用式（14-7）表示：

$$Q_{10} = \frac{t_s(T)}{t_s(T+10)} = \exp\left[\frac{E_a}{R} \times \frac{10}{T(T+10)}\right] \quad (14\text{-}7)$$

在一个大的温度范围内，简单的货架寿命曲线法和 Q_{10} 法是不精确的，它们仅适用于一个相对较窄的温度范围。此外，造成阿伦尼乌斯曲线出现偏差的因素也会影响货架寿命曲线。从式（14-7）可以看出，Q_{10} 随温度的变化而变化，而且对于活化能较大的反应，反应的温度敏感性更高。表14-2列出了温度和 E_a 对 Q_{10} 的影响和具有不同 Q_{10}、E_a 值的典型食品中的反应。

表14-2 温度和 E_a 对 Q_{10} 的影响

E_a/(kJ/mol)	$Q_{10}(5℃)$	$Q_{10}(20℃)$	$Q_{10}(40℃)$	典型的食品反应类型
41.8（10[①]）	1.87	1.76	1.64	控制扩散，酶反应，水解反应
83.7（20）	3.51	3.10	2.70	脂类氧化，营养素损失
125.5（30）	6.58	5.47	4.45	营养素损失，非酶促褐变
209.2（50）	23.1	20.0	12.0	植物细胞破裂

①括号内数据单位为 kcal/mol。

若要获知一种食品在 23℃下是否至少有 18 个月的货架寿命，并希望通过在 40℃（104 ℉）时的加速试验证实，则可以自曲线上相应于 18 个月和 23℃的点向通过温度为 40℃的垂直线引出一组斜率不同的 Q_{10} 直线，如图 14-2 所示。Q_{10} 为 5 时 40℃时的货架寿命为 1 个月；Q_{10} 为 2 时 40℃时的货架寿命为 5.4 个月。

Labuza 报道了一些食品的 Q_{10} 范围，如罐装食品的 Q_{10} 为 1.1 ～ 4，脱水食品的 Q_{10} 为 1.5 ～ 10，冷冻食品的 Q_{10} 大约为 3 ～ 40。由于 Q_{10} 值的变化范

围较大，采用平均 Q_{10} 值计算得到的货架寿命不够精确，只有通过在两个或更多的温度下进行的货架寿命试验确定 Q_{10} 的值才能获得可靠的结果。另外，对于脱水食品，预测货架寿命时 a_w 要保持不变，因为 a_w 会影响脱水食品 Q_{10} 值。

在通过高温加速试验和外推法预测低温时的货架寿命时，Q_{10} 的微小偏差可能引起结果的较大偏差。在 40～50℃，Q_{10} 偏差 0.5 会导致 E_a 大约 20kJ/mol 的偏差（在 80kJ/mol 的范围内）。因此，虽然按上述简单方法预测货架寿命是有效的，但预测的精确度往往有限，而当从低温外推时准确度要高得多。在实际应用中，人们通常会综合考虑时间、经济性和准确度等因素。另外建议不要进行温度高于 40℃ 的加速试验，因为在前面已提到，对品质有重要影响的反应在高温和通常的贮藏温度下可能不同。

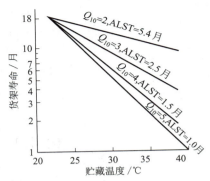

图 14-2　脱水食品的货架寿命曲线

可看出它在 23℃ 时具有期望的 18 个月的货架寿命，货架寿命加速试验（ALST）确定它在 40℃ 的货架寿命

14.4.3　食品货架寿命加速试验

科学地设计和实施有效的货架寿命试验，以最少的时间、最小的花费获得最大量的信息，可以通过应用 Schmidl 和 Labuza 提出的货架寿命加速试验（accelerated shelf life testing，ASLT）方法和按照英国食品科学与技术协会（Institute of Food Science & Technology，IFST）发表的实验步骤实现。

① 通过分析食品成分和加工方法确定可能引起食品质量损失的主要反应。如有重要的潜在问题，应设法改变配方和加工方法。

② 确立与食品配方、加工方法相适应的微生物安全指标和质量参数。

③ 进行货架寿命试验应在合适的包装条件下。冷冻和罐头食品可在其最终包装的容器中进行试验，脱水食品应敞开贮藏于一定相对湿度的环境中或贮藏于一定湿度和 a_w 的密封罐中。

④ 选择合适的贮藏温度（至少两个温度）。通常按表 14-3 进行选择。

表 14-3　温度选择

产品	测试温度/℃	对照温度/℃
罐藏食品	25，30，35，40	4
脱水食品	25，30，35，40，45	−18
冷冻食品	−5，−10，−15	<−40

⑤ 利用货架寿命曲线（图 14-2），了解在平均分布温度条件下的货架寿命，确定产品在每个试验温度下的最长实验时间。如缺乏 Q_{10} 的可靠资料，则应选择两个以上的温度进行试验。

⑥ 确定指标测试的方法、每个温度条件下测试的时间间隔和次数。在低于最高试验温度时，相邻两次测试的时间间隔不应超过

$$f_2 = f_1 Q_{10}^{\Delta T/10} \tag{14-8}$$

式中，f_1 为最高试验温度 T_1 时相邻两次测试的时间间隔（如天数、周数）；f_2 为较低试验温度 T_2 时相邻两次测试之间的时间间隔，$\Delta T = T_1 - T_2$。

设某种食品在 45℃ 保存时必须每月测试一次，根据公式（14-8）计算，在 40℃（$\Delta T = 5$）和 $Q_{10} = 3$ 贮藏时应每隔 1.73 个月测试一次。应注意，测试越频繁，实验误差越小，尤其是 Q_{10} 不明确，测试频率应加大。拉长测试间隔可能会造成货架寿命的测试结果不准确，甚至可能使试验毫无意义。为了最大限度地减少统计上的误差，每个贮藏条件至少要有 6 个数据点，以使统计误差减少到最小，否则 t_s 的置信度将显著减小。

⑦ 将上述各步骤得来的数据作图，以确定反应的级数和是否需要增加或减少测试的频率。

⑧ 计算不同贮藏条件试验下的 k 和 t_s，绘制相应的货架寿命曲线，然后预测在所需贮藏条件下可能的货架寿命。最后，也可以再把食品置于所需的贮藏条件下测试其货架寿命，以检验预测结果的可靠性。

14.4.4　WLF 方法

WLF（Williams-Landel-Ferry）模型用来描述温度高于玻璃化温度（T_g）时的无定形食品体系中温度对化学速率的影响。它是一个较常用的关于食品稳定性与温度的关系式的模型。当温度高于玻璃化转变温度时，即处于橡胶态时，阿伦尼乌斯曲线的斜率会逐渐改变。

复杂的食品往往含有无定形区（非结晶固体或过饱和液体），生物聚合物（明胶、弹性蛋白、面筋蛋白、直链淀粉和支链淀粉）是典型的无定形或部分无定形，许多小分子（如蔗糖）也能以无定形状态存在。无定形区以介稳或非平衡状态存在。食品科学家和工艺学家的一个主要目标是最大限度地使食品具有期望的品质，而这些品质取决于介稳状态。硬糖果（无定形固体）是一个常见的介稳状态食品的例子，而乳状液、小冰晶和不饱和脂是以不稳定的非平衡状态存在的食品组分的例子。用干燥或冷冻的方法往往能使食品达到介稳定状态。在恒定的温度和压力下，决定化学反应速率的有 3 个主要因子：①扩散因子（一个反应要想发生，反应物首先必须彼此相遇）；②碰撞的频率因子（反应物相遇后单位时间碰撞的次数）；③反应的活化能（两个适当定向的反应物发生碰撞时有效能量必然导致一个反应发生，即反应物具有的能量必须超过活化能）。其中的②和③已并入反应速率常数与温度关系的阿伦尼乌斯方程中。对于由扩散限制的反应，显然碰撞频率和活化能不一定限制速率，因此大多数"快速反应"（低活化能和高碰撞频率）是由扩散限制的，扩散限制的反应一般具有较低的活化能。

大多数食品是以介稳或非平衡状态存在的，因此动力学方法比热力学方法更适合了解、预测和控制它们的性质。近年来，越来越多的证据表明分子流动性（molecular mobility，Mm）是值得人们注意的一种食品属性，它与食品的许多由扩散限制的重要性质有着紧密联系，与分子流动性有关的关键组分是水和起支配作用的一种或几种溶质。这类食品包括含淀粉食品（如面条）、蛋白质类食品（豆腐）、中等水分食品、干燥或冷冻食品。

分子流动性与食品中由扩散限制的变化的速度有因果关系。WLF 方程提供了能估计在玻璃化转变温度以上而在 T_m^l（溶液中溶质结晶或熔化的温度）以下温度的分子流动性的一种方法。

用黏度表达的 WLF 方程如下：

$$\lg\left(\frac{k_{ref}}{k}\right) = -\frac{C_1(T - T_{ref})}{C_2 + (T - T_{ref})} \tag{14-9}$$

式中，k_{ref} 为不同参考温度 T_{ref}（$T_{ref} > T_g$）下的速率常数；C_1 和 C_2 为与体系有关的系数，Williams 等人通过假设 $T_{ref} = T_g$ 和应用适合于不同聚合物的数据计算出了这两个系数的平均值：$C_1 = 17.44$，$C_2 = 51.6$。在文献中，通常应用这些数据作为平均值建立可应用于不同系统的 WLF 方程。

目前主要有两种方法来研究分子流动性、T_g 和食品性质（稳定性）。

第一种方法是分析 $T_m \sim T_g$ 温度范围内发生在食品中的物理化学变化是否符合 WLF 方程。T.Hagiwara 等人研究了甜味剂种类、稳定剂与冰淇淋中的重结晶和贮藏温度间的关系。研究发现，在 T_g 和 $T_g{}'$ 区冰的重结晶速率有时可以较好地符合 WLF 方程，冰淇淋的 T_g 一般为 $-43 \sim -30℃$，而其贮藏温度一般在 $-18℃$ 左右，即贮藏过程中的冰淇淋大多处于橡胶态。根据玻璃化相变理论，橡胶态下结晶、再结晶速率很大，在此状态下贮藏一定时间后，冰淇淋中将有大量粗冰粒生成，即质地变得粗糙，甚至出现结构塌陷等品质恶化现象。

第二种方法仅仅是确定在 T_g（或 $T_g{}'$）以上和以下温度食品稳定性是否有显著的差别，而没有重点关注动力学特征。玻璃化相变是指非晶态聚合物（包括晶态聚合物中的非晶部分）从玻璃态到橡胶态或从橡胶态到玻璃态的转变，此时链段的微布朗运动在冷却时被冻结或在升温时被解冻，其特征温度称为玻璃化相变温度，用 T_g 表示。当 $T < T_g$ 时，体系所处的状态为玻璃态，此时分子运动能量很低，热能还不足以克服分子链段的旋转和平移运动的位垒，链段基本上处于"冻结"状态，只有较小的运动单元如侧、支链和链节能够运动，高分子链不能实现构象的转变，体系的强度很高，各种由扩散控制的反应过程进行得很慢，甚至不会发生。相反，当 $T > T_g$ 时，体系所处的状态为橡胶态，此时可能出现整个聚合物链的平动，体系强度急剧降低，自由体积由于热膨胀系数的增大而显著增大，各种由分子扩散运动控制的变化反应相当快。

如对于含糖量高的制品，如果脱水温度高于 T_g，则干燥过程中将发生软化现象，冷却过程中则发生硬化，直至温度降至 T_g 以下为止。对于咖啡、果汁粉末、菠萝汁粉末等粉状食品，质构上的变化则表现为速溶性丧失而产生不易溶解的块状体、结块等现象。

刘宝林等人以草莓为样品进行了食品冻结玻璃化保藏的实验研究，用低温显微镜差示扫描量热计（DSC）测得草莓的玻璃化转变温度值为 $-42.5℃$。在玻璃态下保存的草莓，其评价指标的各个方面（质地特性、持水能力及感官评定等）均明显优于一般冻藏的草莓，而且两者具有非常显著的差异。这说明玻璃态化是较理想的草莓保存方法。实验结果表明，仅仅在降温过程中实现玻璃化并不能保证草莓的质量，而必须将其贮藏于玻璃态下才能取得理想的结果。玻璃化低温保存是食品保存领域的一项新兴技术，可以提高贮藏的稳定性，使贮藏过程中食品营养物质得以最大程度地保留。

14.4.5　Z 值模型法

除了阿伦尼乌斯模型，Z 值模型也是反映温度对反应速率常数影响的模型。阿伦尼乌斯模型常用在以化学反应为主的品质变化中，如贮藏、加热、浓缩等过程；Z 值模型则常用于杀菌等操作，即以微生物改变为主的过程，但有时也用来评估食品品质的损失。

在食品工业中，一级反应动力学模型有广泛的应用，如维生素、酶、颜色等的热损失及微生物的死亡等，形式如下：

$$-\frac{dN}{dt} = kN \tag{14-10}$$

式中，N 为 t 时的活菌数或营养物的浓度；k 为微生物死亡速率常数或营养物破坏速率常数；t 为时间。

设 $t=0$，$N=N_0$，对式（14-10）积分，得

$$N = N_0 \exp(kt) \tag{14-11}$$

对于 Z 值模型，式（14-11）常写为

$$N = N_0 \times 10^{-t/D} \tag{14-12}$$

式中，N_0 为初始活菌数；t 为时间；D 为十倍减少时间（decimal reduction time），即在一定环境和一

定温度下杀死 90% 微生物所需的时间，其物理意义可由式（14-12）变化后得到：

$$D = \frac{t}{\lg(N_0/N)} \tag{14-13}$$

D 值越大，该菌的耐热性越强。

Z 值定义为引起 D 值变化 10 倍所需改变的温度（℃），其定义式为：

$$Z = \frac{T - T_r}{\lg D_r - \lg D} = \frac{T - T_r}{\lg(D_r/D)} \tag{14-14}$$

式中，D_r 为参考温度下 T_r 的 D 值。Z 值越大，因温度上升而获得的杀菌效果增长率就越小。

式（14-10）和式（14-12）组成 Z 模型。

 概念检查 14.1

○ 什么是食品货架寿命？

○ 影响食品品质的主要因素有哪些？

14.4.6　威布尔危害分析法

快速、准确地预测食品货架寿命一直以来都是科学研究和工业应用领域长期关注的重要问题。1975 年，Gacula 等人将失效的概念引入食品，随时间的推移食品品质下降并最终降低到不能为人们所接受的程度，即为食品失效（food failure），失效时间对应食品的货架寿命。Gacula 等人提出了一种新的预测食品货架寿命的方法，即威布尔危害分析法（Weibull hazard analysis，WHA），并在理论上验证了食品失效时间的分布服从威布尔模型（Weibull model）。此后，WHA 方法应用于预测肉制品、乳制品和其他食品的货架寿命。

相对于其他方法，WHA 方法在通过分析感官评价数据预测食品货架寿命的同时可以得到对应威布尔函数的相关参数，这为利用威布尔模型描述食品随时间延续发生的失效情况提供了基础。然而，在目前的研究中，WHA 方法仅能对食品感官试验数据进行处理，而不能对更为客观、准确的理化或微生物检查结果进行分析，因此在应用方面存在一定的局限性，仅适用于货架寿命主要取决于感官性质的食品，如酸奶酪、面条等新鲜食品。

在进行食品货架寿命预测时，为了得到较好的实验结果，WHA 方法还应和能反映品质损失过程的特征理化、微生物等指标的方法结合使用。

14.5　本章小结

影响食品品质的因素主要涉及食品的组成结构、加工条件、包装和贮藏条件、温度、微生物、水分活度、pH 值以及气体组成等。以化学反应动力学为基本理论模型的食品品质函数可较好地反映食品品质改变过程中的物理、化学和微生物的变化，以评控食品品质。

　　食品货架寿命是食品质量安全的一个重要指标。货架寿命的预测通常有两种方法：一种是把食品置于某种特别恶劣的条件下贮藏，每隔一定时间进行品质检验，共进行多次，一般采用感官方法评定结果，然后将实验结果外推得到正常贮藏条件下的货架寿命；另一种是按照化学动力学原理进行试验设计，通过试验确定食品品质指标与温度的关系，再确定其货架寿命，成本较前者高，但是它有可能得到更为精确的结果。动力学方法主要有阿伦尼乌斯法、简单的货架寿命作图法、WLF 方法、Z 值模型法以及威布尔危害分析法。

"试试身手"

参考文献

[1]　田玮, 徐尧润 . Arrhenius 模型与 Z 值模型的关系及推广 [J]. 天津轻工业学院学报, 2000, (4) : 1-6.

[2]　曹平, 于燕波, 李培荣 . 应用 Weibull Hazard Analysis 方法预测食品货架寿命 [J]. 食品科学, 2007, 28 (8) : 487-491.

[3]　江波, 杨瑞金 . 食品化学 [M]. 2 版 . 北京 : 中国轻工业出版社, 2018.

[4]　刘宝林, 华泽钊, 许建俊, 等 . 草莓冻结玻璃化保存的实验研究 [J]. 上海理工大学学报, 1999(02):180-183, 190.

[5]　廖吉香, 许凯, 吴倩 . 浅谈玻璃化在食品低温保存领域的发展 [J]. 农产品加工, 2016(04): 52-53, 55.

[6]　杨普香 . 名优绿茶冷藏保鲜贮存试验 [J]. 中国茶叶, 1999(02):16-17.

[7]　王纪辉, 耿阳阳, 侯娜 . 鲜核桃低温贮藏期间的指标响应 [J]. 南方农业学报, 2019, 50(06): 1312-1318.

[8]　吕春茂, 张奥, 丛皓天, 等 . 不同包装及变温条件下榛子碎货架期预测模型建立与分析 [J]. 沈阳农业大学学报, 2021, 52(02):171-179.

[9]　孙强, 张鑫, 高贵田 . 海沃德猕猴桃货架期预测模型的建立 [J]. 核农学报, 2020, 34(08): 1729-1736.

[10]　林进, 杨瑞金, 张文斌, 等 . 动力学模型预测即食南美对虾货架寿命 [J]. 食品科学, 2009, 30(22): 361-365.